NINGXIA HONGSIBU YANGSHUI GONGCHENG ZHI

引水上山 造福于民

1998—2017

宁夏红寺堡扬水工程志

《宁夏红寺堡扬水工程志》编纂委员会　编

U0351627

黄河出版传媒集团
宁夏人民出版社

图书在版编目(CIP)数据

宁夏红寺堡扬水工程志/《宁夏红寺堡扬水工程志》编
纂委员会编. -- 银川:宁夏人民出版社,2018.11
ISBN 978-7-227-06977-5

I. ①宁… II. ①宁… III. ①灌区－水利史－吴忠－
1998-2017 IV. ①S279.24.33

中国版本图书馆 CIP 数据核字(2018)第 252770 号

宁夏红寺堡扬水工程志 　　　　　　　　《宁夏红寺堡扬水工程志》编纂委员会　编

责任编辑　管世献
责任校对　白　雪
封面设计　马春辉
责任印制　肖　艳

 黄河出版传媒集团
宁夏人民出版社 出版发行

地　　址　宁夏银川市北京东路 139 号出版大厦(750001)
网　　址　http://www.yrpubm.com
网上书店　http://www.hh-book.com
电子信箱　nxrmcbs@126.com
邮购电话　0951-5052104　5052106
经　　销　全国新华书店
印刷装订　宁夏雅昌彩色印务有限公司
印刷委托书号　(宁)0011501

开　　本　889 mm×1194 mm　　　1/16
印　　张　29.75　　　字数　600 千字
版　　次　2018 年 11 月第 1 版
印　　次　2018 年 11 月第 1 次印刷
书　　号　ISBN 978-7-227-06977-5
定　　价　298.00 元

黄河水甜

共产党亲

社会主我好

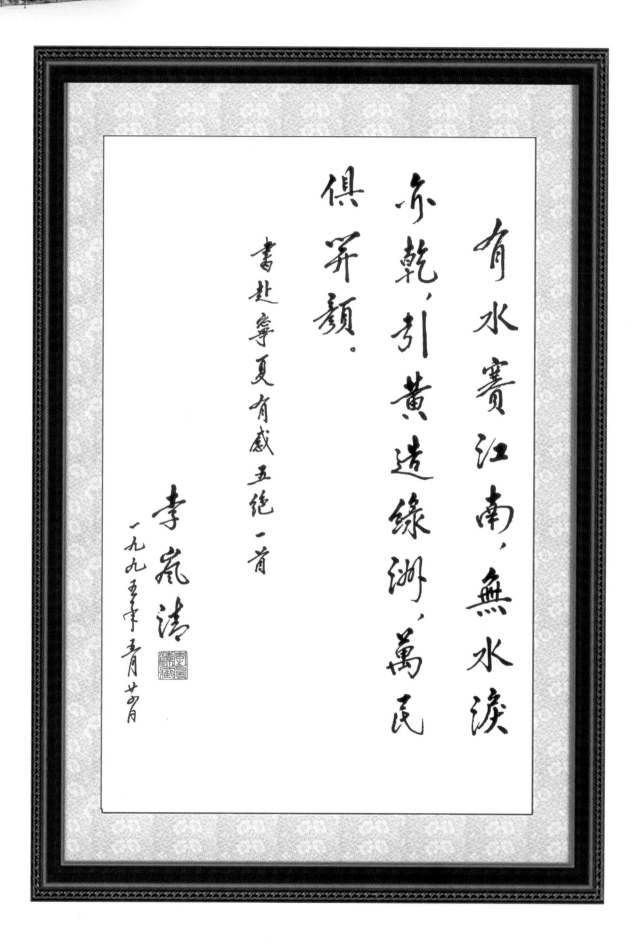

有水赛江南，无水泪
亦乾，引黄造绿洲，万民
俱笑颜。

书赴宁夏有感五绝一首

李岚清

一九九五年青苗

《宁夏红寺堡扬水工程志》编纂委员会

主　任　张　锋

副主任　张国军　张玉忠　张建勋　张海军　訾跃华　道　华

委　员　（按姓氏笔画为序）

王　浩　王燕玲　刘　玺　苏俊礼　李彦骅　吴志伟

张永忠　陈学军　陈锐军　范燕玲　顾占云　高佩天

高登军

《宁夏红寺堡扬水工程志》编纂组

主　编　张国军

副主编　訾跃华　高佩天　范燕玲

特邀编辑、总纂　张明鹏

撰　稿　高佩天　范燕玲　李彦骅　张永忠　吴志伟　苏俊礼

王燕玲　李国谊　朱小明　王晓红　刘　玺　唐艺芳

刘秀娟　吴晓攀　牛瑞霞　张　浩　田军霞　张　姝

张佳仁　李文广　陈　莉　岑少奇　李成莲

编　务　周　芳　范　云　唐艺芳　陆彩霞

等水

挑水

移民区旧址

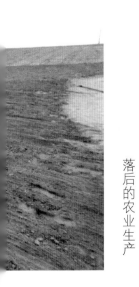

落后的农业生产

开发前的红寺堡灌区

1996 年 5 月 11 日,宁夏扶贫扬黄灌溉工程奠基典礼在红寺堡一泵站举行。

1998 年 9 月 16 日,宁夏扶贫扬黄工程正式开工典礼暨首次试水仪式在红寺堡一泵站举行。

2001 年 10 月 26 日,宁夏扶贫扬黄工程黄河泵站通水典礼在宁夏康滩乡举行。

2003 年 10 月 26 日,宁夏扶贫扬黄固海扩灌工程全线通水典礼在
固海扩灌八泵站隆重举行。

　　1995年5月,水利部副部长张春园(右二)在自治区副主席周生贤(左三)陪同下实地考察工程建设方案。

　　1996年5月,国家计委副主任陈耀邦(前排左二)在红寺堡灌区听取工程进展情况汇报。

　　2004年3月26日,水利部部长汪恕诚(前排中)在自治区水利厅原厅长肖云刚(前排右一)陪同下视察红寺堡扬水工程。

2005 年 7 月 28 日，驻水利部纪检组组长刘光和（左二）在自治区水利厅党委书记、厅长袁进琳（左一）陪同下视察泵站。

2016 年 4 月 24 日，水利部副部长周学文（前排左六）在自治区水利厅党委书记、厅长吴洪相（前排左五）陪同下亲切看望扬水职工并合影留念。

1995 年 11 月 16 日，自治区党委书记黄璜（左三）在自治区水利厅厅长沈也民（左二）陪同下宣布宁夏扶贫扬黄工程三通一平启动。

1997 年 10 月，自治区党委书记毛如柏（前排右三）在宁夏扶贫扬黄灌溉工程建设总指挥部总指挥张位正（前排右二）陪同下视察工程前期工作。

1998 年 5 月，自治区主席马启智（前排中）视察工程建设。

2002 年 4 月 22 日，自治区党委书记陈建国（前排右二）视察红寺堡扬水工程时与红寺堡扬水工程筹建处处长周伟华（前排左二）亲切握手。

2017 年 5 月 23 日，自治区党委常委、副主席马顺清（前排中）在水利厅党委书记、厅长白耀华（前排右一）陪同下视察红寺堡一泵站。

2010 年 10 月 13 日，自治区水利厅党委书记、厅长吴洪相（前排右一）在红寺堡三泵站调研。

2018 年 2 月 11 日，自治区水利厅党委书记、厅长白耀华（前排中）调研红寺堡扬水泵站更新改造工程。

宁夏扶贫扬黄灌溉工程建设委员会副主任、总指挥部总指挥张位正(左三)主持召开会议,研究工程方案。

1995年5月30日,宁夏扶贫扬黄灌溉工程建设委员会办公室副主任、自治区水利厅副厅长张钧超(中)同规划设计人员研究设计方案。

1995年7月6日,水利部水规总院专家在红寺堡灌区实地调研。

1995 年 9 月,国家计委委托中国国际工程咨询公司组织评估专家组在银川对宁夏扶贫扬黄工程项目建议书进行评估。

1996 年 7 月 11 日,宁夏扶贫扬黄工程首批利用科威特 3330 万美元贷款协定草签仪式在银川举行。

1999 年 4 月,水利部委托水利水电规划设计总院在北京召开宁夏扶贫扬黄一期工程可行性研究报告审查会。

风餐露宿

渠道工程施工

夜战

泵站出水渡槽建设施工

泵站主体厂房建设施工

农田开发

压力管道安装

变电设备安装调试

高压开关柜调试

机电设备安装

红寺堡五泵站厂房移址重建

泵站出水口建设施工

丰收

欣欣向荣

酿酒葡萄

灌区田畴交错

节水灌溉

养殖致富

幸福水

宁夏红寺堡扬水工程志

硕果累累

荒原起高楼

红寺堡区综合市场

红寺堡区人民医院

移民新村

红寺堡城区

便利的交通

红寺堡中学

宁夏移民博物馆

碧水蓝天

荒原染绿

生态林网

旱塬绿洲

环境宜人

更新改造前的红寺堡一泵站出水池

红寺堡三泵站出水渡槽 （姜雪城摄）

焕然一新的机组

红寺堡一泵站鸟瞰图

黄河泵站鸟瞰图 （姜雪城摄）

洪沟渡槽 （姜雪城摄）

鲁家窑水库

更新改造前的红寺堡二泵站压力管道

　　团结奋进的领导班子：张锋（中左）、张国军（中右）、张玉忠（左三）、张建勋（右二）、张海军（右一）、訾跃华（左二）、道华（左一）。

1999 年 6 月 28 日,红寺堡扬水工程筹建处第一届领导班子周伟华(舞台右二)、高铁山(舞台左二)、徐宪平(舞台右一)、杨永春(舞台左一)在庆"七一"歌咏比赛中高唱红歌。

1998 年 10 月 21 日,红寺堡扬水工程筹建处召开工作启动会。

1998年12月10日,红寺堡扬水工程筹建处第一期机电技术培训班开学典礼。

泵轴喷涂

认真巡查

干渠测流

工程巡护

优质服务

2005 年 9 月 29 日,红寺堡扬水工程筹建处在灌区开展水法进校园宣传活动。

2001 年 9 月 21 日,红寺堡扬水工程筹建处参加中宁县广场文艺演出。

颂歌献给党

奋力一搏

2017 年 2 月 21 日,《宁夏红寺堡扬水工程志》编纂启动及培训会在红寺堡扬水管理处召开。

2018 年 9 月 29 日,《宁夏红寺堡扬水工程志》评审会在自治区水利厅召开。

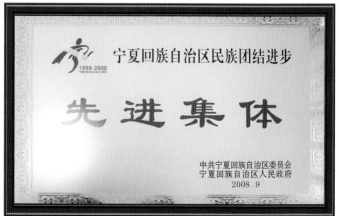

序　一

　　宁夏中部是干旱少雨的荒漠地区,南部则是"苦瘠甲天下"的西海固地区,由于缺水问题突出、自然条件恶劣,自古以来当地群众靠天吃饭,生产生活条件十分艰苦,经济社会发展严重滞后,新中国成立后始终是我区脱贫攻坚的主战场。

　　上世纪九十年代,自治区党委、政府按照国家"八七"扶贫攻坚计划、自治区"双百"扶贫计划重大部署,凭借红寺堡地区毗邻黄河、地势平坦的优越条件,提出了"走水土结合之路、扬黄河之水、易地移民解决贫困问题"的思路。1998年,在党中央、国务院的亲切关怀和大力支持下,开工兴建了宁夏扶贫扬黄灌溉工程,历经10余年艰辛努力,举全区之力将宁夏南部山区干旱缺水、不具备生产生活条件的群众搬迁到红寺堡新灌区,实现了"喝自来水、种水浇地、住砖瓦房、走柏油路"的夙愿。红寺堡县城在亘古荒原上拔地而起,移民群众向着全面建成小康社会的伟大战略目标迈进,描绘出一幅"黄河水甜、共产党亲、社会主义好"的和谐画卷。

　　红寺堡因水而建,依水而兴,扬黄水是经济社会发展、人民脱贫致富的"命脉"支撑。扬水上山、生态移民,探索了水利扶贫的成功之路,解决了中部干旱带工程性、资源性缺水的"瓶颈"制约,结束了数十万群众靠天吃饭的历史,保障了地区饮水安全、粮食安全和生态安全。红寺堡扬水工程在中部干旱带筑起了一座扬黄扶贫、改善生态和促进社会进步、经济发展、民族团结的历史丰碑。

　　水是事关百姓福祉、事关全面建成小康社会的大事。为认真贯彻落实坚持以人民为中心的发展思想、高质量发展要求,确保打赢脱贫攻坚战,2017年自治区党委、政府决定实施扶贫扬黄红寺堡一至五泵站更新改造工程,为自治区60大庆献礼。水利部门坚决落实自治区党委"向中部干旱带多供水是对脱贫攻坚最大支持"的指示精神,大力发扬"献身、求实、负责、创新"的水利精神,克服重重困难跨冬季连续施工,采用国际国内一流电机水泵,全部实现自动化控制,仅用6个月时间主体工程建成通水,实现了设备效率、安全保障率、泵站自动化大幅提升的目标,工程焕发了全新的生机。

风正好扬帆,奋进正当时。希望广大水利干部职工认真贯彻落实中央治水方针,按照自治区"三大战略"部署,积极践行"统筹城乡、改革创新、节约高效、开放治水"的新思路,不忘初心、牢记使命,管好工程、扬水富民,为建设美丽新宁夏、共圆伟大中国梦而努力奋斗。

盛世修志,志载盛世。为了讴歌党的脱贫富民政策,客观记述红寺堡扬水工程建设、发展的历史和工程运行20年来发挥的显著效益、为脱贫攻坚做出的历史性贡献,编纂了《宁夏红寺堡扬水工程志》,其将成为存史资政、成风化人的宝贵资料和社会各界了解宁夏扶贫扬黄事业的窗口。

宁夏回族自治区水利厅

2018年10月

序　二

　　红寺堡扬水工程1998年9月建成运行以来,已经走过了20年的光辉历程。在工程运行20周年之际,管理处精心编纂的《宁夏红寺堡扬水工程志》历时一年,定稿问世。它翔实地再现了20年来扬水工程运行、发展,灌区效益不断凸显的奋斗历程。这是红寺堡扬水工程发展史上的一件大事,也是红寺堡扬水管理处文化建设的一项重要成果。这部志书的顺利编纂,对弘扬红寺堡扬水精神,鼓舞队伍士气,促进扬水富民事业的发展,具有积极的推动作用。

　　红寺堡扬水工程20年的发展史,是全处干部职工艰苦奋斗、拼搏奉献、与时俱进、开拓进取的创业史,也是灌区开发建设、移民脱贫致富的发展史。全处干部职工大力弘扬"献身、负责、求实、创新"的宁夏水利行业精神,团结务实,开拓进取,艰苦创业、无私奉献,创造了新业绩,谱写了新篇章。20年来,克服工程建设标准低、机电设备设施隐患缺陷频现、队伍结构不合理、灌溉面积不断增大、供需矛盾日益突出等诸多困难,各项机制日趋规范,管理水平不断提高,创新技术应用发展,更新改造逐步实施,职工队伍素质不断提高,思想政治工作和扬水文化建设取得新成效,安全生产20年无伤亡事故,灌区效益十分显著。2017年红寺堡灌区灌溉面积发展到76.35万亩(含节灌19.52万亩),人口增加到29.8万人(其中安置易地移民26万人),农民人均纯收入由1999年的550元增加到2017年的7896元,单方水效益由0.1元增加到8.25元,大部分移民群众从解决温饱走向富裕生活,整个灌区社会稳定、经济发展、群众安居乐业,红寺堡扬水工程发挥了显著的经济效益、社会效益和生态效益。

　　以史为镜,可以知兴替;盛世修志,乃光荣传统。《宁夏红寺堡扬水工程志》是一部具有现实意义和历史意义的志书,是全处干部职工以及编纂人员集体智慧的结晶。它真实地记载了红寺堡扬水工程20年的发展历程,总结和反映了生产经营、工程管理、服务灌区、队伍建设、改革发展、落实全面从严治党要求等方面取得的成绩,真实地再现了红寺堡扬水人的精神风貌,是了解工程发展的重要史料,对于继往开来、转型发展具有重要意义,红寺堡扬水工程也必将在水利现代化发展和扬水富民事业中绽放出灿烂异彩。

宁夏回族自治区红寺堡扬水管理处

2018 年 10 月

凡 例

一、本志以马列主义、毛泽东思想、邓小平理论、"三个代表"重要思想、科学发展观和习近平新时代中国特色社会主义思想为指导,坚持辩证唯物主义和历史唯物主义,坚持四项基本原则,实事求是记述宁夏扶贫扬黄灌溉一期工程(含红寺堡和固海扩灌两大扬水工程)建设和运行管理的历史与现状。

二、本志横不漏项、纵不断线,上限为 1998 年,下限断至 2017 年 12 月。工程提出、立项、建设和大事记等上溯至 1994 年,红寺堡一至五泵站更新改造延伸到 2018 年 4 月。固海扩灌工程因 2010 年 3 月移交固海扬水管理处,故断于 2009 年年底,且因资料收集不翔,从简记述。

三、本志由大事记、概述、专志、附录四部分组成,专志包括自然环境与灌区建置沿革、工程立项与建设、扬水工程、工程运行管理、灌溉管理、安全生产、经营管理、依法治水、工程效益、组织和队伍建设、党建及精神文明建设、人物、艺文,共十三章。

四、本志采用记述体,语体文。

五、本志体例为章节体,采用记、述、志、传、图、表、录载体进行记述。

六、本志人名直书其名,机关单位、组织名称首次出现用全称,后一般用规范化简称。

七、本志人物收录标准:宁夏扶贫扬黄灌溉工程建设指挥部(宁夏水利水电工程建设管理局)总指挥、副总指挥、总工程师、副总工程师、纪检组长;参与运行管理的副处级以上干部,全国水利技术能手、自治区水利技术能手。人物传记按卒年排序,人物简介以生年排序。

八、本志收录的集体、个人获奖范围为工程运行管理单位、人员荣获地厅级以上奖励。

九、本志汉字、数字、外文字符、计量单位和标点符号,按照国家标准和规定执行。面积部分沿用市制。地面高程均为黄海高程。

十、资料来源:来自搜集到的宁夏扶贫扬黄灌溉工程建设指挥部档案、管理处档案和调查访问老同志所得到的亲历、亲见、亲闻资料,以及外部搜集到的档案、图书、报刊、志书等,均不加注。

目录
CONTENTS

大 事 记

1994 年

9月12—17日　全国政协副主席钱正英率农林水利专家考察组到宁夏考察,在与自治区领导就从根本上改变贫困地区群众的生产、生活条件等问题交换意见后,提出了建设宁夏扶贫扬黄新灌区的构想,大体用6年时间,投入30亿元,开发扬黄新灌区200万亩,解决宁南山区100万贫困人口脱贫问题(即"1236"工程)。

9月18日　自治区党委、政府向党中央、国务院呈报《关于将宁夏扶贫扬黄新灌区列为国家"九五"重点项目的请示报告》。

10月25日　自治区计委以宁计(农)发〔1994〕312号向国家计委呈报《大柳树宁夏灌区第一期扶贫工程项目建议书》。

10月27日　全国政协考察组钱正英等7人向全国政协提交2027号提案——《关于在宁夏回族自治区建设扶贫灌区作为大柳树第一期工程的建议案》。

10月30日　由宁夏水利设计院、农业勘察设计院、农业区划办公室等单位编制的《大柳树宁夏灌区第一期扶贫工程可行性研究报告》上报国家计委、水利部及全国政协办公厅。

1995 年

1月9日　水利部规划计划司以规计〔1995〕1号向国家计委农经司提出了关于将宁夏扶贫扬黄新灌区列为国家"九五"重点项目的意见。

2月21日 自治区党委、人大、政府、政协召开联席会议,决定带领全区人民发扬自力更生、艰苦奋斗、奋发图强、开拓创新的精神,共同建设"1236"工程。

2月22日 全国政协办公厅以全办发〔1995〕24号向中共中央办公厅、国务院办公厅报送全国政协考察组《西北开发建设必须农业水利先行——关于甘肃、宁夏农业水利情况调查报告》,建议中央支持宁夏兴建扬黄扶贫灌区工程。

4月18日 国务院副总理姜春云批阅了全国政协考察组的《西北开发建设必须农业水利先行——关于甘肃、宁夏农业水利情况调查报告》,批示国家计委副主任陈耀邦、水利部部长钮茂生对钱正英等的建议进行研究。

是日 国家计委以农经〔1995〕426号对宁夏计委上报的《大柳树宁夏灌区第一期扶贫工程项目建议书》作了批复:原则同意建设扬黄灌区,要求宁夏本着投资少、见效快、先易后难和量力而行的原则,研究提出实施方案,按基建程序编报单项工程项目建议书。

5月19日 国务院副总理邹家华主持会议,研究宁夏扬黄灌区工程问题。会议经过研究,原则同意在宁夏建设扬黄灌区工程。规模暂按200万亩,年用水量8亿立方米进行规划。整个工程的投资由宁夏包干使用。前期工作由水利部商宁夏落实。

5月19—24日 国务院副总理李岚清率国家计委、水利部、对外经贸部等部门领导来宁夏视察指导工作。

5月22—26日 水利部副部长张春园率领专家组来宁夏实地考察,帮助做好扶贫扬黄工程的前期工作,就工程建设有关问题提出了具体指导意见。

5月26日—6月18日 自治区副主席任启兴、自治区人大常委会副主任张位正带领自治区计委、财政厅、水利厅、经贸委等部门和水利设计院、农业勘察设计院的负责同志及工程技术人员赴京,在水利部的具体指导下,对原来提出的扶贫扬黄工程总体方案进行调整。

6月21日 "1236"工程办公室组织宁夏水利设计院、电力设计院、农勘院、农建委、区环保局等单位集中重新编制工程项目建议书及预可研报告。于7月下旬完成了《宁夏扶贫扬黄灌溉工程项目建议书》和预可研报告,上报国家计委、水利部。

6月29日 自治区党委会议研究决定成立宁夏扶贫扬黄灌溉工程建设委员会,由白立忱任主任委员,任启兴、周生贤、张位正任副主任委员,自治区计委、水利厅、财政厅、农业厅等28个部门和地区主要领导为委员。委员会下设办公室,张位正负责委员会日常工作兼任办公室主任,张钧超任办公室副主任。为方便办公室对工程的组织实施,成立宁夏扶贫扬黄工程建设指挥部,与办公室两块牌子、一套人马。

7月31日—8月2日　水利部在北京召开"宁夏扶贫扬黄灌溉工程项目建议书预审会"。经过认真审查讨论,基本同意建议书。

11月16日　宁夏扶贫扬黄灌溉一期工程红寺堡一泵站、固海扩灌一泵站"三通一平"(通水、通电、通路、平整土地)启动仪式在位于中宁县古城乡风塘沟的固海扩灌一泵站站址隆重举行。

12月13日　国务院办公会议正式批准宁夏扶贫扬黄灌溉工程立项。

12月15日　国家计委以计农经〔1995〕2248号通知,明确宁夏扶贫扬黄灌溉工程已经国务院批准立项,并印发了"国家计委关于审批宁夏扶贫扬黄灌溉一期工程项目建议书的请示",要求遵照执行。

1996 年

2月12日　宁夏扶贫扬黄灌溉工程建设委员会召开第二次会议,研究工程目标任务、计划安排、资金筹措、工程建设运作方式、移民安置等问题,并决定正式组建宁夏扶贫扬黄灌溉工程建设指挥部。

2月14—16日　自治区计委召开《宁夏扶贫扬黄灌溉一期工程可行性研究报告》预审会议,有关方面的专家和代表80多人参加会议。

2月16日　自治区人民政府召开第24次常务会议,研究落实扶贫扬黄灌溉一期工程建设自筹资金,决定通过3个渠道每年筹资1.5亿元,自1996年起6年累计筹资9亿元,专项用于扶贫扬黄灌溉工程。

3月1日　水利部部长钮茂生在黄璜、张位正等陪同下,对宁夏扶贫扬黄灌溉工程红寺堡灌区进行实地察看。

3月28日　全区筹集扶贫扬黄灌溉工程建设资金动员大会在贺兰山宾馆召开,并举行了捐款仪式。

4月4—7日　受水利部委托,由水利部水利水电规划设计总院主持,在北京对《宁夏扶贫扬黄灌溉一期工程可行性研究报告》进行审查。

4月4日　国务院副总理邹家华在京听取了宁夏回族自治区主席白立忱及张位正、董家林、郭占元关于扶贫扬黄灌溉工程前期工作进展情况的汇报,并就工程建设资金中央和地方的筹措比例(中央投资三分之二,地方自筹三分之一)和5月举行奠基仪式等作了重要指示。

4月5日 国务院副总理李岚清在京听取了宁夏回族自治区主席白立忱及张位正、董家林关于扶贫扬黄工程前期工作进展情况及利用科威特政府贷款准备工作的汇报，并就工程建设中搞好节水灌溉和利用科威特贷款等问题作了重要指示。

5月11日 宁夏扶贫扬黄灌溉工程奠基仪式在红寺堡灌区一泵站站址举行。中共中央政治局委员、国务院副总理邹家华出席奠基典礼并讲话。全国政协副主席杨汝岱和国务院有关部委领导陈耀邦、张宝明、张春园、刘明康、张铭羽及自治区领导黄璜、白立忱、马思忠、王永正、刘国范等出席了奠基典礼。

5月13—19日 中共中央政治局委员、国务院副总理姜春云等在自治区党委书记黄璜、自治区主席白立忱的陪同下，视察扶贫扬黄工程工地。

7月11日 《宁夏扶贫扬黄灌溉一期工程项目首批利用科威特贷款3300万美元贷款协定》草签仪式在银川举行，外经贸部代表和科威特基金会评估团团长在协定文本上签字。

7月13日 中共中央书记处书记、国务院副总理温家宝，在自治区党委书记黄璜、自治区副主席周生贤、宁夏扶贫扬黄灌溉工程总指挥部总指挥张位正等陪同下，视察了宁夏扶贫扬黄灌溉工程固海扩灌一泵站工地。

9月11日 国务院总理李鹏在银川听取了自治区党委、政府汇报后指出："中央对于宁夏扶贫扬黄灌溉工程是支持的，我们支持你们首先要把扶贫扬黄灌溉工程搞上去。这既是扶贫项目，也是一个大型水利项目。"同时落实了扶贫扬黄灌溉工程建设的资金渠道。

11月25日 宁夏扶贫扬黄灌溉工程首批利用科威特政府贷款3300万美元协定签字仪式在北京举行。

12月11日 国务院副秘书长李树文在北京召集中央军委、解放军总参谋部有关部门和兰州军区、宁夏回族自治区政府领导会议，研究红寺堡兰州军区某部场地易地重建问题。

1997 年

1月29日 自治区政府召开第35次常务会议暨工程建设委员会第4次全体会议，专题研究扶贫扬黄灌溉工程涉及红寺堡某部场地易地重建问题，原则同意按新选场址迁建。

2月18日 自治区机构编制委员会印发《关于成立自治区红寺堡扬水工程筹建处的通知》(宁编事发〔1997〕10号)，批准成立宁夏红寺堡扬水工程筹建处，为自治区水利厅下属事业单位，不定级别，配备处级领导职数1正2副，暂定事业编制15名，所需经费从工程前期建设费中开支。

4月10日　七星渠娘娘庙段扩整竣工,通过有关部门验收。七星渠是扶贫扬黄灌溉工程的总输水渠,直接从位于中卫县申家滩河段无坝引水。

5月12日　科威特政府正式批准宁夏扶贫扬黄灌溉工程项目使用科威特政府贷款,贷款协议生效。

6月15日　红寺堡灌区一泵站全面开工建设。宁夏水利水电工程局中标承建。

12月17日　国务院批准宁夏扶贫扬黄一期工程可行性研究报告。

1998年

3月6日　红寺堡三泵站开工建设。宁夏水利水电工程局中标承建。

3月15日　红寺堡灌区二泵站开工建设。内蒙古黄河工程局中标承建。

6月9日　自治区主席马启智带领自治区有关厅局委办等负责同志,视察红寺堡一、二、三泵站,一、二、三干渠施工现场。

8月　自治区水利厅正式组建红寺堡扬水工程筹建处,建立了以周伟华为处长,高铁山、徐宪平、杨永春为副职的领导班子,固海扬水管理处招待所为临时办公场所。

8月7日　国家计委以计投资〔1998〕1497号《关于下达1998年(国务院批准安排财政预算内专项资金的)基本建设新开工大中型项目计划的通知》,同意宁夏扶贫扬黄灌溉工程开工建设。

8月20日　恩和变电所竣工并启动送电。这是由宁夏送变电工程公司承建的220千伏全自动大型变电所,是为扶贫扬黄工程而建的总电源,担负着红寺堡灌区各泵站和固海扩灌区部分泵站供电。

8月28日　"宁夏红寺堡扬水工程筹建处"印章正式启用。

是日　宁夏红寺堡扬水工程筹建处召开第一次会议研究筹建处负责人临时分工。周伟华负责全面工作,分管财务、人事;高铁山负责宣传、教育工作,并协助周伟华分管人事工作;徐宪平负责水工方面的验收及运行管理工作;杨永春负责机电方面的验收及运行管理工作;马玉忠负责后勤管理工作。

9月16日　宁夏扶贫扬黄灌溉工程正式开工典礼暨首次试水仪式在红寺堡一泵站举行。红寺堡一、二、三泵站及一干渠、二干渠、三干渠前段22千米试水成功,实现当年开工、当年上水的目标。

9月23日　全国政协常委、自治区原主席黑伯理视察扶贫扬黄灌溉工程建设工地。

10月3日　自治区水利厅任命高铁山为筹建处党总支副书记,徐宪平、杨永春为筹建处副处长。

10月16日　筹建处召开会议研究决定,设立7个临时部门和5个基层单位,并明确相关负责人:左静波负责政工工作;田国祥负责行政后勤管理工作;李明负责综合经营工作;桂玉忠负责机电管理工作;赵欣负责工程灌溉管理工作;李宁恩负责调度室工作;祁彦澄负责财务工作;张晓宁、邹建宁负责检修队筹建工作;朱洪、于国兴负责工程队筹建工作;张明、黄吉全负责红寺堡一泵站工作;徐泳、张建清负责红寺堡二泵站工作;李瑞聪、杨俊负责红寺堡三泵站工作。

10月19日　宁夏水利学校分配51名技工学生及固海扬水管理处、盐环定扬水管理处和跃进渠管理处等抽调的54名技术骨干到岗工作。

10月21日　红寺堡扬水工程筹建处首次工作启动会在固海扬水管理处招待所四楼会议室召开。

10月26日　红寺堡一泵站开机上水,红寺堡灌区首次冬灌。

11月5日　自治区政协主席马思忠、副主席任怀祥、副主席马国权视察扶贫扬黄工程。

11月6日　"红寺堡扬水筹建处水利水电建筑安装工程公司"正式成立,朱洪任经理,于国兴任副经理。

11月7日　筹建处业务技术培训领导小组正式成立。

11月27日　筹建处工会筹备领导小组正式成立。

1998年12月1日—1999年4月5日　筹建处举办第一期业务技术培训班,分别为业务骨干培训班、机电运行人员岗位培训班、水工人员培训班。

12月14日　筹建处干部职工年度考核工作领导小组正式成立。

12月27日　国务院、中央军委批复,原则同意宁夏回族自治区政府和兰州军区就解决扶贫扬黄工程建设和军用场地重建用地问题所达成的协议,要求军、地各有关部门、单位顾全大局、积极配合,保证扶贫扬黄灌溉工程和军用场地建设工作的顺利进行。

是年　冬灌开机上水28天,上水量362.4万立方米,灌溉面积1.13万亩。

1999 年

1月4日　自治区水利厅任命周伟华为筹建处处长。

2月5日　自治区水利厅党委同意中共宁夏红寺堡扬水工程筹建处总支委员会成立，高铁山任党总支副书记。

3月13日　筹建处确定每月26日为安全活动日，每年4月为筹建处安全月。

3月22日　筹建处首次团员青年大会在红寺堡一泵站召开。

3月23日　筹建处启动以讲学习、讲政治、讲正气为内容的"三讲"教育。

3月30日　筹建处成立综合治理领导小组、安全工作领导小组，建立安全员网络。

4月7日　筹建处制订《红寺堡扬水工程筹建处劳动管理实施办法》（试行），推行全员月百分考核办法，每月对职工从德、能、勤、绩4方面按3∶2∶2∶3的比例进行考核。

4月12日　筹建处成立劳动管理百分考核领导小组。

4月16日　筹建处成立思想政治工作研究小组、法制建设领导小组、保密工作领导小组、通讯联络站、职工教育领导小组、综合经营工作领导小组、绿化工作领导小组、社会主义劳动竞赛委员会、住房管理领导小组、防汛工作领导小组。

5月8日　筹建处成立中宁办公生活基地建设领导小组。

5月14日　红寺堡扬黄灌区召开首次灌溉管理工作会议，总指挥部副总指挥张国琴到会讲话。

是日　制订《红寺堡扬水灌区灌溉管理暂行办法》，实行"水票制"。

5月18日　筹建处召开党员大会，选举产生中共红寺堡扬水工程筹建处总支部委员会。大会选举高铁山、周伟华、徐宪平、杨永春、左静波为委员，高铁山为副书记。

5月21日　"中国共产党宁夏回族自治区红寺堡扬水工程筹建处总支部委员会"印章正式启用。

5月23日　宁夏扶贫扬黄工程第二批利用科威特政府3300万美元贷款协议在北京草签。财政部和科威特基金会代表在协议上签字。

5月26日　筹建处召开首次宣传工作会议，建立通讯员网，制定《宣传工作管理办法》。

5月28日　中宁办公生活基地一期工程正式开工建设。

6月2日　自治区党委副书记任启兴视察扶贫扬黄工程。

6月7日　筹建处决定在全处实行双文明建设百分考核办法。

6月8日　筹建处党总支成立红寺堡一泵站联合党支部(含检修队)、红寺堡二泵站党支部、红寺堡三泵站党支部、机关党支部。

6月30日　筹建处成立精神文明建设领导小组。

7月　《红寺堡人》小报创刊,主要宣传党的方针、政策,中央及自治区治水思路,筹建处工作动态、好人好事、职工精神面貌。

8月16—17日　在红寺堡二泵站举行筹建处首届篮球、排球、乒乓球运动会。

8月30日　筹建处举行"三讲"教育报告会,中宁县党校校长秦新声应邀作了题为《深入开展"三讲"教育　管好扶贫扬黄工程》的辅导报告。

9月17—18日　筹建处举办首届机电运行技术比武活动。

10月9日　以九届全国人大农业与农村委员会副主任委员杨振怀、水利部常务副部长张春园为组长的全国大型灌区节水示范调研组一行考察红寺堡扶贫扬黄工程建设情况。

10月21日　筹建处成立政务公开领导小组和双文明建设考核领导小组。

10月28日　上午11时许,中共中央政治局常委、国务院总理朱镕基在国家有关部委负责人、自治区党委书记毛如柏、自治区主席马启智等区领导和自治区水利厅党委书记、厅长刘汉忠的陪同下,视察了红寺堡一泵站及红寺堡灌区。

11月26日　筹建处研究制定《处务例会制度》等36种制度及《综合治理领导小组职责》等38种岗位职责,建立和完善了管理工作必需的规章制度和岗位职责。

是年　上水122天,上水量2444.5万立方米,灌溉面积1.85万亩,红寺堡灌区产粮油230.4万千克,农林牧产值236.9万元,人均纯收入553元。按照自治区人民政府规定,红寺堡灌区1998年冬灌试水灌溉至1999年年底实行无偿供水。

2000 年

2月23日　自治区人事劳动厅、自治区水利厅授予红寺堡一泵站负责人张明1999年全区水利系统先进个人荣誉称号。

是日　筹建处荣获1999年度自治区水利厅规范化管理先进单位称号,受到表彰奖励。

3月21日　筹建处被总指挥部授予1999年度扬水灌溉管理工作先进单位称号。

4月3日　自治区主席马启智、副主席陈进玉视察红寺堡一泵站。

4月9日　筹建处决定实行全员考核定岗并建立岗位安全补贴发放办法。

4月11日　筹建处成立红寺堡中心管理所(临时管理机构),承担三干渠工程管理及灌区灌溉管理工作。

4月19日　自治区党委副书记韩茂华视察扶贫扬黄工程。

6月1日　全国政协副主席李贵鲜、水利部常务副部长张春园在自治区政协主席马思忠的陪同下考察了红寺堡一泵站。

6月3日　按照自治区水利厅党委部署,筹建处处级领导班子、领导干部"三讲"教育全面展开。

6月9—11日　全国人大常委会民族事务委员会及水利部一行9人在全国人大常委会委员奉恒高的带领下,到红寺堡一泵站视察扶贫扬黄灌溉工程建设、运行情况。

7月7日　自治区水利厅党委书记马三刚、副厅长吴洪相、灌溉局局长刘慧芳到筹建处泵站检查工作,深入灌区试点村调查了解作物种植和移民生产生活状况。在筹建处召开会议,听取了建处以来的工作汇报。

是月　检修队职工李国谊荣获"全国水利技术能手"称号。

8月1日　筹建处召开"三讲"教育工作总结大会。

8月15日　中共中央政治局常委、国务院副总理李岚清带领有关部委同志在自治区党委书记毛如柏、自治区主席马启智、自治区副主席陈进玉、指挥部总指挥张位正等领导的陪同下视察了红寺堡一、二、三泵站,一、二干渠及灌区。

8月16日　筹建处机关办公楼落成并搬迁,自治区水利厅党委副书记李洪智应邀祝贺。至此,筹建处机关结束了无办公场所的历史。

8月18日　水利部纪检组组长李昌凡一行到筹建处考察,并听取了党总支副书记高铁山关于思想政治工作汇报。

8月20日　自治区党委常委、副主席马锡广陪同国家计委副主任汪洋一行到红寺堡一泵站视察。

8月22日　水利部副部长周文智、黄委主任鄂竟平视察固海扩灌一泵站和黄河泵站建设工地。

8月25日　自治区党委组织部、教育厅授予吴建林支教先进个人。

9月11日　筹建处统一分配新建成交付使用的2#住宅楼60套住房。

9月20日　全国政协副主席白立忱在自治区主席马启智、总指挥部总指挥张位正的陪同下视察了红寺堡一、二、三泵站及一、二干渠。

10月18日 在筹建处培训中心举行北京工业大学函授学院机电排灌大专班开学典礼,第一期函授学员开班上课。

10月25日 新庄集一泵站启动试水成功。

是年 开机上水155天,上水量5223.6万立方米,灌溉面积8.2万亩,供水收入25.87万元;红寺堡灌区产粮油891.1万千克,农林牧总产值1362万元,人均纯收入596元。从2000年起,根据《关于扶贫扬黄灌溉工程红寺堡灌区供水价格的通知》(宁价重发〔2002〕82号),红寺堡扬水灌区开始收取水费,具体标准为:农业用水2000年为0.01元/立方米,2001年为0.02元/立方米,2002年为0.03元/立方米。对新开发土地第一年的农业用水价格按当年价格减半执行。

2001 年

2月10—23日 筹建处举行第一期计算机培训班,培训结束后,集体在宁夏水利学校上机操作,并参加了自治区人事劳动厅组织的计算机二级水平考试。

2月13日 自治区水利厅副厅长吴洪相到筹建处宣布干部任免决定:免去高铁山筹建处党总支副书记、委员职务;任命马长仁为筹建处党总支委员、副书记;任命赵欣为筹建处副处长;免去徐宪平筹建处副处长职务。

2月20日 筹建处荣获自治区水利厅环境美化先进单位称号,获1万元奖金。

3月1日 政工部门负责人左静波被自治区总工会授予"全区先进女职工"称号。

3月11日 国务院副总理李岚清致信自治区领导毛如柏、马启智,就扶贫扬黄灌区开发建设作了重要指示。

4月2日 宁夏水利学校等分配的32名人员到岗。

4月8日 筹建处职工进驻新庄集一、二泵站,新圈一、二泵站,开展代管工作。

4月29日 自治区党委书记毛如柏在自治区副主席陈进玉和有关部门负责人的陪同下,考察红寺堡灌区农业种植、开发情况。

5月9日 筹建处团委在红寺堡二泵站举行了"青年志愿林"揭碑仪式。

5月16日 水利部副部长张基尧在自治区副主席陈进玉、自治区水利厅厅长肖云刚、总指挥部副总指挥袁进琳的陪同下视察了红寺堡一、二、三泵站及红寺堡灌区。

6月4日 中共中央政治局常委、中纪委书记、中华全国总工会主席尉健行在自治区主席马启智,党委常委韩茂华、刘丰富、李顺桃等领导和总指挥部总指挥张位正的陪同下,视察了红寺堡一泵站和扶贫扬黄工程展室,并沿一、二干渠视察了渠道工程。

6月5日 上午10时许,红三干渠10+913上麻黄沟渡槽出口处发生决口事故。

6月6日 全国政协副主席钱正英考察红寺堡灌区。

6月29日 红寺堡二泵站党支部被自治区水利厅党委评为先进基层党组织,红寺堡一泵站王同选被自治区水利厅党委评为优秀共产党员。

7月10日 全国政协常委黄璜视察红寺堡扬水工程。

7月18日 中共中央政治局候补委员吴仪,在自治区党委书记毛如柏、自治区主席马启智、总指挥部总指挥张位正的陪同下,视察红寺堡扬水工程。

7月31日 筹建处在红寺堡镇举行"引水上山,造福于民"的慰问灌区群众文艺演出,灌区各级领导和移民群众五百余人观看。演出收到了良好的水利宣传效果。

8月2日 自治区水利厅党委书记马三刚、灌溉局局长刘慧芳、总指挥部总工程师哈双到新庄集一、二泵站及正在建设中的黄河泵站和固海扩灌工程检查指导工作。

9月12日 水利部监察局领导在自治区水利厅纪委书记任福的陪同下视察红寺堡扬水工程及灌区。

10月17日 自治区纪委副书记、监察厅厅长何耀东,纠风办副主任马力,执法监察室副主任张振云在自治区水利厅纪委书记任福的陪同下到筹建处检查指导行风评议工作,并召开座谈会。

10月26日 黄河泵站举行通水典礼,自治区领导马启智、任启兴、卢普阳、陈进玉等出席通水典礼仪式。筹建处组织人员参与试机通水,该泵站移交筹建处代管。

11月8日 筹建处编印《规章制度汇编》,共收规章制度170种、工作职责176种,近44万字。

11月12日 汪洋湖事迹报告团一行在总指挥部总指挥张位正、自治区水利厅厅长肖云刚等领导陪同下,考察了黄河泵站、红寺堡一泵站及一、二干渠。

11月29日 自治区水利厅党委书记马三刚、自治区编办一行人员考察了红寺堡扬水工程部分泵站和灌区。

12月13日 总指挥部总工程师哈双带领专家与筹建处有关领导和技术人员共同论证红寺堡三泵站前池建造退水闸问题。

是年 新圈一、二泵站和新庄集二泵站试运行,所辖灌区首次冬灌。

△ 开机上水 144 天,上水量 6858 万立方米,灌溉面积 9.5 万亩,供水收入 87.43 万元;红寺堡灌区产粮油 2561.2 万千克,农林牧产值 3771.6 万元,人均纯收入 792 元。

2002 年

2月1日 筹建处被中宁县委、政府命名为"文明单位""治安模范单位"。

是月 马国民、李国谊在第二届全区水利行业泵站运行工技能竞赛中分别取得第二名、第三名。

3月底 筹建处抽调人员进驻黄河泵站,正式开展泵站代管及试运行工作。

4月4日 9 时 40 分,黄河泵站开机上水,标志着自治区第一座自动化泵站投入运行。

4月22日 自治区党委书记陈建国在总指挥部总指挥张位正等陪同下,视察黄河泵站,红寺堡一、二、三泵站,一、二干渠和红寺堡灌区。

4月下旬 全国第二届水利行业职业技能竞赛结果揭晓,马国民、李国谊分别取得泵站运行工技能竞赛全国决赛第 11 名和第 19 名,马国民荣获"全国水利技术能手"称号。

5月11日 自治区副主席陈进玉在有关厅局负责人陪同下,视察了红寺堡灌区。

5月16日 全国政协副主席钱正英带领全国政协和中国工程院考察团一行,在自治区党委书记陈建国、政协主席任启兴、总指挥部总指挥张位正、自治区水利厅厅长肖云刚等陪同下,视察红寺堡一泵站和黄河泵站。

是月 侯学锋被自治区团委授予"全区优秀共青团员"称号。

△ 总指挥部授予筹建处"灌溉管理先进单位"称号。

6月7—8日 宁夏全区普降中到大雨,红寺堡地区大雨造成洪水入渠,红寺堡二干渠、三干渠渠堤、沟涵、排洪渡槽多处严重受损,三干渠 1+298 处 2 号排洪渡槽冲毁决口,经 5 天抢修恢复通水。

7月8日 中国驻南非大使王学贤在总指挥部总指挥张位正、自治区水利厅副厅长阮廷甫的陪同下参观了黄河泵站和红寺堡一泵站。

7月10日 考察宁夏扶贫扬黄工程红寺堡灌区开发与可持续发展的中国科学院院士石元春一行在总指挥部总指挥张位正陪同下,到黄河泵站、红寺堡一泵站考察。

8月7日 全国政协副主席王文元在自治区政协副主席梁俭、总指挥部总指挥张位正的陪同下视察黄河泵站和红寺堡灌区。

8月8日 中宁基地二期工程建设破土动工。二期工程包括2栋70套住宅楼、1栋4层综合楼(检修队、工程队办公楼),总建筑面积近7800平方米。同期建设的还有中宁乳品厂对面的营业房,建筑面积约2500平方米。

8月17日 全国政协副主席白立忱在自治区政协主席任启兴、总指挥部总指挥张位正的陪同下视察黄河泵站和红寺堡灌区。

8月24日 全国政协副主席万国权在自治区政协副主席梁俭、总指挥部副总指挥袁进琳的陪同下到红寺堡一泵站、工程展室视察。

8月28日 马国民被授予"全区技术能手"称号,获技师职业资格证书;李国谊被授予"全区水利技术能手"称号,获得高级工职业资格证书。

9月6日 筹建处被自治区党委宣传部、组织部,自治区经贸委、总工会联合授予"全区思想政治工作先进集体"荣誉称号。

10月9日 水利部农水司司长冯广志在自治区水利厅副厅长马继祯、灌溉局局长刘慧芳的陪同下,考察了红寺堡扬水工程及灌区。

10月10日 总指挥部在红崖基地召开固海扩灌工程试水冬灌工作会议,安排固海扩灌试水时间和任务。筹建处处长周伟华、副处长杨永春等参加会议。

10月13日 按照自治区人民政府关于固海扩灌工程1~6泵站冬灌试水的决定,自治区水利厅协调参与试水的66名同志分别从固海扬水管理处、盐环定扬水管理处、七星渠管理处赴筹建处报到。13日上午,筹建处召开固海扩灌试水动员大会。

10月21日 上午10时,固海扩灌一泵站开机试水,总指挥部副总指挥于天恩、总工程师哈双到场指导。

10月22日 筹建处正式代管海子塘一、二泵站和新庄集三泵站,成立新庄集支干管理所。

10月27日 自治区水利厅党委批准筹建处党总支改建为党委,批准成立筹建处纪委。

10月28日 当晚,固海扩灌六泵站试水成功,1~6泵站全线通水。

11月4日 自治区副主席赵廷杰在自治区水利厅厅长肖云刚、总指挥部总指挥吴洪相等陪同下视察固海扩灌工程和同心新灌区。

11月5日 新庄集三泵站正式试水。

11月14日 吴忠市级文明单位检查验收组在中宁县宣传部、文明办有关人员的陪同下对筹建处市级文明单位创建工作进行了检查验收,给予较高评价。

11月17日 固海扩灌冬灌试水结束,10月21日开机以来共上水548万立方米,灌溉土地近2万亩。

11月29日 于国兴被自治区水利厅评为水利工程施工管理先进个人。

12月9日 自治区水利厅副厅长马继祯及组织人事处处长李洪山到筹建处宣布干部任命决定:任命左静波为筹建处纪委书记;聘任桂玉忠、李生玉为筹建处副处长。

是年 总指挥部委托筹建处代管固海扩灌扬水工程,红寺堡和固海扩灌两大扬水工程由筹建处统一管理。

△ 红寺堡扬水工程上水144天,上水量8047.7万立方米,灌溉面积14.5万亩,供水收入133.52万元;灌区产粮油3702.8万千克,农林牧产值8888.7万元,人均纯收入934元。固海扩灌工程冬灌试水上水548.07万立方米,灌溉面积1.78万亩。

2003 年

1月22日 筹建处党委成立机关一、二党支部。第一党支部由行政后勤、政工、工程灌溉、监察审计部门组成;第二党支部由财务物资、机电、综合经营、调度通讯部门和工会、共青团组成。撤销原机关党支部。

是月 筹建处成立监察审计室。

2月18日 筹建处处长周伟华参加了自治区主席马启智主持召开的"1236"工程建设委员会议。

是日 自治区主席第二次办公会议决定,从2002年起,筹建处运行管理费用暂由自治区财政厅、水利厅、总指挥部各承担三分之一。

2月25日 筹建处被自治区水利厅评为予2002年度"文明单位"。

3月22日 筹建处印发《岗位竞聘暂行办法》,在全处推行全员持证竞聘上岗,深化劳动用工改革和劳动分配改革。

是日 筹建处印发《基层站(所)管理体制改革暂行办法》,建立了总站(所)管理分站体制。成立了红寺堡三总站(辖红三泵站和新圈一泵站、二泵站),新庄集总站(辖新庄集一、二、三、四泵站),固海扩灌一总站(辖固海扩灌一、二、三泵站),固海扩灌二总站(辖固海扩灌四、五、六泵站)。

4 月 7 日 自治区水利厅副厅长刘慧芳一行 7 人到筹建处部署水管单位体制改革事宜。筹建处被确定为宁夏水利改革试点单位。

4 月 14 日 根据自治区水利厅团委《关于成立共青团红寺堡扬水工程筹建处委员会的批复》（宁水团发〔2002〕18 号），启用"中国共产主义青年团红寺堡扬水工程筹建处委员会"印章。

是日 筹建处成立管理体制改革领导小组。

4 月 17 日 筹建处召开紧急会议，部署预防"非典"工作，号召职工积极预防"非典"疫病传播。

4 月 18 日 水利部副部长翟浩辉在自治区副主席赵廷杰、自治区水利厅厅长肖云刚、总指挥部总指挥吴洪相的陪同下视察黄河泵站。

4 月 24 日 自治区水利厅纪委书记任福、总指挥部副总指挥哈双、自治区水利厅组织人事处处长李洪山到筹建处宣布干部任命决定：任命周自忠为筹建处工会主席。

4 月 29 日 根据《关于成立宁夏红寺堡扬水工程筹建处工会委员会的批复》（宁水工发〔2003〕5 号），启用"宁夏红寺堡扬水工程筹建处工会委员会"印章。

是日 筹建处党委成立固海扩灌第一总站党支部、固海扩灌第二总站党支部和黄河泵站党支部。新庄集支干管理所党支部更名为新庄集总站党支部。

是月 自治区物价局、自治区水利厅印发《关于调整红寺堡扬水及制定固海扩灌扬水灌区供水价格的通知》（宁价商发〔2003〕52 号），调整、制定了 2003 年 4 月 1 日—2007 年 4 月 1 日 4 年度的红寺堡及固海扩灌灌区农业用水水价：红寺堡灌区 2003 年为 0.04 元/立方米，2004 年为 0.055 元/立方米，2005 年为 0.07 元/立方米，2006 年为 0.09 元/立方米，固海扩灌灌区 4 年均按 0.092 元/立方米执行。对新开发土地第一年的农业用水价格按当年价格减半执行，2007 年 4 月后重新定价。

5 月 23 日 中宁基地二期工程之一的营业房竣工，总建筑面积 2586 平方米，共 34 套。

是月 筹建处被吴忠市委、市政府授予"文明单位"称号。

6 月 4 日 自治区人大常委会副主任韩有为带领有关委办负责人在总指挥部总指挥吴洪相、副总指挥周京梅及自治区水利厅副厅长袁进琳的陪同下视察了黄河泵站、固海扩灌一泵站和红寺堡一泵站。

6 月 11 日 筹建处召开通信调度楼工程建设招标会，宁夏兴宁公司中标建设。

7 月 10 日 自治区水利厅副厅长马继祯、组织人事处处长李洪山到筹建处宣布干部任命决定:任命王效军为筹建处副处长。

7月25日　筹建处举行工程队、检修队综合办公楼落成典礼仪式。

7月27日　国家计划委员会农村经济司司长高俊才和水利部农水司司长姜开鹏在自治区水利厅厅长肖云刚、副厅长刘慧芳,总指挥部总指挥吴洪相、副总指挥周京梅的陪同下到黄河泵站调研。

8月6日　筹建处成立固海扩灌工程后段试水工作领导小组,全面负责试水工作。

8月8日　筹建处召开第一届职工代表暨工会会员代表大会,选举周自忠为工会主席。

8月18日　自治区水利厅党委副书记、副厅长袁进琳,组织人事处处长李洪山到筹建处宣布任免决定:周伟华任筹建处党委书记;免去马长仁党总支副书记、委员职务。

8月26日　9时,固海扩灌七泵站开机,七至十二泵站开始试水。

是日　固海扩灌七至十二泵站通水典礼在固海扩灌七泵站举行,总指挥部有关领导、筹建处处长周伟华等参加,总指挥吴洪相讲话。

△　固海扩灌八泵站第二排出水压力管接缝处大量漏水,泵房进水50厘米,固海扩灌一泵站于18时55分停机。

9月7日　6时20分,固海扩灌十干渠3+300(5#涵洞)处决口,固海扩灌后段试水中断。

是日　全国政协副主席白立忱在自治区有关领导和总指挥部总指挥吴洪相的陪同下视察固海扩灌一泵站。

△　红寺堡及固海扩灌两大扬水工程专用微波通信工程建成运行。该工程包括1座无线中心站、7座中继站、27座终端站。

9月16日　筹建处代管固海扩灌七至十二泵站6座变电所。

9月30日　中宁基地二期工程之一的2#、3#住宅楼70套住房竣工并交付使用。

是日　筹建处进行第二次房屋分配,共有48家住户喜迁新居。

10月6—17日　宁夏水利学校分配的76名新工到岗,7—15日,进行岗前培训和考试,16日召开上岗动员大会,17日新职工赴固海扩灌七至十二泵站开展工程代管工作。

10月16日　国家发改委重大项目稽察办稽察特派员何建宁与自治区计委人员,在自治区水利厅副厅长马继祯的陪同下到筹建处调研。

10月17日　11时20分,固海扩灌一泵站开机,固海扩灌七至十二泵站及干渠工程试水开始。

10月26日 "固海扩灌工程全线通水典礼"在固海扩灌八泵站举行,自治区领导马启智、韩茂华、马锡广、赵廷杰等及国家发改委、财政部、水利部有关领导,自治区水利厅厅长肖云刚、副厅长马继祯、副厅长阮延甫、纪委书记任福,总指挥部总指挥吴洪相、副总指挥哈双、副总指挥周京梅,灌区群众代表,筹建处领导、各部门、站(所)负责人和职工代表参加了典礼仪式。

10月30日 在自治区引黄灌区抗旱工作领导小组总结表彰大会上,徐泳被授予"抗旱工作先进个人"称号。

11月26日 水利部副部长敬正书带领有关司局负责人,在自治区副主席赵廷杰、自治区水利厅厅长肖云刚、总指挥部副总指挥哈双的陪同下,视察红寺堡一泵站,一、二干渠和红寺堡灌区。

12月5日 自治区水利厅纪委书记任福、组织人事处处长李洪山一行到筹建处宣布干部任命决定:任命左静波为筹建处党委委员、副书记,王正良同志为管理处党委委员、纪委书记,赵欣、桂玉忠、王效军、周自忠为筹建处党委委员。

12月21日 水利部规划总院有关领导考察扶贫扬黄工程调概工作,参观红寺堡一泵站及展室。

是年 开机上水155天,上水量10679.71万立方米,灌溉面积18.84万亩,供水收入267.55万元;灌区产粮油6286.3万千克,农林牧总产值达14727.2万元。其中红寺堡扬水工程上水9137.7万立方米,灌溉面积17万亩,灌区产粮油5643.3万千克,农林牧产值达13918.4万元,人均纯收入1420元。固海扩灌工程冬灌试水上水1542.01万立方米,灌溉面积1.84万亩,灌区产粮油643万千克,农林牧产值达808.8万元。

2004 年

1月3日 水利部黄委会及黄河上中游管理局到筹建处审查红寺堡及固海扩灌两大扬水工程取水许可证。

1月13日 共青团红寺堡扬水工程筹建处第一次代表大会召开,选举产生了第一届委员会。

2月18日 中共红寺堡扬水工程筹建处第一次代表大会召开,35名代表和28名列席代表参加会议。大会选举产生了第一届党委委员:周伟华、左静波、杨永春、赵欣、桂玉忠、王效军、王正良、周自忠。选举周伟华为党委书记,左静波为党委副书记。选举产生了第一届纪委委员:王正良、王冰竹、祁彦澄、张永忠、徐泳。选举王正良为纪委书记。

是月 筹建处被自治区水利厅授予"职工教育工作先进单位"荣誉称号。

3月5日 筹建处被自治区妇联授予"全区维护妇女儿童权益先进集体"荣誉称号。

3月25日 总指挥部将唐堡基地土建工程移交筹建处。

3月26日 水利部部长汪恕诚带领有关司局负责人,在自治区党委副书记韩茂华、自治区副主席赵廷杰,自治区水利厅厅长袁进琳、总指挥部总指挥吴洪相、副总指挥哈双、副总指挥周京梅的陪同下,视察黄河泵站和红寺堡灌区。

4月8日 唐堡中心管理所成立。主要职能是履行总站管理分站的职责,负责固海扩灌七至十二泵站管理工作。

是日 唐堡中心管理所党支部成立。负责固海扩灌七至十二泵站党务工作。

4月16日 筹建处机关"红扬之声"小广播开通。

5月26日 固海扩灌灌区王团镇农民用水协会挂牌仪式在同心县王团镇政府举行,同心县副县长郜中仁和筹建处副处长赵欣为挂牌仪式剪彩。至此,筹建处所辖灌区第4个农民用水协会正式成立。

6月9日 雷占学被授予"全区水利系统行风建设先进个人"荣誉称号。

6月20日 辽宁省政协副主席徐文才一行11人在总指挥部总指挥吴洪相,副总指挥哈双、张国福等领导陪同下,视察红寺堡灌区、红寺堡一泵站及工程展室等。

6月28日 筹建处团委被自治区团委授予"全区五四红旗团委"称号。

8月13日 筹建处召开职工教育领导小组会议,同意32名职工参加2004年成人高考,接受学历教育。

是月 筹建处党委印发文件,在全处开展向本处优秀共产党员刘志恒学习活动。

9月23日 当晚,筹建处在中宁县城中心广场进行专场文艺演出。

是月 筹建处荣获2004年"全区社会治安综合治理先进集体"荣誉称号。

11月3日 筹建处青年工作委员会成立。

是月 筹建处建成党风廉政教育室。

△ 共开机上水163天,上水量14254.55万立方米,灌溉面积26.61万亩,供水收入696.41万元;灌区产粮油9396.56万千克,农林牧总产值达22730.5万元。其中红寺堡扬水工程上水11652.2万立方米,灌溉面积23.19万亩,灌区产粮油8014.1万千克,农林牧产值

20568.6万元,人均纯收入1660元。固海扩灌工程上水2602.35万立方米,灌溉面积3.42万亩,灌区产粮油1382.46万千克,农林牧产值达2161.9万元。

2005 年

1月1日 自治区党委书记陈建国深入西湖阅海连通工程工地慰问施工一线人员,筹建处工程公司在此施工。

1月13日 筹建处被自治区水利厅授予2004年度"全区水利系统先进集体"荣誉称号。

1月25日 当晚,筹建处党委召开党委委员及有关部门负责人会议,传达自治区水利厅保持共产党员先进性教育动员大会精神,并就开展该项工作进行研究部署。

1月27日 下午,筹建处党委召开保持共产党员先进性教育活动动员会,成立保持共产党员先进性教育活动领导小组,印发《开展保持共产党员先进性教育活动实施方案》。

是月 筹建处党委副书记左静波被借调到自治区水利厅党委先进性教育工作第二督导组任组长。

2月4日 自治区党委驻自治区水利厅第十一督导组组长赵晓素等在自治区水利厅组织人事处副处长和志国的陪同下来筹建处检查保持共产党员先进性教育活动开展情况。

2月17日 筹建处2005级机电排灌函授大专班举行开学典礼开班上课,61名函授学员参加函授学习。

2月23日 自治区水利厅纪委书记任福一行到筹建处检查指导保持共产党员先进性教育活动。

3月5日 筹建处党委组织80余名党员赴西吉将台堡开展"长征路上访红军"保持共产党员先进性教育活动,接受革命传统教育。

3月8日 筹建处被总指挥部授予2004年度"运行管理先进单位"称号。

3月11日 全区水利系统首场先进事迹报告会在中宁县影剧院举行,报告团成员、筹建处优秀共产党员刘志恒作了题为《无悔的选择》的报告。

3月22日 李国谊被授予第三届"水利厅十杰青年"光荣称号。

3月26—27日 筹建处通过面试、笔试的方式在红寺堡灌区大中专毕业待业人员中招聘了19名季节性临时工。自此,筹建处在机电、水工岗位探索实施了招聘季节性临时工用工机制。

3月27日 红寺堡四、五泵站及四、五干渠开工典礼在四泵站举行。自治区副主席赵廷杰,政协副主席马瑞文,自治区水利厅厅长袁进琳,总指挥部总指挥吴洪相、副总指挥哈双以及地方领导出席典礼仪式,吴洪相讲话,赵廷杰宣布开工。

是月 马国民被自治区团委、自治区劳动和社会保障厅授予"全区青年岗位能手"称号。

4月6日 筹建处党委决定:调度通讯科的通讯管理职能划归检修队;政工科承担的内部保卫、水政监察工作任务由监察审计室担负;成立红寺堡第一总站,辖红寺堡一泵站、二泵站、黄河泵站。红寺堡第一总站按照《基层站所管理体制改革暂行办法》行使管理职能。

是日 筹建处党委成立红寺堡一总站党支部,撤销原红一、二泵站联合党支部。

4月15日 水利部"建设节水型社会"调研组一行在筹建处副处长赵欣的陪同下,到红寺堡一泵站、固海扩灌一泵站、黄河泵站和红寺堡灌区考察调研。

5月13日 水利部副部长翟浩辉在陕、甘、宁3省(区)有关领导及自治区水利厅厅长袁进琳,总指挥部副总指挥哈双、周京梅的陪同下视察红寺堡灌区。

5月16日 自治区党委保持共产党员先进性教育活动督导组在自治区水利厅党委第一督导组组长杨富的陪同下到筹建处调研保持共产党员先进性教育工作。

5月30日 筹建处举行通勤车开通仪式。发往红寺堡和固海扩灌泵站的2辆通勤车正式运行。

6月21日 筹建处党委召开保持共产党员先进性教育活动总结表彰大会,历时半年的保持共产党员先进性教育活动暂告一段落。

7月28日 中纪委驻水利部纪检组组长刘光和在自治区人民政府办公厅副秘书长郭进挺、自治区纪委副书记魏康宁、自治区水利厅厅长袁进琳、厅纪委书记任福和灌溉局局长郭浩的陪同下,考察了固海扩灌八泵站。

是月 自治区团委、自治区绿化委员会、自治区人大农业与环境资源保护委员会、自治区政协人口资源环境委员会、自治区水利厅、农牧厅、环境保护局、林业局、中国人民解放军宁夏军区政治部、中国人民解放军武装警察部队宁夏总队政治部等10家单位联合授予筹建处"全区保护母亲河行动先进集体"荣誉称号。

8月23—24日 国家发改委副主任姜伟新在自治区党委书记陈建国、自治区主席马启智以及副主席王正伟、齐同生、赵廷杰,自治区水利厅厅长袁进琳、水利水电工程建设管理局局长杜永发等陪同下视察了红寺堡一泵站、固海扩灌十一泵站及灌区。

8月23—25日 中卫市、中宁县依法治县领导小组及自治区水利厅对筹建处"四五"普法工作分别进行了全面检查和验收。

8月24日 筹建处荣获"宁夏创建学习型组织、争做学习型职工"活动示范单位荣誉称号。

9月22日 国家发改委印发《国家发改委关于宁夏扶贫扬黄工程建设规模及初步设计概算调整的批复》(发改投资〔2005〕1821号)。同意将扶贫扬黄工程设计灌溉面积由130万亩调减为80万亩,设计移民安置人员由67.5万人缩减为40万人,同意将调减下来的固海扩灌十一泵站以上控制范围的20万亩灌区,以解决该地区人畜饮水为主并结合高效节水和特色农业的建设项目,上报国家发改委另行审批。调整后的初步概算总投资为36.69亿元,比原初步设计概算29.66亿元增加投资7.03亿元。其中水利骨干工程增加3.43亿元;通信工程增加0.11亿元,农业工程增加0.48亿元,移民工程增加2.49亿元,田间配套工程增加0.52亿元。

9月23日 宁夏中部干旱带人畜饮水工程3年规划项目启动仪式在固海扩灌七干渠折四沟渡槽下隆重举行。自治区主席马启智、副主席王正伟、自治区党委农村工作领导小组组长韩茂华、自治区政协副主席马瑞文参加了启动仪式。

10月26日 中卫市、中宁县爱卫会对筹建处自治区卫生先进单位创建工作进行了推荐验收。

10月28日 同心县东部旱作区抗旱补水启动仪式在固海扩灌六干渠609斗口举行,筹建处处长周伟华,副处长赵欣、马玉忠应邀参加。

是日 韦州总站成立,辖红寺堡四、五泵站,总站设在红寺堡五泵站。

11月1日 筹建处管理人员进驻红寺堡四、五泵站开展工程代管和试运行工作。

11月3日 上午,自治区区直机关工委书记李献忠在自治区水利厅纪委书记任福、水利工会主席部涌权、组织人事处副处长和志国的陪同下到筹建处调研管理工作和精神文明建设。下午,国家编译局一行在自治区党委宣传部副部长房全忠的陪同下视察红寺堡一泵站。

11月9日 宁夏水利水电工程建设管理局副局长哈双在红崖基地主持召开红寺堡四、五泵站及干渠试水工作会议,筹建处处长周伟华、副处长赵欣参加会议。

是日 上午11时43分,红寺堡四泵站开启机组上水,红寺堡扬水骨干工程全线通水。

11月18日 自治区主席马启智、副主席赵廷杰在自治区水利厅主持召开主席办公会,专题研究扶贫扬黄一期工程调整概算资金使用方案、筹建处编制和经费等有关问题。

11月19日 自治区副主席赵廷杰带领相关部门负责人,在自治区水利厅厅长袁进琳和水利水电工程建设管理局局长杜永发等陪同下视察了红寺堡五泵站及韦州新灌区。

是年 开机上水 169 天,上水量 19851.06 万立方米,灌溉面积 31.78 万亩,供水收入 1130.61 万元;灌区产粮油 15444.18 万千克,农林牧总产值达 25646.9 万元。其中红寺堡扬水工程上水 15868.6 万立方米,灌溉面积 25.72 万亩,灌区产粮油 12840 万千克,农林牧产值达 21596.3 万元,人均纯收入 1880 元。固海扩灌工程上水 3982.46 万立方米,灌溉面积 6.06 万亩,灌区产粮油 2604.18 万千克,农林牧产值达 4050.6 万元,人均纯收入 2100 元。

2006 年

2 月 自治区水利厅党委授予筹建处 2005 年度"文明单位"荣誉称号。

是月 人事部、水利部以《关于表彰全国水利系统先进集体、劳动模范、先进工作者的决定》(国人部发〔2005〕130 号)授予筹建处"全国水利系统先进集体"荣誉称号。

3 月 8 日 自治区水利厅总工程师薛塞光在筹建处主持召开固海扬水工程红中湾、七营泵站交接会议,将这两座泵站整建制移交筹建处管理,相应灌区也划归筹建处。

3 月 14 日 筹建处被授予"创优质产品、创优质服务"优胜企业称号。

3 月 16 日 由固海红中湾、七营泵站调入的 47 名职工到岗。

3 月 27 日 固海扩灌第三总站成立,管辖固海扩灌七、八、九泵站。总站设在固海扩灌八泵站。

是日 固海扩灌第三总站党支部和韦州总站党支部成立。

4 月 6 日 七营泵站与固海扩灌九干渠连通改造工程竣工通水,原七营泵站控制灌区由固海扩灌十泵站前池退水工程直接供水灌溉,运行二十余年的固海扬水七营泵站退出运行。

4 月 28 日 筹建处党委书记周伟华被自治区党委组织部、自治区团委授予"五四贡献奖";高佩天被自治区团委授予"优秀共青团员"称号。

是日 宁夏水利水电工程建设管理局副局长张国福、自治区水利厅组织人事处处长李洪山等到筹建处宣布干部任命决定:任命朱保荣为筹建处党委委员、副处长。

是月 筹建处工会被自治区总工会授予"模范职工之家"称号。

△ 筹建处(政研会)被中国水利职工思想政治工作研究会评为优秀政研单位。

5 月 22—23 日 王进军参加水利部、劳动与社会保障部举办的第三届全国水利行业职业技能竞赛,获得机电运行工竞赛第七名,被授予"全国水利技术能手"称号。

5月25日　中华全国总工会农林水工会宣教部部长卞元荣在自治区水利厅纪委书记任福,水利工会主席郜涌权、副主席刘东亚的陪同下到筹建处调研。

6月13日　筹建处党委印发《关于开展学习身边模范人物活动的通知》,号召全处干部职工向本处刘志恒、徐泳、叶凡霞、李占文、马国民、王海峰、高佩天、侯学峰等8名模范人物学习。

6月20日　筹建处被自治区水利厅授予"全区水利系统行风建设先进集体"荣誉称号。

6月21日　水利部人事劳动教育司干部处处长杨燕山及长委、黄委、淮委有关人员在自治区水利厅厅长助理李晓华的陪同下参观了红寺堡一泵站及扶贫扬黄工程展厅。

7月6日　自治区副主席赵廷杰在中卫宣和镇主持召开会议,研究解决中卫宣和镇禽流感死鸡抛入七星渠后对红寺堡和固海扩灌两大扬水工程水源污染、给泵站职工及灌区人畜饮水危害等问题。

7月7日　自治区农牧厅动物防疫部门为红一泵站、固海扩灌一泵站送来防护衣、手套、消毒粉等用具,为泵站职工打捞前池禽流感死鸡增加防护设施。

是日　筹建处在红一泵站和固海扩灌一泵站召开会议,研究部署预防禽流感工作。

7月14日　自治区水利水电工程建设管理局局长杜永发一行来筹建处检查指导工作,明确检修车间、仓库等建设方案。

7月20日　筹建处投资实施的新圈二泵站,新庄集一、二、四泵站,红寺堡五泵站自来水工程相继通水,新庄集三泵站将于8月底接通自来水。至此,包括此前通自来水的红寺堡一、二、三泵站和中心所在内的共10个单位的职工生活饮用水条件得到了根本改善。

8月3日　筹建处在中宁办公生活基地安装的水净化设备正式投运,生产的纯净水定期送往未通自来水的基层单位职工饮用。

8月30日　筹建处与吴忠市孙家滩管委会签订10000亩土地承包合同(筹建处5000亩,水利水电工程建设管理局5000亩,承包期限30年),历时3年的孙家滩土地开发项目落地。至此,筹建处开发的可耕种土地面积达到1万亩。

9月12—15日　科威特阿拉伯经济发展基金会负责人一行在总指挥部副总指挥哈双的陪同下,视察黄河泵站、红寺堡一泵站、固海扩灌一泵站及灌区。

9月27日　自治区水利厅党委委员、副巡视员李洪山来筹建处宣布干部任命决定:朱洪同志任筹建处党委委员、副处长。

10月28日 12时30分,由红扬工程公司和检修队实施的固海扩灌九泵站与红中湾泵站合并改造工程正式投入运行,固海扩灌九泵站新装 2# 机组一次启动成功。至此,固海扩灌九泵站完全替代了红中湾泵站。

10月29日 凌晨4时30分,红寺堡三干渠 K47＋300(新建孙家滩支渠斗口)处发生决口事故,决口宽4米,深3米。决口渠水大部分进入孙家滩支渠,小部分漫入邻近干渠决口段居住的6户农民庭院和1所在建学校。决口造成经济损失约4.6万元。

11月17日 国家粮食总局局长聂振邦在自治区副主席赵廷杰、自治区水利水电工程建设管理局局长杜永发的陪同下视察红寺堡一泵站。

11月23—28日 自治区总工会验收筹建处四星级职代会达标工作。

12月6日 筹建处荣获中卫市"2001—2005年法制宣传教育先进集体"荣誉称号。赵欣被授予2001—2005年法制宣传教育先进个人。

是月中旬 筹建处检修材料库房及渠道工程维修物资库房建成投用。

是年 开机上水173天,上水量24562.15万立方米,灌溉面积45.03万亩,供水收入2072万元;灌区产粮油23358.2万千克,农林牧总产值达47970万元。其中红寺堡扬水工程上水17451.01万立方米,灌溉面积30.73万亩,灌区产粮油16540.57万千克,农林牧产值达47970万元,人均纯收入1983.8元。固海扩灌工程上水7111.14万立方米,灌溉面积14.3万亩,灌区产粮油6817.63万千克,农林牧产值达16600万元,人均纯收入2100元。

2007 年

1月6日 自治区发改委农村经济处处长任可陪同水利部水规总院有关人员到筹建处调研中部干旱带抗旱及人畜饮水情况。

1月8日 自治区水利水电工程建设管理局在固海扩灌九泵站及银川召开固海扩灌九泵站 1200S 水泵质量问题整改论证分析会,筹建处处长周伟华、副处长桂玉忠及副总工张晓宁参加会议。

2月11日 筹建处出台《红寺堡及固海扩灌扬水灌区用水定额管理办法》,在红寺堡和固海扩灌两大灌区首次全面推行以供定需、总量控制、按时段分配水指标的灌溉管理办法。

3月6—7日 通过严格的笔试、面试和考核,公开选拔了鲁上学、刘卫东、杨万忠、王伟4名副科级干部。

3月7日　调度科更名为灌溉调度科,在原管理职能的基础上,承担原工程灌溉科负责的灌溉管理工作;工程灌溉科更名为工程管理科,负责水利工程管理、维护工作,并承担原综合经营科的工作职能;成立水政科,负责原监察审计室承担的水政监察、内部保卫和原政工科承担的综合治理、普法等工作,水政科与工程管理科合署办公;政工科更名为组织人事科。撤销综合经营科。其他科室的设置及职能保持不变。

3月18—24日　筹建处对全处314名机电运行工和水工人员进行了建处以来规模最大、最全面的业务技能综合考试。考试成绩作为竞聘上岗的主要依据。

4月20—23日　来自区内外的二十余位专家对扶贫扬黄一期水利骨干工程进行现场初步验收。

4月22日　公安部道路交通安全交叉检查组在自治区公安厅交警总队政委党海诚的陪同下,检查筹建处交通安全管理工作,并受到好评。

4月27日　马国民被自治区水利厅团委授予第四届"水利厅十杰青年"称号。

5月7日　筹建处公寓楼开工建设,共20套2590平方米。

是月　全国"创争"活动领导小组授予筹建处检修队"全国学习型班组"荣誉称号。

6月8日　自治区物价局、水利厅以《关于调整四大扬水供水工程供水价格的通知》(宁价商发〔2007〕109号)调整了水价:农业(粮食作物、经济作物、林草地)用水每方普调2.5分,即红寺堡扬水由每方9分调至11.5分;固海扩灌扬水由每方9.2分调至11.7分;工矿企业、城镇用水价格红寺堡扬水每方25分,固海扩灌扬水每方40分;人畜饮用水价格按照农业用水价格执行;超定额用水价格,在调整后的水价基数上,农业每方加价5分,工矿企业和城镇用水每方加价10分。

6月11日　凌晨1时左右,固海扩灌六干渠14+100米溢流堰与退水闸连接段决口。6月14日9时整,经紧急抢修恢复通水。

6月28日　自治区水利厅思想政治工作研讨会在筹建处召开,筹建处等10个单位作交流发言。

是月　筹建处为红寺堡一、二、三泵站,新庄集一至四泵站,新圈一、二泵站,海子塘一、二泵站泵房控制室安装了空调。

8月2日　水利部水规总院党委委员、党办主任、职工政研会副会长过荣法一行到筹建处调研思想政治工作。

8月10日　固海扩灌三干渠大沙沟渡槽10#支墩被洪水冲垮,经过抢修,13日11时30

分新建支墩完工,固海扩灌系统恢复通水。

8月23日 水利水电工程建设管理局与筹建处对固海扩灌一泵站及一干渠进行联合试运行,取得圆满成功。

8月24日 筹建处召开职工教育工作领导小组会议,推荐15名职工参加2007年成人高等学校大专招生考试,同意49名机电行业职工参加2008年成人大专考试。

9月11—12日 举办水利系统中宁地区"迎奥运、庆十一"运动会,固海扬水管理处、七星渠管理处、跃进渠管理处、中宁水文分局等单位组队参加。

9月14日 自治区水利厅召开技能人才暨青年安全生产示范岗表彰会,筹建处邹建宁、王进军、段晓彬、杨春林等受到表彰奖励。

是月 筹建处荣获"全国水利系统模范职工之家"荣誉称号。

10月18日 自治区文明办副主任邓亚平带领自治区文明单位考核验收组对筹建处创建区级文明单位工作进行了全面检查、考核,筹建处的工作受到高度评价。

10月19日 筹建处自治区卫生先进单位创建工作顺利通过自治区爱卫办考核验收。

10月22日 筹建处档案管理国家二级达标工作顺利通过自治区档案局考核验收。

是月 由上海连际自动化控制系统有限公司施工的第一阶段自动化改造工程建成并投入试运行。

△ 筹建处购置新堡小学东侧10套1320平方米营业房。

△ 筹建处检修队被自治区团委命名为区级"青年文明号"。

12月1日 中国水利协会专家、水利部建设与管理司司长马云良考察了黄河泵站、红一泵站、固海扩灌一泵站、固海扩灌八泵站。

12月6日 自治区农林水财工会主任甘戈一行在自治区水利工会主席李茂书的陪同下,对筹建处"全区工会工作先进单位"创建工作进行考核验收。

12月24日 解放军后勤学院副院长、少将、博士生导师陈正汉,重庆交通大学教授、博士生导师杨德斌,兰州理工大学副教授、博士黄雪峰一行到固海扩灌四泵站及四干渠对"膨胀土"破坏现象进行现场科学研究。

是年 中国农林水利工会全国委员会授予筹建处"全国水利系统模范职工之家"荣誉称号。

△ 开机上水164天,上水量25242.99万立方米,灌溉面积58.84万亩,供水收入2333.3万元;灌区产粮油28586.46万千克,农林牧总产值达64448.53万元。其中红寺堡扬水

工程上水 17034 万立方米,灌溉面积 40.06 万亩,灌区产粮油 19024.62 万千克,农林牧产值达 43337.42 万元,人均纯收入 2234 元。固海扩灌工程上水 8208.99 万立方米,灌溉面积 18.78 万亩,灌区产粮油 9561.84 万千克,农林牧产值达 21111.11 万元,人均纯收入 2280 元。

2008 年

1 月 11 日 自治区机构编制委员会印发《关于自治区红寺堡扬水工程筹建处更名等有关问题的通知》(宁编发〔2008〕03 号)。

1 月 18 日 自治区农林水财工会授予管理处工会 2007 年度"工会工作目标责任考核先进单位"荣誉称号。

2 月 1 日 自治区水利厅印发《自治区水利厅关于红寺堡扬水管理处机构编制的通知》(宁水发〔2007〕16 号),明确了管理处机构编制及有关问题。

是日 自治区水利厅印发《自治区水利厅关于红寺堡扬水管理处更名的通知》(宁水发〔2007〕17 号)明确:宁夏回族自治区红寺堡扬水工程筹建处更名为宁夏回族自治区红寺堡扬水管理处,为自治区水利厅所属正处级事业单位,核定定额补助事业编制 543 名。

△ 自治区水利厅厅长吴洪相在总工程师薛塞光、副巡视员李洪山及组织人事处处长部涌权的陪同下到管理处宣布干部任免决定:赵欣任管理处处长、党委委员;免去周伟华筹建处处长、党委书记、委员职务;免去周自忠筹建处党委委员、工会主席职务。

2 月 28 日 自治区水利厅印发宁水办发〔2008〕11 号文件,决定启用"中国共产党宁夏回族自治区红寺堡扬水管理处委员会""宁夏回族自治区红寺堡扬水管理处""中国共产党宁夏回族自治区红寺堡扬水管理处纪律检查委员会"印章,原"中国共产党宁夏回族自治区红寺堡扬水工程筹建处委员会""宁夏回族自治区红寺堡扬水工程筹建处""中国共产党宁夏回族自治区红寺堡扬水工程筹建处纪律检查委员会"印章同时作废。

是月 管理处成立资产清查领导小组和物资采购领导小组,对全处物资展开全面清查,并将物资采购纳入采购领导小组统一管理。

3 月 6 日 管理处被自治区水利厅授予"2007 年度全区水利宣传信息工作先进集体"荣誉称号。

3 月 11 日 管理处被自治区水利厅授予"2007 年全区节水灌溉工作先进集体"荣誉称号。

3月21日 根据自治区编委会、自治区水利厅有关机构、编制批复文件,启用"宁夏红寺堡扬水管理处办公室"等54枚内设机构印章。

3月30日 管理处将通讯工作职能由检修队调整到灌溉调度科;将机关局域网管理由办公室调整到灌溉调度科。

5月7日 水利部副部长胡四一率领国家防总防汛抗旱西北检查组,在自治区副主席姚爱兴、自治区水利厅厅长吴洪相等陪同下,考察了红寺堡四泵站。

5月13日 水利部委托黄委会成立的宁夏扶贫扬黄工程水土保持及生态工程竣工验收专家组深入黄河泵站,红寺堡一、二、三泵站及干渠对宁夏扶贫扬黄工程水土保持工作进行了初步验收。

5月23日 自治区水利厅副厅长郭浩到管理处宣布干部任免决定:聘任张玉忠为管理处副处长;免去朱洪管理处党委委员、副处长职务;免去左静波管理处党委书记、委员职务。

6月20日 水利部规划计划司司长周学文一行在自治区水利厅厅长吴洪相、副厅长杜永发等陪同下,考察了红寺堡灌区及黄河泵站。

6月23日 中国水利电力质量管理协会水利分会副会长徐百鹏在自治区水利厅灌溉局副局长张建斌的陪同下,到管理处调研扶贫扬黄工程运行管理等工作情况。

是月 管理处被自治区爱国卫生运动委员会命名为"自治区卫生先进单位"。

7月19日 水利部建管司副巡视员张汝石、国家安全生产监督管理总局监察专员王力争一行,在自治区安监局副局长杨文栋、自治区水利厅副巡视员闫国伟等陪同下检查指导管理处"水利安全生产百日督查专项行动"和安全管理工作。

7月24日 宁夏扶贫扬黄一期工程自动化改造工程进行分部分阶段验收。

7月25日 自治区水利厅厅长吴洪相、组织人事处处长部涌权到管理处宣布干部任命决定:任命田福荣为红寺堡扬水管理处党委委员、书记。

是月 管理处为红寺堡四、五等9个泵站生产厂房值班室安装了空调。至此,全处26座泵站值班室全部用上了空调。

8月7日 自治区水利厅庆祝自治区成立50周年"银水杯"文艺汇演(中宁片)在管理处举行。红寺堡扬水管理处、固海扬水管理处、跃进渠管理处、七星渠管理处、中卫市水务局选送节目参演。

是日 宁夏水利水电建设管理局召开扶贫扬黄一期工程综合自动化及通信系统改造工程(第Ⅱ阶段)固海扩灌一至六泵站图纸审查会议,管理处副处长桂玉忠参加会议。

8月12日　宁夏水利水电工程建设管理局组织对宁夏扶贫扬黄一期工程综合自动化及通信系统改造工程(第Ⅰ阶段)进行了单位工程验收。

8月17—23日　水利部组织人员对宁夏扶贫扬黄灌溉一期工程水利骨干工程进行竣工验收,管理处处长赵欣、副处长桂玉忠参加了工程验收工作。

9月1日　宁夏扶贫扬黄一期工程综合自动化及通信系统改造(第Ⅱ阶段)和碟阀改造工程开工。

9月7日　水利部在中卫市召开水管体制改革督导检查会,管理处处长赵欣参加并汇报管理处水管体制改革工作情况。

9月22日　管理处被自治区党委、政府授予全区民族团结进步先进集体荣誉称号。

是月　管理处开展了"唱扬水之歌、展创业风采"文艺演出、"我身边的故事"征文、"巧手绘和谐、才艺展风采"小手工制作、分片排球赛等活动,热烈庆祝自治区成立50周年和建处10周年。

10月15日　红寺堡扬水筹建处10周年庆典暨管理处成立揭牌仪式举行。自治区人大常委会副主任、总指挥部总指挥张位正出席,自治区水利厅领导吴洪相、郭进挺、杜永发、郭浩、薛塞光、李洪山、任福和宁夏水利水电工程建设管理局领导哈双、张国福、郭建繁,受益灌区红寺堡开发区、中宁县、海原县、同心县、原州区等县(区)政府领导,受益市县水利部门、供电部门领导,管理处驻地乡镇领导,自治区水利厅和宁夏水利水电工程建设管理局各处室领导,自治区水利厅属各单位领导,曾在管理处工作过的处级领导、全处副科级以上干部和职工代表共400多人参加。管理处处长赵欣介绍工程管理情况,自治区水利厅副厅长郭浩、总指挥部副总指挥哈双和受益市县领导代表分别讲话。

10月16日　管理处党委召开深入学习实践科学发展观动员大会。

12月25日　在各泵站、总站组织初赛、复赛的基础上,管理处7对取得决赛资格的"师徒"以综合笔试、实际操作相结合的方式进行了"一帮一师带徒"技能竞赛决赛。

12月29日　下午,自治区水利厅副厅长郭浩、组织人事处处长部涌权到管理处宣布干部任命决定:任命翟军为管理处党委委员、纪委书记。

是日　自治区水利厅将固海扬水管理处100名职工整建制调整到管理处工作。

是月底　根据《关于给自治区红寺堡扬水管理处调整事业编制的通知》(宁编发〔2008〕98号)精神,同意从自治区固海扬水管理处调整100名定额补助事业编制连同人员到自治区红寺堡扬水管理处。调整后,自治区红寺堡扬水管理处定额补助事业编制643名。

是年　开机上水 169 天，上水量 29949.15 万立方米，灌溉面积 65.94 万亩，供水收入 3136.97 万元；灌区产粮油 29854.25 万千克，农林牧总产值达 68117.33 万元。其中红寺堡扬水工程上水 20447.79 万立方米，灌溉面积 44.38 万亩，灌区产粮油 17926.33 万千克，农林牧产值达 45481.43 万元，单方水效益 2.22 元 / 立方米，人均纯收入 2668 元。固海扩灌工程上水 9501.36 万立方米，灌溉面积 21.56 万亩，灌区产粮油 11927.92 万千克，农林牧产值达 22635.9 万元，单方水效益 2.38 元 / 立方米。

2009 年

1 月 5 日　管理处召开党委领导班子贯彻落实科学发展观活动分析检查报告群众意见征求会。

1 月 11 日　在 2009 年全区水利工作会议上，管理处被授予 2008 年度先进单位。

1 月 14 日　管理处党委召开学习实践科学发展观活动第二阶段总结暨第三阶段转段动员大会。

2 月 11 日　管理处被自治区安全生产委员会授予 "2008 年度安全生产工作先进集体" 称号。

是日　自治区水利厅学习实践科学发展观活动第一指导检查组组长任福、副组长刘东亚到管理处检查督导学习实践科学发展观第三阶段活动情况。

2 月 26 日　管理处召开深入学习实践科学发展观活动总结大会。

2 月 27—28 日　管理处被评为 2008 年度全区水利系统宣传信息先进集体，高佩天被评为全区宣传信息先进个人。

4 月 20 日　自治区水利厅举办 "水系民生，安全发展" 演讲比赛，张伟荣获二等奖，许丽荣获三等奖。

4 月 27 日　17 时，固海扩灌十一泵站为海原新区南坪水库供水的 5# 机组启动，标志着改造工程试水成功。

4 月 29 日　下午，王燕玲被授予第五届 "水利厅十杰青年" 称号。

5 月 22 日　海原新区供水工程通水仪式在固海扩灌十一泵站隆重举行。

6 月 3—4 日　宁夏扶贫扬黄一期工程综合自动化及通信系统改造工程（第Ⅱ阶段）通过单位工程验收，并被评为优良工程。

6月29日　管理处党委被自治区水利厅党委评为厅属先进党委。

8月12日　中国科学院地理科学与资源研究所农业政策研究中心副研究员王金霞、黄河水利科学研究院博士付新峰到红寺堡灌区调研。

8月22日　管理处举办第一届职工技能运动会测水决赛。

9月2日　自治区水利厅副厅长郭浩在管理处主持召开三大扬水工程"管养分离"座谈会。

9月3日　宁夏水利水电工程建设管理局副局长哈双与水利部、水利学会领导一行到管理处实地考察扶贫扬黄工程申请大禹奖项目。

9月16—19日　自治区水利厅举办第九届职工篮球运动会,管理处男子篮球队获第一名,管理处获得"优秀组织奖"。

10月15—22日　管理处举办第一届职工技能运动会机电行业竞赛。

是年　共开机上水170天,上水量31161.1万立方米,灌溉面积72.02万亩,供水收入3965.74万元;灌区产粮油30675.64万千克,农林牧总产值达87483.72万元。其中红寺堡扬水工程上水20231万立方米,灌溉面积47.42万亩,灌区产粮油17792.36万千克,农林牧产值达56629.92万元,人均纯收入3030元。固海扩灌工程上水10930.09万立方米,灌溉面积24.6万亩,灌区产粮油12883.28万千克,农林牧产值达30853.8万元。

2010 年

1月18日　管理处荣获2009年度全区水利行业先进集体、2009年度综合经营先进单位荣誉称号。

2月4日　自治区水利厅副厅长郭浩宣布干部任免决定:马晓阳任管理处党委委员、副处长,免去朱保荣管理处党委委员、副处长职务。

3月3日　固海扩灌12座泵站、1个管理所及140名定额补助事业编制、13正26副科级领导职数调整给固海扬水管理处。

4月30日　固海扩灌工程资产移交工作座谈会在管理处召开。

5月5日　自治区水利厅组织人事与老干部处、厅团委、水利工会联合举办庆"五一""五四"下基层慰问演出(中宁片)在黄河泵站举行。

5月9—10日　自治区水利厅灌溉局副局长杨海宁陪同水利部灌排中心3位专家到管理处实地调研灌区基本情况、大型泵站改造运行管理、调度管理模式及自动化运行状况。

是月　宁夏红扬农林开发有限公司、宁夏红扬水利水电工程材料检测站(有限公司)、中宁红扬物业服务有限公司注册成立。

6月9日　水利部稽查组特派员王同生等在宁夏水利水电建设管理局副局长哈双陪同下,到红寺堡一泵站和红寺堡灌区调研。

8月16日　管理处召开深入实施西部大开发战略大学习活动动员会。

9月1日　自治区水利厅党委任命刘福荣为管理处党委委员、书记。

9月16日　"水投杯"第一届青年歌手大赛中宁赛区预赛在管理处成功举行。

是日　水利部部长杨振怀一行,在自治区水利厅厅长吴洪相、宁夏水利水电工程建设管理局副局长郭建繁、自治区水利厅副厅长张钧超陪同下,视察红寺堡一泵站。

10月19日　宁夏扶贫扬黄灌溉一期工程水利骨干工程获中国水利工程优质（大禹）奖。

10月20日　水利部发展研究中心经济研究处处长钟玉秀一行在自治区水利厅有关部门负责人的陪同下,到红寺堡灌区对扬黄灌区水量分配和水权相关问题进行深入调研。

11月25—26日　第四届全区水利行业机电运行工技能竞赛决赛在红寺堡三泵站举行。

是日　宁夏水利水电建设管理局等对管理处2006—2010年消缺完善项目及防汛、交通道路工程进行了验收。

是年　红寺堡扬水工程开机上水161天,上水量22543.86万立方米,灌溉面积52.87万亩,供水收入2844.46万元;灌区产粮油20881.69万千克,农林牧产值达74025.83万元,单方水效益3.28元/立方米,人均纯收入3500元。

2011 年

1月18日　自治区水利厅免去马晓阳管理处党委委员、副处长职务。

1月25日　自治区水利厅任命张海军为管理处党委委员、副处长。

3月8日　新庄集一泵站女工小组被宁夏水利工会授予"先进女工组织",刘秀娟、范燕玲被授予"优秀女职工"称号。

3月12日　红扬水利水电工程材料检测站通过宁夏质量技术监督局评审组计量认证评审。

3月25日　管理处被授予2010年度全区水利安全生产工作先进单位,高登军、张伟被授予全区水利安全生产工作先进个人。

4月11—14日　欧盟部分成员国政府官员代表团一行11人在黄委会、自治区水利厅有关领导的陪同下考察了红寺堡一泵站和黄河泵站。

4月22日　自治区水利厅副巡视员陈广宏到管理处宣布干部任命通知:聘任马林为管理处副处长。

是月　管理处被黄河水利委员会黄河上中游管理局评为用水管理工作先进集体,甘萍被评为取水许可管理先进个人。

5月4日　白学锋被授予自治区水利厅第六届"水利厅十杰青年"称号。

5月18日　自治区水利厅党委副书记、副厅长郭进挺在厅党委委员、组织人事处处长部涌权陪同下,到管理处调研指导"创先争优"活动和管理工作。

5月19日　中卫市文明单位考核验收组对管理处自治区文明单位进行了复查验收。

6月17日　自治区水利厅党委任命訾跃华为管理处党委委员、纪委书记。

8月27日　管理处邀请宁夏大学土木与水利工程学院副院长、教授姚青云,现场分析研究红寺堡二、三泵站压力管道竖井出口开机瞬间"喷水"现象。

9月24日　红寺堡一泵站前池新增清污机工程正式开工建设。

是月　管理处被全国农林水利工会授予"全国水利系统和谐企事业单位"荣誉称号。

10月12日　宁夏扶贫扬黄灌溉工程综合自动化及通信系统改造工程顺利通过竣工验收。

10月17日　管理处邀请长沙水泵厂技术人员对黄河泵站六号机组振动问题进行现场分析研究。

11月1日　红寺堡一泵站拦污栅新装设的自动捞草设备正式投入运行。

11月2日　红寺堡扬水灌区信息化管理技术示范项目建设工程顺利通过审查验收。

12月　白学锋获"全区技术能手"称号,刘伟东、张占军、李平获"全区水利行业技术能手"称号,管理处获第四届全区水利行业职业技能竞赛优秀组织奖。

是年　全处开机上水156天,上水量24621.63万立方米,灌溉面积58.8万亩;黄河泵站开机补水72天上水7518.79万立方米;供水收入3101.71万元,单方水效益3.89元/立方米;灌区产粮油23255.7万千克,农林牧产值达95878.71万元,人均纯收入4027.7元。

2012 年

1月9日　管理处荣获"全区水利工作先进集体"荣誉称号。

1月11日　自治区水利厅解聘马林管理处副处长职务。

3月7日　红一泵站叶凡霞、新庄集三泵站侯学峰被宁夏水利工会授予"三八红旗手"称号。

3月9日　严天宏被中宁县委、政府授予"感动中宁人物",李彦骅被授予"全县宣传思想文化工作先进个人";严天宏、张玉龙分别被中宁县精神文明建设指导委员会授予"助人为乐模范"和"敬业奉献模范"光荣称号。

3月24日　红寺堡五泵站荣获全区水利系统政风行风建设"先进基层站所",祁彦澄、宋治军荣获水利系统政风行风建设先进个人。

4月21日　管理处举行安全生产2000天纪念活动。

5月16日　黄河水利委员会主任亢崇仁在自治区水利厅总工程师薛塞光的陪同下到红寺堡一泵站考察。

是月　李彦骅获得"水利厅创先争优活动先进工作者"称号,严天宏获得"水利厅优秀共产党员"称号。

△　管理处党委被自治区直属机关工作委员会授予"创先争优先进基层党组织"称号。

△　管理处党委获得"水利厅创先争优活动直属先进基层党组织"。

8月16日　自治区党委第二巡视组到管理处海子塘农业示范园区调研指导工作。

9月5日　十届全国人大常委会副委员长盛华仁、第十一届全国人大民族委员会主任委员马启智,在自治区有关领导的陪同下到红扬高效节水农业示范园区视察。

9月18日　自治区水利厅支持基层所站信息化建设设备移交仪式在银川路星大厦举行,其中给管理处移交电脑31台。

9月27日　管理处荣获"水投杯"全区水利系统第二届职工篮球运动会冠军。

10月11日　管理处荣获"自治区精神文明建设工作先进集体"荣誉称号。

10月17日　管理处成功举办第二届职工技能运动会机电运行技能竞赛活动。

10月20日　管理处"全区安全文化建设示范企业"创建通过自治区安监局评审验收。

10月24日　管理处新招录的21名高等院校毕业生正式分配到岗。

11月12日 自治区水利厅党委副书记、副厅长郭进挺,组织人事处处长邰涌权到管理处宣布干部任免决定:陈旭东任管理处党委委员、处长,免去赵欣管理处党委委员、副书记、处长职务。

是年 白学锋在第四届全国水利行业职业技能竞赛(泵站运行工)中取得第五名。

△ 红寺堡扬水工程共上水24322.37万立方米,黄河泵站补水4533.09万立方米;灌溉面积62.98万亩(含6.64万亩节水补灌);供水收入3041.61万元,单方水效益5.54元/立方米;灌区产粮油25658.12万千克,农林牧产值达134748.03万元,人均纯收入4500元。

2013 年

1月10日 桂玉忠荣获2012年度全区安全生产工作先进个人称号,受到自治区人民政府表彰。

3月8日 红寺堡一泵站被中卫市文明委授予"市级文明单位"称号。

是日 管理处在中宁县政府直属机构及区属有关单位2012年民主评议政风行风中取得第一名。

4月1日 自治区水利厅总工程师薛塞光带领厅科教处负责人、宁夏水利设计院有关专家对管理处与宁夏大学土木与水利工程学院关于"红寺堡泵站空管开机管道出口喷水原因分析及解决方案"科研项目进行审查。

4月8—17日 自治区水利厅审计组对管理处原处长赵欣进行离任经济责任审计。

4月25日 自治区物价局价格执法检查部门调研红寺堡扬水管理处水价执行情况。

是日 管理处党委印发了《红寺堡扬水管理处党委议事规则》。

4月26日 自治区水利厅召开2013年水利重点科技项目审查会议,管理处新庄集一泵站管道振动分析研究被列为重点科技审查项目。

5月13日 管理处副处长张海军到自治区防汛抗旱指挥部办公室挂职副主任。

是日 自治区水利厅免去马玉忠管理处副处长职务。

5月15日 管理处17名符合条件的副科级干部参加全区水利系统首次正科级干部选拔笔试考试。高佩天、王燕玲、王浩、杨春林、李占文、杨春华、岑少奇等进入面试,经过考试考核,高佩天、杨春林分别被红寺堡扬水管理处和盐环定扬水管理处聘任为基层泵站站长。

是月 2012年水利科技进步奖评选结果揭晓,管理处"高速电弧喷焊(涂)技术在扬水泵站泵轴修复中的应用"和"干渠、斗口水位/流量自动测量和闸门远程控制调节技术推广"分别获得二等奖和三等奖。

6月25日 水利部安监司综合处处长张康波在自治区水利厅经济管理局局长宋正宏陪同下到管理处调研安全文化建设工作。

6月28日 自治区水利厅党委举办庆祝建党92周年文艺汇演,管理处大合唱在汇演中获得二等奖。

是日 宁夏红扬水利水电工程材料试验站(有限公司)更名为宁夏红扬水利水电工程材料检测站(有限公司)。

7月3日 中卫市依法治理领导小组组长肖爱玲一行对管理处"六五"普法中期工作进行检查考核。

7月15日 管理处党委成立机关第三党支部。

7月23日 管理处党委召开深入开展党的群众路线教育实践活动动员大会。

7月30日 水利部水规划总院专家组一行在自治区水利厅副厅长周京梅陪同下,到红寺堡一泵站调研水资源利用及效益发挥情况。

7月31日 自治区水利厅党的群众路线教育实践活动第四督导组在陈广宏组长的带领下,到红寺堡一、二泵站检查指导工作。

8月23日 自治区水利厅党的群众路线教育实践活动第四督导组组长、水利厅副巡视员陈广宏对管理处教育实践活动学习教育、征求意见环节工作进行检查督导。

8月29日 18时48分,红寺堡二泵站因主变发生故障,瓦斯、过电流保护动作,运行中的2台主变、7大2小机组全部跳闸,系统停机停水。

9月11日 自治区水利厅第四督导组调研管理处党的群众路线教育实践活动,对召开民主生活会有关注意事项作出安排部署。

9月27日 白雪锋获宁夏"最美青工"称号。

是月 管理处协调中宁县交通局联通改造红寺堡二泵站(物流园区至恩和新修公路到红寺堡二泵站)进厂道路,协调红寺堡区交通局对新圈二泵站,海子塘一、二泵站,红寺堡四泵站共8.2千米进厂道路进行硬化改造。

10月25日 管理处2013年新招录的21名高等院校毕业生正式分配到岗。

10月29日 王进军荣获第七届"水利厅十杰青年"称号。

11月4日 自治区检察院代检察长李定达带领自治区依法治理小组和"六五"普法工

作督导组对管理处"六五"普法中期工作进行督导验收。

11月13日 自治区水利厅组织人事处在管理处召开水利厅党的群众路线教育实践活动整改方案民主测评会议。

12月17日 自治区水利厅任命道华为管理处党委委员、副处长。

是月 在宁夏2013年群众评议机关和干部作风活动中,管理处被列为红寺堡区"管理类"的"社会管理机构"参加评议,评议总分83.85分,名列第一。

是年 红寺堡扬水工程共开机上水163天,上水量27421.59万立方米,黄河泵站补水9217.94万立方米,灌溉面积66.57万亩(含节水灌溉14.31万亩);供水收入3365.91万元,单方水效益5.42元/立方米;灌区产粮油29556.29万千克,农林牧产值达148733.68万元,人均纯收入5523元。

2014年

1月7日 管理处党委会议研究决定,将机电科职工培训教育职能调整到组织人事科,计划财务科物资管理职能调整到后勤保障科,办公室效能建设职能调整到监察室。

2月21日 管理处被自治区水利厅党的群众路线教育实践活动领导小组评为先进集体。

2月25日 自治区水利厅副厅长周京梅对管理处处属公司企业改制情况进行调研。

2月27日 管理处被授予中宁县"依法治理示范单位"称号。

是日 红寺堡五泵站被评为吴忠市2013—2017年度市级文明单位。

2月28日 管理处党委召开党的群众路线教育实践活动总结大会。

3月26日 中共红寺堡扬水管理处第二次党员代表大会召开,选举产生新一届党委委员:刘福荣、陈旭东、桂玉忠、张玉忠、张海军、訾跃华、道华;党委书记:刘福荣;新一届纪委委员:訾跃华、尹奇、王燕玲、陈学军、苏俊礼;纪委书记:訾跃华。

4月10日 管理处安委会和安全监督办公室成立。邹建宁为安全生产监督办公室主任,张浩为安全生产监督专职管理员。

4月11日 2014年中宁片水利财会人员培训班在红寺堡扬水管理处举办。

5月6日 管理处参加自治区水利厅女职工健身操大赛并获得第二名。

5月8日 由红扬工程公司承建的新庄集四泵站改扩建工程试水成功。

5月9—22日 管理处首次举办为期12天的电工进网作业许可证培训班。全处机电运行人员、业务负责人及部分管理人员共212人分两批参加此次培训。

5月28日 21时19分,新庄集一、二、三、四泵站,海子塘一、二泵站及鲁家窑泵站共21台运行机组全部跳闸。在与吴忠供电局分析设备跳闸原因,7个泵站全面检查设备无异常后迅速恢复原方式运行,保证了生产灌溉。

6月12日 自治区党委常委、自治区副主席李锐到灌区移民点红寺堡镇朝阳村现场协调农田灌溉渠系修护、人畜饮水等问题。

6月18日 自治区财政厅、水资源管理局及水利厅财务处有关人员到管理处调研"收支两条线"以来资金执行情况和存在的问题。

6月25日 管理处印发了新的渠道水位及流量控制参数表。

6—8月 管理处改造办公生活基地自来水管网并接入中宁县自来水管网。同时,对红扬小区150户住宅楼进行了分户供暖改造。

8月14—16日 管理处机关工会、19个基层工会组织倡议向重病职工马萍举行义捐活动,共募捐资金118850元。

8月18—19日 自治区水利厅财务审计处与自治区财政厅、审计厅、中天恒会计事务所现场核实小组工作人员对管理处所属经营性资产登记工作进行现场核实。

8月25日 自治区水利厅总工程师薛塞光在管理处主持召开《新庄集一泵站压力管道振动原因分析解决方案》课题评审会。

是日 15时39分,韦州灌区罗山方向突降特大暴雨,16时10分山洪冲破红五干渠右侧防洪堤,由7+900到8+900处渠段入渠,导致该渠段右堤封沿板全部脱落,该段落内8#生产桥成危桥,8+700处混凝土衬砌板滑脱100米,红五干渠渠道淤积5千米。

9月16日 自治区财政厅、移民局、水资源管理局及水利厅财务处有关人员对红寺堡扬水管理处、固海扬水管理处、七星渠管理处固定资产登记等相关工作进行调研、核实。

10月24日 在中宁县第一届全民健身运动会上,管理处获健身操、篮球两个项目第一名。

10月29日 自治区水利厅在管理处设立考点开展了2014年事业单位公开招聘结构化面试工作。

11月7日 12时48分,黄河泵站开启1号机组,首次在冬灌生产中为红寺堡和固海扩灌扬水工程补水。

11月10日 2014年水利行业泵站运行工实际操作技能鉴定在黄河泵站举行。

是日 经水利部批准,红扬检测公司获得水利工程质量检测混凝土工程类甲级资质。

11月17日 中卫市司法局副局长张金兰带领普法依法治理年度考核工作领导小组检查管理处"六五"普法及依法治理工作。

12月2日 水利部安全生产考核组一行在自治区水利厅有关领导的陪同下,到管理处检查指导工作。

12月4日 在第一个"国家宪法日",管理处围绕"弘扬宪法精神,建设法治中国"主题开展了法制宣传教育活动。

是年 红寺堡扬水工程开机上水160天,上水量27434.84万立方米,黄河泵站补水10799.31万立方米,灌溉面积70.38万亩(含节水灌溉18.05万亩);供水收入3332.2万元,单方水效益5.81元/立方米;灌区产粮油30066.35万千克,农林牧产值达159666.86万元,人均纯收入5954元。

2015 年

1月7日 举行"国家级马国民技能大师工作室"揭牌成立仪式,自治区水利厅纪委书记崔莉、人力资源和社会保障厅副巡视员高治文、自治区职业技能鉴定指导中心主任杨晓宁参加揭牌仪式。该工作室是宁夏水利系统首个国家级技能大师工作室。

1月12日 管理处冬季业务培训班开课。本次培训自1月12日开始至2月1日结束,为期20天,共举办灌溉管理、机电技术、渠道管理工程3个培训班,124人参加培训学习。

2月4日 宁夏红扬农林开发有限公司注销,净资产由红扬工程公司接管,经工商部门备案,红扬工程公司增加经营范围。

2月6日 黄河泵站长轴混流泵技术研讨会在国家级马国民技能大师工作室召开,这是工作室首次召开的由设计单位、设备厂家共同参与的技术交流研讨会。

3月20日 自治区水利厅纪委"五查五解决五树立"活动中宁片动员会在管理处召开,自治区水利厅纪委书记崔莉出席。

3月25日 共青团红寺堡扬水管理处第三次团员大会召开。

4月1日 新庄集三泵站被授予红寺堡区2015—2018年度"文明单位"。

4月17日 管理处撤销红寺堡第一总站、韦州总站。

5月4—5日　管理处首次实现网络在线收缴水费。

5月9日　红五泵站第一排第147节出水压力管道爆裂、第234节出水压力管道裂缝空鼓,经过抢修,5月14日恢复正常运行。

5月21日　中宣部办公厅、国家发改委办公厅授予检修队"全国节俭养德全民节约行动先进单位"称号。

5月下旬至12月　按照自治区水利厅党委安排部署,在全处范围内开展"三严三实"专题教育。

6月9日　海子塘泵站线路由于54号杆附近居民施工造成两相短路跳闸,海子塘一、二泵站停水。经过抢修6月11日下午2个泵站恢复运行。

6月26日　11时,红寺堡扬水工程首级泵站最大允许方式首次由7大1小增加到8大运行,上水量为24.6立方米/秒,运行负荷达8.2万千瓦。

7月24日　自治区特种设备检验所对管理处11台5～32吨起重机进行定期检验、检测。

8月13日　红寺堡五泵站互联网顺利接通。至此,基层站所实现了网络全覆盖。

8月20日　管理处开展第三届职工技能运动会灌溉调度竞赛。

8月29日　管理处开展第三届职工技能运动会汽车驾驶竞赛。

9月13—14日　管理处举办第三届职工技能运动会机电运行决赛,田志成获得检修项目第一名,黄毅、张丛分别获得第二名和第三名;殷建伟、叶凡霞、曹静分别获得操作项目前三名。

9月19日　当晚,管理处在中宁县人民广场举行"节水赞"文艺晚会。

9月20日—10月25日　管理处对机关和家属区供暖管网进行改造,并接入中宁县新堡供热站,实施集中供热。运行16年的自建锅炉房退出运行。

9月30日　管理处荣获自治区水利厅第十届篮球比赛冠军。

10月15日　自治区主席刘慧在水利厅副厅长白耀华陪同下到红寺堡区肖家窑葡萄基地调研节水灌溉情况。

10月25日　全区水利行业机电高级技师实际操作考试在黄河泵站进行。

10月27日　管理处参加自治区水利厅举行的广播操比赛并获得二等奖。

10月29日　自治区水利厅纪委书记崔莉、副调研员郜涌泉到管理处宣布干部任免决定:毕高峰任管理处党委委员、书记,免去刘福荣管理处党委书记、委员职务。

11 月 20 日　管理处联合上海凯士比泵业有限公司技术人员进驻黄河泵站，现场研究解决黄河泵站 6# 水泵维修事宜。

是年　红寺堡扬水工程开机上水 161 天，上水量 27663.43 万立方米，灌溉面积 73.36 万亩（含节水灌溉 18.3 万亩）；供水收入 3338.31 万元，单方水效益 6.74 元/立方米；灌区产粮油 32875.09 万千克，农林牧产值达 186688.43 万元，人均纯收入 6465 元。

2016 年

2 月 3 日　管理处与红寺堡广播电视台联合录制 2016 年水情访谈专题节目，张海军副处长接受专题采访。

2 月 25 日　黄河泵站被授予中宁县"县级文明单位"称号。

3 月 1 日　管理处被中宁县授予"特色产业突出贡献奖"。

3 月 7 日　管理处举办"第一届女职工厨艺大赛"。

3 月 17 日　邹建宁荣获"2015 年度全区水利安全生产先进个人"。

4 月 11 日　9 时 50 分，红寺堡二泵站运行中的 9 号机组电缆头发生短路故障，造成高压室部分设备损坏，系统被迫中断运行。管理处经过 40 个小时的艰苦奋战，于 13 日凌晨 2 时 30 分红二泵站开机，系统恢复运行，灌区恢复灌溉。

是日　因红寺堡二泵站事故，红三干渠短时段内退水导致红三干 8 + 630 ～ 13 + 000 处渠道共 1150 平方米混凝土板滑塌。经紧急处理，4 月 12 日修复正常。

4 月 13 日　王进军等研究改造的防泥沙型自润滑轴承蝶阀经国家知识产权局审查，授予专利权，并颁发实用新型专利证书。

4 月 18 日　新庄集一支干渠末端 105 米混凝土板滑塌，经过 4 个小时的抢修加固恢复行水。

4 月 24 日　水利部副部长周学文在自治区水利厅厅长吴洪相、副厅长李永春陪同下到红寺堡二泵站考察工程设备老化情况。

4 月 29 日　红三干渠 19 + 700 处左渠堤发现 3 道横向裂缝，经过 16 小时抢修，30 日 12 时恢复行水。

2015 年 11 月 27 日—2016 年 4 月 30 日　实施完成红寺堡三、四、五干渠防洪工程、配套建筑物改造建设。

5月11日　管理处红四泵站开出第一张"营改增"水费发票,"营改增"全面推行。

是日　经过反复研究论证,管理处重新率定了渠道水位运行参数。

6月26日　管理处举办红寺堡扬水工程运行现状分析研讨会,邀请中国农业大学、中水北方设计院、山西设计院、扬州大学、景电管理局、自治区水利厅等单位7位专家就提高工程运行效率进行研讨。

6月30日　张佳仁参加自治区庆祝中国共产党成立95周年大会,并荣获"自治区优秀共产党员"称号。

7月1日　在自治区水利厅举办的庆祝建党95周年歌咏比赛中,管理处演唱的《映山红》获二等奖。

是日　红寺堡五泵站党支部被自治区水利厅党委评为"先进基层党组织",苏俊礼被授予"优秀党务工作者",王建成、杜学华被授予"优秀共产党员"。

是月　管理处荣获全区"六五"普法先进单位荣誉称号。

△　管理处顺利完成了2016年中宁县控点农田灌溉水利用系数测算录入工作。

10月14日　管理处党委荣获自治区水利厅党委"学党章党规、学系列讲话"知识竞赛决赛三等奖。

11月2日　管理处"全区安全文化建设示范企业"创建工作通过自治区安全生产监督管理局复审验收。

11月17日　自治区文明办对管理处自治区文明单位进行复评验收。

11月30日　自治区政府机关事务管理局考评组对管理处"公共机构节水型单位建设"进行验收。

是年　管理处为对口扶贫的中宁县徐套乡白套村修建7座蓄水池,解决了8000亩硒砂瓜的灌溉难题。为隆德县杨和乡串河村兰金龙等10户贫困户修建了380平方米新房。为一户建档立卡贫困户赠送了2头基础母子致富牛。

△　红寺堡扬水工程开机上水159天,上水量26467.54万立方米,黄河泵站向高干渠补水9424.44万立方米,灌溉面积76.81万亩(大田灌溉面积56.09万亩,高效节水补灌20.72万亩);供水收入3176.74万元,单方水效益8.25元/立方米;灌区产粮油29876.03万千克,农林牧产值218297万元,农民人均纯收入7080元。

2017 年

2 月 21 日　管理处召开《宁夏红寺堡扬水工程志》编纂工作启动会,自治区地方志办公室副主任张明鹏应邀进行志书编纂辅导培训。

2 月 28 日　管理处团委召开第三次团员大会,选举了参加共青团水利厅第七次团员代表大会代表。

3 月 7 日　管理处工会女工委被水利工会授予"巾帼建功先进集体"称号,张燕、曹静被授予"巾帼建功标兵"称号。

3 月 16 日　管理处被中宁县授予"特色产业突出贡献奖"。

3 月 21—22 日　宁夏质量技术监督行政许可评审中心计量认证评审专家组对红扬检测公司进行了资质认定复评审,对新增扩项的 5 个类别 50 个检测项目进行了审定核准。

3 月 23 日　管理处荣获"2016 年度中宁县支持地方经济发展先进单位"称号。

3 月 30 日　9 时 38 分,红寺堡一泵站开启 3 号机组,春灌工作首次提前到 3 月份进行。

是日　自治区水利厅巡视员薛塞光在科技教育处副处长赵东辉的陪同下,到管理处调研指导"三元流技术在红寺堡扬水工程的引进与研究"科技项目和春灌开机工作。

4 月 5 日　自治区农林水财工会主任闫灵、自治区水利厅副巡视员部涌权到管理处调研指导工作。

4 月 7 日　红扬工程公司和红扬检测公司被中宁县授予"县级文明单位"称号。

4 月 11 日　自治区水利厅扶贫扬黄灌溉一期水利骨干工程资产移交协调会在固海扬水管理处召开,自治区水利厅副厅长潘军主持,管理处领导参加会议。同日,潘军调研了下马关高效节灌项目区蒸发实验项目。

4 月 12 日　中国航天十二院课题调研组一行 6 人在自治区水利厅总工程师王新军等陪同下,到红寺堡一泵站考察调研工程运行管理、灌区农业用水现状。

4 月 19 日　管理处在中心管理所召开 2017 年第一次灌溉例会。

4 月 21 日　管理处党委成立红寺堡三泵站党支部、新庄集一泵站党支部、新庄集二泵站党支部、新庄集三泵站党支部、新庄集四泵站党支部、海子塘一泵站党支部、海子塘二泵站党支部、新圈一泵站党支部、新圈二泵站党支部、离退休干部党支部。撤销红三总站党支部、新庄集总站党支部、机关第三党支部。

4月28日　管理处被自治区文明委命名为第十七批自治区文明单位(复验)。

5月16日　自治区水利厅巡视员薛塞光在红寺堡一泵站主持召开水泵三元流技术应用现场会。

5月23日　自治区党委常委、副主席马顺清在自治区水利厅厅长白耀华、副厅长潘军陪同下到红寺堡一泵站、泉眼山泵站等处调研水利重点项目建设工作。当日在中宁召开的座谈会上,与会人员提出了红寺堡四、五泵站列入2017年改造计划的意向。

5月25日　李平被自治区水利厅授予"创新创业好青年",李占文被自治区水利厅授予"崇义友善好青年"。

5月26日　宁夏水利电力工程学校与管理处举行现代学徒制签约仪式。

是月　李彦骅被自治区党委宣传部、文明办授予2016年全区"清凉宁夏"先进个人。

6月1日　自治区水利厅厅长白耀华到红寺堡四、五泵站调研泵站更新改造及金庄子水库建设进度、红寺堡灌区盐碱地改良治理情况。

6月2日　13时,红寺堡三泵站3号出水压力管道靠近出水竖井处钢岔管在倒换机组时出现约12厘米裂缝。经抢修,3日凌晨3时解除险情。

6月16日　管理处召开干部大会,传达学习自治区第十二次党代会精神、自治区党委十二届一次全体会议精神和自治区水利厅干部大会精神,对管理处学习宣传工作作出安排部署。

6月21日　由自治区水利厅监交,总指挥部正式将固定资产(移交资产决算批复1590项,决算批复金额83614.04万元)移交管理处。

6月23日　管理处被评为中卫市"十佳道德讲堂"。

7月24日　明艳琴在全区水利系统安全生产演讲比赛中获二等奖。

8月7日　自治区水利厅副厅长朱云到管理处宣布:张锋任管理处党委委员、书记。

8月16日　自治区水利厅美丽渠道观摩组到红三干渠310斗口处观摩2017年美丽渠道建设情况。

8月21日　管理处入驻"今日头条",搭建新的宣传阵地。

8月30日　自治区原党委书记黄璜到红寺堡五泵站视察工程运行及效益发挥情况。

9月11日　引黄灌区骨干水利工程供水定价成本监审工作启动会在管理处召开。

9月12—13日　北京南水北调大宁管理处一行到管理处考察。

9月16日　浙江省水利厅一行到黄河泵站、红一泵站考察学习机电设备管理情况。

9月27日　湖南省水利厅一行到黄河泵站、红一泵站考察学习机电设备管理情况。

9月28日　水利部副部长魏山忠在自治区水利厅厅长白耀华陪同下到红寺堡二泵站调研大型泵站更新改造项目。

是月　红寺堡一至五泵站更新改造工程先后开工建设。

9月初至10月底　管理处开展移交资产系统录入工作,共录入资产7.46亿元。

10月17日　肖扬在第五届全国水利行业职业技能竞赛泵站运行工决赛中荣获第二名。

10月18日　中国共产党第十九次全国代表大会在北京开幕,管理处组织职工收看了大会开幕式直播。

10月20日　自治区水利厅副厅长麦山到红寺堡四、五泵站检查更新改造工程现场安全生产工作。

10月23日　管理处工会召开职工代表大会,选举产生了张玉忠等6名代表为宁夏水利工会第六次代表大会代表及委员候选人。

10月24—25日　水利部文明委陈梦晖一行对管理处"全国水利文明单位"创建工作进行检查验收。

10月25—26日　自治区党委第二巡视组对管理处有关工作进行抽查巡视。

10月27日　陕西省渭南市东雷二期抽黄工程管理局30多人学习考察红寺堡扬水工程运行管理工作。

11月8日　按照自治区水利厅党委《关于全力做好自治区党委第二巡视组移交的第一批问题整改落实工作的通知》要求,管理处迅速组织开展整改落实。

11月15日　10时,新庄集四泵站开启一台机组,金庄子水库蓄水。

11月22日　管理处新招录的12名职工分配至各泵站正式到岗上班。

11月22—23日　自治区安全生产标准化达标评审组对管理处安全生产标准化二级达标进行现场验收评审。

12月1—8日　管理处将红寺堡一至五泵站更新改造拆卸待报废的固定资产(水泵、电动机、液控蝶阀、伸缩节、输水管道、变电所设施设备等)分类存放在固海扩灌一泵站库房和红五泵站,并登记造册,涉及资金26138.46万元。

12月6日　自治区水利厅党委书记、厅长白耀华调研红寺堡一、二、三泵站更新改造工程建设情况。

12月12日　自治区水利厅党委书记、厅长白耀华到红寺堡一、二、三泵站调研指导泵站更新改造建设工作,明确要求2月15日前空载试验,同步建成泵站自动化。

12月18日　自治区水利厅、人力资源和社会保障厅、总工会联合发文表彰第五届全区水利行业职业技能竞赛优胜个人,张宏燕获得渠道维护工竞赛第4名,肖杨获得泵站运行工竞赛第2名,被授予"自治区水利行业技术能手";李正伟获得渠道维护工竞赛第7名,张丛、何立宁分别取得泵站运行工竞赛第6名、第8名,被授予优秀选手。

12月19日　自治区人大常委会副主任袁进琳在自治区水利厅厅长白耀华的陪同下到红寺堡一、二泵站调研红寺堡扬水工程泵站更新改造项目。

12月27日　管理处被水利部精神文明建设指导委员会授予"第八届全国水利文明单位"称号(水精〔2017〕8号)。

12月29日　驻自治区水利厅纪检监察组组长王振升一行到管理处调研检查泵站更新改造工作。

是年　红寺堡扬水工程开机上水160天,上水量26702.45万立方米,黄河泵站向高干渠补水9714.81万立方米,灌溉面积76.35万亩(其中大田灌溉面积56.83万亩,高效节水补灌19.52万亩);供水收入3246.07万元;灌区产粮油27580.01万千克,经济作物10969.86万千克,农林牧产值171493.63万元,农村居民可支配收入7896元。

概　述

　　宁夏扶贫扬黄灌溉一期工程(以下简称"扶贫扬黄工程")包括红寺堡和固海扩灌扬水两片灌区,是在国家"八七"扶贫攻坚计划和自治区"双百"扶贫攻坚计划的背景下,为切实改善宁夏南部山区人民群众生产生活条件、打赢脱贫攻坚战、实现全面建成小康社会目标而采取的一项重大战略举措,是国家"九五"重点建设项目,是当时宁夏最大的水利扶贫项目、国内最大的以扶贫为宗旨的移民项目。

　　扶贫扬黄工程和灌区位于宁夏中部干旱带,地跨吴忠、中卫、固原 3 市的红寺堡区、利通区、中宁县、同心县、海原县、原州区 6 县(区),承担着近百万亩农田灌溉、40 多万人口和数十万头大家畜生活用水及工程辐射区生态用水的供水重任,被当地人民群众发自内心地誉为"德政工程""民心工程"和"生命工程"。

　　扶贫扬黄工程 1994 年提出构想,1995 年 12 月批准立项,1997 年 12 月批准可行性研究报告,1999 年 5 月被列为国家"九五"重点建设项目,2000 年 9 月批准初设报告。1996 年 5 月11 日工程奠基,1998 年 3 月 20 日主体工程开工建设,同年 9 月 16 日向红寺堡灌区试点村供水,2005 年 10 月 18 日骨干工程全线通水。2005 年 9 月批准工程建设规模及初设概算调整,工程概算总投资 36.69 亿元,建设内容包括水利、供电、通信、移民和农田开发五大部分,开发土地 80 万亩,搬迁安置移民 40 万人。

　　宁夏扶贫扬黄灌溉工程建设总指挥部(以下简称"总指挥部")负责工程建设管理。2010年 3 月前,红寺堡和固海扩灌扬水工程运行管理均由红寺堡扬水管理处负责。2010 年 3 月,自治区水利厅将固海扩灌工程划拨固海扬水管理处管理。

一

　　红寺堡灌区位于宁夏中部大罗山脚下,介于东经 105° 45′ ～106° 30′ ,北纬 37°

10′ ~37° 29′ 之间,涉及红寺堡区、利通区、同心县和中宁县 4 县(区),土地总面积约 132.11 万亩。红寺堡扬水工程 1998 年 3 月开工建设,2005 年 10 月骨干工程全部建成投运。工程设计流量 25 立方米/秒,设计年引水量 3.09 亿立方米,调概后设计灌溉面积 55 万亩,2017 年实际灌溉面积达 76.35 万亩(含节水灌溉 19.52 万亩)。建成泵站 14 座(含黄河水源泵站),安装机组 88 台(套),总装机容量 11.66 万千瓦,总扬程 305.8 米,干、支渠总长 149.67 千米,主要渠道建筑物 466 座。工程从黄河中宁泉眼山段及七星渠高干渠 19 + 400 米处取水,2017 年最远送水到同心县下马关镇。

固海扩灌灌区位于宁夏清水河河谷平原中部,介于东经 105° 35′ ~106° 12′,北纬 36° 11′ ~37° 18′ 之间,涉及中宁县、同心县、海原县、原州区 4 县(区),土地总面积约 85.65 万亩。固海扩灌扬水工程 2000 年 4 月开工建设,2003 年 10 月骨干工程全部建成投运。工程设计流量 12.7 立方米/秒,设计年引水量 2.08 亿立方米,调概后设计灌溉面积 25 万亩。建成骨干泵站 12 座,总装机容量 9.81 万千瓦,总扬程 470.22 米,干渠长 169 千米。

红寺堡和固海扩灌扬水工程的水源工程由两部分组成:一是在中宁县泉眼山黄河右岸新建黄河泵站,设计流量 30 立方米/秒,扬水入高干渠;二是扩整七星渠上段 28.4 千米渠道,渠口增加引水 8 立方米/秒,自流入高干渠。

二

"西海固"位于宁夏中南部,包括西吉、海原、原州区(固原)、彭阳、隆德、泾原、同心和盐池,土地面积 3.04 万平方千米,占全区总面积的 58.8%。这里山大沟深,干旱缺水,水土流失严重,交通不便,信息闭塞,自然条件恶劣,人民靠天吃饭,经济社会发展严重滞后,素有"苦瘠甲天下"之称,1972 年联合国教科文组织考察后的结论是"不适合人类居住的地方!"

新中国成立后,"西海固"的发展和人民群众的生活始终牵动着中央领导的心。1972 年在中直机关 7000 人大会上,周恩来总理听说"西海固"人民还在干旱和贫穷中受煎熬时,动情地说:"西海固人民还在受苦,我这个当总理的有责任啊!"改革开放后,党和政府采取"以工代赈""'三西'建设"等多种措施连续"输血"扶贫,支持"西海固"发展,人民群众生活面貌发生了很大变化,但由于地缘条件、经济基础和自然灾害频发等多种原因,一直没有拔掉穷根,始终摆脱不了"一方水土难养一方人"的困境。据自治区计委和统计局统计,截至 1993 年年底,"西海固"地区生活在温饱线(年人均收入 500 元)以下的人口为 139.8 万人,占该地区总人口的 64.4%,其中人均收入在 300 元以下的贫困人口 63.9 万人,贫困面之大、比例之高世所罕见。为此,自治区党委、政府按照国家"八七"扶贫攻坚计划精神,决定实施宁夏"双百"扶贫攻坚计划,提出要积极创造条件新建属于大柳树灌区的扬水工程,对贫困山区实施移民搬迁,探索新的脱贫攻坚之路。

1993年秋,宁夏北部引黄灌区稻浪千重、瓜果飘香,到处一派丰收景象。然而,"西海固"连年大旱,群众生产生活极为困难,时任中共中央政治局常委、全国政协主席李瑞环带着党中央的关怀来宁视察,当他看到南部山区人民严酷的生活环境时难过得夜不成寐。回京后,李瑞环反复强调:我们要振奋精神,集中力量,打一场改造自然的攻坚战,为宁夏"西海固"地区的人民开创一条脱贫之路。当年年底,由全国政协出面,组成一个农林水利专家组,开始研究"西海固"的脱贫问题。

1994年8月22日,全国政协在京委员赴宁视察团106人在团长焦力人的带领下来宁视察,自治区提出的"开发大柳树灌区,新建几个扬水工程,实施扶贫移民"的思路得到委员们的普遍关注和支持,表示回京后向国家计委、水利部反映。同年9月12—17日,受李瑞环主席委托,全国政协副主席、著名水利专家钱正英带领农林水利专家组专程来宁考察,帮助宁夏人民寻找脱贫之路。年近古稀的钱正英不辞劳苦查看大柳树高坝坝肩和待开发的红寺堡灌区,并与自治区领导亲切座谈,交换意见,并初步形成这样的思路:走水土结合之路,扬黄河之水,将黄河两岸平坦、广阔的干旱荒塬建成一个百万亩新灌区,将贫困山区不具备生产生活条件地方的贫困群众搬迁到新灌区,从根本上解决贫困问题。钱正英回京后,立即向李瑞环提交了考察报告。李瑞环指示迅速将考察报告写成建议案报中共中央及国务院——这在人民政协历史上是头一次。1995年的全国"两会"上,全国政协第2027号提案《关于在宁夏回族自治区建设扶贫扬黄灌区作为大柳树一期工程的建议案》(以下简称《建议案》)引起高度重视。对此,李瑞环主席还专程致信江泽民总书记和李鹏总理,认为"在有条件的地方搞扬水灌溉,成片移民,是个根治贫困的好办法,赞成把扶贫扬黄工程作为大柳树灌区的第一期工程,先期开发灌区"。江泽民圈阅,李鹏立即批示"请锦华同志在'九五'计划中考虑"。党中央和国务院的高度关注,使扶贫扬黄工程的前期工作节奏骤然加快。

1995年的春风温暖着宁夏人民的心。3月,李瑞环与李鹏、邹家华面谈《建议案》有关情况;4月17日,刚当选国务院副总理主管农业工作1个月的姜春云批阅了钱正英的报告;5月19日,国务院副总理李岚清与国家计委副主任郝建秀赴宁夏,当他们了解到宁南山区人民严酷的生存现实后,动情地说扶贫扬黄灌区建设刻不容缓,李岚清还挥笔写下了《赴宁夏有感》五绝一首。5月19日下午,国务院副总理邹家华召集会议专题研究宁夏扶贫扬黄灌溉工程,接着,水利部副部长张春园带领20多名专家组赴宁实地考察扶贫扬黄工程,帮助调整工程方案,提出了《工程项目建议书》和《工程可行性研究报告》。1995年12月13日,国务院批准扶贫扬黄灌溉一期工程正式立项,并列入国家"九五"计划。消息传来,多少人喜泪纵横,不能自已。

扶贫扬黄工程的立项建设离不开中央的亲切关怀,离不开国家部委的大力支持,更离不开自治区党委、政府的全力争取和相关部门的艰苦努力。1995年9月18日,距钱正英离宁仅24小时,自治区党委、政府就向党中央、国务院呈报了《关于将宁夏扶贫扬黄新灌区列为国家"九五"重点项目的请示》,并组织全区专家在一个月之内编制了20多万字的预可行性研究报告,于10月31日送到全国政协,受到钱正英同志的称赞。此后,自治区领导多次带领有关部门到国家部委汇报情况,争取理解支持,为工程上马不懈努力,倾注了大量心血。黄璜书记多次主持召开自治区党委常委扩大会议专题听取工程前期进展情况,白立忱主席为扶贫扬黄工程审阅定名为"1236",并为建设委员会"当头挂帅"。自治区政府还印发《关于征收水利建设基金的通知》,为扶贫扬黄工程建设筹集资金,提倡自愿捐助,举全区之力建设扶贫扬黄工程。

三

扶贫扬黄工程是在国家"八七"扶贫攻坚计划和宁夏"双百"扶贫攻坚计划的大背景下兴建的大型水利扶贫工程,也是涉及宁夏经济、政治、社会、科技、环境等多领域的宏伟系统工程,建设管理尤为重要。1995年6月29日,自治区党委决定成立"宁夏扶贫扬黄灌溉工程建设委员会",自治区党委副书记、主席白立忱任主任委员,自治区党委常委、副主席任启兴,副主席周生贤和自治区人大常委会副主任张位正任副主任委员,28个厅(局)负责人为委员,负责统一领导和科学决策工程建设重大事项。委员会下设正厅级办公室,张位正兼主任,张钧超任副主任,同时成立"宁夏扶贫扬黄灌溉工程建设指挥部",与办公室两块牌子一套人员,由张位正任专职总指挥。1996年7月18日,宁夏扶贫扬黄工程建设指挥部组建,负责工程建设组织、领导、协调和实施工作,履行项目法人职责。

1996年5月11日,扶贫扬黄工程奠基典礼在红寺堡一泵站举行,现场彩旗飘扬,鞭炮齐鸣,国务院副总理邹家华、全国政协副主席杨汝岱、国务院有关部门负责同志陈耀邦、张春园、张宝明、张明康、张铭羽,自治区领导黄璜、白立忱、马思忠、刘国范、王永正等一同挥舞铁锹为奠基石埋土,拉开了这项举世瞩目的扶贫工程的建设序幕。轰响的马达声,隆隆的爆破声,嘹亮的劳动号子,惊醒了沉睡千年的大地。在红寺堡近2000平方千米的广袤荒原上,一场扶贫攻坚战役打响了。总指挥部领导班子统筹协调,严密组织,精心部署,全力以赴,为工程建设殚精竭虑,呕心沥血。建设工地上,彩旗飘飘,车水马龙,雪花与焊花齐舞、骄阳和汗水同辉,广大工程建设者舍小家、顾大家,放弃了与家人的团聚,告别了都市的繁华,与星星做伴,和沙尘为邻,住地窝子、睡大帐篷,就着沙子下饭,顶着酷暑施工,风餐露宿,披星戴月,拼搏苦干,书写了一篇又一篇可歌可泣的开发史诗。

为了贯彻"八七"扶贫计划,工程建设坚持"边建设、边发挥效益"的方针和"工程建设质量第一,农业开发效益第一,移民安置稳定第一"的原则,水利骨干工程、供电工程、通信工程、农田开发配套工程和移民工程齐头并进。在全区率先推行"项目法人责任制、招标承包制、建设监理制和合同管理制",确立了以项目法人责任制为核心、招标投标制和建设监理制为服务体系的工程项目管理体制,开创了宁夏水利建设史上的先例;建立了以总工程师为中心的技术管理体系和施工单位、监理单位、建设单位、质检部门四级质量监督管理安全体系,实行工程质量终身责任制;坚持"会议审批集体拨款制度",保证了资金安全。特别是工程设计、施工、监理、材料设备四大项目的招投标制度,引进了竞争机制,使一批优秀的国家级和外省区设计、施工、监理单位进入宁夏,有力地促进了区内有关企业和人员整体水平的提高,保证了工程质量,加快了工程建设进度。1998年年底,建成红寺堡一、二、三泵站和一、二干渠及三干渠前22千米,扩整了水源工程七星渠、高干渠,形成灌溉27万亩土地的能力。在红寺堡灌区初步建成8个移民试点村和3个乡政府基础设施,在固海扩灌灌区建成八营万亩灌区。同年9月16日,红寺堡一、二、三泵站,一、二干渠和三干渠前段22千米试水成功,实现了自治区政府提出的"当年开工建设当年发挥效益"和"向自治区四十大庆献礼"的目标。1999年5月,红寺堡三干渠下段工程、新庄集一至四泵站及支干渠土建安装工程开工建设;2000年3月15日,新圈、海子塘支线工程开工建设,同年3月黄河泵站开工建设;2005年3月红寺堡四、五泵站及干渠工程开工建设,同年11月主干四、五泵站及干渠建成。固海扩灌扬水工程2000年4月开工建设,2003年10月骨干工程全部建成投运。2006年12月,扶贫扬黄水利骨干工程、供电工程和通信等全部建成,发挥效益。2010年10月,扶贫扬黄水利骨干工程获中国水利工程优质(大禹)奖。

扶贫扬黄工程立项、建设和灌区开发中,江泽民、胡锦涛、李鹏、朱镕基、温家宝、李瑞环、尉健行、李岚清、迟浩田、吴仪、钱正英、白立忱等党和国家领导人给了这项"功在当代、利在千秋"的水利扶贫工程极大关怀和支持,有的亲临现场视察指导,有的解决工程立项与建设重大问题,对顺利推进工程立项、建设和效益发挥起到了巨大作用,充分体现了党中央、国务院对宁夏人民的亲切关怀。

四

党的十八大以来,自治区水利厅全面贯彻中央"五位一体"总体布局和"四个全面"战略布局,在国家和水利部等有关部委的鼎力支持下,水利事业保持了大投入、大建设、大发展的良好势头。为贯彻落实自治区第十二次党代会部署和自治区党委关于"向中部干旱带多供水是水利厅对脱贫攻坚最大支持"的指示精神,自治区水利厅加大水利资金和政策向贫困地区倾斜力度,着力提升水利基础设施条件,千方百计增加生活生产供水,助力贫困地区脱贫攻坚、实现建成全面小康社会目标。2017年,自治区水利厅对运行近20年、设施设备老化严重、能耗升高、运行效率和安全保障率大大降低的红寺堡扬水工程进行更新改造。实施红寺堡扬水泵站更新改造工程,对落实新发展理念和高质量发展要求,补齐精准扶贫短板,为服务中部干旱带脱贫攻坚战略、生态立区战略、乡村振兴战略提供水安全保障具有重大而深远的意义。

红寺堡扬水泵站更新改造是在既有工程基础上,本着总体布局不变的原则,对泵站老化设施设备和干(支)渠进行更新改造,提高泵站效率,提升工程效力,保障工程安全和供水安全。规划改造后灌溉面积为101.4万亩(2020年规划水平年,发展高效节水灌溉面积61万亩,占总面积60%),设计流量红寺堡一泵站为28立方米/秒,泵站数量由14座合并减少为11座,总装机容量14.8万千瓦。依据自治区60大庆项目安排和自治区人民政府第46期专题会议纪要精神,2017年主要建设任务是对红寺堡一泵站引渠,红寺堡一至五泵站进出水建筑物、压力管道、主副厂房、机电和电气设备及供电工程进行改造,利用"互联网+",同步建成站级自动化。工程估算投资5.4亿元。

红寺堡扬水泵站更新改造工程作为自治区60大庆重点项目,坚持高起点高标准规划、高质量建设,突出新技术、新材料、新设备引进应用,水泵、电机、阀门选用高效节能、抗磨材质、国际国内一流产品,极大地提高了运行效率、供水保证率和供水能力。以"互联网+"、水利信息化建设为载体,实施泵站及供水设施自动化控制,站级自动化系统设置了水泵机组、辅机、阀门、变配电自动化,操作模式由现场操作变为计算机一键控制,运行参数由人工现场记录变为电脑自动生成,人工现场巡查变为视频远方监控。随着自动化程度的不断提高,将逐步实现遥控、遥测、遥调和测控一体化功能,最终达到"少人值守、无人值班"的运行管理目标,大大加快传统水利向现代水利发展进程。

改造一个旧工程,比建设一个新工程的难度系数要大得多。利用冬季停水期短短4个月时间一次性改造5个泵站在宁夏水利建设史上史无前例。为了实现既定目标,自治区水资源管理局优化冬季施工组织,合理调配各方力量,对关键节点进度实施责任管控,倒排工期、挂图作战。采取泵站主体设备安装和自动化设施交叉作业、同步推进的方案,强化监管,责任到人,全力保障工程建设进度、质量和安全。一支支建设大军顶风冒雪,艰苦奋斗、攻坚克难、苦干实干、争分夺秒,为打造经得起历史检验和人民群众满意的精品工程忘我奋战。红寺堡扬水管理处认真履行现场管理责任,多方协调,全力推进。

项目开工后,自治区水利厅领导多次深入现场检查指导工程建设、安全施工、工程质量、设备安装调试和自动化信息化操作培训等工作,为工程建设掌舵定向,亲切看望建设人员,让一线职工深受鼓舞,干劲倍增,以超常规的努力创造了宁夏水利建设史上的奇迹,按期完成工程建设任务,2018年2月10日机组空载试验,3月25日试机供水,4月1日全面开灌,发挥效益,为自治区党委、政府交上了一份满意的答卷。

五

"一年一场风,从春刮到冬,天上无飞鸟,地上沙石跑"。这是20年前红寺堡地区的真实写照。经过20年不懈努力,扬黄水使之发生了翻天覆地的变化。未开发之前,这里属天然牧场区,只有同心县韦州镇0.67万人定居,基本没有工业,农业以种植和畜牧业为主,粮食作物以小麦、糜谷为主,一般单产25~45千克,农民人均纯收入只有300元左右。红寺堡扬水工程建设投运,彻底改变了这里的面貌。红寺堡灌区从1999年开始农业种植,截至2017年年底,累计产粮油32.58亿千克,农林牧累计总产值达143.67亿元;粮食单产从1999年的亩均132.8千克增长到亩均704.08千克;单方水效益从1999年的0.1元增长到8.25元。2017年,红寺堡区城镇居民人均可支配收入21195元,同比增长9.2%,农村居民可支配收入从1999年的550元增加到7896元,增长了12.36倍,灌区群众走上了致富奔小康的道路。

红寺堡地处毛乌素沙漠边缘,年降水量不足200毫米,是年蒸发量的1/10,开发前年均风速大于3米/秒,每年大风扬沙天气超过80天,其中有20天左右的沙尘暴天气。冬春季节,地表土一般能吹走3~6毫米,多者达10毫米以上,水土流失严重,天然植被退化加速。红寺堡扬水工程建成通水后,灌区大力开展植树造林和围栏封育工作,逐步实现了农田林网化、沟渠林带化、道路林荫化、村庄园林化,平均风速降低,相对湿度提高,大风扬沙日数明显减少,区域小气候得到了根本改善,亘古荒原已变成阡陌纵横、绿树成荫的人工生态绿洲。扬黄水替代了罗山红城水井灌区的深井水,对保护罗山自然保护区周边的地下水起到了重要作用。同时,也为移民迁出地实施退耕还林、封山禁牧,依靠自然修复恢复生态创造了条件。

宁夏南部山区二十多万贫困人口迁入红寺堡新灌区,不仅减轻了当地干旱带、高寒土石区的人口压力,宽松了发展环境,而且使宁夏中部荒漠化土地得到开发性保护和治理,取得了"搬迁一户,宽松两户,带动多户"的效果,扶贫扬黄工程可谓使百万群众受益。移民搬迁到灌区后,改变了祖辈靠天吃饭的历史,吃上了自来水、用上了电器、走上了柏油马路,农业种植实现了黄河水浇灌、机械化耕作。红寺堡城区在曾经是"白草飞沙、飞鸿过断"的戈壁滩上拔地而起,城区街衢平阔,楼舍栉比,文化、教育、卫生、饮水、交通、通信、城镇建设等基础设施不断完善,服务网络不断健全,经济社会协调发展,移民收入迅速增加,生活水平不断提高,呈现出一派政治稳定、经济繁荣、民族团结、群众安居乐业的景象。

扶贫扬黄工程的建设,对在我国西部实施大规模生态移民、整体改变山区群众贫困生活、促进脱贫攻坚战略目标实现进行了成功探索,有效破解了中部干旱带资源性、工程性缺水的"瓶颈"制约,从根本上改变了千百年来"靠天吃饭"的被动局面,保障了地区粮食安全、饮水安全;加快了荒漠化治理步伐,有效改善了中部干旱带的生态环境,减轻了移民迁出地的人口和资源压力,为退耕还林、恢复生态创造了条件,在宁夏中部干旱带的千年旱塬上筑起了一座扬黄扶贫、改善生态、维护稳定,以及促进民族团结、社会进步和经济发展的历史丰碑。

20年间,亘古荒原发生了翻天覆地的巨变,一片充满生机活力的绿洲在荒漠上崛起,勤劳勇敢、积极进取的各族儿女在这里用智慧和力量创造出了骄人的业绩。引黄上山泽旱塬,亘古荒漠变良田。扶贫扬黄工程作为宁夏中部干旱带的命脉工程,为灌区带来了生机,带来了希望。生态绿洲瓜果飘香,移民新村富裕安康,灌区数十万群众与全区各族人民一道向着同步建成全面小康社会的目标阔步迈进,"共产党好,黄河水甜"成为他们共同的心声。

六

管好工程,扬水富民,使命光荣,责任重大。

1997年2月,自治区批准成立宁夏回族自治区红寺堡扬水工程筹建处。1998年8月下旬筹建处正式组建。2008年1月11日,自治区批准红寺堡扬水工程筹建处更名为宁夏回族自治区红寺堡扬水管理处,为自治区水利厅所属正处级事业单位。

20年来,在水利厅党委的坚强领导下,管理处始终坚持以人民为中心的发展思想,筹建之初就确立了"管好红寺堡扬水工程,造福灌区回汉人民"的工作宗旨,提出了"建立一流的管理队伍、争创一流的管理水平、实现一流的灌区效益"的奋斗目标、"团结务实、开拓进取、艰苦创业、无私奉献"的工作精神,为管好工程、服务灌区奠定了思想基础。始终坚持科学管理、规范管理,在2001年10月编印规章制度汇编的基础上,先后多次修订完善制度,形成3

册制度汇编,为规范化、科学化管理提供了遵循。始终坚持安全发展理念,建立健全安全管理组织体系,贯彻安全法律法规,落实安全生产责任,夯实基础工作,推进安全标准化建设,严格执行电力安全工作规程、设备运行维护规程、检修规程和"两票三制"(工作票、操作票和机电运行值班制度、设备巡视检查制度、交接班制度),扎实开展机电设备和渠道工程维修养护,确保了工程设计功能发挥和供水安全。始终坚持科学管水,落实水资源消耗总量和强度双控行动,落实自治区水利厅水量分配计划及调度方案,灌溉用水实行"以亩定量、指标控制、预购水票、按方收费";强化协调沟通,落实灌区县(区)政府灌溉用水管理"主体责任",协调推进转方式、调结构、促节水工作,积极破解供需矛盾,在灌溉面积大幅增加、各业用水需求急剧增大、连年高温干旱的严峻形势下,实现了灌区粮食产量连年攀升、经济社会发展、民族团结稳定的目标。

管理处始终坚持管好工程与加快自我发展统筹推进。截至 2017 年年底,开发土地 6835 亩,建设购置营业房 16413 平方米;泵站(所)积极发展庭院经济,改善生活条件。以美丽渠道建设为契机,大力推进"五通""五改"和绿化美化工作,2017 年年底泵站(所)通路、通水、通网、通电全覆盖,改暖、改浴、改厕、改厨、改园正在创造条件实施,职工住宿难、出行难、洗澡难、饮水难、上网难、如厕难等问题逐步得到解决。面对建站之初恶劣的环境,广大职工义务投工投劳,清石换土,平整田地,植树造林,美化家园,在宜林渠段累计植树 39 万株,存活率 85% 以上,在泵站院落及周边栽植防风林、景观树木 52 万株,存活率 90% 以上,花草 6 万株,存活率 95% 以上,站区绿化覆盖率 35% 以上,泵站人居环境显著改善。始终坚持"科教兴处、人才强处"战略,采取"学历教育,集中办班,岗位练兵""请进来、送出去""技能竞赛"等形式对职工进行分工种、全方位的培训,先后培养出"全国技术能手"1 人、"全国水利技术能手"4 人、"全区水利技术能手"12 人;大专以上学历人数 354 人,占职工总数的 78%,专业技术人员 220 人,占职工总数的 49%,为扶贫扬黄工程管理和效益发挥提供了强有力的智力支持和人才保障。始终坚持全面从严治党,历届党委班子围绕发展抓党建,立足处情凝共识,放眼全局谋发展,团结协调讲民主,围绕作风抓廉洁,卓有成效的党建工作促进了精神文明、物质文明的协调发展,管理处先后荣获十多项省部级荣誉称号。

七

"有水赛江南,无水泪亦干。引黄造绿洲,万民俱开颜。"这是时任国务院副总理李岚清在宁视察时怀着对宁夏人民的深情留下的浓墨重彩的一笔。他揭示了这样一个自然规律,宁夏要尽快脱贫致富,就必须走"水土结合"之路,他道出了这样一个现实,扶贫方式要从"输血式"变为"造血式"。实践证明,扶贫扬黄工程的建设和开发,探索了异地移民、水利扶贫的成功之路,在新的历史时期必将产生更加深远的影响。

党的十八大以来,以习近平同志为核心的党中央把治水兴水作为实现"两个一百年"奋斗目标和中华民族伟大复兴中国梦的长远大计来抓。党的十九大将水利摆在九大基础设施网络建设的首位,作出一系列重大战略部署。自治区第十二次党代会把治水放在基础设施和生态文明建设的突出位置,贯穿实施"三大战略"和全面深化改革全过程,为水利现代化发展指明了前进方向,注入了强大动力,扶贫扬黄工程迎来了新的发展春天。管理处将在水利厅党委的坚强领导下,全面贯彻落实中央治水方针和"统筹城乡、改革创新、节约高效、开放治水"的治水新思路,牢记管好工程、扬水富民的初心和使命,全力做好供水服务,更好发挥工程效益,为服务中部干旱带脱贫富民战略、生态立区战略、乡村振兴战略提供水支撑,为实现经济繁荣、民族团结、环境优美、人民富裕奋斗目标作出新贡献,为梦圆大柳树工程创造有利的灌区条件。

第一章 自然环境及灌区建置沿革

第一节 地理位置

一、水源工程区

调概后实行双水源供水,即黄河泵站扬水和七星渠高干渠自流引水。黄河泵站位于中卫市中宁县泉眼山脚下,东经105°34′00″,北纬37°28′47″。自流引水由中卫市沙坡头区申滩村黄河右岸取水至七星渠高干渠。

二、红寺堡扬水灌区

红寺堡扬水灌区位于宁夏中部大罗山脚下,介于东经105°45′~106°30′,北纬37°10′~37°29′之间,地跨中宁县、红寺堡区、利通区、同心县4县(区)。灌区西起中宁县新堡镇张普沟,东至同心县韦州镇苦水河,北至吴忠市利通区孙家滩横沟以南,南到新庄集乡新集村,东西长约80千米,南北宽约42千米。土地总面积约132.11万亩,设计开发面积55万亩。

三、固海扩灌灌区

固海扩灌灌区位于宁夏清水河河谷平原中部,介于东经105°35′~106°12′,北纬36°11′~37°18′之间。北起中宁县风塘沟,南至固原原州区头营镇,以清水河河谷川地为主体,北端呈南北条状插花分布,南端呈带状、片状分布。南北长124千米,东西平均宽为2.7千米。灌区涉及中卫市中宁县、海原县,吴忠市同心县,固原市原州区3市3县1区,土地总面积85.65万亩,设计开发面积25万亩。

第二节　地形地貌

一、地形

水源工程区域北为卫宁黄河冲积平原,地形平坦,南为烟筒山西北洪积倾斜平原,地势起伏不大,南高北低,由东南向西北倾斜,属卫宁平原地貌区,由冲积平原小区和山前洪积倾斜台地区构成。七星渠位于冲积平原小区,系黄河I、II级阶地;高干渠位于山前洪积倾斜台地小区边缘。

红寺堡扬水工程灌溉控制区域西邻清水河,东至苦水河,南界烟筒山,北与黄河冲积平原相接。灌区沿大罗山分布,处于烟筒山、大罗山和牛首山之间,属于山间盆地,主要由罗山古洪积扇、红寺堡洪积平原和苦水河河谷平原构成,整个地势由东南向西北倾斜,坡度1/150~1/50,地面高程1204~1450米。灌区内沟谷发育,呈树枝状由东南向西通向黄河。

固海扩灌工程灌溉控制区域沿清水河两岸分布,整个地形南高北低,地形平坦,地面高程1200~1580米。

二、地貌

(一)红寺堡扬水工程灌溉控制区域地貌类型

灵盐台地　主要分布在甜水河以北,苦水河两岸河谷平原之上的台地,多为非灌溉区。

红柳沟下游红岩丘陵　属牛首山红岩丘陵的南延部分,分布于海子塘西北部的石喇叭和麻黄沟中下游两侧,海拔高程1300~1400米,为非灌溉区。

红寺堡盆地　处于烟筒山、牛首山和大罗山之间,分布于红寺堡灌区的中部,是三干渠下段以及海子塘和新庄集支线的控制区域,海拔1300~1550米,由东南向西北倾斜,地形平坦,集中连片,是红寺堡灌区中的主灌区。

烟筒山东侧黄土丘陵　主要分布在碱井子沟以西,海拔1300~1400米,地表波状起伏,是三干渠上段及新圈支线泵站控制的灌区范围。

烟筒山北洪积平原　位于麻黄沟以东,中宁黄河冲积平原和烟筒山山地之间,是一、二干渠控制的灌区范围。

苦水河河谷平原　分布于苦水河、甜水河两岸阶地,包括韦州、水套、孙家滩等地。该区地势平坦,土质好。

(二)固海扩灌工程灌溉控制区域地貌类型

河谷冲积平原　由三级阶地组成,灌区主要分布在Ⅱ、Ⅲ级阶地,地面比降南北方向为1/230,东西方向为1/100左右,地形平坦,集中连片,土层深厚,是固海扩灌区农业生产的精华所在。

黄土丘陵坡地　主要分布在灌区南部的边缘。河西主要分布在马家塘、兴隆等地,河东则在吴家河湾以南地区。

洪积平原　主要分布在米钵山东麓青疙瘩塘至桃山以南的井家沟之间,主要由洪积扇和山洪沟组成,地形较平缓。

三、地质

(一)红寺堡地区

红寺堡地区地层岩性可分为岩石部分,岩石表层覆有厚度不等的第四系砂壤土、壤土,下部砂质泥岩、角质砾岩、泥质砂岩及砂砾岩等,其承载力为180～450千帕。砂壤土、壤土、黄土部分大多数为非自重湿陷土,承载力为160千帕,还有以粉砂、细砂及砂壤土组成的风积沙地层。

整个项目区工程地质条件总的来说较好,表现在地层单一,层位稳定,构造简单,但也不同程度地存在一些不良的工程地质问题,主要有湿陷性黄土遇水湿陷问题和流动沙丘地区的成渠问题。

区域根据勘探的地层岩性,将场地分成三类:

基岩类:地基下层为基岩,岩性为砂质泥岩和长石石英砂岩;上层为壤土、砂壤土,一般属于Ⅰ~Ⅱ级非自重湿陷场地。下层的基岩为良好的持力层,承载力200～300千帕。

角砾、碎石、粉砂类:地基土下层为非湿陷的角砾、碎石和粉砂层,为持力层,承载力分别为160千帕和140千帕。上层为非自重湿陷土场地。

土层类:地基土自上而下均为土层,且上层具有湿陷性,湿陷性土层的厚度6～10米,为Ⅰ~Ⅱ级非自重湿陷土场地。下层非自重湿陷土承载力160～175千帕。

红寺堡地区处在大罗山脚下,其水文地质特征主要表现为:大罗山基岩裂缝地下水水量较丰富,单井涌水量50～900立方米/天,水质好;分布于罗山东麓、北麓及以西广大丘陵台地地区和红寺堡洼(盆)地基底的第三系孔隙、裂缝层间水含水层岩性主要为泥质砂岩、粉质砂岩和砂砾岩等,含水微弱,涌水量很小,且水质差;第四系孔隙地下水广泛分布于灌区第四系地层,厚度 10 ~ 200 毫米,含水层岩性主要有粉砂、细砂和砂砾石等,单井涌水量 20 ~ 50立方米/天,受下部第三系相对隔水层的影响,水质较差,利用价值不大。

红寺堡的水文地质问题主要集中反映在距红寺堡东北 6 千米约 40 平方千米范围的低洼地带,地下水埋深小于 3 米,灌溉水的入渗可直接补给地下水,使水位上升,导致土壤盐分聚集。其他地区地下水埋深都在 10 米以下,且排泄条件好,不存在水文地质问题。

(二)固海扩灌区

固海扩灌区的水文地质条件相对简单,地下水有分布在清水河河谷平原中的第四系孔隙潜水和第三系承压水。孔隙潜水埋藏于河谷平原上部,由砂壤土、壤土、粉细砂和砂砾石层组成,地下水埋深由河谷左右至河谷两岸台地 20 ~ 40 米,水化学类型为 SO_4^{2-}、CL^-、K^+、Na^+,水量小。第三系承压含水层埋深大于 50 米,含水层岩性主要有泥质砂岩、砂砾岩等,水量较小,单井涌水量 1200 立方米/天,水化学类型为 SO_4^{2-}、CL^-、Mg^{2+}、K^+、Na^+,矿化度多为 1.6 ~ 8.7克/升,地下水由南向北流动,与地表径流方向一致。

泵站的主要工程地质问题是地基土的湿陷性。东线一至六泵站和九泵站基础底面下无湿陷性土,工程地质条件良好。对于渠道建筑物,东线一至五干渠上的渡槽,两岸及沟底均以碎石为主,直接作为基础持力层,工程地质条件良好。其余渡槽两岸及沟底均有湿陷性土层分布,且厚度较大,湿陷等级较高,工程地质条件较差。

渠道的工程地质问题主要是土层段的湿陷性和砾、碎石段的渗漏及边坡稳定问题。对于自重湿陷土,可在渠道开挖后进行预浸水处理,待湿陷稳定后再进行衬砌;对于非自重湿陷土层段和砾石、碎石段,可在开挖后直接衬砌。

第三节　土壤与植被

一、土壤

(一)红寺堡灌区

红寺堡灌区的土壤有灰钙土、新积土、风沙土和盐土四种类型。据土壤详查面积 126.28

万亩,灰钙土面积最大,面积103.65万亩,占土壤总面积82%。风沙土面积14.18万亩,占11.3%。新积土面积7.88万亩,占6.2%。盐土面积为0.57万亩,仅占0.5%。

灰钙土　广泛分布于灌区内,覆盖度为15%~40%,有机质层厚度15~40厘米,以下为钙积层,厚20~50厘米。土壤全氮平均为0.34克/千克,全磷平均为0.28克/千克,全钾平均为16.9克/千克。灰钙土pH值为8左右,全剖面易溶盐含量小于1.5克/千克,部分底盐灰钙土积盐层含量大于3克/千克。

风沙土　主要分布于灌区北部和中部,为浮沙土和低矮的沙丘,植被覆盖度为5%~50%。风沙土肥力瘠薄,盐分含量低,以固定和半固定风沙土为主,占85%以上。

新积土　主要由洪水冲积而成,有机质层厚10~20厘米,有机质平均含量4.18克/千克,最高达8.13克/千克;全氮、全磷平均仅为1.6克/千克,全钾平均为16.7克/千克;盐分平均为0.38克/千克。

盐土　主要分布在灌区的孙家滩、鲁家窑等地区,其特征是表层或剖面中下部有一厚度大于20厘米的盐积层,盐积层盐分含量大于10克/千克。

湿陷性黄土　属新生界地层,山上更新洪积层和全新统风积层组成,地层岩性主要为壤土和砂壤土,湿陷性土层厚度在山前洪积扇区为13~16米,进入红寺堡盆地以后逐渐变为6~10米。而且湿陷土层中夹有较多的碎石、角砾和粉细砂层,岩性复杂。根据沿线工程地质勘查成果,红寺堡扬水干渠总长101.92千米,其中湿陷土分布长度77.08千米,占干渠总长的75.6%。

(二)固海扩灌区

固海扩灌区土地总面积87.6万亩,土壤面积82.65万亩,其中清水河川小于7°的台地67.95万亩,占土地总面积的77.6%。该地区土壤主要类型是黄绵土,面积34.95万亩,占土壤总面积的42.29%,这类土土层厚,具有一定的持水保肥能力,土壤有机质及养分含量相对较高,为10克/千克左右。新积土面积25.2万亩,占30.6%,有效土层厚,有机质含量6克/千克。灰钙土面积12.6万亩,占15.3%。另外,风沙土和黑垆土、红黏土分别占3.7%、3.42%和4.31%。从土壤质地看,质地比较轻,其中,轻壤土面积41.25万亩,占土壤面积的49.9%;中壤土9.9万亩,占23.9%;沙壤土8.7万亩,占21.2%;沙土仅占5.1%。在土壤面积中还有由于过去用苦水灌溉,而产生的轻盐碱地面积8.7万亩。根据沿线工程地质勘查成果,固海扩灌干渠12条,总长169.56千米,其中湿陷土分布长度145.85千米,占干渠总长的86%。

二、植被

(一)红寺堡灌区

红寺堡灌区植被类型以荒漠草原为主,多为丛生小禾草和小灌木、小半灌木共同建成群落,植物生长稀疏、矮小,植被覆盖度为20%~50%,生物生产力低。主要植被类型有:短花针茅、川青锦鸡儿与长芒草、刺蓬、猪毛蒿、刺旋花、猫头刺、珍珠草、铁杆蒿组成的群落;短花针茅、耆状亚菊与长芒草、冷蒿、红砂、蒙古沙葱组成的群落;猫头刺群落;甘草分别与苦豆子、白草、蒙古冰草、骆驼蒿、沙米、碱蓬、猪毛菜、牛枝子组成的群落。植被总体特征是:植物种属较少,群落结构简单,覆盖率低,生态脆弱。

(二)固海扩灌区

固海扩灌区植被类型多为天然草原植被,人工林地面积小,且多为水土保持林和薪炭林,结构单一,人均林地约0.5亩。

第四节　气候

红寺堡灌区属典型大陆性气候,属中温带干旱区。主要气候特点是冬长夏短、春迟秋早、冬寒夏热、雨雪稀少、风大沙多、蒸发强烈、干旱频繁、日照充足。气候差异明显,其基本规律是:气温、日照由东南向西北递增,降水量、湿度则由东南向西北递减。主要气象灾害是干旱,还有干热风、沙尘暴、霜冻和冰雹,每年都有不同类型不同程度的灾情。

固海扩灌区处于温带干旱、半干旱气候区,属典型的大陆性气候。主要气象灾害有干旱、风沙、干热风、霜冻和冰雹。

一、气温

红寺堡灌区内多年平均气温8.7摄氏度,最冷1月平均气温零下7.7摄氏度,最热7月份平均气温23摄氏度。极端最低气温零下27.3摄氏度,极端最高气温38.5摄氏度。多年平均日温差13.7摄氏度,全年≥10摄氏度的有效积温2963.1摄氏度。

固海扩灌区多年平均气温为7.3摄氏度,最热7月份平均气温20.8摄氏度,极端最高气温37.9摄氏度;最冷1月份平均气温零下8.4摄氏度,极端最低气温零下28.1摄氏度。

二、日照

红寺堡灌区年日照时数多年平均为 2900～3550 小时，全年日照百分率 65%～69%，是全国日照时间最丰富的地区之一。太阳辐射强度为 623.4 千焦／平方厘米。

固海扩灌区全年日照时数平均为 2518～3055 小时，全年日照百分率 57%～69%，是全国日照时间最丰富的地区之一，太阳辐射强度为 586.2 千焦／平方厘米。

三、风

红寺堡灌区全年大风平均日数 25 天，春末夏初的 3—4 月大风较多，最多可达 56 天，8 级以上大风每年发生 6～10 次，沙尘暴每年 4～15 天。多年平均风速 2.9～3.7 米／秒，最大风速 21 米／秒，风向多为西北风。

固海扩灌区大风日数 24～29 天，多年平均风速 2.9～3 米／秒，最大风速 21 米／秒，风向多为西北风，大风和风沙多发生在 4 月和冬季，8 级以上大风每年发生 6～10 次，而且常伴有沙尘暴，沙尘暴每年 4～15 天，大风使土壤风蚀严重，作物难以着苗。

四、降水

根据本区域中宁、同心、韦州 3 个气象站同步实测系列平均，红寺堡灌区多年平均降水量 251 毫米。降水的年内分配很不均匀，降雨量多集中在 7—9 月，占全年降水量的 72.4%，而作物在生长需水量最多的春夏季（4—6 月）降水量只有 60.3 毫米，仅占 24%。降水量的年际变化很大，最大年降水量是最小年降水量的 3 倍左右。灌区呈东西方向分布，因此降水量的空间分布相对比较均匀，基本位于 250 毫米等值线上。地处灌区最高峰的大罗山多年平均降雨量稍高，约 350 毫米。

固海扩灌区降水量由北向南递增，北部的中宁 200 毫米，中部的同心 277 毫米，南部的头营 478 毫米，降水多集中在 7—9 月，占年降水量的 72%，在作物生长需水量最多的春夏季，降水量只有 95 毫米，占 25%。

五、蒸发与空气湿度

红寺堡灌区多年平均蒸发量 2387.6 毫米（20 厘米蒸发皿），为降水量的 9.5 倍，其中 3—9 月的蒸发量为 1965 毫米，占全年蒸发量的 82.3%。4—6 月的蒸发量为同期降水量的 16 倍。

由于降水少,蒸发多,空气干燥,多年平均相对空气湿度为52%。

固海扩灌区蒸发量与降水量相反,由北向南递减,北部中宁2200毫米,南部头营1900毫米,4—6月的蒸发量为同期降水量的9倍。由于降水少,蒸发强烈,干旱十分严重。

六、冻土与霜日

土壤冻结期在100天以上,平均冻结日期为12月2日,平均解冻日期为3月5日,最大冻土深度1.28米(中宁灌域最大冻土层深度为1.3米,红寺堡区最大冻土深度1.37米)。灌区初霜日期10月4—15日,终霜日期4月12—21日,无霜期为165～183天。

固海扩灌区无霜期161天左右。霜冻每年都有发生,尤其有的年份早霜提前出现在9月初,对秋作物的成熟威胁极大。而终霜则推迟到5月底、6月初,对幼苗期的胡麻、旺盛生长期的瓜类以及花期的果树等有较重的危害。

第五节　水资源

一、地表水

(一)红寺堡灌区

红寺堡灌区主要水系为黄河流域红柳沟和苦水河两条支流,还有7条较大的间歇性山洪沟道。

苦水河起源于甘肃省环县,流经红寺堡灌区东部边缘,在灵武市新华桥入黄河,全长224千米,流域面积5218平方千米(宁夏境内4972平方千米),多年平均径流量2563万立方米,河水含盐量4.5克/升左右。

红柳沟发源于同心县小罗山,沿红寺堡灌区的中部由东南流向西北,在中宁县鸣沙入黄河,全长103.5千米,河道平均比降4.16‰。红柳沟集水面积1064平方千米,年径流量958万立方米,河水含盐量4.5克/升左右。

区域内多年平均降水量由南到北为250～200毫米,其中98%左右消耗于蒸发,平均径流量深3～10毫米,灌区中部平均为5毫米,降雨形成的地表径流约475万立方米,而且多集中在汛期,以洪水出现,平均矿化度4～4.5克/升。灌区多年平均降雨量240毫米(红寺堡区多年平均降雨量277.4毫米),平均径流6毫米,降雨形成的地表径流量1337万立方米,而且多集中在汛期,以洪水出现,平均矿化度4.4~4.5克/升。地表水总体特征是水质差、水量少,利用价值不高。降雨量少且年际年内分配不均,造成每年春秋常常出现干旱,严重影响了树木的生存与植被的恢复。

(二)固海扩灌区

固海扩灌区地处清水河中下游,多年平均年径流量0.73亿立方米,其中常流水占44.6%,大部分为雨洪径流。清水河是当地的一条主要河流,属黄河的一级支流,发源于固原开城,由南向北纵贯全灌区,在中宁县的泉眼山汇入黄河,全长320千米,河道比降1.49‰。清水河流域面积1448平方千米,多年平均年径流量2.16亿立方米,每年输沙模数3410吨/平方千米,年输沙量4940万吨,河水含盐量3.6~5.1克/升。其他主要支流有冬至河、中河、苋麻河、西河、金鸡儿沟、长沙河。

二、地下水

(一)红寺堡灌区

红寺堡灌区分属为两个水文地质单元,即红寺堡山间盆地和下马关—韦州盆地,分水岭在海子塘。地下水为第四系松散地层孔隙潜水和第三系基岩裂隙水,埋深10~100米,储量有限,开采困难。地下水补给模数小于10000立方米/平方千米,形成的浅层地下水资源量仅有150万立方米左右,而且主要集中分布在罗山东麓倾斜平原。

红寺堡区地下水补给模数小于10000立方米/平方千米,形成的浅层地下水集中分布在罗山东麓倾斜平原柳泉一带,日供水20000立方米,水量有限,为红寺堡唯一可供人饮用的淡水资源,即红寺堡中部供水工程水源,不能用于灌溉。另外,在开发建设前期,为了解决红寺堡红柳沟以西区域移民的生活用水,实施了红寺堡西部供水工程,引入了中宁恩和地下水源,日供水1000立方米。两处地下水源年提供水量为766.5万立方米。

开发前,红寺堡在同心县的韦州、下马关两镇,利用罗山东麓的山洪沟道发展洪漫淤地约2000亩;在下马关镇的红城水,利用浅层地下水发展水浇地2000亩。

(二)固海扩灌区

固海扩灌区地下水主要分布在固原区域内,为第四系孔隙潜水和承压水,主要含水层埋深150~200米,水资源总量0.38亿立方米,其含盐量小于3克/升,易于开采的地下水0.15亿立方米。含盐量大于3克/升者主要分布在七营、黑城和黄泽堡等地,为苦咸水。而在海原、同心和中宁等规划区内,地下水储量最小,矿化度高达 4.5~25 克/升,水质苦咸,难以利用。

第六节　灌区建置沿革

一、中宁县

中宁县位于宁夏中部、宁夏平原南端,隶属中卫市,自西汉元鼎三年(前 114 年)设县以来,已有 2100 多年建县史,是世界枸杞的发源地和正宗原产地,著名的中国枸杞之乡和中国枸杞文化之乡。行政区域面积 3280 平方千米,辖 6 镇 6 乡、132 个行政村、9 个城镇社区,常住人口 34.85 万人。境内四面环山,土地肥沃,沟渠纵横,林茂粮丰,得黄河穿境而过之利,盛产枸杞、红枣、粮油、瓜果、畜禽等产品,素有"塞上江南、鱼米之乡"的美称。同时,中宁民营经济繁荣活跃,新型工业发展迅猛,区位优势得天独厚,历史文化悠久厚重,是宁夏沿黄生态经济带的重要组成部分。红寺堡扬水工程在该县所辖灌区是在新堡镇、恩和镇地域内开发建设的,灌溉面积 4.62 万亩,覆盖 2 个行政村和 19 个农业种植个体户。

二、红寺堡区

红寺堡地处宁夏中部干旱带,隶属吴忠市,是全国最大的异地生态移民扶贫扬黄开发区。"红寺堡"一名始于明朝,为屯军之地,新中国成立后,其东南大部分地区属同心县,西北分属中宁县、利通区,东北分属灵武市、盐池县等。1998 年 9 月成立红寺堡开发区,2009 年 9 月成立吴忠市辖区,行政区域面积 2767 平方千米,由同心县新庄集乡、同心县韦州镇、中宁县、吴忠市利通区等地经多次划归而成,辖红寺堡镇、太阳山镇、大河乡、柳泉乡、新庄集乡 2 镇 3 乡和新民街道办事处,行政村 63 个,城镇社区 5 个。异地搬迁安置宁南山区 8 县移民 23 万人,事业机构为 112 个,其中直属事业机构 10 个,中小学校 70 个,乡镇事业站(所)27 个,乡镇卫生院 4 个,部门所属其他事业机构 1 个。灌区灌溉面积 47.77 万亩,农业经济得益于扬黄水的灌溉迅速发展,盐兴公路、石中高速公路、滚新公路、黄同公路、恩红公路和太中(银)铁路、盐中高速公路以及西气东输管道贯穿境内,实现了乡乡通柏油路,村村通等级公路。自然村和农户通电率为 100%,其他各项事业得到全面发展。

三、同心县

同心县位于宁夏中南部,隶属吴忠市。同心县历史悠久,早在新石器时代就有人类在此活动,西汉时即设置县府,命名"三水县",唐、宋、元、明、清历代都有建制,至今建县达2200多年。行政区域面积4662平方千米,辖7镇4乡1个管委会,154个行政村,4个居委会。总人口37.7万,其中,农业人口26.8万人,占71.3%。县境内沟壑纵横,按照地质地貌和开发程度的不同,可分为西部扬黄灌区、中部干旱山区、东部旱作塬区三块区域。红寺堡扬水工程在该县的灌区辖韦州镇、下马关镇2镇,行政村13个,常住人口35432人,其中搬迁移民7400人,有中小学校7个,幼儿园6个,乡村卫生室13个。开发灌溉面积16.11万亩(含高效节灌7.95万亩),灌区所辖乡镇及村道路和供电、供水、通信、生态、农业发展、社会化服务体系等发展较快,移民收入和生产生活水平明显提高。

四、利通区

利通区地处宁夏银川平原南部,偎依黄河东岸,距宁夏首府银川市59千米,是祖国内陆经济的开放区、宁夏黄河经济的样板区、吴忠市政治经济文化中心,全区辖8镇4乡、100个行政村、3个农场(办)、21个社区,行政区域面积1384平方千米,总人口40.3万。利通区濒临黄河,黄河穿城而过,有着悠久的历史,是中华文明的发祥地之一,自古以来因其悠久的历史文化、重要的地理位置、丰富的物产而著称,素有"塞上江南""水旱码头"之美誉,是全国牛羊肉和民族特色食品的主要产地和纺织产业发展之地。红寺堡扬水工程三干渠39支渠、41支渠为利通区孙家滩部分灌域供水。该灌域2000年9月设立宁夏吴忠国家农业科技园区,成立孙家滩管委会,常住人口5199人,其中搬迁移民4919人,有行政村3个,学校1个,乡村卫生室3个。开发灌溉面积7.1万亩,主要为孙家滩横沟以南的利同新村、利原新村、种畜场、供港蔬菜基地、设施农业生产基地、养殖企业饲草料基地、特色种植企业的农牧业生产提供水源。

第二章　工程立项与建设

第一节　工程立项

一、背景

宁夏中南部地区属贫困地区、革命老区、民族地区,自然条件恶劣、贫困程度深、贫困面广,人民靠天吃饭,缺衣少食,素有"苦瘠甲天下"之称,曾被联合国教科文组织列为不适宜人类生存的地区之一。

新中国成立后,宁夏南部山区尤其是"西海固"人民的生产生活受到党中央、国务院的高度重视和亲切关怀,周恩来总理曾指示有关部门"加快实施引黄河水灌溉西海固的计划"。20世纪80年代,中央为"西海固"提出了"种草种树、发展畜牧、改造河山、治穷致富"的建设方针,并从沿海各省调派大批干部和科技人员对口支援。1983年,党中央和国务院决定,将宁夏的"西海固"与甘肃的定西、河西这3个全国最贫困、最干旱的地区列入国家重点扶贫攻坚计划,连续10年拨专款进行扶贫开发。1994年,国家又决定将"三西"扶贫攻坚计划延长10年。

在中央的亲切关怀下,自治区党委、政府领导"西海固"人民艰苦奋斗,利用中央扶贫资金、外国政府贷款、世界银行贷款等打井挖窖、种草植树、改坡造田、兴修水利、造桥铺路、吊庄移民,改善了当地的生态环境和人民生活。但难以彻底解决这里农业生产条件落后、水资源奇缺、水土流失严重等问题,始终未能拔掉穷根。1991—1995年,"西海固"地区遭遇历史罕见的连年特大干旱,地表干土层达 10~15 厘米,一半的中小水库、八成塘坝干涸,七成机井出水不足,25 条河流缺水,8 条基本断流。当地人用"井枯河干水断流,麻雀渴得喝柴油"来形容当时的旱情。对此,宁夏各级领导在思索新的扶贫出路,并看到已经建成的同心扬水、固海扬水灌区效益明显,开始酝酿兴建新的扬水工程,为彻底打赢扶贫攻坚战创造条件。

1994年4月15日,国务院印发《国家八七扶贫攻坚计划》(国发〔1994〕30号),决定从1994—2000年,集中人力、物力、财力,动员社会各界力量,力争用7年左右的时间,基本解决全国8000万贫困人口的温饱问题。解决温饱的标准是贫困户年人均纯收入达到500元以上(按1990年不变价格计算)。

自治区党委、政府接到《国家八七扶贫攻坚计划》通知文件后极为重视,通知计委、统计局、农建委等部门组织专人进一步摸清了全区贫困人口情况,并决定在全区实施宁夏"双百"扶贫攻坚计划,从1994—2000年,力争基本解决近100个贫困乡、100多万贫困人口的温饱问题。1994年7月8日,自治区人民政府印发《关于宁夏"双百"扶贫攻坚计划的通知》(宁政发〔1994〕70号),并在"双百"扶贫攻坚计划中提出,要积极创造条件新建属于大柳树灌区的红寺堡扬水、兴仁扬水等骨干工程,对条件恶劣的贫困山区实行移民搬迁。这就是后来建设扶贫扬黄工程的大背景。

1994年6月28—30日,自治区党委、政府召开全区扶贫工作会议后,由自治区计委组织开始红寺堡扬水和兴仁扬水的前期工作。

二、论证考察

1994年9月12—17日,全国政协副主席钱正英受李瑞环主席委托率农林水利专家考察组来宁夏考察,提出了开发建设扬黄新灌区的构想,同年9月18日,自治区党委、政府拟定建设扶贫扬黄新灌区方案,并向党中央、国务院上报了《关于将宁夏扶贫扬黄新灌区列为国家"九五"重点项目的请示》,10月31日,自治区编制的《大柳树宁夏灌区第一期扶贫工程可行性研究报告》上报国家计委、水利部、全国政协办公厅。

1994年9月,钱正英回京后立即组织参加考察的委员专家讨论,并于9月26日向全国政协提交了赴宁夏考察的报告。李瑞环指示迅速将考察报告写成政协提案。1994年10月27日,钱正英等7人向全国政协提交了《关于在宁夏回族自治区建设扬黄扶贫灌区作为大柳树第一期工程的建议案》(以下简称《建议案》),并上报党中央、国务院。这就是有名的2027号提案。10月28日,李瑞环专门写信给江泽民总书记和李鹏总理,阐述了在宁夏建设扬黄灌区的重大意义和《建议案》的可行性,并建议将宁夏扶贫扬黄工程列入国家"九五"重点建设项目。江泽民、李鹏立即指示有关部门认真研究。

1995年1月9日,水利部规划计划司以规计〔1995〕1号向国家计委农经司提出了关于宁夏扶贫扬黄新灌区列为国家"九五"重点项目的意见:原则上同意宁夏提出的扶贫扬黄发展新灌区的设想,要对初拟的灌区范围进行必要调整,优先选择集中连片、扬程较低,又可作为今后大柳树水库自流灌区的区域进行建设;根据财力可能和量力而行的原则进行规划安排,研究确定适宜的规模,分期分批组织实施。同年4月18日,国务院副总理姜春云批阅了全国政协考察组的调研报告,批示国家计委副主任陈耀邦、水利部部长钮茂生对钱正英等的建议进行研究。同日,国家计委以计农经〔1995〕426号对宁夏计委上报的《大柳树宁夏灌区第一期扶贫工程项目建议书》作出批复:原则同意建设扬黄灌区,要求宁夏本着投资少、见效快,先易后难和量力而行的原则,研究提出分步实施方案,按基建程序编报单项工程项目建议书。

1995年5月19日,国务院副总理邹家华主持会议,研究宁夏扬黄灌区工程问题,原则同意在宁夏建设扬黄灌区工程,规模暂按200万亩、年用水量8亿立方米进行规划。同年5月19—24日,国务院副总理李岚清率国家计委、水利部、对外经贸部等部门领导来宁夏视察指导工作并指出:扶贫扬黄灌区工程建设刻不容缓。5月22—26日,水利部副部长张春园率领专家组来宁夏实地考察,就工程建设的有关问题提出具体指导意见,并于6月10日给邹家华、李岚清副总理呈送了"关于宁夏扶贫扬黄灌溉工程有关情况的汇报",建议扶贫扬黄工程规划尽可能和今后的大柳树灌区以及川区农业综合开发相结合,尽量降低扬程,降低工程造价。邹家华副总理批示:"这些意见很好,请计委和宁夏研究,水利部牵头,抓紧时间快办。宁夏要集中精力抓好这件事,为民造福,促进民族团结。"李岚清副总理批示:"赞成家华意见,送总理审阅。"李鹏总理批示:"同意,抓紧研究。"

1995年5月26日—6月18日,自治区副主席任启兴、人大常委会副主任张位正带领计委、财政厅、水利厅、经贸厅等部门和水利设计院、农业勘查设计院的负责同志及工程技术人员赴京,在水利部的具体指导下,按照"两个结合、两个降低"(尽量与大柳树灌区开发结合,尽量与引黄灌区开发结合;尽量降低扬程,尽量降低投资)的原则,对工程总体方案进行5次调整,作出了3个方案的比较测算,确定了工程总体方案。

三、立项及批复

1995年7月下旬,自治区组织重新编制了《宁夏扶贫扬黄灌溉工程项目建议书》和预可研报告,上报国家计委、水利部。7月31日—8月2日,水利部在北京召开"宁夏扶贫扬黄灌溉工程项目建议书预审会",基本同意建议书。9月15—24日,受国家计委委托,中国国际工程咨询公司组织评估专家组在银川对《宁夏扶贫扬黄灌溉工程项目建议书》进行评估,认为建设扶贫扬黄灌溉工程是必要的,而且是十分紧迫的,工程规模和主要建设内容基本可行,社会经济效益显著,宜尽早立项,尽快实施。同年12月10日召开的全国计划工作会议上,通过了"1236"工程项目建议书,工程名称正式定为"宁夏扶贫扬黄灌溉一期工程"。12月15日,国家计委以计农经发〔1995〕2248号正式通知该工程已经国务院批准立项,并印发了《国家计委关于审批宁夏扶贫扬黄灌溉工程一期工程项目建议书的请示》,要求按照执行。

1996年3月6日,《宁夏扶贫扬黄灌溉一期工程可行性研究报告》正式上报国家计委和水利部。受水利部委托,1996年4月4—7日由水利水电规划设计总院主持在北京召开审查会议,审查同意了该报告。1997年12月11日,国家计委向国务院报送《国家计委关于审批宁夏扶贫扬黄灌溉一期工程可行性研究报告的请示》,同年12月30日,国务院批准了工程可行性研究报告。

1996年3月起,宁夏扶贫扬黄灌溉工程建设总指挥部按照国家计委、水利部的审批、审查意见,开始编制宁夏扶贫扬黄灌溉一期工程初步设计文件。1998年6月完成《宁夏扶贫扬黄灌溉一期工程初步设计报告》,1999年2月上报国家计委和水利部。1998年8月,国家计委批准扶贫扬黄工程开工建设。1999年5月,扶贫扬黄灌溉一期工程被列为国家"九五"重点建设项目。2000年9月17日,水利部批准扶贫扬黄灌溉一期工程初步设计报告,同意:一期开发规模为130万亩,一期工程引水流量为37.7立方米/秒,年引用黄河水5.17亿立方米,工程总投资为29.66亿元。

四、概算调整及建设资金来源

扶贫扬黄灌溉一期工程初步设计总投资296602万元。2005年9月,国家发改委印发《国家发改委关于宁夏扶贫扬黄工程建设规模及初步设计概算调整的批复》(发改投资〔2005〕1821号),同意将扶贫扬黄工程设计灌溉面积由130万亩调减为80万亩,设计移民安置人员由67.5万人缩减为40万人,其中红寺堡灌区发展灌溉面积55万亩,安置移民27.5万人;固海扩灌灌区(1~10泵站)发展灌溉面积25万亩,安置移民12.5万人(含旱改水)。同意将调减下来的固海扩灌十一泵站以上控制范围的20万亩灌区,以解决该地区人畜饮水为主并结合高效节水和特色农业的建设项目,上报国家发改委另行审批。调整后的概算总投资为36.69亿元,比原初步设计概算29.66亿元增加投资7.03亿元。

扶贫扬黄灌溉一期工程项目概算资金共计 36.69 亿元,来源于 3 个方面,其中中央水利建设投资 18.43 亿元,使用科威特政府贷款 6600 万美元(折合人民币 5.37 亿元),自治区从其预算内建设资金、地方机动财力和中央下达扶贫资金中安排 12.89 亿元。

扶贫扬黄灌溉一期工程初设概算汇总表

工程项目	水利工程	供电工程	通信工程	农业工程	移民及田间配套	水保、环保及征地	总计
资金(万元)	197685	22533	1842	3028	67912	3602	296602

扶贫扬黄灌溉一期工程项目概算调整汇总表

工程项目	骨干工程	供电工程	通信工程	农业工程	支渠工程	田间配套	移民工程	总计
资金(万元)	235579	22533	2938	7847	9857	33925	54225	366904

第二节 工程建设

一、机构

1995 年 6 月 29 日,自治区党委常委会议研究决定成立宁夏扶贫扬黄灌溉工程建设委员会,这是扶贫扬黄工程建设项目的最高决策机构,负责工程建设重大事项的领导和科学决策。自治区党委副书记、自治区主席白立忱任主任委员,自治区党委常委、自治区副主席任启兴,自治区副主席周生贤,自治区人大常委会副主任张位正任副主任委员;自治区计委、经委、科委、财政厅、水利厅、农业厅、林业厅、农建委、建设厅、交通厅、经贸厅、电力厅、公安厅、畜牧厅、农垦局、畜牧局、土地局、环保局、人民银行宁夏分行、工商银行宁夏分行、农业银行宁夏分行、建设银行宁夏分行、农业发展银行宁夏分行、中国银行宁夏分行,自治区党委宣传部、研究室、银南行署、固原行署、宁夏军区某部等 28 个部门(单位)主要负责人为委员。委员会下设办公室,与同时成立的宁夏扶贫扬黄灌溉工程建设指挥部一套人员两块牌子。张位正负责委员会日常工作并兼任办公室主任,自治区水利厅副厅长张钧超任副主任。1996 年 7 月 18 日,宁夏扶贫扬黄灌溉工程建设指挥部正式组建,为正厅级单位,负责工程的建设组织、领导、协调和实施工作。

1998 年 11 月 2 日,经自治区党委、政府研究,对宁夏扶贫扬黄工程建设委员会组成人员进行了调整:自治区党委副书记、自治区主席马启智任主任委员;自治区党委常委、自治区副主席周生贤,自治区副主席马骏廷,自治区政府顾问张位正任副主任委员;自治区政府秘书长陈守信任秘书长;自治区有关部门、吴忠市、固原行署主要负责人为成员。委员会下设扶贫扬黄灌溉工程总指挥部和扶贫扬黄灌溉工程移民工作领导小组。

1999 年 10 月 11 日,自治区人民政府会议决定,增补自治区常务副主席马锡广为宁夏扶贫扬黄灌溉工程建设委员会副主任委员。同时,在建设委员会的基础上成立 8 人领导小组,负责工程建设中有关重大事件的一般性决策。8 人领导小组由马锡广牵头,自治区副主席马骏廷、扶贫扬黄工程总指挥张位正、自治区政府办公厅秘书长陈守信、自治区计委主任项宗西、财政厅厅长邓炎辉、水利厅厅长刘汉忠、民政厅厅长杨国林参加。

2002 年 5 月 27 日,自治区人民政府常务会议决定,增补自治区副主席陈进玉为宁夏扶贫扬黄工程建设委员会副主任委员和 10 人领导小组成员。

2005 年 3 月 31 日,自治区人民政府第 55 次常务会议决定:将宁夏水利水电工程建设管理局与宁夏扶贫扬黄灌溉工程建设指挥部合并,组建新的宁夏水利水电工程建设管理局,归口自治区水利厅管理,为正厅级单位。保留宁夏扶贫扬黄灌溉工程建设指挥部牌子。主要承担自治区大型水利水电工程建设项目的管理,负责扶贫扬黄工程的后续建设任务及验收工作。

二、建设管理

(一)招投标管理

1996 年 10 月 30 日,成立由总指挥部、自治区计委、经委、财政厅、水利厅、建设厅等 11 个部门负责人组成的扶贫扬黄工程招标领导小组,引进竞争机制,对水利骨干工程、供电工程、通信工程等项目施工和设备采购均实行招投标制,择优选择施工单位和设备材料供货厂家,确保工程质量,节约工程投资,同时满足科威特政府贷款工程必须进行国内竞争性招标的要求。总指挥部制定了《宁夏扶贫扬黄灌溉工程招投标工作组织章程》《招投标工作程序》《招标企业资质审查原则》《评标原则》《机电设备招标办法》等,规范了招投标程序,体现了公开、公平、公正的要求。

(二)工程监理

在推行招投标制的同时,对所有主要建设项目推行监理制。通过委托、招标等形式,选定有资质的监理单位,进行工程质量、进度、投资控制,监督合同执行。

(三)质量监督

总指挥制定了《宁夏扶贫扬黄灌溉工程水利工程质量管理规定》《施工质量评审项目划分》《竣工验收规定》等,对参与工程建设的设计、施工等单位质量管理分别作出具体规定。项目实施过程中,建立了施工单位、监理单位、质检站和总指挥部4级质量监督管理体系,严把工程质量关。

三、重要事件

(一)军用靶场土地协调

兰州军区在鲁家窑地区炮兵靶场军用土地面积为83万余亩,扶贫扬黄灌溉工程开工建设以后,经自治区党委、政府、兰州军区、宁夏军区共同协商,国务院和中央军委批准,兰州军区在贺兰山东麓重新建立训练基地,其在红寺堡的军事用地移交给当地政府,作为扶贫扬黄灌溉工程开发用地。

(二)"三通一平"

1995年11月16日,扶贫扬黄灌溉工程红寺堡一泵站、固海扩灌一泵站"三通一平"(水通、电通、路通和场地平整)启动仪式在位于中宁县古城乡风塘沟处的固海扩灌一泵站站址举行。

(三)奠基典礼

1996年5月11日,扶贫扬黄灌溉一期工程举行奠基典礼。国务院副总理邹家华,全国政协副主席杨汝岱,国务院有关部委领导陈耀邦、张春园、张宝明、张明康、张铭羽,自治区领导黄璜、白立忱、马思忠、刘国范、王永正等出席奠基典礼。邹家华副总理讲话,要求用对人民、对历史高度负责的精神,把这项扶贫攻坚工程干好。

(四)第一片灌区建成及首次冬灌

1996年10月28日,固海扩灌区八营支渠工程开工仪式在固原县七营乡八营村举行。1997年5月28日,固海扩灌八营万亩灌区主体工程竣工,建成了清水河渡槽,渡槽全长540米。11月1—18日,固海扩灌八营灌区建成冬灌。这是扶贫扬黄灌溉一期工程开发出的第一片土地。

1998年10月26日,红寺堡扬水工程先期建成的3座泵站运行冬灌,到11月24日的一个月中,向新开发的红寺堡灌区供水310万立方米,灌溉面积1.2万亩,实现了工程当年建设,灌区当年受益的目标。

(五)通水典礼及首次试水

1998年9月16日,扶贫扬黄灌溉工程正式开工典礼暨首次试水仪式在红寺堡一泵站举行。自治区领导毛如柏、马启智、韩茂华、任启兴、周生贤、刘丰富、马昌裔、张位正、周文吉、姬亮洲、刘国范、蒋光东、徐芊、张立志、吴尚贤以及国家有关部委、甘肃省代表参加仪式。红寺堡一、二、三泵站和一、二干渠及三干渠前23千米基本建成并试水。

2003年10月26日,在固海扩灌八泵站举行"固海扩灌工程全线通水典礼",自治区领导马启智、韩茂华、马锡广、赵廷杰等及国家发改委、财政部、水利部有关领导参加了典礼仪式。固海扩灌工程全线建成通水。

2005年10月18日,扶贫扬黄工程实现全线通水,2005年11月30日骨干工程按批准设计建成。

四、骨干工程建设时间

红寺堡扬水泵站建设一览表

工程及事项	备注
1997年6月15日红寺堡一泵站开工建设,1998年9月建成,同年10月试水运行。	
1998年3月6日红寺堡三泵站开工建设,同年9月建成,10月试水。	
1998年3月15日红寺堡二泵站开工建设,同年9月建成,10月试水。	
1998年8月20日恩和变电所竣工并送电。	这是由宁夏送变电工程公司承建的220千伏全自动大型变电所。
1999年5月红寺堡三干渠下段工程、新庄集一至四泵站及支干渠工程正式开工建设,新庄集一、二泵站2000年9月建成,新庄集一泵站同年11月试水,新庄集二泵站2001年11月试水;新庄集三泵站2002年9月建成,同年11月试水;新庄集四泵站2003年9月建成,同年11月试水。	
2000年3月15日新圈、海子塘支线工程开工建设,新圈一、二泵站2001年9月建成,同年11月试水;海子塘一、二泵站2002年9月建成,同年11月试水。	
2000年4月黄河泵站开工建设,2001年9月建成,同年10月26日通试水。	
2005年3月红寺堡四、五泵站工程及干渠工程开工建设,同年11月建成,送水到同心韦州,2009年送水到下马关高效节水区。	

固海扩灌区按灌区分为西线灌区和东线灌区两部分。西线灌区由老固海扬水工程供水，有马家塘、兴隆、李果园、白疙瘩支泵站灌区。东线灌区由新建的固海扩灌一至十二干渠供水。1998年原州区开工建设八营灌区(当时归固原县管辖)，1999年2月完成工程建设任务。固海扩灌东线一至六干渠于2000年3月开工建设，2002年10月通水试运行，由筹建处代管；七至十二干渠2002年3月开工建设，2003年10月26日全线通水，全部由筹建处代管。

五、红寺堡扬水工程主要参建单位

设计单位：宁夏水利水电勘测设计研究院。

施工单位：宁夏水利水电工程局、内蒙古黄河工程局、中铁十八局集团有限公司、青海省水利水电工程局、宁夏成城建设开发(集团)总公司、宁夏红扬水利水电建筑安装工程公司、宁夏盐环定水利水电工程公司、宁夏固海水利建筑安装工程公司、宁夏军区扶贫扬黄工程施工指挥部、宁夏夏禹水利水电工程公司、宁夏同心水利工程综合开发公司、宁夏煤炭基本建设公司六公司、宁夏兴宁实业有限责任公司、固原县水利工程队、宁夏青铜峡市水利建筑工程公司、宁夏红宝建筑工程有限公司、西吉县水利工程队、银南宏远水利安装工程公司、宁夏秦汉水利工程有限公司、宁夏军区给水工程团、吴忠市宏远建设工程公司、新疆水利水电建设工程局、宁夏华西振兴水利建筑实业有限公司、宁夏爱国联合扶贫建设有限公司、宁夏第三建筑物公司等。

监理单位：西北水利水电建设监理中心、陕西省水利电力勘测设计研究院、陕西省水利工程建设监理有限公司、宁夏水利水电工程建设监理中心、甘肃省水利工程建设监理咨询中心、宁夏水利水电工程建设咨询公司、甘肃省水利水电工程建设监理咨询中心、宁夏兴禹建设监理公司、宁夏建设咨询监理中心、宁夏水利水电工程咨询公司监理中心、宁夏建设咨询监理中心、宁夏兴禹工程监理公司、甘肃水利工程建设监理咨询中心、西北水利水电建设监理中心。

第三节 红寺堡扬水泵站更新改造

一、工程更新改造的必要性

红寺堡扬水工程始建于20世纪90年代,是宁夏扶贫扬黄工程的重要组成部分,也是宁夏最大的移民安置区——红寺堡区的水源工程。工程建成以来,极大地改善了受水区群众的生产生活条件,成为当地群众赖以生存的命脉工程。但受工程建设时期资金及技术条件限制,设计建设标准偏低,配套不完善。经过近20年运行,设施设备老化严重,能耗升高,运行效率和安全保障率大大降低。随着灌区经济社会发展和灌溉面积逐年扩大,人饮、灌溉、生态等刚性用水需求不断增加,工程供水能力已不能满足人民群众美好生活用水需求和自治区党委关于"向中部干旱带多供水是对脱贫攻坚最大支持"的指示精神要求。在既有工程基础上,实施红寺堡扬水更新改造工程,对于落实党的十九大精神和自治区第十二次党代会精神、落实新发展理念和高质量发展要求,补齐精准扶贫、实现长远发展基础设施短板,提高系统供水安全和节能增效,为服务中部干旱带脱贫富民战略、生态立区战略、乡村振兴战略,与全国同步建成小康社会提供水安全保障具有重大的意义。

二、安全鉴定及立项

(一)安全鉴定

2013年10月,按照自治区水利厅安排,管理处成立专门的工作小组,启动红寺堡扬水工程安全鉴定工作。2014年2月,编制了红寺堡扬水工程《现状调查分析报告》,同年3月委托中国灌溉排水发展中心山西泵站现场测试中心、深圳市水务规划设计院,对红寺堡扬水工程14座泵站的机电设备和金属结构部分进行现场安全检测、复核分析计算;同年11月完成《机电设备现场安全检测报告》。

2015年1月编制完成《工程复核计算分析报告》。同年4月15日,自治区水利厅组成红寺堡扬水泵站安全鉴定专家组,对安全鉴定结果进行审核,同意报送中国灌溉排水发展中心。11月6日,中国灌溉排水发展中心在北京组织专家进行宁夏红寺堡扬水工程泵站安全鉴定报告复核,提出修改意见和建议。12月管理处委托水利部泵站测试中心、北京中水新华灌排技术有限公司开展了红寺堡扬水工程14座泵站建筑物部分现场安全检测、复核分析计算等工作。

2016年5月6日,中国灌溉排水发展中心再次组织专家对红寺堡扬水工程泵站《安全鉴定报告书》等进行了复核。经专业机构鉴定、中国灌排发展中心复核认定:①红寺堡扬水工程泵站的各站建设标准低,建筑物达不到设计标准,技术状态差,机电设备老化、性能差,金属结构锈蚀、变形严重,存在安全隐患,同意对该处泵站进行更新改造。②红寺堡一泵站的出水建筑物、红寺堡二泵站的副厂房和出水建筑物、红寺堡三泵站的出水建筑物、新圈一泵站的泵房和进水建筑物、新圈二泵站的泵房、新庄集四泵站的出水建筑物、海子塘一泵站的泵房和进水建筑物、海子塘二泵站的泵房和进水建筑物等技术状态差,破损严重,运行中存在安全隐患,经大修或加固也不能保证安全运用,安全类别为四类。上述8站的其他建筑物和其余6站的建筑物技术状态较差,个别部位破损较大,影响安全运行,但经大修或加固能保证安全运用,安全类别为三类。经复核,该处泵站建筑物安全类别为三类。③红寺堡四、五泵站的电气设备等技术状态较差、安全类别为三类外,其余泵站机电设备总体上技术状态差,破损严重,运行中存在较大事故隐患,经大修或更换元器件也不能保证安全运行,安全类别为四类。经复核,该处泵站机电设备安全类别为四类。④新圈一、二泵站近几年更换的出水工作阀安全类别为二类和金属结构安全类别为三类外,其余泵站金属结构总体上技术状态差,设备损坏严重,存在影响安全运行的重大缺陷或事故隐患,经大修或更换元器件后也不能保证安全运行,安全类别为四类。经复核,该处泵站金属结构安全类别为四类。⑤宁夏红寺堡扬水工程泵站安全类别综合评定为三类。

(二)立项及批复

2015年始,宁夏水利水电勘测设计研究院有限公司就红寺堡扬水工程泵站更新改造多次深入现场,进行项目建议书和可行性研究报告编制前期工作调研。根据泵站安全鉴定结果,2016年6月完成《红寺堡扬水泵站更新改造工程可行性研究报告》(送审稿)。8月17—18日,自治区水利厅对《红寺堡扬水泵站更新改造工程可行性研究报告》进行技术讨论,提出修改意见。12月7—8日,专家组审查《红寺堡扬水泵站更新改造工程可行性研究报告》,提出修改意见,2017年1月5日,再次复审并通过。

2017年4月,自治区发展和改革委员会批复《红寺堡扬水更新改造工程项目建议书》,同意对红寺堡扬水泵站、渠道及其建筑物进行更新改造。

2017年4月,自治区水利厅、发展和改革委员会联合召开会议,审查《红寺堡扬水四、五泵站更新改造工程可行性研究报告》,会后经设计单位修改完善,基本同意修改后的可研报告。5月23日,自治区党委常委、副主席马顺清考察调研部分水利重点项目建设,在中宁召开的座谈会上同意将红寺堡扬水四、五泵站更新改造与一至三泵站更新改造一并实施,由自治区发展改革委员抓紧研究批复。红寺堡四、五泵站机电改造资金缺口由自治区发展和改革委员会、财政厅、水利厅研究筹措。

2017年5月24日,自治区自治区发展和改革委员会批复《红寺堡一、二、三泵站更新改造工程可行性研究报告》(宁发改审发〔2017〕96号),同年7月7日,批复红寺堡四、五泵站更新改造工程可行性研究报告(宁发改审发〔2017〕116号)。

2017年10月9日,自治区水利厅批复《红寺堡扬水一至三泵站更新改造工程初步设计报告》(宁水审发〔2017〕120号),同月25日批复红寺堡扬水四、五泵站更新改造工程初步设计报告(宁水审发〔2017〕121号)。

三、规划改造规模

按照红寺堡扬水工程改造规划,在既有工程基础上,本着总体布局不变的原则,对泵站老化设施设备和干(支干)渠进行更新改造,提升泵站效率,提高工程供水能力,保障工程安全和供水安全。改造后灌溉面积101.4万亩(2020年规划水平年,发展高效节水灌溉面积61万亩,占总面积60%),红寺堡一泵站及一干渠设计流量28立方米/秒,总装机容量14.8万千瓦。

工程建设主要内容:改造泵站7座,合并建设3座,重建1座。改造维修泵站主副厂房1.6万平方米,更换电动机水泵80台(套)、进出水阀233台(套)、吊车11台、变压器39台、高低压开关柜228面、进水闸门24台(套)、退水闸17台(套)、清污机11台(套);改造渠道152.32千米,改造渠道建筑物164座,更换压力管道13.3千米,新增压力管道18.4千米;配套建设泵站通信自动化系统。工程估算投资14.8亿元。

按照自治区60大庆项目安排和自治区人民政府第46期专题会议纪要精神,2017年对红寺堡一泵站引渠和一至五泵站进出水建筑物、压力管道、主副厂房、机电设备及供电工程进行改造。改造工程2017年8月开始陆续开工建设,2018年3月底建成并投入运行。

四、工程建设

自治区水资源管理局为红寺堡扬水工程泵站更新改造项目法人,红寺堡扬水管理处受其委托履行现场管理单位职责。2017年6月9日,管理处成立工程更新改造现场管理指挥部,设立现场管理组、安全质量组、综合协调后勤保障与宣传组,落实责任,定期督查,全力推进。

2017年6月1日,完成红寺堡一、二、三泵站水泵及配套电动机招标;6月5日,完成阀门招标;7月14日,完成更新改造工程招标。7月17日,完成红寺堡四、五泵站水泵及配套电动机招标。

2017年7月28日,宁夏水利水电工程局项目部进驻红寺堡五泵站更新改造现场;8月25日,宁夏水利水电工程局项目部进驻红寺堡四泵站更新改造现场;8月29日,前池基础及管线基础同时开挖;9月20日,宁夏水利水电工程局项目部进驻红寺堡一泵站更新改造现场;9月18日,宁夏红扬水利水电建筑安装工程公司项目部进驻红寺堡二泵站更新改造现场;9月20日,宁夏固海扬水水利建筑安装工程公司项目部进驻红寺堡三泵站更新改造现场。更新改造工作全面展开。

12月12日,自治区水利厅党委书记、厅长白耀华调研红寺堡一、二、三泵站更新改造工程,提出明确要求:2018年2月15日,所有设备就位,调试、调整基本完成,变电所及高低压设备带电,具备空载试运行条件;3月20日,具备带负荷运行条件并进行机组启动验收;3月底确保春灌投运上水。为了实现这一目标,自治区水资源管理局、管理处及各参建单位坚决落实水利厅领导部署,共同编制红寺堡扬水一至五泵站更新改造工程冬季施工方案、安全预案、冬季施工进度计划横道图,倒排工期,挂图作战。管理处及广大参建人员克服种种困难和不利条件,夜以继日,努力拼搏,苦干实干,确保了工程按计划建成投运。

2018年2月3日,完成红寺堡一至五泵站更新改造安装工程任务。①机电部分:安装电动机43台、配套水泵43台、主变压器8台、厂用变压器11台、冬用变压器5台、高低压开关柜143面、直流屏5套、励磁系统12套、液控阀门43台、进出水电动阀门86台、伸缩节115台、稀油站系统27套、电磁流量计39台、出水拍门21台。共架设一泵站10千伏供电线路425米、五泵站35千伏供电线路10千米,新建二、三泵站110千伏及四、五泵站35千伏变电所。②工程部分:改造了一泵站引渠,增建进水闸1孔、加压泵站2座、技术供水管道11.2千米,翻建过水涵管1座,增建副厂房94平方米;新建一至五泵站500立方米蓄水池6座,300立方米蓄水池2座;改造四泵站前后池,增建副厂房472平方米;移址重建五泵站;共更换压力钢管1980吨, 安装二至五泵站DN1600PCP管道164节、DN1400PCP管道1153节、DN1200PCP管道74节。③泵站信息自动化:实现一至五泵站电气参数、开关位置状态后台监控,断路器实现远程操作,电动阀、液控阀实现远程监测和控制,一至三泵站稀油站系统实现远程监测控制,变电所、进出水池、泵房、控制室、高低压配电室监控系统全覆盖。

红寺堡一至五泵站更新改造作为自治区60大庆重点工程,规划设计建设认真贯彻落实新发展理念、高质量发展要求,机电设备选用国内外一流品牌产品,高效节能、抗磨耐用,实现了节能降耗、提高效率和供水保障率的目标。同期建成的泵站站级自动化系统,设置了水泵机组、辅机、阀门、变配电自动化,实现了泵站远程监测和控制,随着信息化、自动化程度的不断提高,将逐步实现遥控、遥测、遥调功能和测控一体化,最终达到"少人值守、无人值班"的运行管理目标,加快传统水利向现代水利发展进程。

五、试运行

2018年2月3日起进入调试阶段,设备厂家陆续进厂开展联调联试工作。2月7日,红寺堡一至五泵站设备调试、调整基本完成。

(一)空载试验

2018年2月10日13时22分红寺堡一泵站1#机组启动进行空载实验,至3月7日20时07分红四泵站6#机组停运,历时近1个月,完成红寺堡一泵站10千伏高压室,二、三泵站110千伏变电所,四、五泵站35千伏变电所带电,主变压器、厂用变压器冲击试验,43台10千伏电动机空载试运行,泵站液控阀、电动阀、稀油站系统调试工作。

(二)通水试机

2018年3月25日10时40分,红寺堡一泵站1#机组启动带载试运行,至3月31日完成一至五泵站43套机组带载试通水运行;完成一至三泵站技术供水试运行。各泵站每天投入2台机组运行,机组带载连续运行24小时,间断累计运行均达到72小时,符合规范要求。

六、通水灌溉

4月1日9时09分,更新改造后的红寺堡一泵站3#机组启动,这项仅用7个月建成的自治区大型重点水利工程全面投运,担负起服务宁夏中部干旱带脱贫富民、乡村振兴、生态文明建设供水重任。

七、主要参建单位

项目法人:自治区水资源管理局。

现场管理:红寺堡扬水管理处。

设计单位:宁夏水利水电勘测设计研究院。

施工单位:宁夏水利水电工程局、宁夏红扬水利水电建筑安装工程公司、宁夏固海水利建筑安装工程公司、宁夏天源电力有限公司、宁夏天庆电力有限公司。

监理单位:宁夏华正水利水电工程建设监理中心、宁夏铸诚监理有限公司、宁夏佑坤建设监理公司、宁夏宏景工程监理有限公司。

在红寺堡扬水泵站更新改造立项、建设和试运行中,自治区党委常委、副主席马顺清,水利部副部长周学文、魏山忠,自治区人大常委会副主任袁进琳以及自治区水利厅党委书记、厅长白耀华,副厅长郭浩、朱云、李永春、麦山、潘军,总工程师王新军,驻厅纪检组组长王振升等领导深入现场调研指导,解决难题,推进了工程建设。

第三章　扬水工程

第一节　水源工程

一、黄河泵站

黄河泵站位于中卫市中宁县境内泉眼山脚下黄河南岸，是红寺堡和固海扩灌扬水工程的水源泵站，也是黄河流域宁夏第一座实现综合自动化管理的大型扬水泵站，2001年9月建成，10月试运行。由宁夏水利水电勘测设计院设计，宁夏水利水电工程局建设，西北水利水电监理中心监理，宁夏水利质量监督站负责质量监督。

泵站装备机组7台（套），设计流量30立方米/秒，最大供水能力40立方米/秒，总扬程21米，净扬程18.73米，总装机容量11200千瓦，设计运行容量9600千瓦，单机流量5.75立方米/秒，控制灌溉面积90万亩。

泵站主机组设置冷却水系统，装设多级清水离心泵10台，其中，

黄河泵站厂区

型号 100DLX-2 流量 100 立方米／小时水泵 4 台；型号 50DLX-42 流量 12.6 立方米／小时水泵 1 台；型号 CDLF85-30-2 流量 85 立方米／小时水泵 5 台；深井泵 6 台。

在副厂房西侧设置 110 千伏变电所，由古城变电所 117 水源线专用线路供电，变电所内装设 S9-8000/110 型容量 8000 千伏安变压器 2 台。在副厂房内设厂变室，电压等级 6.3 千伏，装设 SC9-250/6.3 型 250 千伏安厂用变压器 2 台。

冬季用电由古城变 518 康滩线 144# 杆 T 接供电，电压等级 10 千伏，装设 SC9-50/10 型 50 千伏安变压器 1 台，安装在厂变室内。

泵房结构为湿室型，进水采用单机单流道方式，直接从黄河取水，进水池设计水位 1165.74 米，出水池设计水位 1204.47 米；主、副厂房采用重量轻、抗震性好的轻钢结构，机组呈一列式布置；出水压力管道长 285 米，布置 3 排 DN2400 和 1 排 DN1800 钢管；出水塔塔身为球型水箱，内径 10.6 米，塔高 18.8 米，出水渡槽长 183 米。

黄河泵站主设备技术参数表

名称	编号	型号	厂家	额定容量（kVA）	高压电压（kV）	高压电流（A）	低压电压（kV）	低压电流（A）
主变	1#、2#	S9-8000/110	新疆特变电工股份有限公司	8000	110	41.99	6.3	733.14
厂变	1#、2#	SC9	山东达驰变压器厂	250	6.3	22.9	0.4	360.8
冬用变	1#	SC9	山东达驰变压器厂	50	10.5	2.72	0.4	72.2

名称	编号	型号	厂家	流量（m³/s）	扬程（m）	配用功率（kW）	转数（r/min）	允许汽蚀余量(m)
主水泵	1#~3#	SEZ1600-1250/950	上海凯士比泵有限公司	5.75	22	1600	495	
	4#~7#	64LkXC-22	通大长沙水泵厂	5.75	22	495		8.3

名称	编号	型号	厂家	额定功率（kW）	额定电压（kV）	额定电流（A）	额定转数（r/min）	接线方式
主电机	1#~3#	YLkS1000-12	上海电机厂	1600	6	194	495	Y
	4#~7#	YK-SL1600-12/1730-1	湘潭电机厂	1600	6	198.4	496	2Y

名称	编号	型号	厂家	公称直径(mm)	公称压力(MPa)
出水蝶阀	1#~7#	DASTBTX-6	中国辽宁阀门厂	1800	0.6
门式起重机	型号	（MH)20/5	银川起重机厂	起重量	20/5T
桥式起重机	型号	（QD)32/5			32/5T

二、七星渠高干渠引水工程

　　高干渠(原称高支渠)位于中宁县南部,始建于 1975 年,是七星渠的支干渠,与七星渠中段平行,自西向东傍山而行。为给红寺堡和固海扩灌扬水工程供水,对七星渠上段 28.4 千米渠道进行扩整,进口增加引水 8 立方米/秒,自流入高干渠。高干渠 1998 年 3 月扩建,1999 年 10 月 26 日试水成功,11 月竣工。2002 年 10 月 21 日,固海扩灌工程一至六泵站及一至六干渠试水成功,开始为固海扩灌灌区供水。高干渠进水口位于七星渠桩号 28 + 441 处,扩建后设计流量 46 立方米/秒,共建有各类建筑物 57 座,渠道砌护 17.78 千米。

第二节　扬水泵站

一、红寺堡扬水泵站

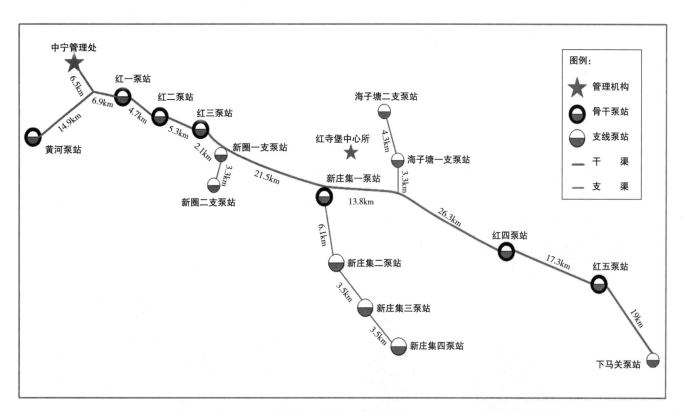

红寺堡扬水泵站分布图

(一)红寺堡一泵站

红寺堡一泵站位于中卫市中宁县新堡镇东南 4.5 千米处,是红寺堡扬水工程的首级泵站,1998 年 9 月建成,同年 10 月投入运行。由宁夏水利水电勘测设计院设计,宁夏水利水电工程局建设,江河水利咨询公司监理,宁夏水利质量监督站负责质量监督。

泵站装备机组 10 台(套)(9 大 1 中),设计流量 25 立方米 /秒,设计总扬程 54.5 米,净扬程 49.76 米,总装机容量 23900 千瓦,设计运行容量 20000 千瓦,单机流量分别为 3.19 立方米 /秒、1.77 立方米 /秒,控制灌溉面积 55 万亩,泵站灌溉面积 0.11 万亩。

泵站高压电源由恩和变电所 15521、15516 双回线分段供电,电压等级 10 千伏,线路全长 800 米。厂用变电压等级 10 千伏,装设 S9-250/10.5 型 250 千伏安厂用变压器 2 台。

冬季用电由古城变 516 恩和所变支线 004# 杆 T 接供电,电压等级 10 千伏,装设 S9-50/10.5 型 50 千伏安变压器 1 台。

泵房结构为分基干室型,引渠接高干渠,长 1180 米,侧向进水形式,进水池设计水位 1200.04 米,出水池设计水位 1249.8 米;机组呈一列式布置;出水压力管道长 592 米,布置 8 排 DN1400 和 1 排 DN1600 预应力钢筋混凝土压力管道。

红寺堡一泵站厂区

红寺堡一泵站主设备技术参数表

名称	编号	型号	厂家	额定容量（kVA）	高压电压（kV）	高压电流（A）	低压电压（kV）	低压电流（A）
厂变	1#、2#	S9-250/10.5	银川变压器厂	250	10.5	13.7	0.4	360.9
冬用变	1#	S9-50/10.5		50	10.5	2.75	0.4	72.7

名称	编号	型号	厂家	流量（m³/s）	扬程（m）	配用功率（kW）	转速（r/min）	允许汽蚀余量(m)
主水泵	1#~6#	1200S-56	兰州水泵厂	3	56	2500	600	7.5
	7#~9#	1200S-56	长河无锡水泵厂	3	56	2500	600	7.5
	10#	324SA-10C	上海水泵厂	1.40	62	1400	730	

名称	编号	型号	厂家	额定功率（kW）	额定电压（kV）	额定电流（A）	额定转速（r/min）	接线方式
主电机	1#、3#、5#、7#、9#	Y2500-10/2150	兰州电机厂	2500	10	168	596	2Y
	2#、4#	T2500-10/2150	兰州电机厂	2500	10	168	600	2Y
	6#、8#	T2500-10/2150	沈阳电机厂	2500	10	167	600	Y
	10#	Y1400-8/1430	兰州电机厂	1400	10	95	743	Y

名称	编号	型号	厂家	公称直径(mm)		公称压力(MPa)
进水蝶阀	1#~9#	D344X-6	郑州市上街蝶阀厂	1600		0.6
	10#	D344X-10		1200		
出水蝶阀	1#~4#、9#	KD741X-10Ve1	湖南省长沙阀门厂	1400		1.0
	5#、7#	KD741X-10V	长沙瑞玛流体设备科技有限公司	1400		1.0
	8#	CHDC74B2X-10Q	天津塘沽瓦特斯阀门有限公司	1400		1.0
	10#	KD741X-10Ve1	湖南省长沙阀门厂	1000		1.0
桥式起重机	型号	(QD)32/5	银川起重机厂	起重量		32/5T

（二）红寺堡二泵站

红寺堡二泵站位于中卫市中宁县恩和乡南 5.5 千米九座坟处，是红寺堡扬水工程第二级泵站，1998 年 9 月建成，同年 10 月投入运行。由宁夏水利水电勘测设计院设计，内蒙古黄河工程局建设，陕西水利建设局监理公司监理，宁夏水利质量监督站负责质量监督。

泵站装备机组 11 台（套）（9 大 1 中 1 小），设计流量 25 立方米／秒，总扬程 56.5 米，净扬程 51.27 米,总装机容量 24700 千瓦,设计运行容量 20800 千瓦,单机流量分别为 3 立方米 /秒、1.7 立方米 /秒和 0.9 立方米 /秒。控制灌溉面积 54.89 万亩,泵站灌溉面积 2.52 万亩。

在副厂房南侧设置 110 千伏变电所,由恩和变电所 117 恩行线专用线路 T 接供电,线路全长 400 米。变电所内装设 S11–25000/110 型 25000 千伏安变压器 1 台,S9–12500/110 型容量 12500 千伏安变压器 1 台。

在副厂房南墙侧设厂变室,厂用变电压等级 10 千伏,装设 S9–M–315/10.5 型 315 千伏安厂用变压器 1 台,装设 S9–200/10.5 型 200 千伏安厂用变压器 1 台。

冬季用电由恩和变 514 红崖线 62# 杆 T 接供电,电压等级 10 千伏,装设 S9–50/10.5 型 50 千伏安变压器 1 台。

泵房结构为分基干室型,侧向进水形式,进水池设计水位 1248.92 米,出水池设计水位 1300.08 米;机组呈一列式布置;出水压力管道长 620 米,布置 7 排 DN1400 和 2 排 DN1600 预应力钢筋混凝土压力管道,出水渡槽长 360 米。

红寺堡二泵站厂区

红寺堡二泵站主设备技术参数表

名称	编号	型号	厂家	额定容量（kVA）	高压电压（kV）	高压电流（A）	低压电压（kV）	低压电流（A）
主变	1#	S11–25000/110	银川卧龙变压器厂	25000	110	104.97	10.5	1099.7
	2#	SF9–12500/110	银川变压器厂	12500	110	65.6	10.5	687.3
厂变	1#	S9–M–315/10.5	银川变压器厂	315	10.5	17.3	0.4	454.7
	2#	S9–200/10.5	银川变压器厂	200	10.5	10.99	0.4	288.7
冬用变	1#	S9–50/10.5	银川变压器厂	50	10.5	2.75	0.4	72.7

名称	编号	型号	厂家	流量（m³/s）	扬程（m）	配用功率（kW）	转速（r/min）	允许汽蚀余量(m)
主水泵	1#	24SA–10B	长沙汨罗江制泵有限公司	0.90	56		980	7.3
	2#~4#	1200S–56	兰州水泵总厂	3	56	2500	600	7.5
	5#~10#	1200S–56	上海水泵总厂	3	56	2500	600	7.5
	11#	32SA–10C	吴忠水泵厂	1.40	62	1000	730	

名称	编号	型号	厂家	额定功率（kW）	额定电压（kV）	额定电流（A）	额定转速（r/min）	接线方式
主电机	1#	Y560–6	兰州电机厂	800	10	54.6	992	Y
	2#、4#、6#、8#、10#	Y2500–10/2150	兰州电机厂	2500	10	168	596	2Y
	3#、7#	T2500–10/2150	兰州电机厂	2500	10	168	600	2Y
	5#、9#	T2500–10/2150	沈阳电机厂	2500	10	167	600	Y
	11#	Y1400–8/1430	兰州电机厂	1400	10	95	743	Y

名称	序号	型号	厂家	公称直径(mm)	公称压力(MPa)
进水蝶阀	1#	D344X–10	河南省郑州市上街蝶阀厂	900	≤1
	2#~10#	D344X–6	河南省郑州市上街蝶阀厂	1600	0.6
	11#	D344X–10	河南省郑州市上街蝶阀厂	1200	≤1
出水蝶阀	1#	KD741X–10Ve1	湖南省长沙阀门厂	800	1.0
	2#、5#、7#	KD741X–10Ve1	湖南省长沙阀门厂	1400	1.0
	8#	CHDC74B2X–10Q	中阀科技(长沙)阀门有限公司	1400	1.0
	11#	KD741X–10Ve1	湖南省长沙阀门厂	1000	1.0
桥式起重机	型号	(QD)32/5	银川起重机厂	起重量	32/5T

(三)红寺堡三泵站

红寺堡三泵站位于中卫市中宁县恩和乡东南 9 千米行家窑处,是红寺堡扬水工程第三级泵站,1998 年 9 月建成,同年 10 月投入运行。由宁夏水利水电勘测设计院设计,宁夏水利水电工程局建设,宁夏水利水电工程咨询公司监理,宁夏水利质量监督站负责质量监督。

泵站装备机组 10 台(套)(9 大 1 中),设计流量 23.96 立方米 /秒,总扬程 55.9 米,净扬程 51.65 米,总装机容量 23900 千瓦,设计运行容量 20000 千瓦,单机流量分别 3.06 立方米 / 秒和 1.71 立方米 /秒,控制灌溉面积 52.37 万亩,泵站灌溉面积 42.66 万亩。

在副厂房南侧设置 110 千伏变电所,由恩和变电所 117 恩行线专用线路供电,线路全长 7.6 千米。变电所内装设 S11–25000/110 型 25000 千伏安变压器 1 台,SF9–12500/110 型 12500 千伏安变压器 1 台。

在副厂房南墙侧设厂变室,厂用变电压等级 10 千伏,装设 S9–M–315/10.5 型 315 千伏安厂用变压器 1 台,装设 S9–200/10.5 型 200 千伏安厂用变压器 1 台。

冬季用电由恩和变 514 红崖线 118# 杆 T 接供电,电压等级 10 千伏,装设 S9–50/10.5 型 50 千伏安变压器 1 台。

红寺堡三泵站厂区

泵站结构为分基干室型,斜向进水形式,进水池设计水位1298.82米,出水池设计水位1350.47米;主、副厂房呈一字形布置,机组呈一列式布置;出水压力管道长307米,布置8排DN1400和1排DN1600预应力钢筋混凝土压力管道,出水渡槽长492米。

红寺堡三泵站主设备技术参数表

名称	编号	型号	厂家	额定容量（kVA）	高压电压（kV）	高压电流（A）	低压电压（kV）	低压电流（A）
主变	1#	S11–25000/110	江苏五洲变压器厂	25000	110	131.2	10.5	1374.6
	2#	SF9–12500/110	天津变压器厂	12500	110	65.6	10.5	687
厂变	1#	S9–315/10	银川变压器厂	315	10	18.2	0.4	445.7
	2#	S9–200/10	银川变压器厂	200	10	11.5	0.4	288.7
冬用变	1#	S9–M–50/10	山东明大	50	10.5	2.75	0.4	72.2

名称	编号	型号	厂家	流量（m³/s）	扬程（m）	配用功率（kW）	转速（r/min）	允许汽蚀余量（m）
主水泵	1#~3#、5#、6#、9#	1200S–56	兰州水泵总厂	3.00	56	2500	600	7.5
	4#、7#、8#	1200S–56	上海水泵厂	3.00	56	2500	596	
	10#	32SA–10C	长沙汨罗江制泵有限公司	1.40	62		730	

名称	编号	型号	厂家	额定功率（kW）	额定电压（kV）	额定电流（A）	额定转速（r/min）	接线方式
主电机	1#、3#、5#、7#、9#	Y2500–10/2150	兰州电机厂	2500	10	168	596	2Y
	2#	T2500–10/2150	兰州电机厂	2500	10	168	600	2Y
	4#、6#、8#	T2500–10/2150	沈阳电机厂	2500	10	167	600	Y
	10#	Y1400–8/1430	兰州电机厂	1400	10	96	743	Y

名称	编号	型号	厂家	公称通径（mm）	公称压力（MPa）
进水蝶阀	1#~9#	D344X–6	河南省郑州市上街蝶阀厂	1600	0.6
	10#	D344X–10	河南省郑州市上街蝶阀厂	1200	1.0
出水蝶阀	1#~9#	KD741X–10Ve1	湖南省长沙阀门厂	1400	1.0
	4#	KD741X–10Ve	中阀科技（长沙）阀门有限公司	1400	1.0
	10#	KD741X–10Ve1	湖南省长沙阀门厂	1000	1.0
桥式起重机	型号	（QD）32/5	银川起重机厂	起重量	32/5T

(四)红寺堡四泵站

红寺堡四泵站位于同心县韦州镇西北约 20 千米的金庄子村,是红寺堡扬水工程第四级泵站,2005 年 9 月建成,同年 10 月投入运行。由宁夏水利水电勘测设计院设计,中铁十八局建设,甘肃水利监理咨询中心监理,宁夏水利质量监督站负责质量监督。

泵站装备机组 6 台(套)(4 大 2 小),设计流量 4.19 立方米 /秒,总扬程 73.9 米,净扬程62.8 米,总装机容量 9120 千瓦,设计运行容量 7120 千瓦,单机流量分别为 1.64 立方米 /秒、0.46 立方米 /秒,控制灌溉面积 9.71 万亩,泵站灌溉面积 2.92 万亩。

在副厂房东南侧设置 35 千伏变电所,由买河变金庄线 313 供电线路 T 接供电,线路全长 250 米。变电所内装设 S9-12500/35 型 12500 千伏安变压器 1 台。设置电压等级 35 千伏冬用变一台,装设 S9-50/38.5 型 50 千伏安变压器 1 台。

在副厂房南墙侧设厂变室,厂用变电压等级 6 千伏,装设 S9-M-200/6.3 型 200 千伏安厂用变压器 1 台。

泵房结构为干室型,采用分池正向进水形式,进水池设计水位 1337.08 米,出水池设计水位 1400.3 米;机组呈一列式布置;压力管道长 1700 米,布置 2 排 DN1400 毫米预应力钢筋混凝土压力管道。

红寺堡四泵站厂区

红寺堡四泵站主设备技术参数表

名称	编号	型号	厂家	额定容量（kVA）	高压电压（kV）	高压电流（A）	低压电压（kV）	低压电流（A）
主变	1#	S9-12500/35	保定天威集团五洲变压器厂	12500	35	206.2	6.3	1145.8
厂变	1#	S9-M-200/6.3	银川变压器厂	200	6.3	18.3	0.4	288.7
冬用变	1#	S9-50/38.5	银川卧龙变压器有限公司	50	38.5	0.75	0.4	72.2

名称	编号	型号	厂家	流量（m³/s）	扬程（m）	配用功率（kW）	转速（r/min）	允许汽蚀余量(m)
主水泵	1#、6#	500S98B	兰州水泵厂	0.46	73.90	560	970	6
	2#~5#	800S76	兰州水泵厂	1.64	73.90	2000	730	8

名称	编号	型号	厂家	额定功率（kW）	额定电压（kV）	额定电流（A）	额定转速（r/min）	接线方式
主电机	1#、6#	Y450-7-6	西安西玛电机有限公司	560	6	65.7	990	Y
	2#~5#	Y710-2-8T	西安西玛电机有限公司	2000	6	237.1	740	Y

名称	编号	型号	厂家	公称直径(mm)	公称压力(MPa)
进水蝶阀	1#、6#	SD341X-6	铁岭阀门有限责任公司	700	0.6
	2#~5#	SD341X-6	铁岭阀门有限责任公司	1200	0.6
出水蝶阀	1#、6#	KD741X-16Ve	中阀科技(长沙)阀门有限公司	500	1.6
	2#~5#	KD741X-16Ve	中阀科技(长沙)阀门有限公司	900	1.6
桥式起重机	型号	(QD)20/5T	银川起重机厂	起重量	20/5T

（五）红寺堡五泵站

红寺堡五泵站位于同心县韦州镇张家旧庄以西约 1.2 千米处，是红寺堡扬水工程第五级泵站，2005 年 9 月建成，同年 10 月投入运行。由宁夏水利水电勘测设计院设计，宁夏同心水利工程综合开发公司建设，宁夏水利水电建设监理公司监理，宁夏水利质量监督站负责质量监督。

泵站装备机组 6 台（套）（4 大 2 小），设计流量 3.06 立方米/秒，总扬程 65.5 米，净扬程 53.21 米，总装机容量 5120 千瓦，设计运行容量 4120 千瓦，单机流量分别 1.01 立方米/秒、0.53 立方米/秒，控制灌溉面积 6.79 万亩，泵站灌溉面积 6.79 万亩。

在副厂房东南侧设置35千伏变电所,由买河变金庄线313供电线路T接供电,线路全长4.95千米。变电所内装设S9-6300/35型6300千伏安变压器1台。设置电压等级35千伏冬用变1台,装设S9-50/38.5型50千伏安变压器1台。

在副厂房南墙侧设厂变室,厂用变电压等级6千伏,装设S9-M-200/6.3型200千伏安厂用变压器1台。

泵房结构为立墙式分基型,采用分池正向进水形式,进水池设计水位1391.43米,出水池设计水位1444.64米;机组呈一列式布置;压力管道长1441米,布置2排DN1200毫米预应力钢筋混凝土压力管道;出水渡槽总长435米。

红寺堡五泵站主设备技术参数表

名称	编号	型号	厂家	额定容量（kVA）	高压电压（kV）	高压电流（A）	低压电压（kV）	低压电流（A）
主变	1#	S9-6300/35	银川变压器有限公司	6300	35	103.9	6.3	577.35
厂变	1#	S9-M-200/6.3	银川变压器有限公司	200	6.3	18.3	0.4	288.7
冬用变	1#	S9-50/38.5	银川变压器有限公司	50	38.5	0.75	0.4	72.2

名称	编号	型号	厂家	流量（m³/s）	扬程（m）	配用功率（kW）	转速（r/min）	允许汽蚀余量(m)
主水泵	1#、6#	500S98B	兰州水泵厂	0.53	65.50	970	560	6
	2#~5#	600S75	兰州水泵厂	1.01	65.50	970	1000	7.5

名称	编号	型号	厂家	额定功率（kW）	额定电压（kV）	额定电流（A）	额定转速（r/min）	接线方式
主电机	1#、6#	Y450-7-6	西安西玛电机有限公司	560	6	65.7	990	Y
	2#~5#	Y500-10-6T	西安西玛电机有限公司	1000	6	113.6	990	Y

名称	编号	型号	厂家	公称直径(mm)	公称压力(MPa)
进水蝶阀	1#、6#	SD341X-6	铁岭阀门有限责任公司	700	0.6
	2#~5#	SD341X-6	铁岭阀门有限责任公司	900	0.6
出水蝶阀	1#、6#	KD741X-16V	中阀科技(长沙)阀门有限公司	500	1.6
	2#~5#	KD741X-16V	中阀科技(长沙)阀门有限公司	700	1.6
桥式起重机	型号	(LD)5T	银川起重机厂	起重量	5T

红寺堡五泵站厂区

(六)新圈一泵站

新圈一泵站位于红寺堡三干渠 2 + 735 处右岸,西北距红寺堡三泵站约 2 千米,是红寺堡扬水工程新圈支线第一级泵站,2001 年 9 月建成,11 月投入运行。由宁夏水利水电勘测设计院设计,宁夏红扬水利水电建筑安装工程公司建设,宁夏兴舆建设监理公司监理,宁夏水利质量监督站负责质量监督。

泵站装备机组 4 台(套),设计流量 1.12 立方米/秒,总扬程 29 米,净扬程 25.36 米,总装机容量 740 千瓦,设计运行容量 555 千瓦,单机流量为 0.3 立方米/秒,控制灌溉面积 2.52 万亩,泵站灌溉面积 0.7 万亩。

在副厂房南侧设置 10 千伏变电所,由红寺堡三泵站 561 出线 T 接供电,线路全长 830 米。变电所内装设 S9-630/10 型 630 千伏安变压器 2 台。

冬季用电由红崖变 522 红新线 113#杆 T 接供电,电压等级 10 千伏,装设 S9-30/10 型 30 千伏安变压器 1 台。

泵房结构为立墙式分基型,采用无引水渠段傍岸吸水形式,进水设计水位 1349.64 米,出水池设计水位 1375 米;机组呈一列式布置;压力管道长 301 米,布置 1 排 DN1000 毫米预应力钢筋混凝土压力管道。

新圈一泵站主设备技术参数表

名称	编号	型号	厂家	额定容量（kVA）	高压电压（kV）	高压电流（A）	低压电压（kV）	低压电流（A）
主变	1#、2#	S9-630/10	银川变压器厂	630	10	36.37	0.4	909.3
冬用变	1#	S9-30/10	银川变压器厂	30	10	1.73	0.4	43.3

名称	编号	型号	厂家	流量（m³/s）	扬程（m）	配用功率（kW）	转速（r/min）	允许汽蚀余量(m)
主水泵	1#~4#	16SA-9D	长沙通大水泵厂	0.30	35	960	185	4.9

名称	编号	型号	厂家	额定功率（kW）	额定电压（kV）	额定电流（A）	额定转速（r/min）	接线方式
主电机	1#	Y355L1-6	宁夏鑫瑞特电机有限公司	220	0.38	403.7	991	△
	2#~4#	Y355M2-6	宁夏电机厂	185	0.38	339.8	991	△

名称	编号	型号	厂家	公称直径(mm)		公称压力(MPa)		
进水蝶阀	1#~4#	D344XP-0.6	郑州蝶阀厂	600		0.6		
出水蝶阀	1#~4#	DX7PK41X-10Q	湖北洪城机械有限公司	500		1.0		
桥式起重机	型号	(LX)2T	银川起重机厂	起重量		2T		

新圈一泵站厂区

（七）新圈二泵站

新圈二泵站位于红寺堡区大河乡红崖村，西北距新圈一泵站约3.5千米，是红寺堡扬水工程新圈支线第二级泵站，2001年9月建成，11月投入运行。由宁夏水利水电勘测设计院设计，宁夏盐环定扬水管理处工程队建设，宁夏兴舆建设监理公司监理，宁夏水利质量监督站负责质量监督。

泵站装备机组4台（套），设计流量0.86立方米/秒，设计总扬程40.6米，净扬程37.55米，总装机容量740千瓦，设计运行容量555千瓦，单机流量为0.3立方米/秒，控制灌溉面积1.82万亩，泵站灌溉面积2.43万亩。

在副厂房南侧设置10千伏变电所，由红寺堡三泵站561出线供电，线路全长6.25千米。变电所内装设S9-630/10型630千伏安变压器2台。

冬季用电由红崖变522红新线72#杆T接供电，电压等级10千伏，装设S9-30/10型30千伏安变压器1台。

泵房结构为立墙式分基型，采用有引水渠段傍岸吸水形式，进水池设计水位1372.65米，出水池设计水位1410.2米；机组呈一列式布置；压力管道长660米，布置1排DN1000毫米预应力钢筋混凝土压力管道。

新圈二泵站厂区

新圈二泵站主设备技术参数表

名称	编号	型号	厂家	额定容量（kVA）	高压电压（kV）	高压电流（A）	低压电压（kV）	低压电流（A）
主变	1#~2#	S9-630/10	银川变压器厂	630	10	36.37	0.4	909.3
冬用变	1#	S9-30/10	银川变压器厂	30	10	1.732	0.4	43.3

名称	编号	型号	厂家	流量（m³/s）	扬程（m）	配用功率（kW）	转速（r/min）	允许汽蚀余量(m)
主水泵	1#~4#	16SA-9C	长沙通大水泵厂	0.30	40	185	960	2.3

名称	编号	型号	厂家	额定功率（kW）	额定电压（kV）	额定电流（A）	额定转速（r/min）	接线方式
主电机	1#~4#	Y355M2-6	宁夏电机厂	185	0.38	339.8	991	Δ

名称	编号	型号	厂家	公称直径（mm）	公称压力（MPa）
进水蝶阀	1#~4#	D344XP-6	郑州蝶阀厂	500	0.6
出水蝶阀	1#~4#	DX7PK41X-10Q	湖北洪城机械有限公司	400	1.0
桥式起重机	型号	（LX)2T	银川起重机厂	起重量	2T

（八）海子塘一泵站

海子塘一泵站位于红寺堡镇以北3千米处，是红寺堡扬水工程海子塘支线第一级泵站，泵站引水口位于红三干渠35＋592处，引水渠长3.23米，泵站2002年9月建成，11月投入运行。由宁夏水利水电勘测设计院设计，宁夏固海扬水管理处工程队建设，宁夏水利质量监督站负责质量监督。

泵站装备机组4台(套)，设计流量1.15立方米/秒，总扬程21米，净扬程16.73米，总装机容量630千瓦，设计运行容量445千瓦，单机流量分别为0.55立方米/秒、0.21立方米/秒，控制灌溉面积3.77万亩，泵站灌溉面积1.23万亩。

在副厂房后墙侧设置10千伏变电所，由红寺堡变524红海线专线T接供电，线路全长1.7千米。变电所内装设S9-630/10型630千伏安变压器1台。

冬季用电由红寺堡变524红海线专线T接供电，电压等级10千伏，装设S9-30/10型30千伏安变压器1台。

泵房结构为立墙式分基型，采用有引水渠正向进水形式，进水池设计水位1339.27米，出水池设计水位1356米；机组呈一列式布置；压力管道长780米，布置1排DN1000毫米预应力钢筋混凝土压力管道。

海子塘一泵站主设备技术参数表

名称	编号	型号	厂家	额定容量（kVA）	高压电压（kV）	高压电流（A）	低压电压（kV）	低压电流（A）
主变	1#	S9-630/10	银川变压器厂	630	10	36.4	0.4	909.3
冬用变	1#	S9-30/10	银川变压器厂	30	10	1.67	0.4	43.3
名称	编号	型号	厂家	流量（m³/s）	扬程（m）	配用功率（kW）	转速（r/min）	允许汽蚀余量(m)
主水泵	1#~3#	20SA-22	吴忠仪表厂	0.55	21	185	950	5.2
	4#	14SA-10JB	长沙通大水泵厂	0.20	21	75	960	4.0
名称	编号	型号	厂家	额定功率（kW）	额定电压（kV）	额定电流（A）	额定转速（r/min）	接线方式
主电机	1#~3#	Y355M2-6	宁夏电机厂	185	0.38	339.8	991	△
	4#	Y315S-6	宁夏电机厂	75	0.38	141.4	988	△
名称	编号	型号	厂家	公称直径(mm)		公称压力(MPa)		
进水蝶阀	1#~3#	D344XP-0.6	郑州阀门厂	700		0.6		
	4#	D344XP-0.6	郑州阀门厂	450		0.6		
出水蝶阀	1#~3#	KD741X-10V	中阀科技阀门有限公司	600		1.0		
	4#	KD741X-10V	中阀科技阀门有限公司	350		1.0		
桥式起重机	型号	CD12-6D	银川起重机厂	起重量		2T		

海子塘一泵站厂区

(九)海子塘二泵站

海子塘二泵站位于红寺堡镇以北4千米处(北临高速公路出口),是红寺堡扬水工程海子塘支线第二级泵站,2002年9月建成,11月投入运行。由宁夏水利水电勘测设计院设计,宁夏红扬水利水电建筑安装工程公司建设,宁夏水利质量监督站负责质量监督。

泵站装备机组3台(套)(2大1小),设计流量0.74立方米/秒,总扬程19.5米,净扬程15.03米,总装机容量445千瓦,设计运行容量260千瓦,单机流量分别为0.59立方米/秒、0.24立方米/秒,控制灌溉面积2.54万亩,泵站灌溉面积2.54万亩。

在副厂房后墙侧设置10千伏变电所,由红寺堡变524红海线专线供电,线路全长13.4千米。变电所内装设S9-400/10型400千伏安变压器1台。

冬季用电由红寺堡变524红海线专线供电,电压等级10千伏,装设S9-30/10型30千伏安变压器1台。

泵房结构为立墙式分基型,采用有引水渠正向进水形式,进水池设计水位1355.04米,出水池设计水位1370.04米;机组呈一列式布置;压力管道长610米,布置1排DN800毫米预应力钢筋混凝土压力管道。

海子塘二泵站主设备技术参数表

名称	编号	型号	厂家	额定容量(kVA)	高压电压(kV)	高压电流(A)	低压电压(kV)	低压电流(A)
主变	1#	S9-400/10	银川变压器厂	400	10	23.09	0.4	577.4
冬用变	1#	S9-30/10.5	银川变压器厂	30	10.5	1.65	0.4	43.3

名称	编号	型号	厂家	流量(m³/s)	扬程(m)	配用功率(kW)	转速(r/min)	允许汽蚀余量(m)
主水泵	1#~2#	20SA-22	吴忠水泵阀门厂	0.55	21	185	960	5.2
	3#	14SA-10JB	通大 长沙水泵厂	0.20	21	75	960	4.0

名称	编号	型号	厂家	额定功率(kW)	额定电压(kV)	额定电流(A)	额定转速(r/min)	接线方式
主电机	1#~2#	Y355M2-6	宁夏电机厂	185	0.38	339.8	991	△
	3#	Y315S-6	宁夏电机厂	75	0.38	141.1	988	△

名称	编号	型号	厂家	公称直径(mm)	公称压力(MPa)
进水蝶阀	1#~2#	D344XP-0.6	郑州阀门厂	700	0.6
	3#	D344XP-6	郑州阀门厂	450	0.6
出水蝶阀	1#~2#	KD741X-10V	中阀科技阀门有限公司	600	1.0
	3#	KD741X-10V	中阀科技阀门有限公司	350	1.0
桥式起重机	型号	CD12-6D	银川起重机厂	起重量	2T

海子塘二泵站厂区

(十)新庄集一泵站

新庄集一泵站位于新庄集独疙瘩沟西岸,西距盐新公路约 2 千米,红三干渠 22 + 600 处右岸,是红寺堡扬水工程新庄集支线第一级泵站,2000 年 9 月建成,11 月投入运行。由宁夏水利水电勘测设计院设计,宁夏水利水电工程局建设,宁夏水利质量监督站负责质量监督。

泵站装备机组 6 台(套)(5 大 1 小),设计流量 6.22 立方米/秒,总扬程 45.8 米,净扬程 39.8 米,总装机容量 5850 千瓦,设计运行容量 4480 千瓦,单机流量分别为 1.68 立方米/秒、0.34 立方米/秒,控制灌溉面积 18.67 万亩,泵站灌溉面积 5.54 万亩。

在副厂房南侧设置 35 千伏变电所,由红寺堡变 315 红新线专用线路 T 接供电,线路全长 890 米。变电所内装设 S9-M-4000/35 型 4000 千伏安变压器 2 台。厂用变电压等级 6 千伏,装设 S9-160/6.3 型 160 千伏安厂用变压器 2 台。

冬季用电由红寺堡变 315 红新线专用线路 T 接供电,电压等级 35 千伏,装设 S9-50/38.5 型 50 千伏安变压器 1 台。

泵房结构为干室型,采用分池侧向进水形式,进水池设计水位 1345.92 米,出水池设计水位 1385.72 米;机组呈一列式布置;压力管道长 573 米,布置 2 排预应力混凝土压力管道,出水渡槽采用 U 型槽壳,槽壳直径 3 米,总长 1250 米。

新庄集一泵站主设备技术参数表

名称	编号	型号	厂家	额定容量（kVA）	高压电压（kV）	高压电流（A）	低压电压（kV）	低压电流（A）
主变	1#、2#	S9-M-4000/35	银川变压器厂	400	35	66	6.3	366.6
厂变	1#、2#	S9-160/6.3	银川变压器厂	160	6.6	14.7	0.4	230.9
冬用变	1#	S9-50/38.5	银川变压器厂	50	38.5	0.75	0.4	72.17

名称	编号	型号	厂家	流量（m³/s）	扬程（m）	配用功率（kW）	转速（r/min）	允许汽蚀余量(m)
主水泵	1#~5#	32SA-10J	吴忠水泵阀门厂	1.40	48.50	1120	585	5.4
	6#	14SA-10B	吴忠水泵阀门厂	0.30	48	250	1450	3.7

名称	编号	型号	厂家	额定功率（kW）	额定电压（kV）	额定电流（A）	额定转速（r/min）	接线方式
主电机	1#、3#、5#	Y1120-10/1430	沈阳电机股份有限公司	1120	6	138	593	Y
	2#、4#	T1120-10/1430	沈阳电机股份有限公司	1120	6	125	600	Y
	6#	Y335 4-4	宁夏电机厂	250	6	29.11	1480	Y

名称	编号	型号	厂家	公称通径(mm)		公称压力(MPa)
进水蝶阀	1#~5#	D644XP-6	河南省郑州市上街蝶阀厂	1200		0.6
	3#	D344XP-0.6	河南省郑州市上街蝶阀厂	600		0.6
出水蝶阀	1#~5#	CHD74B3X-10Q	瓦特斯阀门有限公司	1000		1.0
	6#	HD7XT41X-100 右	铁岭阀门集团有限责任公司	400		1.0
桥式起重机	型号	（QD）16/3.2	银川起重机厂	起重量		16/3.2T

新庄集一泵站厂区

(十一)新庄集二泵站

新庄集二泵站位于新庄集下细沟子与兰圈湾子沟之间，西北距新庄集一泵站约 4 千米，是红寺堡扬水工程新庄集支线第二级泵站，2000 年 9 月建成，2001 年 11 月投入运行。由宁夏水利水电勘测设计院设计，宁夏成城建设开发公司建设，宁夏水利质量监督站负责质量监督。

泵站装备机组 5 台(套)(3 大 2 小)，设计流量 4.19 立方米 /秒，设计总扬程 30.9 米，净扬程 27.06 米，总装机容量 2790 千瓦，设计运行容量 2340 千瓦，单机流量分别为 1.46 立方米 /秒、0.9 立方米 /秒，控制灌溉面积 13.13 万亩，泵站灌溉面积 3.48 万亩。

在副厂房南侧设置 35 千伏变电所，由红寺堡变 315 红新线专用线路 T 接供电，线路全长 1.2 千米。变电所内装设 S9–M–3150/35 型 3150 千伏安变压器 1 台。设置厂用变压器 1 台，电压等级 6 千伏，装设 S9–125/6.3 容量 125 千伏安厂用变压器 1 台。设置冬用变压器 1 台，电压等级 35 千伏，装设 S9–50/38.5 型 50 千伏安变压器 1 台。

泵房结构为分基干室型，采用有引水渠段侧向进水形式，进水池设计水位 1383.6 米，出水池设计水位 1410.66 米；机组呈一列式布置；压力管道长 860 米，布置 2 排预应力钢筋混凝土压力管道，管道直径 1400 毫米。出水渡槽长 580 米。

新庄集二泵站厂区

新庄集二泵站主设备技术参数表

名称	编号	型号	厂家	额定容量（kVA）	高压电压（kV）	高压电流（A）	低压电压（kV）	低压电流（A）
主变	1#	S9-M-3150/35	银川变压器厂	3150	35	52	6.3	288.7
厂变	1#	S9-125/6.3	银川变压器厂	125	6.3	11.46	0.4	180.4
冬用变	1#	S9-50/38.5	银川变压器厂	50	38.5	0.75	0.4	72.17

名称	编号	型号	厂家	流量（m³/s）	扬程（m）	配用功率（kW）	转速（r/min）	允许汽蚀余量（m）
主水泵	1#~3#	32SA-19	长沙通大水泵厂	1.50	29	630	730	8.2
	4#、5#	24SA-18	吴忠水泵阀门厂	0.90	32	450	960	7.8

名称	编号	型号	厂家	额定功率（kW）	额定电压（kV）	额定电流（A）	额定转速（r/min）	接线方式
主电机	1#、2#	Y5601-8	宁夏电机有限责任公司	630	6	77.4	745	△
	3#	Y560-8	兰州电机厂	630	6	77.4	745	△
	4#	Y4501-6	宁夏电机有限责任公司	450	6	54.2	991	Y
	5#	Y450-6	兰州电机厂	450	6	50.78	990	△

名称	编号	型号	厂家	公称通径(mm)	公称压力(MPa)
进水蝶阀	1#~3#	D344X-6Q	阳泉阀门厂	1200	0.6
	4#、5#	D344X-6Q	阳泉阀门厂	900	0.6
出水蝶阀	1#~3#	KD741X-10V	沃茨阀门有限公司	900	1.0
	4#、5#	KD741X-10V	沃茨阀门有限公司	700	1.0
桥式起重机	型号	LD1-10T	银川起重机厂	起重量	10T

（十二）新庄集三泵站

新庄集三泵站位于新庄集下细沟子与兰圈湾子沟之间，西北距新庄集二泵站约 2 千米，是红寺堡扬水工程新庄集支线第三级泵站，2002 年 9 月建成，11 月投入运行。由宁夏水利水电勘测设计院设计，宁夏成城建设开发公司建设，宁夏水利质量监督站负责质量监督。

泵站装备机组 6 台（套），设计流量 3.14 立方米 / 秒，总扬程 47.4 米，净扬程 41.07 米，总装机容量 3140 千瓦，设计运行容量 2580 千瓦，单机流量分别为 0.83 立方米 / 秒、0.57 立方米 / 秒，控制灌溉面积 9.65 万亩，泵站灌溉面积 3.99 万亩。

在副厂房南侧设置 35 千伏变电所，由红寺堡变 315 红新线专用线路 T 接供电，线路全长 950 米。装设 S9-M-4000/35 型 4000 千伏安变压器 1 台。设置厂用变压器 1 台，电压等级

6千伏,装设S9-125/6.3容量125千伏安厂用变压器1台。设置冬用变压器1台,电压等级35千伏,装设S9-50/38.5型50千伏安变压器1台。

泵房结构为立墙式分基型,采用有引水渠段正向进水形式,进水池设计水位1409.5米,出水池设计水位1450.57米;机组呈一列式布置;压力管道长1022米,布置2排预应力钢筋混凝土压力管道,管道直径1200毫米,出水渡槽长500米。

新庄集三泵站厂区

新庄集三泵站主设备技术参数表

名称	编号	型号	厂家	额定容量（kVA）	高压电压（kV）	高压电流（A）	低压电压（kV）	低压电流（A）
主变	1#	S9-M-4000/35	银川变压器厂	4000	35	66	6.3	366.6
厂变	1#	S9-125/6.3	银川变压器厂	125	6.3	11.46	0.4	180.4
冬用变	1#	S9-50/38.5	银川变压器厂	50	38.5	0.75	0.4	72.17
名称	编号	型号	厂家	流量（m³/s）	扬程（m）	配用功率（kW）	转速（r/min）	允许汽蚀余量(m)
主水泵	1#、6#	20SH-9A	吴忠水泵阀门厂	0.53	50	450	970	
	2#~5#	28SA-10B	山东博山水泵厂	0.83	47	560	730	4.9

续表

名称	编号	型号	厂家	额定功率（kW）	额定电压（kV）	额定电流（A）	额定转速（r/min）	接线方式
主电机	1#	YKK 450-4	兰州电机厂	450	6	51.13	990	Y
	2#~4#	Y5002-8	宁夏电机厂	560	6	67.9	743	Y
	5#	Y-5002-8	兰州电机厂	560	6	65.5	743	Y
	6#	Y4501-6	宁夏电机厂	450	6	54.2	991	Y
真空泵	1#~2#	SZ-3	山东博山厂					

名称	编号	型号	厂家	公称通径(mm)	公称压力(MPa)
进水蝶阀	1#、6#	D344X-6Q	阳泉阀门厂	700	0.6
	2#~5#	D344X-6Q	阳泉阀门厂	900	0.6
出水蝶阀	1#、6#	NHDC74B3X-10Q	天津瓦特斯阀门厂	600	1.0
	2#~5#	NHDC74B3X-10Q	天津瓦特斯阀门厂	700	1.0
桥式起重机	型号	LD1-10T	银川起重机厂	起重量	10T

（十三）新庄集四泵站

新庄集四泵站位于新庄集兰圈湾子沟东岸坡，西北距新庄集三泵站约 2.5 千米，是红寺堡扬水工程新庄集支线第四级泵站，2003 年 9 月建成，10 月投入运行。由宁夏水利水电勘测设计院设计，宁夏水利水电工程局建设，宁夏水利质量监督站负责质量监督。

泵站原装备机组 6 台（套），设计流量 1.8 立方米 /秒，其中高口 1 立方米 /秒，低口 0.8 立方米 /秒，总扬程高口 100 米，低口 59 米，净扬程高口 90.73 米，低口 50.73 米，总装机容量 4380 千瓦，设计运行容量 2920 千瓦，单机流量分别为 0.58 立方米 /秒、0.52 立方米 /秒，控制灌溉面积 5.66 万亩，泵站灌溉面积高口 2.93 万亩，低口 2.73 万亩。

在副厂房南侧设置 35 千伏变电所，由红寺堡变 315 红新线专用线路供电，线路全长 15.2 千米。变电所内装设 S11-6300/35 型 6300 千伏安变压器 1 台，S9-M-3150/35 型 3150 千伏安变压器 1 台。设置厂用变压器 2 台，电压等级 6 千伏，装设 S9-100/6.3 型 100 千伏安厂用变压器 2 台。设置冬用变压器 1 台，电压等级 35 千伏，装设 S9-50/38.5 型 50 千伏安变压器 1 台。

泵房结构为分基干室型，采用侧向进水形式，进水池设计水位 1449.27 米，出水池设计水位高口为 1540.02 米，低口为 1499.92 米。机组呈一列式布置；布设 2 排玻璃钢管压力管道；低口管道总长 2270 米，管道直径 800 毫米；高口管道总长 3733 米，管道直径 1000 毫米。

2013 年原泵房扩建给马渠项目区供水。设计取水量 545.6 万立方米，新增 3 台 DF-

SS500-6/6 型水泵,单机流量为 0.57 立方米/秒,配用 900 千瓦电动机;1# 主变压器由 3150 千伏安更换为 6300 千伏安。

2017 年原泵房扩建给新庄集调蓄水库供水。设计库容 200 万立方米,泵站新增 3 台 DFSS500-19/6 型水泵,单机流量为 0.64 立方米/秒,配用 185 千瓦电动机,新增 6 千伏/0.4 千伏变压器 1 台,容量为 1250 千伏安。

新庄集四泵站厂区

新庄集四泵站主设备技术参数表

名称	编号	型号	厂家	额定容量（kVA）	高压电压（kV）	高压电流（A）	低压电压（kV）	低压电流（A）
主变	1#	S11-6300/35	包头市巨龙变压器公司	6300	35	104	6.3	577.4
	2#	S9-M-3150/35	银川变压器厂	3150	35	52	6.3	288.7
厂变	1#	S9-100/6.3	银川变压器厂	100	6.3	9.2	0.4	144.3
	2#	S9-100/6.3	银川变压器厂	100	6.3	9.2	0.4	144.3
冬用变	1#	S9-50/38.5	银川变压器厂	50	38.5	0.75	0.4	70.17
名称	编号	型号	厂家	流量（m³/s）	扬程（m）	配用功率（kW）	转速（r/min）	允许汽蚀余量（m）
主水泵	1#~3#	500S-98B	吴忠水泵阀门厂	0.49	74	560	970	6.0
	4#~6#	500S-98	山东博山水泵厂	0.56	98	900	970	6.0

续表

名称	编号	型号	厂家	额定功率（kW）	额定电压（kV）	额定电流（A）	额定转速（r/min）	接线方式
主电机	1#~3#	Y4503-6	重庆电机厂	560	6	67.1	990	Y
	4#~6#	Y5003-6	重庆电机厂	900	6	107	990	Y

名称	编号	型号	厂家	公称通径(mm)	公称压力(MPa)
进水蝶阀	1#~3#	D344X-6Q	阳泉阀门厂	800	0.6
	4#~6#	D344X-6Q	阳泉阀门厂	800	0.6
出水蝶阀	1#~3#	HD7xT41x-10	铁岭阀门有限公司	600	1.0
	4#、5#	HD741x-16Ve	长沙瑞玛流体设备科技有限公司	600	1.6
	6#	HD7-41x	北阀科技有限公司	600	1.6
单梁起重机	型号	LD千-10T	银川起重机厂	起重量	10T

二、更新改造后的红寺堡一至五泵站

(一)红寺堡一泵站

一泵站更新改造工程2018年3月完成，投入运行。由恩和变电所出3回10千伏专用线路供电。泵站设计流量28立方米/秒，总扬程55.96米，净扬程49.84米，安装单级双吸卧式中开离心泵10台（9大1小），单机流量大机分别为3.83立方米/秒、1.9立方米/秒，配套电动机功率分别为3150千瓦9台（其中异步变频电机2台、同步电机4台、异步电机3台）、1600千瓦异步电机1台，总装机容量3万千瓦，设计运行容量2.52万千瓦，规划控制灌溉面积101.4万亩。

泵站主厂房保持原干湿型结构，改造后副厂房由中控室、高压室、变频室、低压室、厂变室组成。引渠接高干渠，渠长1.18千米，进水池保持原侧向进水形式，设计水位1200.07米，前池尾部保留原退水闸，溢流堰加高加宽，与设计水位相符。出水压力管道为8排DN1400和1排DN1600预应力钢筋混凝土压力管道入出水池，单排长约600米，每排管道更换电磁流量计1台，出水池设计水位1249.91米，出水口由薄壁堰改为节能型侧翻式拍门，出水池与红一干渠渐变衔接，渠长3.82千米，区间灌溉面积0.11万亩。

红寺堡一泵站新貌

红寺堡一泵站主设备技术参数表

设备名称	设备编号	型号	额定容量(kVA)	高压电压(kV)	高压电流(A)	低压电压(kV)	低压电流(A)	连接组别	短路阻抗(%)	冷却方式	生产厂家
变压器	1#厂变	SC11-250/10	250	10.0	14.4	0.4	360.80	Dyn11	3.92	AN/AF	卧龙电气银川变压器有限公司
	2#厂变	SC11-250/10	250	10.0	14.4	0.4	360.80	Dyn11	3.82	AN/AF	卧龙电气银川变压器有限公司
	3#厂变	SC11-250/10	250	10.0	14.4	0.4	360.80	Dyn12	3.77	AN/AF	卧龙电气银川变压器有限公司
	冬用变	SC11-80/10	80	10.0	4.62	0.4	115.50	Dyn11	3.93	AN/AF	卧龙电气银川变压器有限公司
	励磁变	ZLC-60/10	60	10.0	3.46	0.1	346.41	—	5.00	—	嘉兴市秀程特种变压器厂

设备名称	设备编号	型号	额定功率(kW)	额定电压(kV)	额定电流(A)	额定转数(r/min)	励磁电压(V)	励磁电流(A)	功率因数	绝缘等级	接线方式	生产厂家
主电动机	1#、4#、9#	YXKS900-12	3150	10	224	497	—	—	0.840	F	Y	上海电气集团上海电机厂有限公司
	3#、5#、7#、8#	TD3150-12	3150	10	210	500	121	220	0.900	F	Y	上海电气集团上海电机厂有限公司
	2#、6#	YSBPKS900-12	3150	10	225	497	—	—	0.840	F	Y	上海电气集团上海电机厂有限公司
	10#	YXKS710-10	1600	10	116	595	—	—	0.832	F	Y	上海电气集团上海电机厂有限公司

续表

电动机冷却润滑装置	设备编号	空水冷却器型号	热交换量（kW）	进水量（m³/h）	工作压力（MPa）	进水温度（℃）	稀油站型号	公称流量（L/min）	公称压力（MPa）	供油温度（℃）	油箱容量（m³）	生产厂家
	2#~9#	5.430.5889	150	32	0.1~0.5	<35	FLS-25	25	0.4	40±10	0.63	湖南飞翼股份有限公司
	10#	5.430.5894	80	25	0.1~0.6	<36						

设备名称	设备编号	型号	流量（m³/s）	扬程（m）	转数（r/min）	配用功率（kW）	汽蚀余量（m）	进口直径（mm）	出口直径（mm）	生产厂家
主水泵	1#、2#、6#、4#、9#	1200×1000 DV-CH-55.5	3.83	55.5	496	3150	4.6	1200	1000	日立泵制造（无锡）有限公司
	3#、5#、7#、8#	1200×1000 DV-CH-55.5	3.83	55.5	500	3150	4.6	1200	1000	日立泵制造（无锡）有限公司
	10#	900×800 DV-CH-52	1.90	52.0	595	1600	3.8	900	800	日立泵制造（无锡）有限公司

设备名称	设备编号	型号	公称直径（mm）	公称压力（MPa）	电动头型号	配用功率（kW）	额定电压（V）	额定电流（A）	输出转速（r/min）	最大扭矩（N.m）	涡轮箱扭矩（N.m）	生产厂家
进水电动阀	1#~9#	SFEX	1600	1.0	CK250	1.53	380	4.03	144	250	84000	上海冠龙阀门机械有限公司
	10#	SFEX	1200	1.0	CK120	1.10	380	2.90	144	120	52000	上海冠龙阀门机械有限公司
出水电动阀	1#~9#	FBEX	1400	1.6	SA14.2-F14	1.80	380	5.60	180	200	90000	上海冠龙阀门机械有限公司
	10#	FBEX	1000	1.6	SA14.2-F10	1.00	380	3.70	180	100	42000	上海冠龙阀门机械有限公司

设备名称	设备编号	型号	公称直径（mm）	公称压力（MPa）	电液装置型号	电液装置公称压力（MPa）	电液装置工作介质	油箱容量（L）	生产厂家
出水液控阀	1#~9#	Dx7pk41X-16Q	1400	1.6	HYZ6300-3	16	L-HM46	270	湖北洪城通用机械有限公司
	10#	Dx7pK41x-16Q	1000	1.6	HYZ1600-3	16	L-HM46	270	湖北洪城通用机械有限公司

（二）红寺堡二泵站

二泵站更新改造工程2018年3月完成并投入运行。由华严变电所出110千伏公用线路至红二泵站110千伏变电所供电。翻建变电所,更换31500千伏安变压器1台,保留原25000千伏安变压器1台,控制计量设备改造为GIS设备。设计流量28立方米/秒,总扬程58米,出水塔、出水池净扬程分别为51.18米、50.72米。安装单级双吸卧式中开离心泵11台（9大1中1小）,单机额定流量大机3.65立方米/秒、中机1.8立方米/秒、小机0.92立方米/秒,配套电动机功率分别为3150千瓦9台（其中异步变频电机2台、同步电机4台、异步电机3台）、1600千瓦异步电机1台、900千瓦异步电机1台,总装机容量3.09万千瓦,设计运行容量2.52万千瓦,规划控制灌溉面积101.29万亩。

泵站主厂房保持原干湿型结构,改造后副厂房由中控室、高压室、变频室、低压室、厂变室组成。引水自红一干渠。进水池保持原侧向进水形式,设计水位1249米。前池末端保持原退水闸。出水压力管道布置为9排,每排新增电磁流量计1台。其中5排DN1400预应力钢筋混凝土管道入圆形出水塔顺接渡槽,单排长620米,渡槽长360米,出水塔设计水位1300.18米。新增3排DN1400和1排DN1600PCP管道,单排长980米,沿出水渡槽方向入新建出水池,出水口为节能型侧翻式拍门。原出水池设计水位1299.69米,新建出水池设计水位1299.72米。出水池与二干渠渐变衔接,渠长3.97千米,区间灌溉面积3.28万亩。

红寺堡二泵站新貌

红寺堡二泵站主设备技术参数表

设备名称	设备编号	型号	额定容量(kVA)	高压电压(kV)	高压电流(A)	低压电压(kV)	低压电流(A)	连接组别	短路阻抗(%)	空载损耗(kW)	冷却方式	生产厂家
变压器	1#主变	S11-31500/110	31500	110.0	165.3	10.5	1732.10	YNd11	10.74	18.100	ONAN	卧龙电气银川变压器有限公司
	2#主变	SF11-25000/110	25000	110.0	131.2	10.5	1374.70	YNd11	10.69	16.198	ONAF	卧龙电气银川变压器有限公司
	1#厂变	SC11-250/10.5	250	10.5	13.7	0.4	360.80	Dyn11	3.82	—	AN/AF	卧龙电气银川变压器有限公司
	2#厂变	SC11-250/10.5	250	10.5	13.7	0.4	360.80	Dyn11	3.83	—	AN/AF	卧龙电气银川变压器有限公司
	励磁变	ZLC-60/10	60	10.0	3.46	0.1	346.41	–	5.00	—	—	嘉兴市秀程特种变压器厂
	冬用变	SC11-80/10	80	10.0	4.62	0.4	115.50	Dyn11	3.95	—	AN/AF	卧龙电气银川变压器有限公司

设备名称	设备编号	型号	额定功率(kW)	额定电压(kV)	额定电流(A)	额定转数(r/min)	励磁电压(V)	励磁电流(A)	功率因数	绝缘等级	接线方式	生产厂家
主电动机	1#	YX630-8	900	10	61	745	—	—	0.885	F	Y	上海电气集团上海电机厂有限公司

续表

设备名称	设备编号	型号	额定功率(kW)	额定电压(kV)	额定电流(A)	额定转数(r/min)	励磁电压(V)	励磁电流(A)	功率因数	绝缘等级	接线方式	生产厂家
主电动机	3#、7#、9#	YXKS900-12	3150	10	224	497	—	—	0.840	F	Y	上海电气集团上海电机厂有限公司
	2#、5#、6#、10#	TD3150-12	3150	10	210	500	121	220	0.900	F	Y	上海电气集团上海电机厂有限公司
	4#、8#	YSBPKS900-12	3150	10	225	497	—	—	0.840	F	Y	上海电气集团上海电机厂有限公司
	11#	YXKS710-10	1600	10	116	595	—	—	0.832	F	Y	上海电气集团上海电机厂有限公司

设备名称	设备编号	空水冷却器型号	风量(m³/s)	进水量(m³/h)	工作压力(MPa)	进水温度(℃)	稀油站型号	公称流量(L/min)	公称压力(MPa)	供油温度(℃)	油箱容量(m³)	生产厂家
电动机冷却润滑装置	2#~9#	5.430.5889	150	32	0.1~0.5	<35	FLS-25	25	0.4	40±10	0.63	湖南飞翼股份有限公司
	10#	5.430.5894	80	25	0.1~0.6	<36						

设备名称	设备编号	型号	流量(m³/s)	扬程(m)	转数(r/min)	配用功率(kW)	汽蚀余量(m)	进口直径(mm)	出口直径(mm)	生产厂家
主水泵	1#	700×450DV-CH-56.5	0.92	56.5	740	900	4.3	700	450	日立泵制造(无锡)有限公司
	3#、4#、7#~9#	1200×1000DV-CH-55.5	3.65	55.5	496	3150	4.5	1200	1000	日立泵制造(无锡)有限公司
	2#、5#、6#、10#	1200×1000DV-CH-55.5	3.65	55.5	500	3150	4.5	1200	1000	日立泵制造(无锡)有限公司
	11#	900×800DV-CH-52	1.80	52.0	595	1600	3.9	900	800	日立泵制造(无锡)有限公司

设备名称	设备编号	型号	公称直径(mm)	公称压力(MPa)	电动头型号	配用功率(kW)	额定电压(V)	额定电流(A)	输出转速(r/min)	最大扭矩(N.m)	涡轮箱扭矩(N.m)	生产厂家
进水电动阀	1#	SFEX	1000	1.0	CK120	1.10	380	2.90	144	120	28000	上海冠龙阀门机械有限公司
	2#~10#	SFEX	1600	1.0	CK250	1.53	380	4.03	144	250	84000	上海冠龙阀门机械有限公司
	11#	SFEX	1200	1.0	CK120	1.10	380	2.90	144	120	52000	上海冠龙阀门机械有限公司
出水电动阀	1#	FBEX	800	1.6	SA14.2-F10	1.00	380	3.70	125	120	21000	上海冠龙阀门机械有限公司
	2#~10#	FBEX	1400	1.6	SA14.2-F14	1.80	380	5.60	180	200	90000	上海冠龙阀门机械有限公司
	11#	FBEX	1000	1.6	SA14.2-F10	1.00	380	3.70	180	100	42000	上海冠龙阀门机械有限公司

设备名称	设备编号	型号	公称直径(mm)	公称压力(MPa)	电液装置型号	电液装置公称压力(MPa)	电液装置工作介质	油箱容量(L)	生产厂家
出水液控阀	1#	Dx7pk41X-16Q	800	1.6	HYZ6300-3	16	L-HM46	270	湖北洪城通用机械有限公司
	2#~10#	Dx7pk41X-16Q	1400	1.6	HYZ6300-3	16	L-HM46	270	湖北洪城通用机械有限公司
	11#	Dx7pK41x-16Q	1000	1.6	HYZ6300-3	16	L-HM46	270	湖北洪城通用机械有限公司

(三)红寺堡三泵站

三泵站更新改造工程 2018 年 3 月完成并投入运行。由华严变电所出 110 千伏公用线路 T 接至三泵站 110 千伏变电所供电。翻建变电所，更换 31500 千伏安变压器 1 台，保留原 25000 千伏安变压器 1 台，控制计量设备改造为 GIS 设备。泵站设计流量 26.66 立方米／秒，总扬程 57.21 米，出水塔、出水池净扬程分别为 51.65 米、51.16 米，安装单级双吸卧式中开离心泵 10 台(9 大 1 小)，单机额定流量分别为 3.65 立方米／秒、1.8 立方米／秒，配套电动机功率分别为 3150 千瓦 9 台(其中异步变频电机 2 台、同步电机 4 台、异步电机 3 台)、1600 千瓦异步电机 1 台，总装机容量 3 万千瓦，设计运行容量 2.52 万千瓦，规划控制灌溉面积 98.01 万亩。

泵站主厂房保持原干湿型结构，改造后副厂房由中控室、高压室、变频室、低压室、厂变室组成。引水自二干渠。进水池保持原侧向进水形式，设计水位 1298.79 米。前池末端保留原退水闸。出水压力管道布置为 9 排，每排新增电磁流量计 1 台。其中 5 排 DN1400 预应力钢筋混凝土管道入圆形出水塔顺接渡槽，单排长 375 米，渡槽长 492 米，出水塔设计水位 1350.47 米。新增 3 排 DN1400 和 1 排 DN1600PCP 管道与出水渡槽平行入新建出水池，出水口为节能型侧翻式拍门，单排管道长 492 米。新建出水池设计水位 1349.95 米，出水池与红三干渠渐变衔接，渠长 61.91 千米，区间灌溉面积 63.02 万亩，其中自流灌溉面积 25.68 万亩，扬水支线灌溉面积 37.34 万亩。

红寺堡三泵站主设备技术参数表

设备名称	设备编号	型号	额定容量(kVA)	高压电压(kV)	高压电流(A)	低压电压(kV)	低压电流(A)	连接组别	短路阻抗(%)	空载损耗(kW)	冷却方式	生产厂家
变压器	1# 主变	S11-31500/110	31500	110.0	165.3	10.5	1732.10	YNd11	10.75	18.755	ONAN	卧龙电气银川变压器有限公司
	2# 主变	SF11-25000/110	25000	110.0	131.2	10.5	1374.60	YNd11	10.39	18.170	ONAF	卧龙电气银川变压器有限公司
	1# 厂变	SC11-250/10.5	250	10.5	13.7	0.4	360.80	Dyn11	3.83	—	AN/AF	卧龙电气银川变压器有限公司
	2# 厂变	SC11-250/10.5	250	10.5	13.7	0.4	360.80	Dyn11	3.86	—	AN/AF	卧龙电气银川变压器有限公司
	励磁变	ZLC-60/10	60	10.0	3.46	0.1	346.41	—	5.00	—		嘉兴市秀程特种变压器厂
	冬用变	SC11-80/10	80	10.0	4.62	0.4	115.50	Dyn11	3.95	—	AN/AF	卧龙电气银川变压器有限公司

续表

设备名称	设备编号	型号	额定功率(kW)	额定电压(kV)	额定电流(A)	额定转数(r/min)	励磁电压(V)	励磁电流(A)	功率因数	绝缘等级	接线方式	生产厂家
主电动机	4#、5#、9#	YXKS900-12	3150	10	224	497	—	—	0.840	F	Y	上海电气集团上海电机厂有限公司
	1#、3#、6#、7#	TD3150-12	3150	10	210	500	121	220	0.900	F	Y	上海电气集团上海电机厂有限公司
	2#、8#	YS-BPKS900-12	3150	10	225	497	—	—	0.840	F	Y	上海电气集团上海电机厂有限公司
	10#	YXKS710-10	1600	10	116	595	—	—	0.832	F	Y	上海电气集团上海电机厂有限公司

设备名称	设备编号	空水冷却器型号	风量(m³/s)	进水量(m³/h)	工作压力(MPa)	进水温度(℃)	稀油站型号	公称流量(L/min)	公称压力(MPa)	供油温度(℃)	油箱容量(L)	生产厂家
电动机冷却润滑装置	2#~9#	5.430.5889	150	32	0.1~0.5	<35	FLS-25	25	0.4	40±10	0.63	湖南飞翼股份有限公司
	10#	5.430.5894	80	25	0.1~0.6	<36						

设备名称	设备编号	型号	流量(m³/s)	扬程(m)	转数(r/min)	配用功率(kW)	汽蚀余量(m)	进口直径(mm)	出口直径(mm)	生产厂家
主水泵	2#、4#、5#、8#、9#	1200×1000DV-CH-55.5	3.65	55.5	496	3150	4.5	1200	1000	日立泵制造(无锡)有限公司
	1#、3#、6#、7#	1200×1000DV-CH-55.5	3.65	55.5	500	3150	4.5	1200	1000	日立泵制造(无锡)有限公司
	10#	900×800DV-CH-52	1.80	52.0	595	1600	3.9	900	800	日立泵制造(无锡)有限公司

设备名称	设备编号	型号	公称直径(mm)	公称压力(MPa)	电动头型号	配用功率(kW)	额定电压(V)	额定电流(A)	输出转速(r/min)	最大扭矩(N.m)	涡轮箱扭矩(N.m)	生产厂家
进水电动阀	1#~9#	SFEX	1600	1.0	CK250	1.53	380	4.03	144	250	84000	上海冠龙阀门机械有限公司
	10#	SFEX	1200	1.0	CK120	1.10	380	2.90	144	120	52000	上海冠龙阀门机械有限公司
出水电动阀	1#~9#	FBEX	1400	1.6	SA14.2-F14	1.80	380	5.60	180	200	90000	上海冠龙阀门机械有限公司
	10#	FBEX	1000	1.6	SA14.2-F10	1.00	380	3.70	180	100	42000	上海冠龙阀门机械有限公司

设备名称	设备编号	型号	公称直径(mm)	公称压力(MPa)	电液装置型号	电液装置公称压力(MPa)	电液装置工作介质	油箱容量(L)	生产厂家
出水液控阀	1#~9#	Dx7pk41X-16Q	1400	1.6	HYZ6300-3	16	L-HM46	270	湖北洪城通用机械有限公司
	10#	Dx7pK41x-16Q	1000	1.6	HYZ6300-3	16	L-HM46	270	湖北洪城通用机械有限公司

红寺堡三泵站新貌

(四)红寺堡四泵站

四泵站更新改造工程 2018 年 3 月完成并投入运行。由买河变电所出 35 千伏金庄线二泵站支线公用线路至红四泵站 35 千伏变电所供电。新建变电所 1 座,装设 16000 千伏安变压器 2 台,增设 35 千伏高压配电室。设计流量 7.74 立方米 /秒,总扬程 71.69 米,净扬程 63.12 米,安装单级双吸卧式中开离心泵 6 台,单机额定流量 1.675 立方米 /秒,配套异步电动机功率 2000 千瓦 6 台(其中异步电机 4 台,异步变频电机 2 台),总装机容量 1.2 万千瓦,设

红寺堡四泵站主设备技术参数表

设备名称	设备编号	型号	额定容量(kVA)	高压电压(kV)	高压电流(A)	低压电压(kV)	低压电流(A)	连接组别	短路阻抗(%)	空载损耗(kW)	冷却方式	生产厂家
变压器	1# 主变	S11–16000/35	16000	35.0	263.9	10.5	879.80	YNd11	8.01	11.689	ONAN	卧龙电气银川变压器有限公司
	2# 主变	S11–16000/35	16000	35.0	263.9	10.5	879.80	YNd11	8.07	11.858	ONAN	卧龙电气银川变压器有限公司
	1# 厂变	SC11–160/10.5	160	10.5	8.8	0.4	230.90	Dyn11	4.09	—	AN/AF	卧龙电气银川变压器有限公司
	2# 厂变	SC11–160/10.5	160	10.5	8.8	0.4	230.90	Dyn11	4.06	—	AN/AF	卧龙电气银川变压器有限公司
	冬用变	SC11–80/10	80	10.0	4.62	0.4	115.50	Dyn11	3.96	—	AN/AF	卧龙电气银川变压器有限公司

设备名称	设备编号	型号	额定功率(kW)	额定电压(kV)	额定电流(A)	额定转数(r/min)	功率因数	绝缘等级	接线方式	冷却风机功率(kW)	排风量(m³/h)	生产厂家
主电动机	2#、3#、5#、6#	YX710–8	2000	10	140	746	0.857	F	Y	3	—	上海电气集团上海电机厂有限公司
	1#、4#	YSBP710–8	2000	10	140	746	0.857	F	Y	3	—	上海电气集团上海电机厂有限公司

续表

设备名称	设备编号	型号	流量（m³/h）	扬程（m）	转数（r/min）	配用功率（kW）	汽蚀余量(m)	进口直径(mm)	出口直径(mm)	轴功率（kW）	效率（%）	生产厂家
主水泵	1#~6#	ASP800-940B	6030	71.6	740	2000	4	—	800	1307	90	安德里茨(中国)有限公司

设备名称	设备编号	型号	公称直径(mm)	公称压力（MPa）	电动头型号	配用功率（kW）	额定电压(V)	额定电流（A）	输出转速(r/min)	最大扭矩(N.m)	涡轮箱扭矩(N.m)	生产厂家
进水电动阀	1#~6#	SFEX	1200	1.0	CK120	1.1	380	2.9	144	120	52000	上海冠龙阀门机械有限公司
出水电动阀	1#~6#	FBEX	900	1.6	SA14.2-F14	1.0	380	3.7	125	100	42000	上海冠龙阀门机械有限公司

设备名称	设备编号	型号	公称直径(mm)	公称压力(MPa)	电液装置型号	电液装置公称压力(MPa)	电液装置工作介质	油箱容量(L)	生产厂家
出水液控阀	1#~6#	Dx7pk41X-16Q	900	1.6	HYZ1600-3	16	L-HM46	270	湖北洪城通用机械有限公司

计运行容量8000千瓦，规划控制灌溉面积达34.53万亩。

泵站主厂房保持原干湿型结构，改造后副厂房由中控室、高压室、变频室、低压室、厂变室、电容室组成，引水自红三干渠，更换清污机2台，新增二道拦污栅。原椭圆正向进水前池及进水流道拆除，新建前池为敞开式正向进水形式，前池设计水位1337.07米，前池末端左侧侧墙处布置退水闸。出水压力管道布置为3排入出水池，每排新增电磁流量计1台。保持原2排DN1400预应力钢筋混凝土管道，新增DN1400PCP管道1排，管道单排长1720米，原出水池设计水位1399.74米，新建出水池设计水位1400.19米，出水口由薄壁堰改为节能型侧翻式拍门，出水池与红四干渠渐变衔接，渠长15.06千米，区间灌溉面积4.53万亩。

红寺堡四泵站新貌

（五）红寺堡五泵站

2018 年 3 月，完成泵站重新选址新建工程并投入运行。由汪家河变电所 312 出线至红五泵站 35 千伏变电所供电。变电所装设 12500 千伏安变压器 2 台，增设 35 千伏高压配电室。泵站设计流量 6.41 立方米 / 秒，总扬程 61.88 米，出水塔和出水池净扬程分别为 53.02 米、52.97 米，安装单级双吸卧式中开离心泵 6 台（4 大 2 小），单机额定流量分别为 1.7 立方米 / 秒、0.8 立方米 / 秒，配套电动机功率为 2000 千瓦 4 台（其中异步电机 2 台，异步变频电机 2 台）、900 千瓦异步电动机 2 台，总装机容量 9800 千瓦，设计运行容量 7800 千瓦，规划控制灌溉面积达 30.47 万亩。

泵站主厂房结构为干湿型。副厂房由中控室、高压室、变频室、低压室、厂变室、电容室组成。引水自红四干渠，装设清污机 2 台。泵站前池为侧向进水形式，设计水位 1391.62 米，前池末端设溢流堰和退水闸。出水压力管道布置为 3 排，各装设电磁流量计 1 台。原 2 排 DN1400 预应力钢筋混凝土管道入原出水塔顺接渡槽，单排长 1450 米，渡槽长 435 米，出水塔设计水位 1444.64 米。新增 1 排 DN1400PCP 管道沿出水渡槽入出水池，长 2100 米。原出水池设计水位 1444.12 米，新建出水池设计水位 1444.59 米。出水口设节能侧翻式拍门。出水池与红五干渠渐变衔接，渠长 17.64 千米，区间灌溉面积 30.47 万亩。

红寺堡五泵站新貌

红寺堡五泵站主设备技术参数表

设备名称	设备编号	型号	额定容量(kVA)	高压电压(kV)	高压电流(A)	低压电压(kV)	低压电流(A)	连接组别	短路阻抗(%)	空载损耗(kW)	冷却方式	生产厂家
变压器	1# 主变	S11-12500/35	12500	35.0	206.2	10.5	687.30	YNd11	8.06	9.664	ONAN	卧龙电气银川变压器有限公司
	2# 主变	S11-12500/35	12500	35.0	206.2	10.5	687.30	YNd11	8.12	9.039	ONAN	卧龙电气银川变压器有限公司
	1# 厂变	SC11-160/10.5	160	10.5	8.8	0.4	230.90	Dyn11	4.02	—	AN/AF	卧龙电气银川变压器有限公司
	2# 厂变	SC11-160/10.5	160	10.5	8.8	0.4	230.90	Dyn11	4.14	—	AN/AF	卧龙电气银川变压器有限公司
	冬用变	SC11-80/10	80	10.0	4.62	0.4	115.50	Dyn11	3.91	—	AN/AF	卧龙电气银川变压器有限公司

设备名称	设备编号	型号	额定功率(kW)	额定电压(kV)	额定电流(A)	额定转数(r/min)	功率因数	绝缘等级	接线方式	冷却风机功率(kW)	生产厂家
主电动机	1#、4#	YX630-8	900	10	61	745	0.885	F	Y	—	上海电气集团上海电机厂有限公司
	2#、5#、6#	YX710-8	2000	10	140	746	0.857	F	Y	3	上海电气集团上海电机厂有限公司
	3#	YSBP710-8	2000	10	140	746	0.857	F	Y	3	上海电气集团上海电机厂有限公司

设备名称	设备编号	型号	流量(m³/s)	扬程(m)	转数(r/min)	配用功率(kW)	汽蚀余量(m)	进口直径(mm)	出口直径(mm)	轴功率(kW)	效率(%)	生产厂家
主水泵	1#、4#	ASP450-880R	0.75	61.4	740	900	2.5	—	450	516	87.5	安德里茨(中国)有限公司
	2#、3#、5#、6#	ASP800-940A	1.74	61.9	740	2000	4	—	800	1161	91	安德里茨(中国)有限公司

设备名称	设备编号	型号	公称直径(mm)	公称压力(MPa)	电动头型号	配用功率(kW)	额定电压(V)	额定电流(A)	输出转速(r/min)	最大扭矩(N.m)	涡轮箱扭矩(N.m)	生产厂家
进水电动阀	1#、4#	SFEX	1000	1.0	CK120	1.1	380	2.9	144	120	16000	上海冠龙阀门机械有限公司
	2#、3#、5#、6#	SFEX	1200	1.0	CK120	1.1	380	2.9	144	120	52000	上海冠龙阀门机械有限公司
出水电动阀	1#、4#	FBEX	800	1.6	SA14.2-F10	1.0	380	3.7	125	120	21000	上海冠龙阀门机械有限公司
	2#、3#、5#、6#	FBEX	1000	1.6	SA14.2-F10	1.0	380	3.7	180	100	42000	上海冠龙阀门机械有限公司

设备名称	设备编号	型号	公称直径(mm)	公称压力(MPa)	电液装置型号	电液装置公称压力(MPa)	电液装置工作介质	油箱容量(L)	生产厂家
出水液控阀	1#、4#	Dx7pk41X-16Q	800	1.6	HYZ6300-3	16	L-HM46	270	湖北洪城通用机械有限公司
	2#、3#、5#、6#	Dx7pk41X-16Q	1000	1.6	HYZ6300-3	16	L-HM46	270	湖北洪城通用机械有限公司

三、固海扩灌泵站

（一）固海扩灌一泵站

固海扩灌一泵站位于中卫市中宁县舟塔乡境内南部109国道凤塘沟处，是固海扩灌扬水工程的首级泵站，泵站自高干渠13+071.71处取水，2002年9月建成，11月投入运行。由宁夏水利水电勘测设计院设计，宁夏水利水电工程局建设，天津水利水电工程勘测设计研究院监理公司监理，宁夏水利质量监督站负责质量监督。

泵站装备机组8台（套）（5大3小），设计流量12.7立方米/秒，总扬程46.6米，净扬程44.5米，总装机容量11500千瓦，设计运行容量9200千瓦，单机流量2.78立方米/秒和1.13立方米/秒，控制灌溉面积38万亩。

在副厂房东侧设置110千伏变电所，由古大线24-25#杆T接供电，电压等级110千伏，线路全长1.35千米，变电所内装设S9-8000/110型8000千伏安变压器1台，SF9-6300/110型6300千伏安变压器1台。

厂用变电压等级6千伏，装设S9-M-125/6.3型125千伏安变压器2台。

冬季用电由古城变521管道线园艺厂支线50#杆T接供电，电压等级10千伏，装设S9-50/10.5型50千伏安变压器1台。

泵房结构为干室型，进水采用正向方式，进水池设计水位1201.4米，出水池设计水位1245.9米；主、副厂房采用重量轻、抗震性好的轻钢结构，机组呈一列式布置；出水压力管道长256米，布置2排DN1200和2排DN1600预应力钢筋混凝土压力管道；出水渡槽长768米。

固海扩灌一泵站主设备技术参数表

名称	编号	型号	厂家	额定容量（kVA）	高压电压（kV）	高压电流（A）	低压电压（kV）	低压电流（A）
主变	1#	S9-8000/110	新疆特变变压器厂	8000	110	41.99	6.3	733.14
	2#	S9-6300/110	新疆特变变压器厂	6300	110	33.07	6.3	577.35
厂变	1#~2#	S9-125/6.3	银川变压器厂	125	6.3	11.45	0.4	180.4
冬用变	1#	S9-50/10.5	银川变压器厂	50	10.5	2.75	0.4	72.2

续表

名称	编号	型号	厂家	流量（m³/s）	扬程（m）	配用功率（kW）	转速（r/min）	允许汽蚀余量(m)
主水泵	1#~5#	1200S-56A	上海凯士比水泵厂	2.80	47.5	2000	600	5.8
	6#~8#	600S47(一)	山东博山水泵厂	0.75	47.5	500	970	7.5

名称	编号	型号	厂家	额定功率（kW）	额定电压（kV）	额定电流（A）	额定转速（r/min）	接线方式
主电机	1#~5#	Y2000-10/1730	上海电机厂	2000	6	232	595	Y
	6#~8#	Y4502-6	重庆电机厂	500	6	60	990	Y

名称	编号	型号	厂家	公称通径(mm)	公称压力(MPa)
出水蝶阀	1#~5#	DX7PK41-10B	湖北沙市阀门总厂	1200	1.0
	6#~8#	DX7PK41-10B	湖北沙市阀门总厂	600	1.6

（二）固海扩灌二泵站

固海扩灌二泵站位于中卫市中宁县大战场乡境内东部野池沟处,2002年9月建成,11月投入运行。由宁夏水利水电勘测设计院设计,葛洲坝水利水电集团公司建设,天津水利水电工程勘测设计研究院监理公司监理,宁夏水利质量监督站负责质量监督。

泵站装备机组8台(套)(5大3小),设计流量12.7立方米/秒,总扬程52.08米,净扬程48.78米,总装机容量13090千瓦,设计运行容量10220千瓦,单机流量2.57立方米/秒和0.99立方米/秒,控制灌溉面积38万亩。

在副厂房西侧设置110千伏变电所,由恩大线49-50#杆T接供电,电压等级110千伏,线路全长1.05千米,变电所内装设S9-8000/110型8000千伏安变压器2台。

厂用变电压等级6千伏,装设S9-M-125/6.3型125千伏安厂用变压器2台。

冬季用电由石炭沟变524石长线39#杆T接供电,电压等级10千伏,装设S9-50/10.5型50千伏安变压器1台。

泵房结构为干室型,进水采用侧向方式,进水池设计水位1242.8米,出水池设计水位1291.58米;机组呈一列式布置;出水压力管道长281米,布置2排DN1200和2排DN1600预应力钢筋混凝土压力管道;出水渡槽长700米。

固海扩灌二泵站主设备技术参数一览表

名称	编号	型号	厂家	额定容量（kVA）	高压电压（kV）	高压电流（A）	低压电压（kV）	低压电流（A）
主变	1#	S9-8000/110	银川变压器厂	8000	110	42	6.3	733.1
	2#	S9-8000/110	天津变压器厂	8000	110	42	6.3	733.1
厂变	1#~2#	S9-125/6.3	银川变压器厂	125	6.3	11.45	0.4	180.4
冬用变	1#	S9-50/10.5	银川变压器厂	50	10.5	2.75	0.4	72.2

名称	编号	型号	厂家	流量（m³/s）	扬程（m）	配用功率（kW）	转速（r/min）	允许汽蚀余量（m）
主水泵	1#~5#	1200S-56反	兰州水泵厂	2.80	56.30	2240	600	7.5
	6#~8#	600S47（二）	山东博山水泵厂	0.75	56.50	630	970	—

名称	编号	型号	厂家	额定功率（kW）	额定电压（kV）	额定电流（A）	额定转速（r/min）	接线方式
主电机	1#~5#	Y2240-10/1730	湘潭电机厂	2240	6	255	595	2Y
	6#~8#	Y4504-6	重庆电机厂	630	6	75.3	990	Y

名称	编号	型号	厂家	公称通径（mm）	公称压力（MPa）
出水蝶阀	1#~5#	HDX7PK41-10B	吴忠仪表厂	1200	1.0
	6#~8#	HD7XT41X-10D	铁岭阀门集团公司	600	1.0

（三）固海扩灌三泵站

固海扩灌三泵站位于红寺堡区大河乡境内，2002年9月建成，11月投入运行。由宁夏水利水电勘测设计院设计，中水十一局建设，葛洲坝监理公司监理，宁夏水利质量监督站负责质量监督。

泵站装备机组8台（套）（5大3小），设计流量12.7立方米/秒，总扬程20.9米，净扬程16.81米，总装机容量4840千瓦，设计运行容量3760千瓦，单机流量2.48立方米/秒和0.76立方米/秒，控制灌溉面积38万亩。

在副厂房西侧设置110千伏变电所，由恩和变119恩六线T接供电，电压等级110千伏，线路全长2.2千米，变电所内装设S9-3150/110型31500千伏安变压器2台。

厂用变压器电压等级6千伏,装设S9-125/6.6型125千伏安厂用变压器2台。

冬季用电由石炭沟变524石长线T接供电,电压等级10千伏,装设S9-50/10.5型50千伏安变压器1台。

泵房结构为干室型,进水采用正向方式,进水池设计水位1288.48米,出水池设计水位1315.29米;机组呈一列式布置;出水压力管道长220米,布置2排DN1200和2排DN1600预应力钢筋混凝土压力管道;出水渡槽长100米。

固海扩灌三泵站主设备技术参数表

名称	编号	型号	厂家	额定容量(kVA)	高压电压(kV)	高压电流(A)	低压电压(kV)	低压电流(A)
主变	1#~2#	S9-3150/110	天津舜日变压器厂	3150	110	16.5	6.6	275.5
厂变	1#~2#	S9-125/6.6	银川变压器厂	125	6.6	10.9	0.4	180.4
冬用变	1#	S9-50/10.5	银川变压器厂	50	10.5	2.75	0.4	72.2

名称	编号	型号	厂家	流量(m³/s)	扬程(m)	配用功率(kW)	转速(r/min)	允许汽蚀余量(m)
主水泵	1#~5#	1200S-22 反	兰州水泵厂	2.80	19.50	800	500	5.8
	6#~8#	600S32B	长沙通大水泵厂	0.75	19.50	280	970	7.5

名称	编号	型号	厂家	额定功率(kW)	额定电压(kV)	额定电流(A)	额定转速(r/min)	接线方式
主电机	1#~5#	Y630-12	湘潭电机厂	800	6	102.2	495	Y
	6#~8#	Y400-6	重庆电机厂	280	6	33.3	990	Y

名称	编号	型号	厂家	公称通径(mm)	公称压力(MPa)
出水蝶阀	1#~5#	D741X-10	沃茨阀门(长沙)有限公司	1200	1.0
	6#~8#	D741X-10	天津瓦特斯阀门厂	600	1.0

(四)固海扩灌四泵站

固海扩灌四泵站位于同心县河西乡境内,2002年9月建成,11月投入运行。由宁夏水利水电勘测设计院设计,中铁十六局建设,宁夏水利水电建设监理公司监理,宁夏水利质量监督站负责质量监督。

泵站装备机组8台(套)(5大3小),设计流量12.31立方米/秒,总扬程34米,净扬程30.23米,总装机容量8200千瓦,设计运行容量6400千瓦,单机流量2.42立方米/秒和1.38立方米/秒,控制灌溉面积36.94万亩。

在副厂房南侧设置 110 千伏变电所,由恩和变 119 恩六线 T 接供电,电压等级 110 千伏,线路全长 500 米,变电所内装设 S9-5000/110 型 5000 千伏安变压器 2 台。

厂用变电压等级 6 千伏,装设 S9-125/6.3 型 125 千伏安厂用变压器 2 台。

冬季用电由唐坊变 514 石炭沟线纪家支线 4# 杆 T 接供电,电压等级 10 千伏,装设 S9-50/10.5 型 50 千伏安变压器 1 台。

泵房结构为干室型,进水采用侧向方式,进水池设计水位 1300.11 米,出水池设计水位 1330.34 米;机组呈一列式布置;出水压力管道长 281 米,布置 2 排 DN1200 和 2 排 DN1600 预应力钢筋混凝土压力管道;出水渡槽长 710 米。

固海扩灌四泵站主设备技术参数表

名称	编号	型号	厂家	额定容量（kVA）	高压电压（kV）	高压电流（A）	低压电压（kV）	低压电流（A）
主变	1#~2#	S9-5000/110	银川变压器厂	5000	110	26.2	6.3	458.2
厂变	1#~2#	S9-125/6.3	银川变压器厂	125	6.3	11.46	0.4	180.4
冬用变	1#	S9-50/10.5	银川变压器厂	50	10.5	2.75	0.4	72.2

名称	编号	型号	厂家	流量（m³/s）	扬程（m）	配用功率（kW）	转速（r/min）	允许汽蚀余量（m）
主水泵	1#~5#	1200S-32	兰州水泵厂	2.73	33.20	1400	600	5.8
	6#~8#	600S32	长沙通大水泵厂	0.75	33.50	400	980	7.5

名称	编号	型号	厂家	额定功率（kW）	额定电压（kV）	额定电流（A）	额定转速（r/min）	接线方式
主电机	1#~5#	Y1400-10/1430	沈阳电机厂	1400	6	178	595	Y
	6#~8#	Y400-6	长沙电机厂	400	6	47.1	990	Y

名称	编号	型号	厂家	公称通径（mm）	公称压力（MPa）
出水蝶阀	1#~5#	CHDC74B3X-10Q	天津瓦特斯阀门厂	1200	1.0
	6#~8#	CHDC74B3X-10Q	天津瓦特斯阀门厂	600	1.0

（五）固海扩灌五泵站

固海扩灌五泵站位于同心县河西乡境内,2002 年 9 月建成,11 月投入运行。由宁夏水利水电勘测设计院设计,中铁十八局建设,宁夏水利水电建设监理公司监理,宁夏水利质量监督站负责质量监督。

泵站装备机组 8 台(套)(5 大 3 小),设计流量 12.28 立方米 /秒,总扬程 48.54 米,净扬程 43.45 米,总装机容量 11680 千瓦,设计运行容量 9120 千瓦,单机流量 2.83 立方米 /秒和 0.82 立方米 /秒,控制灌溉面积 36.85 万亩。

在副厂房南侧设置 110 千伏变电所,由恩和变 119 恩六线 T 接供电,电压等级 110 千伏,线路全长 1.5 千米,变电所内装设 S9-8000/110 型 8000 千伏安变压器 1 台,S9-6300/110 型 6300 千伏安变压器 1 台。

厂用变电压等级 6 千伏,装设 S9-160/6.3 型 160 千伏安厂用变压器 2 台。

冬季用电由唐坊变 514 石长线李沿子移民新村线 5# 杆 T 接供电,电压等级 10 千伏,装设 S9-100/10.5 型 100 千伏安变压器 1 台。

泵房结构为干室型,进水采用正向方式,进水池设计水位 1329.36 米,出水池设计水位 1372.81 米;机组呈一列式布置;出水压力管道长 687 米,布置 2 排 DN1200 和 2 排 DN1600 预应力钢筋混凝土压力管道;出水渡槽长 520 米。

固海扩灌五泵站主设备技术参数表

名称	编号	型号	厂家	额定容量(kVA)	高压电压(kV)	高压电流(A)	低压电压(kV)	低压电流(A)
主变	1#	S9-8000/110	银川变压器厂	8000	110	42	6.3	733.1
	2#	S9-6300/110	天津舜日变压器厂	6300	110	33.1	6.3	577.4
厂变	1#~2#	S9-160/6.3	银川变压器厂	160	6.3	14.7	0.4	230.9
冬用变	1#	S9-100/10.5	银川变压器厂	100	10.5	5.5	0.4	144.3

名称	编号	型号	厂家	流量(m³/s)	扬程(m)	配用功率(kW)	转速(r/min)	允许汽蚀余量(m)
主水泵	1#~5#	1200S-56A	上海凯士比水泵厂	2.70	48.20	2000	600	—
	6#~8#	24SAP-14A	长沙通大水泵厂	0.72	48.30	560	985	6.2

名称	编号	型号	厂家	额定功率(kW)	额定电压(kV)	额定电流(A)	额定转速(r/min)	接线方式
主电机	1#~5#	Y2000-10/1730	湘潭电机厂	2000	6	229	595	Y
	6#~8#	Y4503-6	重庆电机厂	560	6	67.1	990	Y

名称	编号	型号	厂家	公称通径(mm)	公称压力(MPa)
出水蝶阀	1#~5#	KD741X-10Ve	辽宁铁岭阀门厂	1200	1.0
	6#~8#	HD7XT41-10D	铁岭阀门集团公司	600	1.0

（六）固海扩灌六泵站

固海扩灌六泵站位于同心县丁塘镇境内,2002年9月建成,11月投入运行。电力部西北设计院设计,青海水利水电工程局建设,宁夏水利水电建设监理公司监理,宁夏水利质量监督站负责质量监督。

泵站装备机组8台(套)(5大3小),设计流量11.85立方米/秒,总扬程40.2米,净扬程35.79米,总装机容量9200千瓦,设计运行容量7200千瓦,单机流量2.41立方米/秒和0.73立方米/秒,控制灌溉面积35.48万亩。

在副厂房南侧设置110千伏变电所,由恩和变119恩六线专线供电,电压等级110千伏,线路全长56.2千米,变电所内装设S9-5000/110型5000千伏安变压器1台,S9-6300/110型6300千伏安变压器1台。

厂用变电压等级6千伏,装设S9-160/6.3型160千伏安厂用变压器2台。

冬季用电由同心变519八里沟线八方支线泵站分支线37#杆T接供电,电压等级10千伏,装设S9-50/10.5型50千伏安变压器1台。

泵房结构为干室型,进水采用正向方式,进水池设计水位1368.41米,出水池设计水位1404.2米;机组呈一列式布置;出水压力管道长844米,布置2排DN1200和2排DN1600预应力钢筋混凝土压力管道。

固海扩灌六泵站主设备技术参数表

名称	编号	型号	厂家	额定容量（kVA）	高压电压（kV）	高压电流（A）	低压电压（kV）	低压电流（A）
主变	1#	S9-5000/110	银川变压器厂	5000	110	26.2	6.3	458.2
	2#	S9-6300/110	天津舜日变压器厂	6300	110	33.1	6.3	577.4
厂变	1#~2#	S9-160/6.3	银川变压器厂	160	6.3	14.7	0.4	230.9
冬用变	1#	S9-50/10.5	银川变压器厂	50	10.5	2.75	0.4	72.2

名称	编号	型号	厂家	流量（m³/s）	扬程（m）	配用功率（kW）	转速（r/min）	允许汽蚀余量（m）
主水泵	1#~3#	24SA-10J	吴忠水泵厂	0.77	38.20	400	743	6
	4#~8#	1200S-56A	上海凯士比水泵厂	2.58	40.80	1600	594	7.5

名称	编号	型号	厂家	额定功率（kW）	额定电压（kV）	额定电流（A）	额定转速（r/min）	接线方式
主电机	1#~3#	Y2500-8G	沈阳电机厂	400	6	50	743	Y
	4#~8#	Y1600-10/1730	沈阳电机厂	1600	6	181	592	Y

名称	编号	型号	厂家	公称通径（mm）	公称压力（MPa）
出水蝶阀	1#~3#	DX7PK41X-10B	湖北沙市阀门厂	700	1.0
	4#~8#	DX7PK41X-10B	湖北沙市阀门厂	1200	1.0

(七)固海扩灌七泵站

固海扩灌七泵站位于同心县王团镇境内,2003年8月建成,11月投入运行。由宁夏水利水电勘测设计院设计,河南水利水电工程局建设,甘肃监理咨询中心监理,宁夏水利质量监督站负责质量监督。

泵站装备机组7台(套)(4大3小),设计流量10.64立方米/秒,总扬程29.7米,净扬程27.32米,总装机容量5830千瓦,设计运行容量4710千瓦,单机流量2.52立方米/秒和0.87立方米/秒,控制灌溉面积31.84万亩。

在副厂房南侧设置35千伏变电所,由固海扩灌九泵站专线供电,电压等级35千伏,线路全长26.2千米,变电所内装设S9-4000/110型4000千伏安变压器2台。

厂用变电压等级6千伏,装设S9-125/6.3型125千伏安厂用变压器2台。

冬季用电由王团变514马家河湾线虎家嘴子支线T接供电,电压等级10千伏,装设S9-50/10.5型50千伏安变压器1台。

泵房结构为干室型,进水采用侧向方式,进水池设计水位1395.88米,出水池设计水位1423.2米;机组呈一列式布置;出水压力管道长431米,布置1排DN1200和3排DN1400预应力钢筋混凝土压力管道。

固海扩灌七泵站主设备技术参数表

名称	编号	型号	厂家	额定容量(kVA)	高压电压(kV)	高压电流(A)	低压电压(kV)	低压电流(A)
主变	1#~2#	S9-4000/110	银川变压器厂	4000	35	66	6.3	366.6
厂变	1#~2#	S9-125/6.3	银川变压器厂	125	6.3	11.46	0.4	180.4
冬用变	1#	S9-50/10.5	银川变压器厂	50	10.5	2.75	0.4	72.2

名称	编号	型号	厂家	流量(m³/s)	扬程(m)	配用功率(kW)	转速(r/min)	允许汽蚀余量(m)
主水泵	1#、3#、4#、6#	1200S-39A	兰州水泵厂	2.25	35	1120	500	5.5
	2#、5#、7#	24SA-18	吴忠水泵厂	0.90	32	400	960	—

名称	编号	型号	厂家	额定功率(kW)	额定电压(kV)	额定电流(A)	额定转速(r/min)	接线方式
主电机	1#、3#、4#、6#	Y1120-12/1730	湘潭电机厂	1120	6	135	494	Y
	2#、5#、7#	Y450-6	长沙电机厂	4500	6	52.3	990	Y

型号	编号	型号	厂家	公称通径(mm)	公称压力(MPa)
出水蝶阀	1#、3#、4#、6#	HDNS7BT43X-10Q	辽宁铁岭阀门厂	1200	1.0
	2#、5#、7#	D744X	吴忠仪表厂	700	1.0

（八）固海扩灌八泵站

固海扩灌八泵站位于海原县李旺镇境内,2003 年 8 月建成,11 月投入运行。由山西水利设计院设计,中铁十二局建设,宁夏兴舆建设监理公司监理,宁夏水利质量监督站负责质量监督。

泵站装备机组 7 台(套)(4 大 3 小),设计流量 10 立方米/秒,总扬程 32.5 米,净扬程 30.84 米,总装机容量 7100 千瓦,设计运行容量 5700 千瓦,单机流量 2.78 立方米/秒和 0.85 立方米/秒,控制灌溉面积 31 万亩。

在副厂房东侧设置 35 千伏变电所,由固海扩灌九泵站专线 T 接供电,电压等级 35 千伏,线路全长 1.2 千米,变电所内装设 S9-4000/110 型 4000 千伏安变压器 2 台。

厂用变电压等级 6 千伏,装设 S9-160/6.3 型 160 千伏安厂用变压器 2 台。

冬季用电由李旺变 513 韩府线李旺村分支李旺南变支线 17# 杆 T 接供电,电压等级 10 千伏,装设 S9-50/10.5 型 50 千伏安变压器 1 台。

泵房结构为干室型,进水采用正向方式,进水池设计水位 1418.86 米,出水池设计水位 1449.7 米;机组呈一列式布置;出水压力管道长 190 米,布置 1 排 DN1200 和 4 排 DN1400 预应力钢筋混凝土压力管道;出水渡槽长 600 米。

固海扩灌八泵站主设备技术参数表

名称	编号	型号	厂家	额定容量（kVA）	高压电压（kV）	高压电流（A）	低压电压（kV）	低压电流（A）
主变	1#~2#	S9-4000/110	银川变压器厂	4000	35	66	6.3	366.6
厂变	1#~2#	S9-160/6.3	银川变压器厂	160	6.3	14	0.4	230.9
冬用变	1#	SH11-50/10	宁夏电能集团	50	10.5	2.88	0.4	79.2

名称	编号	型号	厂家	流量（m³/s）	扬程（m）	配用功率（kW）	转速（r/min）	允许汽蚀余量（m）
主水泵	1#、2#、5#、7#	1200S-39C	上海凯士比水泵厂	2.60	37.50	1400	495	—
	3#、4#、6#	600S47A	山东博山水泵厂	0.90	38.70	970	960	—

名称	编号	型号	厂家	额定功率（kW）	额定电压（kV）	额定电流（A）	额定转速（r/min）	接线方式
主电机	1#、2#、5#、7#	Y710-12	沈阳电机厂	1400	6	179	495	Y
	3#、4#、6#	Y4502-6	宁夏电机厂	500	6	59.4	991	Y

型号	编号	型号	厂家	公称通径（mm）	公称压力（MPa）
出水蝶阀	1#、2#、5#、7#	KD741X-10Ve	湖南长沙阀门厂	1200	1.0
	3#、4#、6#	KD741X-10Ve	湖南长沙阀门厂	700	1.0

(九)固海扩灌九泵站

固海扩灌九泵站位于海原县李旺镇境内,2003年8月建成,11月投入运行。由山西水利设计院设计,宁夏水利水电工程局建设,宁夏兴舆建设监理公司监理,宁夏水利质量监督站负责质量监督。

泵站装备机组8台(套)(3大5小),设计流量8.5立方米/秒,总扬程63.2米,净扬程59.06米,总装机容量10570千瓦,设计运行容量9120千瓦,单机流量1.39立方米/秒和0.87立方米/秒,控制灌溉面积25.5万亩。

在副厂房西侧设置110千伏变电所,由固原南郊变1111间隔南九专线供电,电压等级110千伏,线路全长70.5千米,变电所内装设SSZ10-10000/110型三圈有载调压10000千伏安变压器1台,SSZ9-25000/110型三圈有载调压25000千伏安变压器1台。另输出35千伏电压供固海扩灌七、八泵站用电。

厂用变电压等级6千伏,装设S10-160/6.6型160千伏安厂用变压器2台。

冬季用电由李旺变513韩府线李旺村分支李旺南支线二道分支23#杆T接供电,电压等级10千伏,装设SH11-50/10型50千伏安变压器1台。

泵房结构为干室型,进水采用侧向方式,进水池设计水位1446.64米,出水池设计水位1505.7米;机组呈一列式布置;出水压力管道长345米,布置1排DN1200和3排DN1400预应力钢筋混凝土压力管道;出水渡槽长620米。

2006年3月,固海扬水工程红中湾、七营泵站整建制移交筹建处管理。4月,七营泵站与固海扩灌九干渠连通工程竣工通水,原七营泵站控制灌区由固海扩灌十泵站前池退水工程直接供水灌溉,原七营泵站退出运行。10月固海扩灌九泵站新安装的1.7立方米/秒和0.8立方米/秒的2台水泵投入运行,代替了原红中湾泵站的输水功能,原红中湾泵站退出运行。

固海扩灌九泵站主设备技术参数表

名称	编号	型号	厂家	额定容量(kVA)	高压电压(kV)	高压电流(A)	低压电压(kV)	低压电流(A)
主变	1#	SSZ10-10000/110	银川变压器厂	10000	110/38.5	52.5/150	6.3	916.4
	2#	SSZ9-25000/110	银川变压器厂	25000	110/38.5	131.2/374.9	6.3	2291.0
厂变	1#~2#	S10-160/6.6	银川变压器厂	160	6.6	14	0.4	230.9
冬用变	1#	SH11-50/10	银川电能集团	50	10.5	2.88	0.4	72.2

续表

名称	编号	型号	厂家	流量（m³/s）	扬程（m）	配用功率（kW）	转速（r/min）	允许汽蚀余量(m)
主水泵	1#、2#、4#、6#、8#	1200S-71A	上海凯士比水泵厂	2.40	61.20	2240	735	—
	3#、5#、7#	600S75B	山东博山水泵厂	0.85	61.30	800	970	—

名称	编号	型号	厂家	额定功率（kW）	额定电压（kV）	额定电流（A）	额定转速（r/min）	接线方式
主电机	1#、2#、4#、6#、8#	Y710-8	沈阳电机厂	2240	6	265	743	Y
	3#、5#、7#	Y5002-6	宁夏电机厂	800	6	93.7	992	Y

型号	编号	型号	厂家	公称通径(mm)	公称压力(MPa)
出水蝶阀	1#、2#、4#、6#、8#	KD741X-10Ve	湖南长沙阀门厂	1200	1.0
	3#、5#、7#	KD741X-10Ve	湖南长沙阀门厂	700	1.0

（十）固海扩灌十泵站

固海扩灌十泵站位于海原县七营镇境内,2003 年 8 月建成,11 月投入运行。由陕西水利设计院设计,宁夏水利水电工程局建设,宁夏水利质量监督站负责质量监督。

泵站装备机组 7 台(套)(4 大 3 小),设计流量 8.36 立方米/秒,总扬程 31.5 米,净扬程 27.52 米,总装机容量 5200 千瓦,设计运行容量 4200 千瓦,单机流量 1.62 立方米/秒和 0.91 立方米/秒,控制灌溉面积 25.08 万亩。

在副厂房西侧设置 110 千伏变电所,由固原南郊变 1111 间隔南九专线 T 接供电,电压等级 110 千伏,线路全长 1.65 千米,变电所内装设 S9-6300/110 型 6300 千伏安变压器 1 台。

厂用变电压等级 6 千伏,装设 S10-250/6.6 型量 250 千伏安厂用变压器 1 台。

冬季用电由七营变 111 线路经下套支线马堡分支 28#杆 T 接供电,电压等级 10 千伏,装设 SH11-50/10 型 50 千伏安变压器 1 台。

泵房结构为干室型,进水采用侧向方式,进水池设计水位 1502.03 米,出水池设计水位 1529.55 米;机组呈一列式布置;出水压力管道长 382 米,布置 1 排 DN1200 和 3 排 DN1400 预应力钢筋混凝土压力管道;出水渡槽长 380 米。

固海扩灌十泵站主设备技术参数表

名称	编号	型号	厂家	额定容量（kVA）	高压电压（kV）	高压电流（A）	低压电压（kV）	低压电流（A）
主变	1#	S9-6300/110	天津舜日变压器厂	6300	110	33.1	6.3	577.4
厂变	1#	S10-250/6.6	银川电能集团	160	6.6	14	0.4	230.9
冬用变	1#	SH11-50/10	银川电能集团	50	10.5	2.88	0.4	72.2

名称	编号	型号	厂家	流量（m³/s）	扬程（m）	配用功率（kW）	转速（r/min）	允许汽蚀余量(m)
主水泵	1#、2#、4#、6#	1200S-39（一）	上海凯士比水泵厂	2.25	30	1000	495	—
	3#、5#、7#	24SA-18	山东博山水泵厂	0.85	30	400	960	—

名称	编号	型号	厂家	额定功率（kW）	额定电压（kV）	额定电流（A）	额定转速（r/min）	接线方式
主电机	1#、2#、4#、6#	Y6304-12	宁夏电机厂	1000	6	129	497	Y
	3#、5#、7#	Y4005-6	宁夏电机厂	400	6	49.3	988	Y

型号	编号	型号	厂家	公称通径(mm)	公称压力(MPa)
出水蝶阀	1#、2#、4#、6#	KD741X-10Ve	湖南长沙阀门厂	1200	1.0
	3#、5#、7#	KD741X-10Ve	湖南长沙阀门厂	700	1.0

（十一）固海扩灌十一泵站

固海扩灌十一泵站位于海原县三河镇境内，2003年8月建成，11月投入运行。由陕西水利设计院设计，中水十一局建设，甘肃引大建设监理公司监理，宁夏水利质量监督站负责质量监督。

泵站装备机组6台（套）（5大1小），设计流量5.86立方米/秒，总扬程36米，净扬程32.44米，总装机容量6880千瓦，设计运行容量4080千瓦，单机流量1.75立方米/秒和0.56立方米/秒，控制灌溉面积17.58万亩。

在副厂房西侧设置110千伏变电所，由固原南郊变1111间隔南九专线T接供电，电压等级110千伏，线路全长350米，变电所内装设S9-6300/110型6300千伏安变压器1台。

厂用变电压等级6千伏，装设S10-250/6.6型250千伏安厂用变压器1台。

冬季用电由七营变111线路经张堡分支39#杆T供电，电压等级10千伏，装设SH11-50/10型50千伏安变压器1台。

泵房结构为干室型，进水采用侧向方式，进水池设计水位1527.71米，出水池设计水位1560.2米；机组呈一列式布置；出水压力管道长285米，布置2排DN1200和1排DN1400预应力钢筋混凝土压力管道；出水渡槽长400米。

固海扩灌十一泵站主设备技术参数表

名称	编号	型号	厂家	额定容量（kVA）	高压电压（kV）	高压电流（A）	低压电压（kV）	低压电流（A）
主变	1#	S9-6300/110	天津舜日变压器厂	6300	110	33.1	6.3	577.4
厂变	1#	S10-250/6.6	银川电能集团	250	6.6	14	0.4	360.8
冬用变	1#	SH11-50/10	银川电能集团	50	10.5	2.88	0.4	72.2

名称	编号	型号	厂家	流量（m³/s）	扬程（m）	配用功率（kW）	转速（r/min）	允许汽蚀余量(m)
主水泵	1#	500S35	山东博山水泵厂	0.56	35.00	280	970	—
	2#~4#	32SA-10D	山东博山水泵厂	1.75	40.50	1000	590	—
	5#、6#	SLOW600-860I	上海连成水泵厂	0.77~1.54	105~83		980	8.5

名称	编号	型号	厂家	额定功率（kW）	额定电压（kV）	额定电流（A）	额定转速（r/min）	接线方式
主电机	1#	Y4002-6	宁夏电机厂	280	6	34.7	989	Y
	2#~4#	Y6301-10	宁夏电机厂	1000	6	124.3	596	Y
	5#、6#	Y630-6	上海电机厂	1800	6	208.4	995	Y

型号	编号	型号	厂家	公称通径(mm)	公称压力(MPa)
出水蝶阀	1#	KD741X-10Ve	湖南长沙阀门厂	600	1.0
	2#~4#	KD741X-10Ve	湖南长沙阀门厂	1000	1.0
	5#、6#	D943X-10	湖南长沙阀门厂	1000	1.6

（十二）固海扩灌十二泵站

固海扩灌十二泵站位于海原县三河镇境内,2003年8月建成,11月投入运行。由宁夏水利水电勘测设计院设计,中水二局建设,甘肃引大建设监理公司监理,宁夏水利质量监督站负责质量监督。

泵站装备机组6台(套)(4大2小),设计流量2.96立方米/秒,总扬程35米,净扬程31.24米,总装机容量2680千瓦,设计运行容量1900千瓦,单机流量1.06立方米/秒和0.56立方米/秒,控制灌溉面积8.92万亩。

在副厂房东侧设置35千伏变电所,由三营变3512间隔三杨专线供电,电压等级35千伏,线路全长16.6千米,变电所内装设S9-M-3150/35型3150千伏安变压器1台。

厂用变电压等级6千伏,装设S10-125/6.6型125千伏安厂用变压器1台。

冬季用电由三杨专线供电,电压等级35千伏,装设S9-50/38.5型50千伏安变压器1台。

泵房结构为干室型,进水采用正向方式,进水池设计水位1555.06米,出水池设计水位1586.3米;机组呈一列式布置;出水压力管道长350米,布置2排DN1000预应力钢筋混凝土压力管道。

固海扩灌十二泵站主设备技术参数表

名称	编号	型号	厂家	额定容量(kVA)	高压电压(kV)	高压电流(A)	低压电压(kV)	低压电流(A)
主变	1#	S9-M-3150/35	银川变压器厂	3150	35	52	6.3	288.7
厂变	1#	S10-125/6.6	银川变压器厂	125	6.6	10.93	0.4	180.4
冬用变	1#	S9-50/38.5	银川变压器厂	50	38.5	0.75	0.4	72.2

名称	编号	型号	厂家	流量(m³/s)	扬程(m)	配用功率(kW)	转速(r/min)	允许汽蚀余量(m)
主水泵	1#、6#	16SAP-9I	山东博山水泵厂	0.38	35.80	220	980	—
	2#~5#	800S76B	山东博山水泵厂	1.05	35.80	560	585	—

名称	编号	型号	厂家	额定功率(kW)	额定电压(kV)	额定电流(A)	额定转速(r/min)	接线方式
主电机	1#、6#	Y355 5-6	宁夏电机厂	220	6	27.1	987	Y
	2#~5#	Y500 4-10	宁夏电机厂	560	6	69.1	592	Y

型号	编号	型号	厂家	公称通径(mm)	公称压力(MPa)
出水蝶阀	1#、6#	KD741X-10Ve	湖南长沙阀门厂	500	1.0
	2#~5#	KD741X-10Ve	湖南长沙阀门厂	800	1.0

第三节 渠道工程

一、红寺堡扬水渠道

(一)红寺堡一泵站引渠

引渠口位于高干渠 19 + 408 处,建成于 1998 年,设计引水流量 25 立方米 /秒,全长 980 米。引渠采用宽浅式梯形断面,混凝土板砌护,比降 1∶8000,渠道底宽 4.5 米,开口 15.9 米, 渠深 4.4 米,边坡 1∶1.5。布置建筑物 3 座,其中渠涵 1 座,生产桥 1 座,过管道桥 1 座。

(二)红寺堡一干渠

一干渠建成于 1998 年,起点为红寺堡一泵站(红山口)出水池,渠线沿烟筒山北麓向东 跨张小头沟到红寺堡二泵站(九座坟)前池,设计流量 25 立方米 /秒,全长 3.8 千米。梯形断 面,混凝土板砌护,比降 1∶8000,开口宽 16.6 米,渠底宽 3.5 米,渠深 4.2 米,边坡 1∶1.5。布 置各类建筑物 13 座,其中渡槽 1 座,涵洞 9 座,排洪槽 1 座,生产桥 1 座,干渠直开口 1 座。 控制灌溉面积 0.11 万亩,设计配水流量 0.1 立方米 /秒。

(三)红寺堡二干渠

二干渠接红寺堡二泵站出水渡槽,建成于 1998 年,设计流量 25 立方米 /秒,渠线向东沿 烟筒山北坡,过轴子沟、榆树沟,到行家窑红寺堡三泵站前池,全长 3.97 千米,梯形断面,混凝 土板砌护,比降 1∶8000,开口宽 16.1 米,渠底宽 3.5 米,渠深 3.8 米,边坡 1∶1.5。布置各类建 筑物 21 座,其中渠涵 2 座,涵洞 6 座,排洪槽 3 座,溢流堰 1 座,退水闸 1 座,生产桥 2 座,干渠 直开口 6 座。控制灌溉面积 2.18 万亩,设计配水流量 1.04 立方米 /秒。

(四)红寺堡三干渠

三干渠接红寺堡三泵站出水渡槽,前段 22 千米建成于 1998 年,后半段 40 千米建成于 1999 年,设计流量 23.96 立方米 /秒,渠线向东经红崖,过碱井子沟至梨华尖折向东北,跨洪 沟至红寺堡折向东,经大墩坑、茅头墩庄、水套至金庄子红寺堡四泵站前池,全长 62 千米,布 置各类建筑物 162 座,其中渡槽 17 座,总长 3588 米,涵洞 32 座,排洪槽 8 座,退水闸 5 座, 节制闸 6 座,分水闸 3 座,生产桥 39 座,干渠直开口 52 座。三干渠控制灌溉面积 60.3 万亩,其中扬水支线 25.5 万亩,干渠灌溉 34.8 万亩,设计配水流量 20.8 立方米 /秒。红三干渠渠线长,沿途地质、地形条件复杂,因此断面形式多变,共有 9 种断面。

红寺堡三干渠各段断面参数表

名称	分段桩号	设计流量 (m³/s)	设计水深 (m)	断面尺寸(m)				渠道比降
				渠底	渠深	开口宽	渠坡	
红三干渠	0 + 000~1 + 880	23.96	3.07	3.30	4.10	15.60	7.03	1/8000
红三干渠	1 + 880~14 + 329	22.67	3.06	3.00	4.10	15.30	7.03	1/8000
红三干渠	14 + 329~22 + 900	23.76	3.05	2.70	3.48	15.00	7.07	1/8000
红三干渠	22 + 950~35 + 616	14.68	2.57	2.00	3.40	12.20	6.98	1/8000
红三干渠	35 + 616~47 + 960	11.78	2.37	1.80	3.20	11.40	6.54	1/8000
红三干渠	47 + 960~56 + 610	9.06	2.07	1.60	2.80	10.00	5.05	1/8000
红三干渠	56 + 610~57 + 594	9.06	2.07	2.50	2.80	8.10	3.96	1/8000
红三干渠	57 + 594~58 + 430	9.06	2.07	1.60	2.80	10.00	5.05	1/8000
红三干渠	58 + 450~62 + 000	6.90	1.85	1.20	2.50	9.70	3.35	1/8000

(五)红寺堡四干渠

四干渠接红寺堡四泵站出水渡槽,建成于 2005 年,设计流量 4.19 立方米 /秒,全长 14.8 千米,弧形底梯形断面,混凝土板砌护,比降 1∶2500,开口宽 7.36 米,弧形底半径 1.5 米,角度 66° 22′ 48″,渠深 2.15 米,梯形段边坡 1∶1.5。布置各类建筑物 61 座,其中渡槽 10 座,总长 2068 米,渠涵 4 座,涵洞 6 座,退水闸 2 座,生产桥 21 座,溢流堰 3 座,干渠直开口 12 座,节制闸 2 座,分水闸 1 座,入水口 1 座。四干渠控制灌溉面积 3.4 万亩,设计配水流量 1.13 立方米 /秒。

(六)红寺堡五干渠

五干渠接红寺堡五泵站出水渡槽,建成于 2005 年,设计流量 3.06 立方米 /秒。五干渠沿罗山东侧向南,经蔡庄子、周新庄,到上垣折向东,止于韦下公路,全长 17.44 千米。弧形底梯形断面,混凝土板砌护,比降 1∶2500,开口宽 6.6 米,弧形底半径 1 米,角度 67° 22′ 48″,渠深 2 米,梯形段边坡 1∶1.5。布置各类建筑物 62 座,其中渡槽 5 座,总长 1115 米,渠涵 4 座,涵洞 3 座,退水闸 3 座,分水闸 4 座,节制闸 6 座,入水口 1 座,溢流堰 2 座,生产桥 23 座,干渠直开口 11 座。五干渠控制灌溉面积 9.2 万亩,设计配水流量 3.06 立方米 /秒。

(七)新圈一支干渠

新圈一支干渠接新圈一泵站出水压力管道,建成于 2000 年,设计引水流量 1.12 立方米 /秒,全长 2.97 千米,控制灌溉面积 0.72 万亩。梯形断面,混凝土板砌护,比降 1∶1500,开口宽

3.56 米,渠底宽 0.2 米,渠深 1.1 米,边坡 1∶1.5。布置各类建筑物 16 座,其中渡槽 1 座,渠涵 2 座,涵洞 3 座,排洪槽 2 座,节制闸 1 座,退水闸 1 座,生产桥 2 座,干渠直开口 4 座。

(八)新圈二支干渠

新圈二支干渠接新圈二泵站出水压力管道,建成于 2000 年,设计引水流量 0.86 立方米 / 秒,全长 11.8 千米,控制灌溉面积 2.65 万亩。梯形断面,混凝土板砌护,比降 1∶1500,开口宽 3.56 米,渠底宽 0.2 米,渠深 1.1 米,边坡 1∶1.5。新圈二支干渠建成后交由红寺堡区水务局管理。

(九)新庄集一支干渠

新庄集一支干渠接新庄集一泵站出水渡槽,建成于 2000 年,设计引水流量 6.22 立方米 / 秒,全长 4.13 千米。梯形断面,混凝土板砌护,比降 1∶4000,开口宽 7.5 米,渠底宽 0.84 米,渠深 2.2 米,边坡 1∶1.5。布置各类建筑物 17 座,其中渡槽 4 座,分水闸 2 座,退水闸 1 座,溢流堰 1 座,生产桥 4 座,直开口 5 座。新庄集一支干渠控制灌溉面积 6.12 万亩,设计配水流量 2.03 立方米 /秒。

(十)新庄集二支干渠

新庄集二支干渠接新庄集二泵站出水渡槽,建成于 2000 年,设计引水流量 4.19 立方米 / 秒,全长 1.23 千米。梯形断面,混凝土板砌护,比降 1∶1500,开口宽 5.94 米,渠底宽 0.54 米,渠深 1.8 米,边坡 1∶1.5。布置各类建筑物 6 座,其中生产桥 1 座,直开口 2 座,节制闸 1 座,分水闸 1 座。新庄集二支干渠控制灌溉面积 3.15 万亩,设计配水流量 1.05 立方米 /秒。

(十一)新庄集三支干渠

新庄集三支干渠接新庄集三泵站出水渡槽,建成于 2000 年,设计引水流量 3.14 立方米 / 秒,全长 1.5 千米。梯形断面,混凝土板砌护,比降 1∶1500,开口宽 4.5 米,渠底宽 0.54 米,渠深 1.7 米,边坡 1∶1.16。布置各类建筑物 13 座,其中渡槽 2 座,生产桥 2 座,直开口 3 座,节制闸 1 座,分水闸 2 座,退水闸 1 座,溢流堰 1 座,入水口 1 座。新庄集三支干渠控制灌溉面积 4.01 万亩,设计配水流量 1.34 立方米 /秒。

新庄集四泵站高低出口渠道于 2000 年建成,交由红寺堡区水务局管理。

(十二)海子塘一泵站引渠

海子塘一泵站引渠在红三干渠 35＋592 处开口,建成于 2001 年,设计引水流量 1.15 立方米 /秒,全长 3.23 千米。梯形断面,混凝土板砌护,比降 1∶1500,开口宽 3.38 米,渠底宽 0.5 米,渠深 1.20 米,边坡 1∶1.2。引渠主要为海子塘一泵站供水。

2011 年对海子塘引渠进行改造,在原有断面上增加渠道砌护高度,改造后设计引水流量 1.6 立方米/秒,开口宽 5.78 米,渠底宽 0.5 米,渠深 2.20 米,边坡 1:1.2。渠道布置建筑物 8 座,其中节制闸 1 座,退水闸 1 座,溢流堰 1 座,分水闸 1 座,公路涵 1 座,直开口 3 座。

(十三)海子塘一支干渠

海子塘一支干渠接海子塘一泵站压力管道,建成于 2001 年,设计流量 1.15 立方米/秒,全长 1.22 千米。梯形断面,混凝土板砌护,比降 1:1500,开口宽 3.38 米,渠底宽 0.5 米,渠深 1.2 米,边坡 1:1.2。布置各类建筑物 7 座,其中直开口 3 座,节制闸 2 座,引渠分水闸 1 座,路涵 1 座。海子塘一支干渠控制灌溉面积 1.24 万亩,设计配水流量 0.41 立方米/秒。

(十四)海子塘二支干渠

海子塘二支干渠接海子塘二泵站压力管道,建成于 2001 年,设计流量 0.74 立方米/秒,全长 8.11 千米。梯形断面,混凝土板砌护,比降 1:1500,开口宽 3.04 米,渠底宽 0.4 米,渠深 1.1 米,边坡 1:1.2。布置各类建筑物 15 座,其中直开口 9 座,生产桥 5 座,退水闸 1 座。海子塘二支干渠控制灌溉面积 2.21 万亩,设计配水流量 0.74 立方米/秒。

二、红寺堡扬水渠道建筑物

(一)压力管道

红寺堡扬水系统压力管道基本情况统计

泵站名称	排数	排号	直径(m)	单排长度(m)	并管形式
黄河泵站	4	第 1 排	1.8	290	1# 单机单管
		第 2~4 排	2.4		2#~7# 两机并管
红一泵站	9	第 1~8 排	1.4	609	1#~8# 单机单管
		第 9 排	1.6		9#、10# 两机并管
红二泵站	9	第 1、9 排	1.6	660	1#、2#、10#、11# 两机并管
		第 2~8 排	1.4		3#~9# 单机单管
红三泵站	9	第 1~8 排	1.4	307	1#~8# 单机单管
		第 9 排	1.6		9#、10# 两机并管
红四泵站	2	第 1 排	1.4	1700	1#~3# 三机一管
		第 2 排			4#~6# 三机一管
红五泵站	2	第 1 排	1.2	1441	1#~3# 三机一管
		第 2 排			4#~6# 三机一管
新圈一泵站	1	第 1 排	1	301	1#~4# 四机一管

续表

泵站名称	排数	排号	直径(m)	单排长度(m)	并管形式
新圈二泵站	1	第1排	1	660	1#~4# 四机一管
新庄集一泵站	2	第1排	1.6	573	1#~3# 三机一管
		第2排	1.4		4#~6# 三机一管
新庄集二泵站	2	第1排	1.2	86	1#~2# 二机一管
		第2排			3#~5# 三机一管
新庄集三泵站	2	第1排	1.2	1022	1#~3# 三机一管
		第2排			4#~6# 三机一管
新庄集四泵站低口	1	第1排	0.8	2270	1#~3# 低口并管
新庄集四泵站高口	1	第2排	1	3733	4#~6# 高口并管
海子塘一泵站	1	第1排	1	780	1#~4# 四机一管
海子塘二泵站	1	第1排	0.8	606	1#~3# 三机一管

(二)进水闸

截至 2017 年年底,红寺堡扬水工程共有进水闸 10 座。

进水闸基本情况统计表

序号	名称	桩号	闸板尺寸(m)	孔数(孔)	启闭机类型及型号	闸门类型	建设年代
1	黄河泵站进水闸	黄河	6×4.6	7	MQ20/5 吊钩式起重机	平板钢闸门	2000 年
2	红一泵站引渠进水闸	高干渠19+408	4×2	3	手电动螺杆式启闭机	平板钢闸门	1998 年
3	红四泵站前池进水闸	红三干渠 62+100	2.13×2.10	2	手电动螺杆式启闭机	平板铸铁闸门	2005 年
4	红五泵站前池进水闸	红四干渠 16+692	1.9×1.1	2	手电动螺杆式启闭机	平板铸铁闸门	2005 年
5	红五干渠红城水进水闸	红五干渠 13+532	1.04×1.06	1	手电动螺杆式启闭机	平板铸铁闸门	2005 年
6	红五干渠下马关进水闸	红五干渠 17+997	1.3×1.7	1	手电动螺杆式启闭机	平板铸铁闸门	2005 年
7	新庄集一泵站前池进水闸	红三干渠 23+600	2×2.5	6	手电动螺杆式启闭机	平板铸铁闸门	2000 年
8	新庄集二泵站前池进水闸	新庄集一支干渠 4+130	1.9×2.2	2	手电动螺杆式启闭机	平板铸铁闸门	2000 年
9	新庄集三泵站前池进水闸	新庄集二支干渠 1+200	1.9×2.2	2	手电动螺杆式启闭机	平板铸铁闸门	2000 年
10	新庄集四泵站前池进水闸	新庄集三支干渠 1+502	1.7×1.3	2	手电动螺杆式启闭机	平板铸铁闸门	2000 年

（三）节制闸

截至 2017 年年底,红寺堡扬水工程共有节制闸 23 座。

节制闸基本情况统计表

序号	名称	桩号	设计流量（m³/s）	闸板尺寸（m）	孔数（孔）	启闭机类型及型号	闸门类型
1	水源引渠节制闸	2+118	30	3×3.6	2	12TLQD 型手电两用启闭机	平板铸铁闸门
2	新圈节制闸	1+950	25	3.6×3.6/ 3×3.15	2	手电两用启闭机	平板铸铁闸门
3	节灌站节制闸	9+488	25	2.5×3.2	2	手摇启闭机 LQC-8T	铸铁闸板
4	23 公里节制闸	22+948	23.76	2.80×2.23	2	手电两用启闭机	平板铸铁闸门
5	洪沟节制闸	31+550	11.78	2×2.5	2	手电两用启闭机	平板铸铁闸门
6	36 公里节制闸	35+616	11.78	2.5×3	2	手摇启闭机 LQC-8T	平板铸铁闸门
7	48 公里节制闸	47+850	9.06	2.5×3	2	手摇启闭机 LQC-8T	平板铸铁闸门
8	红四干渠 10 公里节制闸	10+210	4.19	2.5×2	1	手摇启闭机 LQD-8T	平板铸铁闸门
9	红五干渠 13 公里节制闸	13+100	3.06	2.1×2.1	1	螺杆式	平板铸铁闸门
10	红五干渠红城水节制闸	13+550	3.06	2.56×1.70	1	螺杆式	平板铸铁闸门
11	下马关一泵站节制闸	16+240	1.26	2.5×1.6	1	手电两用启闭机	平板铸铁闸门
12	红五干渠下马关节制闸	18+000	1.26	2.58×1.60	1	螺杆式	平板铸铁闸门
13	红五干渠 19 公里节制闸	19+660	0.75	2.11×1.92	1	螺杆式	平板铸铁闸门
14	新庄集一支干渠分水闸	3+900	3.18	1.5×2	1	手动启闭机	平板铸铁闸门
15	新庄集二支干渠分水闸	0+395	4.19	1.9×2.2	1	手动启闭机	平板铸铁闸门
16	新庄集二干渠节制闸	0+412	3.19	1.9×2.2	1	手动启闭机	平板铸铁闸门
17	新庄集三干渠节制闸	1+502	2.18	1.7×1.3	1	手动启闭机	平板铸铁闸门
18	新圈二泵站前池节制闸	—	2.2	1.5×1.5	1	LQ 手电两用启闭机 3T	平板铸铁闸门
19	鲁家窑泵站节制闸	2+920	2	1.5×1.8	1	手电两用启闭机	平板铸铁闸门
20	海子塘一干渠分水闸	1+133	0.44	0.6×0.6	1	启闭机 1T	HZFP 铸铁闸板
21	海子塘一干渠节制闸	1+141	1.15	1×1	1	启闭机 1T	HZFP 铸铁闸板
22	海子塘二干渠 1# 节制闸	4+165	0.74	1×1	1	启闭机 1T	HZFP 铸铁闸板
23	海子塘二干渠 2# 节制闸	6+805	0.74	1×1	1	启闭机 1T	HZFP 铸铁闸板

(四)退水闸

截至 2017 年年底,红寺堡扬水工程共有退水闸 21 座。

退水闸统计表

序号	名称	桩号	设计流量(m³/s)	闸板尺寸(m)	孔数(孔)	启闭机类型及型号	闸门类型
1	红一泵站前池退水闸	—	25	2×1.5	1	手电动启闭机	平面铸铁闸板
2	红二泵站前池退水闸	—	25	2×1.5	1	手电动启闭机	平面铸铁闸板
3	红三泵站前池退水闸	—	25	1.7×1.7	1	手电动启闭机	平面铸铁闸板
4	红二干渠退水闸	3+798	12.50	3.3×3.5	1	手动启闭机	平面铸铁闸板
5	红三干10km退水闸	9+459	11.58	3.3×3.5	1	手电两用启闭机	平面铸铁闸板
6	新庄集退水闸	22+789	23.76	3.65×3.14	1	手电动启闭机	平面铸铁闸板
7	洪沟退水闸	29+686	21.36	2.5×2.6	1	手动启闭机	平面铸铁闸板
8	野池沟退水闸	47+196	11.78	2.5×2.6	1	手动启闭机	平面铸铁闸板
9	大水沟退水闸	56+435	9.06	2.5×2.1	1	手动启闭机	平面铸铁闸板
10	四泵站退水闸	61+839	6.87	2.8×2.1	1	手动启闭机	平面铸铁闸板
11	红四干10公里退水闸	10+210	2.67	1.5×1.5	1	手动启闭机 5T	铸铁闸板
12	红五泵站退水闸	16+672	—	2.1×1.6	1	手动启闭机	平面铸铁闸板
13	红五干渠8公里处退水闸	8+185	1.83	1×1	1	LQC 型 5T 启闭机	HZFN-2 型铸铁闸板
14	红五干13公里退水闸	13+095	1.83	1×1	1	手轮启闭机	铸铁闸板
15	红五干19公里退水闸	19+660	3.06	1.8×2	1	手动启闭机 5T	铸铁闸板
16	庄一干退水闸	3+315	2.10	1.5×2	1	手动启闭机 5T	平面铸铁闸板
17	庄二支干渠退水闸	0+455	1.64	1.2×1.2	1	手动	平面弧形闸门
18	庄三干渠退水闸	0+970	2.20	1.2×1.6	1	手动	平面弧形闸门
19	新圈一干渠退水闸	3+350	1.12	0.80×0.85	1	手动启闭机	平面铸铁闸板
20	海子塘引渠退水闸	2+050	1.50	1×1.2	1	手动	平面弧形闸门
21	海二干渠尾端退水闸	8+100	0.37	0.6×0.6	1	手动启闭机	HZFP 铸铁闸板

(五)渡槽

截至 2017 年年底,红寺堡扬水工程共有渡槽 43 座,其中:出水渡槽 7 座,分别是黄河泵站、红寺堡二泵站、红寺堡三泵站、红寺堡五泵站、新庄集一泵站、新庄集二泵站和新庄集三泵站出水渡槽,其他 36 座均为输水渡槽,其中红寺堡一干渠 1 座,红寺堡三干渠 16 座,红寺堡四干渠 10 座,红寺堡五干渠 4 座,新庄集一支干渠 3 座,新庄集三支干渠 1 座,新圈一支干渠 1 座。

渡槽基本情况统计表

序号	名称	设计流量(m³/s)	设计水深(m)	进口桩号	出口桩号	渡槽长度(m)	进口交通桥(m)	出口交通桥(m)	进口渐变段(m)	出口渐变段(m)	槽壳形式	槽壳壁厚(cm)	槽壳底厚(cm)	槽壳尺寸(m)	主要支承形式	槽壳节数(节)	比降
1	黄河泵站出水渡槽	30	2.51	0+000	0+286	183	—	1.8	—	25	矩形	20	20	L=4.5/12 B=5 H=3.35	拱/排架	7/22	1/1200
2	红一干渠张小头沟渡槽	25	3.07	1+620	1+700	65	2	2	20	27	矩形	20	20	L=13 B=4 H=3.6	重力墩	5	1/1500
3	红二泵站出水渡槽	25.21	2.77	—	0+000	372	—	1.5	15	25	矩形	15	15	L=12 B=4 H=3.4	排架	31	1/1500
4	红二泵站出水渡槽	24.46	2.70	—	0+000	492	—	1.5	—	35	矩形	15	15	L=12 B=4 H=3.4	重力墩/排架	41	1/1500
5	红三干渠下麻黄渡槽	22.67	3.17	9+885	10+082	158	2	2	26	20	矩形	20	20	L=13 B=4 H=3.4	排架	12	1/1500
6	红三干渠上麻黄渡槽	22.67	2.66	10+980	11+313	277	2	2	15	20	矩形	20	20	L1=13 L2=40 B=4 H=3.4	排架/拱式	9/4	1/1500
7	红三干渠常家峁渡槽	21.36	2.66	16+489	16+686	147	2	2	15	20	矩形	20	20	L=13 B=4 H=3.4	排架	11	1/1500
8	红三干渠蛇腰沟渡槽	21.36	2.66	17+983	18+110	52	2	2	20	27	矩形	20	20	L=13 B=4 H=3.4	排架	4	1/1500
9	红三干渠碱井沟渡槽	21.36	2.66	21+740	21+937	143	2	2	20	27	矩形	20	20	L=13 B=4 H=3.4	支墩	11	1/1500
10	红三干渠独疙瘩渡槽	14.68	2.31	24+269	24+403	144	2	2	12	18	U形	15	30	L=12 R=2 H=3.1	排架	12	1/1500
11	红三干渠兰家圈渡槽	14.68	2.31	25+487	25+559	72	2	2	10	16	U形	15	30	L=12 R=2 H=3.1	排架	6	1/1500
12	红三干渠洪沟渡槽	14.68	2.22	30+282	30+486	220.5	1.2	1.2	15.05	20.05	矩形	40	40	L=12/4.5 B=3.6 H=3.05	排架/拱助	6/33	1/1500
13	红三干渠鸭爪子沟渡槽	11.78	2.16	43+867	43+975	108	2	2	12	18	U形	10	28	L=12 R=1.8 H=2.9	排架	9	1/1500
14	红三干渠茅头墩渡槽	11.78	2.16	45+988	46+132	144	2	2	12	18	U形	10	28	L=12 R=1.8 H=2.9	排架/支墩	12	1/1500
15	红三干渠大水沟渡槽	9.06	1.98	56+468	56+608	140	2	2	10	12.3	U形	14	25	L=10 R=1.6 H=2.45	排架	14	1/1500
16	红三干渠12#渡槽	9.06	1.98	57+149	57+259	110	2	2	10	14	U形	14	25	L=10 R=1.6 H=2.45	排架	11	1/1500
17	红三干渠13#渡槽	9.06	1.98	57+594	57+704	110	2	2	10	14	U形	14	25	L=10 R=1.6 H=2.45	排架	11	1/1500
18	红三干渠14#渡槽	9.06	1.98	58+109	58+289	180	2	2	10	12.3	U形	14	25	L=10 R=1.6 H=2.45	排架	18	1/1500
19	红三干渠15#渡槽	6.90	1.74	59+390	59+590	190	2	2	10	14	U形	12	25	L=10 R=1.5 H=2.25	排架	19	1/1500
20	红三干渠通山沟渡槽	6.9	1.74	60+330	60+630	300	2	2	10	14	U形	12	25	L=10 R=1.5 H=2.25	排架	30	1/1500
21	红四干1#渡槽	4.19	1.162	4+210	4+466	252	2	2	13	15	矩形	25	25	L=14 B=2.3 H=2.3	排架/井柱	18	1/1500
22	红四干渠2#渡槽	4.19	1.162	5+927	6+045	140	2	2	13	15	矩形	25	25	L=14 B=2.3 H=2.3	排架/井柱	10	1/1500

续表

序号	名称	设计流量（m³/s）	设计水深（m）	进口桩号	出口桩号	渡槽长度（m）	进口交通桥（m）	出口交通桥（m）	进口渐变段（m）	出口渐变段（m）	槽壳形式	槽壳壁厚（cm）	槽壳底厚（cm）	槽壳尺寸（m）	主要支承形式	槽壳节数（节）	比降
23	红四干渠3#渡槽	4.19	1.16	7+242	7+303	60	2	2	13	15	矩形	25	25	L=14 B=2.3 H=2.3	排架/井柱	5	1/1500
24	红四干渠4#渡槽	4.19	1.16	7+466	7+568	112	2	2	13	15	矩形	25	25	L=14 B=2.3 H=2.3	排架/井柱	8	1/1500
25	红四干渠5#渡槽	4.19	1.16	8+715	8+957	238	2	2	13	15	矩形	25	25	L=14 B=2.3 H=2.3	排架/井柱	17	1/1500
26	红四干渠6#渡槽	4.19	1.16	9+800	10+012	196	2	2	13	15	矩形	25	25	L=14 B=2.3 H=2.3	排架/井柱	14	1/1500
27	红四干渠7#渡槽	4.19	1.16	10+263	10+463	210	2	2	13	15	矩形	25	25	L=14 B=2.3 H=2.3	排架/井柱	15	1/1500
28	红四干渠8#渡槽	4.19	1.40	11+600	11+748	148	2	2	13	15	矩形	15	28	L=14 B=2.3 H=2.3	单排架	10	1/1500
29	红四干渠9#渡槽	4.19	1.40	14+314	14+556	242	2	2	13	15	矩形	15	28	L=14 B=2.3 H=2.3	单排架	17	1/1500
30	红四干渠10#渡槽	4.19	1.40	15+000	15+150	150	2	2	13	15	矩形	15	28	L=14 B=2.3 H=2.3	单排架	14	1/1500
31	红五泵站出水渡槽	3.06	1.11	1+529	1+982	435	—	—	—	17	矩形	20	20	L=15 B=1.9 H=1.9	排架	29	1/1500
32	红五干渠1#渡槽	3.06	1.20	2+700	2+764	64	2	2	10	10	矩形	15	28	L=13 B=4 H=2.8	单排架	4	1/1500
33	红五干渠2#渡槽	3.06	1.20	3+530	3+687	157	2	2	10	10	矩形	15	28	L=13 B=4 H=2.8	单排架	10	1/1500
34	红五干渠3#渡槽	3.06	1.20	4+195	4+385	190	2	2	10	10	矩形	15	28	L=13 B=4 H=2.8	单排架	12	1/1500
35	红五干渠4#渡槽	3.06	1.20	10+120	10+274	154	2	2	10	10	矩形	15	28	L=13 B=4 H=2.8	单排架	10	1/1500
36	新庄集一泵站出水渡槽	6.20	1.63	0+000	1+300	660	—	—	—	11	U形	10	10	L=10 R=1.5 H=2.4	排架	66	1/1500
37	新庄集一干渠糟岗子渡槽	6.20	1.63	0+586	0+880	270	1.5	1.5	9	12.50	U形	12	16	L=10 R=1.5 H=2.25	排架	27	1/1500
38	新庄集一干渠小油汔塔渡槽	6.20	1.63	1+796	1+972	150	1.5	1.5	9	12.50	U形	12	16	L=10 R=1.5 H=2.25	排架	15	1/1500
39	新庄集一干渠细腰子渡槽	6.20	1.90	3+097	3+192	70	1.5	1.5	9	12.50	U形	12	16	L=10 R=1.5 H=2.25	排架	7	1/1500
40	新庄集二泵站出水渡槽	4.19	1.60	0+000	0+580	580	—	—	—	10.86	U形	15	28	L=10 R=1.2 H=1.86	排架	58	1/1500
41	新庄集三泵站出水渡槽	2.19	1.60	0+000	0+500	500	—	—	—	6.90	U形	15	28	L=10 R=1.2 H=1.86	排架	50	1/1500
42	新庄集三干渠兰圈子渡槽	2.19	1.40	1+000	1+164	150	—	—	5.80	8.40	U形	15	28	L=10 R=1.2 H=1.86	排架	15	1/1500
43	新圈一干渠1#渡槽	2.12	0.70	0+899	0+995	140	2	2	3	6	U形	6	6	L=10 R=0.7 H=1.14	支墩	14	1/1500

（六）涵洞

截至 2017 年年底,红寺堡扬水工程共有涵洞 59 座,其中:引渠 1 座,一干渠 7 座,二干渠 6 座,三干渠 32 座,四干渠 6 座,五干渠 3 座,新圈一支干渠 3 座,海子塘一支干渠 1 座。

涵洞基本情况表

序号	名称	中心桩号	设计洪水流量（m³/s）	结构形式	孔数	结构尺寸（m）	
						洞长	洞径（宽）
1	引渠张埔沟涵洞	0+562	0.49	涵管	2	64	1
2	红一干渠 1# 涵洞	0+420	0.15	涵管	1	64	1
3	红一干渠 2# 涵洞	0+680	0.19	涵管	1	48	1
4	红一干渠 3# 涵洞	0+700	0.31	涵管	1	54	1
5	红一干渠 4# 涵洞	1+020	0.58	涵管	1	58	1
6	红一干渠 5# 涵洞	2+320	0.82	涵管	1	40	1
7	红一干渠 6# 涵洞	2+500	0.41	涵管	1	52	1
8	红一干渠 7# 涵洞	2+900	1.29	涵管	1	52	1
9	红二干渠 1# 涵洞	0+150	0.82	涵管	1	36	1.2
10	红二干渠 2# 涵洞	0+217	0.30	涵管	1	36	1.2
11	红二干渠 3# 涵洞	0+400	2.44	涵管	1	38	1.2
12	红二干渠 4# 涵洞	0+800	2.24	涵管	1	36	1.2
13	红二干渠 5# 涵洞	0+985	0.72	涵管	1	36	1.2
14	红二干渠 6# 涵洞	2+700	1.98	涵管	1	36	1.2
15	红三干渠 1# 涵洞	0+840	0.6	矩形盖板涵	1	46	1.2×1.5
16	红三干渠 2# 涵洞	1+114	0.3	矩形盖板涵	1	50	1.2×1.5
17	红三干渠 3# 涵洞	3+100	0.3	矩形盖板涵	1	50	1.2×1.5
18	红三干渠 4# 涵洞	4+592	0.3	矩形盖板涵	1	45	1.2×1.5
19	红三干渠 5# 涵洞（小红崖沟）	6+955	42.7	箱涵	4	41	3×1.8
20	红三干渠 6# 涵洞（大红崖沟）	7+255	56.9	箱涵	5	41	3×2
21	红三干渠 7# 涵洞	11+611	0.36	矩形盖板涵	1	95	1.2×1.5
22	红三干渠 8# 涵洞	12+119	5.95	矩形盖板涵	1	70	1.2×1.5
23	红三干渠 9# 涵洞	12+546	4.89	矩形盖板涵	1	68	1.5×1.8
24	红三干渠 10# 涵洞	12+924	4.78	矩形盖板涵	1	64	1.5×1.8
25	红三干渠 11# 涵洞	39+837	11.8	箱涵	1	33	3×2
26	红三干渠 12# 涵洞	41+141	67	箱涵	4	40	2×3
27	红三干渠 13# 涵洞	41+583	39.89	箱涵	3	40	2×3
28	红三干渠 14# 涵洞	46+300	2.92	箱涵	1	58	2×1.8
29	红三干渠 15# 涵洞	47+395	32	箱涵	2	43.2	3×2

续表

序号	名称	中心桩号	设计洪水流量(m³/s)	结构形式	孔数	结构尺寸(m)	
						洞长	洞径(宽)
30	红三干渠16#涵洞	48+200	29.94	箱涵	2	42.2	3×2
31	红三干渠17#涵洞	49+171	49.31	箱涵	4	34.3	3×1.8
32	红三干渠18#涵洞	49+640	1.48	管涵	1	45	1.2
33	红三干渠19#涵洞	49+897	1.11	管涵	1	39	1.2
34	红三干渠20#涵洞	50+200	2.91	箱涵	1	40	2×1.8
35	红三干渠21#涵洞	50+500	10.85	箱涵	1	33	3×2
36	红三干渠22#涵洞	51+335	6.63	箱涵	1	35	2×1.8
37	红三干渠23#涵洞	51+816	3.16	箱涵	1	49	2×1.8
38	红三干渠24#涵洞	52+261	11.08	箱涵	1	33	3×2
39	红三干渠25#涵洞	53+218	4.64	箱涵	1	40	2×1.8
40	红三干渠26#涵洞	53+675	31.66	箱涵	2	33	3×2
41	红三干渠27#涵洞	54+656	25.14	箱涵	2	33	3×2
42	红三干渠28#涵洞	55+445	2.07	管涵	1	42	1.2
43	红三干渠29#涵洞	56+216	15.08	箱涵	1	46	3×2
44	红三干渠30#涵洞	56+950	0.34	管涵	1	39	1
45	红三干渠31#涵洞	58+775	0.55	管涵	1	27	1
46	红三干渠32#涵洞	59+035	4.02	箱涵	1	50	2×1.8
47	红四干渠1#涵洞	2+110	1.12	管涵	1	27	1.5
48	红四干渠2#涵洞	2+330	1.12	管涵	1	30	1.5
49	红四干渠3#涵洞	2+590	2.92	管涵	1	69	1.5
50	红四干渠4#涵洞	3+724	1.16	管涵	1	42	1.5
51	红四干渠5#涵洞	4+118	2.9	管涵	1	33	1.5
52	红四干渠6#涵洞	8+385	2.24	管涵	1	37.5	1.5
53	红五干渠1#涵洞	2+518	0.5	管涵	1	30	1.3
54	红五干渠2#涵洞	3+360	0.5	矩形	1	24	4×3.6
55	红五干渠3#涵洞	6+900	0.26	管涵	1	22	1.5
56	圈一干渠1#涵洞	0+400	0.25	拱圈	1	14.48	1.20×1.15
57	圈一干渠2#涵洞	0+585	0.4	拱圈	1	14.48	1.20×1.15
58	圈一干渠3#涵洞	3+230	1.24	拱圈	1	23.37	1.20×1.15
59	海二干渠1#涵洞	6+750		管涵	1	18	1.4

（七）跨渠公路桥及生产桥

截至2017年年底，红寺堡扬水工程干渠、支干渠上原有生产桥和公路桥共107座，其中：生产桥98座，公路桥9座。

跨渠公路桥及生产桥基本情况表

序号	名称	桩号	孔数(孔)	跨度(m)	桥宽(m)	结构形式
1	水源引渠生产桥	0+986	3	18	4	钢筋混凝土板式
2	水源引渠公路桥	1+974	3	25.1	10.8	钢筋混凝土板式
3	红引渠生产桥	0+600	3	44	5	钢筋混凝土板式
4	引渠红旗塘过管桥	0+874	3	36	3.7	钢筋混凝土板式
5	引渠红旗塘公路桥	0+880	3	39	4.5	钢筋混凝土板式
6	红一干渠 1# 生产桥	2+100	1	21	5	钢筋混凝土拱形
7	红二干渠 1# 生产桥	3+420	1	20	5	钢筋混凝土拱形
8	红三干渠 1# 生产桥	1+910	1	14	5.1	钢筋混凝土拱形
9	红三干渠 2# 生产桥	2+220	1	14	5	钢筋混凝土拱形
10	红三干渠 3# 生产桥	3+354	1	14	5	钢筋混凝土拱形
11	红三干渠 4# 生产桥	3+910	1	14	5	钢筋混凝土拱形
12	红三干渠 5# 生产桥	5+940	1	14	5	钢筋混凝土拱形
13	红崖公路桥	7+654	1	14	5	钢筋混凝土拱形
14	红三干渠 6# 生产桥	9+095	1	14	5	钢筋混凝土拱形
15	红三干渠 7# 生产桥	13+900	1	14	5	钢筋混凝土拱形
16	红三干渠 8# 生产桥	15+312	1	14	5	钢筋混凝土拱形
17	红三干渠 9# 生产桥	16+971	1	14	5	钢筋混凝土拱形
18	1# 盐兴公路桥	20+419	1	14	10.8	钢筋混凝土板式
19	红三干渠 10# 生产桥	22+251	1	14	5	钢筋混凝土拱形
20	红三干渠 11# 生产桥	25+040	1	12	5	钢筋混凝土板式
21	红三干渠 12# 生产桥	25+800	1	12	5	钢筋混凝土板式
22	红三干渠 13# 生产桥	27+300	1	12	5	钢筋混凝土板式
23	红三干渠 14# 生产桥	29+100	1	12	5	钢筋混凝土板式
24	滚新公路桥	31+395	1	12.5	10	钢筋混凝土板式
25	红三干渠 15# 生产桥	33+710	1	12	5	钢筋混凝土板式
26	红三干渠 16# 生产桥	34+811	1	12	5	钢筋混凝土板式
27	红三干渠 17# 生产桥	36+873	1	12	5	钢筋混凝土板式
28	红三干渠 18# 生产桥	38+183	1	12	5	钢筋混凝土板式
29	红三干渠 19# 生产桥	39+400	1	12	5	钢筋混凝土拱形
30	红三干渠 20# 生产桥	40+809	1	12	5	钢筋混凝土拱形
31	红三干渠 21# 生产桥	41+568	1	12	5	钢筋混凝土拱形
32	红三干渠 22# 生产桥	42+950	1	12	5	钢筋混凝土板式
33	红三干渠 23# 生产桥	44+260	1	10	5	钢筋混凝土板式
34	红三干渠 24# 生产桥	45+250	1	12	5	钢筋混凝土拱形
35	红三干渠 25# 生产桥	46+672	1	12	5	钢筋混凝土拱形

续表 1

序号	名称	桩号	孔数(孔)	跨度(m)	桥宽(m)	结构形式
36	红三干渠 26# 生产桥	47+828	1	10	5	钢筋混凝土板式
37	红三干渠 27# 生产桥	48+740	1	10	5	钢筋混凝土板式
38	红三干渠 28# 生产桥	50+745	1	10	5	钢筋混凝土板式
39	红三干渠 29# 生产桥	51+656	1	10	5	钢筋混凝土板式
40	红三干渠 30# 生产桥	52+434	1	10	5	钢筋混凝土板式
41	红三干渠 31# 生产桥	54+412	1	10	5	钢筋混凝土板式
42	红三干渠 32# 生产桥	55+700	1	10	9	钢筋混凝土板式
43	红三干渠 33# 生产桥	56+400	1	10	5	钢筋混凝土板式
44	红三干渠 34# 生产桥	57+830	1	10	5	钢筋混凝土拱形
45	红三干渠 35# 生产桥	60+000	1	10	5	钢筋混凝土拱形
46	红三干渠 36# 生产桥	61+043	1	10	5	钢筋混凝土拱形
47	红四干渠 1# 生产桥	0+197	1	8	5	钢筋混凝土板式
48	红四干渠 2# 生产桥	0+570	1	8	5	钢筋混凝土板式
49	红四干渠 3# 生产桥	1+100	1	8	5	钢筋混凝土板式
50	红四干渠 4# 生产桥	1+815	1	8	5	钢筋混凝土板式
51	红四干渠 5# 生产桥	2+290	1	8	5	钢筋混凝土板式
52	红四干渠 6# 生产桥	2+880	1	8	5	钢筋混凝土板式
53	红四干渠 7# 生产桥	3+338	1	8	5	钢筋混凝土板式
54	红四干渠 8# 生产桥	4+550	1	8	5	钢筋混凝土板式
55	红四干渠 9# 生产桥	4+870	1	8	5	钢筋混凝土板式
56	红四干渠 10# 生产桥	6+870	1	8	5	钢筋混凝土板式
57	红四干渠 11# 生产桥	7+338	1	8	5	钢筋混凝土板式
58	红四干渠 12# 生产桥	7+930	1	8	5	钢筋混凝土板式
59	红四干渠 13# 生产桥	8+455	1	8	5	钢筋混凝土板式
60	红四干渠 14# 生产桥	8+933	1	8	5	钢筋混凝土板式
61	红四干渠 15# 生产桥	10+428	1	8	5	钢筋混凝土板式
62	红四干渠 16# 生产桥	10+978	1	8	5	钢筋混凝土板式
63	红四干渠 17# 生产桥	11+400	1	8	5	钢筋混凝土板式
64	红四干渠 18# 生产桥	12+030	1	8	5	钢筋混凝土板式
65	红四干渠 19# 生产桥	13+166	1	8	5	钢筋混凝土板式
66	红四干渠 20# 生产桥	14+864	1	8	5	钢筋混凝土板式
67	红五干渠 1# 生产桥	0+343	1	6	5	钢筋混凝土板式
68	红五干渠 2# 生产桥	1+166	1	6	5	钢筋混凝土板式
69	红五干渠 3# 生产桥	2+994	1	6	5	钢筋混凝土板式
70	红五干渠 4# 生产桥	3+876	1	6	5	钢筋混凝土板式
71	红五干渠 5# 生产桥	4+672	1	6	5	钢筋混凝土板式

续表2

序号	名称	桩号	孔数(孔)	跨度(m)	桥宽(m)	结构形式
72	红五干渠 6# 生产桥	5+340	1	6	5	钢筋混凝土板式
73	红五干渠 7# 生产桥	5+574	1	6	5	钢筋混凝土板式
74	红五干渠 8# 生产桥	6+013	1	6	5	钢筋混凝土板式
75	红五干渠 9# 生产桥	6+602	1	6	5	钢筋混凝土板式
76	红五干渠 10# 生产桥	7+475	1	6	5	钢筋混凝土板式
77	红五干渠 11# 生产桥	7+938	1	6	5	钢筋混凝土板式
78	红五干渠 12# 生产桥	8+808	1	6	5	钢筋混凝土板式
79	红五干渠 13# 生产桥	12+204	1	6	5	钢筋混凝土板式
80	红五干渠 14# 生产桥	12+498	1	6	5	钢筋混凝土板式
81	红五干渠 15# 生产桥	12+813	1	6	5	钢筋混凝土板式
82	红五干渠 16# 生产桥	13+326	1	6	5	钢筋混凝土板式
83	红五干渠 17# 生产桥	14+397	1	6	5	钢筋混凝土板式
84	红五干渠 18# 生产桥	14+806	1	6	5	钢筋混凝土板式
85	红五干渠 19# 生产桥	15+274	1	6	5	钢筋混凝土板式
86	红五干渠 20# 生产桥	15+760	1	6	5	钢筋混凝土板式
87	红五干渠惠平公路桥	16+318	1	14	2.3	钢筋混凝土板式
88	红五干渠 21# 生产桥	16+842	1	6	5	钢筋混凝土板式
89	红五干渠 22# 生产桥	17+451	1	6	5	钢筋混凝土板式
90	新庄集一干渠 1# 生产桥	1+500	1	7	5	钢筋混凝土板式
91	新庄集一干渠 2# 生产桥	2+205	1	7	5	钢筋混凝土板式
92	新庄集一干渠 3# 生产桥	3+000	1	7	5	钢筋混凝土板式
93	新庄集一干渠 4# 生产桥	3+590	1	7	5	钢筋混凝土板式
94	新庄集二干渠 1# 生产桥	0+365	1	7	5	钢筋混凝土板式
95	新庄集二干渠 2# 生产桥	0+700	1	7	5	钢筋混凝土板式
96	新庄集三干渠 1# 生产桥	0+620	1	7	5	钢筋混凝土板式
97	新庄集三干渠 2# 生产桥	1+280	1	7	5	钢筋混凝土板式
98	新圈一干渠 1# 生产桥	1+200	1	3.88	4.5	钢筋混凝土板式
99	海子塘引渠盐兴公路桥	0+090	1	2.5	8	钢筋混凝土板式
100	海子塘引渠 1# 生产桥	1+410	1	3.5	4.5	钢筋混凝土板式
101	公路桥	2+250	1	3.5	8	钢筋混凝土板式
102	海子塘二干渠滚兴公路桥	0+600	1	3.5	8	钢筋混凝土板式
103	海子塘二干渠 1# 生产桥	0+890	1	6.4	5	钢筋混凝土板式
104	海子塘二干渠 2# 生产桥	3+290	1	6.4	5	钢筋混凝土板式
105	海子塘二干渠 3# 生产桥	4+350	1	6.4	5	钢筋混凝土板式
106	海子塘二干渠 4# 生产桥	6+235	1	6.4	5	钢筋混凝土板式
107	海子塘二干渠 5# 生产桥	7+232	1	6.4	5	钢筋混凝土板式

新建公路桥:随着灌区交通发展,渠道新建公路桥15座。

新增桥梁基本情况表

序号	名称	所在干渠	桩号	孔数（孔）	跨度（m）	桥宽（m）	结构形式	建设时间
1	工业园区路公路桥	红一干渠	0+830	1	22	15	钢筋混凝土板式	2012 年
2	10 千米公路桥	红三干渠	9+110	1	20	8.5	钢筋混凝土板式	2013 年
3	公路桥	红三干渠	11+650	1	15	4	钢筋混凝土板式	2015 年
4	大河公路桥	红三干渠	14+200	1	20	8.5	钢筋混凝土板式	2013 年
5	2# 盐兴公路桥	红三干渠	22+380	1	25	13	钢筋混凝土板式	2015 年
6	梨花至红阳公路桥	红三干渠	23+331	1	20	8.5	钢筋混凝土板式	2012 年
7	南川到大河公路桥	红三干渠	26+180	1	21	8.5	钢筋混凝土板式	2013 年
8	3# 盐兴公路桥	红三干渠	27+800	1	16	13	钢筋混凝土板式	2015 年
9	红兴至杨柳公路桥	红三干渠	28+250	1	21	8.5	钢筋混凝土板式	2012 年
10	红兴至白墩公路桥	红三干渠	29+800	1	21	8.5	钢筋混凝土板式	2012 年
11	红寺堡绕城公路桥	红三干渠	38+300	1	16	8.5	钢筋混凝土板式	2015 年
12	公路桥	红三干渠	48+080	1	13	8.5	钢筋混凝土板式	2016 年
13	公路桥	海子塘引渠	2+550	1	13	21	钢筋混凝土板式	2015 年
14	滚红公路桥	海子塘二干渠	5+100	1	5	25	钢筋混凝土板式	2012 年
15	慈善大道公路桥	海子塘二干渠	6+020	1	5	25	钢筋混凝土板式	2013 年

（八）干渠(支干渠)直开口

截至 2017 年年底,红寺堡扬水工程共有干(支干)渠直开口 127 座。

干渠直开口基本情况表

序号	渠道名称	干渠直开口名称	桩号（岸别）		干渠直开口流量（m³/s）	灌溉面积(亩)	断面现状			
							喉宽（m）	渠口宽（m）	渠底宽（m）	渠深（m）
1	红一干渠	101	3+320	左	0.30	600	0.4	3.90/2.55	0.55	1/0.8
2	红二干渠	201-1	0+300	左	0.10	500	0.4	1.05	0.45	0.6
3		201-2	0+730	左	0.20	2000	0.6	1.85	0.73	0.85
4		201-3	1+320	左	0.15	1000	0.4	1.65	0.45	0.8
5		202	2+250	左	0.40	3000	0.6	3.6	1	1.24

续表1

序号	渠道名称	干渠直开口名称	桩号（岸别）		干渠直开口流量（m³/s）	灌溉面积（亩）	断面现状			
							喉宽（m）	渠口宽（m）	渠底宽（m）	渠深（m）
6		203	3+510	左	0.2	1000	0.4	1.05	0.45	0.6
7	红二干渠	203-T	3+760	左	0.1	550	退改配			
8		204	3+870	左	0.83	15000	0.6	2.2	0.8	1.1
9		301-1	0+550	左	0.1	300	0.4	1.75	0.5	0.8
10		301-2	0+758	左	0.17	1000	0.4	1.75	0.5	0.8
11		302	1+432	左	0.1	500	0.4	1.75	0.5	0.8
12	红三干渠	303	2+320	左	0.2	800	0.4	1.75	0.5	0.78
13		304	3+290	左	0.25	4200	0.6	2.15	0.75	1
14		305	5+580	左	0.35	5000	0.6	1.85	0.7	0.76
15		306	7+630	左	0.45	500	0.6	2.65	0.75	1
16		307	9+161	左	0.15	1000	0.4	1.2	0.45	0.55
17		308	10+230	左	0.2	2600	0.4	1.2	0.45	0.55
18		309	13+674	左	0.25	2910	0.6	1.7	0.85	0.75
19		310	14+206	左	0.55	6260	0.6	1.8	1	0.82
20		311	15+380	左	0.25	2690	0.6	1.5	0.75	0.8
21		312	17+231	左	0.25	1657	0.6	1.5	0.8	0.8
22		313	19+100	左	0.21	2869	0.6	1.6	0.85	0.7
23		314	20+315	左	0.45	2800	0.6	1.6	0.8	0.75
24		315	20+811	左	0.35	2836	0.6	2.35	1	0.77
25		315-1	20+800	右	0.3	2000	0.4	1.7	0.6	0.7
26		316	23+322	左	0.15	1600	0.4	1.7	0.6	0.68
27	红三干渠	317	25+054	左	0.25	2400	0.4	1.75	0.5	0.72
28		318	25+991	左	0.56	5187	0.6	1.85	0.65	0.78
29		319	29+103	左	0.35	4400	0.6	1.8	0.7	0.88
30		319-1	29+500	左	0.2	4000	0.4	1.7	0.5	0.7
31		320	32+623	左	0.2	1400	0.4	2.3	1	0.68
32		321	34+629	左	0.55	5400	0.6	2.5	1.1	0.96
33		322	37+508	左	0.35	2200	0.4	1.7	0.5	0.8
34		323	40+823	左	0.1	3500	0.6	1.8	0.65	0.82
35		324	42+021	左	0.2	2400	0.4	1.55	0.5	0.7
36		孙家滩-1	41+690	左	1.5	20000	1	4.1	1.2	1.1
37		325	43+005	左	0.15	800	0.4	1.55	0.5	0.7
38		326	43+817	左	0.1	300	0.4	1.55	0.5	0.7

续表2

序号	渠道名称	干渠直开口名称	桩号	(岸别)	干渠直开口流量（m³/s）	灌溉面积(亩)	断面现状			
							喉宽（m）	渠口宽（m）	渠底宽（m）	渠深（m）
39		326-1	43+300	左	0.2	300	0.4	1.65	0.5	0.75
40		茅头墩小高抽	47+600	左	0.32	1000	0.4	1.55	0.4	0.9
41		孙家滩-2	47+850	左	1.3	36000	1.2	3.45	1.3	1.2
42		327-1	44+800	左	0.15	2506	0.4	1.65	0.5	0.75
43		327-2	45+266	左	0.25	3730	0.6	1.95	0.65	0.75
44		328	45+905	左	0.2	2416	0.4	1.65	0.5	0.75
45		329	47+169	左	0.3	1630	0.4	1.65	0.5	0.75
46		330	47+873	左	0.2	2620	0.4	1.7	0.45	0.75
47		331-1	48+078	左	0.2	3480	0.4	1.7	0.45	0.75
48		331-2	48+630	左	0.25	3204	0.4	1.7	0.6	0.75
49		332-1	48+910	左	0.3	4550	0.6	1.8	0.8	0.85
50		332-2	49+014	左	0.4	4502	0.8	2.1	1	0.8
51	红三干渠	333	49+521	左	0.05	160	0.4	1.55	0.5	0.7
52		334	50+039	左	0.15	770	0.4	1.65	0.5	0.75
53		335	50+929	左	0.30	2656	0.4	1.65	0.5	0.75
54		336	52+583	左	0.15	1780	0.4	1.65	0.5	0.75
55		337-1	53+475	左	0.5	3352	0.6	1.95	0.85	0.8
56		337-2		左		4600	0.6	2.05	0.8	0.8
57		338-1	54+405	左	0.25	3150	0.6	1.95	0.85	0.8
58		338-2	54+419	左	0.25	4500	0.6	1.95	0.85	0.8
59		339	55+698	左	0.1	800	0.4	1.65	0.5	0.75
60		340	57+553	左	1.3	14378	1	2.8	1.25	0.8
61		342	58+450	左	0.2	1600	0.6	1.85	0.8	0.7
62		343	59+934	左	0.2	2000	0.6	1.85	0.8	0.7
63		344	60+995	左	0.1	1000	0.4	1.7	0.5	0.8
64		345	61+430	左	0.15	1600	0.4	1.7	0.5	0.8
65		401	1+790	左	0.1	60	0.4	1.7	0.5	0.7
66		402	3+516	左	0.1	100	0.4	1.7	0.5	0.7
67	红四干渠	403	4+864	左	0.15	1300	0.4	1.7	0.5	0.7
68		404	5+864	左	0.2	1300	0.4	1.7	0.5	0.8
69		405	6+800	左	0.3	3240	0.4	1.7	0.5	0.8
70		406	8+124	左	0.3	1500	0.4	1.7	0.5	0.8

续表3

序号	渠道名称	干渠直开口名称	桩号（岸别）		干渠直开口流量（m³/s）	灌溉面积（亩）	断面现状			
							喉宽（m）	渠口宽（m）	渠底宽（m）	渠深（m）
71	红四干渠	407	9+720	左	0.35	3600	0.6	1.85	0.6	0.8
72		408	10+680	左	0.3	2000	0.6	1.85	0.6	0.8
73		409	12+807	左	0.4	3000	1	2.75	1.2	0.95
74		410	14+300	左	0.2	5000	0.6	1.85	0.6	0.8
75		411	15+370	左	0.07	1000	0.6	2.5	1	0.8
76		412	16+370	左	0.2	1400	0.6	2	0.85	0.7
77	红五干渠	501	4+010	左	0.3	2200	0.4	2.2	1	1
78		502	5+142	左	0.5	2900	0.8	2.5	1.2	0.8
79		503	6+430	左	0.4	2710	0.4	1.7	0.5	0.8
80		504	8+090	左	0.4	2960	0.4	1.5	0.5	0.7
81		505	10+860	左	0.4	4600	0.4	1.5	0.5	0.7
82		506	12+600	左	0.3	3520	0.4	1.7	0.5	0.9
83		507	14+390	左	0.2	2000	0.4	2.2	1	0.8
84		508	16+550	左	0.2	1000	0.4	1.7	0.5	0.7
85		509	17+270	左	0.6	2440	0.4	1.7	0.5	0.7
86		510	18+140	左	0.3	3050	0.4	1.7	0.5	0.7
87		511	19+600	左	0.9	9500	0.8	2.8	1.05	1.2
88		红城水泵站	13+532	右	0.34	5000	0.4	1.5	0.5	0.7
89		下马关喷灌	17+980	右	0.44	6485	0.4	1.5	0.5	0.8
90		下马关一泵站	18+000	右	1.3	2200	1	2.8	1.25	0.8
91	新圈一支干渠	圈101	1+153	左	0.1	800	交地方政府管理			
92		圈102	1+753	左	0.1	600	交地方政府管理			
93		圈103	2+323	左	0.1	560	交地方政府管理			
94		圈104	2+973	左	0.1	780	交地方政府管理			
95	新庄集一干渠	新100	1+400	右	0.1	700	0.4	1.7	0.6	0.7
96		新101-1	1+410	左	0.1	400	0.4	1.7	0.6	0.7
97		新101	1+660	左	0.2	1800	0.4	1.65	0.65	0.79
98		新102	2+530	左	0.1	1000	0.4	1.7	0.65	0.7
99		新103	3+650	左	0.1	300	0.4	1.7	0.5	0.7
100	庄二干渠	新201	0+850	左	0.1	1000	0.4	1.7	0.5	0.7
101		新202	1+170	左	0.25	2700	0.4	1.7	0.5	0.7

续表4

序号	渠道名称	干渠直开口名称	桩号（岸别）		干渠直开口流量（m³/s）	灌溉面积（亩）	断面现状			
							喉宽（m）	渠口宽（m）	渠底宽（m）	渠深（m）
102	庄三干渠	新301-1	0+650	右	0.15	800	0.4	1.6	0.55	0.7
103		新301-2	0+630	左	0.1	500	0.4	1.7	0.5	0.8
104		新302	0+816	左	0.13	1600	0.4	1.7	0.5	0.8
105	海子塘引渠	1#	0+550	右	0.1	700	无渠,未用			
106		2#	0+700	左	0.1	500	0.4	1.7	0.5	0.7
107		3#	2+600	左	0.1	800	无渠,未用			
108		4#	2+670	右	0.1	750	0.4	1.7	0.5	0.7
109	海子塘一支干渠	海101-1	0+150	右	0.6	5000	0.8	2.5	1	1
110		海101-2	0+151	右	0.2	1200	0.4	2	0.5	0.8
111		海102	0+300	左	0.15	1200	0.4	0.4	0.8	0.7
112		海103	0+900	左	0.1	800	0.6	2.7	1	0.8
113	海子塘二支干渠	海201	0+020	左	0.4	3000	0.6	2	0.8	0.8
114		海202	0+070	右	0.2	1500	0.4	1.10	0.5	0.7
115		海203	0+120	左	0.4	8600	0.8	2.20	1	1
116		海204	2+180	右	0.15	1000	0.4	1.10	0.5	0.7
117		海205	2+780	右	0.15	1800	0.4	1.10	0.5	0.7
118		海206	3+490	右	0.1	750	未用			
119		海207	4+200	右	0.1	650	未用			
120		海208	4+790	右	0.15	1200	未用			
121		海209	5+200	右	0.1	1100	0.4	1.1	0.5	0.7
122		海210	5+560	右	0.15	2300	未用			
123		海211	6+050	右	0.12	1780	0.4	1.1	0.5	0.7
124		海212	6+950	右	0.1	1100	未用			
125		海213	7+200	右	0.1	850	未用			
126		海214	7+500	右	0.1	1320	未用			
127		海215	8+000	右	0.3	1650	0.4	1.1	0.6	0.7

（九）干（支干）渠测水断面

红寺堡扬水工程的测水断面经过多次调整,截至2017年年底,共有干（支干）渠测水断面22座。

干(支干)渠测水断面基本情况表

序号	渠道名称	测水断面名称	桩号	设计流量(m³/s)	断面现状			管理部门
					渠底宽(m)	渠口宽(m)	渠深(m)	
1	黄河引渠	黄河泵站出口测流	0+500	30	5	18.1	2.4	黄河泵站
2	红一干渠	红一泵站出口测水桥	0+200	25	3.5	14.4	3.6	红一泵站
3	红二干渠	红二泵站出口测水桥	0+400	25	3.5	14.4	3.6	红二泵站
4	红三干渠	红三泵站出口测水桥	0+300	23.96	3.3	14.4	3.7	红三泵站
5		10公里测水桥	10+000	22.67	3	13.4	3.5	红三泵站
6		32公里测水桥	32+000	14.68	2	11	3	庄一泵站
7		48公里节制闸	47+850	9.06	1.6	10	2.8	中心所
8	红四干渠	红四泵站出口测水桥	0+150	4.19	0.5	6.8	2	红四泵站
9	红五干渠	红五泵站出口测水桥	0+150	3.06	0.5	6	1.9	红五泵站
10	新圈一干渠	新圈一泵站出口测水桥	0+150	1.12	0.5	3.3	1.3	新圈一泵站
11	新圈二干渠	新圈二泵站出口测水桥	0+210	0.86	0.5	2.9	1.05	新圈二泵站
12	新庄集一干渠	新庄集一泵站出口测水桥	0+100	6.2	0.8	7.65	2.25	新庄集二泵站
13	新庄集一支干渠	新庄集一支干渠测水桥	4+000	2	0.75	4.6	1.6	新庄集二泵站
14	新庄集二支干渠	新庄集二泵站出口测水桥	0+160	4.19	0.5	6.4	2	新庄集三泵站
15	新庄集二支干渠	新庄集二支干测水桥	1+000	1	0.7	3.5	1.15	新庄集三泵站
16	新庄集三干渠	新庄集三泵站出口测水桥	0+080	3.14	0.5	5.7	1.73	新庄集四泵站
17	新庄集三支干渠	新庄集三支干渠测水桥	1+300	1.2	0.5	4.6	1.4	新庄集四泵站
18	新庄集四干渠(低口)	低口测水桥	3+150	0.8	0.5	3.7	1.1	新庄集四泵站
19	新庄集四干渠(高口)	高口测水桥	5+150	1	0.5	4.1	1.15	新庄集四泵站
20	海子塘一干渠	海子塘一泵站出口测水桥	0+100	1.15	0.5	3.2	1.3	海子塘一泵站
21	海子塘二干渠	海子塘二泵站出口测水桥	0+180	0.74	0.5	3.5	1	海子塘二泵站
22	海子塘引渠	海子塘引渠测水桥	0+300	2.85	0.5	4.7	1.95	中心所

三、固海扩灌扬水渠道

固海扩灌工程共有渠道12条,总长度146.70千米,设计流量为12.7~9.04立方米/秒。

固海扩灌渠道断面参数表

序号	名称	分段桩号	设计流量（m³/s）	设计水深（m）	断面尺寸(m)				比降
					渠底	渠深	开口宽	渠坡	
1	引渠	406米	12.7	2.4	2	3.2	11.6	5.77	1/6000
2	固扩一干渠（土渠）	引渠段、1+198~6+100	12.7	2.4	2	3.2	11.6	5.77	1/6000
3	固扩一干渠（石渠）	6+100~8+100	12.7	2.41	3.3	2.7	8.1	4	1/6000
4	固扩二干渠	0+960~2+230	12.7	2.41	3.3	3.2	8.1	4	1/6000
		2+230~5+050	12.7	2.4	2	3.2	11.6	5.77	1/6000
		5+050~9+420	12.7	2.41	3.3	3.2	8.1	4	1/6000
		9+420~10+200	12.7	2.4	2	3.2	11.6	5.77	1/6000
5	固扩三干渠	0+340~8+140	12.7	2.54	1.5	3.4	11.7	6.13	1/6000
		8+140~22+700	12.7	2.51	1.5	3.3	11.4	5.95	1/6000
6	固扩四干渠	0+450~2+305	12.35	2.51	1.5	3.3	11.4	5.95	1/6000
7	固扩五干渠	0+750~16+068	12.28	2.51	R=2.5	3.3	11.41	5.19	1/6000
8	固扩六干渠	0+900~17+150	11.85	2.42	1.5	2.96	11.16	5.66	1/5500
		17+150~34+815	11.05	2.34	1.5	2.9	10.89	5.52	1/5500
9	固扩七干渠	0+520~1+500	10.64	2.26	3	3	7.5	3.7	1/5000
		1+500~2+680	10.64	2.26	1.5	3	10.5	5.4	1/5000
		2+680~2+780	10.64	2.26	3	3	7.5	3.7	1/5000
		2+780~4+100	10.64	2.26	1.5	3	10.5	5.4	1/5000
		4+100~4+350	10.64	2.26	3	3	7.5	3.7	1/5000
		4+350~4+885	10.64	2.26	1.5	3	10.5	5.4	1/5000
		4+885~5+085	10.64	2.26	3	3	7.5	3.7	1/5000
		5+085~6+670	10.64	2.26	1.5	3	10.5	5.4	1/5000
		6+670~7+500（隧洞）	10.64	2.19	2.8	—	—	—	1/2000
		7+500~14+600	10.64	2.26	1.5	3	10.5	5.4	1/5000
10	固扩八干渠	0+000~11+000	10	2.2	1.55	2.9	9.9	5.1	1/5000
11	固扩九干渠	0+420~7+500	9.34	2.08	1.4	2.5	9.54	4.9	1/4500
		7+500~9+320	9.04	2.05	1.5	2.8	9.54	4.9	1/4500
12	固扩十干渠	0+840~6+645	9.04	2.05	1.5	2.8	9.9	5.05	1/4500
13	固扩十一干渠	0+512~10+552	6.55	1.8	1.2	2.27	8.7	4.62	1/4000

四、固海扩灌渠道建筑物

(一)压力管道

固海扩灌扬水系统压力管道基本情况

泵站名称	排数	排号	直径(m)	单排长度(m)	并管形式
固扩一泵站	4	第1排、第4排	1.2	215	1#单机单管、6#~8#并管
		第2排、第3排	1.6		2#、3#并管、4#、5#并管
固扩二泵站	4	第1排、第4排	1.2	952	1#单机单管、6#~8#并管
		第2排、第3排	1.6		2#、3#并管、4#、5#并管
固扩三泵站	4	第1排、第4排	1.2	300	1#单机单管、6#~8#并管
		第2排、第3排	1.6		2#、3#并管、4#、5#并管
固扩四泵站	4	第1排、第4排	1.2	406	1#单机单管、6#~8#并管
		第2排、第3排	1.6		2#、3#并管、4#、5#并管
固扩五泵站	4	第1排、第4排	1.6	685	1#、2#并管、5#~8#并管
		第2排、第3排	1.2		3#单机单管、4#单机单管
固扩六泵站	4	第1排、第4排	1.2	808	1#~3#并管、4#单机单管
		第2排、第3排	1.6		5#、6#并管、7#、8#并管
固扩七泵站	4	第1排	1.2	433	1#单机单管
		第2~4排	1.4		2#、3#并管、4#、5#并管 6#、7#并管
固扩八泵站	4	第1排	1.2	959	1#单机单管
		第2~4排	1.4		2#、3#并管、4#、5#并管 6#、7#并管
固扩九泵站	4	第1排	0.8	243	1#、2#并管
		第2~4排	1.4	320	3#、4#并管、5#、6#并管 7#、8#并管
固扩十泵站	4	第1排	1.2	380	1#单机单管
		第2~4排	1.4		2#、3#并管、4#、5#并管 6#、7#并管
固扩十一泵站	4	第1~3排	1.2	573	1#、2#并管、3#单机单管、4#单机单管
		第4排	1.2	5300	5#、6#并管(新建)
固扩十二泵站	2	第1排、第2排	1	217	1#~3#并管、4#~6#并管

(二)进水闸

固海扩灌工程共有进水闸7座。

进水闸基本情况统计表

序号	名称	桩号	闸板尺寸（m²）	孔数（孔）	启闭机类型及型号	闸门类型
1	固扩引渠分水闸	引渠 0+000	3.2×2.2	3	LQ 系列	钢闸板
2	固扩一泵站进水闸	0+000	3×2.2	2	LQC-11 系列	铸铁闸门
			3×3.2	2	LQC-12 系列	铸铁闸门
3	固扩三泵站进水闸	10+500	3.2×3/2×3	2/2	LQC-10 手电动启闭机	铸铁闸门
4	固扩八泵站进水闸	14+600	2.2×2.6	4	螺杆式电动启闭机	铸铁闸门
5	固扩九泵站进水闸	11+050	2.5×2	4	螺杆式电动启闭机	铸铁闸门
6	梁堡斗口进水闸	10+550	1.86×1.9	2	LQD 型手电动启闭机	HZFN-1 型铸铁闸门
7	固扩十二泵站进水闸	10+560	1.5×1.9	2	LQD 型手电动启闭机	HZFN-2 型铸铁闸门

（三）退水闸

固海扩灌工程共有节制闸 13 座。

退水闸基本情况统计表

序号	名称	桩号	闸板尺寸（m²）	孔数（孔）	启闭机类型及型号	闸门类型
1	固扩一泵站前池退水闸	0+000	2.7×2.5	1	QOA-250	钢闸板
2	固扩一干渠退水闸	8+080	2.5×2.6	1	QLZ-8T 电手动螺杆启闭机	平面铸铁闸门
3	固扩二干渠退水闸	10+100	2.5×2.7	1	8T电手动螺杆启闭机	平面铸铁闸门
4	固扩四泵站退水闸	前池	1.60×1.55	1	QOA-250	HFZN-2
5	固扩四干渠退水闸	1+850	1.6×1.6	1	LQC5T手摇螺杆启闭机	HFZN 型铸铁闸门
6	固扩五干渠退水闸	15+930	2×3.3	1	水电两用启闭机	平板
7	固扩六干渠退水闸	13+520	3.2×2.7	1	PGZ	平板
8	固扩七干退水闸	13+420	1.7×1.6	1	手动、电动	钢板
9	固扩八干渠退水闸	10+900	1×2.5	1	螺杆式启闭机	弧形闸门
10	固扩九干退水闸	G10+900	1×1	1	螺杆式启闭机	平板
11	固扩十泵站前池退水闸	0+000	2×2	1	LQD-10T 型手电动启闭机	平面铸铁闸门
12	固扩十一泵前池退水闸	0+000	2×1.8	1	蜗轮螺杆 -00M3	弧形闸门
13	十一干渠退水闸	10+180	1.1×1.2	1	手电两用螺杆式启闭机	平板

（四）涵洞

固海扩灌工程共有涵洞 93 座。

（五）渡槽

固海扩灌工程共有渡槽 68 座。

渡槽基本情况统计表

序号	名称	设计流量(m³/s)	设计水深(m)	进口桩号	出口桩号	渡槽长度(m)	进口交通桥(m)	出口交通桥(m)	进口渐变段(m)	出口渐变段(m)	槽壳形式	槽壳壁厚(cm)	槽壳底厚(cm)	槽壳尺寸 L×R×H(m³)	主要支承形式	槽壳节数(节)	比降
1	固扩一泵站出水槽	12.7	2.21	0+400	1+198	768	—	3	—	15	U形	15	26	12×2×3.1	排架	64	1/500
2	固扩一干渠坝头子1#渡槽	12.7	2.33	2+580	3+600	862.5	2	2	10	15	矩形	15	20	12×3.1×2.8/4.5×3.1×2.8	排架/拱墩	43/77	1/1500
3	固扩一干渠坝头子2#渡槽	12.7	2.22	3+760	4+246	444	2	2	15	20	U形	14	28	12×1.85×2.79	排架	37	1/1500
4	固扩一干渠坝头子3#渡槽	12.7	2.22	4+694	5+406	684	2	2	15	20	U形	14	28	12×1.85×2.79	排架	57	1/1500
5	固扩二干渠磨刃石湾1#渡槽	12.7	2.22	1+100	1+232	132	1.2	1.2	15.8	20.8	U形	14	28	12×1.85×2.79	排架	11	1/1500
6	固扩二干渠磨刃石湾2#渡槽	12.7	2.22	2+000	2+100	48	1.2	1.2	15.8	20.8	U形	14	28	12×1.85×2.79	排架	4	1/1500
7	固扩二干渠3#渡槽	12.7	2.22	3+060	3+260	96	1.2	1.2	15.8	20.8	U形	14	28	12×1.85×2.79	支墩	8	1/1500
8	固扩二干渠黑疙瘩沟渡槽(4#)	12.7	2.22	5+850	6+000	108	1.2	1.2	15.8	20.8	U形	14	28	12×1.85×2.79	排架	9	1/1500
9	固扩二干渠炭井子沟渡槽(5#)	12.7	2.22	8+100	8+450	264	1.2	1.2	15.8	20.8	U形	14	28	12×1.85×2.79	排架	22	1/1500
10	固扩二干渠三道沟渡槽(6#)	12.7	2.22	9+900	10+100	132	1.2	1.2	15.8	20.8	U形	14	28	12×1.85×2.79	排架	11	1/1500
11	固扩三干渠田家渡槽(1#)	12.7	2.22	0+980	1+200	216	1.6	1.6	17	21	U形	14	28	12×1.85×2.79	排架	18	1/1500
12	固扩三干渠螺子湾渡槽(2#)	12.7	2.22	6+130	6+250	72	1.6	1.6	18.6	22.6	U形	14	28	12×1.85×2.79	排架	6	1/1500
13	固扩三干渠石炭沟渡槽(3#)	12.7	2.22	6+942	7+232	228	1.6	1.6	17	21	U形	14	28	12×1.85×2.79	支墩	19	1/1500
14	固扩三干渠歪把子1#渡槽(4#)	12.35	2.18	8+400	9+650	156	1.6	1.6	17	21	U形	14	28	12×1.85×2.79	井柱	13	1/1500
15	固扩三干渠歪把子2#渡槽(5#)	12.35	2.18	10+420	10+600	168	1.6	1.6	17	21	U形	14	28	12×1.85×2.79	排架	14	1/1500
16	固扩三干渠大沙沟渡槽(6#)	12.35	2.18	18+360	18+572	204	1.6	1.6	17	21	U形	14	28	12×1.85×2.79	支墩	17	1/1500
17	固扩四泵站出水渡槽	12.35	2.18	0+450	1+176	708	—	1.6	—	17.6	U形	14	28	12×1.85×2.79	排架/支墩	59	1/1500
18	固扩四干渠李沿子水渡槽	12.7	2.18	1+700	1+784	84	1.6	1.6	17	21	U形	14	28	12×1.85×2.79	重力墩	7	1/1500
19	固扩五干渠站出水渡槽	12.28	2.37	0+750	1+278	516	—	—	—	15	U形	16	35	12×1.75×3	排架()	44	1/1500
20	固扩五干渠石坡渡槽(1#)	12.28	2.2	6+722	6+900	168	2	2	10	15	U形	16	35	12×1.75×3	排架	14	1/1500
23	固扩五干渠苦水泉1#渡槽(4#)	12.28	2.2	9+988	10+060	72	2	2	10	15	U形	16	35	12×1.75×3	排架	6	1/1500
24	固扩五干渠苦水泉2#渡槽(5#)	12.28	2.2	10+433	10+601	168	2	2	10	15	U形	16	35	12×1.75×3	排架	14	1/1500

续表 1

序号	名称	设计流量(m³/s)	设计水深(m)	进口桩号	出口桩号	渡槽长度(m)	进口交通桥(m)	出口交通桥(m)	进口渐变段(m)	出口渐变段(m)	槽壳形式	槽壳壁厚(cm)	槽壳底厚(cm)	槽壳尺寸 L×R×H(m³)	主要支承形式	槽壳节数(节)	比降
25	固扩五干渠甘湾沟渡槽(6#)	12.28	2.2	13+342	13+774	444	2	2	10	15	U形	16	35	12×1.75×3	排架	37	1/1500
26	固扩六干渠八方沟渡槽(1#)	11.85	2.09	4+018	4+138	120	2	2	10	13	U形	15	30	12×1.9×2.72	排架	10	1/1500
27	固扩六干渠边沟浅沟渡槽(2#)	11.85	2.09	8+300	8+432	132	2	2	8	13	U形	15	30	12×1.9×2.72	排架	11	1/1500
28	固扩六干渠干烂沟渡槽(3#)	11.85	2.09	9+116	9+272	155.34	2	2	8	13	U形	15	30	12×1.9×2.72	排架	13	1/1500
29	固扩六干渠砂沟渡槽(4#)	11.85	2.09	10+072	10+168	96	2	2	8	13	U形	15	30	12×1.9×2.72	排架	8	1/1500
30	固扩六干渠坟沟渡槽(5#)	11.85	2.09	10+880	10+976	96	2	2	8	13	U形	15	30	12×1.9×2.72	排架	8	1/1500
31	固扩六干渠坝沟渡槽(6#)	11.85	2.09	11+524	11+692	168	2	2	8	13	U形	15	30	12×1.9×2.72	排架	14	1/1500
32	固扩六干渠叉沟渡槽(7#)	11.85	2.09	13+050	13+182	132	2	2	8	13	U形	15	30	12×1.9×2.72	排架	11	1/1500
33	固扩六干渠大连沟渡槽(8#)	11.85	2.09	13+827	13+971	144	2	2	8	13	U形	15	30	12×1.9×2.72	排架	12	1/1500
34	固扩六干渠大连岔渡槽(9#)	11.85	2.09	14+150	14+222	72	2	2	8	13	U形	15	30	12×1.9×2.72	排架	6	1/1500
35	固扩六干渠南沙沟渡槽(10#)	11.85	2.09	15+766	15+874	108	2	2	8	13	U形	15	30	12×1.9×2.72	排架	9	1/1500
36	固扩六干渠洞子沟渡槽(11#)	11.85	2.09	16+308	16+464	156	2	2	8	13	U形	15	30	12×1.9×2.72	排架	13	1/1500
37	固扩六干渠八里沟渡槽(12#)	11.05	2.09	19+348	19+456	108	2	2	8	13	U形	15	30	12×1.9×2.72	排架	9	1/1500
38	固扩六干渠别粱沟渡槽(13#)	11.05	2.09	25+910	26+018	108	2	2	8	13	U形	15	30	12×1.9×2.72	排架	9	1/1500
39	固扩六干渠前沟门渡槽(14#)	11.05	2.09	33+530	33+602	72	2	2	8	13	U形	15	30	12×1.9×2.72	排架	6	1/1500
40	固扩七干渠虎家湾子渡槽(1#)	10.64	1.99	0+700	1+000	204	1.6	1.6	15.4	19.4	U形	14	28	12×1.85×2.6	排架/井柱	17	1/1500
41	固扩七干渠沙家沟渡槽(2#)	10.64	1.99	2+000	2+100	72	1.6	1.6	15.4	19.4	U形	14	28	12×1.85×2.6	排架/井柱	6	1/1500
42	固扩七干渠耧子沟渡槽(3#)	10.64	1.99	3+880	3+940	84	1.6	1.6	15.4	19.4	U形	14	28	12×1.85×2.6	排架/井柱	7	1/1500
43	固扩七干渠折四沟渡槽(4#)	10.64	1.99	5+650	6+020	552	1.6	1.6	15.4	19.4	U形	14	28	12×1.85×2.6	排架(墩)	46	1/1500
44	固扩七干渠蔡家滩1#渡槽(5#)	10.64	1.99	8+850	8+950	96	1.6	1.6	15.4	19.4	U形	14	28	12×1.85×2.6	井柱	8	1/1500
45	固扩七干渠蔡家滩2#渡槽(6#)	10.64	1.99	9+600	9+850	156	1.6	1.6	15.4	19.4	U形	14	28	12×1.85×2.6	排架/井柱	21	1/1500
46	固扩七干渠清水河渡槽(7#)	10.09	1.93	13+580	14+110	480	1.5	1.5	10	15	U形	15	30	15×1.85×2.7	排架	32	1/1500

续表2

序号	名称	设计流量(m³/s)	设计水深(m)	进口桩号	出口桩号	渡槽长度(m)	进口交通桥(m)	出口交通桥(m)	进口渐变段(m)	出口渐变段(m)	槽壳形式	槽壳壁厚(cm)	槽壳底厚(cm)	槽壳尺寸 L×R×H(m³)	主要支承形式	槽壳节数(节)	比降
47	固扩八干渠小塬沟渡槽(1#)	10	1.92	1+610	1+746	105	1.5	1.5	8	13	U形	15	30	15×1.85×2.7	排架	9	1/1500
48	固扩八干渠大塬沟渡槽(2#)	10	1.92	2+650	2+838	150	1.5	1.5	8	13	U形	15	30	15×1.85×2.7	排架	10	1/1500
49	固扩八干渠杜家沟渡槽(3#)	10	1.92	6+300	6+400	90	1.5	1.5	8	13	U形	15	30	15×1.85×2.7	排架	6	1/1500
50	固扩八干渠邱家沟渡槽	10	1.92	10+860	10+890	30	1.5	1.5	8	13	U形	15	30	15×1.85×2.7	排架	2	1/1500
51	固扩九干渠出水渡槽	9.34	1.94	0+400	1+000	600	—	1.5	—	15	U形	15	34	15×1.7×2.6	排架	40	1/1500
52	固扩九干渠1#渡槽	2	0.6	1+610	1+700	90	—	—	10	10	U形	15	34	15×2.3×2.1	排架	6	1/1500
53	固扩九干渠2#渡槽	2	0.6	2+650	2+800	150	—	—	10	10	U形	15	34	15×2.3×2.1	排架	12	1/1500
54	固扩九干渠3#渡槽	2	0.6	6+285	6+395	110	—	—	10	10	U形	15	34	15×2.3×2.1	排架	6	1/1500
55	固扩九干渠杜家沟渡槽	2	0.6	G6+300	6+400	100	—	—	8	12	U形	15	34	15×2.3×2.1	排架	8	1/1500
56	固扩九干渠白嘴子渡槽(1#)	9.34	1.94	3+670	3+930	240	1.5	1.5	20	25	U形	15	34	15×1.7×2.6	排架	16	1/1500
57	固扩九干渠印子沟渡槽(2#)	9.34	1.94	4+600	4+910	300	1.5	1.5	20	25	U形	15	34	15×1.7×2.6	排架	20	1/1500
58	固扩九干渠何家槽子渡槽(3#)	9.34	1.94	5+604	5+780	150	1.5	1.5	20	25	U形	15	34	15×1.7×2.6	排架	10	1/1500
59	固扩九干渠羊路1#渡槽(4#)	9.34	1.94	6+220	6+320	75	1.5	1.5	20	25	U形	15	34	15×1.7×2.6	排架	5	1/1500
60	固扩九干渠羊路2#渡槽(5#)	9.34	1.94	6+615	6+695	80	1.5	1.5	20	25	U形	15	34	15×1.7×2.6	排架	4	1/1500
61	固扩九干渠闫家沟渡槽(6#)	9.04	1.9	7+640	7+850	195	1.5	1.5	20	25	U形	15	34	15×1.7×2.6	排架	13	1/1500
62	固扩十干渠出水渡槽	9.04	1.95	0+420	0+830	405	0	2	0	13	矩形	15	15	15×2.6×2.45	排架	27	1/1000
63	固扩十干渠韩家沟渡槽(1#)	9.04	1.95	1+222	1+353	105	2	2	8	13	矩形	15	15	15×2.6×2.45	排架	7	1/1000
64	固扩十干渠洪山沟渡槽(2#)	9.04	1.95	4+941	5+089	120	2	2	8	13	矩形	15	15	15×2.6×2.45	排架	8	1/1000
65	固扩十一干渠周官沟渡槽(1#)	6.55	1.73	1+660	1+818	135	2	2	10	15	矩形	20	20	15×2.3×2.1	排架	9	1/1000
66	固扩十一干渠扫帚沟渡槽(2#)	6.55	1.73	3+224	3+352	105	2	2	10	15	矩形	20	20	15×2.3×2.1	排架	7	1/1000
67	固扩十一干渠恋家沟渡槽(3#)	6.55	1.73	7+462	7+595	105	2	2	8	13	矩形	20	20	15×2.3×2.1	排架/井柱	7	1/1000
68	固扩十一干渠苋麻河渡槽(4#)	6.55	1.73	9+300	10+135	795	2	2	8	13	矩形	20	20	15×2.3×2.1	排架/井柱	53	1/1000

(六)跨渠生产桥

固海扩灌工程共有跨渠生产桥 136 座。

(七)直开口

固海扩灌工程共有直开口 134 座。

(八)排洪槽

固海扩灌工程共有排洪槽 33 座。

(九)排洪边沟

固海扩灌工程共有排洪边沟 36 条,总长 10574 米。

(十)溢流堰

固海扩灌工程共有溢流堰 15 座。

溢流堰基本情况统计表

序号	名称	桩号
1	固扩引渠溢流堰	0+406
2	固扩一干渠溢流堰	8+000
3	固扩二干渠溢流堰	10+000
4	固扩三干渠溢流堰	13+850
5	固扩四泵站	前池溢流堰
6	固扩四干渠溢流堰	1+850
7	固扩五干渠溢流堰	16+000
8	固扩七泵站	前池溢流堰
9	固扩七干渠	13+350
10	固扩八干渠	10+900
11	固扩十泵站	前池溢流堰
12	固扩十干渠	6+630
13	固扩十一泵站	前池溢流堰
14	固扩十一干渠	5+500
15	固扩十一干渠	10+150(苋麻河)

(十一)过洪渠涵

固海扩灌工程共有过洪渠涵 9 座。

第四节　红寺堡扬水防洪工程

　　红寺堡扬水泵站及干渠沿烟筒山和罗山分布,傍山渠道长,泥岩段多,地质条件复杂,渠道既有挖方,又有填方。灌区为暴雨多发区,暴雨特点为多中心,呈斑状分布,在暴雨中心及其附近沟道容易形成峰值高但洪量不大的洪水(2002年6月7日,暴雨使苦水河流域郭家桥水文站出现1955年设站以来最大洪峰流量,流量为676立方米/秒),降雨强度大,历时短,洪峰高,流速大,洪水陡涨陡落,冲刷强,且罗山脚下地形变化大,山洪沟众多,产流条件便利,易造成灾害。每到汛期,洪水冲毁防洪设施、洪毁渠道等情况时有发生,一旦渠道发生决口事故,给下游村庄和农田带来的损失将无法估量。为此,与主体工程同步建设了排洪槽、过洪渠涵、溢流堰、山洪入渠、排洪边沟、防洪堤等防洪设施,并在运行管理中不断修复完善,2016年自治区水利厅投资450万元完善红寺堡三、四、五干渠防洪工程,提高了防汛度汛能力。截至2017年年底,红寺堡扬水工程共有排洪槽、过洪渠涵等防洪设施107处,防洪堤7.07千米,是保障扬水工程和灌区安全度汛的屏障。

一、防洪设施

(一)排洪槽

　　截至2017年12月底,红寺堡扬水工程共有排洪槽18座。

排洪槽基本情况表

序号	名称	中心桩号	设计洪水流量(m³/s)	结构形式	结构尺寸(m)		
					槽宽	深度	跨度
1	红一干渠1#排洪槽	3+612	4.4	矩形钢筋混凝土	4	1	16
2	红二干渠1#排洪槽	1+460	1.43	矩形钢筋混凝土	2	0.8	16
3	红二干渠2#排洪槽	1+880	0.52	矩形钢筋混凝土	2	0.8	16
4	红二干渠3#排洪槽	3+150	1.17	矩形钢筋混凝土	2	0.8	16
5	红三渠1#排洪槽	0+740	0.5	矩形钢筋混凝土	2	0.8	14
6	红三渠2#排洪槽	1+290	0.5	矩形钢筋混凝土	2	0.8	14
7	红三渠3#排洪槽	1+563	0.5	矩形钢筋混凝土	2	0.8	14
8	红三干石岗子沟排洪槽	2+022	38.55	矩形钢筋混凝土	50	0.8	14.7
9	红三干渠深水沟排洪槽	3+450	17.67	矩形钢筋混凝土	50	0.8	14.7

续表

序号	名称	中心桩号	设计洪水流量(m³/s)	结构形式	结构尺寸(m)		
					槽宽	深度	跨度
10	红三干渠詹家大坡排洪槽	3+800	39.46	矩形钢筋混凝土	23	1.2	14.7
11	红三干渠白露子沟排洪槽	4+134	31.49	矩形钢筋混凝土	50	0.8	14.7
12	红三渠 4# 排洪槽	6+077	0.5	矩形钢筋混凝土	2	0.8	14
13	红五干渠 1#	9+492	25.71	矩形钢筋混凝土	50	0.76	9.7
14	红五干渠 2#	10+027	25.71	矩形钢筋混凝土	45	0.76	9.7
15	红五干渠 3#	10+451	79.2	矩形钢筋混凝土	48	0.76	9.7
16	新圈一支干渠 1# 排洪槽	0+720	3.1	矩形钢筋混凝土	8	1	4
17	新圈一支干渠 2# 排洪槽	1+325	2.3	矩形钢筋混凝土	5	1	6.2
18	新圈一支干渠 3# 排洪槽	2+120	2.3	矩形钢筋混凝土	2	0.8	6.2

(二)过洪渠涵

截至 2017 年年底,红寺堡扬水工程共有过洪渠涵 16 座。

过洪渠涵基本情况表

序号	名称	设计流量(m³/s)	进口桩号	出口桩号	长度(m)	宽度(m)	进口渐变段(m)	出口渐变段(m)	断面尺寸(m²)
1	红引渠张埔沟渠涵	41.88	0+100	0+130	30	8	11	11	2.5×2.9
2	红二干渠鞑子沟渠涵	25	2+020	2+195	175	40	20	20	3.5×3.5
3	红二干渠榆树沟渠涵	25	3+700	3+742	45	40	18	23	2.6×3.8
4	红四干渠 1# 渠涵	4.19	1+220	1+451	231	2.2	16	19	2.2×2.2
5	红四干渠 2# 渠涵	4.19	3+670	3+865	165	2.2	16	20.8	2.2×2.2
6	红四干渠 3# 渠涵	4.19	4+610	4+643	33	2.7	13	16	2.2×2.7
7	红四干渠 4# 渠涵	4.19	13+800	13+822	22	2.7	7.5	10	3×2.3
8	红五干渠 1# 渠涵	3.06	5+664	5+741	77	4.8	10	10	3×2.3
9	红五干渠 2# 渠涵	3.06	9+693	9+770	77	4.8	9.4	9.4	3×2.3
10	红五干渠 3# 渠涵	3.06	11+325	11+611	286	4.8	9.2	9.2	3×2.3
11	红五干渠 4# 渠涵	3.06	11+834	11+856	22	4.8	8.3	8.3	3×2.3
12	新圈一支干渠深水沟渠涵	1.12	1+900	2+030	134.4	22.5	7	7	1.5×1.2
13	新圈一支干渠詹家大坡渠涵	1.12	2+523	2+675	151.4	10	7	7	1.5×1.2
14	海子塘引渠盐兴公路渠涵	1.15	0+141	0+156	11	2.5	6	8	1.4×1.4
15	海子塘一支干渠宁新公路渠涵	1.15	1+053	1+062	9	2.5	4	6	1.4×1.5
16	海子塘二支干渠宁新公路渠涵	0.74	5+291	5+310	9	2	3	5	1.2×1.1

(三)溢流堰

截至 2017 年年底,红寺堡扬水工程共建成溢流堰 12 座。

溢流堰位置表

序号	位置	桩号	序号	位置	桩号
1	红一泵站	前池	7	红四干渠	8+432
2	红一干渠	3+650	8	红四干渠	15+053(四干渠末端)
3	红二干渠	3+580	9	红五干渠	11+268
4	红三干渠	9+449(节灌站)	10	红五干渠	17+856(五干渠末端)
5	红三干渠	22+789(新庄集)	11	新庄集一支干渠	3+310
6	红三干渠	61+817(三干渠末端)	12	海子塘引渠	3+080

(四)山洪入渠工程

截至 2017 年年底,红寺堡扬水工程建成山洪入渠工程共计 24 座。

山洪入渠基本情况表

序号	名称	所在渠道	工程位置 县	工程位置 乡镇	干渠桩号	备注
1	1#山洪入渠	红一干渠	中宁县	恩和镇	1+950	
2	1#山洪入渠	红三干渠	中宁县	恩和镇	0+320	
3	2#山洪入渠	红三干渠	中宁县	恩和镇	0+400	
4	3#山洪入渠	红三干渠	中宁县	恩和镇	0+480	
5	4#山洪入渠	红三干渠	中宁县	恩和镇	0+560	
6	5#山洪入渠	红三干渠	中宁县	恩和镇	0+630	
	6#山洪入渠	红三干渠	红寺堡区	大河乡	13+600	
7	1#山洪入渠	新圈一干渠	红寺堡区	大河乡	2+950	
8	1#山洪入渠	新庄集一支干渠	红寺堡区	南川乡	0+370	
9	2#山洪入渠	新庄集一支干渠	红寺堡区	南川乡	1+242	
10	1#山洪入渠	红四干渠	红寺堡区	太阳山镇	3+170	
11	2#山洪入渠	红四干渠	红寺堡区	太阳山镇	3+330	
12	3#山洪入渠	红四干渠	红寺堡区	太阳山镇	4+470	
13	4#山洪入渠	红四干渠	同心县	韦州镇	6+060	
14	5#山洪入渠	红四干渠	同心县	韦州镇	6+870	
15	6#山洪入渠	红四干渠	同心县	韦州镇	9+200	
16	7#山洪入渠	红四干渠	同心县	韦州镇	12+030	
17	8#山洪入渠	红四干渠	同心县	韦州镇	14+650	
18	9#山洪入渠	红四干渠	同心县	韦州镇	15+050	
19	0#山洪入渠	红五干渠	同心县	韦州镇	3+876	2016新建
20	1#山洪入渠	红五干渠	同心县	韦州镇	5+350	2016新建
21	2#山洪入渠	红五干渠	同心县	韦州镇	6+013	2016新建
22	3#山洪入渠	红五干渠	同心县	韦州镇	6+602	2016新建
23	4#山洪入渠	红五干渠	同心县	韦州镇	7+070	2016新建
24	5#山洪入渠	红五干渠	同心县	韦州镇	7+938	2016新建

(五)排洪边沟

截至 2017 年年底,红寺堡扬水工程建成排洪边沟共计 37 处,总长度 14046 米。

排洪边沟基本情况表

序号	所在干渠	桩号	长度(m)	结构形式	建设时间
1	红一干渠	1+350~1+500(左侧)	150	浆砌石、矩形	1998 年
2	红一干渠	1+800~2+090(左侧)	290	浆砌石、矩形	1998 年
3	红三干渠	0+100~0+610(右侧)	510	浆砌石、矩形	1998 年
4	红三干渠	6+300~6+710(左侧)	410	浆砌石、矩形	1998 年
5	红三干渠	7+290~7+720(左侧)	430	浆砌石、矩形	1998 年
6	红三干渠	8+400~9+000(左侧)	600	浆砌石、矩形	1998 年
7	新圈一支干渠	2+350~2+800(两侧)	450	浆砌石、矩形	2001 年
8	红三干渠	9+640~9+890	250	浆砌石、矩形	1998 年
9	红三干渠	10+685~11+100	415	浆砌石、矩形	1998 年
10	红三干渠	11+180~12+380	1200	浆砌石、矩形	1998 年
11	红三干渠	12+540~12+800	260	浆砌石、矩形	1998 年
12	红三干渠	12+950~13+700	750	浆砌石、矩形	1998 年
13	红三干渠	56+500~58+100	1600	浆砌石、矩形	2001 年
14	红三干渠	60+300~60+600	300	浆砌石、矩形	2001 年
15	红四干渠	1+380~1+700(左)	320	混凝土预制板,U 形	2016 年
16	红四干渠	3+180~3+620(左)	440	混凝土预制板,U 形	2016 年
17	红四干渠	3+180~3+675(右)	495	混凝土预制板,U 形	2016 年
18	红四干渠	5+946~6+194(左)	248	混凝土预制板,U 形	2016 年
19	红四干渠	5+946~6+194(右)	248	混凝土预制板,U 形	2016 年
20	红四干渠	6+470~6+530(左)	60	混凝土预制板,U 形	2016 年
21	红四干渠	6+430~6+530(右)	100	混凝土预制板,U 形	2016 年
22	红四干渠	7+910~8+000(左)	90	混凝土预制板,U 形	2016 年
23	红四干渠	8+020~8+044(左)	24	混凝土预制板,U 形	2016 年
24	红四干渠	7+890~8+065(右)	206	混凝土预制板,U 形	2016 年
25	红四干渠	11+220~11+590(左)	370	混凝土预制板,U 形	2016 年
26	红四干渠	11+125~11+584(右)	459	混凝土预制板,U 形	2016 年
27	红四干渠	12+180~12+520(左)	340	混凝土预制板,U 形	2016 年
28	红四干渠	12+180~12+500(右)	320	混凝土预制板,U 形	2016 年
29	红四干渠	13+190~13+330(左)	140	混凝土预制板,U 形	2016 年
30	红四干渠	13+490~13+800(左)	310	混凝土预制板,U 形	2016 年
31	红四干渠	13+490~13+800(右)	310	混凝土预制板,U 形	2016 年
32	红四干渠	14+010~14+340(右)	330	混凝土预制板,U 形	2016 年
33	红五干渠	4+000~4+200(左)	200	混凝土预制板,U 形	2016 年
34	红五干渠	4+200~4+623(左)	423	混凝土预制板,U 形	2016 年
35	红五干渠	9+771~10+141(左)	370	混凝土预制板,U 形	2016 年
36	红五干渠	11+678~11+892(左)	214	混凝土预制板,U 形	2016 年
37	红五干渠	14+860~15+274(左)	414	混凝土预制板,U 形	2016 年

(六)防洪堤

截至 2017 年年底,红寺堡扬水工程建成 10 年一遇防洪堤长度 7066 米。

防洪堤基本情况表

序号	所在干渠	桩号	长度(m)	建设年代	备注
1	红四干渠	3+080~3+170	90	2016 年	
2	红四干渠	4+730~4+870	140	2016 年	
3	红四干渠	6+194~6+430	236	2016 年	
4	红四干渠	6+530~6+870	340	2016 年	
5	红四干渠	6+880~6+975	95	2016 年	
6	红四干渠	7+470~7+880	410	2016 年	
7	红四干渠	8+711~8+933	222	2016 年	
8	红四干渠	8+943~9+900	957	2016 年	
9	红四干渠	10+080~10+420	340	2016 年	
10	红四干渠	11+760~12+190	430	2016 年	
11	红四干渠	14+310~14+483	173	2016 年	
12	红四干渠	14+615~14+710	95	2016 年	
13	红五干渠	1+743~2+186	443	2016 年	
14	红五干渠	2+400~2+994	594	2016 年	
15	红五干渠	3+300~3+360	60	2016 年	
16	红五干渠	3+615~3+870	255	2016 年	
17	红五干渠	3+880~3+960	80	2016 年	
18	红五干渠	4+672~5+340	668	2016 年	
19	红五干渠	6+462~6+592	130	2016 年	
20	红五干渠	6+612~7+600	988	2016 年	
22	红五干渠	7+066~7+120	54	2016 年	
23	红五干渠	7+800~7+930	130	2016 年	
24	红五干渠	7+938~8+074	136	2016 年	

二、排水沟道

截至 2017 年年底,红寺堡灌域内较大的自然沟道有 73 条,可查到名称的沟道 50 条,其他小沟为无名沟道。

自然沟道基本情况表

序号	沟名	渠道桩号	所在乡村	过渠建筑物 名称	过流能力(m³/s)
1	张埔沟	0+100	舟塔乡	输水渠涵	41.88
2	张小头沟	红一干渠 1+620	新堡镇	渡槽	25
3	鞑子沟	红二干渠 2+020	恩和镇	输水渠涵	25
4	榆树沟	红二干渠 3+700	恩和镇	输水渠涵	25
5	红崖沟	红三干渠 6+955	大河乡	涵洞	42.7
6	大红崖沟	红三干渠 7+255	大河乡	涵洞	56.9
7	白露子沟	红三干渠 4+140	恩和镇	排洪槽	31.49
8	詹家大坡沟	红三干渠 3+780	恩和镇	排洪槽	39.46
9	深水沟	红三干渠 3+450	恩和镇	排洪槽	17.67
10	石岗子沟	红三干渠 2+020	恩和镇	排洪槽	38.55
11	石岗子沟	新圈一干渠 0+850	大河乡	渡槽	2.12
12	深水沟	新圈一干渠 2+120	大河乡	渠涵	1.12
13	詹家大坡沟	新圈一干渠 2+460	大河乡	渠涵	1.12
14	下麻黄沟	红三干渠 10+003	大河乡	渡槽	22.67
15	上麻黄沟	红三干渠 10+995	大河乡	渡槽	22.67
16	常家窑	红三干渠 16+489	大河乡	渡槽	21.36
17	蛇腰沟	红三干渠 18+000	大河乡	渡槽	21.36
18	碱井沟	红三干渠 21+792	大河乡	渡槽	21.36
19	独疙瘩	红三干渠 24+250	红寺堡镇	渡槽	14.68
20	兰家圈	红三干渠 25+489	红寺堡镇	渡槽	14.68
21	洪　沟	红三干渠 30+261	红寺堡镇	渡槽	14.68
22	麻黄沟支沟	红三干渠 11+611	大河乡	7# 涵洞	0.36
23	麻黄沟支沟	红三干渠 12+119	大河乡	8# 涵洞	5.95
24	麻黄沟支沟	红三干渠 12+546	大河乡	9# 涵洞	4.89
25	麻黄沟支沟	红三干渠 12+924	大河乡	10# 涵洞	4.78
26	糟岗子沟	新庄集一干渠 0+568	新庄集乡	渡槽	6.2
27	小独疙瘩沟	新庄集一干渠 1+796	新庄集乡	渡槽	6.2
28	细腰子沟	新庄集一干渠 3+097	新庄集乡	渡槽	6.2
29	兰圈子沟	新庄集三干渠 1+000	新庄集乡	渡槽	2.19
30	鸭爪子沟	红三干渠 43+850	柳泉乡柳泉村	渡槽	11.78
31	茅头墩沟	红三干渠 45+918	柳泉乡柳泉村	渡槽	11.78
32	无名沟道	红三干渠 39+837	红寺堡镇兴盛村	红三干 11# 涵洞	11.8
33	陈家沟	红三干渠 41+160	红寺堡镇甜水河村	红三干 12# 涵洞	67

续表1

序号	沟名	渠道桩号	所在乡村	过渠建筑物	
				名称	过流能力(m³/s)
34	石子沟	红三干渠41+370	红寺堡镇甜水河村	红三干13#涵洞	39.89
35	无名沟道	红三干渠46+672	柳泉乡柳泉村	红三干14#涵洞	2.92
36	野池沟	红三干渠47+400	柳泉乡柳泉村	红三干15#涵洞	32
37	茶树沟	红三干渠48+200	柳泉乡沙泉村	红三干16#涵洞	29.94
38	无名沟道	红三干渠49+171	柳泉乡	红三干17#涵洞	49.31
39	无名沟道	红三干渠49+521	柳泉乡	红三干18#涵洞	1.48
40	无名沟道	红三干渠49+897	柳泉乡	红三干19#涵洞	1.11
41	无名沟道	红三干渠50+200	柳泉乡	红三干20#涵洞	2.91
42	无名沟道	红三干渠50+500	柳泉乡	红三干21#涵洞	10.85
43	无名沟道	红三干渠51+335	柳泉乡	红三干22#涵洞	6.63
44	无名沟道	红三干渠51+807	柳泉乡	红三干23#涵洞	3.16
45	无名沟道	红三干渠52+261	柳泉乡	红三干24#涵洞	11.08
46	无名沟道	红三干渠53+218	柳泉乡	红三干25#涵洞	4.64
47	无名沟道	红三干渠53+975	柳泉乡	红三干26#涵洞	31.66
48	无名沟道	红三干渠54+656	柳泉乡	红三干27#涵洞	25.14
49	无名沟道	红三干渠56+386	柳泉乡	红三干28#涵洞	15.08
50	无名沟道	红三干渠56+950	柳泉乡	红三干29#涵洞	0.34
51	无名沟道	红三干渠59+390	柳泉乡	红三干10#渡槽	6.9
52	大水沟	红三干渠56+468	柳泉乡	红三干11#渡槽	9.06
53	无名沟道	红三干渠57+149	柳泉乡	红三干12#渡槽	9.06
54	无名沟道	红三干渠57+594	柳泉乡	红三干13#渡槽	9.06
55	无名沟道	红三干渠58+109	柳泉乡	红三干14#渡槽	9.06
56	无名沟道	红三干渠59+390	柳泉乡	红三干15#渡槽	6.9
57	通山沟	红三干渠60+330	柳泉乡	红三干16#渡槽	6.9
58	庙儿沟	红四干渠2+920	田园村	四干1#渠涵	4.19
59	李家窑沟（榆树沟）	红四干渠4+210	田园村	四干1#渡槽	4.19
60	无名沟道	红四干渠5+450	田园村	四干2#渠涵	4.19
61	蔡庄子沟	红四干渠5+927	红星村	四干2#渡槽	4.19
62	蔡庄子沟	红四干渠6+395	红星村	四干3#渠涵	4.19
63	周家圈沟	红四干渠8+715	周新村	四干5#渡槽	4.19
64	周新庄村沟	红四干渠10+263	周新村	四干7#渡槽	4.19
65	白崖子沟	红四干渠11+600	旧庄村	四干8#渡槽	4.19
66	干沟子	红四干渠14+314	旧庄村	四干9#渡槽	4.19

续表2

序号	沟名	渠道桩号	所在乡村	过渠建筑物	
				名称	过流能力(m³/s)
67	后头沟	红五干渠2+700	旧庄村	五干1#渡槽	3.06
68	庙梁沟	红五干渠3+540	旧庄村	五干2#渡槽	3.06
69	臭水沟	红五干渠4+195	旧庄村	五干3#渡槽	3.06
70	无名沟道	红五干渠6+900	河湾村	五干3#涵洞	0.26
71	陶家大沟	红五干渠7+489	旧庄村	五干1#渠涵	3.06
72	苏英断头沟	红五干渠10+120	河湾村	五干4#渡槽	3.06
73	无名沟道	红五干渠13+134	上垣村	五干3#渠涵	3.06

第五节　信息化

一、泵站自动化建设

受投资和技术限制,宁夏扶贫扬黄灌溉一期工程自动化设计建设标准低、功能不完善、可靠性差,仅黄河泵站,红四、五泵站及固海扩灌七至十二泵站与主体工程同期建成站级自动化,其他泵站均为老式继电保护,盘控模式,各类参数无法上传自动监控。实施自动化改造势在必行。

按照国家计委关于宁夏扶贫扬黄工程的初设批复意见,从2007—2010年分两个阶段对红寺堡、固海扩灌泵站进行综合自动化改造,项目具体内容包括管理处调度中心,在完善通信网络设施的基础上实现全处水利调度自动化,即宁夏扶贫扬黄灌溉一期工程综合自动化及通信系统改造工程。

(一)宁夏扶贫扬黄灌溉一期工程综合自动化及通信系统改造工程(第I阶段)

第I阶段改造工程2007年1月开工,2008年7月竣工,由上海连际自动化控制系统有限公司承建,主要完成项目内容和实现的功能为:一是红寺堡一、二、三泵站微机保护、测控装置改造,机组测温装置改造,自动化设备安装及压力传感器、超声波液位计、隔离刀闸和进出水阀门等设备状态监控;二是建立红寺堡一泵站视频监控系统、站级自动化系统,出水管道安装9台电磁式流量计,建立光纤通信网络;三是实现管理处调度中心对红寺堡一、二、三泵站电气、温度、水位等参数远程监控、视频远程监控、机组远程操作。

(二)宁夏扶贫扬黄一期工程综合自动化及通信系统工程固海扩灌灌区泵站综合自动化及通信系统工程(第Ⅱ阶段)

第Ⅱ阶段工程分两个标段,2008年开工,2010年完工,其中固海扩灌一至六泵站由深圳市吉洋智能技术有限公司实施,新庄集一至四泵站、黄河泵站由上海连际自动化控制系统有限公司实施,项目主要内容和功能为:一是固海扩灌一至六泵站、新庄集一至四泵站站级综合自动化系统建设;固海扩灌一至六泵站、黄河泵站站级综合自动化系统并入管理处调度中心。二是完成调度中心及固海扩灌一至六泵站、新庄集一至四泵站、黄河泵站软件的编制、安装、调试,实现黄河泵站、固海扩灌一泵站远程监控。三是完成固海扩灌七泵站相关微机保护、测控设备的更新。

2010—2017年,建成了黄河泵站、红寺堡一至五泵站、新庄集一至四泵站10座泵站机电设备的自动化控制系统。管理处调度中心与黄河泵站及红寺堡一至三泵站的自动化控制系统实现了远程监控;红寺堡四至五泵站、新庄集一至四泵站实现了站级自动化控制系统。新圈一泵站、新圈二泵站、海子塘一泵站、海子塘二泵站等4座泵站未进行自动化系统改造。

二、红寺堡一至五泵站自动化更新改造

红寺堡扬水工程更新改造自动化、信息化工程以"智慧宁夏""一网一库一平台"为依托,与自治区水利厅"互联网＋水工程"行动相衔接,遵循"十三五"智慧水利体系,总体建设目标是利用信息通信、计算机网络、多媒体及自动控制等技术,建立覆盖基层站所的通信网络,完善泵站综合自动化系统建设,建设渠道测控系统,建成覆盖泵站、渠道的水利信息采集点,实现管理处调度中心和基层站所对各泵站的检测、监视、远控,为水资源管理、水量调度、水量调度、防汛减灾等提供服务,全面提升管理水平,基本实现传统水利向现代水利转变。

红寺堡一至五泵站自动化按照"少人值守"管理模式设计,结合泵站目前管理水平、现实条件、一次设备技术状态,自动化控制分两步实施,即先实现站级控制、远方调度,逐步实现远方控制、远方调度。目前,实现了站级自动化水平。

红寺堡一至五泵站自动化建设内容:共安装现地LCU控制设备31套、冷却水池RTU设备3套、变配电子系统5套,实现3回10千伏进线供电系统、4台110千伏主变及配套设施、4台35千伏主变及配套设施和43台机组及其辅机系统的监测和控制;安装43台管道压力传感器、43台电磁流量计以及18台水位传感器、458点的输入/输出监控点表和30台高性

能计算机、83台高清摄像头、5台A3黑白激光打印机以及若干工业以太网交换机等,实现了以下功能:

远程数据监测、处理、存储:一是通过后台管理机对变电站、水泵、电机、变频、阀门等泵站机电设备电气量(电压、电流、功率、电能等)、模拟量(水位、压力、流量、温度等)及开关状态量的实时数据采集,并对其进行处理、存储;二是完成变电站运行情况的检测、事故记录、历史数据保存、画面显示、报表打印;三是机电设备的运行参数的监测、监视;四是实现泵站的各类报表生成和管理;五是实现泵站厂区内全覆盖式安装高清摄像头并实时监视、上传。

远程遥控:一是泵站变电、机组高压断路器可实现远程分、合控制;二是实现进出水电动阀、液控蝶阀的远程启闭;三是稀油站、冷却水系统、排污泵可以进行远程启停等操作;四是励磁变压器可以进行远程增、减磁,变频设备调频运行;五是机组及配套设备可以通过后台管理机进行远程联动,一键启停。

安全可靠:一是安装五防锁功能,监督、保护每一步电气操作,防止误操作,保障人员及财产安全;二是具备机组急停功能,以防意外发生;三是具备机组高温报警及机组超温急跳功能;四是具备故障、事件报警提示功能。

运行管理:一是按照运行需求完成所有的数据报表的统计、查阅、上传工作;二是自动化内容、权限分级,便于泵站及管理处管理。

红寺堡扬水泵站更新改造和信息化工程建成后,催生了运行维护管理方式的创新,机组启动由人工现场操作变为计算机远程一键启动,各项运行参数由人工现场记录变为电脑自动生成,人工现场巡查变为视频远方监控,降低了职工劳动强度,为压缩运行班组人员、增设养护班组、探索机电设备"管养分离"创造了条件。随着信息化、自动化程度的不断提高,逐步实现遥控、遥测、遥调功能,实现测控一体化,最终达到"少人值守、无人值班"的运行管理目标,大大加快传统水利向现代水利发展进程。

三、灌区信息化建设

(一)通信部分

建处以来,通讯经历了车载电台、微波通信、公网无线座机3个阶段。

车载电台 1997年,总指挥部先期采购3套800兆赫兹集群移动通信设备,其中一套安装在红寺堡大罗山,以保障红寺堡地区工程建设期间的通信。1998—2002年,筹建处以此作为生产调度通信工具。

微波通信 2001年5月开始一点多址微波系统、电源系统、程控交换机系统、铁塔、通信工程安装。在筹建处建成1个无线中心站(RSC),在红崖、罗山、长山头、固海扩灌六泵站、八泵站、七营、唐堡所建成7个中继站,在红寺堡和固海扩灌各泵站建成27个终端站,替代车载电台通信,成为生产调度新的通信方式。至2015年年底,该通信系统停运。

2007年实施扶贫扬黄灌溉一期工程综合自动化及通信系统改造工程,红寺堡系统建成管理处至黄河泵站、红寺堡一至三泵站的155MSDH光纤通信网络,铺设光缆38.7千米;2011年敷设光缆30.8千米,建成红寺堡三泵站至新庄集一、二泵站之间的光缆线路工程。基于此,建设了管理处调度中心至黄河泵站、红一至三泵站的IP语音电话系统,与微波通信同时发挥作用。2015年年底,光纤通信停止运行。

无线座机 2016年,与宁夏电信中宁分公司合作安装175部无线座机,利用公网传输保障生产调度语音通信的需求。

(二)信息化部分

数传电台 2007年购置6套数传电台安装于管理处调度室、节灌站、新庄集一泵站、中心管理所、48公里养护点、红四泵站,用于干渠水位监测。该系统于2015年被自治区水利厅新建的水位遥测系统替代,全面停运。

水位遥测系统 2010—2013年,筹资实施红寺堡扬水灌区信息化管理技术示范项目工程,完成3个干渠断面、18个干渠直开口水情监测、1个支干渠配水闸门的远程控制系统建设,开发了灌区水情监测系统软件。2015年,自治区水利厅为管理处建设了21个干(支干)渠断面信息采集点。2015年年底,实现对24个干(支)渠断面、18个干渠直开口的水情远程监测。

互联网接入系统 2006年,管理处机关建成局域网并接通了互联网。2009年,利用光缆和无线网卡为红寺堡和固海扩灌28个泵站(所)全部接通了互联网。2014年,自筹资金应用光纤+无线网桥技术对泵站互联网工程进行技术升级,提高了红一至三泵站、新圈一至二泵站、新庄集一至四泵站、中心管理所至海子塘一至二泵站、红四泵站网络稳定性,淘汰了无线网卡。2015年,为红五泵站接入有线网络。同年,自治区水利厅统一利用移动公司公网完成15个站所、4个养护段、1个园区的互联网接入工作,实现了基层站所有线网络全覆盖。2016年筹资完成了机关片、红一至三泵站、新庄集一泵站、节灌站养护段、柳泉养护段、红塔养护段的无线Wi-Fi覆盖。

电子政务平台 2013年,接通自治区水利厅电子政务平台,互通电子文件。2015年2月水慧通电子政务平台建成后，公文管理应用系统建设和电子公文流转在全处实现了分级部署和使用。视频会议系统、门户网站发挥了应有作用。

四、信息化(自动化)设备运行管理

(一)信息化设备运行管理

成立由处长任组长、分管副处长任副组长的信息化建设工作领导小组、"互联网＋水利"行动领导小组和网络安全领导小组,明确机构职责,在灌溉调度科下设办公室,配备专职人员负责信息化工程规划实施、方案编制上报、设备检修、故障处理,站(所)负责日常管理巡护。制定《网络安全员工作职责》《电子政务管理办法》《通信技术员岗位职责》《网络安全应急预案》。

(二)自动化设备运行管理

泵站自动化设备运行管理由机电科负责。2010年4月制定泵站自动化系统检修工操作手册;2014年8月制订《机电设备检修规程(试行)》《机电设备运行维护规程(试行)》,对自动化设备检修、运行管理作出明确要求。各泵站按照《机电设备运行维护规程(试行)》对自动化设备进行日常巡视、监视;检修队按照《机电设备检修规程(试行)》负责各泵站自动化设备检修维护,及时处理各类缺陷、故障,及时维修、维护各类设备,保障自动化系统正常运行。

第六节 绿化工程

一、泵站绿化

(一)概况

扬水泵站地处荒原,建站之初无树无草,施工垃圾遍地,风大沙多,工作生活环境十分恶劣。筹建处号召职工投工投劳,拉石换土,平整站区土地,植树种草,美化环境,并根据各泵站实际,因地制宜,高起点规划,高标准实施,形成常青树、乔木、灌木、花草、经果林、菜园合理搭配的格局,收到了春有花、夏有绿、秋有果的效果。1999—2017年,累计投资560万元(含站区绿化林带平整、管护、栽植、工器具等),栽植树木512884棵,其中红寺堡扬水系统栽植树木338305棵,站区绿化率达35%以上;固海扩灌系统2001—2010年栽植树木174579棵。

1999—2007年,先后完成红寺堡15座泵站(所)庭院绿化及站区周围农田防风林造林工

作,完成固海扩灌一至十二泵站站区绿化林带平整及庭院绿化工作。

2012—2017 年,实行收支两条线管理,干渠及站区绿化费用纳入财政专项维修零星养护资金,主要用于美丽渠道建设,庭院绿化仅在泵站院内补栽少量花卉、风景树。

(二)管理

1999 年制定《绿化工作管理办法》,各泵站(所)建立林木档案、月管护登记卡、管理档案,将站区绿化任务划分到班组、责任到人头,实行专责管理,管护成效与单位、个人百分考核挂钩,泵站每月对班组锄草、灌水等管护情况进行考核评比,管理处对泵站实行半年、年终 2 次考核。管理处还多次举办林业知识学习班,聘请林业技术人员讲授修剪及管护技术,指导泵站开展剪枝、涂漆、塑料包扎、灌水、病虫害防治等工作,着力提高树木成活率。

二、干渠绿化

按照自治区水利厅《关于加强植树绿化工作实施绿色通道工程》要求,结合工程建设,采取整体规划、分段实施、明确责任、落实奖罚等措施,对部分渠道进行植树绿化。

2000 年,在红二干渠和红三干渠种植刺槐、杨树、臭椿、灌木,共种植树木 130815 棵,其中红二干渠 34280 棵、红三干渠 96535 棵。

2000 年生物护渠种植树木统计表

序号	植树位置	树木数(棵)			
		刺槐	杨树	臭椿	灌木
1	红二干渠(2 + 190~3 + 360)	3342	836	25931	4171
2	红三干渠(7 + 550~22 + 473)	31539	11593	—	11987
3	红三干渠(18 + 450~28 + 300)	41416	—	—	—
合计		76297	12429	25931	16158

2001 年,对上年植树渠段死亡树木进行补栽,共种植刺槐、杨树、臭椿 36954 棵,其中红二干渠 968 棵、红三干渠 35986 棵。

2001 年生物护渠种植树木统计表

序号	植树位置	树木数(棵)		
		刺槐	杨树	臭椿
1	红二干渠(2 + 190~3 + 360)	458	210	300
2	红三干渠(7 + 550~28 + 300)	8330	19428	8228
合计		8788	19638	8528

2002 年,在红二干渠和红三干渠已植树渠段补栽,共种植刺槐、杨树、臭椿 68627 棵,其中红二干渠 2314 棵、红三干渠 50588 棵。

2002 年生物护渠种植树木统计表

序号	种植部位	树木数(棵)		
		刺槐	杨树	臭椿
1	红二干渠(2 + 190~3 + 360)	—	1200	1114
2	红三干渠(7 + 550~22 + 473)	4710	10450	20410
	红三干渠(23 + 322~28 + 300)	3117	3499	8402
	合计	7827	24069	36731

2000—2002 年,种植树木因红寺堡灌区沙化严重,加之黄斑星天牛侵害及管理不善等原因,导致树木成活率低,每年都要补栽。

2003—2015 年,由于资金匮乏,渠道绿化维持原状。

2016 年,管理处争取水土保持资金实施生物固堤,推进美丽渠道建设,在红寺堡三干渠共植树 14199 棵,种植树木种类为新疆杨、刺槐、臭椿和漳河柳,投资 143.91 万元。

2017 年,管理处利用渠道维修养护经费,实施生物固堤,美丽渠道建设,在红寺堡三干渠共植树 10600 棵,种植树木种类为刺槐、漳河柳、新疆杨和臭椿,投资 108.25 万元。

第七节　管理设施

一、中宁办公生活基地

管理处办公生活基地位于中宁县新堡镇,东临新堡北街,南接新堡小学,西与中宁中学毗邻,占地面积 49.78 亩,分为办公区和家属区两部分,其中办公区建有办公楼、通信调度楼、培训楼、工程公司及检修队办公楼等。家属住宅区建有 2~4 号住宅楼和公寓楼。

1998 年 8 月—2000 年 8 月,筹建处租用固海扬水管理处招待所三、四层为临时办公场所。2000 年 8 月,机关搬迁至中宁办公生活基地。

(一)一期工程

总体情况　中宁办公生活基地一期工程包括土建、供电、供排水、供暖、道路、绿化等部分,1999 年 6 月开工建设,2000 年 8 月竣工初验,2001 年 1 月正式验收。主体工程总投资

700.7万元,其中5层办公楼一栋,框架结构,建筑面积3244平方米;4层培训楼一栋,砖混结构,建筑面积2079.5平方米。配套工程包括围墙、高低压线路、给排水等项目,共投资380万元,架设高压线路0.4千米、低压线路800米,埋设电缆543米,安装供电设备5台(套)、变压器1台;砖砌围墙580米,花栏围墙365米;新建水塔1座,打深水井1眼,埋设供水管线1059米,埋设排水管网1502米;建设锅炉房1座,安装4吨供暖锅炉1台、茶浴炉1台,埋设供暖管网773.8米;硬化院面及道路5111平方米,建成门卫室、变电室、水房、自行车棚等340.28平方米。配套工程基本与主体工程同期开工、同期完成,同时验收。一期工程第一标段(办公楼、培训楼)由宁夏兴宁实业公司承建,第二标段(2号住宅楼)由宁夏康奥建设实业公司承建。

锅炉房及洗浴室 2000年9月开工建设,同年11月建成投用。为一层砖混结构,建筑面积680平方米。2000年9月安装4吨燃煤锅炉1台、茶浴炉1台;2006安装6吨锅炉1台,总供暖面积35000平方米。2015年,按照中宁县强制拆除自建燃煤锅炉要求,2台供暖锅炉停用,2017年8月报废处置。2000年建成200平方米洗浴室,2006年改为净化水室,同年8月水净化设备投运,生产的纯净水定期送往基层单位职工饮用。2011年3月,随着基层单位陆续接通自来水,净化水设备退出使用。

供排水设施 2000年5月开工建设,2000年8月竣工,2001年1月交付使用。包括砖混结构水塔1座(容积50立方米,层高32.5米);人饮水井1眼(40米钢管深井),供水管网1059米,混凝土排水管网1502米。2014年6—8月,争取项目资金,改造办公生活基地室外自来水管路1284米,安装完善计量设备,8月底并入中宁县自来水管网。2015年9—10月,改造室外老化的热水管网(供暖)2568米,完善配套设施,11月初接入中宁县集中供热系统。2016年,改造办公楼等室内老化供排水管、热水管(供暖),并完善配套设施。

(二)检修队、工程公司办公楼

2002年3月,按照总指挥部《关于下达红寺堡扬水工程筹建处2002年基建计划的通知》,规划新建2000平方米机修、库房、综合楼,投资110万元。2002年8月开工建设,2003年7月竣工,建筑面积1760平方米,四层框架混装结构,工程总投资101.89万元。宁夏兴宁建筑有限责任公司承建。

(三)通信调度楼

2003年4月,总指挥印发《关于红寺堡扬水工程筹建处通信调度楼等建设项目计划的批复》《关于下达宁夏扶贫扬黄一期工程2003年第一批执行计划的通知》,同意筹建处通信调度楼等项目建设,共计投资140万元,总建筑面积1949平方米,其中通信调度楼建筑面积1000平方米,为框架五层建筑结构。2003年6月通信调度楼开工建设,2004年8月竣工,10月交付使用。宁夏兴宁实业有限责任公司承建。

(四)加工车间、库房

2006年8月,总指挥部下达2006年工程建设项目计划,同意筹建处建设加工车间、材料物资仓库。2006年9月开工建设,12月竣工,总建筑面积790平方米,投资90万元,为框架一层结构,其中加工车间314平方米、库房478平方米。宁夏东杰建筑工程公司承建。

(五)检测公司实验室

2011年,检测公司成立时,将原200平方米5间洗浴室改造成检测实验室,2014年将原茶浴炉房改造成检测实验室,2016年将原材料物资仓库的一半(240平方米)改造成检测实验室。

(六)管理处机关、检修队办公楼及培训楼节能改造

2016年10—11月,投资191.2万元(财政补助90万元),对管理处机关、检修队办公楼及培训楼实施立面保温粘贴、更换双层保温玻璃窗、屋面防水保温工程改造,并安装电磁式开水器8台。宁夏伊丰建设工程有限公司承建,宁夏鑫禾建设监理有限公司监理。

(七)职工住宅楼

红扬小区位于新堡北街008号,在管理处办公生活基地院内,属国有资产。小区建有2号、3号、4号住宅楼和1栋公寓楼共150套,建筑面积13307.6平方米。

2号住宅楼　1998年8月,自治区计委以《关于下达宁夏扶贫扬黄灌溉一期工程1998年计划的通知》批准基地新建13650平方米住宅楼。1999年5月,2号住宅楼开工建设,2000年8月竣工,总投资276.18万元,建筑面积4715.6平方米,60套住房,6层砖混结构。2000年9月分配,10月入住。由宁夏康奥建设实业公司承建。

3号、4号住宅楼　2002年3月,总指挥部批准新建5000平方米住宅楼。同年8月,3号、4号住宅楼开工建设,2003年6月竣工,由宁夏兴宁建筑有限责任公司承建。3号住宅楼投资191.9万元,建筑面积3614平方米,40套住房,5层砖混结构;4号住宅楼投资148.04万元,建筑面积2788平方米,30套住房,5层砖混结构。3号、4号住宅楼同年9月职工入住。

公寓楼　经总指挥部同意,筹建处自筹资金201.95万元建设公寓楼。2007年5月开工建设,11月竣工,建筑面积2590平方米,20套住房,5层砖混结构。由宁夏兴宁宏达建筑安装有限公司承建。

住宅楼配套设施改造　2014年6—8月,对2号、3号、4号家属楼进行供暖、给水分户改造;同年9月,对4栋住宅楼安装楼宇门及对讲系统。2016年4—5月,管理处对公寓楼屋面进行保温改造,外墙、楼道进行粉刷。5—8月,争取中宁县对2号、3号、4号住宅楼进行老旧小区节能改造。

住宅楼管理　第一,住房分配及管理。制定并按照《住房管理办法》分配本处职工居住,分到住房的职工根据面积大小缴纳3.2万元、4万元、10万元不等的抵押金。2009年11月,经管理处会议研究决定,退还职工缴纳的房屋抵押金,自2009年1月1日起缴纳公共设施维修金。第二,房改。1999年11月请示总指挥部对2号住宅楼进行改制,12月总指挥部批复:因申请房改的红寺堡筹建处办公生活基地2号住宅楼尚未竣工,产权又属于指挥部,认为不具备房改条件,不同意房改。2000年9月,向中宁县房改领导小组申请对2号住宅楼进行房改,因政策限制未予批复。2013年8月、2017年7月,先后请示自治区水利厅对4栋住宅楼进行改制,未果。第三,物业管理。2000—2015年,小区物业由管理处代管。2015年以来,委托中宁县安定物业公司管理。

二、泵站(所)办公生活设施改善

(一)办公生活设施

1998年建处以来,始终把改善泵站(所)办公生活条件作为稳定职工队伍的重要举措来抓。

1999年始,凡职工进驻泵站,在配备必要的办公生活用具的同时,均配置电脑、电视、冰柜、洗衣机、篮球架、乒乓球台。2003—2007年,随着发展逐步形成泵站(所)"十个一"理念(每个泵站建一个三好职工食堂、一个职工之家、一个花园式泵站、一个菜园子、一个果园子、一个小养殖园、一个日光温棚、一百亩土地、一口水窖、一口菜窖),不断补充完善办公生活、文体娱乐设施。其间,新建房屋12间、改造房屋5间,5个泵站建设了日光温棚,部分泵站管理房铺设地瓷砖,全部泵站建成果园、菜园、太阳能淋浴室,增配了电炊具、消毒柜、台球桌、音响、流动书箱、保健药箱,2005年为红寺堡和固海扩灌两系统开通通勤车,2007年为所有泵站控制室安装了空调,改善了泵站职工的生产生活条件。

2008—2012年,在原有基础上进一步改进完善。其间,增建职工宿舍15间,改造红寺堡一、二、三泵站,新庄集一泵站,海子塘一、二泵站管理房,加装彩钢瓦屋面,更换套装门,生活区供电线路改造;为新庄集二至四泵站、红四至五泵站、中心所等单位新建了9座温棚,为所有泵站新建了彩钢车棚,更新了电脑、电视、冰柜、洗衣机、办公桌椅、木包床、会议桌椅等办公生活设施,增配了电热淋浴器,控制室加装隔音门。

2013 年以来,在重点抓好通路、通自来水、通互联网的同时,筹资新建养护段 2 处,集中改造红寺堡四泵站、新庄集二泵站生活区,增建泵站职工宿舍 18 间、改造 32 间、修缮 16 间,新建冲水厕所 3 座;改造 5 个泵站站区照明设施,为红寺堡四、五泵站,新庄集二、三泵站,中心所职工宿舍安装空调 65 台;更新了部分泵站电视机、洗衣机、淋浴器、冰柜等设施;14 座泵站控制室改造安装了隔音门窗,新建蔬菜温棚 1 座、加固改造 5 个,为部分泵站新建了鸡舍。抢抓泵站更新改造机遇,红寺堡一至五泵站值班室改造了水冲式卫生间。

(二)泵站饮用水

1998 年,红寺堡一、二、三泵站建站之初即接通自来水。2000 年,中心管理所接通红寺堡镇水厂自来水。黄河泵站、新圈一至二泵站、海子塘一至二泵站、新庄集一至四泵站、红寺堡四至五泵站等 11 个泵站自建站一直饮用黄河水。为改善水质,为各泵站安装了净水设施。2006 年,筹建处在机关安装了 1 台水质净化设备,定期为泵站配送桶装纯净水供职工饮用,2011 年该设备退出使用。

2008 年,自治区水利厅对红寺堡区实施农村饮水安全工程,新庄集一至四泵站、新圈二泵站等 6 个泵站接通自来水。2011 年,管理处与太中银铁路有限公司协商,为红寺堡四泵站接通太中银铁路自来水。2014 年,新圈一泵站、黄河泵站接通自来水,并对红寺堡一泵站自来水管线改造。2014 年年底,全处 15 个基层泵站(所)全部接通了自来水。

(三)泵站进厂道路

1998 年起,各泵站建站之初,除黄河泵站、红寺堡一泵站、中心所进厂道路为硬化路面外,其他泵站进厂道路均为砂砾石路,雨雪天气职工及灌区群众进出不便。

2011 年 3 月以来,管理处积极与中宁县、红寺堡区、同心县商洽,争取将泵站进厂道路硬化工程列入地方村村通项目工程,择机实施。2011 年 4 月,争取将新庄集一至四泵站和红寺堡四、五泵站共计 9.8 千米进厂道路硬化列入地方政府村村通项目,2012 年、2013 年实施完成。2014 年,硬化海子塘一至二泵站、新圈二泵站和红寺堡二泵站 2.8 千米进厂道路。至此,共争取地方政府硬化泵站进厂道路 12.6 千米。除新圈一泵站外,其他 14 个泵站(所)进厂路均为硬化路面。

第四章 工程运行管理

第一节 机电设备运行管理

一、制度规程

1998—2001 年，先后制订机电运行、检修维护管理制度、规定、办法 44 种，收编于 2001 年编印的《规章制度汇编》。2008 年 10 月，修订了部分机电管理制度、职责。2015 年 9 月，再次对部分制度、职责进行修改、完善。

（一）运行及检修规程

2012 年 10 月，根据设备情况及管理需要，对原有管理制度进行修改，并新增 16 种制度和机电管理规定。2014 年新编了 7 章 47 节的《机电设备运行维护规程》和 6 章 35 节的《机电设备检修规程》。2016 年对《交接班制度》《巡回检查制度》《运行维护制度》进行修改，将《巡回检查制度》《运行维护制度》更名为《巡视检查制度》《值班制度》。这些规程、制度为规范管理工作、保障安全生产发挥了重要作用。

（二）"两票三制"执行

"两票三制"即工作票制度、操作票制度、机电运行值班制度、设备巡视检查制度、交接班制度。

工作票、操作票制度 严格执行《国家电力电网安全规程》，1999—2002 年，结合泵站运行人员业务能力及新职工情况，每年以文件形式确定和调整工作票签发人、工作负责人、工作许可人、监护人、操作人，明确各类电气工作人员的工作责任，确保人员及设备安全。2002

年后,因泵站数量和管理人员增多,再未以文件明确,由业务科室根据实际情况调整。

机电运行值班制度 值班人员在值班期间做到"三严""四勤""五净""六不"。"三严"即严守工作岗位、不擅离职守,严格执行安全工作规程,严格履行交接班手续;"四勤"即勤看、勤听、勤闻、勤查;"五净"即机泵设备擦干净,前池柴草捞干净,环境卫生搞干净,厂房污水排干净,各种记录写干净;"六不"即不看书、报、杂志,不睡觉,不打闹喧哗,不在值班期间会客,不酒后值班,不做与运行无关的事情。明确运行值班工作坚持安全生产、文明生产,按规定着装,佩戴胸卡,保持衣着及环境卫生整洁,并保持良好的精神状态。

巡视检查制度 巡视设备时必须两人进行,穿绝缘鞋、戴安全帽,严格按照《机电设备运行维护规程》规定的项目巡视、检查。业务站长、技术员、值班长、值班人员按规定时间进行巡回检查。

交接班制度 对本班设备运行情况的总结和对生产工作的概括评价,同时为下班运行状况提供依据,交接班时明确交代变电所及机电设备的运行方式,设备是否存在异常、设备运行情况、保护动作情况、安全工具及工器具的完好性,已完成或未完成的工作、上级交代的其他事项等。

二、运行管理

(一)职能划分

机电管理科负责泵站机电设备的运行、维护、检修的检查、指导、考核。泵站负责机电设备操作、运行、维护及安全生产、文明生产等工作。

(二)班组设置

机电运行原则上4班3倒,主泵站每班3~4人,支泵站每班2~3人,24小时常住泵站,一般8天休副班2天。每班设运行值班长1名,运行人员在值班长的带领下负责当班期间全站设备操作、运行、维护、管理工作。

1998—2001年,红寺堡一至三泵站每班4人,设4个运行班组;新庄集一、二泵站,每班3人,设4个运行班组;新圈一、二泵站每班3人,设2个运行班组。

2002年3月,黄河泵站运行实行3班制。

2004年3月,红寺堡一至三泵站、新庄集一至三泵站及固海扩灌一至六泵站每站设4个运行班组,每班3人。黄河泵站、新庄集四泵站及固海扩灌七至十二泵站每站设3个运行班组,每班设3人。新圈一、二泵站及海子塘一、二泵站每班3人,设2个运行班组。

2008年年初,根据生产任务增加实际,对运行班组和人员设置进行了调整,红寺堡一至五泵站及新庄集一至四泵站设4个运行班组,每班4人;海子塘泵站、新圈泵站设4个运行班组,每班2人。

2015年,黄河泵站设4个运行班组,每班3人。

(三)设备维护

按照规定的项目、周期开展机电设备、直流二次回路、自动化设备、附属设备、工器具等运行维护工作。

(四)缺陷管理

按照设备缺陷对安全运行的影响程度分为紧急缺陷、重要缺陷、一般缺陷3种。紧急缺陷汇报管理处调度及值班领导,泵站可组织处理限制其扩大,必要时先停用设备后汇报;重要缺陷由泵站组织处理,受技术、配件等限制不能处理的,由检修队处理;一般缺陷由泵站组织人员处理,暂时不能处理的列入检修计划,待具备条件后处理。

(五)专责管理

1999年5月,印发《机电设备专责管理办法》,实行四级管理机制,即业务主管部门、泵站、班组、专责人。将设备按类型、区域、独立性等划分成若干单元,按单元将设备日常管理和维护责任落实到班组,班组根据人员情况,将设备按台(套)落实到每个值班人员,进行专责管理。泵站、业务科室按期做好指导、监督。建立设备专责手册,记录设备档案,大小修和更换部件及大修运行时数,为检修保养提供依据。专责管理纳入月绩效考核和年度先进评比,奖优罚劣。

(六)用电管理

1999年8月,印发《用电管理规定》,实行管理处、泵站两级管理。业务部门设用电管理专责人员,负责各类用电计划的编制、组织实施和电费收支情况的审核,检查、监督和指导全处用电工作。泵站(队)负责本单位用电情况的统计、汇报、电能计量装置和用电设施的管理等,制定管理措施,明确人员,落实责任,确保计划用电、安全用电、节约用电。运行期间,各泵站每天定时汇报日用电情况。

(七)文明生产

文明生产是运行管理的一项重点内容,从生产区域卫生、值班人员精神面貌、设备运行管理、设备专责等方面规范管理,制定考核细则,严格规范生产作业,划分卫生区域,明确环境清扫和设备清擦周期、责任,将文明生产管理纳入绩效考核,每月评比。

(八)设备评级

1999 年 10 月,制定《机电设备评级标准》,将机电设备划分为十九大类,根据各类设备存在缺陷的不同和技术状况,划分出一、二、三类设备,其中一类为完好设备,二类为基本完好设备,三类为重大缺陷设备。业务部门每年组织对各类机电设备进行全面检查评级。

(九)越冬管理

1998 年 11 月,印发《机电设备及水工设施越冬暂行规定》,2014 年 8 月对设备越冬规定进行修订完善。业务部门与泵站签订设备越冬责任书,泵站将冬保工作及责任落实到班组、个人。站长与责任人签订《泵站机电设备安全越冬工作责任书》。越冬期间,值班人员负责巡视检查设备越冬情况。越冬结束后,业务部门、泵站组织全面检查,发现问题及时处理并做好越冬总结。

(十)档案管理

1999 年,制定了《机电设备档案管理办法》,对机电设备进行建档管理。2004 年,进一步规范设备档案管理,按设备类别分机组、变压器、电容器和无功功率补偿装置、母线系统、转供电设备、低压配电屏、其他屏柜、天车、自动化设备、辅助设备和其他设备 11 类。

(十一)指标管理

考核指标主要包括能源单耗、用电率、设备完好率、安全运行率等内容。根据行业规范、自治区水利厅考核要求逐年下达考核指标,年底检查考核。

生产任务及经济指标完成情况表(1999—2017 年)

年度(年)		上水天数(d)	年上水量(万 m³)	年用电量(万 kW·h)	能源单耗(kW·h/kt·m)	用电率(%)	设备完好率(%)	安全运行率(%)	安全操作(次)
1999		122	2444.52	1442.84	4.37	91	98.8	100	937
2000		155	5223.62	3148.72	4.36	91.7	98.9	100	908
2001		144	6858	4479.22	4.09	93	98.9	100	1022
2002		139	8047.71	5693.04	4.1	93	98.7	100	1195
2003	红系	155	9137.73	6414.86	4.1	93	98.19	100	1811
	扩系	116	1542.01	1304.58	3.09	82	98.33	100	2179
2004	红系	163	11652.23	8313.26	4.03	82	99.44	98.92	2247
	扩系	118	2602.35	2710.5	3.82	84	99.5	100	3433
2005	红系	169	15868.63	11850.33	4.14	93.1	98.51	100	2028
	扩系	127	3982.46	4457.08	4.18	92.4	98.44	100	4171
2006	红系	173	17451.01	13835.19	4.23	93	98.31	100	2021
	扩系	171	7111.14	9018.78	4.37	92	98.2	100	4102

续表

年度 (年)	上水天 数(d)	年上水量 (万 m³)	年用电量 (万 kW·h)	能源单耗 (kW·h/kt·m)	用电率 (%)	设备完 好率(%)	安全运 行率(%)	安全操 作(次)
2007(红系＋扩系)	169	25242.99	23757.7	4.3	95	98.5	100	6767
2008(红系＋扩系)	169	29949.15	28082.68	4.3	93	98.4	100	5226
2009(红系＋扩系)	170	31161.1	30386	4.3	93	98.8	100	4486
2010	161	22543.86	19372.16	4.3	93	98.8	100	2015
2011	156	24621.63	21587.10	4.3	93	99.05	100	2032
2012	156	24322.37	21120.06	4.34	93	99.1	100	1616
2013	163	27421.59	24019.76	4.38	93	98.02	100	1979
2014	160	27434.84	24947.18	4.54	93	89.2	100	1841
2015	161	27663.43	24968.18	4.69	93	86.27	100	1870
2016	159	26467.54	25147.85	4.79	90	84.83	98.76	2411
2017	160	26702.45	24773.12	4.5	90	86.17	100	1883

三、检修维护

机电设备检修维护按设备类别划分,检修队负责变压器、电动机检修,二次保护调试、电气试验、自动化系统运行维护,泵站负责水泵、闸阀及附属设备的检修。

设备检修由泵站上报缺陷,业务科室编制计划,下达检修计划任务书,落实检修任务,明确检修时限、技术要求和安全注意事项。检修工作遵循谁检修、谁负责的原则,以泵站(队)、班组为单元,建立检修责任清单,层层落实安全主体责任。检修工作结束后,按照检修规程及规范,由业务科室统一组织验收。

红寺堡系统机电设备历年大、小修情况表(2000—2017 年)

单位:台(套)

年度 (年)	水泵		进出水蝶阀		电动机		变压器	
	大修	小修	大修	小修	大修	小修	大修	小修
2000	1	30	0	62	0	31	0	3
2001	2	40	0	84	0	42	0	21
2002	3	47	0	104	0	50	0	27
2003	3	54	1	143	0	57	0	50
2004	11	77	0	180	1	87	1	49
2005	14	74	0	180	0	88	0	50
2006	32	56	0	180	0	88	0	50

续表

年度（年）	水泵		进出水蝶阀		电动机		变压器	
	大修	小修	大修	小修	大修	小修	大修	小修
2007	38	50	4	176	9	79	0	50
2008	30	58	11	163	12	76	1	49
2009	42	46	1	173	5	83	1	49
2010	44	44	12	162	8	80	3	47
2011	47	41	12	162	9	79	0	50
2012	32	56	0	174	4	84	2	48
2013	34	54	9	161	9	79	2	48
2014	21	67	11	151	15	73	2	48
2015	39	49	10	160	19	69	5	45
2016	32	56	10	160	12	76	2	48
2017	31	57	3	167	12	76	0	50

固海扩灌系统机电设备历年大、小修情况表（2003—2009 年）

年度（年）	水泵		进出水蝶阀		电动机		变压器	
	大修	小修	大修	小修	大修	小修	大修	小修
2003	0	48	0	176	0	88	0	30
2004	0	88	0	176	0	88	0	54
2005	2	86	0	176	0	88	1	53
2006	20	60	3	173	7	81	0	54
2007	33	55	2	174	0	88	0	54
2008	15	73	0	176	22	66	0	54
2009	43	45	0	176	0	88	0	54

第二节　渠道工程运行管理

一、渠道工程岁修

1999年,制订《水利工程管理暂行办法》《渠道和水工建筑物安全运行及维护管理规定》《工程承包管理规定》。2008年,修订出台《渠道管护维修工作暂行办法》。2014年,在原有制度基础上,制订出台《渠道工程维修养护管理规定》《工程维修养护经费管理办法》,2017年再次进行修改。

工程维修养护实行统一管理与分级负责相结合的管理模式,建立处、泵站(所)二级管理体系,业务部门负责维修养护的计划、监督、审核、验收,工程公司和泵站(所)承担维修养护的实施。工程岁修由泵站(所)上报岁修项目计划,业务部门组织现场查勘确定维修项目,编制渠道维修费用项目计划(包括年度计划及每批次计划),提交处务会研究决定,分批次上报自治区水利厅批复后实施。其中专项工程由工程公司实施,零星工程由泵站(所)实施。竣工后实行联合验收、结算。

2001—2017年,根据资金来源,岁修工程建设分为3个阶段:

2001—2008年,受总指挥部委托,代管红寺堡和固海扩灌扬水工程,较大缺陷由总指挥部下达资金维修,零星项目自行维修。

2009—2012年,工程岁修项目由管理处组织勘察,编制维修养护计划上报自治区水利厅,自治区水利厅下达资金计划,管理处组织实施。

2013—2017年,工程岁修资金实行"收支两条线"管理。

岁修工程内容有:渠道清淤,混凝土板鼓肚、沉陷、滑塌等维修处理,渡槽伸缩缝和八字墙裂缝处理,渠堤加高,干渠喷桩号、喷字,量水堰喷水尺,斗口、闸门启闭机保养维修及漏水处理,干渠道路修复,其他渠系建筑物维修养护等。

2001—2011年,渠道岁修工程共投资2521.01万元,其中红寺堡系统投资1839.02万元,固海扩灌系统投资681.99万元。2010年始,固海扩灌系统整建制划拨到固海扬水管理处。渠道岁修工程统计表如下:

渠道岁修工程统计表(2001—2011 年)

年度(年)	投资(万元)		
	红寺堡系统	固海扩灌系统	合计
2001	21.94	0	21.94
2002	69.94	0	69.94
2003	55.84	1.76	57.6
2004	6.58	4.29	10.87
2005	31.09	59.62	90.71
2006	5.81	65.91	71.72
2007	94.49	119.59	214.08
2008	432.45	250.54	682.99
2009	252.67	180.28	432.95
2010	411.54	0	411.54
2011	456.67	0	456.67
总计	1839.02	681.99	2521.01

随着工程运行时间延长,渠道老化失修现象日趋严重,无法保证工程正常运行。鉴于此,2012 年开始,在自治区水利厅、财政厅的大力支持下,逐年增加了岁修工程投资。

渠道岁修工程投资表(2012—2017 年)

年度(年)	总投资(万元)	其中:水工部分投资(万元)
2012	1392.73	94.11
2013	1157.8	315.6
2014	1392.82	307.19
2015	1375.36	249.98
2016	1768.31	361.96
2017	1222.96	558.83
总计	8309.98	1887.67

二、渠道工程养护

职能科室对渠道工程养护进行技术指导,泵站(所)对所管辖渠道负直接管理责任,渠道养护工负责对所划定管理区段的渠道和水工建筑物进行巡护。

为了规范渠道养护工作,建处之初,制订了《渠道和水工建筑物安全运行及维护管理规定》,2008 年,修订出台《渠道管护维修工作暂行办法》《渠道养护工岗位职责》,2014 年重新修订了《渠道工程维修养护管理规定》,明确渠道工程管理及维修养护标准,规定渠道检查分为日常检查、定期检查和特别检查。日常检查由渠道养护工执行,定期检查实行分级管理,管理处每年组织 6 次(春灌、夏秋灌、冬灌前后)全面检查,站(所)每月组织一次全面检查。当发生特大洪水、暴雨、地震,工程非正常运行和发生重大事故等情况时,各站(所)及时组织进行特别检查,发现问题及时上报业务部门。

渠道巡护时间规定:行水期每天(夏季 6—8 时、16—18 时;冬季 8—10 时、15—17 时)进行 2 次巡护检查,如遇天气异常情况随时加巡,巡查时着重检查险工险段及工程变化情况。

1998—2006 年,渠道巡护由巡护工和季节性临时工承担。各站(所)聘用的渠道巡护临时工,由总站按照组织人事科的要求签订统一的用工合同。

2007—2008 年,按照水利改革管养分离要求,成立养护大队,渠道养护任务由养护大队承担,巡护工仅承担渠道巡护任务。管理处与养护大队签订《渠道工程年度养护目标责任书》,明确养护任务、养护周期、养护费用及养护质量标准。养护周期一般为 2 个月,春、夏季各一次,汛期视渠道受损情况增加养护次数。

2009 年以后,渠道工程养护由泵站承担。

截至 2017 年,管理处有水工人员共 52 人,正式工 46 人,临时工(渠道巡护)6 人。其中管理人员 22 人、渠道巡护工 30 人。养护渠道 135 千米。通过渠道精细化管理,广大职工积极参与渠道工程养护,动手整修渠道。

三、标准化渠堤建设

为了强化渠道管理,提高渠道维护质量,2001 年 9 月制订《标准化渠道奖惩办法(暂行)》,标准化渠道建设按单元划分评比达标,奖优罚劣。针对渠堤路面标准低、坑洼不平的现状,2001 年开始,在全处开展标准化渠道建设达标评比活动。2013 年,按照自治区水利厅美丽渠道建设要求,每年安排一定长度渠段,开展标准化渠堤建设,渠堤路面统一标准,表面铺砂砾碎石,两侧铺设道牙板,同时渠堤两侧种植防风林带,在跨渠桥梁及水闸处安设防护栏杆、警示牌。2013 年投资 16 万元修建标准化渠堤 6.15 千米;2014 年投资 69 万元修建标准化渠堤 10 千米;2015 年投资 54 万元修建标准化渠堤 10 千米;2016 年投资 54 万元修建标准化渠堤 10 千米。2017 年投资 54 万元修建标准化渠堤 10 千米。截至 2017 年年底,标准化渠堤累计达到 46.15 千米。渠堤建设和管理逐步走上标准化。

四、防汛抢险

防汛工作坚持"安全第一,常备不懈,以防为主,全力抢险"方针,坚持因地制宜、统筹兼顾、突出重点、兼顾一般,局部利益服从全局利益和"灌溉服从防汛"的原则,落实行政一把手负责制、值班人员岗位责任制,紧紧依靠灌区地方政府和群众,成立联防组织,号召全处职工和灌区群众共同参加防汛抢险,坚持做到"组织、责任、预案、物资、队伍、机械"六落实。

1998年建处之初,制订《防汛工作规定》,成立防汛抢险指挥机构,建立防汛抢险联防组织,管理处防汛工作领导小组负责全处防汛工作,各泵站(所)负责本辖区防汛工作,业务部门负责指导、检查、协调,工程公司承担主要的防汛抢险任务。动员社会力量参与,各泵站与驻地政府、受益乡村、临近单位成立防汛联防组织,组建防汛抢险预备队,划分防汛抢险责任,熟悉"防汛调度预案",储备防汛物资,建立健全预警机制。制订《防汛预案(暂行)》,明确泵房、一干渠、二干渠及三干渠各段发生水淹泵房、洪水入渠等应急抢险方案。

2008年以来,进一步修订完善《防汛工作管理规定》,进一步明确了组织机构及职责,细化汛前管理、汛期管理、汛后管理、奖惩规定等。

为了快捷、高效、有序地开展抢险工作,最大限度避免和减小损失,每年都结合渠道实际情况,修订完善渠道工程防汛抢险应急预案,逐一明确洪水入渠、水淹泵房、压力管道爆管、泵站电力中断、机组失电跳闸、渠道决口、建筑物倒塌等次生衍生灾害的现场处置措施,每年有计划地开展应急演练活动,锻炼了队伍,提高了应急处置能力,确保了安全度汛。

五、渠道险情

1998年以来,较典型的渠道工程险情有:2003年6月红三干渠2号排洪槽决口;2006年11月孙家滩2号斗口决口;2007年6月固海扩灌六干渠退水决口;2007年7月,固海扩灌三干渠大沙沟渡槽10号浆砌石支墩被洪水冲毁;2009年11月,固海扩灌十干渠洪山沟渡槽进口漏水冲刷渠堤。

重大洪毁现象有:

2010年8月,红三干渠上下麻黄沟渡槽、常家窑渡槽、蛇腰沟渡槽、碱井沟渡槽过水路面冲毁。

2013年7月洪水入渠,新圈一支干渠3+250处右侧外坡冲刷严重,红三干渠常家窑沟过水路面被冲毁,蛇腰沟渡槽光缆被冲断,新庄集支干渠槽岗子沟、小独疙瘩沟路面被冲毁,新庄集二泵站后池压力钢管与混凝土管结合处下方被淘空,兰家圈渡槽过水路面下游被淘空。

2013 年 8 月,红三干渠 12 号、13 号涵洞被洪水淤积。

2014 年 8 月,红一、二泵站压力管道路面冲毁,红四干渠近 14 处洪水入渠,局部混凝土板滑塌。同年 8 月 25 日,突降暴雨,洪水漫顶入渠,冲毁、堵塞渠道,上、下级泵站被迫停机,红五干渠 4# 渡槽 6# 排架基础冲毁。

2015 年 6 月,新庄集二泵站前池进口左堤前 100 米混凝土板滑脱。

2016 年 4 月,红二泵站机组跳闸,系统紧急停机,水位骤降,红三干渠 15 + 500 等多处混凝土板滑坡。同年 8 月,红三干渠 48 + 448 ~ 62 + 100 段渠堤路面洪毁。

2017 年 8 月,红三干渠 58 + 790 处渠道右侧约 14 米长混凝土板滑落,红四干渠 7 + 900 ~ 8 + 000 处右堤 60 米混凝土板滑塌,2#、3# 渠涵淤积,过水路面全部冲毁,5#、6#、7#、8# 渡槽下游沟道过水路面冲毁,10 + 500 ~ 10 + 550 处右堤混凝土板全部滑塌。

每次险情发生后,管理处立即启动抢险应急预案,安排人员、物资、机械等紧急抢修,在最短的时间恢复通水,保障了灌溉生产。

六、山洪灾害及抢修

截至 2017 年底,红寺堡扬水工程建设以来有记录的暴雨山洪灾害共 25 次。

山洪灾害及抢修基本情况表

序号	名称	中心桩号	沟道名称及岸别	发生洪水时间	洪水灾害损失情况	洪水发生后应对措施情况
1	红一泵站	—	—	2014.8.19	压力管道路面洪毁90米	路面洪毁修复
2	红二泵站	—	—	2014.8.19	压力管道路面洪毁700米	路面洪毁修复
3	红三干渠下麻黄渡槽	9+885~10+082	下麻黄沟	2010.8.10	渡槽过水路面冲毁	进行洪毁修复
4	红三干渠上麻黄渡槽	10+980~11+313	上麻黄沟	2010.8.10	渡槽过水路面冲毁	进行洪毁修复
5	红三干渠常家峪渡槽	16+489~16+686	常家峪沟	2010.8.10	渡槽过水路面冲毁	进行洪毁修复
6	红三干渠蛇腰沟渡槽	17+983~18+110	蛇腰沟	2010.8.10	渡槽过水路面冲毁	进行洪毁修复
7	红三干渠碱井沟渡槽	21+740~21+937	碱井沟	2010.8.10	渡槽过水路面冲毁	进行洪毁修复
8	红三干渠12#涵洞	41+154	陈家沟	2013.8	涵洞淤积	清淤处理
9	红三干渠13#涵洞	41+400	石子沟	2013.8	涵洞淤积	清淤处理
10	新圈一干渠	—	—	2013.8	洪水入渠导致机组停机	申请减机,停水后处理维修
11	新圈一干渠1#排洪槽	0+322	—	2015.8.13	洪水入渠导致渠道衬砌板冲塌5平方米,渠道淤积	秋灌停水后处理维修,渠道恢复村砌
12	新圈二干渠	—	—	2015.8.13	造成泵站自来水管冲断50米	洪毁修复
13	海子塘二干渠	6+500	—	2013.8　2014.8	6+500处(212斗口附近)渠道冲毁	重新砌护渠道
14	海子塘二干渠	6+300	—	2014.8.25	洪水入渠造成渠道砼板滑塌60平方米	砼板重新砌护
15	新庄集四泵站	—	—	2015.8.13	造成压力管道路面洪毁,管床局部沉陷	新建排洪边沟,防洪堤
16	红四干渠8#渡槽	11+600~11+748	白崖子沟	2014.8.25	渡槽过水路面冲毁	进行洪毁修复
17	红四干渠	16+350	右	2014.8.25	红四干15+910左堤砼板滑坡	洪毁修复,砼板维修砌护
18	红四干渠	7+800	右	2015.8.14	红四干渠7+800左侧85×3.3平方米渠道砼板冲毁	洪毁修复,砼板维修砌护
19	红四干渠	10+900	右	2015.8.14	红四干渠10+600左侧55×3.3平方米渠道砼板冲毁	洪毁修复,砼板维修砌护
20	红四泵站	48+448	左	2016.8.13	变电所院内沉陷50平方米;红三干渠48+448~62+100段渠堤路面洪毁;压力管道管槽积水	洪毁修复;管槽积水潜水泵排水
21	红五干渠	8+430	右	2014.8.25	8+400处右岸洪水入渠,渠堤冲毁	进行洪毁修复,修建加高防洪堤
22	红五干渠	9+800	右	2014.8.25	9+000处右岸洪水入渠,渠堤冲毁	进行洪毁修复,修建加高防洪堤
23	红五干渠4#渡槽	10+120~10+274	苏英断头沟	2014.8.25	10+274　4#渡槽6#支墩洪毁(3.5×6)平方米,路面过山山洪损坏	进行洪毁修复,渠道砼板维修砌护,维修过水桥;停水后洪毁修复,砼板渡槽维修
24	红五干渠	10+640	右	2014.8.25　2016.8.16	10+600右堤洪水入渠砼板滑坡,10+64012#生产桥右堤洪水入渠;10~500处砼板冲毁500米	洪毁修复,渠道砼板维修砌护,维修生产桥;停水后砼板砌护维修
25	红五干渠	7+820	右	2016.8.16	7+500处右岸洪水入渠,砼板冲毁500米	停水后洪毁修复,砼板砌护维修

第五章　灌溉管理

第一节　供水领域

水资源短缺是制约红寺堡区、同心县等地经济社会发展的最大瓶颈。扬黄水作为宁夏中部干旱带最可靠的水源,辐射面广、社会关注度高、战略地位重要,是扶贫攻坚的"生命之水"。管理处认真践行中央治水方针和自治区治水思路,落实最严格的水资源管理制度,建立健全水指标控制体系,提高水资源利用率。坚持统一调度,严格执行计划用水、定额用水、指标管理、合同供水;严格水权制度,开展水量确权工作,转变管水用水方式;严格取水许可,规范受益各县(区)取用水,切实保障灌区各业用水安全。

按照初步设计方案,逐年拓展供水领域,加快发展民生和生态水利,努力提高水资源配置效率和使用效益,工程供水范围和类型向城镇生活、农村人畜饮水、农业灌溉及生态用水多领域发展,供水范围辐射中宁县、红寺堡区、利通区、同心县4县(区)。灌区初设灌溉面积75万亩,调改后55万亩,2017年实际灌溉面积76.35万亩,其中中宁县4.62万亩、红寺堡区48.42万亩、孙家滩7.2万亩、同心县16.11万亩。

一、灌区发展过程

1998年9月16日试水成功,10月26日红寺堡一至三泵站开机上水,扬黄水通至红三干渠22千米处,向红二干渠203、204干渠直开口(中宁县双井子乡试点村)和红三干渠大河乡试点8个村供水,引水量为362.4万立方米,灌溉面积1.13万亩。

1999年,向红二干渠中宁201、203、204干渠直开口和红三干渠307~316干渠直开口供水,年引水量2444.52万立方米,灌溉面积1.83万亩。

2000年4月,红寺堡扬水工程通水至红三干渠末端343干渠直开口,年引水量5223.6万立方米,灌溉面积8.2万亩,基本为农业灌溉用水。

2001年4月15日,新庄集一泵站开机上水,5月1日新圈泵站开机上水,新增加了新庄集、新圈支干渠的供水任务。同年10月26日黄河泵站通水运行。

2002年4月4日,黄河泵站给高干渠补水1357.39万立方米。同年4月18日,海子塘灌域开始供水。

2002年10月21日—11月18日,固海扩灌一至六泵站及一至六干渠试水成功。五、六干渠沿线同心灌区的1.78万亩农田得到冬灌,年引水量548.07万立方米。

2003年10月26日,固海扩灌七至十二泵站试水成功。至此,固海扩灌全线通水灌溉。

2005年11月9日,红寺堡四、五泵站及干渠通水,送水至同心县韦州镇,当年冬灌灌溉面积3000亩。

2009年,红寺堡扬水工程送水至下马关高效节灌区。下马关高效节灌320万立方米的水库建成,向人畜饮水、城镇生活供水,使工程效益进一步得到发挥。

2010年3月,固海扩灌工程移交固海扬水管理处管理。

2012年,随着红寺堡工业园区的发展,鲁家窑水库、乌沙塘水库的建成,红寺堡扬水工程由单一的农业灌溉供水向人饮、生态等领域供水拓展,实现了多领域供水。

2013年以来,灌区灌溉面积迅速增加,至2017年灌溉面积达到76.35万亩(含19.52万亩节水灌溉面积)。

二、灌区人畜饮水

红寺堡灌区开发建设以来,借助扬水工程优势,兴建了西部、中部、新庄集、周新及鲁家窑供水水源工程。其中西部和中部供水水源为深井地下水,新庄集、周新及鲁家窑供水水源为黄河水。中部供水工程水源地在柳泉,设计日供水量12000立方米;西部供水工程水源地在中宁恩和,设计日供水量1000立方米;新庄集供水工程从新庄集四支干高口渠道取水,建成10万立方米蓄水池1座,设计日供水量1087立方米;周新供水工程从红寺堡四干渠取水,建成6万立方米蓄水池1座,设计日供水量440立方米;鲁家窑建成380万立方米水库1座,从海子塘引渠取水,日供水量5万立方米(含生态绿化、农业灌溉及生活);乌沙塘综合水源工程从红寺堡三干渠 21 + 584 处取水,建成 272 万立方米水库 1 座,设计日供水量 2341 立方米;下马关建成 180 万立方米、80 万立方米、60 万立方米水库各 1 座,设计日供水量 2192 立方米。灌区水源工程的建设,解决了灌区 29.8 万搬迁移民、65 万头(只)牲畜的安全饮水。

三、灌区农业用水

红寺堡灌区农业用水主要集中在中宁县恩和、红寺堡区、利通区孙家滩、同心县韦州及下马关,农业供水面积 76.35 万亩。农作物主要为小麦、玉米(含套种)、马铃薯、油葵、瓜菜、林草、枸杞、葡萄、黄花等。

四、灌区生态用水

海子塘 101、201,红三干渠 315-1、319-1、319-2 等干渠直开口专供生态用水;鲁家窑水源工程、马渠生态移民工程,以干渠为水源,利用荒漠荒地,建设蓄水调节库池,用以保障园区生活、绿化用水。积极支持灌区生态建设,截至 2017 年年底,累计向灌区生态供水 4100 万立方米,生态环境得到极大改善。

红寺堡扬水工程 1998 年投运以来,截至 2017 年年底累计引水量 34.2 亿立方米,供水量 30.83 亿立方米。2004 年红寺堡扬水工程引水量突破 1 亿立方米,2006 年红寺堡和固海扩灌两系统工程引水量突破 2 亿立方米,2009 年两系统工程引水量突破 3 亿立方米(2008 年红寺堡扬水工程引水量首次突破 2 亿立方米,2009 年固海扩灌工程引水量首次突破 1 亿立方米),2009 年两系统最大引水流量 33.45 立方米/秒(红寺堡 21.1 立方米/秒,固海扩灌 12.35 立方米/秒)。红寺堡灌区引水量从 1998 年的 362 万立方米增加到 2017 年 2.67 亿立方米,上水天数从 1998 年的 28 天增加到 2017 年的 160 天,保证了灌区 29.8 万搬迁移民、65 万头(只)牲畜的安全饮水和 76.35 万亩农田(节灌 19.52 万亩)的灌溉用水。

红寺堡灌区灌溉情况表

年度(年)	上水量(万m³)	开停灌时间(月.日)	上水天数(d)	配水量(万m³)					自用水量(万m³)	退水量(万m³)	商品率(%)	利用率(%)	灌溉面积(万亩)					定额(m³/亩)	水费(万元)	作物产量(万kg)				
				小计	中宁	红寺堡	利通区	同心					小计	中宁	红寺堡	利通区	同心			小计	中宁	红寺堡	利通区	同心
1998	362.4	10.28—11.24	28	237.3	0	237.3	0	0	0	65	0	0	1.13	0	1.13	0	0	210	0	0	0	0	0	0
1999	2444.52	4.17—11.21	122	1981.66	0	1981.66	0	0	0	235.99	0	89.7	1.83	0	1.83	0	0	1085.84	0	230.4	0	0	0	0
2000	5223.62	4.13—11.21	155	4094.21	260.08	3834.12	0	0	88.73	418.37	78.4	87.05	8.2	0	8.2	0	0	510.11	25.87	891.14	0	0	0	0
2001	6858	4.13—11.21	144	5736.24	188.46	5548.01	0	0	151.35	240.93	83.64	88.98	9.5	0.38	9.12	0	0	603.81	87.68	2098.61	20.63	2077.98	0	0
2002	8047.71	4.5—11.18	139	7115.04	190.61	6924.43	0	0	142.07	83.01	86.5	90.12	14.5	0.16	14.34	0	0	490.69	133.64	4423.6	39.1	4384.5	0	0
2003	9137.73	4.3—11.20	155	7808.86	110.01	7698.85	0	0	175.86	40.3	85.46	87.77	17	0.89	16.11	0	0	448.51	279.78	6160.01	183.65	5976.36	0	0
2004	11652.23	4.6—11.20	163	10258.57	389.63	9868.95	0	0	167.45	25.6	88.04	89.67	23.19	0.78	22.41	0	0	442.37	562.3	8014.01	319.08	7694.93	0	0
2005	15868.63	4.6—11.20	169	14167.65	633	13534.65	0	0	185.51	23.30	89.28	90.58	25.71	1.32	24.39	0	0	550.91	967.14	12839.98	348.78	12491.2	0	0
2006	17451.01	3.28—11.20	173	15672.44	685.23	14737.43	0	249.78	205.97	12.77	89.81	91.06	30.73	1.3	28.47	0	0.87	509.95	1399.17	16681.57	463.25	15981.82	0	236.5
2007	17034	4.1—11.20	164	15768.35	663.04	14305.46	0	799.85	138.64	38.55	92.57	93.6	40.05	1.63	35.44	0	2.99	393.63	1657.01	19024.61	457.77	17622.84	32	912
2008	20447.79	4.1—11.20	169	19014.08	969.35	15470.39	1239.99	1334.35	201.7	2.20	92.99	93.98	44.38	2.1	37.06	2.82	2.41	428.45	2186.62	17926.3	808.64	15003.34	720	1394.32
2009	20231	4.1—11.20	170	18822.71	1220.1	14798.83	1155.49	1648.29	158.5	15.23	93.04	93.89	47.42	2.8	37.61	3.67	3.34	396.92	2543.74	17792.36	763.4	14669.56	620.9	1738.5
2010	22543.86	4.1—11.18	161	21029.63	1415.19	15410.97	1834.03	2369.44	217.09	9.98	93.28	94.29	52.87	4.21	38.54	5.06	5.07	397.78	2844.46	20881.68	996.25	16514.43	742	2629
2011	24621.63	4.1—11.18	156	22935.36	1629.63	16535.05	1780.95	2989.73	224.51	0	93.15	94.06	58.82	4.87	40.14	5.27	8.54	389.9	3101.72	23255.7	1126.7	17973.94	696	3459.06
2012	24322.37	4.1—11.19	156	22394.53	1695.12	15644.93	1843.84	3210.64	413.51	8.32	92.07	93.81	62.98	4.93	40.63	5.86	11.57	355.55	3041.61	25658.12	1279.2	19022.79	710.8	4645.33
2013	27421.59	4.1—11.22	163	24776.71	1754.65	16973.02	2109.83	3939.21	453.15	37.73	90.35	92.13	66.57	5.19	41.22	5.88	14.29	372.17	3365.91	29556.29	1447.7	22265.39	847.5	4995.7
2014	27434.84	4.1—11.20	160	24640.67	1663.35	16976.94	2126.87	3873.51	533.66	19.47	89.82	91.83	70.38	4.84	43.38	5.88	16.29	350.11	3332.2	30066.35	1703.6	22840.85	664	4857.9
2015	27663.43	4.1—11.20	161	24685.67	1889.66	17174.35	1952.67	3668.99	548.38	0.72	89.24	91.22	73.36	5	44.52	6.25	17.59	336.49	3338.13	32875.08	1467.19	25189.89	1320	4898
2016	26467.54	4.1—11.20	159	23473.88	1839.89	16055.37	1917.76	3660.86	453.26	3.43	88.69	90.41	76.81	5.34	46.5	7.2	17.78	305.58	3176.74	29876.04	1072.1	22738.85	1280	4785.09
2017	26702.45	3.30—11.20	160	23675.66	1805.43	16142.03	1989.35	3738.85	455.55	17.03	88.66	90.43	76.35	4.62	48.43	7.2	16.11	310.07	3246.07	27580.01	1554.02	19400.65	1280	5345.34
小计	341936.35			308289.22	19002.43	239852.74	17950.78	31483.5	4914.89	1297.93								384.51	35289.77	325831.86	14051.06	261849.32	8913.2	39896.74

固海扩灌区灌溉情况表

年度(年)	上水量(万m³)	开停灌时间(月.日)	上水天数(d)	配水量(万m³)						退水量(万m³)	商品率(%)	利用率(%)	灌溉面积(万亩)					定额(m³/亩)	水费(万元)	作物产量(万kg)				
				小计	中宁	同心	海原	原州区	自用水				小计	中宁	同心	海原	原州区			小计	中宁	同心	海原	原州区
2002	548.07	10.21—11.17	27	305.202	0	305.2	0	0	0	117.68	55.69	70.91	1.78	0	1.78	0	0	171.46	0	0	0	0	0	0
2003	1542.01	4.9—11.18	116	565.4	0	503.02	62.38	0	5.86	132.41	36.67	40.53	1.84	0	1.84	0	0	307.28	46.74	642.85	0	642.85	0	0
2004	2602.35	4.6—11.19	116	1639.58	0	1106.69	16.43	516.46	17.8	101.51	63	66.27	3.42	0	2.12	0.03	1.27	479.41	150.84	1382.46	0	1014.59	20.37	347.5
2005	3982.46	4.7—11.20	127	2963.8	0.319	1796.19	58.833	1108.46	10.08	26.73	74.42	75.18	6.05	0	3.50	0.13	2.43	488.62	272.67	2604.18	0	1541.16	379.99	683.03
2006	7111.14	3.28—11.20	149	6015.08	31.66	2229.18	1018.5	2735.73	14.29	33.06	84.59	85.18	14.3	0.06	4.99	2.45	6.8	420.74	553.39	6817.65	0	3031.13	1151.11	2635.4
2007	8208.99	4.1—11.19	158	6547.31	43.08	2767.72	1136.2	2600.31	13.38	125.53	79.76	81.16	18.78	0.04	5.62	2.5	10.62	348.64	710.31	9559.84	23.22	4148.09	1561.7	3826.83
2008	9501.36	4.3—11.20	155	7955.1	91.47	3735.23	3471.18	657.21	21.99	15.93	83.73	84.1	21.56	0.15	8.03	11.53	1.85	368.95	950.35	11927.92	28	5885.32	1990.95	4023.65
2009	10930.1	4.1—11.20	155	9494.37	73.5	4271.7	4218.87	930.31	15.39	31.47	86.86	87.26	24.6	0.13	9.92	10.41	4.15	385.91	1422.01	12883.28	28.7	7279.1	1574.47	4001.01
小计	44426.48			35485.84	240.03	16714.93	9982.39	8548.49	98.79	584.32								384.27	4106.31	45818.17	79.92	23542.23	6678.6	15517.43

第二节　灌溉管理体制

灌区灌溉管理实行专管与群管相结合的分级管理方式。干渠引水由自治区水利厅统一调度,管理处承担泵站机电设备和干渠的运行、维护、管理任务,负责干渠和支干渠水量计划、调配、测水以及干渠直开口配水、计量等工作。干渠直开口计量点以下工程及灌溉用水由地方水务部门或群管组织管理,负责将水量分配到各用水户。

扬水收费实行按方计量、超指标加价的水费收缴办法。水费计量点设在各条干渠上的支渠口以下 30 米处,设无喉道量水堰或流速仪测量。

灌区灌溉用水实行"以亩定量、指标控制、预购水票、按方收费"的办法。管理处每年年初根据自治区水利厅下达的年度用水总指标和地方水务局上报的各直开口用水指标, 结合灌区种植面积、作物结构、上年用水情况,编制灌溉计划,核定干(支干)渠直开口水量指标,同时将各直开口用水指标下达到泵站(所),由站(所)根据《灌区用水定额灌溉管理办法》和《用水定额管理补充办法》控制使用。

一、专管机构

1998 年 10 月,管理处设立工程灌溉部门、调度通信部门。2007 年,将工程灌溉部门的灌溉部分、调度通信部门合并为灌溉调度科。2003—2015 年,实行"总站管理分站"体制时,总站下设水调室负责灌溉管理,其他时期各泵站(所)下设水调室和水管班组,负责干渠直开口的测配水工作。

根据渠系分布和灌溉任务,1998 年设立红寺堡三干渠 10 千米处养护点,2002 年设立红寺堡三干渠 36 公里处养护点、48 公里处养护点,2007 年设立红寺堡五干渠下马关养护点,2007 年设立固海扩灌六干渠前红养护点,2014 年设立红塔养护点,主要承担渠道巡护、测量水、分水等工作。

二、群管组织

干渠直开口量水堰以下及支干渠管理主要以地方水务局、乡村为主,分别设立水管所,设专(兼)职支渠长、斗渠长,专门负责支斗渠的用水管理。2017年起灌区成立供用水协会,负责干渠直开口以下的用水管理。

三、调度管理

灌区水量调度实行"统一领导、分级负责、水权集中、专职调配"的原则。水量调配设二级调度管理组织,即管理处调度中心室为一级调度机构,对系统整个干渠水量实行统一调度;泵站(所)水调室为二级调度机构,对所辖干(支干)渠直开口水量统一调配。

(一)发展过程

1998年,设立调度通信部门,负责全处机变电、水工设备(施)、水量调配及话务通信管理工作。调度室配备3~4名调度员实行三班倒工作机制,调度员分为主调度员和副调度员。自2002年起,随着工程建设进展,承担上水任务逐年增大,逐步补充处、站(所)调度人员。

2003年,技术人员开发了扬水调度资料管理系统(RDRSYS)软件,实现了调度日报表的自动生成,以便于查询历年干渠水量、机组运行情况等数据。

2008年,实施宁夏扶贫扬黄灌溉一期工程综合自动化及通信系统改造工程建设,实现了遥信、遥测、遥控、遥视功能的调度模式,水利信息化的应用使调度管理水平有了质的变化。同年首次实现由调度中心远程开启红寺堡一泵站1台机组,这标志着调度自动化应用有了新突破。

2010年12月,在新庄集一支干渠进水闸安装远程控制装置,实现了调度中心对干渠闸门的远程操作。

2011年,建立干渠配水及水量计算机管理系统,调度室实现对站所的日配水量和阶段配水量的监督管理。

坚持每周召开一次生产例会,解决生产中存在的问题。2017年,为了进一步加强管理,解决供用水矛盾,每月在基层组织召开一次灌溉例会。

(二)遵循原则

系统水量调度实行七个原则。一是统一调度原则;二是计划用水同比例"丰增枯减"原则;三是总量控制与定额管理原则;四是均衡受益原则;五是月度指标控制原则;六是优先用水原则;七是蓄水库(池)调蓄原则。

(三)制度建设

建处以来,不断总结灌溉水量调度经验,健全完善灌溉管理制度,先后制定了《灌区灌溉管理暂行办法》《渠道测水规程》《渠道交接水规定》《商品水率考核办法》《扬水生产值班规定》《防汛工作管理规定》《调度规程》《防汛抢险应急预案》《抗旱应急预案》《优质服务规定》等。

四、节约用水

(一)工程措施

管理处和地方政府每年加大投入工程维修资金，更新改造渠道骨干工程和量水设施等，改善工程运行条件,提高计量精度;配合地方政府完善支渠以下渠系配套及防渗砌护,减少"滴、漏、跑、冒"损失,进行田间工程改造,推广小畦灌溉,不断提高灌溉水利用率。截至2017年,利用激光平地仪平田整地约占灌区大田面积80%以上,支渠以下渠道衬砌率达90%以上。

(二)管理措施

落实最严格水资源管理制度,推进节水型灌区建设。严格总量控制,加强定额管理,以水定植,落实计划用水;强化水权管理,严格分配水权指标,逐级明确细化、分解到户;推行水资源使用权转让,推进水价制度改革和水权交易改革;逐层逐级签订供水协议,形成水管单位、灌区政府、群管组织合力管水的机制;严格执行取水许可审批制度,对未通过取水许可审批或未列入年度取水计划而新建、扩建、改建、已建的项目和私自开发农田等一律不予开口供水;严格按照"先确权、再计划,先申请、再分配,先购票、再配水"的程序供水;合理编制用水计划,优化调度运行方案,统筹兼顾干渠及调蓄水库联合运行。通过世界水日、中国水周、灌溉例会等大力宣传水情、灌情,增强群众节水意识。

(三)作物结构调整

面对水资源紧缺局面,管理处协调灌区地方政府建立、完善节水机制,通过水权指标控制,促使灌区调整种植结构,走"以水定产业,以水调结构,以水定规模"的节水发展之路,逐步压减小麦、玉米等高耗水农作物种植面积,玉米种植比例从2003年的77.76%减少到2017年的43.78%。因地制宜发展沟灌葡萄、高酸苹果、马铃薯、红枣等高效特色设施产业,苜蓿、油葵、土豆等经济作物种植面积扩大至25.03万亩,亩均用水量由2001年的616立方米降至2017年的310立方米。

(四)节水技术推广

推广应用喷、滴、渗、微、沟灌等节水灌溉技术,灌区设施农业、葡萄、枸杞、药材等节水型经济作物迅速发展,建设大小蓄水池67座,总设计库容3100多万立方米,年蓄水量3900多万立方米,控制高效节水面积近20万亩,亩均用水70~150立方米,经济效益和节水效益显著。站所庭院灌溉实施喷灌、滴灌技术,为灌区节水起到示范带动作用。

高效节水灌溉调蓄水池基本情况表

序号	所辖单位	水库名称	管理单位	水源	设计库容(万 m³)	灌溉方式	主要作物及用途
1	红三泵站	201-2	中宁个体	红二干渠	2	滴灌	枸杞、果树
2		201-3	枸杞开发局		13	滴、喷灌	枸杞、果树
3		204支1#	红梧山高效节水示范区		11	滴灌	枣树
4		204支2#			9		
5		204支3#			0.50		
6		204支4#			0.50		
7		204支5#			0.80		
8		204支6#			0.30		
9		204支7#			0.30		
10		204支8#			0.15		
11		204支9#			0.15		
12		新圈三蓄水池	红寺堡水务局	新圈二干渠	30	滴灌	药材
13	新庄集泵站	307节灌站	大河乡	红三干渠	15	沟灌	林带
14		315	红寺堡林业局	红三干渠	15	沟灌	林带
15		315-2	乌沙塘	红三干渠	270	—	林带
16		新庄集一干渠103	沙草墩	庄一干渠	10	漫灌	蔬菜、玉米
17		107东林场	红寺堡林业局	一支干渠	15	漫灌	蔬菜、玉米
18		210-1	昌红公司	庄二支干渠	5	滴灌	葡萄
19		305-1	西川子村	庄三干渠	5	滴灌	葡萄
20		312	上源村		7	滴灌	葡萄
21		313	上源村		5	滴灌	葡萄
22		316-1	个体马少伏		15	喷灌	设施农业
23		灰家窑	红寺堡水务局		15	漫灌	设施农业
24		新建调蓄水库	红寺堡水务局		200	—	调蓄
25		1+1公司	红寺堡水务局		15	漫灌	设施农业
26		肖家窑	红寺堡水务局	庄三支干渠	160	滴灌	葡萄
27		新庄集四干渠5支	杨柳	庄四干渠	5	滴灌	葡萄
28		新庄集五干渠7支	红寺堡水务局	庄五干渠	10	滴灌	人畜饮水
29		新庄集五干渠9支			15	漫灌	设施农业
30		马渠	红寺堡移民局	庄五干渠	100	滴灌	枸杞

续表

序号	所辖单位	水库名称	管理单位	水源	设计库容（万 m³）	灌溉方式	主要作物及用途
31	中心管理所	317	梨花村	317 斗	3	滴灌	设施农业
32		319-1	红寺堡林业局	红三干渠	10	滴灌	林带
33		319-2		红三干渠	3	滴灌	林带
34		326-1	中信公司	326-1	5	沟灌	葡萄
35		329-1 茅头墩		329-1	15	沟灌	葡萄
36		327-2	柳泉村	327-2 斗	3	沟灌	闲置
37		农发办 1#	壹加壹公司	孙家滩 -1	21	喷灌	林草
38		农发办 2#			32	喷灌	林草
39		农发办 3#			30	喷灌	林草
40		农发办 4#			32	喷灌	林草
41		农发办 5#			35	喷灌	林草
42		农发办 6#			26	喷灌	林草
43		孙滩 1#	孙家滩水管所	孙家滩 -1	15	喷灌	苜蓿
44		孙滩 2#			30	喷灌	苜蓿
45		孙滩 3#			8	喷灌	苜蓿
46		孙滩 4#			2	喷灌	苜蓿
47	中心管理所	孙家滩管委会 1#	孙家滩水管所	孙家滩 -2	5	喷灌	温棚
48		孙家滩管委会 2#			18	喷灌	温棚
49		孙家滩管委会 3#			15	喷灌	供港蔬菜
50		孙家滩管委会 4#			160	喷、滴灌	经果林
51		孙家滩管委会 5#			3	喷灌	林草
52		孙家滩管委会 6#			14	喷灌	设施农业
53		鲁家窑蓄水池	红寺堡水务公司	鲁家窑泵站	380	喷灌	设施农业
54		海子塘一干渠东池子	红寺堡林业局	101	68	滴灌	林带
55		汇达蓄水池	汇达公司	101	30	滴、喷灌	葡萄
56		海子塘二干渠西池子	红寺堡林业局	201	16	滴、喷灌	林带
57		监区 1#	监区	204	10	喷灌	玉米
58		监区 2#		205	8	喷灌	玉米
59		监区 3# 沉沙池	弘德移民	210	4	喷灌	蔬菜
60		监区 4#	弘德移民		6	喷灌	
61		监区 5#	弘德移民	212	15	喷灌	
62	红五泵站	红四干渠人畜饮水	红寺堡水厂	407	5	人畜饮水	人畜饮水
63		金庄子水库	红寺堡水务局	红四干渠	495	—	调蓄
64		下马关高效节灌	新海水务公司	红五干渠	320	喷灌	枸杞、果树
65		韦州水库	同心水务局	红五干渠	94.5	—	调蓄
66		新建下马关水库	同心水务局	红五干渠	150	—	补灌
	合计				3121.2		

第三节 用水管理

一、计划用水

根据灌区用水实际,严格控制用水总量,层层分解用水指标,科学编制年度用水计划、月度开机计划及干渠直开口月、旬、日配水计划。定期分析各直开口供水进度,以"年控制、月计划、旬安排、周调节"为手段促使供水计划有效执行。同时实行月计划与短期计划相结合的办法,适时调整运行方式,满足灌区各类用水需求。

二、水权指标

红寺堡扬水灌区用水指标由自治区水利厅根据《宁夏黄河水资源县级初始水权分配方案》及灌区水源状况、作物种植结构、灌溉定额、渠系水利用系数、工程供水能力等,按照"同比例丰增枯减"原则确定。灌区开发之初,用水指标由筹建处申报,自治区水利厅审批。2004年,自治区水利厅开始实行水指标管理,筹建处按实际灌溉面积和直开口设计灌溉定额(366.5立方米/亩)将水指标分配到各县区水务局,再由各市、县(区)将指标按时段分解到各斗口,各站(所)进行控制使用。至2010年灌区面积迅速扩大,超过设计开发面积,管理处严格按照设计灌溉面积和直开口设计灌溉定额(366.5立方米/亩)分配水指标。2012年灌溉面积持续增大,供用水矛盾日益突出,为此,在红寺堡区灌域试行水权到户,2017年水权到户在灌区实现全覆盖。

三、灌溉定额

2007年2月,出台《红寺堡及固海扩灌扬水灌区用水定额管理办法》及《用水定额管理补充办法》,全面推行"总量控制、以供定需、按时段分配水指标",年亩均用水量按《宁夏扶贫扬黄灌溉一期初步设计》中的灌溉定额计算,即红寺堡灌区干渠直开口为366.5立方米/亩,固海扩灌区七营以北地区干渠直开口为349.75立方米/亩,七营灌区及以南地区干渠直开口为288.4立方米/亩。

灌区主要农作物实际灌溉定额

作物	灌溉次数	灌溉定额(m³/亩)	作物	灌溉次数	灌溉定额(m³/亩)
小麦	4	380	葡萄(沟灌)	4	240
单种玉米	4	390	牧草(大田)	3	270
套种玉米	5	480	牧草(喷灌)	6	240
枸杞(大田)	5	350	设施农业		260
枸杞(滴灌)	6	240			

四、配水管理

1998年,冬灌配水工作由工程灌溉部门负责,泵站具体落实。

1999年5月,召开首次灌溉工作会议,制定《灌溉管理暂行办法》,实行水票制。帮助各县指挥部建立群管组织,解决灌溉管理不规范、秩序混乱等问题。此后,逐步规范灌溉管理工作,用水管理抓好"两个凭证①""三个环节②""三本账""三公开③""签字制④""零时起账⑤"。实行"预购水票、凭票用水""一把锹淌水""先下游后上游,先难后易"供水制度,保障灌溉有序进行;严格收费、配水、记账、报账程序,做到水量日清日结,水、账、费相符;每年年初对干渠测水断面及直开口量水设施进行校核。

五、测量水

制定《渠道测水规程》《渠道交接水规定》,编印《斗口流量记录》《交接水记录》《测表》《命令记录》。工程自高干渠引水,引水计量以红一泵站出口实测流量为准。各站(所)间以交接水断面实测流量进行交接,灌区用水实行无喉道或断面计量供水。

(一)测量水管理

泵站(所)间交接水测量按照管理处《渠道测水规程》施测,上下游交接水人员确认,由站(所)水调室上报处调度室。干渠直开口量水实行"共同观测、双方签字"制度,站(所)长或技术员每天审核,业务部门定期抽查。

---

①两个凭证:收费凭证(供水发票)和供水凭证(斗口供水记录本),分别由财务部门和灌溉管理部门统一管理,编页、编号、盖章,站(所)领用,交旧领新。

②三个环节:调度、收费、配水,要求编号、金额、水量数据一致。

③三公开:按月、季、年定期将水价、水费、水量张榜公布到各村,以便群众监督。

④签字制:供水时,配水员与群管组织接水员共同观测记录时间、水尺、流量,供、用双方签字,作为结算水量的依据。

⑤零时起账:斗口连续供水时,配水员在当日零时至次日零时结清供水量。

（二）测流设备设施

渠道及干渠直开口测量水主要以 LS68 型旋杯式流速仪、LB70-2D 流速仪、无喉道量水堰、管道流量计（或水泵额定流量）进行计量。干渠及个别配水流量超过 1 立方米/秒直开口采用 LS68 型旋杯式流速仪、LB70-2D 流速仪计量，其他干渠直开口采用无喉道量水堰计量，在干渠取水的小型泵站采用管道流量计（或水泵额定流量）计量。

六、优质服务

工程投运灌溉以来，水务公开由最初"三公开"（水量、水费、水价）变为"四公开"（水指标、水量、水费、灌溉进度），保障了用水对象的知情权和监督权。2008 年起，陆续在斗门房上装设斗口流量对照表，2014 年在各站（所）安装电子屏和水务公示栏，定期进行水务公开，让用户淌明白水、交放心费。水管人员经常深入灌区田间地头，指导灌区用水，做好延伸服务。

第六章　安全生产

第一节　组织保障

红寺堡和固海扩灌扬水工程梯级多,生产连续性强,管理工作涉及水、电、机械、工程、灌溉等诸多行业,泵站点多线长、人员分散,安全管理难度大、困难多,管理处始终将安全生产作为重中之重,从强化组织领导抓起,1999年3月成立筹建处安全生产领导小组,处长任组长,2名副处长任副组长,实行安全生产"一把手负责制"。基层单位成立由主要负责人任组长的安全生产领导小组,配备兼职安全员,运行班长负责班组安全,建立了管理处、泵站(所)、班组三级安全网络。

1999—2008年,管理处安全生产日常工作由组织人事科(政工科)承担。2009—2013年,由机电管理科负责安全生产综合管理,其他科室负责对口范围的安全管理。2014年4月,管理处成立安全生产委员会,下设办公室(设在水政科),办公室设主任和专职安全管理员各1名,负责安委会的日常工作。泵站(所、队、公司)安全管理机构仍沿用安全领导小组称谓,由1名副职负责安全生产监督管理,并设1名兼职安全管理员。全处形成了主要领导负总责,分管领导各负其责,责任到岗位、全员参与的领导体制和工作机制。

管理处、泵站两级安全组织定期召开安全会议,专题研究安全工作,并采取定期检查和不定期抽查等方式,经常性开展行业安全大检查;各泵站间、班组间也开展自查与互查活动。春、冬季上水前和汛期来临前,管理处组织科室负责人由处领导带队,对渠道工程、机电设备徒步检查、逐台查验。每灌季开灌前的投送电、机组开启或改变运行方式由泵站负责人带队检查,并现场监护操作;开机上水后,对新修设备和工程安排专人看守,强化防范措施;夏秋灌高峰期,针对机组运行负荷大、渠道水位高的实际,泵站(所)负责人带领运行、水工人员加密巡查,精心维护,查处隐患,保障安全。

　　管理处主要领导作为安全生产第一责任人,年初与科室和基层单位主要负责人签订《安全生产责任书》,基层单位负责人与班组长签订,班组长与班组成员签订,逐级落实安全责任,明确目标任务,细化责任范围,使每台设备、每项操作、每件工作的安全责任落实到人头,实行专责管理和责任追究制。

红寺堡扬水管理处安全领导机构沿革表

时间	组长	副组长	成员					备注
1999.03	周伟华	徐宪平 杨永春	高铁山 李宁恩	左静波 祁彦澄	桂玉忠 赵 欣	李 明 田国祥	朱 洪	宁红发〔1999〕21号
1999.10	周伟华	徐宪平 杨永春	左静波 张永忠	赵 欣	王冰竹	高铁山	田国祥	安全会议记录
1999.12	周伟华	徐宪平 杨永春	左静波 张建清	桂玉忠 杨 俊	赵 欣 肖金堂	田国祥 邹建宁	王同选	安全会议记录
2001.04	周伟华	杨永春	马长仁 李瑞聪	赵 欣 曹福升	左静波 尹 奇	桂玉忠 李宁恩	张永忠	安全会议记录4月29日安全领导小组会议
2002.02	周伟华	杨永春	赵 欣 王冰竹	桂玉忠 尹 奇	李瑞聪	张永忠	曹福升	安全会议记录
2003	周伟华	杨永春	马长仁 周自忠 李宁恩 吴志伟	赵 欣 李瑞聪 高同建	桂玉忠 张晓宁 王冰竹	左静波 张永忠 李彦骅	李生玉 尹 奇 祁彦澄	安全会议记录
2004.01	周伟华	杨永春	赵 欣 张永忠	桂玉忠 李宁恩	王效军 王冰竹	李瑞聪 尹 奇	张晓宁 高同建	宁红发〔2004〕1号
2004.12	周伟华	桂玉忠	赵 欣 李宁恩	王效军 王冰竹	李瑞聪 尹 奇	张晓宁 高同建	朱 洪	宁红发〔2004〕101号
2005.06	周伟华	桂玉忠	马长仁 王冰竹 薛立刚	赵 欣 王拾军 李彦骅	尹 奇 高同建 张晓宁	张晓宁 朱 洪 祁彦澄	李瑞聪 李宁恩 曹福升	安全会议记录
2006.01	周伟华	桂玉忠	赵 欣 高同建	尹 奇 王拾军	张晓宁 薛立刚	曹福升 张 伟	李宁恩	安全会议记录
2007.01	周伟华	桂玉忠	赵 欣 高同建 李宁恩	朱 洪 张永忠 薛立刚	马玉忠 尹 奇 曹福升	朱宝荣 祁彦澄 高登军	张晓宁 王冰竹	安全会议记录
2008.01	周伟华	桂玉忠	朱宝荣 尹 奇 王冰竹	马玉忠 张永忠 高同建	张晓宁 李宁恩 高登军	祁彦澄 薛立刚	朱 洪 曹福升	安全会议记录

续表

时间	组长	副组长	成员					备注
2008.04	赵　欣	桂玉忠	马玉忠 张永忠 曹福升	朱　洪 薛立刚 李宁恩	朱宝荣 高同建	王冰竹 张晓宁	祁彦澄 尹　奇	安全会议记录
2009.05	赵　欣	桂玉忠	马玉忠 张晓宁 王冰竹	翟　军 尹　奇 祁彦澄	朱宝荣 李生军	于国兴 吴志伟	张永忠 周　宁	安全会议记录
2010.01	赵　欣	桂玉忠	张玉忠 祁彦澄 薛立刚	马晓阳 王冰竹 于国兴	马玉忠 李生军 曹福升	尹　奇 张永忠 张　伟	张晓宁 吴志伟	安全记录
2011.01	赵　欣	桂玉忠	张玉忠 于国兴 顾占云	马玉忠 曹福升 张永德	张海军 李生军	张永忠 吴志伟	王冰竹 祁彦澄	安全记录
2012.01	赵　欣	桂玉忠	张玉忠 于国兴 祁彦澄	马玉忠 张永德 高登军	张海军 曹福升	张永忠 李生军	尹　奇 吴志伟	安全记录
2013.05	陈旭东	桂玉忠	张玉忠 尹　奇 曹福升	张海军 高佩天 陈锐军	訾跃华 张建清	张永忠 陈学军	李彦骅 吴志伟	宁红发〔2013〕47号
2014.04	陈旭东 （主任）	道　华 （副主任）	桂玉忠 李彦骅 吴志伟	张玉忠 尹　奇 曹福升	张海军 高佩天 陈锐军	訾跃华 张永忠 王燕玲	高登军 陈学军 邹建宁	宁红发〔2014〕29号
2015.05	陈旭东 （主任）	道　华 （副主任）	桂玉忠 张永忠 高佩天	张玉忠 曹福升 陈学军	张海军 高登军 李彦骅	邹建宁 陈锐军 王燕玲	尹　奇 吴志伟	安全会议记录
2016.05	陈旭东 （主任）	道　华 （副主任）	桂玉忠 张永忠 高佩天	张玉忠 曹福升 陈学军	张海军 高登军 李彦骅	邹建宁 陈锐军 王燕玲	刘兴龙 吴志伟	安全会议记录
2017.09	总负责：张　锋 主　任：陈旭东	道　华　桂玉忠 张玉忠　张海军	高登军 陈学军 刘　玺	顾占云 李彦骅 丁宝平	吴志伟 高佩天	张永忠 王燕玲	苏俊礼 王　浩	宁红发〔2017〕75号

第二节　制度建设

1998年筹建处成立后,全面推行规范化管理,根据工程运行和管理现状,从强化安全管理、细化考核标准入手,制定了覆盖扬水安全工作全领域的安全工作制度。1998年制定《安全工作规定》《安全检查标准》等7个方面的安全规章制度,2001年编印《安全生产管理办法》。2009年修订《安全工作规定》,内容包括安全网络和机构、各级安全组织、机关各部门和各单位安全管理范围及职责、行业安全重点、安全教育、安全活动、监督检查、考核奖惩、事故处理及报告等。2014年在安全生产标准化建设中,制定《安全生产委员会工作规则》和安全生产组织机构流程,修订完善《安全生产管理办法》《扬水生产值班规定》等制度80项、岗位职责57项。

1999年,筹建处提出了"无生产性人身伤亡事故、无生产安全事故、无火灾事故、无交通事故"的安全"四无"目标,对单位和个人在考核评优等工作中实行安全生产实行"一票否决"制。2000—2010年,每月从职工工资中预留100元,管理处再筹资部分资金设立"季度安全奖","季度安全奖"分配与每个站(所)、每位职工履行安全职责的成效挂钩,每季度末考核评档兑现。2000—2017年共7次举办知识竞赛活动,引导职工学制度、用制度、保安全。

1999年、2001年筹建处制定《职工私人摩托车使用管理规定》《摩托车使用管理补充规定》,对单位、职工个人摩托车入户、使用、管理等作出具体规定,对酒后驾驶、不戴安全帽骑乘、违章及超速驾驶、驾驶摩托车过渡槽等行为发现1次罚款100～300元,连续2次违规者停职待岗,违规3次以上者给予当事人行政处分直至开除。对举报并有效监督、制止违规驾乘摩托车的人员,根据情况一次性给予100～300元奖励。

第三节　安全活动

1999年年初,筹建处确定了开展安全工作及活动的基本框架,即年初制定《安全工作计划》,处领导与科室、泵站(队、所)逐级签订安全责任书,建立专门安全记录,确定"安全月""安全日",每年1—2月抓"四防"(防火、防冻、防盗、防煤气中毒),3月底总结培训工作、检查冬季保温,4月召开安全工作会议,6—10月抓防汛安全工作、开展车辆安全检查。

"安全生产月(周、日)"活动　1999年,确定每年4月为筹建处"安全月",每月26日为"安全活动日",坚持开展。1999—2001年,"全国安全生产周"活动按国家统一部署进行,主要开展反"三违"、查隐患、安全签名、安全演讲和安全知识竞赛、写心得体会、出安全板报等活动。2000年"全国安全生产周"期间主要开展了安全"十个一"活动(搞一次安全生产签名,读一本安全生产书或学习一项安全规章制度,查一起事故隐患或违章行为,看一部安全生产录像,提一条安全生产建议,忆一次事故教训,做一件预防事故的实事,当一天安全检查员,接受一次安全生产培训,写一篇安全工作体会)。2002年开始,国家将"安全周"改为"安全生产月"活动后,每年投入一定资金开展各类安全活动,同年"安全生产月"活动期间首次开展了安全擂台竞赛,后来该项活动逐渐演变为年度安全生产先进(优胜)单位评比活动。2003年"安全生产月"活动期间,筹建处成立青年突击队并授旗,各单位设立"安全检查员",开展安全评级等活动,首次开展"安全流动红旗"活动并颁发"安全流动红旗"奖,该项活动延续到2014年取消,遂改为"安全生产月优胜单位"评比活动。

2002—2017年"全国安全生产月"活动期间,坚持分片举行启动仪式,开展安全签名、演讲、竞赛、征文、座谈、交流、考试及忆事故教训、反事故演习、防汛演练、领导讲安全、安全情景剧演出、"青春与安全同行""青工安全八个一"等活动。在日常安全管理中,开展了"职工家属话安全"、"平安幸福连心卡"、"平安幸福家庭"评选、"安全家书"朗读等活动,让职工在亲情的传递中把"关注安全、珍爱生命"铭记在心,在实践中转化为自觉行动。

安全文化建设　管理处在自办小报《红寺堡人》上开辟"安全专栏",每年编发1期安全专刊;各泵站(所)在醒目位置悬挂安全横幅和串旗、张贴安全标语,建立安全文化墙、宣传橱窗、黑板报等阵地,普及安全知识、推广安全经验。2012年,管理处将安全文化作为扬水文化建设的重要内容,选树了5个试点单位,在其办公生活区制作悬挂"居安思危、有备无患、警钟长鸣"12字打头的安全文化牌匾。同年12月,自治区安监局授予管理处"安全文化建设示范企业"称号,2016年11月份通过复审,继续保留该称号。

安全教育培训 初期安全教育培训,一方面是在冬季集中培训,开展《电业安全操作规程》(以下简称《安规》)、安全生产知识及制度的学习教育。另一方面,利用4月份"安全月""安全日"等活动,组织职工学《安规》、学规章制度、开展隐患排查、模拟事故演习等活动,提高职工安全意识。2002年以来,逐步形成管理处领导、科室、站所等人员参加自治区水利厅组织或管理处外聘专家举办的各类安全讲座等安全培训活动。

安全生产标准化建设 2014年7月,管理处启动安全生产标准化建设工作。2017年11月,自治区水利厅组织专家对管理处的安全生产标准化建设进行评审,2018年1月正式确定为水利安全生产二级达标单位。

安全生产事故应急管理 管理处安委会和各单位安全领导小组负责安全生产应急工作。2017年8月,根据生产工作实际,编制了《生产安全事故综合应急预案》《防汛抢险预案》《火灾事故预案》等专项应急预案和现场处置方案,完善了交通、消防等突发事件应急处置措施,适时开展演练活动,提高了职工应对突发事件的能力。应急队伍人员主要由管理处职工和灌区防汛联防组织成员组成。应急物资主要储备防汛物资、泵站配备的少量医药品。

安全投入 一是投入资金开展工程设备岁修、检修。二是改善生产环境,逐年为泵站控制室安装隔音门窗,为巡护工、测水员配备了救生衣、安全绳。2014年,以开展安全生产标准化建设契机,投入资金15万元为泵站完善现场安全防护设施和安全生产标识牌。2013—2017年,累计投入生产维修资金3900多万元改造设施、消除隐患,完善安全设施,为扬水生产提供了安全保障。

第四节　事故及教训

一、2001年10月24日红寺堡三泵站误合接地刀闸

2001年10月24日10时17分,三泵站非值班人员张某误合1#主变101-01接地刀闸,引起恩和变电所恩行15117出线开关距离保护动作,造成恩行15117线路失压。

原因分析及教训:一是操作命令没有下达到泵站当班人员。二是操作票是前一天填写而未执行的票,当日无填票、审票和模拟预演等过程,且在无人监护的情况下操作,严重违反操作规程。三是旁观者发现合接地刀闸时立即劝告当事人,但其未听劝告继续操作。四是当班人员发现当事人取走操作工具及刀闸挂锁钥匙时没及时制止。五是"重大操作应由业务站长监护、值班员操作"的规定未得到落实。六是101-01刀闸机械锁损坏后未及时修复。七是执行"两票三制"不严格。八是重大操作应有操作人和监护人模拟预演,在操作中应认真核对设备名称和编号无误后执行。

二、2003年11月24日红寺堡二泵站误操作

2003年11月24日,红寺堡二泵站运行人员不严格执行操作票,跳项操作,造成10千伏母线三相弧光短路,烧坏一组10千伏刀闸、3个支持瓷瓶、6个套管、部分高压铝母线。

原因分析及教训:一是泵站领导不严格执行操作票制度,对工作人员有依赖思想,安全意识不强。二是操作人员安全意识淡薄,思想麻痹,有轻视操作的自满思想,不严格执行安全规章制度。三是对暴露的不安全苗头不坚决制止。

三、2006年10月29日红寺堡三干渠决口

2006年10月29日凌晨4时30分,红寺堡三干渠47千米+300米(新建孙家滩支渠口八字墙新老土结合部位)处发生决口,决口宽4米、深3米,决口渠水大部分进入孙家滩支渠,小部分漫入附近居住的6户农家庭院和1所在建学校,下泄渠水冲毁孙家滩支渠20多米、乡村砂石路面30多米,浸泡了农户部分生产生活设施,但未造成房屋损坏和人畜伤亡。

决口造成经济损失 3 万余元。

原因分析及教训:一是施工管理原因,施工单位及负责施工的技术人员安全意识不强,施工管理责任不落实,对质量监管不力。二是工程地质原因,决口地段属于半挖半填渠道,在渠段原状土下 0.3 米处存在沙砂夹层地段,土质松散易沉降。三是工程技术原因,斗口建设中没有充分考虑土质因素对工程质量的影响,干渠开挖段回填与原状土结合部位处理不密实,渠道行水后水沿新旧结合面渗漏导致干渠决口。

四、2008 年 3 月 28 日固海扩灌七泵站 6 千伏进线带接地线送电

2008 年 3 月 28 日 17 时 25 分,固海扩灌七泵站 6 千伏进线带接地线送电,引起母联 600 开关跳闸,造成 2# 主变压器 6 千伏进线三相短路跳闸。未造成人员和设备损伤。

原因分析及教训:3 月 14—28 日,检修队电气检修班人员到固海扩灌七泵站开展 35 千伏、6 千伏一次设备定期预防性试验保护校验、传动试验及缺陷处理工作,因工作责任心不强、检查不到位,未拆除试验用三相短路接地线,埋下事故隐患。虽未造成人员和设备损伤,但暴露出检修人员责任心不强和执行工作票制度不严的问题。

五、2013 年 8 月 29 日红寺堡二泵站主变压器低压线圈匝间短路

2013 年 8 月 29 日 18 时 48 分,红寺堡二泵站 1#(20000 千伏安)、2#(12500 千伏安)主变压器瞬间同时发生重瓦斯保护动作跳闸,经电气试验分析,2 台主变压器均发生线圈匝间短路故障,无法继续投运。

原因分析及教训:一是 2 台主变压器同时故障跳闸的原因,因 1# 主变压器低压线圈发生匝间短路,重瓦斯保护动作跳闸,瞬间将承载的 20500 千瓦负荷转到 2# 主变压器,使 2# 主变压器瞬时严重过负荷,同时电流方向突变引起系统过电压,导致 10 千伏母联柜下刀闸处发生单相接地短路,形成三相弧光短路,巨大的短路电流使母联速断保护装置跳闸,2# 主变压器在巨大的电动力作用下铁芯变形、顶起固定支架,冲开钟罩顶部压盖喷油,低压线圈损坏,重瓦斯保护动作跳闸。二是 2 台主变压器故障发生的原因。1# 主变压器 1998 年投运之初就多处渗油,内部声音偏大,2004 年与相同变压器相比温度偏高,当年 9 月份由银川变压器厂现场处理;2012 年 9 月,管理处定期预防性实验时检出该变压器三相低压线圈直流电阻平衡度严重超标,遂返厂大修。2013 年 9 月 7 日由银川变压器厂对两台变压器进行吊芯解体,自治区电力部门和水资源局机电专家发现变压器内部结构存在严重缺陷:铁芯上下颚间设置

的坚强拉筋强度不够,两端部固定螺栓界面小,且选配的非高强度螺栓在受到较大电磁力作用时会断裂,受力销脱出,导致铁芯变形、线圈损坏;箱体下部油槽定位部件存在缺陷,铁芯下入槽后不能很好固定,运输过程中铁芯在槽内存在与箱体有相对运动的可能,易引起铁芯变形;因为结构缺陷,该型变压器扛短路电流能力弱。

六、2016 年 4 月 11 日红寺堡二泵站高压开关柜烧毁

2016 年 4 月 11 日,红寺堡二泵站 4 面 10 千伏高压开关柜及部分电缆头烧毁,系统供水中断 30 小时,直接经济损失 35381.44 元。

原因分析及教训:红寺堡二泵站 10 千伏、0.4 千伏母线分两段投运,为解列运行方式。由于二泵站 9 号机组水泵层照明线路老化接地,使 0.4 千伏Ⅱ段母线 402 开关在 11 日 10 时 01 分 25 秒发生跳闸,造成正在运行的 9 号机组同步电动机失磁,定子电流瞬间升高,中性点 10 千伏电缆头接地短路,由于直流电源不能正常给二次保护供电,保护拒动,进而扩大延伸至 10 千伏高压开关柜,引起该机组过电压吸收器燃爆,波及相邻开关柜,烧坏 7 号、8 号、10 号开关柜大部分电气设备。同时泵站主变压器后备保护未动作,造成恩行 15117 线路Ⅲ段接地保护于 11 日 10 时 02 分动作跳闸,110 千伏线路停电,系统中断供水。根据技术分析判断,起因是 9 号机组水泵层照明线路老化接地,范围扩大的关键是泵站直流屏电池未能正常供电。经调查分析,这起事故属于由设备故障引发的非责任事故。

第七章　经营管理

第一节　扬水电价及电费

一、电价

1978 年宁夏同心扬水工程建成运行以来，自治区大型扬水工程扬水电价采用国家高扬程农业灌溉的优惠电价。1998 年红寺堡和固海扩灌工程陆续建成投运，至 2017 年年底，扬水电价先后经历了 8 次调整：1999 年之前为 0.03 元 / 千瓦时，1999—2003 年调整为 0.04 元 / 千瓦时，2004 年调整为 0.05 元 / 千瓦时；2005 年开始，执行核定基本用电量和超基本用电量两种价格，即核定基本用电量内的电价为 0.05 元 / 千瓦时，超过基本用电量的为 0.08 元 / 千瓦时（红寺堡扬水工程核定基本用电量为每年 9800 万千瓦时）；2006 年 7 月 1 日—2008 年上半年，核定基本用电量内电价调整为 0.06 元 / 千瓦时，超过基本用电量电价调整为 0.09 元 / 千瓦时；2008 年 7 月 1 日—2009 年年底，取消核定基本用电量电价政策，电价一律执行 0.06 元 / 千瓦时；2010—2011 年，电价调整至 0.083 元 / 千瓦时，经自治区水利厅与国网宁夏供电公司协商，实际执行电价为 0.0715 元 / 千瓦时；2012—2017 年，电价调整为 0.106 元 / 千瓦时，经自治区水利厅与国网宁夏供电公司协商，实际执行电价为 0.083 元 / 千瓦时。

二、电费

1999 年以来，随着灌区土地开发、新建泵站的投运，灌溉用水量逐年增加，加上电价调整上涨，红寺堡和固海扩灌工程扬水用电量和电费也随之增加。2010 年 3 月，固海扩灌工程移

红寺堡和固海扩灌扬水电价表（1999—2017 年）

单位:元 / 千瓦时

年度	电价	政策依据
1999—2003 年	0.04	
2004 年	0.05	
2005—2006 年 6 月底	0.05 0.08	《自治区物价局关于我区扬黄灌区扬水工程用电价格的通知》
2006 年 7 月—2008 年 6 月底	0.06 0.09	《关于我区 2006 年电价调整及有关问题的通知》(宁价商发〔2006〕77 号)
2008 年 7 月—2009 年年底	0.06	《关于我区 2008 年电价调整及有关问题的通知》(宁价商发〔2008〕19 号)
2010—2011 年	0.0715	《关于我区 2009 年电价调整及有关问题的通知》(宁价商发〔2009〕47 号)
2012—2017 年	0.083	《关于我区 2011 年电价调整及有关问题的通知》(宁价商发〔2011〕51 号)

交固海扬水管理处。2014 年起,红寺堡灌区开发规模基本形成,红寺堡扬水工程年上水量增幅减小,2014—2017 年,扬水用电量和电费趋于稳定,年用电量约 2.5 亿千瓦时,年扬水生产电费约 2066 万元。

扬水生产电费支出表（1999—2017 年）

年度	电费支出(万元)		用电量(万 kW·h)	
	红寺堡扬水系统	固海扩灌扬水系统	红寺堡扬水系统	固海扩灌扬水系统
1999 年	62.53	未建成	1442.84	未建成
2000 年	129.6		3148.72	
2001 年	182.44		4548.64	
2002 年	241.87		5562.38	
2003 年	249.51	51.59	6199.14	1186.58
2004 年	416.34	134.15	8298.12	2690.42
2005 年	721.08	261.37	11837.73	4486.16
2006 年	968.27	668.88	13820.25	9066.85
2007 年	834.71	586.71	13932.58	9738.52
2008 年	1003.21	670.77	16719.17	11128.99
2009 年	1030.25	750.2	17150.19	12446.4
2010 年	1352.99	此后移交 宁夏固海扬水管理处	19349.87	此后移交 宁夏固海扬水管理处
2011 年	1540.05		21590.32	
2012 年	1648.3		19918.86	
2013 年	1990.17		24011.09	
2014 年	2068.69		24955.56	
2015 年	2066.37		24921.02	
2016 年	2088.93		25095.68	
2017 年	2066.28		25323.09	

第二节　水价及水费

一、水价

按照《宁夏扶贫扬黄灌溉工程建设委员会第四次会议纪要》(宁政阅〔1999〕2 号)中"关于 1998—1999 年暂缓收取红寺堡灌区灌溉水费的决定",红寺堡扬水工程自 1998 年开工建设至 1999 年实行无偿供水。2000—2017 年,自治区先后多次对农业供水价格进行调整。

执行水价表(2000—2017 年)

单位:元/立方米

年度	水价		政策依据
	红寺堡灌区	固海扩灌灌区	
2000 年	0.01		《关于扶贫扬黄灌溉工程红寺堡灌区供水价格的通知》(宁价(重)发〔2000〕82 号)
2001 年	0.02		
2002 年	0.03		
2003 年	0.04	0.092	《关于调整红寺堡扬水及制定固海扩灌扬水灌区供水价格的通知》(宁价商发〔2003〕52 号)
2004 年	0.055	0.092	
2005 年	0.07	0.092	
2006 年	0.09	0.092	
2007 年	0.115	0.117	《关于调整四大扬水供水工程供水价格的通知》(宁价商发〔2007〕109 号)
2008—2017 年	0.135	0.137	《关于调整我区引黄灌区水利工程供水价格的通知》(宁价商发〔2008〕54 号)

二、水费

1998 年以来,依据农业供水价格,完成水费收缴工作。2000—2001 年,所收水费上缴总指挥部。2002—2012 年,管理处为定额补助事业单位,收取的水费用于水利工程运行管理费用支出。2013 年依据《自治区人民政府批转财政厅等四部门关于自治区直属水管单位经费实行收支两条线实施意见的通知》(宁政发〔2012〕94 号)精神,实行"收支两条线"管理,收取的水费按照财政厅规定及时全额上缴财政专户。2000—2017 年,水费收缴及上缴财政情况见下表。

水费收缴及上缴财政情况统计表

年度	水费收入（万元）		上缴财政（万元）	备注
	红寺堡灌区	固海扩灌灌区		
2000 年	25.87	—	—	上缴总指挥部水费 113.55 万元
2001 年	87.68	—	—	
2002 年	133.64	—	—	
2003 年	279.78	46.74	—	
2004 年	562.30	150.84	—	
2005 年	967.14	272.67	—	
2006 年	1399.17	553.39	—	
2007 年	1657.01	710.31	—	
2008 年	2186.62	950.35	—	
2009 年	2543.74	1422.01	—	
2010 年	2844.46	—	—	2010 年 3 月将固海扩灌工程移交固海扬水管理处
2011 年	3101.72	—	—	
2012 年	3041.61	—	—	
2013 年	3366.85	—	3366.85	
2014 年	3332.24	—	3332.24	
2015 年	3339.03	—	3339.03	
2016 年	3176.74	—	3176.74	
2017 年	3246.07	—	3246.07	
合计	35291.67	4106.31	16460.93	

第三节 财务管理

一、岗位设置

红寺堡扬水工程自 1998 年开工建设,临时设立财务部门,2001 年设立财务物资科,2008 年由财务物资科更名为计划财务科。

1998—2017 年,管理处财务部门先后分别设会计、材料会计、稽核、出纳、保管员、工程预算审核员、内部审计员等岗位,负责全处财务核算、资金管理、材料核算、材料实物管理、工程预算审核、内部审计等工作。为优化财会人员结构,分别于2012年、2015年在全处公开竞聘财务人员5名。

基层站(所)实行总站设立会计、出纳岗位(部分泵站出纳人员属于兼职,检修队设会计1名),负责总站财务核算工作,所有分站财务工作由总站财务人员兼职,每月定期报账,统一核算。2017年,总站撤销后,财务管理延续原总站财务管理模式。

工程公司、检测公司设会计、出纳岗位对公司经济业务进行独立核算。

二、财务管理

(一)经费来源及管理

1998—2007年,依据自治区机构编制委员会《关于成立自治区红寺堡扬水工程筹建处的通知》(宁编事发〔1997〕10号)精神,红寺堡扬水筹建处为自治区水利厅下属事业单位,不定级别,所需经费从前期建设费中开支。受宁夏扶贫扬黄灌溉工程建设总指挥部委托,筹建处主要开展泵站代管运行、业务培训、基地建设工程验收等工作,所有费用开支由宁夏扶贫扬黄灌溉工程建设总指挥部拨付。

2008—2012年,依据自治区机构编制委员会《关于自治区红寺堡扬水工程筹建处更名等有关问题的通知》(宁编发〔2008〕03号)精神,红寺堡扬水工程筹建处更名为自治区红寺堡扬水管理处,核定为正处级定额补助事业单位,所有经费开支由自治区水利厅定额核拨,其余部分为自筹资金。每年经费拨付及时到位,并依据《水利工程管理单位财务制度(暂行)》和《水利工程管理单位会计制度(暂行)》对各项经费进行核算管理。

2013—2017年,依据《自治区人民政府批转财政厅等四部门关于自治区直属水管单位经费实行收支两条线实施意见的通知》(宁政发〔2012〕94号)精神,实行"收支两条线"管理。

(二)财务管理沿革

建处之初,制订《财务物资管理制度》《财务工作规定》《财务管理办法》《固定资产管理办法》《物资管理规定》《低值易耗品管理办法》《合同签订管理制度》《出差管理规定》等财务管理制度。依据制度加强资金管理,规范会计核算,根据上级拨入的资金情况,每年由计划财务科编制全年财务收支计划,严格按照全年财务计划列支各项经费支出。

2006年,经自治区水利厅考核验收确认管理处为会计工作达标单位,会计工作实现电算化。

2008—2012年,修订完善《财务工作规定》《财务管理办法》《固定资产管理办法》《物资管理规定》《低值易耗品管理办法》《合同签订管理制度》《出差管理规定》《基层单位财务工作考核细则》《资产安全管理工作规定》《资产清查和管理办法》等制度。推行计划管理,严格控制各类支出,加强采购、配置管理,力促物资效益发挥。严格按照自治区物价局和自治区水利厅批准的项目、范围和标准向用水户收取水费,确保水费足额按时收缴。

2013—2017 年,实行"收支两条线"管理。强化内部控制,先后制订《财务管理办法》《专项资金使用管理办法》《差旅费管理规定》《会计电算化管理办法》等财务管理制度。依据《预算法》推行预算管理,坚持"无预算不支出"的原则,加大对资金的监管力度。严格落实国家相关财税政策,2016 年按照营业税改增值税规定收取水费使用"增值税普通发票"。

三、内部审计

2003 年 1 月,成立监察审计室,承担筹建处内部审计工作。2012 年 3 月经管理处党委会研究,将监察和内部审计工作分离,内部审计工作纳入计划财务科。

根据《中华人民共和国审计法》和《审计署关于内部审计工作的规定》,2004 年管理处制定《内部审计工作规定》,2014 年做了修订完善。

2004 年之前, 审计监督体制尚不完善, 对经济活动的监督主要以财务大检查的形式进行。2004—2017 年,完成处属基层单位主要负责人离任经济责任审计 60 人;任中经济责任审计 13 人;实施审计处属实体单位年度经营管理情况 10 次。

第四节　固定资产管理

1998 年筹建阶段资产管理由财务物资科(计划财务科)管理。2014 年 1 月科室职能调整,资产管理调整到后勤保障科。

一、资产形成与构成

2002 年 1 月,按照水管单位会计制度核算要求,将 1998—2001 年基本建设账户中的交通工具、办公设施、工具仪器仪表、生产设备等 108.21 万元资产转入供排水生产账户进行核算。

2004 年 1 月,累计自购形成固定资产 589.53 万元。

2006 年 4 月,按照自治区水利厅 2 月 12 日会议决定,将固海扬水管理处红中湾和七营泵站成建制移交筹建处,固定资产原值总计 1782.44 万元。因红中湾和七营泵站功能由固海扩灌九、十泵站代替,该资产分别于 2008 年、2009 年报自治区财政厅批复予以核销处置。

2006 年 7 月,将综合经营账户价值 695.56 万元的房屋合并到供排水生产账户进行核算、管理。

2017 年 6 月,总指挥部正式将红寺堡扬水主体骨干工程进行了整体移交。移交资产决算批复 1590 项、决算批复金额 83614.04 万元。至 2017 年 9 月 30 日,管理处按照移交批复资金对其中交付使用在用资产(价值 74407.3 万元)按照资产名称、规格型号、坐落位置、竣工(购置)时间、计量单位、数量、价值等全部录入宁夏财政资产管理信息系统。将 9206.74 万元已损失或已报废资产按照决算批复数量、金额在移交清单上注明,并分类登记造册,作为资产移交附件备查。

2017 年 11 月,将固海扩灌原使用的原值为 31.79 万元的 3 辆长城皮卡、1 辆长城赛铃客货车无偿划拨给固海扬水管理处。

至 2017 年年底,管理处累计形成固定资产 77854.05 万元。

二、制度建设

建处之初,制定了《财务物资管理制度》,主要包括《财务工作规定》《财务管理办法》《固定资产管理办法》《物资管理规定》《低值易耗品管理办法》。

2015 年 9 月,在原制度基础上修订形成《物资采购合同签订管理制度》《资产管理制度》。

2017 年 11 月,根据《行政单位国有资产管理暂行办法》等规定,制订了《资产管理业务内部控制规范(试行)》。

三、固定资产、低值易耗品管理

2002—2005 年,将基本建设会计制度中形成的固定资产及低值易耗品按照购入价值开具固定资产、低值易耗品验收单,登记明细账,建立固定资产卡片进行管理。基层单位根据填制的固定资产、低值易耗品验收单登记明细账和明细卡片。

2006 年,固定资产实现电算化管理,在固定资产录入计算机的同时手工卡片继续进行明细登记。

2014 年 6 月,按照财政部《事业单位及事业单位所办企业国有资产产权登记管理办法》和"收支两条线"要求,将固定资产按照①土地、房屋及构筑物,②通用设备,③专用设备,

④家具、用具、装具及动植物的分类进行一物一卡录入宁夏回族自治区行政事业单位资产管理信息系统进行管理。

四、固定资产、低值易耗品报废、处置

固定资产及低值易耗品的报废处置依据《宁夏回族自治区行政事业单位国有资产处置管理暂行办法》(宁财(资)发〔2013〕955号)进行。

报损、报废的固定资产、低值易耗品由报废单位或主管部门填写"固定资产报废申请单"上报业务科室,经分管领导同意后,相关部门联合鉴定,处务会议研究同意,报自治区水利厅主管部门审批后处置。

第五节　综合经营

1998年建处以来,高度重视综合经营工作,将综合经营工作与扬水生产工作同计划、同安排、同落实,积极争取扶贫扬黄工程建设资金,开发土地、发展庭院经济,弥补管理经费不足,改善了职工生产生活条件。

一、组织机构

1998年10月,成立综合经营办公室,负责全处综合经营、绿化、土地开发利用及商品房管理工作。2007年3月,撤销综合经营科,职能由工程管理科承担。2008年,设立后勤保障科,负责全处综合经营工作。

二、经营管理制度

1999年制订《综合经营工作规定》《土地开发利用管理办法》。2008年制订《综合经营工作补充规定》《商品房管理规定》。2011年制订《基层单位综合经营财务管理规定（暂行）》,2013年对原《综合经营工作规定》修订完善,形成新的《综合经营工作规定》《土地开发利用管理办法》和《商品房管理办法》。

三、资源开发及经营

(一)营业房

2000—2009年,共计投资2060万元建设、购置房屋8处173套,总面积16413.65平方米营业房。

营业房一览表

序号	营业房名称	坐落位置	建筑面积(m²)	购置时间	数量	原值(元)	有无产权	产权证号	备注
1	中宁基地商品房(一期)	中宁县新堡街	1790	2004.12.24	19套	580000	无		自建
2	中宁基地商品房(二期)	中宁县新堡街	2586	2004.12.20	34套	938589.23	无		自建
3	新堡完小(东侧)综合楼	中宁县新堡街	2037.36	2005.12.12	16套	2645788	有	6401310599-614	
4	新堡完小(南侧)综合楼	中宁县新堡街	1324.96	2009.12.31	10套	1720417.6	有	6401314179-188	
5	中宁平安东街商品房	中宁县平安东街	2067.95	2009.12.31	21套	3328752	有	6401208845-65	
6	中心所商品房	吴忠市红寺堡区团结路	4213	2004.12.24	51套	1886997.74	无		自建
7	银川悦枫园	银川市胜利南街贡花南巷	1115.48	2006.12.31	13套	4488588	有	107 125-128 187-193 195	
8	银川昌源小区	银川风机厂	1278.9	2008.11.26	9套	5017760	无		
	合计		16413.65		173套	20606892.57			

(二)土地开发

按照自治区水利厅大力发展综合经营要求,管理处积极争取资金,为各泵站(所)开发土地,提倡发展种养业,解决了职工吃菜难题。除去农田周围防风林带面积外,共计开发土地面积6835.7亩,累计总投资3100万元,其中站区开发3532.1亩土地,累计投资700万元;孙家滩13分支开发3000亩土地,累计投资1100万元;海子塘园区开发303亩土地,累计投资1300万元。

2000年,争取中宁县项目办扶贫资金18万元,开发平整红寺堡三泵站退水闸西侧607亩土地;2005年,争取宁夏扶贫扬黄工程建设资金开发平整红寺堡四泵站压力管道东侧614亩土地、新庄集四泵站高口734亩土地。2006年,经自治区水利厅、扶贫扬黄工程建设指挥部及吴忠市政府协调、沟通,决定开发吴忠市孙家滩 13 分支、14 分支土地,确定了由自治区水利厅出让水权、孙家滩管委会出让土地、指挥部投资的合作开发意向,并签订了三方框架协议,形成会议纪要;同年,筹建处与吴忠市孙家滩管委会签订土地承包协议书,租赁土地面积为 5000 亩,承包期为 30 年。2013 年,吴忠市孙家滩管委会对该土地使用作出调整,其中 13 分支 3000 亩土地由管理处经营管理,14 分支 2000 亩土地划拨给新疆伊犁奶业集团公司建设奶牛养殖场及饲草料基地。其间,争取自治区水利厅项目资金实施了高效节水灌溉工程项目,建设 20 万立方米蓄水池 1 座,建设加压泵站 1 座。

管理处土地面积一览表

序号	单位	土地位置	有无土地证	面积（亩）	有无合同	签订合同情况	租赁形式	备注
1	黄河、红一泵站	红三泵站渡槽东侧	无	330	有	1 年	对外出租	
2	红二泵站	红二泵站压力管道西侧、管理房后面	无	124	有	1 年	对外出租	
3	红三泵站	红三泵站管理房、压力管道西侧	无	491.1	有	1 年	对外出租	
4	新圈一泵站	管理房后面	无	75	有	1 年	对外出租	
5	新圈一泵站	新圈一直干渠渠北面	无	62	有	1 年	对外出租	
6	新庄集一泵站	红三干渠退水闸西侧、管理房四周	无	1027	有	1 年	对外出租	其中 458 亩有证
7	新庄集二泵站	管理房东侧	无	256	有	1 年	对外出租	
8	新庄集三泵站	压力管道西侧	无	101	有	1 年	对外出租	
9	新庄集四泵站	压力管道东侧、管理房后面	无	178	有	1 年	对外出租	
10	中心所	红三干渠部分段落	无	235	有	1 年	对外出租	
11	海子塘一泵站	管理房前面	无	4	有	1 年	对外出租	鱼池
12	海子塘二泵站	管理房前面、后面	无	80	有	1 年	对外出租	
13	红四泵站	压力管道东侧	无	250	有	1 年	对外出租	
14	红五泵站	红四泵站压力管道东侧	无	319.6	有	1 年	对外出租	
15	孙家滩基地	吴忠市孙家滩	无	3000	有	1 年	对外出租	
16	海子塘园区	海子塘二泵站西侧	无	303	有	1 年	对外出租	
合计				6835.7				

(三)种养业发展

种养业发展经历了从无到有、从小到大的发展。一是"小果园"种植。1999 年红一泵站种植枣树 10 亩,2000 年红二泵站种植梨树 48 亩,随后,全处 15 个基层站(所)均建设了果园,种植了桃、梨、李、杏、苹果、枣树等品种,果园总面积达到 80 多亩,由各站(所)经营管理。二是"小庭院"种植。1999 年总指挥部投资为红二、三泵站建设温棚,2002 年总指挥部投资为新庄集二、三、四泵站建设温棚。2015 年,筹资 26.2 万元改造 7 个泵站温棚并安装卷帘机等附属设施。各单位利用院落内空地种植茄子、辣椒及西红柿等蔬菜达 80 多亩。三是发展"小养殖"。2001 年,为红二、三泵站建设了饲养舍,2 个泵站共养羊 40 多只。2002—2007 年是种养业发展起步阶段,各站所利用自身有利条件发展小型养殖。2013—2016 年是基层单位养殖业快速发展期,筹资 20 多万元为 13 个站(所)建设饲养舍 300 多平方米,每年养殖家禽、家畜 2100 多(只)头。

四、实体经营

(一)宁夏红扬水利水电建筑安装工程公司

公司成立于 1999 年 3 月 25 日,注册资金 718 万元,企业资质为水利水电工程施工总承包三级。除承担管理处渠道维修任务和工程抢险工作外,还先后承揽宁夏中郝高速公路桥梁工程、宁南山区水库工程、阅海湖连通工程(部分土方开挖、洪广营船闸工程、南梁农场单跨预应力渡槽工程);七星渠、唐徕渠、东干渠、汉延渠、固海扬水等宁夏引黄灌区续建配套渠道砌护工程;下马关扬水泵站翻建、兴仁扬水二至三泵站土建及安装、固海黑水沟泵站、唐圈泵站、长山头泵站更新改造、泉眼山泵站管道改造及闽宁一至三泵站翻建等宁夏大型泵站改造工程;黄河宁夏段中卫冯庄控导、平罗施家台子黄河治理工程;宁夏苦水河、清水河、红柳沟、小甜水河等中小河流流域治理等工程项目,累计完成产值 4.7 亿元,实现利润 571.45 万元,利用收入投资改造 9 个站所、3 个段点管理房及机关办公楼、培训楼部分设施,上缴税金 3103.17 万元。

(二)宁夏红扬水利水电工程材料检测站(有限公司)

公司成立于 2010 年,取得水利工程质量检测混凝土类、岩土类、量测类乙级试验室资质,2014 年 7 月取得水利部混凝土类甲级资质。主要参与宁夏各类水利工程项目检测,工程涉及黄河治理、灌区续建配套、大型泵站改造、沟道治理、新建水库及病险水库除险加固、人饮安全、农业节水改造等各类水利工程的原材料、中间产品及工程实体的基础性检测试验工作。2011—2016 年,先后完成黄河宁夏河段近期防洪工程、宁夏大型灌区续建配套与节水改造工程(2012 年第一、二批工程)、石嘴山市大武口拦洪库除险加固工程等 33 个工程项目,共计完成收入 2207 万元,实现利润 743.9 万元,利用收入投资弥补生产经费 300 万元,购置更新了检测设备、设施,改造了机关办公楼、培训楼部分设施,上缴税金 188.18 万元。

(三)宁夏红扬农林开发有限公司

公司于 2010 年成立, 主要负责孙家滩土地种植及红扬节水示范园区的经营管理工作。2015 年 2 月公司注销,孙家滩基地、红扬节水示范园区经营管理工作全部移交给红扬工程公司经营管理。

第八章 依法治水

第一节 水政监察

一、队伍建设

管理处成立以来,水政执法队伍从无到有,经历了两个发展阶段。

建处伊始到 2005 年 8 月,水政管理职能由工程灌溉部门履行,2005 年 8 月—2007 年 3 月,水政管理职能由监察审计室履行。2005 年,管理处 36 名持水政监察证人员上岗执法,均为兼职,其中分管处领导 2 人、监察审计室 2 人、工程灌溉科 4 人,以及各泵站站长、管理所所长 28 人(含固海扩灌泵站、所 13 人),执法证件由水利部于 2005 年 12 月 20 日颁发。

2007 年 3 月,水政科成立,负责水政监察、内部保卫、综合治理和普法等工作,结束多部门管理局面,水行政执法和队伍建设日趋规范。2012 年 12 月,在红寺堡区公安局支持下,设立了中心所警务室和红三泵站、新庄集一泵站两个警民联系点。2013 年 5 月,在同心县公安局支持下,设立了红五泵站警务室。2016 年,经公安机关批准,管理处配备装有警报装置的水行政执法车 1 辆。2016 年,自治区政府对各行业行政执法机构和人员进行清理。截至 2017 年 5 月,管理处共有兼职水政执法人员 48 人(包括处领导、相关科室以及各泵站和管理所负责人),其中 10 人持有自治区人民政府颁发的行政执法证,其他人员的执法证根据岗位设置可陆续办理。

二、法规依据

我国基本建立起了涉水法律法规体系,形成了包括《中华人民共和国水法》《中华人民共和国防洪法》《中华人民共和国水土保持法》和《中华人民共和国水污染防治法》等4部法律,《水文条例》《河道管理条例》《抗旱条例》等行政法规、部门规章和地方性法规的水法律法规体系,内容涵盖水管理各个方面,各类涉水事务管理基本都能做到有法可依。管理处水行政执法的主要依据是《中华人民共和国水法》和《宁夏回族自治区水工程管理条例》。

根据《宁夏回族自治区水工程管理条例》第十二条的有关规定,管理处是自治区水行政主管部门水利厅所属的国有水工程管理机构,负责所辖范围内水工程管理范围和保护范围的水行政监督检查工作,维护水事秩序。

随着国家依法治国步伐加快,水利行政执法也日渐规范。2015年10月30日,自治区人民政府发布《宁夏回族自治区人民政府关于自治区本级政府部门(单位)权力清单和责任清单的公告》,其中《自治区水利厅行政权力和责任清单》第45项对管理处的行政权力和责任做出明确规定。

三、案件查处

固海扩灌工程渠线同固海扬水工程渠线并行,灌区居民与老灌区居民或同乡镇或同村,受老灌区影响,爱惜水、爱护水工程蔚然成风,没有恶意破坏水秩序和水工程的现象。红寺堡灌区是移民灌区——原住居民仅6000多人,土地使用、民居和社会基础设施建设等均由政府统一规划和安排。灌区开发初期,总灌溉面积少,水量充足,但群众经济基础薄弱,生产生活条件差,在渠道管理范围内建房、占地以及抢水等现象基本没有,但盗砸输水渡槽栏杆(用里面的钢筋)的情况较多。后期,土地开发完成,群众的生产生活条件有了较大改善,同时用水日趋紧张,在渠道管理范围内占地、建房和用水纠纷等时有发生。自2007年3月水政科成立以来,水政执法主要是制止在渠道管理范围内违法占地、建房和倾倒垃圾,调解用水纠纷,维护供水秩序。

典型案例一:2006年6月27日晚,红寺堡区红寺堡镇旧城村管水员马某用偷配钥匙擅自打开红三干渠24号斗门偷水,管理处按照偷配水量折合水费追回损失3884元。

典型案例二:2016年9月18日上午,红寺堡区大河乡大河村农民王某,在红三干渠14+600处盗铲渠堤砂石,被新庄集一泵站水政执法人员现场抓获并移送公安机关。吴忠市公安局红寺堡分局给予王某拘留 3 日并处罚款 100 元的行政处罚。

第二节　法制宣传与教育

　　管理处成立以来,按照国家"三五"到"七五"普法规划要求,认真开展了法制宣传教育。每个五年普法规划启动后,都为领导干部和各基层单位配发《中华人民共和国宪法》《中华人民共和国水法》《干部法律知识读本》《企业管理人员法律知识读本》《行政执法手册》《依法行政辅导教材》《行政处罚法使用教程》等法律法规书籍,全员配发专门制作的普法学习笔记本。经常组织职工学习法律法规原文、收看电视宣传片、观看法制宣传电影,通过办黑板报、橱窗和《红寺堡人》小报,记学习笔记,写学习心得,办法律培训班,先后邀请专家进行依法治国、八荣八耻、社会主义核心价值观、廉洁从政、《中华人民共和国水法》《中华人民共和国安全生产法》《中华人民共和国道路交通安全法》等专题讲座 10 多场次,采取领导讲法、党委中心组学法等形式,落实法制宣传教育任务。

　　在灌区,大力宣传水法规知识,扎实开展水法规知识进乡镇、进村庄、进农户、进集市、进学校和进清真寺的涉水法律"六进"活动。每年"世界水日"和"中国水周"期间,在中宁县城、同心县韦州镇、红寺堡区红寺堡镇、利通区孙家滩开发区设立固定宣传点,悬挂横幅、张贴宣传画、散发宣传材料、开展咨询服务,宣传水法规、水知识和水情等。2001 年,红寺堡灌区开始大规模移民,管理处专门编排"引水上山·造福于民"主题文艺节目到红寺堡镇和大河乡演出两场次,宣传依法治水、依法管水、依法用水和水知识。2005 年 9 月,管理处组织专门水法规文艺宣传队,到固海扩灌工程沿线 10 多所小学,进行保护水工程宣传演出。

　　通过多年普法宣传教育,广大干部职工尊法、学法、守法和用法意识明显增强,牢固树立了依法治水、依法管水思想,用法律维护个人和单位权益的活动明显增多。在灌区,群众对灌溉水的特殊商品属性认识清楚,爱水节水护水意识明显增强,"节约水资源·保护水工程·爱护母亲渠"的理念深入人心,牢固树立了依法用水思想,无恶意破坏水工程、扰乱水秩序的现象,用水矛盾纠纷减少,灌区和谐稳定。

　　2016 年 8 月,管理处被宁夏依法治区协调小组授予全区"六五"普法先进单位。

第三节　综合治理

2005 年 4 月前,社会治安综合治理和普法教育工作由政工科管理;2005 年 4 月划归监察审计室管理,2007 年 3 月移交给新成立的水政科。

管理处成立后,高度重视社会治安综合治理工作,建立长效机制,实行目标责任管理。1999 年 3 月成立综合治理工作领导小组,陆续制定了《综合治理工作制度》《内部治安突发事件处置预案》《机关安全保卫制度》《站区安全保卫制度》等管理制度,建立考核机制,层层落实责任,认真开展防火、防盗、防黄赌毒、防邪教组织等预防工作,狠抓各种矛盾纠纷和不稳定因素的排查、调解和处理工作,创建平安单位,推进依法治水。2004 年 8 月,筹建处被自治区人事厅和社会治安综合治理委员会授予"全区社会治安综合治理先进集体"。2014 年 2 月,管理处被驻地中宁县依法治县领导小组授予"依法治理示范单位"。多年来,未发生过黄赌毒盗等治安案件。

管理处普法综治领导小组成员一览表

小组名称	时间	组长	副组长	成员					备注
综合治理领导小组	1999.03.30	高铁山	无	周伟华　左静波　田国祥　张　明　徐　泳　李瑞聪　张晓宁　朱　洪					宁红发〔1999〕20 号
	2002.02.06	马长仁	无	周伟华　左静波　李瑞聪　桂玉中　张永忠　王冰竹　尹　奇					宁红发〔2002〕12 号
	2004.01.01	周伟华	左静波	赵　欣　王效军　王正良　李瑞聪　王冰竹　张永忠　尹　奇　张清生					宁红发〔2004〕1 号
法制建设领导小组	2004.01.01	周伟华	左静波	赵　欣　王正良　李瑞聪　张永忠　王冰竹　尹　奇					宁红发〔2004〕1 号
综合治理领导小组	2004.12.20	周伟华	左静波	赵　欣　王效军　李瑞聪　王冰竹　朱　洪　尹　奇　张清生					宁红发〔2004〕101 号
法制建设领导小组	2004.12.20	周伟华	左静波	赵　欣　李瑞聪　朱　洪　王冰竹　尹　奇					宁红发〔2004〕102 号
"五五"普法领导小组	2007.05.19	周伟华	左静波　朱宝荣	马玉忠　朱　洪　曹福升　尹　奇　高同建　王冰竹　李彦骅					宁红发〔2007〕43 号
"六五"普法领导小组	2011.09.26	刘福荣	赵　欣　马玉忠	张玉忠　吴志伟　王冰竹　李生军　曹福升　顾占云　邹建宁					宁红发〔2011〕85 号
	2014.11.13	刘福荣	陈旭东　张玉忠	张海军　张永忠　尹　奇　高佩天　曹福升　陈锐军　邹建宁					宁红发〔2014〕94 号
普法综合治理领导小组	2016.03.21	毕高峰	陈旭东　张玉忠	张永忠　高佩天　曹福升　高登军　陈锐军　陈学军　邹建宁　刘兴龙					宁红党发〔2016〕4 号
	2017.12.08	张　锋	陈旭东　张玉忠	张永忠　李彦骅　高佩天　顾占云　高登军　陈学军　王　浩　丁宝平					宁红党发〔2017〕46 号

第九章　工程效益

第一节　移民安置

　　宁夏南部山区同心、海原、西吉、固原、彭阳、泾源、隆德7县山大沟深,干旱缺水,群众生活贫困,文化教育、卫生条件落后,经济社会长期处于低水平状态,缺乏自我发展的能力。

　　1994年,在国家"八七"扶贫攻坚计划和宁夏"双百"扶贫攻坚计划的大背景下,提出并兴建扶贫扬黄工程和灌区,将贫困山区不具备生产生活条件的贫困群众搬迁到新灌区,从根本上解决贫困问题。

　　1998年,总指挥部在红寺堡实施移民开发试点工作,按照"一年搬迁、两年定居、三年脱贫、五年致富"的目标,有计划、有组织、有步骤地搬迁安置同心、海原、西吉、固原、彭阳、泾源、隆德7县生活在高寒、土石山区和干旱带等就地脱贫无望的农户到新灌区。将红寺堡开发区二干渠3、6、7、8支渠和三干渠2、3、5、6、7支渠共9条支渠作为农业移民开发试验点,同年基本建成红崖、大河、双井3个乡政府的基础设施,8个移民开发试点村,移民房屋2489间、小学9所。同年底,第一批移民1172户6190人搬迁至红寺堡,1999—2001年是搬迁规模最大的3年,此后,本着"开发一片,建设一片"的原则,陆续搬迁安置移民。

　　1998—2010年年底,扶贫扬黄工程搬迁安置移民40.51万人,其中易地搬迁30.83万人,就地旱改水9.68万人。红寺堡灌区搬迁安置移民25.54万人,其中易地移民23.64万人,就地旱改水1.9万人。固海扩灌区搬迁安置移民14.97万人,其中易地移民7.18万人,就地旱改水7.78万人。移民搬迁到新灌区后,摆脱了恶劣的生存环境,种上了水浇地、吃上了自来水、住上了砖瓦房、用上了电器、走上了平坦的柏油马路,沿着搬得出、稳得住、能致富、奔小康的康庄大道前进。扶贫扬黄工程的建设,实现了输血式扶贫向造血式扶贫的转变,对在我国西部实施大规模生态移民、整体改变山区群众贫困生活、促进脱贫攻坚战略目标实现进行了成功探索。同时,这也减轻了移民迁出地的人口和资源压力,取得了"搬迁一户,宽松两户,带动多户"的效果。

红寺堡灌区安置移民统计表

移民来源	移民人数(人)	安置县区	备注
红寺堡区	71728	红寺堡区	原住户回迁及行政区域划分红寺堡区周边从同心山区划过来的住户
泾源县	16331		
海原县	32282		
隆德县	19132		
西吉县	30834		
彭阳县	16438		
原州区	1016		
同心县	49680	韦州、下马关	其中就地旱改水 16860 人
中宁县	13495	红寺堡区 818 人,中宁红二干渠 12677 人	
孙家滩	4460	孙家滩、小泉	其中就地旱改水 2160 人
合计	255396		

固海扩灌灌区安置移民统计表

移民来源	移民人数(人)	安置县区	备注
同心县	64356	同心县	其中就地旱改水 22209 人
中宁县	24750	中宁县	其中就地旱改水 17500 人
海原县	34714	海原县	其中就地旱改水 21180 人
原州区	25884	原州区	其中就地旱改水 16897 人
合计	149704		

第二节　经济效益

红寺堡灌区位于中宁、同心和原吴忠、灵武 4 县的山区结合部的中部干旱带，降雨稀少，蒸发强烈，水资源奇缺。1998 年灌区开发之前属天然牧场区，只有同心县韦州乡有 0.67 万人定居，基本没有工业，农业以种植和畜牧业为主，粮食作物以小麦、糜谷为主，一般单产 25~45 千克。由于农业生产水平落后，农村经济处于极低的水平，农民人均纯收入只有 300 元左右。红寺堡灌区移民来自宁夏南部山区，这里十年九旱，群众等雨下种，靠天吃饭，"种一撮子、收一抱子、打一帽子"是当地农业生产状况的真实写照。由于自然环境恶劣，经济基础薄弱，工业发展也相当缓慢，主要工业有建材、纺织、化工、农机具、面粉加工等，生产规模小、投资少、效益比较低，群众生产生活条件落后。1993 年年底，"西海固"地区生活在温饱线（年人均收入 500 元）以下的人口为 139.8 万人，占该地区总人口的 64.4%，其中人均收入在 300 元以下的贫困人口 63.9 万人。

1998 年，红寺堡一、二、三泵站建成通水，翻开了红寺堡这个亘古荒原发展灌溉农业的新篇章，宁夏南部山区群众奔着黄河水迁到新灌区，走上了脱贫致富的道路。在黄河水的浇灌下，灌区粮食作物连年丰收，人均可支配收入持续增长，经济快速发展。红寺堡扬水工程的建设运行，破解了中部干旱带资源性、工程性缺水的"瓶颈"制约，从根本上改变了千百年来"靠天吃饭"的被动局面，保障了地区粮食安全、饮水安全，为灌区经济发展提供了可靠的水支撑。截至 2017 年年底，红寺堡扬水工程累计引水 34.2 亿立方米，灌区累计产粮油 32.58 亿千克，农林牧累计总产值达 143.67 亿元；粮食单产从 1999 年的亩均 132.8 千克增长到 744.23 千克，农民人均纯收入从 550 元增加到 7896 元，单方水效益从 1999 年的 0.1 元增长到 8.25 元。

1998 年，红寺堡灌区第一次冬灌 1.13 万亩。1999 年开始搬迁移民、平田整地、发展生产，同年引水 2444.5 万立方米，灌溉面积 1.85 万亩，产粮油 234.7 万千克，农林牧产值 236.9 万元，农民人均纯收入 553 元。2000 年，工程引水 5223.6 万立方米，灌溉面积 8.2 万亩，产粮油 891.1 万千克，农林牧总产值 1362 万元，农民人均纯收入 596 元。这一年，总指挥部在红寺堡灌区引导移民试种桑树 1050 亩，种植黄芪、葫芦巴、甘草等沙生药材 2700 亩，种植枸杞、枣树等 7000 多亩,取得了较好的经济效益。新灌区 8 个移民试点村种植的粮食单产平均达到 146 千克,最高单产 400 千克,一些移民还把余粮运回宁南山区老家接济亲朋。扶贫扬黄工程建设又为移民提供了增加劳务收入的条件,移民试点 8 村 60% 的劳动力走出家门,投身到工程建设中,年人均劳务增收 313 元。

2002 年,红寺堡扬水工程引水 8047.7 万立方米,灌溉面积 14.5 万亩,灌区产粮油 3702.8 万千克,农林牧产值 8888.7 万元,农民人均纯收入 934 元。同年,红寺堡开发区把种草养育、种桑养蚕及中药材种植确立为三大主导产业,以畜牧业为突破口,以桑蚕中药为补充,全面推进农业产业化,农作物总播种面积 20.6 万亩,羊只存栏 26 万只,栽种桑树 1 万亩,种植甘草、黄芪等沙生中药材 12595 亩,探索发展经济作物。

2004 年,红寺堡扬水工程引水 11652.2 万立方米,灌溉面积 23.19 万亩,灌区产粮油 8014.1 万千克,农林牧产值 20568.6 万元,农民人均纯收入 1660 元。红寺堡开发区粮食作物产量达每亩 400 千克以上,农业增收 500 元以上。灌区移民一年内全家劳动力就近或外出打工在 150 天以上,人均年增加劳务收入近 700 元。

2005 年,红寺堡扬水工程引水 15868.6 万立方米,灌溉面积 25.72 万亩,灌区产粮油 12840 万千克,农林牧产值达 21596.3 万元。同年,红寺堡开发区进行产业结构调整,大力发展第二、第三产业,经济增长较快,当年地区生产总值达 5.35 亿元,社会固定资产投资 4 亿元,实现地方财政收入 2402 万元,农村人均收入 1880.2 元,是迁出前人均年收入的 3 倍多,城镇职工年平均工资 14595 元。

随着灌区开发建设推进,灌溉面积大幅增加,经济快速发展。2015 年,红寺堡扬水工程引水 27663.43 万立方米,灌溉面积 73.36 万亩(含节水灌溉 18.3 万亩),灌区产粮油 32875.09 万千克,农林牧产值达 186688.43 万元。同年,红寺堡区实现地区生产总值 15.61 亿元,其中,第一产业(不含农林牧渔服务业)实现增加值 4.7 亿元,同比增长 4.5%;第二产业实现增加值 6.6 亿元,同比增长 11.9%;第三产业实现增加值 4.3 亿元,同比增长 14.6%,完成社会固定资产投资 68.64 亿元,地方一般公共财政预算收入 1.6 亿元,城镇和农村居民人均可支配收入分别达 17875 元和 6409 元,分别同比增长 8.4% 和 9.8%;葡萄种植面积达 10.6 万亩、枸杞面积 2.7 万亩,肉牛、肉羊饲养量分别达 4 万头、53.7 万只。红寺堡镇被授予"中国葡萄酒第一镇",红寺堡区被评为"中国最具发展潜力葡萄酒产区";4 家企业入围 2015 年"宁夏中小企业 50 强",全年新增规上企业 6 家,规上工业增加值同比增长 20.1%。

2016 年,红寺堡扬水工程引水 26467.54 万立方米,灌溉面积 76.81 万亩(含高效节水补灌 20.72 万亩），灌区产粮油 29876.03 万千克，农林牧产值 218297 万元。红寺堡区一产、三产增速位居全区第一，地方一般公共预算收入增速领跑吴忠市，完成地区生产总值 11.8 亿元，增长 10%；全社会固定资产投资 62.3 亿元，同比增长 17.2%；地方一般公共预算收入 1.4 亿元，同比增长 19%；社会消费品零售总额 4.2 亿元，同比增长 7.3%；城镇居民人均可支配收入 1.32 万元，同比增长 7.7%，农村居民人均可支配收入 7080 元，同比增长 10%。

2017 年，红寺堡扬水工程引水 26702.45 万立方米，灌溉面积 76.35 万亩（含高效节水补灌 19.52 万亩），灌区产粮油 27580.01 万千克，经济作物 10969.86 万千克，农林牧产值 171493.63 万元。红寺堡区实现地区生产总值 19.8 亿元，同比增长 10% 以上；地方一般公共预算收入 2.03 亿元，同比增长 17.5%；全社会固定资产投资 87 亿元，同比增长 12%；社会消费品零售总额 6.2 亿元，同比增长 8%；城镇居民人均可支配收入 21043 元，同比增长 8.4%，农村居民人均可支配收入 7896 元，同比增长 11%。调减玉米等高耗水作物 12.2 万亩，新增葡萄 8100 亩、枸杞 7000 亩、牧草 3.3 万亩、黄花菜 1.42 万亩，牛、羊饲养量分别达 8.3 万头、83.5 万只；建成富硒农产品基地 4 个，打造自治区级休闲农业示范点 2 个、市级三次产业融合试点 1 个。新认定自治区级龙头企业 7 家，培育各类新型经营主体 230 家、专业合作社 26家；建成农业机械化服务中心 3 家。

20 年来，红寺堡灌区经济快速发展，特别是农业经济始终保持较强的增长势头，产业结构得到优化调整，农民收入快速增长，灌区群众逐步走向富裕，灌区面貌发生了根本性变化。

第三节　社会效益

一、城乡建设

红寺堡区行政区域是扶贫扬黄工程开工建设后，由同心县新庄集乡、同心县韦州镇、中宁县、吴忠市利通区等地经多次划归而成。红寺堡依扬黄水而存，因扬黄水而兴。

1999 年，红寺堡灌区新落成 3 个乡镇、8 个移民试点村，从宁南山区搬迁来移民 2000户，开发土地 5.7 万亩，植树 20 万株。红寺堡开发区建成了 3 个乡镇办公楼、红寺堡镇综合楼、中心医院及 4 所乡镇中学、23 所小学、28 个村委会等 61 处公共设施，总建筑面积 2.5 万平方米;建成红寺堡中部供水工程,包括红寺堡中心镇万吨自来水厂,铺设供水管道39.4千米,建成18个移民村供水点36座,形成日供水1万吨的能力,满足7.3万人用水及工程建设用水。

2001年,新设立红寺堡镇、大河乡、沙泉乡、白墩乡,下辖48个村民委员会、2个居民委员会。建成占地224亩、建筑面积16488平方米的红寺堡综合市场,拉动商贸业发展。2002年,红寺堡开发区辖红寺堡镇、大河乡、沙泉乡、新庄集乡3乡1镇和石炭沟开发区,81个行政村,有人口16.4万人,形成2.4平方千米的城市规模,建筑面积40万平方米,城市人口1.5万人,城市绿化率40%。

2004年,相继建成罗山商城、罗山宾馆、红寺堡人民医院等。2005年,红寺堡区6平方千米市政工程建设基本竣工,八纵八横的城市道路框架形成,城市建设初具规模,建筑面积达55万平方米;城市绿化率达到40%以上;城镇建设累计投资2.85亿元,建成给排水管道25千米;红寺堡广场和罗山商城广场完成建设,城市建设框架基本形成。市容面貌发生了显著变化,文化馆、图书馆开工建设。红寺堡(县级)人民医院门诊楼投入试运营,中医医院规划建设。

2011年,红寺堡区建成移民住房1460套、开发整理农田7000亩、新建设施农业基地1500亩,移民区燕宝小学、村部及卫生室和自来水入户、供电、道路硬化、生态绿化等公共服务和配套工程同步推进。对首期移民居住建筑统一配置太阳能热水和太阳能采暖系统,道路和景观照明采用太阳能光伏发电照明技术,配套建筑总面积7.8万平方米,打造了宁夏首个"节能、低碳、环保"生态移民样板村。推进购物中心、家私城等7个6万多平方米房地产开发项目,"大县城"建设框架全面拉开。

2015年,红寺片区实施市政项目17个,六盘山路等主干道路改造完工,东环路等新(改)建道路加快推进,西区供热管网等项目建成运行。罗山福邸、书香庭院等住宅小区开盘。实施5个老旧小区改造工程,建成保障性住房360套、棚户区改造安置房432套。推进柳泉特色小城镇和5个美丽村庄建设,改造农村危房1236户。建成农村幸福院10个、老饭桌20个,改建农村社区11个,第二敬老院和老年活动中心开工建设。

2017年,红寺堡区行政区域面积2767平方千米,辖2镇3乡1个街道办事处、5个城镇社区、63个行政村。红寺堡城区建设面积已达15.6平方千米,城区人口5万人,城镇化率提高到了29.3%,市容面貌发生了很大变化。移动、联通、通信网络实现了全覆盖,宁夏银行、农业银行、农村信用社和中国平安、中国人寿为主体的金融、保险机构高效运转。电信、邮政、供销、仓储、外运、广告、劳务、宾馆等服务机构及服务体系逐步健全。宁夏移民博物馆、"1236"广场和新区生态公园、博大购物商场等一批标志性建筑工程发挥效益,宽阔的柏油马路纵横交错,一座新型城市在罗山脚下的亘古荒原上崛起。

二、工业商贸

红寺堡工业、商贸经历了从无到有、逐渐起步、发展壮大的历程。2003年,开发区工业总产值为5585万元,工业增加值为1396万元,个体工商户1300家。2004年,开发区把"工贸强区"放在发展首位,并把当年确定为招商引资年,新上工业项目12个,其中500万元以下项目4个,500万~1000万元项目2个,1000万元以上的项目6个,洽谈引进项目67个,协议总投资10.88亿元。2005年,开发区引进签约项目7个,引资额8亿多元。以重工业为主的太阳山工业园区快速发展,园区三纵四横总长13.4千米的道路全部贯通,水电实现入园。城区内以劳动密集型产业为主的工业园区基础设施建设累计完成投资1577万元,签约入园企业11家,计划总投资1.4亿元。同年,宁夏龙欣源实业有限公司投资5亿元、年产30万吨甲醇合成汽油项目开工建设。2010—2015年,红寺堡区累计招商引资189亿元,启动红寺堡区城东现代农业示范园、月亮湾生态农业示范园等"四大产业园区"建设;实施了滚红高速连接线、综合服务中心、青云湖生态公园、移民博物馆等重点项目。2011年以来,红寺堡建成了全国首个慈善工业产业园——弘德工业园。园区与滚红、盐中高速相连,紧靠火车站,远期规划面积30平方千米,建成区面积约10平方千米,主要以劳动密集型产业、新能源装备制造等产业为主。2017年,园区10平方千米主干道基本建成,110千伏供电工程、380万立方米蓄水池等基础设施加快建设,神华集团、中石化燕山分公司、中烟总公司、中石油宁夏石化公司、金风科技等大型企业相继入驻园区。

2017年,红寺堡区建成县级电商服务中心1个、村级服务站60家,注册电商企业10家,电商孵化园开园运营,入驻电商企业、个体30家,快递年业务量达66.94万件,实现收入231万元。新增规上企业5家,实现规上工业增加值5.2亿元,同比增长18%。弘德园区完成工业总产值13.1亿元,同比增长20%;实现增加值4.3亿元,同比增速25%。建成3个葡萄酒庄,葡萄酒年加工能力达2万吨。嘉泽新能源在上海证券交易所主板成功上市。

三、公路交通

红寺堡区地处宁夏中部、吴忠市中心,是通往宁夏东西南北及兰州、西安、银川等大中城市最便捷的要道。距南部的固原市和北部的石嘴山市分别为 220 千米和 188 千米,距东部的盐池县和西部的中卫市均为 120 千米。中心区距包兰、中宝铁路各 40 千米,距自治区首府银川和宁东能源化工基地分别为 127 千米和 135 千米。

1998 年 8 月建成恩红公路、滚新公路,2002 年建成黄同公路,该公路是构成开发区交通枢纽的主要通道。1999 年 10 月建成红寺堡汽车站。2004 年重组建立红寺堡南原汽车运输公司,成立大众汽车出租公司。2005 年,红寺堡区"八纵八横"的城市道路框架形成,完成 8226 米城市道路硬化。2011 年,实施了城区 19.9 千米道路改(扩)建及供排水工程,其中新建民族街、南川路、弘德街等道路 5 条,延伸改造黄河路、人民街、罗山路等道路 6 条。建成朝阳至红关、周兴至孙家滩、红兴至杨柳等农村道路 7 条 114 千米,乡村路网结构日益完善。2014 年,开通红寺堡新区城市公交线路,投入 10 辆公交车,新增红寺堡至兰州线路 1 条。2015 年,建成新庄集至红城水等农村道路 108 千米。

2017 年,红寺堡区境内盐中高速、福银高速、定武高速 3 条高速公路和盐兴公路、黄同公路、滚新公路、恩红公路 4 条县道纵横交错,太中银铁路、滚红高速公路、在建的红桃高速和即将建设的银西高铁穿境而过,城区东距银川河东国际机场、西距中卫香山机场均不超过 150 千米,中部干旱带交通枢纽型城市地位形成。

四、科教文卫

1999 年,红寺堡开发区建成中心医院及 4 所乡镇中学、23 所小学。2004 年建成红寺堡人民医院。2005 年,红寺堡有各级各类学校 83 所,教职工 1229 人,在校学生 2.67 万人,实现"普九"目标;设置医疗机构 9 个,其中乡卫生院 5 所,村卫生室 108 个,开发区、乡、村三级卫生计生服务网络基本健全。2010—2015 年,完成 39 所学校的设备配备,适龄儿童、少年入学率达到 100%,高中毛入学率 88.7%,学前三年毛入园率 58%。

2017 年,红寺堡区共有各类学校 115 所。其中,幼儿园 35 所,高级中学 1 所,普通中学 4 所,普通小学 75 所,专任教师 2145 人,在校学生总数 44713 人。小学学龄儿童净入学率达 100%,高中阶段毛入学率 89%,小学六年巩固率 90.16%,初中三年巩固率 93.02%。全区参加高考考生 1687 人,录取 1342 人,录取率 79.55%。

2017 年,红寺堡区有文化馆、图书馆、博物馆、体育馆各 1 个,文化站 5 个,图书馆图书报刊总藏量 20.8 万册。广播电视覆盖率 100%,广播电视网络宽带覆盖全区 59 家行政村,农村户户通用户 31472 户。

2017年，红寺堡区共有各类医疗卫生机构135家，其中：人民医院、妇幼保健计划生育服务中心、疾病预防控制中心和卫生计生执法所各1家；乡镇卫生院5家、社区卫生服务站4家、村卫生室98家；民营医院6家，个体诊所18家。各类卫生机构技术人员470人。

五、新兴产业

1998年开发建设以来，红寺堡狠抓产业结构调整，转变经济增长方式，推进工业化、城市化和农业产业化进程，培育节水高效农业，累计发展酿酒葡萄11.6万亩、设施农业7.45万亩，黄牛养殖8万头，葡萄产业成为引领农业转型的特色优势主导产业，作为宁夏葡萄四大产区之一，已纳入宁夏贺兰山东麓葡萄产业长廊。依托境内丰富风光资源和国有未利用荒地，发展环保新型工业。科冕葡萄酒厂、瑞丰葡萄榨汁厂、芦草井沟煤矿、罗花崖煤矿、卓德酒庄等重点工业项目快速推进；长山头、鲁家窑、嘉泽风电和宁夏发电集团50兆瓦光伏发电等新能源产业不断壮大。商贸服务、信息中介、金融保险、交通运输和餐饮等服务业快速发展。

第四节　生态效益

一、红寺堡开发前脆弱的生态环境

红寺堡地区地处干旱草原带与黄土丘陵沟壑带的过渡地段，位于毛乌素沙漠前缘，植被稀少，土壤松散，年平均降水量不足200毫米，是年蒸发量的1/10，开发前年均风速大于3米/秒，每年大风扬沙天气超过80天，每年沙尘暴达20次左右。冬春季节，耕地表土一般能吹走3~6毫米，多者达10毫米以上，水土流失严重，天然植被退化加速，植被覆盖率仅为10%~30%，土地荒芜沙化，洪、涝、旱、风等自然灾害十分严重，生态环境极其脆弱。

二、扬黄水浸润下的生态绿洲

红寺堡扬水工程建成运行后，灌区大力开展植树造和围栏封育工作，并采取推行节水灌溉和种植节水作物的措施防止土壤盐渍化，逐步实现了农田林网化、沟渠林带化、道路林荫化、村庄园林化，平均风速降低，相对湿度提高，大风扬沙日数明显减少，区域内环境气候得到明显改善,新的人工生态绿洲逐步取代半荒漠生态系统。同时,移民迁出后,降低了宁夏南部山区干旱带片、高寒土石山区的人口压力,减轻了人多地少的矛盾,为实施退耕还林、封山禁牧、依靠自然修复、恢复生态创造了条件。

1999年,总指挥部根据可持续发展的要求,对灌区水环境、土壤资源以及土壤沙化、盐渍化、肥力、有害物质等进行调查研究和跟踪监测,完成相应的课题。对工程建设场地进行了整治,整治沙化面积7.77平方千米,对沙化严重的地段和渠堤采取工程与生物措施相结合的综合措施进行了治理,共完成草格网固沙面积1995亩。

2000年,春秋季红寺堡灌区造林11712亩,植树344万株,人工种草5675亩。2001年,完成开发配套治理沙化土地面积2.07万亩。1999—2001年年底,灌区共造林21116亩,植树740.2万株,使脆弱的天然荒漠半荒漠生态系统向良性循环的人工生态系统发展。

2004年,红寺堡开发区提出"南保水土中治沙,扬黄灌区林网化"的生态建设方针,坚持宜林则林、宜封则封、封造并举的原则,以保护、恢复和发展生态植被为重点,积极探索和推行社会化造林新机制。截至2005年,累计完成人工造林102.6万亩,封山育林49万亩,栽植50米宽幅防风林带60多条,总长80多千米,林木保存率达到80%以上,植被覆盖率提高到65%。

2015年,红寺堡区完成人工造林125.6万亩,森林覆盖率达到11.5%,城区绿化总面积0.65万亩,人均公共绿地27.5平方米,城区绿地率为35%,绿化覆盖率为39%。

2017年年底,红寺堡区累计种植林草、枸杞及果树127.42万亩,农田林网率达85%,村庄绿化率达85%,城区机械化清扫率达78%,垃圾处理率达95%,城市绿化率、绿化覆盖率、城区人均公共绿地分别达到35%、39%和27.5平方米,森林覆盖率提高到11.98%。建成豹子滩等美丽乡村10个,红寺堡区形成了有效的森林防护体系,移民生产条件得到有效改善,沙尘暴得到有效遏制,气候环境有了明显改善。历年来的气象资料对比显示,当地年平均风速由开发前的4.07米/秒降到3.95米/秒,相对湿度由50.8%提高到54.3%,大风扬沙日数由31天减少为28天,蒸发量由2050毫米降为2015毫米,亘古荒原已变成阡陌纵横、绿树成荫的人工生态绿洲,形成了天蓝地绿、山清水秀、宜居宜业宜游的移民新灌区。

第十章 组织和队伍建设

第一节 机构

一、机构沿革

1997年2月18日,自治区机构编制委员会印发《关于成立宁夏回族自治区红寺堡扬水工程筹建处的通知》(宁编事发〔1997〕10号),批准成立宁夏回族自治区红寺堡扬水工程筹建处,为自治区水利厅下属事业单位,不定级别。

1998年8月,自治区水利厅正式组建红寺堡扬水工程筹建处,建立了以周伟华为处长,高铁山、徐宪平、杨永春为副职的领导班子,固海扬水管理处招待所为临时办公场所。是月28日,启用"宁夏回族自治区红寺堡扬水工程筹建处"印章。

1998年10月16日,筹建处召开会议研究决定,设立政工部门、行政后勤部门、综合经营部门、机电部门、工程灌溉部门、调度部门、财务物资部门7个临时部门和检修队、工程队、红寺堡一泵站、红寺堡二泵站、红寺堡三泵站5个基层单位。

2002年,总指挥部委托筹建处代管固海扩灌扬水工程。红寺堡和固海扩灌两大扬水工程由红寺堡扬水筹建处管理。年底,筹建处机关设7个临时部门、基层设17个泵站(队、所)。2003年4月始,筹建处实行"总站管理分站"模式,至2006年3月,先后成立红寺堡第三总站、新庄集总站、中心管理所、固海扩灌第一总站、固海扩灌第二总站、红寺堡第一总站、韦州总站、固海扩灌第三总站、唐堡中心管理所,下辖28个泵站(所)。

2008 年 1 月 11 日,自治区机构编制委员会印发《关于自治区红寺堡扬水工程筹建处更名等有关问题的通知》(宁编发〔2008〕03 号),同意将自治区红寺堡扬水工程筹建处更名为宁夏回族自治区红寺堡扬水管理处,为自治区水利厅所属正处级事业单位。内设办公室、组织人事科、计划财务科、机电管理科、灌溉调度科、工程通讯科、水政科、监察审计室、后勤保障科、检修队和 26 个泵站、2 个水管所共 38 个科级机构。同年 2 月 28 日,启用"宁夏回族自治区红寺堡扬水管理处"印章。

2010 年 3 月,根据《自治区水利厅关于固海、红寺堡扬水管理处调整机构编制的通知》(宁水人发〔2010〕15 号)、自治区机构编制委员会《关于自治区水利厅部分所属事业机构编制事项的通知》(宁编办发〔2010〕121 号),固海扩灌 12 座泵站、1 个管理所调整给固海扬水管理处管理。调整后,红寺堡扬水管理处内设 25 个科级机构,分别为办公室、组织人事科、计划财务科、机电管理科、灌溉调度科、工程通讯科、水政科、监察审计室、后勤保障科、检修队和14 个泵站、1 个管理所。

宁夏红寺堡扬水管理处历任处长更迭表

职务	姓名	性别	民族	出生年月	文化程度	籍贯	任职时间
处长	周伟华	男	汉	1956.09	大学	宁夏中卫	1998.08—2008.01
处长	赵 欣	男	汉	1961.03	大学	宁夏中宁	2008.01—2012.11
处长	陈旭东	男	汉	1965.02	研究生	甘肃兰州	2012.11—2018.01
处长	张国军	男	汉	1968.03	大学	宁夏平罗	2018.02—

宁夏红寺堡扬水管理处历任副处长更迭表

职务	姓名	性别	民族	出生年月	文化程度	籍贯	任职时间
副处长	徐宪平	男	汉	1955.02	大学	宁夏银川	1998.10—2000.07
副处长	杨永春	男	汉	1962.12	大专	陕西吴起	1998.10—2004.09
副处长	赵 欣	男	汉	1961.03	大学	宁夏中宁	2001.02—2007.01
副处长	李生玉	男	汉	1958.04	大学	宁夏中宁	2002.12—2003.06
副处长	王效军	男	汉	1962.07	大学	宁夏西吉	2003.06—2005.03
副处长	桂玉忠	男	汉	1962.05	大学	宁夏中宁	2002.12—2018.01
副处长	朱保荣	男	汉	1969.04	大学	宁夏中宁	2006.05—2010.02
副处长	朱 洪	男	汉	1965.09	大学	宁夏吴忠	2006.07—2008.05
副处长	马玉忠	男	回	1957.02	大专	宁夏同心	2004.12—2013.05
副处长	张玉忠	男	汉	1966.08	大学	宁夏中宁	2008.05—
副处长	马晓阳	男	回	1971.07	大学	宁夏吴忠	2010.01—2011.01

续表

职务	姓名	性别	民族	出生年月	文化程度	籍贯	任职时间
副处长	张海军	男	回	1972.12	大学	宁夏中宁	2011.01—
副处长	马 林	男	汉	1955.12	大专	宁夏同心	2011.05—2015.12
副处长	道 华	男	汉	1964.07	大学	宁夏中宁	2013.12—
副处长	张建勋	男	汉	1962.09	大学	宁夏中宁	2018.01—

二、专项工作组织机构

1998 年以来,根据管理工作需要,管理处先后成立各专项工作领导小组,负责推进相关工作的开展。

红寺堡扬水管理处专项工作组织机构一览表

序号	2000—2005 年	2008 年	2010 年	2014 年	2018 年
1	精神文明建设领导小组	精神文明建设领导小组	精神文明建设领导小组	精神文明建设领导小组	党风廉政建设工作领导小组
2	双文明考核领导小组	双文明考核领导小组	双文明考核领导小组	双文明考核领导小组	精神文明建设工作领导小组
3	工作人员年度考核领导小组	工作人员年度考核领导小组	工作人员年度考核领导小组	工作人员年度考核领导小组	绩效工资考核领导小组
4	绩效工资考核领导小组	绩效工资考核领导小组	绩效工资考核领导小组	绩效工资考核领导小组	思想政治工作领导小组
5	民主管理委员会	民主管理委员会	民主管理委员会	民主管理委员会	职工教育工作领导小组
6	党风廉政建设领导小组	党风廉政建设领导小组	党风廉政建设领导小组	党风廉政建设领导小组	青年工作委员会
7	行风建设领导小组	行风建设领导小组	政风行风建设领导小组	政风行风建设领导小组	专业技术职务聘任工作领导小组
8	社会主义劳动竞赛委员会	社会主义劳动竞赛委员会	社会主义劳动竞赛委员会	社会主义劳动竞赛委员会	水利工程系列初级专业技术资格评审委员会
9	安全工作领导小组	安全工作领导小组	安全工作领导小组	安全工作领导小组	初级政工专业职务资格评审委员会
10	职工教育领导小组	职工教育领导小组	职工教育领导小组	职工教育领导小组	处务公开领导小组
11	综合治理领导小组	综合治理领导小组	综合治理领导小组	综合治理领导小组	处务公开监督小组
12	综合经营工作领导小组	综合经营工作领导小组	综合经营工作领导小组	综合经营工作领导小组	保密工作领导小组
13	绿化工作领导小组	绿化工作领导小组	绿化工作领导小组	绿化工作领导小组	信访工作领导小组
14	防汛工作领导小组	防汛工作领导小组	防汛工作领导小组	防汛工作领导小组	效能建设领导小组
15	法制建设领导小组	法制建设领导小组	法制建设领导小组	法制建设领导小组	劳动竞赛委员会
16	政务公开领导小组	政务公开领导小组	政务公开领导小组	政务公开领导小组	安全生产委员会

续表

序号	2000—2005 年	2008 年	2010 年	2014 年	2018 年
17	政务公开监督小组	政务公开监督小组	政务公开监督小组	政务公开监督小组	普法综合治理工作领导小组
18	思想政治工作研究会	思想政治工作研究会	思想政治工作研究会	思想政治工作研究会	防汛工作领导小组
19	通讯联络站	通讯联络站	宣传工作领导小组	宣传工作领导小组	物资采购领导小组
20	保密工作领导小组	保密工作领导小组	保密工作领导小组	保密工作领导小组	工程建设工作领导小组
21	专业技术职务聘任领导小组	专业技术职务聘任领导小组	专业技术职务聘任领导小组	专业技术职务聘任领导小组	工程建设监督小组
22	水利工程系列初级专业技术资格评审委员会	水利工程系列初级专业技术资格评审委员会	水利工程系列初级专业技术资格评审委员会	水利工程系列初级专业技术资格评审委员会	应急管理领导小组
23	初级政工专业职务资格评审委员会	初级政工专业职务资格评审委员会	初级政工专业职务资格评审委员会	初级政工专业职务资格评审委员会	信息化建设及网络安全工作领导小组
24	爱国卫生委员会	爱国卫生委员会	民事调解领导小组	民事调解领导小组	
25	住房管理领导小组	住房管理领导小组	机关卫生纪律检查小组	机关卫生纪律检查小组	
26	中宁办公生活基地建设领导小组	中宁办公生活基地建设领导小组	青年工作委员会	青年工作委员会	
27	民事调解领导小组	民事调解领导小组	信访工作领导小组	信访工作领导小组	
28	机关纪律检查小组	机关纪律检查小组	"创先争优"活动领导小组	"创先争优"活动领导小组	
29	伙食管理监督小组	伙食管理监督小组	人口和计划生育协会	人口和计划生育协会	
30	青年工作委员会	青年工作委员会	效能建设领导小组	效能建设领导小组	
31	反恐怖领导小组	反恐怖领导小组	设备物资采购领导小组	设备物资采购领导小组	
32	农业供水管理体制及水价机制改革领导小组	农业供水管理体制及水价机制改革领导小组	"六五"普法工作领导小组	"六五"普法工作领导小组	
33	机关文明科室考核领导小组	机关文明科室考核领导小组	进一步营造风清气正领导小组	进一步营造风清气正领导小组	
34	信访工作领导小组	信访工作领导小组	道德讲堂建设小组	党的群众路线领导小组	
35	"创争"活动领导小组	"创争"活动领导小组	办公用房领导小组	办公用房领导小组	
36	人口和计划生育协会	人口和计划生育协会	安全生产委员会	安全生产委员会	
37	效能建设领导小组	效能建设领导小组	信息化领导小组	信息化领导小组	
38	"三讲"教育领导小组	设备物资采购领导小组		水利改革发展领导小组	
39	帮扶海原县抗旱救灾领导小组	"五五"普法工作领导小组		安全生产监督小组	
40	民主管理委员会	治理商业贿赂工作领导小组			
41	民主评议行风工作领导小组	科学发展观学习领导小组			
42	水利行业职业技能竞赛领导小组	"小金库"专项治理领导小组			
43	水利工程管理体制改革领导小组				
44	保持共产党员先进性教育活动领导小组				

三、机关职能科室

办公室 1998 年设立,初设机构名称为行政后勤部门。负责电子政务、公文处理、政务公开、印章管理、档案保密、信访等工作。负责综合性文稿起草、规范性文件审核及水利宣传、信息报送、舆情管理工作。承担综合性会议、处务会议、处长办公会议的组织及督查督办工作。负责机动车辆、交通安全、卫生管理及协调接待工作。承担机关办公、生活设施的配置及管理。2017 年科室有人员 14 人,设主任 1 名、副主任 1 名。

组织人事科 1998 年设立,初设机构名称为政工科,2007 年 3 月更名为组织人事科。承担党建、精神文明建设和思想政治工作研究会的日常工作,组织开展水利工程管理体制改革、处属单位及工作人员年度考核、科技项目申报工作。负责干部职工教育管理、退休人员管理、劳动工资管理及劳动保护、职工养老、医疗保险等社会保险、专业技术职称及工人技术等级评审申报工作。2017 年科室有人员 2 人,设科长 1 名、副科长 1 名。

计划财务科 1998 年设立,初设机构名称为财务物资部门,2001 年设立财务物资管理科,2008 年更名为计划财务科。按照国家财经法规及财务会计制度,依法办理各项经济业务。负责全处财务管理、会计核算、内部审计、内控管理及工程预算审核等工作。负责编制全处年度财务收支计划,分解下达基层单位财务计划、机关指标控制计划,并监督实施。参与单位经营管理过程中的各项经济业务工作,参与工程建设项目、工程竣工验收及决算。2017 年科室有人员 6 人,设科长 1 名。

机电管理科 1998 年设立,负责全处机电设备及其信息自动化的运行、维护和更新改造管理。负责全处用电计划、用电统计、电量审核及用电申请,制定、上报、下达用电、检修、材料等计划。负责机电管理运行人员培训工作,基层单位机电管理、检查、考核、评比,参与泵站设备检修的试运行及验收,做好机电设备整理归档。引进应用新技术、新材料、新工艺、新设备。2017 年科室有人员 4 人,设科长 1 名、副科长 1 名。

灌溉调度科 1998 年设立,初设机构名称为调度室。2007 年 3 月更名为灌溉调度科。负责全处灌溉调度管理,编制、落实供用水计划。建立健全灌溉调度管理办法、规章制度。负责编制停送电、开停机计划及各阶段运行方式和灌区配水计划,并做好用水、用电申报和落实。负责机电设备、渠道工程、灌溉水量分配等生产工作的统一调配。协调解决工程、机电和灌溉生产问题,保证扬水系统安全正常运行。负责水管人员业务学习和培训。负责防汛抢险调度工作。负责全处通信设备和信息网络的建设、维护、使用、管理。2017 年科室有人员 12 人,设科长

1名、副科长1名。

工程管理科　1998年设立，初设机构名称为工程灌溉科，2007年3月更名为工程管理科。负责渠道工程及基础设施的建设（新建、改造、扩建）、维修维护方案的制订、计划编制、经费申请、任务下达、组织实施及工程验收、结算、资料归档。负责全处防洪防汛工作。负责专项资金工程建设过程控制及竣工验收工作。负责渠道及保护范围内绿化美化工程的规划设计及实施。指导、检查和考核基层单位的工程管理工作。负责涉外工程（跨渠系工程）方案审查上报及其工程建设监管。负责水工人员业务培训。2017年科室有人员4人，设科长1名。

水政科　2007年3月设立。负责水政监察、内部保卫、综合治理、普法、消防管理等工作。承担管理处扬水警务和水行政执法队伍建设，督查水行政管理和水行政执法。负责协调解决涉外工程相关事务。2017年科室有人员2名，设科长1名。

后勤保障科　1998年设立，初设机构名称为综合经营办公室。2007年3月撤销综合经营科，2008年设立后勤保障科。负责全处国有资产（资源）、庭院绿化及后勤服务管理。监督、指导基层泵站（所）、队（公司）做好国有资源的经营管理，并检查、考核。负责固定资产、低值易耗品、消耗材料的管理工作。督促、指导基层单位做好庭院建设、温棚种植等管理。2017年科室有人员6人，设科长1名、副科长1名。

监察审计室　2003年1月设立，承担党风廉政建设、纪检监察、行风建设、效能建设工作。负责干部、职工的廉政宣传教育工作。制定完善纪检监察制度，并对各项制度的落实情况进行监督检查。监督干部选拔任用、工程管理、资金、物资管理及资产经营。监督科级干部任期内及离任经济责任审计。监督检查党务、处务、水务公开。受理对违纪问题的信访、举报，组织查处党员干部及相关人员的违纪问题。2017年科室有2人，设主任1名。

安全生产监督办公室　2014年4月设立，与水政科合署办公。贯彻落实安全生产委员会的各项决定，制定管理处安全生产工作计划，提出安全管理措施和建议，分析安全生产形势。组织协调、监督检查、指导各单位安全生产工作。组织开展安全生产检查，监督各部门对各单位的安全考核。组织安全生产及伤亡事故的调查处理。开展水利安全生产宣传教育和培训。组织协调、配合有关科室对全处特种作业人员的安全培训、考核、特种设备年审。2017年有人员2人，主任1名（水政科副科长兼）。

红寺堡扬水管理处科室负责人更迭表

科室名称	职务	姓名	性别	民族	任职期限	职务	姓名	性别	民族	任职期限
办公室	主任	田国祥	男	汉	1998.10—2000.06.04	副主任	高同建	男	汉	2000.04.08—2005.04.13
		李瑞聪	男	汉	2000.06.04—2003.01.17		薛立刚	男	汉	2005.04.06—2006.04.19
		尹 奇	男	汉	2003.01.17—2005.04.13（副科级，主持工作）		申喜菊	女	汉	2005.04.06—2007.03.13 2009.02.17—2011.02.25
		高同建	男	汉	2005.04.13—2008.08.28		张春海	男	汉	2006.07.28—2011.11.11
		李生军	男	汉	2008.09.09—2013.07.01		高佩天	男	汉	2011.03.21—2013.07.19
		高佩天	男	汉	2013.07.19—2015.02.13（主持办公室工作）2015.02.13—		熊自银	男	汉	2012.08.06—
组织人事科（政工科）	科长	左静波	女	汉	1998.10.16—2003.01.17	副科长	尹 奇	男	汉	2001.04.05—2003.01.17
		李瑞聪	男	汉	2003.01.17—2005.04.13		殷 锋	男	汉	2004.04.15—2007.03.13
		尹 奇	男	汉	2005.04.28—2010.07.04		高登军	男	汉	2007.03.13—2008.04.17
		薛立刚	男	汉	2010.07.14—2011.03.03		李彦骅	女	汉	2009.12.22—2014.10.20
		王冰竹	女	汉	2011.03.03—2012.02.13		刘兴龙	男	汉	2014.10.20—2017.04.05
		尹 奇	男	汉	2012.02.13—2015.11.11		王晓红	女	汉	2015.03.27—
		李彦骅	女	汉	2017.03.28—					
计划财务科（财务物资科）	科长	祁彦澄	男	汉	1998.10.16—2001.04.05（副科级，主持工作）2001.04.05—2010.07.14	副科长	王国华	男	汉	2000.04.08—2005.04.13
		陈学军	男	汉	2010.07.14—		王拾军	男	汉	2004.04.15—2014.03.18
机电管理科	科长	桂玉忠	男	汉	1998.10.16—1999.05.06 2001.04.05—2002.12.05	副科长	李国谊	男	汉	2002.10.26—
		张永忠	男	汉	1999.05.06—2001.04.05（部门负责人）2007.03.13—2014.09.03		邹建宁	男	汉	2009.02.17—2011.02.25（正科级）
		张晓宁	男	汉	2003.01.17—2007.03.13					
		高登军	男	汉	2014.09.03—		王海峰	男	回	2009.02.17—2011.03.21
灌溉调度科（调度科）	科长	李宁恩	男	汉	1998.10.16—2001.04.05（副科级，主持工作）2001.04.05—2008.05.13	副科长	周 宁	男	汉	2001.04.05—2005.04.06 2008.04.07—2012.08.30
							申喜菊	女	汉	2007.03.13—2009.02.17
		曹福升	男	汉	2008.05.13—2017.03.17		吴建林	男	汉	2011.02.25—2014.09.11
		顾占云	男	回	2017.03.17—		朱小明	男	汉	2013.03.15—

续表

科室名称	职务	姓名	性别	民族	任职期限	职务	姓名	性别	民族	任职期限
工程管理科（工程灌溉科）	科长	赵 欣	男	汉	1998.10.16—2000.04.08	副科长	曹福升	男	汉	2000.04.08—2007.03.13
		张永忠	男	汉	2001.04.05—2004.04.08		顾占云	男	回	2007.03.13—2011.03.21
		朱 洪	男	汉	2004.04.08—2007.04.13		陈锐军	男	回	2014.01.09—2014.09.11
		薛立刚	男	汉	2007.03.13—2008.08.29					
		于国兴	男	汉	2008.08.29—2011.02.25					
		张永德	男	汉	2012.03.23—2014.01.09					
		顾占云	男	回	2011.03.21—2014.03.20					
		陈锐军	男	回	2014.09.11—					
安监办	主任	邹建宁	男	汉	2014.04.10—2017.03.17					
		王 浩	男	汉	2017.03.17—					
水政科	科长	曹福升	男	汉	2007.03.13—2008.08.29	副科长	吴志伟	男	汉	2007.03.13—2009.03.09
		薛立刚	男	汉	2008.08.29—2009.02.17		邹建宁	男	汉	2011.02.25—2017.03.17（正科级兼安办主任）
		吴志伟	男	汉	2009.03.09—2012.02.13		王 浩	男	汉	2017.03.17—（兼安办主任）
		张建清	男	汉	2013.03.15—2014.09.03					
		张永忠	男	汉	2014.09.03—					
后勤保障科（综合经营科）	科长	李 明	男	汉	1998.10.16—2002.04.08	副科长	吴志伟	男	汉	2002.10.26—2007.03.13
							王明忠	男	汉	2009.02.17—2010.03.04
		黄吉全	男	汉	2002.10.26—2007.03.13		张清生	男	汉	2013.03.15—2014.03.18（正科级）
		高登军	男	汉	2008.04.07—2009.03.09（副科级，主持工作）		王拾军	男	汉	2014.03.19—
		薛立刚	男	汉	2009.02.17—2010.07.14					
		尹 奇	男	汉	2010.07.14—2012.02.13					
		吴志伟	男	汉	2012.02.13—					
监察审计室	主任	肖金堂	男	汉	2003.01.17—2003.04.29	副主任	陈学军	男	汉	2004.04.15—2006.11
		王冰竹	女	汉	2003.04.29—2005.04.13					
		李瑞聪	男	汉	2005.04.13—2006.11.05					
		陈学军	男	汉	2006.11—2008.10（副科级，主持工作）2008.10.19—2010.07.14					
		祁彦澄	男	汉	2010.07.14—2013.07.15					
		王燕玲	女	汉	2013.07.15—					
	副总工	张晓宁	男	汉	2007.03.13—2011.02.15					
		于国兴	男	汉	2011.02.25—2013.03.01					

四、泵站、所、队

1998 年 10 月设立红寺堡一至三泵站、检修队，同年设立红扬工程公司；2000 年 4 月设立中心管理所；2001 年 4 月设立新庄集一、二泵站，新圈一、二泵站，2002 年 4 月设立黄河泵站；2002 年 9 月设立海子塘一、二泵站，同年 9 月设立新庄集四泵站；10 月设立新庄集三泵站；2005 年 10 月设立红寺堡四、五泵站。

2003 年 4 月，建立总站(所)管理分站的体制，成立红三总站、新庄集总站、中心管理所 3 个总站(所)。红三总站设在红寺堡三泵站，管辖红寺堡三泵站和新圈一、二泵站；新庄集总站设在新庄集一泵站，管辖新庄集一、二、三、四泵站；中心管理所设在中心所，管辖中心所和海子塘一、二泵站。2005 年 4 月成立红寺堡第一总站，总站设在红一泵站，管辖红一、二泵站和黄河泵站。2005 年 10 月，成立韦州总站，总站设在红五泵站，管辖红寺堡四、五泵站。2015 年 4 月先后撤销红一总站、韦州总站。

2002 年 10 月设立固海扩灌一至六泵站。2003 年 4 月设立固海扩灌第一总站和固海扩灌第二总站。固海扩灌第一总站设在固海扩灌一泵站，管辖固海扩灌一、二、三泵站；固海扩灌第二总站设置在固海扩灌六泵站，管辖固海扩灌四、五、六泵站。2003 年 8 月设立固海扩灌七至十二泵站。2004 年 4 月，成立唐堡中心管理所，管辖固海扩灌七至十二泵站。2006 年 3 月，整建制接管固海扬水管理处红中湾、七营泵站。同月，设立固海扩灌第三总站，总站设在固海扩灌八泵站，管辖固海扩灌七、八、九泵站，固海扩灌十、十一、十二泵站由唐堡中心管理所管理。2010 年 3 月，固海扩灌工程整建制移交固海扬水管理处管理。

(一)红寺堡系统

黄河泵站 位于中宁县境内泉眼山脚下的黄河南岸，是红寺堡扬水工程和固海扩灌扬水工程的水源泵站，2002 年 4 月设立，主要负责泵站机电设备、水工建筑物和 1.78 千米渠道的日常维护管理、运行及防汛安全等工作。2017 年有干部职工 21 人，其中站长 1 名。

红寺堡一泵站 位于中宁县新堡镇东南 7.5 千米处，是红寺堡扬水工程的首级泵站，1998 年 10 月设立，主要负责泵站机电设备及 1.18 千米引渠、3.8 千米干渠、建筑物的运行管理、日常巡护、维修保养及防汛安全等工作。2017 年有干部职工 23 人，其中站长 1 名、副站长 2 名。先后获得自治区"水利行业先进基层单位"、全区青年安全生产示范岗、中卫市 2013—2016 年度文明单位。

红寺堡二泵站 位于中宁县新堡镇吴桥村南 5.5 千米处，是红寺堡扬水工程的第二级泵站,1998 年 10 月设立,主要负责泵站机电设备及 3.97 千米干渠、渠道建筑物的运行管理、日常巡护、维修保养及防汛安全等工作。2017 年有干部职工 24 人,其中站长 1 名、副站长 1 名。曾获自治区水利厅"先进基层党支部"。

红寺堡三泵站 位于中宁县恩河镇双井村南 3.1 千米处,是红寺堡扬水工程的第三级泵站,1998 年 10 月设立,主要负责泵站机电设备及 10 千米干渠、渠道建筑物的运行管理、日常巡护、维修保养及防汛安全等工作。2017 年有干部职工 30 人,其中站长 1 名、副站长 2 名。

红寺堡四泵站 位于吴忠市红寺堡区太阳山镇买河村,是红寺堡扬水工程的第四级主干泵站,2005 年 10 月设立,主要负责泵站机电设备及红三干渠 14 千米渠道、建筑物的运行管理、日常巡护、维修保养及防汛安全等工作。2017 年有干部职工 27 人,其中站长 1 名、副站长 2 名。

红寺堡五泵站 位于同心县韦州镇张家旧庄以西约 1.2 千米处,是红寺堡扬水工程的第五级主干泵站,2005 年 10 月设立,主要负责泵站机电设备及红四干渠 14.8 千米、红五干渠 17 千米渠道、建筑物的运行管理、日常巡护、维修保养及防汛安全等工作。2017 年有干部职工 29 人,其中站长 1 名、副站长 2 名。曾获宁夏水利系统 2010—2011 年度政风行风建设先进基层站所、自治区水利厅先进基层党支部荣誉称号和吴忠市文明单位。

新庄集一泵站 位于新庄集独疙瘩沟西岸,西距盐兴公路约 2 千米,是红寺堡扬水工程新庄集支线第一级泵站,2001 年 4 月设立,主要负责泵站机电设备及红三干渠 22 千米渠道、新庄集一干渠 4.13 千米渠道、建筑物的运行管理、日常巡护、维修保养及防汛安全等工作。2017 年有工作人员 32 人,其中站长 1 名、副站长 2 名。2012 年获全国水利系统模范职工小家荣誉称号。

新庄集二泵站 位于红寺堡区新庄集乡沙草墩村南 1.5 千米处,是红寺堡扬水工程新庄集支线第二级泵站,2001 年 4 月设立,主要负责泵站机电设备及新庄集二干渠 1.23 千米渠道、建筑物的运行管理、日常巡护、维修保养及防汛安全等工作。2017 年有干部职工 15 人,其中站长 1 名、副站长 1 名。

新庄集三泵站 位于新庄集下细沟子与兰圈湾子沟之间,距新庄集二泵站约 2 千米,是红寺堡扬水工程新庄集支线第三级泵站,2002 年 10 月设立,主要负责泵站机电设备及新庄集三干渠 1.5 千米渠道、建筑物的运行管理、日常巡护、维修保养及防汛安全等工作。2017 年有干部职工 18 人,其中站长 1 名、副站长 1 名。

新庄集四泵站 位于新庄集乡红阳村南侧 500 米,是红寺堡扬水工程新庄集支线第四级泵站,2003年10月设立,主要负责泵站机电设备及渠道、建筑物的运行管理、日常巡护、维修保养及防汛安全等工作。2017年有干部职工21人,其中站长1名、副站长2名。

海子塘一泵站 位于红寺堡区以北3千米处,是红寺堡扬水工程海子塘支线第一级泵站,2002年10月设立,主要负责泵站机电设备及海子塘一干渠1.22千米渠道、建筑物的运行管理、日常巡护、维修保养及防汛安全等工作。2017年有干部职工11人,其中站长1名。

海子塘二泵站 位于红寺堡区以北4千米处,北临高速公路出口,是红寺堡扬水工程海子塘支线第二级泵站,2002年10月设立,主要负责泵站机电设备及渠道、建筑物的运行管理、日常巡护、维修保养及防汛安全等工作。2017年有干部职工10人,其中站长1名。

新圈一泵站 位于红寺堡三干渠2.7千米处,距红寺堡三泵站约2千米,是红寺堡扬水工程新圈支线第一级泵站,2001年4月设立,主要负责泵站机电设备及新圈一支干渠2.97千米渠道、建筑物的运行管理、日常巡护、维修保养及防汛安全等工作。2017年有干部职工10人,其中站长1名。

新圈二泵站 位于红寺堡区大河乡红崖村,距新圈一泵站3.5千米,是红寺堡扬水工程新圈支线第二级泵站,2001年4月设立,主要负责泵站机电设备及水工建筑物的运行管理、日常巡护、维修保养及防汛安全等工作。2017年有干部职工10人,其中站长1名。

中心管理所 位于红寺堡区创业东街,2000年4月设立,承担红寺堡区2镇11个行政村、农发办养殖示范区和利通区孙家滩供水任务,负责红三干渠17千米,海子塘支干15千米渠道、建筑物的日常巡护、维护保养及防汛安全等工作。2017年有职工23人,其中所长1名、副所长1名。

检修队 位于中宁县新堡北街,成立于1999年4月,内设电工、机修2个班组,机械加工车间1座。主要承担红寺堡扬水工程14座泵站的机组、变压器、高压开关柜、自动化等机电设备的试验、检修、调试等工作。机械加工车间承担泵站的电动机转子、水泵叶轮、口环、轴、轴套等设备进行补焊加工和易磨蚀部位喷焊抗磨金属材料防护层等维修工作。2017年有干部职工25人,其中队长1名、副队长2名。先后荣获全国学习型班组、自治区青年文明号、全国节俭养德全民节约行动先进单位等荣誉称号,2015年1月授牌成立"国家级马国民技能大师工作室"。

红寺堡系统泵站(所)负责人更迭表

单位名称	职务	姓名	性别	民族	任职期限	职务	姓名	性别	民族	任职期限
黄河泵站	站长	李国谊	男	汉	2002.3.28—2002.10.26(副科级,主持工作)	副站长	王海峰	男	回	2014.01.09—2017.08.31
		刘志恒	男	汉	2002.10.26—2004.04.15(副科级,主持工作)					
		苗自卫	男	汉	2004.04.15—2005.04.06(副科级,主持工作)					
		王兴熙	男	汉	2005.04.13—2010.03.04(副科级,主持工作)					
		贾振华	男	汉	2010.03.04—2014.09.11(副科级,主持工作)2014.09.11—					
红一泵站	站长	张　明	男	汉	1998.10.16—2001.03.30	副站长	黄吉全	男	汉	1998.10.20—1999.07.03
		王同选	男	汉	2001.04.05—2002.10.26(副科级,主持工作)2002.10.26—2003.03.22		王同选	男	汉	1999.07.08—2000.06.04
							刘志恒	男	汉	2000.06.04—2002.06.03
		薛立刚	男	汉	2003.03.22—2005.04.06(副科级,主持工作)		李生军	男	汉	2003.03.22—2005.04.06
							杨春林	男	回	2005.04.13—2007.03.13
		王国华	男	汉	2005.04.13—2009.02.18		刘伟东	男	汉	2007.03.13—2010.03.04
		高登军	男	汉	2009.03.09—2011.08.29		王兴熙	男	汉	2010.03.04—2012.08.06(2011.12—2013.03借调检测站)
		严天宏	男	汉	2011.08.29—2017.04.05		王进军	男	汉	2012.08.06—2014.01.09
		李平	男	回	2017.04.05—		李科健	男	汉	2014.03.31—
							王建明	男	汉	2014.09.03—
红二泵站	站长	徐泳	男	汉	1998.10.16—2001.04.05	副站长	张建清	男	汉	1998.10.16—2000.06.04
		邹建宁	男	汉	2001.04.05—2003.01.17		王同选	男	汉	2000.06.04—2001.04.05
		张晓清	男	汉	2003.01.17—2005.12.10(副科级,主持工作)2005.12.10—2006.03.27		王建明	男	汉	2001.04.05—2003.08.12
							鲁上学	男	汉	2007.03.13—2009.02.17
		严天宏	男	汉	2006.03.27—2009.02.17(副科级,主持工作)2009.02.17—2011.08.29		杨万忠	男	回	2009.02.17—2010.03.04
							刘伟东	男	汉	2010.03.04—2013.03.03
		王明忠	男	汉	2011.08.29—2014.09.03		龚殿斌	男	汉	2012.08.06—2016.05.11
		张建清	男	汉	2014.09.03—2017.03.17		赵方	男	汉	2014.10.20—2016.05.11
		严天宏	男	汉	2017.03.17—		肖扬	男	汉	2016.05.11—

续表1

单位名称	职务	姓名	性别	民族	任职期限	职务	姓名	性别	民族	任职期限
红三泵站	站长	李瑞聪	男	汉	1998.10.16—2000.06.04	副站长	杨俊	男	回	1998.10.16—2000.06.04
		杨俊	男	回	2000.06.04—2001.04.05（副科级，主持工作）		肖金堂	男	汉	1999.07.08—2000.04.08
		黄吉全	男	汉	2001.04.05—2002.10.26		张建清	男	汉	2000.06.04—2002.10.26
		张建清	男	汉	2002.10.26—2003.03.22		邢建宏	男	汉	2002.10.26—2003.08.12
		宋志军	男	汉	2003.03.22—2007.03.13（副科级，主持工作）2007.03.13—2010.03.04		王燕玲	女	汉	2004.04.15—2007.03.13
							吴振荣	男	回	2007.03.13—2011.02.25
							鲁上学	男	汉	2010.03.04—2011.02.25
		王明忠	男	汉	2010.03.04—2011.08.29		朱小明	男	汉	2011.03.28—2013.03.15
							李平	男	回	2011.08.01—2017.04.05
		张清生	男	汉	2011.08.29—2013.03.15		牛政	男	汉	2012.08.06—2014.09.03
							赵金柱	男	汉	2015.03.27—
		王成	男	汉	2013.03.15—		白学锋	男	汉	2017.04.05—
红四泵站	站长	苏俊礼	男	回	2005.10.28—2009.02.17（副科级，主持工作）	副站长	龚殿斌	男	汉	2010.03.04—2012.08.06
		杨春林	男	回	2009.02.17—2012.02.11（副科级，主持工作）		张玉龙	男	汉	2012.08.06—
		董学祥	男	汉	2012.03.07—		金焱	男	回	2017.04.05—
红五泵站	站长	黄永涛	男	汉	2005.10.28—2011.08.29	副站长	王卫东	男	汉	2007.03.13—2009.02.17
							鲁上学	男	汉	2009.02.17—2010.03.04
							何永斌	男	汉	2009.03.09—2010.03.04
							王建明	男	汉	2010.03.04—2012.03.07
		苏俊礼	男	回	2011.09.09—2017.03.17		李占文	男	汉	2011.03.28—2013.03.15
							杨春林	男	回	2012.03.07—2013.07.19
		刘兴龙	男	汉	2017.04.05—		王伟	男	汉	2013.07.19—
							雷占学	男	汉	2013.03.15—
红寺堡中心管理所	所长	肖金堂	男	汉	2000.04.08—2003.01.17	副所长	王卫东	男	汉	2001.04.05—2005.04.06
							吴振荣	男	回	2002.10.26—2004.04.08
		张清生	男	汉	2003.01.17—2005.12.10（副科级，主持工作）2005.12.10—2007.03.13		董学祥	男	汉	2004.04.15—2008.04.18
							张金鹏	男	汉	2008.04.07—2009.02.17 2011.02.25—2013.09.25
		张建清	男	汉	2007.03.13—2010.03.04		吴建林	男	汉	2009.03.09—2011.02.25
							朱迎胜	男	汉	2009.12.22—2010.09.30
		宋志军	男	汉	2010.03.04—2014.09.03		樊俊杰	男	汉	2013.07.01—2017.03.17
							岑少奇	男	汉	2013.09.25—
		吴建林	男	汉	2014.09.11—		李占文	男	汉	2017.03.17—

续表2

单位名称	职务	姓名	性别	民族	任职期限	职务	姓名	性别	民族	任职期限
新庄集一泵站	站长	徐泳	男	汉	2001.04.05—2007.03.13	副站长	薛立刚	男	汉	2001.04.05—2003.04.05
							吴斌	男	汉	2005.04.06—2007.03.13
		杨俊	男	回	2002.10.26—2005.04.06（新庄集一支站站长）		王伟	男	汉	2007.03.13—2010.03.04
							王卫东	男	汉	2009.02.17—2011.02.25
		张清生	男	汉	2007.03.13—2009.10.15		董学祥	男	汉	2010.03.04—2012.03.07
							雷占学	男	汉	2011.03.28—2013.03.15
		刘彦峰	男	汉	2009.10.15—2011.08.29		高磊	男	汉	2012.03.01—2012.09.01（渠首挂职学习）
							马建智	男	汉	2012.08.06—
		黄永涛	男	汉	2011.08.29—		李占文	男	汉	2013.03.15—2017.03.17
							王志勇	男	回	2017.04.05—
新庄集二泵站	站长	杨俊	男	回	2001.04.05—2002.10.26（副科级，主持工作）	副站长	龚殿斌	男	汉	2001.04.05—2002.10.26
		龚殿斌	男	汉	2002.10.26—2004.04.08（副科级，主持工作）		赵方	男	汉	2010.03.04—2014.10.20
		王成	男	汉	2004.04.08—2009.02.17（副科级，主持工作）		肖扬	男	汉	2015.03.27—2016.05.11
		王建成	男	汉	2009.02.17—2012.03.30（副科级，主持工作）					
		邢建宏	男	汉	2012.03.30—		龚殿斌	男	汉	2016.05.11—
新庄集三泵站	站长	贾振华	男	汉	2002.10.26—2010.03.04（副科级，主持工作）	副站长	王伟	男	汉	2010.03.04—2013.07.19
		邢建宏	男	汉	2010.03.04—2011.03.28（副科级，主持工作）2011.03.28—2012.03.30		王浩	男	汉	2014.03..31—2017.03.17
		王建成	男	汉	2012.03.30—2014.03.31（副科级，主持工作）2014.03.31—		赵方	男	汉	2017.03.17—
新庄集四泵站	站长	张铁军	男	汉	2004.04.15—2007.03.13（副科级，主持工作）	副站长	吴振荣	男	回	2011.02.25—2013.03.15
		杨卫红	男	汉	2007.03.13—2009.02.17（副科级，主持工作）					
		苏俊礼	男	回	2009.02.17—2011.09.09（副科级，主持工作）		刘兴龙	男	汉	2013.07.01—2014.10.20
		王成	男	汉	2012.03.07—2013.03.15（副科级，主持工作）					
		高佩天	男	汉	2013.07.19—2015.02.13		杨帆	男	回	2015.03.27—
		杨万忠	男	回	2013.03.15—2015.03.27（副科级，主持工作）2015.03.27—		张建华	男	汉	2015.03.27—

续表3

单位名称	职务	姓名	性别	民族	任职期限	职务	姓名	性别	民族	任职期限
新圈一泵站	站长	宋志军	男	汉	2001.04.05—2003.03.22（副科级，主持工作）	副站长	张佳仁	男	汉	2013.03.15—
		王成	男	汉	2003.04.05—2004.04.08（副科级，主持工作）2010.03.04—2012.03.07（副科级，主持工作）					
		龚殿斌	男	汉	2004.04.08—2010.03.04（副科级，主持工作）		赵方	男	汉	2015.02.13—2017.03.17
		王建明	男	汉	2012.03.07—2014.09.03（副科级，主持工作）					
		刘彦峰	男	汉	2014.09.03—					
新圈二泵站	站长	王成	男	汉	2001.04.05—2004.04.08（副科级，主持工作）2010.03.04—2012.03.07（副科级，主持工作）					
		吴振荣	男	回	2004.04.08—2007.03.13（副科级，主持工作）					
		杨万忠	男	回	2007.03.13—2009.02.17（副科级，主持工作）					
		张占军	男	汉	2009.03.09—2011.02.25（副科级，主持工作）					
		鲁上学	男	汉	2011.02.25—（副科级，主持工作）					
海子塘一泵站	站长	吴振荣	男	回	2002.10.26—2004.04.08（副科级，主持工作）	副站长	王立军	男	汉	2015.02.13—
		董学祥	男	汉	2004.04.15—2008.04.18（副科级，主持工作）					
		杨俊	男	回	2008.04.18—2009.02.17					
		刘彦峰	男	汉	2009.02.17—2009.10.15（副科级，主持工作）					
		杨万忠	男	回	2010.03.04—2013.03.03（副科级，主持工作）					
		刘伟东	男	汉	2013.03.15—2017.03.17（副科级，主持工作）					
		张占军	男	汉	2017.03.17—（副科级，主持工作）					

续表4

单位名称	职务	姓名	性别	民族	任职期限	职务	姓名	性别	民族	任职期限
海子塘二泵站	站长	吴振荣	男	回	2002.10.26—2004.04.08（副科级，主持工作）					
		董学祥	男	汉	2004.04.15—2008.04.18（副科级，主持工作）					
		杨　俊	男	回	2008.04.18—2009.02.17					
		严　龙	男	汉	2009.02.17—2011.02.25					
		张占军	男	汉	2011.02.25—2017.03.17（副科级，主持工作）					
		刘伟东	男	汉	2017.03.17—（副科级，主持工作）					
检修队	队长	邹建宁	男	汉	1998.10.20—2001.04.05（副科级，主持工作）2003.01.17—2007.03.13	副队长	黄吉全	男	汉	1998.10.16—2001.04.05
							道　华	男	汉	2001.04.05—2007.03.13
							冯　浩	男	汉	2002.10.26—2015.02.13
							周　宁	男	汉	2005.04.06—2008.04.07
		张晓宁	男	汉	2001.04.05—2003.01.17		邹建宁	男	汉	2007.03.13—2009.02.17（正科级）
							王国华	男	汉	2009.02.17—2011.02.25（正科级）
		道　华	男	汉	2007.03.13—2014.01.09		马国民	男	汉	2009.03.09—2014.01.09
							张春海	男	汉	2011.11.11—2012.08.30
		马国民	男	汉	2014.01.09—		王进军	男	汉	2014.01.09—

（二）固海扩灌系统

固海扩灌工程一至六泵站2002年10月设立，七至十二泵站2003年8月设立，唐堡中心管理所2004年4月设立。2010年3月，固海扩灌工程整建制移交固海扬水管理处管理。

固海扩灌系统基层泵站(所)负责人更迭表(至2010年任职)

单位名称	职务	姓名	性别	民族	任职期限	职务	姓名	性别	民族	任职期限
固海扩灌第一总站	站长	王同选	男	汉	2003.03.22—2004.04.08					
		刘志恒	男	汉	2004.04.15—2005.10.28					
		张晓清	男	汉	2006.04.19—2010.03.04					
固海扩灌第二总站	站长	张建清	男	汉	2003.03.22—2007.03.13	副站长	王卫东	男	汉	2005.04.06—2007.03.13
							李贵省	男	回	2007.03.13—2008.04.07
		徐泳	男	汉	2007.03.13—2010.03.04		刘志恒	男	汉	2009.02.17—2010.03.04
							李文杰	男	汉	2009.02.17—2009.10.15
固海扩灌第三总站	站长	薛立刚	男	汉	2006.04.19—2007.03.13	副站长	马生福	男	回	2007.03.13—2009.02.17
		王同选	男	汉	2007.03.13—2010.03.04		陈凯	男	汉	2006.03.27—2007.03.13
固扩一泵站	站长	张晓清	男	汉	2002.10.14—2004.04.15(副科级，主持工作)2006.3.27—2010.03.04	副站长	王燕玲	女	汉	2007.03.13—2010.03.04
		严天宏	男	汉	2004.04.15—2006.03.27(副科级，主持工作)					
固扩二泵站	站长	严天宏	男	汉	2002.10.14—2004.04.15(副科级，主持工作)	副站长	赵方	男	汉	2008.04.07—2010.03.04
		铁钢	男	汉	2004.04.15—2007.03.04(副科级，主持工作)					
		张铁军	男	汉	2007.03.13—2010.03.04(副科级，主持工作)					
固扩三泵站	站长	杨卫红	男	汉	2002.10.14—2007.03.13(副科级，主持工作)	副站长	王宁	男	汉	2009.02.17—2010.03.04
		铁钢	男	汉	2007.03.13—2008.04.18(副科级，主持工作)					
		董学祥	男	汉	2008.04.18—2010.03.04(副科级，主持工作)					
固扩四泵站	站长	黄永涛	男	汉	2002.10.14—2005.10.28(副科级，主持工作)					
		马捍卫	男	回	2006.03.27—2007.03.13(副科级，主持工作)					
		杨春林	男	回	2007.03.13—2009.02.17(副科级，主持工作)					
		王成	男	汉	2009.02.17—2010.03.04(副科级，主持工作)					
固扩五泵站	站长	高登军	男	汉	2002.10.14—2007.03.13(副科级，主持工作)	副站长	王建明	男	汉	2009.10.05—2010.03.04
		马永胜	男	回	2007.03.13—2009.03.09(副科级，主持工作)					
		李锡军	男	汉	2009.02.17—2009.10.15(副科级，主持工作)					
		李文杰	男	汉	2009.10.15—2010.03.04(副科级，主持工作)					

续表

单位名称	职务	姓名	性别	民族	任职期限	职务	姓名	性别	民族	任职期限
固扩六泵站	站长	马捍卫	男	回	2002.10.14—2006.03.27（副科级,主持工作）	副站长	李锡军	男	汉	2006.03.27—2009.02.17
		张建清	男	汉	2006.03.27—2007.03.13		刘志恒	男	汉	2009.02.17—2010.03.04（正科级）
		徐泳	男	汉	2007.03.13—2010.03.04					
固扩七泵站	站长	苏俊礼	男	回	2003.08.12—2005.10.28（副科级,主持工作）	副站长	王伟东	男	汉	2009.02.17—2010.03.04
		王建明	男	汉	2005.10.28—2009.02.17（副科级,主持工作）					
		马生福	男	回	2009.02.17—2010.03.04（副科级,主持工作）					
固扩八泵站	站长	马永胜	男	回	2003.08.12—2007.03.13（副科级,主持工作）	副站长	吴斌	男	汉	2007.03.13—2010.03.04
		王同选	男	汉	2007.03.13—2010.03.04		王建明	男	汉	2009.02.17—2009.10.15
							李锡军	男	汉	2009.10.15—2010.03.04
固扩九泵站	站长	邢建宏	男	汉	2003.08.12—2009.02.17（副科级,主持工作）	副站长	杨林	男	汉	2009.02.17—2010.03.04
		李宁恩	男	汉	2009.02.17—2010.03.04					
固扩十泵站	站长	王建明	男	汉	2003.08.12—2005.10.28（副科级,主持工作）	副站长	丁成龙	男	回	2008.04.07—2010.03.04
		刘志恒	男	汉	2005.10.28—2009.02.17					
		陈凯	男	汉	2009.02.17—2010.03.04（副科级,主持工作）					
固扩十一泵站	站长	王建成	男	汉	2003.08.12—2009.02.17（副科级,主持工作）	副站长	马林	男	回	2009.02.17—2010.03.04
		邢建宏	男	汉	2009.02.17—2010.03.04（副科级,主持工作）					
固扩十二泵站	站长	吴斌	男	汉	2003.08.12—2005.04.06（副科级,主持工作）					
		李生军	男	汉	2005.04.06—2008.08.09（副科级,主持工作）					
		马永胜	男	回	2009.03.09—2010.03.04					
唐堡管理所	所长	王同选	男	汉	2004.04.08—2007.03.13	副所长	李贵省	男	回	2004.04.15—2007.03.13 2008.04.07—2009.03.09
		马捍卫	男	回	2007.03.13—2008.09.09					
		李贵省	男	回	2009.03.09—2010.03.04		陈凯	男	汉	2007.03.13—2009.02.17

五、实体单位

2010年5月,先后注册成立宁夏红扬农林开发有限公司、宁夏红扬水利水电工程材料检测站(有限公司)、中宁红扬物业服务有限公司。2011年10月物业公司注销;2015年2月农林开发有限公司注销。

（一）宁夏红扬水利水电建筑安装工程公司

根据《关于成立红寺堡扬水筹建处水利水电建筑安装工程公司的批复》（宁水计发〔1998〕54号），1999年3月成立。企业资质为水利水电工程施工总承包三级，注册资金718万元，其中固定资产625万元，流动资金200多万元。拥有挖掘机、装载机、拌和站及其他设备。公司内设施工项目部、技术部、安全部、质检部、机械部、财务部及后勤部等机构，现有职工29人，其中经理1名、副经理3名。2015年2月，因农林公司注销，增加其经营范围，包括各种农作物及林果、花卉苗木种植及销售；家畜、家禽的养殖及销售；化肥、农业（不含杀虫剂）及农副产品的销售；设施农业开发及土地承包经营。先后被中卫市地税局国税局、自治区工商局授予A级纳税信用单位、守合同重信用单位，荣获全区水利行业先进基层单位、自治区青年文明号等荣誉称号。

（二）宁夏红扬工程检测有限公司

2010年5月成立。2011年3月通过自治区质量技术监督局计量认证，取得水利工程质量检测混凝土类、岩土类、量测类乙级试验室资质，2014年7月取得水利部混凝土类甲级资质，自治区水利厅认定第三方检测机构。设力学试验室、水泥试验室、管材试验室、混凝土抗冻与抗渗试验室、水质检测试验室、土工合成材料试验室、标准养护室等功能试验室。公司拥有WAW-1000C、YAW-2000D、YAN-300B型微机控制电液压力试验机，DYZ-200ZN型智能三工位冷弯试验机，DY-HS25QZ型全自动抗渗仪，WDW-50A微机控制电子万能试验机，SG6-500-B型管材耐压爆破试验机，NDH-AII型土基密度含水量测试仪等100余台（套）先进的检测试验设备。内设综合工作部、试验工作部、检测工作部、发展规划部，现有职工22人，其中经理1名、副经理1名。

红寺堡扬水管理处实体单位负责人更迭表

单位名称	职务	姓 名	性别	民族	任职期限	职务	姓 名	性别	民族	任职期限
宁夏水利水电建筑安装工程公司（水利工程维修养护大队）	经理（队长）	朱 洪	男	汉	1998.10.16—2004.04.08	副经理（副队长）	于国兴	男	汉	1998.10.16—2004.04.15
		于国兴	男	汉	2004.04.15—2008.08.29		张永忠	男	汉	2004.04.08—2007.03.13
		张永德	男	汉	2008.09.09—2012.03.23		张永德	男	汉	2002.10.26—2008.09.09
		顾占云	男	回	2012.03.23—2017.03.17		陈锐军	男	回	2008.04.07—2014.01.09
							王卫东	男	汉	2011.02.25—
		樊俊杰	男	汉	2017.03.17—（副科级，主持工作）		张金鹏	男	汉	2009.02.17—2011.02.25
							王明忠	男	汉	2014.09.03—

续表

单位名称	职务	姓　名	性别	民族	任职期限	职务	姓　名	性别	民族	任职期限
宁夏红扬工程检测有限公司	经理	于国兴	男	汉	2010.02.01—2013.03.01	副经理	王兴熙	男	汉	2013.03.15—2015.02.13
							张金鹏	男	汉	2013.09.25—2014.09.03
		李生军	男	汉	2013.07.01—		牛　政	男	汉	2014.09.03—
农林公司	经理	薛立刚	男	汉	2010.03.04—2010.07.14	副经理	张建清	男	汉	2010.03.04—2011.02.25（正科级）
		尹　奇	男	汉	2010.07.14—2012.02.13		严　龙	男	汉	2011.02.25—2014.02.24（正科级）
		吴志伟	男	汉	2012.02.13—2015.02.13					
物业公司	经理	李生军	男	汉	2010.03.04—2013.03.04	副经理	张春海	男	汉	2010.03.04—2010.07.14

(三)宁夏红扬农林开发有限公司

公司于 2010 年成立，主要负责孙家滩土地种植及红扬节水示范园区的经营管理工作。2015 年 2 月公司注销,孙家滩基地、红扬节水示范园区经营管理工作全部移交给红扬工程公司经营管理。

六、机构改革

(一)总站(所)管理分站

按照《宁夏扶贫扬黄灌溉一期工程初步设计报告》(以下简称《初设报告》),拟设置两个正处级单位管理红寺堡和固海扩灌扬水工程,核定运行管理人员 1360 人,其中红寺堡扬水内设 26 个科级机构,核定运行管理人员 686 人(含黄河水源泵站 60 人),固海扩灌扬水内设 26 个科级机构，核定运行管理人员 674 人。按照总指挥和自治区水利厅要求,1998 年 9 月起,红寺堡扬水工程筹建处陆续代管红寺堡扬水工程的 14 座泵站,2002 年 10 月—2010 年 3 月,又代管了固海扩灌扬水工程 12 座泵站,仅用筹建处一套人员承担了两大扬水工程的运行管理和灌区灌溉管理任务。2009 年管理处人员最多时仅有 584 人,仅占《初设报告》核定人数 1360 人的 42.94%。

按照自治区水利厅对扶贫扬黄工程运行管理"精干、高效、自动化"的定位,为了降低生产成本,减少管理人员,实现人才互补、优化组合,以较少人员管好红寺堡和固海扩灌两大扬水工程,2003 年 4 月,筹建处印发《基层站(所)管理体制改革暂行办法》,根据地理位置相近、生产连续性强、便于系统管理的原则,打破一站一管和站(所)分设的传统管理模式,建立了总站(所)管理分站的管理体制。

总站设立党支部和站委会,配备总站站长 1 名、副站长 1 名、会计 1 名、水调员 1 名;分站设党小组和工、团组织,配备泵站站长 1 名、站长助理 1 名(无级别),原则上不配备副站长;总站、分站其他岗位均为兼职。

筹建处给总站下放一定的人、财、物权,总站可根据技术力量和工作需要在管辖的分站范围内调整使用人员,任命分站站长助理;可按照集中与分散使用相结合的办法控制筹建处核拨的管理经费,其中 10% 由总站平衡使用,90% 由分站自主使用;总站可调剂使用分站的工器具、零配件等材料物资。总站是生产管理的中心,统一管理所辖灌区的水量调配和灌溉工作,组织检查、指导、评比所辖分站机电管理工作,并根据实际组织技术力量集中检修,开展业务技能培训、社会主义劳动竞赛和文体娱乐等活动。分站可聘任值班长等各类工作人员,参与分站站长助理的提名、任命,负责机电管理、检修工作。年度考核工作仍由机关各部门按考核规定对各分站进行考核。总站考核分数取分站考核成绩平均值。

2003 年 4 月—2006 年 3 月,先后成立红寺堡第三总站、新庄集总站、中心管理所、固海扩灌第一总站、固海扩灌第二总站、红寺堡第一总站、韦州总站、固海扩灌第三总站、唐堡中心管理所。根据管理需要,2015 年 4 月撤销了红寺堡第一总站和韦州总站。

总站管理分站的管理模式是在深化水管体制改革和管理机构及人员编制未批、管理人员少、生产任务重的情况下采取的改革措施,减少了泵站(所)领导职数和运行人员,降低了生产成本,节约了经费,提高了管理效能,减轻了财政负担。

(二)管养分离

按照国务院《水利工程管理体制改革实施意见》(国办发〔2002〕45 号)和《自治区人民政府关于进一步加快水利工程管理体制改革的意见》(宁政发〔2009〕3 号)要求,2009 年 10 月管理处挂牌成立维修养护大队,落实养护大队的办公场地、人员经费和维修养护经费。实行"管养分离":渠道巡护由泵站(所)负责,按照"定人、定时、定段、定责"的"四定"要求,负责渠道巡视检查和日常管理,巡护人员由管理处统一招聘使用季节性临时工,实行考核管理和工程管护质量抵押金制度;渠道工程维修、渠堤养护工作由维修养护大队负责,养护大队成立专业技术人员负责的渠道维修养护队,对渠道进行日常维护和岁修,养护工作完成情况由相应站(所)和工程科考核验收、监督,并以考核结果兑现维护费用。

第二节 人员管理

一、人员编制

1998年建处以来,人员编制历经9次调整。2017年年底,管理处在编职工450人,非在编职工3人,退休职工30人。

1997年2月28日,根据《关于成立自治区红寺堡扬水工程筹建处的通知》(宁编事发〔1997〕10号),明确配备处级领导职数1正2副,暂定事业编制15名。

2008年1月11日,根据《关于自治区红寺堡扬水工程筹建处更名等有关问题的通知》(宁编发〔2008〕03号)和《自治区水利厅关于红寺堡扬水管理处机构编制的通知》(宁水发〔2008〕16号),明确管理处处级职数2正5副,科级领导职数38正67副,编制543名。同年6月30日,根据《关于给自治区红寺堡扬水管理处调整事业编制的通知》(宁编办发〔2008〕98号),明确从固海扬水管理处调整100名定额补助事业编制连同人员到红寺堡扬水管理处,调整后管理处事业编制643名。

2009年,根据《关于区直部分事业单位置换聘用人员编制有关事项的通知》(宁编办发〔2009〕202号)《自治区党委 人民政府关于印发〈关于事业编制实行分类管理的意见〉的通知》(宁党发〔2008〕68号)和自治区党委组织部、编办、财政厅、人力资源和社会保障厅《关于事业编制实行分类管理的实施意见》(宁编办发〔2009〕49号),同意将红寺堡扬水管理处的13名工勤技能岗位置换为聘用人员编制,置换后事业编制数630名,聘用人员编制数13名。

2010年9月15日,根据《关于调整自治区水利厅部分事业单位机构编制事项的通知》(宁编办发〔2010〕121号)和《自治区水利厅关于固海扬水管理处 红寺堡扬水管理处调整机构编制事项的通知》(宁水人发〔2010〕15号),明确将红寺堡扬水管理处管理的固海扩灌扬水系统的12座泵站、1个管理所及140名定额补助事业编制、13正26副科级领导职数调整给固海扬水管理处管理。调整后管理处事业编制490名,聘用编制13名,科级领导职数25正41副。

2012年2月17日,根据《关于调整自治区水利厅部分所属事业单位机构编制事项的通知》(宁编办发〔2012〕36号),将管理处4名定额补助事业编制置换为2名全额预算事业编制给宁夏水利水电建设工程质量监督站,调整后管理处事业编制486名,聘用编制13名。

2013年5月13日,根据《关于调整自治区水利厅部分所属事业单位机构编制事项的通知》(宁编办发〔2013〕90号),将管理处6名定额补助事业编制置换4名全额事业编制给自治区水利厅经济管理局安全科,调整后管理处事业编制480名,聘用编制13名。

2016年8月8日,根据《关于调整自治区水利厅部分所属事业单位事业编制的通知》(宁编办发〔2016〕235号),将管理处4名定额补助事业编制置换为4名自收自支事业编制给自治区渠首管理处等3个单位,调整后管理处事业编制476名,聘用编制13名。

2017年4月27日,根据《关于核减自治区水利厅部分所属事业单位事业编制的通知》(宁编办发〔2017〕100号),核减管理处定额补助事业编制13名,核减后自治区红寺堡扬水管理处定额补助事业编制463名、聘用编制13名,其他机构编制事项维持不变。

二、人员结构

1998年9月从固海扬水管理处等单位抽调22人参与试水。10月,自治区水利厅从固海扬水管理处、盐环定扬水管理处、跃进渠管理处抽调64名技术骨干,从宁夏水利学校等院校招录51名毕业生组成骨干力量,启动工程运行管理工作。随着工程建设发展,1999—2006年先后从宁夏农学院、宁夏水利电力工程学校等大中专院校招录216人,从固海扬水管理处抽调44人,从事红寺堡扬水工程和固海扩灌工程运行管理。2010年3月,固海扩灌工程整建制移交固海扬水管理处,将179名人员调整到固海扬水管理处。2010—2017年通过全区事业单位公开招聘,先后招录大学生82人。

2017年12月,共有职工483名,其中退休人员30名。在职职工中,男职工313人,占69.1%,女职工140人,占30.9%。少数民族职工79人,占17.4%。35岁以下职工133人,占29.3%;36~50岁276人,占60.9%;51~55岁33人,占7.3%;职工平均年龄38岁。具有研究生学历5人,大学学历143人,大专学历206人,中专学历46人,高中以下学历53人。

三、岗位管理

管理处工作岗位设置为管理岗位、专业技术岗位、工勤技能岗位三类,其中工勤技能岗位分为机电运行工、渠道维护工、汽车驾驶员。自治区编办核准管理岗位职数82人、专业技

红寺堡扬水管理处历年职工人数情况表

年份	人员总数	在职人员	退休人员	年份	人员总数	在职人员	退休人员
1998 年	115	115	0	2008 年	490	488	2
1999 年	154	154	0	2009 年	586	584	2
2000 年	160	160	0	2010 年	430	425	5
2001 年	223	223	0	2011 年	429	422	7
2002 年	243	243	0	2012 年	448	440	8
2003 年	336	336	0	2013 年	462	452	10
2004 年	402	402	0	2014 年	457	445	12
2005 年	429	428	1	2015 年	476	454	22
2006 年	488	487	1	2016 年	485	459	26
2007 年	490	488	2	2017 年	483	453	30

术岗位职数 206 人、工勤岗位职数 230 人。2017 年 12 月在职人员 453 人。

　　管理岗位　1998 年筹建处成立初期,管理人员 21 名,其中 1 名正处、3 名副处、10 名正科和 7 名副科。2009 年首次岗位设置时,管理岗位人员为 97 名。2010 年,固海扩灌工程整建制移交固海扬水管理处,管理岗位人员减少至 73 名。2017 年年底,管理岗位人员实有 68 名,其中正处级 2 人、副处级 5 人、正科级 27 人、副科级 34 人。

　　专业技术岗位　1998 年筹建处成立初期,有专业技术人员 13 名,2017 年 12 月专业技术人员增加至 220 名,其中高级职称 25 人、中级职称 77 人、初级职称 67 人。

　　工勤岗位　工勤技能岗位分为初级工、中级工、高级工、技师、高级技师。工勤人员一律实行聘任制,由管理处与每名职工签订劳动聘用合同,合同期为 5 年。1998 年筹建处成立初期,工勤人员 81 名。2017 年 11 月,有工勤技能人员 228 名,其中技师 24 人、高级工 55 人、中级工 129 人、初级工 17 人、普通工 3 人。

第三节　党群组织

一、管理处党组织

1998年10月有党员28名,未设立党组织。1999年2月,自治区水利厅同意成立"中国共产党宁夏回族自治区红寺堡扬水工程筹建处总支部委员会",高铁山任党总支副书记。1999年5月召开筹建处第一次党员大会,34名党员参加会议,选举产生红寺堡扬水工程筹建处党总支委员会,高铁山、周伟华、徐宪平、杨永春、左静波5名同志当选为委员,高铁山当选为副书记。同月启用"中国共产党宁夏回族自治区红寺堡扬水工程筹建处总支部委员会"印章。同年6月制定了《中心组学习制度》《党总支议事规则》《党支部工作规范》等制度。7月发展龚殿斌、张铁军、王卫东、王成、杨俊、张浩、董学祥、张永忠、周芳9名同志为第一批预备党员。

2000年9月,成立党风廉政建设领导小组,高铁山任组长,周伟华、杨永春、左静波、李瑞聪、王冰竹为成员。

2002年10月,自治区水利厅委员会同意筹建处党总支改设为党委,成立筹建处纪委(宁水党发〔2002〕68号)。

红寺堡扬水管理处党组织负责人更迭表

姓名	职务	性别	民族	出生年月	文化程度	籍贯	任职时间
高铁山	党总支副书记	男	汉	1956.07	大专	宁夏中卫	1998.10—2001.02
马长仁	党总支副书记	男	回	1957.11	大专	宁夏同心	2001.02—2003.08
周伟华	党委书记	男	汉	1956.09	大学	宁夏中卫	2003.08—2008.01
左静波	党委副书记	女	汉	1956.10	大专	宁夏中宁	2003.11—2008.05
田福荣	党委书记	男	汉	1966.05	大学	宁夏中宁	2008.07—2009.04
赵　欣	党委副书记	男	汉	1961.03	大学	宁夏中宁	2008.10—2012.11
刘福荣	党委书记	男	汉	1966.03	大学	宁夏中宁	2010.09—2015.10
毕高峰	党委书记	男	汉	1964.04	研究生	宁夏中宁	2015.10—2017.04
张　锋	党委书记	男	汉	1965.02	大学	宁夏永宁	2017.08—

2004 年 2 月,召开中共红寺堡扬水工程筹建处第一次代表大会,35 名代表和 28 名列席代表参加了会议。选举周伟华、左静波、杨永春、赵欣、桂玉忠、王效军、王正良、周自忠为委员,选举周伟华为党委书记,左静波为党委副书记;选举王正良、王冰竹、祁彦澄、张永忠、徐泳为第一届纪律检查委员会委员,王正良为纪委书记。

2008 年 2 月 28 日,根据自治区机构编制委员会批准(宁编发〔2008〕号),启用"中国共产党宁夏回族自治区红寺堡扬水管理处委员会""中国共产党宁夏回族自治区红寺堡扬水管理处纪律检查委员会"印章(宁水办发〔2008〕11 号)。

二、纪检监察机构

1998 年筹建处党总支成立后,未设立纪律检查机构。2000 年 5 月,报自治区水利厅纪委同意,左静波为兼任纪检员。2002 年 10 月,自治区水利厅党委同意筹建处党总支改设党委,同意设立筹建处纪委,12 月左静波任纪委书记。2004 年 2 月筹建处召开第一次党代会,选举产生了第一届纪律检查委员会。同年 3 月,王正良任纪委书记。2003 年 1 月,成立监察审计室,负责全处纪检监察及审计工作。2012 年 3 月,将审计职能调整到计划财务科。

红寺堡扬水管理处纪委书记更迭表

组织名称	职务	姓名	任职年限	备注
红寺堡扬水管理处纪律检查委员会	筹建处纪委书记	左静波	2002.12.05—2003.11.21	
	筹建处纪委书记	王正良	2003.11.21—2004.09.15	
	管理处纪委书记	宋世文	2005.03.02—2006.12	在水利厅办公室工作
	管理处纪委书记	翟 军	2008.12.23—2011.06.02	
	管理处纪委书记	訾跃华	2011.06.17—	

三、基层党组织

(一)红寺堡系统

1999 年 6 月成立红寺堡一泵站和检修队临时联合党支部、红寺堡二泵站临时党支部、红寺堡三泵站临时党支部和机关临时党支部,各党支部设临时负责人,同年 8 月经自治区水利厅党委批准正式成立。

2000 年 9 月,自治区水利厅党委同意成立中心管理所党支部、工程队党支部和检修队党支部。2001 年 4 月撤销原一泵站联合党支部、二泵站党支部,成立二泵站联合支部。2001 年

7月成立新庄集一、二泵站联合党支部。2002年10月成立新庄集支干管理所党支部。2003年1月成立机关第一党支部、第二党支部。2003年4月,成立黄河泵站党支部,新庄集支干管理所党支部更名为新庄集总站党支部。2005年4月,成立红寺堡一总站党支部,撤销红寺堡一、二泵站联合党支部。2006年3月,成立韦州总站党支部。2011年9月成立红扬农林公司党支部和红扬检测站党支部。2015年2月撤销农林公司党支部;2015年4月撤销红一总站党支部和韦州总站党支部,成立黄河、红一、红二、红四、红五泵站5个基层党支部。2017年4月成立红三泵站党支部、新庄集一泵站党支部、新庄集二泵站党支部、新庄集三泵站党支部、新庄集四泵站党支部、海子塘一泵站党支部、海子塘二泵站党支部、新圈一泵站党支部、新圈二泵站党支部、离退休干部党支部。

2017年年底,全处共有21个党支部,分别为黄河泵站党支部、红一泵站党支部、红二泵站党支部、红三泵站党支部、红四泵站党支部、红五泵站党支部、新庄集一泵站党支部、新庄集二泵站党支部、新庄集三泵站党支部、新庄集四泵站党支部、中心管理所党支部、新圈一泵站党支部、新圈二泵站党支部、海子塘一泵站党支部、海子塘二泵站党支部、检修队党支部、工程公司党支部、检测公司党支部、机关第一党支部、机关第二党支部、离退休干部党支部。

红寺堡系统基层党组织负责人更迭表

名称	职务	姓名	性别	民族	任职时间	备注
机关党支部	书记	田国祥	男	汉	1999.09.24—2000.06.04	1999年8月成立机关党支部,2003年1月撤销,成立了机关第一、二党支部
		李瑞聪	男	汉	2000.06.04—2003.01.17	
机关第一党支部	书记	肖金堂	男	汉	2003.01.22—2003.05.08	2003年1月成立
		左静波	女	汉	2003.05.08—2004.04.08	
		王冰竹	女	汉	2004.04.08—2011.09.09	
		高登军	男	汉	2011.09.09—	
机关第二党支部	书记	王冰竹	女	汉	2003.01.22—2004.04.08	2003年1月成立
		李宁恩	男	汉	2004.04.08—2009.02.17	
		吴志伟	男	汉	2009.02.17—2013.03.15	
		张建清	男	汉	2013.03.15—2014.09.03	
		张永忠	男	汉	2014.09.03—	
离退休党支部	书记	王冰竹	女	汉	2013.07.15—2017.03.20	2013年7月成立机关第三党支部,2017年4月成立离退休党支部
		张建清	男	汉	2017.03.20—	
一泵站联合支部	书记	张明	男	汉	1999.09.24—2000.06.04	1999年8月成立一泵站、检修队联合党支部,2001年4月撤销
一泵站党支部	副书记	王同选	男	汉	2001.04.09—2001.04.27（主持党支部工作）	2001年4月9日成立一泵站党支部,当月27日撤销

续表1

名称	职务	姓名	性别	民族	任职时间	备注
二泵站党支部	副书记	张建清	男	汉	1999.09.24—2000.06.04（主持党支部工作）	1999年8月成立二泵站党支部，2001年4月撤销
	副书记	王同选	男	汉	2000.06.04—2001.04.09（主持党支部工作）	
	书记	邹建宁	男	汉	2001.04.09—2001.04.27	
二泵站联合党支部	书记	邹建宁	男	汉	2001.04.27—2003.01.17	2001年4月成立一、二泵站联合党支部，2005年4月撤销
		张晓清	男	汉	2003.05.08—2005.04.06	
三泵站党支部	书记	李瑞聪	男	汉	1999.09.24—2000.06.04	1999年8月成立三泵站党支部，2003年5月撤销
	副书记	张建清	男	汉	2000.06.04—2003.03.22（主持党支部工作）	
新庄集一、二泵站联合党支部	书记	徐泳	男	汉	2001.07.13—2002.10.26	2001年7月成立新庄集一、二泵站联合党支部，2002年10月撤销
	副书记	杨俊	男	回	2001.07.13—2002.10.26	
新庄集二泵站党支部	副书记	杨俊	男	回	2001.04.09—2001.07.13（主持党支部工作）	2001年4月成立新庄集二泵站党支部，同年7月撤销
新庄集支干管理所党支部	书记	杨俊	男	回	2002.10.26—2003.05.08	2002年10月成立新庄集支干管理所党支部，2003年5月更名为新庄集总站党支部
红一总站党支部	书记	张晓清	男	汉	2005.04.06—2006.03.27	2005年4月成立红一总站党支部，2015年4月撤销
	副书记	严天宏	男	汉	2006.03.27—2011.03.21（主持党支部工作）	
	书记	严天宏	男	汉	2011.03.21—2012.03.22	
					2012.03.22—2015.04.07	
红三总站党支部	书记	宋志军	男	汉	2003.05.08—2007.03.13	2003年5月成立红三总站党支部，2017年4月撤销
					2007.03.13—2010.03.04	
	副书记	王明忠	男	汉	2010.03.04—2011.08.29（主持党支部工作）	
	书记	张清生	男	汉	2011.08.29—2013.03.15	
	副书记	王成	男	汉	2013.03.15—2014.03.18（主持党支部工作）	
	副书记	王成	男	汉	2014.03.18—2015.04.07（主持党支部工作）	
	书记	王成	男	汉	2015.04.07—2017.04.21	
新庄集总站党支部	书记	徐泳	男	汉	2003.05.08—2007.03.13	2003年5月成立新庄集总站党支部，2017年4月撤销
	书记	张清生	男	汉	2007.03.13—2011.08.29	
	副书记	刘彦峰	男	汉	2009.10.16—2011.08.29	
	书记	黄永涛	男	汉	2011.08.29—2017.04.21	

续表2

名称	职务	姓名	性别	民族	任职时间	备注
韦州总站党支部	副书记	黄永涛	男	汉	2006.03.27—2007.03.13（主持党支部工作）	2006年3月成立韦州总站党支部，2015年4月撤销
	书记	黄永涛	男	汉	2007.03.13—2011.08.29	
	副书记	苏俊礼	男	回	2011.09.09—2013.03.15（主持党支部工作）	
	书记	苏俊礼	男	回	2013.03.15—2015.04.07	
黄河泵站党支部	副书记	刘志恒	男	汉	2003.05.08—2004.04.16（主持党支部工作）	2003年5月成立黄河泵站党支部，2004年4月撤销，并入红一总站党支部；2015年4月再次成立黄河泵站党支部
	副书记	贾振华	男	汉	2015.04.07—2017.05.12（主持党支部工作）	
	书记	贾振华	男	汉	2017.05.12—	
红一泵站党支部	书记	严天宏	男	汉	2015.04.07—2017.05.12	2015年4月成立红一泵站党支部
	副书记	李平	男	汉	2017.05.12—（主持党支部工作）	
红二泵站党支部	书记	张建清	男	汉	2015.04.07—2017.03.17	2015年4月成立红二泵站党支部
		严天宏	男	汉	2017.05.12—	
红三泵站党支部	书记	王成	男	汉	2017.05.12—	2017年4月成立红三泵站党支部
红四泵站党支部	副书记	董学祥	男	汉	2015.04.07—2017.05.12（主持党支部工作）	2015年4月成立红四泵站党支部
	书记	董学祥	男	汉	2017.05.12—	
红五泵站党支部	书记	苏俊礼	男	回	2015.04.07—2017.05.12	2015年4月成立红五泵站党支部
	副书记	刘兴龙	男	汉	2017.05.12—（主持党支部工作）	
红寺堡中心管理所党支部	书记	肖金堂	男	汉	2000.09.20—2003.01.22	2000年9月成立中心管所党支部，2002年10月—2017年4月管理海子塘一、二泵站党务工作；2017年4月独立设置中心管理所党支部、海子塘一泵站党支部、海子塘二泵站党支部
	副书记	张清生	男	汉	2003.05.08—2005.04.06（主持党支部工作）	
	副书记	杨俊	男	回	2005.04.06—2009.02.18（主持党支部工作）	
	副书记	严龙	男	汉	2009.02.18—2010.03.04（主持党支部工作）	
	书记	宋志军	男	汉	2010.03.04—2014.09.03	
红寺堡中心管理所党支部	副书记	吴建林	男	汉	2014.09.03—2017.05.12（主持党支部工作）	
	书记	吴建林	男	汉	2017.05.12—	

续表3

名称	职务	姓名	性别	民族	任职时间	备注
新庄集一泵站党支部	书记	黄永涛	男	汉	2017.05.12—	2017年4月分别成立新庄集一泵站党支部、新庄集二泵站党支部、新庄集三泵站党支部、新庄集四泵站党支部
新庄集二泵站党支部	副书记	邢建宏	男	汉	2017.05.12—（主持党支部工作）	
新庄集三泵站党支部	副书记	王建成	男	汉	2017.05.12—（主持党支部工作）	
新庄集四泵站党支部	副书记	杨万忠	男	回	2017.05.12—（主持党支部工作）	
新圈一泵站党支部	书记	刘彦峰	男	汉	2017.05.12—	2017年4月分别成立新圈一泵站党支部、新圈二泵站党支部
新圈二泵站党支部	副书记	鲁上学	男	汉	2017.05.12—（主持党支部工作）	
海子塘一泵站党支部	副书记	张占军	男	汉	2017.05.12—（主持党支部工作）	2017年4月分别成立海子塘一泵站党支部、海子塘二泵站党支部
海子塘二泵站党支部	副书记	刘伟东	男	汉	2017.05.12—（主持党支部工作）	
检修队党支部	书记	张晓宁	男	汉	2000.09.20—2003.05.08	2000年9月成立检修队党支部
		邹建宁	男	汉	2003.05.08—2008.08.28	
		高同建	男	汉	2008.08.28—2009.02.18	
		黄吉全	男	汉	2009.02.18—2011.02.28	
		张建清	男	汉	2011.02.28—2013.03.15	
		马国民	男	汉	2013.03.15—2014.03.18	
					2014.03.18—	
工程公司（工程队）党支部	书记	朱洪	男	汉	2000.09.20—2004.04.08	2000年9月成立
		张永忠	男	汉	2004.04.08—2007.03.13	
		黄吉全	男	汉	2007.03.13—2009.02.18	
		高同建	男	汉	2009.02.18—2011.02.08	
	副书记	张永德	男	汉	2011.02.28—2011.08.29（主持党支部工作）	
	副书记	刘彦峰	男	汉	2011.08.29—2013.03.15（主持党支部工作）	
	书记	刘彦峰	男	汉	2013.03.15—2014.03.18	
					2014.03.18—2014.09.03	
		宋志军	男	汉	2014.09.03—	
检测公司党支部	书记	于国兴	男	汉	2011.09.09—2012.02.13	2011年9月成立
		王冰竹	女	汉	2012.02.13—2013.07.15	
		祁彦澄	男	汉	2013.07.15—	
农林公司党支部	书记	尹奇	男	汉	2011.09.09—2012.02.13	2011年9月成立,2015年2月撤销
		吴志伟	男	汉	2012.02.13—2013.03.15	
		张清生	男	汉	2013.03.15—2015.02.13	

红寺堡扬水管理处党员人数统计表

年份	党员数	其中				年份	党员数	其中			
		男	女	汉族	少数民族			男	女	汉族	少数民族
1998 年	25	22	3	24	1	2008 年	165	144	21	136	29
1999 年	45	39	6	43	2	2009 年	200	177	23	161	39
2000 年	56	49	7	51	5	2010 年	155	133	22	127	28
2001 年	65	55	10	58	7	2011 年	175	147	28	144	31
2002 年	77	65	12	68	9	2012 年	176	148	28	145	31
2003 年	88	75	13	79	9	2013 年	178	150	28	146	32
2004 年	114	97	17	98	16	2014 年	187	158	29	158	29
2005 年	122	104	18	105	17	2015 年	185	155	30	152	33
2006 年	153	132	21	127	26	2016 年	191	159	32	160	31
2007 年	157	137	20	127	30	2017 年	191	160	31	160	31

（二）固海扩灌系统

2003 年 4 月成立固海扩灌第一总站党支部、固海扩灌第二总站党支部。固海扩灌第一总站党支部负责固海扩灌一、二、三泵站党务工作,固海扩灌第二总站党支部负责固海扩灌四、五、六泵站党务工作。2004 年 4 月成立唐堡中心管理所党支部,负责固海扩灌七至十二泵站党务工作。2006 年 3 月成立固海扩灌第三总站党支部,调整党小组设置,固海扩灌七、八、九泵站党小组隶属固海扩灌第三总站党支部,固海扩灌十、十一、十二泵站党小组隶属唐堡管理所党支部。

固海扩灌系统基层党组织负责人更迭表

名称	职务	姓名	性别	民族	任职时间	备注
固海扩灌一总站党支部	书记	王同选	男	汉	2003.05.08—2004.04.08	2003 年 4 月成立
	书记	刘志恒	男	汉	2004.04.16—2005.10.28	
	书记	张晓清	男	汉	2006.04.20—2010.03.04	
固海扩灌二总站党支部	书记	张建清	男	汉	2003.05.08—2007.03.13	2003 年 4 月成立
	书记	徐泳	男	汉	2007.03.13—2010.03.01	
	副书记	李文杰	男	回	2009.02.18—2009.10.16	
固海扩灌三总站党支部	副书记	马生福	男	回	2006.03.27—2007.03.13	2006 年 3 月成立
	书记	薛立刚	男	汉	2006.04.20—2007.03.13	
	书记	王同选	男	汉	2007.03.13—2010.03.04	
	副书记	杨俊	男	回	2009.02.18—2010.03.04	
唐堡管理所支部	书记	王同选	男	汉	2004.04.08—2007.03.13	2004 年 4 月成立
	书记	马捍卫	男	回	2007.03.13—2010.03.04	

四、工会组织

(一)工会委员会

1. 工会筹备领导小组

1998年11月27日,宁夏水利工会批准同意成立筹建处工会筹备领导小组,明确高铁山担任组长,左静波、王同选、李生军、雷占学为成员。

2. 第一届工会委员会

2003年4月18日,宁夏水利工会批复成立筹建处工会委员会、工会经费审查委员会和女职工委员会。同月29日启用"宁夏红寺堡扬水工程筹建处工会委员会"印章。

2003年8月8日,召开第一届职工代表暨工会会员代表大会,选举产生第一届工会委员会、女职工委员会、工会经费审查委员会。工会委员会由周自忠、王冰竹、王燕玲、申喜菊、李瑞聪、徐泳、马国民、李彦骅、顾占云组成,周自忠、王冰竹分别当选为主席、副主席;工会女工委员会由申喜菊、仇海燕、王燕玲组成,申喜菊当选为主任;工会经费审查委员会由祁彦澄、徐泳、严秀敏组成,祁彦澄当选为主任。

2005年3月14日,召开一届二次职工代表大会。会议增补27名职工代表。

2006年3月15日,召开一届三次职工暨工会会员代表大会,讨论通过《岗位安全补贴发放补充规定》《合格家庭成员行为规范》等重要改革措施和制度。

2007年3月28日,召开一届四次职工代表大会,会议征集提案31条,归纳整理提交职代会答复26条,落实5条。

2008年3月8日,召开一届五次职工代表大会,会议征集提案49条,归纳整理提交职代会答复25条,落实10条。

3. 第二届工会委员会

2009年3月13日,召开第二次会员代表大会,选举产生了第二届工会委员会、经费审查委员会、女工委员会。第二届工会委员会由张玉忠、王冰竹、申喜菊、尹奇、祁彦澄、张建清、徐泳、马永胜、李生军组成,张玉忠当选为主席,王冰竹当选为副主席;经费审查委员会由祁彦澄、李生军、马永胜组成,祁彦澄当选为主任;女工委员会由申喜菊、王燕玲、马萍、侯学峰、高振慧组成,申喜菊当选为主任;成立工会提案及监督委员会,由尹奇、张建清、徐泳组成,尹奇当选为主任。

2010年3月29日,召开二届二次职工代表大会,共征集提案17条,归纳整理提交职代会答复 17 条,落实 10 条。

2011 年 3 月 29 日,召开二届三次职工代表大会,选举征集提案 51 条,归纳整理提交职代会答复 12 条,落实 12 条。

2012 年 3 月 20 日,召开二届四次职工代表大会,王燕玲、苏俊礼、高登军补选为委员会委员;高登军当选为委员会副主席;王燕玲当选为女职工委员会主任。

2013 年 3 月 7 日,召开二届五次职工代表大会,讨论了管理处《劳动管理和奖励性绩效工资考核发放办法》。

4. 第三届工会委员会

2014 年 3 月 20 日,召开第三次会员代表大会。选举产生第三届委员会委员、经费审查委员会委员、女工委员会。第三届工会委员会由张莉、张玉忠、苏俊礼、陈学军、吴建林、李彦骅、高佩天、高登军、黄永涛组成,张玉忠当选为主席,高登军当选为副主席;经费审查委员会由陈学军、王燕玲、高佩天组成,陈学军当选为主任;女工委员会由张莉、杨茹、侯学峰、叶凡霞、高振慧组成,张莉当选为主任。同年 9 月 1 日,工会第三届委员会召开第三次会议,会议同意高登军不再担任第三届工会委员会副主席,李彦骅当选为工会第三届委员会副主席。

2015 年 3 月,召开管理处三届二次职工代表大会,征集提案建议 14 件。

2016 年 3 月 7 日,召开三届三次职工代表大会,答复和说明三届二次职代会 14 件提案办理情况,汇总提案意见建议 9 件,落实民生计划项目 7 件。

2017 年 3 月 15 日,召开三届四次职工代表大会,答复三届三次职代会立案的 11 条提案办理情况和 7 项民生计划,讨论通过了《红寺堡扬水管理处考核末位待岗调岗实施办法》(讨论稿)。同年 5 月 8 日,管理处工会第三届委员会召开第五次会议,会议同意李彦骅不再担任第三届工会委员会副主席,苏俊礼当选为第三届委员会副主席。

工会主席(副主席)更迭表

职务	姓名	任职时间	级别
筹备组长	高铁山	1998.11—2001.02	副处级
负责人	王冰竹	1999.07.08—2003.04.29	副科级
主席	周自忠	2003.04—2008.02	副处级
主席	张玉忠	2008.05—	副处级
副主席	王冰竹	2005.04.13—2011.02.25	正科级
副主席	高登军	2012.03.26—2014.09.03	正科级
副主席	李彦骅	2014.09.03—2017.03.28	正科级
副主席	苏俊礼	2017.03.17—	正科级

(二)工会建设

1. 阵地建设

基层单位点多线长、条件艰苦,职工文化生活单调。对此,以"职工之家"建设为抓手,坚持进驻一个泵站同步建成一个"职工之家",建立活动阵地,修建篮球场,配备乒乓球案、健身器材、音响等文体娱乐器材,截至2017年年底,建成职工活动室19个,广泛开展职工喜闻乐见的文化活动,建设和谐之家、民主之家、温馨之家,激发了职工主人翁精神。

2. 劳动竞赛

1998年建处之初,制定《社会主义劳动竞赛管理办法》,建立筹建处、泵站(队、所)两级劳动竞赛组织,日常工作由处工会负责,业务科室对口承办。全处性竞赛活动按周期进行,其中"百日安全无事故"竞赛每年3次,"合理化建议、双增双节、查隐患保安全、渠道达标"每年1次,"泵站达标、行业评优、班组评优"2年1次,"技术比武"每3~5年1次。2014年,将原《社会主义劳动竞赛管理办法》修改为《劳动竞赛实施办法》,设立"行业评优""工人先锋号班组评比""合理化建议、技术革新、新技术推广应用评比""行业技能竞赛""巾帼建功标兵"等竞赛项目。持之以恒开展劳动竞赛活动,充分调动了职工建功立业的积极性,为挖潜增效、科技兴水、转型升级发展作出了积极贡献。

3. 职工书屋

以"创建学习型组织、争做学习型职工"活动为载体,推进职工书屋建设。1998年建处初期,动员和组织广大干部职工捐助各类图书4000余册;2000—2007年,购置书籍2000余册,实行"流动书箱"制;2008年,进一步完善机关职工书屋;2014年,向职工书屋补充图书3000余册,类别涉及水利业务、国学文化、人文法律等。2016年4月被自治区总工会确定为全区首批试点职工书屋;至2017年年底,全处有试点职工书屋2个、流动书箱19个。

4. 困难救助

坚持以人为本,2006年7月制定出台民主测评、民主对话、职工意见建议收集、"五必访十必谈"、职工健康体检、生病住院慰问、困难补助发放、职工及职工家属去世吊唁、职工子女升学奖励、职工生日祝贺等10项制度,帮助职工解决实际困难。2014年3月三届四次职工代表大会表决通过了《困难职工救助金管理办法》。救助金的筹集主要由单位资助和个人缴纳两部分组成。

5. 文体活动

体育活动 1999年8月,在红寺堡二泵站举行筹建处首届职工篮球、排球、乒乓球运动

困难职工救助金筹集及使用情况表

年度	困难职工救助金筹集情况			困难职工救助金使用情况				
	单位资助(元)	个人缴纳(元)	合计(元)	人数	金额(元)	人数	金额(元)	合计(元)
2014年	99000	46200	145200	25	36000	5	20620	56620
2015年	96000	49920	145920	16	23000	6	56050	79050
2016年	96000	49920	145920	25	23000	6	56050	79620
2017年	96000	55080	151080	30	23000	1	17000	17000

会,96名职工参加。此后每年在秋季停水期举办职工运动会。2004年举办第一届台球、乒乓球、趣味运动会。2009年,成立篮球、排球、乒乓球、手工制作、舞蹈、健身操等各类文体活动组织8个,同年决定分年度开展职工篮球、排球运动会,设篮球(排球)、健身操、乒乓球、趣味运动会等14个项目。2013年以来,管理处男子篮球队连续五次蝉联自治区水利厅男子篮球赛及"银水杯""水投杯"冠军。代表自治区水利厅组队先后获区直机关、自治区农林水财轻工工会举办的篮球赛第二名、吴忠市第四届职工篮球赛冠军、中宁县和红寺堡区篮球邀请赛冠军等。

文艺活动 2001年7月,在红寺堡镇举办题为"引水上山·造福于民"的灌区文艺慰问演出,此后,根据扬水生产特点,每年利用"五一""五四""七一""十一"等节假日开展歌咏比赛、知识竞赛、广场文艺演出、诗歌朗诵等文体娱乐活动。积极参加"清凉宁夏"及中宁县、红寺堡区广场文艺演出,深入灌区宣传扶贫政策、水利法规,开展职工喜闻乐见的文体活动,展示了扬水职工的精神风貌。

红寺堡扬水管理处公益及捐助活动情况表

时间	捐助对象(项目)	捐助金额及物品
1999年4月	保护母亲河行动	捐款1300元
1999年6月	彭阳县冯庄乡	衣物300余件
2000年6月	捐资助学	助学金7800元,资助辍学儿童9名
2000年10月	对口帮扶献爱心(海原县徐套乡)	现金1.08万元;衣物学习用品2004件
2001年5月	贫困山区失学儿童	现金1100元;衣服学习用品3214件
2002年5月	绿色希望工程	3800元
2002—2004年	希望工程	助学金3万元,资助红寺堡区贫困学生60名
2005年5月	捐资助学	3.14万元
2006年5月	汶川地震灾区	11万元
2007年4月	玉树地震灾区	8万元
2008年5月	红寺堡区学校	3万元
2009年4月	同心县韦州镇河湾小学	电脑1台,现金3200元
2010年5月	红寺堡区学校	4.76万元

续表

时间	捐助对象（项目）	捐助金额及物品
2011 年 4 月	雅安地震灾区	2.17 万元
2012 年 5 月	红寺堡区学校	5.67 万元
2013 年 8 月	红寺堡区各学校	3 万元
2014 年 12 月	红寺堡区学校	9.47 万元
2015 年 7 月	红寺堡区学校	6000 元
2016 年 5 月	"助力扶贫攻坚"隆德县杨河乡	5 万元
2017 年	助力扶贫攻坚	5.8 万元

五、共青团组织

1998 年建处之初，设机关、一泵站、二泵站、三泵站 4 个团支部，团员 45 名。

1999 年，检修队、工程队团支部成立，全处共有团支部 6 个，团员 60 名。同年 3 月 22 日，在一泵站召开第一次团员青年大会。

2000 年 5 月，红寺堡中心管理所团支部成立，全处共有团支部 7 个，团员 63 名。李生军负责共青团工作。

2001 年，新圈一泵站、新圈二泵站、新庄集一泵站、新庄集二泵站团支部成立，全处共有团支部 11 个，团员 97 名。

2002 年，黄河泵站、新庄集三泵站团支部成立，全处共有团支部 13 个，团员 97 名。

2003 年 4 月 14 日，根据自治区水利厅团委《关于成立共青团红寺堡扬水工程筹建处委员会的批复》（宁水团发〔2002〕18 号），启用"中国共产主义青年团红寺堡扬水工程筹建处委员会"印章。同年，成立固海扩灌一至六泵站 6 个团支部，撤销新圈一、二泵站团支部，全处共有团支部 17 个，团员 136 名。李彦骅任筹建处团组织临时负责人。

2004 年 2 月，召开第一次团员代表大会，选举李彦骅、马萍、刘兴龙、王立春、段晓彬为第一届委员会委员，李彦骅当选为副书记。

同年，成立固海扩灌七至十二泵站 6 个团支部，全处共有团支部 23 个，团员 192 名。

2005 年，成立新庄集四泵站团支部，全处共有团支部 24 个，团员 180 名。

2006 年，全处共有团支部 24 个，团员 119 名。

2007 年，设机关、检修队、工程队、红一总站、红三总站、新庄集总站、中心管理所、红四泵站、红五泵站、固海扩灌一总站、固海扩灌二总站、固海扩灌三总站、唐堡管理所 13 个团支部,团员 99 名。

2008 年 1 月启用"中国共产主义青年团红寺堡扬水管理处委员会"印章。是年,全处共有团支部 13 个,团员 66 名。

2009 年 3 月,召开第二次团员代表大会,选举李彦骅、岳立宏、康馨、丁金平、杜学华为第二届委员会委员,李彦骅当选为副书记。同年,全处共有团支部 13 个,团员 52 名。

2010 年,固海扩灌整建制移交固海扬水管理处。至此,全处设机关、检修队、工程公司、红一总站、红三总站、新庄集总站、中心管理所、红四泵站、红五泵站 9 个团支部,共有团员 35 名。

2011 年,设机关、检修队、工程公司、红一总站、红三总站、新庄集总站、中心管理所、韦州总站 8 个团支部,团员 33 名。同年 3 月,李彦骅任管理处团委书记。

2012 年,全处共有团支部 8 个,团员 42 名。

2013—2014 年,全处共有团支部 8 个,团员 40 名。

2015 年,召开第三次团员代表大会,选举刘玺、唐艺芳、武荣臻、丁成强、王举道为第三届委员会委员,刘玺任当选为副书记。同年,撤销红寺堡一总站、新庄集总站、韦州总站团支部。全处共设机关、红寺堡二泵站、红三总站、新庄集一泵站、新庄集三泵站、新庄集四泵站、中心管理所、红寺堡四泵站、红寺堡五泵站、检修队团支部 10 个,共有团员 53 名。

2016 年,全处共有团支部 10 个,团员 50 名。

2017 年,设检修队、工程公司、红寺堡二泵站、红三总站、新庄集三泵站、新庄集四泵站、中心管理所、红寺堡四泵站、红寺堡五泵站 9 个团支部,团员 47 名。

管理处共青团组织成立以来,坚持以加强青年思想引领、推进团的基层组织建设和基层工作为重点,切实发挥组织青年、引导青年、服务青年的职能,开展了青年文明号、青年安全示范岗、"五四"红旗团支部创建、保护母亲河行动、青年志愿林基地、扶贫帮困献爱心、捐资助学进校园、学雷锋志愿服务等活动。全处团员青年立足扬水岗位,在建设文明单位、抓好扬水生产工作中发挥了生力军作用。

第四节 职工教育与水利科技

一、职工教育

扶贫扬黄工程是大型高扬远送多梯级电力提灌工程，肩负着宁夏中南部脱贫攻坚的历史使命和数十万贫困移民致富奔小康的殷切期望。1998年筹建处成立之初，深入分析面临的形势和职工队伍业务技术状况，确立了以人为本效益助推工程效益发挥和"科教兴处、人才强处"的思路，将加强职工培训教育，打造一支技术精湛、爱岗敬业的职工队伍，作为提升管理水平、推动管理和技术创新，夯实可持续发展软实力的战略性工作，本着"干什么、学什么，缺什么、补什么"和"按需施教、讲求实效"的原则，按照分工种、多层次、全覆盖的思路和集中办班、学历教育、送出培训、技能竞赛、师徒结对等形式，20年如一日常抓不放松。

(一)组织领导

1998年11月，成立筹建处职工教育领导小组(初始名为业务技术培训领导小组)，负责全处职工教育领导工作。职工教育领导小组组长由分管副处长担任，各科室主要负责人为成员，组织人事科(政工科)负责日常工作。2011年2月—2014年1月，职工教育日常工作由机电科负责。2014年2月—2017年12月，职工教育日常工作又划归组织人事科负责。

(二)制度建设

1998年年底，筹建处研究制定了《职工教育规定》，确立长远目标，从思想政治、理论教育、职业道德教育、岗位技能培训、专业技术人员继续教育、职工学历教育、安全教育、文化教育、资金投入9个方面做出具体规定，确立了面向生产、面向基层、按需施教、学用结合、注重实效和"四个舍得"(舍得长期为教育投资，舍得挤资金开展职业培训，舍得抽调骨干脱产学习，舍得安排时间开展大规模培训)的职工教育方向。此后，逐步建立《学习培训考核办法》《学习管理制度》《职工业务技术素质档案》《继续教育登记卡》《业务技术培训台账》《师带徒"一帮一"互助卡》《业务技能现场考问记录》和《冬季业务培训教学管理制度》。

(三)经费及场地

1998—2014年，每年的职工教育经费按照职工年度工资总额的1.5%提取。2014年以来，由管理处上报职工培训教育计划,自治区水利厅核拨经费。2000年建成2079平方米培训楼一栋,教室、宿舍、餐厅等设施齐全,为开展集中培训提供条件。2015年1月,国家级马国民技能大师工作室成立,为开展带徒传技、技术攻关、技术创新、培养研发、课题研究提供了新的平台。

(四)学历教育

1998年建处时,职工总人数115人,本科学历4人,专科学历16人,大专以上学历占职工总数的17%,职工文化层次普遍较低。1999年制定《职工学历教育暂行规定》,由单位承担2/3学费,鼓励职工参加学历教育。2000年10月,北京水利水电函授学院在筹建处设立函授点,举办机电排灌专业大专班,46名学员参加在职函授学习,2003年7月完成学业,取得毕业文凭。2001年,推荐28名职工参加成人考试,2004年推荐41名学员参加机电排灌、农田水利等6个专业的全国成人高考,参加函授学习,取得大专以上学历。2005年制定《职工学历教育补充规定》,进一步明确参加学历教育期间的学费管理及津贴发放规定。同年2月筹建处举办2005级机电排灌大专函授班,65人取得学历资格。截至2008年,先后5批共206名职工参加了成人学历教育,并取得大专或本科文凭。2009年,与华北水院宁夏函授站协商在管理处设立教学点,当年有39名职工参加该院机电排灌大专班的函授学习,2010年3月—2012年7月,有42名职工参加该院校电气工程及其自动化本科函授学习。此后,管理处再未集中开展函授学历教育,但仍然支持职工个人进行二次学历教育。截至2017年年底,管理处职工总人数453人,研究生学历5人,本科学历143人,专科学历206人,大专以上学历占职工总数的78.15%。

(五)业务培训

1998—2007年,扬水生产期以一事一训、岗位练兵、现场问答、泵站教学等形式开展业务培训;每年冬季停水期集中在筹建处培训楼、红寺堡一泵站、固海扩灌一泵站等处开展3~4个月业务培训,坚持晚自习制度,每6~10天学一门课程,学完考试,成绩与工资挂钩。培训教师以本处理论扎实、实践经验丰富的领导或业务骨干为主,同时聘请磨长宾、娄继瞬、李仲明、冉照忠等自治区相关行业知名专家授课。2006年冬季,针对动手能力差、个别职工有厌学情绪的现象,转变思路,改进教学方法,在固海扩灌一泵站建立实践教学基地,完善泵房现场教学的取暖等设施,选拔技术尖子参加故障排除、检修等动手操作实践培训。

2008年,在前10年坚持不懈开展培训教育、职工业务理论和实践能力提高的基础上,适当地调整了培训思路和模式。2008—2012年,扬水生产期以泵站(所)师带徒、一事一训为主,强化操作能力训练。冬季停水后的集中培训压缩时间和规模,以自动化技术、实际运行操作和检修运行中常见问题为主要内容,以班组长、业务骨干为重点对象,以强化提高为根本目的,逐步由全员培训向重点人员培训、基础知识学习向实用技能巩固提高转变。

2013—2017 年,管理处认真贯彻落实《关于实施人才强区工程　助推创新驱动发展战略的意见》,在认真总结、坚持职工培训好经验、好做法的基础上,注重业务培训理念、模式、方法的创新。2015 年 1 月,国家人力资源和社会保障部授牌的马国民技能大师工作室成立,管理处为其配置完善基础硬件设施,开展师带徒、技能传承、研讨交流等培训,拓宽了培训平台,同时培训范围由培训本处职工向培训宁夏全区同行业人员辐射。

红寺堡扬水管理处职工教育培训情况统计表

年份＼项目	培训内容	培训天数(天)	培训人数(人)	备注
1998 年	机电技术骨干培训班	90	80	
	机电岗位培训班			
1999 年	第一期机电技术骨干培训班	90	48	
	第一期机电岗位培训班	90	36	
	第二期机电岗位培训班	40	70	
	第一期渠道维护工培训班	40	20	
	财会人员培训班	3	7	
2000 年	第一期水工技术培训班	60	20	
	机电岗位培训班	60	90	
	轴瓦刮研培训班	7	13	
	渠道养护工培训班	7	12	
	微机培训班	5	14	
	财会人员培训班	3	19	
	驾驶员培训班	3	38	
	复转军人上岗培训班	1	15	
	党支部书记理论培训班	3	21	
2001 年	工会主席培训班	1	21	
	财会人员培训班	20	6	
	第二期水工技术培训班	80	31	
	第三期机电岗位培训班	80	61	
	新工上岗前培训班	3	35	
	新工现场业务知识讲座培训班	2	35	
	林业基础知识学习班	1	20	
	安全知识培训班	2	10	

续表 1

项目 年份	培训内容	培训天数（天）	培训人数（人）	备注
2002 年	第一期机电值班长岗位培训班	90	70	
	第四期机电岗位培训班	90	61	
	科级干部培训班	1	32	
	财会人员培训班	80	12	
	测量水培训班	33	2	
	通讯员培训班	1	65	
	综合经营培训班	1	15	
	交通安全知识培训班	1	189	
	调度业务培训班	7	6	
	工会小组长培训班	1	22	
	基层团干部培训班	1	27	
2003 年	机电检修技术培训班	90	115	
	第五期机电岗位培训班	90	74	
	财务人员业务培训班	20	16	
	水调测量水微机培训班	2	16	
	泵站自动化培训班	3	17	
	综合经营培训班	2	19	
	"两票三制"培训班	2	73	
	基层党支部书记培训班	1	11	
	干部廉政教育培训班	1	53	
	"三个代表"重要思想理论讲座培训班	1	110	
	学习党的十六大精神和《党章》培训班	3	53	
	新工上岗前技术培训班	12	78	
	《安全生产法》学习班	1	59	
2004 年	冬季业务技术培训班	58	296	
	干部理论培训班	23	63	
	测量水实测培训班	2	27	
	财务会人员业务技术培训班	5	14	
	消防知识培训班	1	180	
	基层安全员培训班	1	26	
	水泵大修培训班	11	38	
	机组运行管理知识训班	4	120	
	工会干部培训班	9	60	
	调度通讯管理知识培训班	6	8	
	团干部培训班	2	27	

续表2

年份\项目	培训内容	培训天数（天）	培训人数（人）	备注
2005 年	基层单位领导及管理骨干培训班	64	57	
	机电运行值班长培训班	30	67	
	机电运行技术骨干培训班	46	77	
	机电运行岗位培训班	100	89	
	灌溉管理培训班	98	50	
	财会人员培训班	60	15	
2006 年	机电检修技术培训班	64	90	
	机电运行骨干培训班	64	75	
	机电运行岗位培训班	64	90	
	灌溉管理培训班	20	50	
	水工技术员培训班	15	25	
	渠道养护人员培训班	5	14	
	财会人员培训班	15	14	
	调度管理培训班	10	20	
	干部理论培训班	18	38	
2007 年	自动化知识培训班	19	60	
	机电检修技术培训班	40	85	
	机电运行岗位技术培训班	40	96	
	工程及灌溉管理培训班	9	55	
	水利工程施工技术员培训班	10	29	
	财会人员培训班	6	14	
	干部理论培训班	11	39	
2008 年	第十期机电运行岗位培训班	26	77	
	第三期机电检修技术培训班	20	50	
	自动化知识培训班	14	156	
	工程及灌溉管理培训班	11	55	
	水利工程设施技术员培训班	11	29	
	第八期财会人员培训班	12	14	
	第四期干部理论培训班	10	39	
	电气设备实验技术培训班	4	12	
	渠道养护人员培训班	5	45	
	励磁装置维修培训班	5	12	
	微机保护现场培训班	6	35	
	渡槽渗漏及伸缩缝处理培训班	2	15	
	调度管理培训班	6	8	

续表3

年份 \ 项目	培训内容	培训天数(天)	培训人数(人)	备注
2009 年	基层泵站运行管理人员培训班	7	150	
	自动化技术培训班	5	61	
	水泵检修技术培训班	30	95	
	工程灌溉调度管理培训班	15	57	
	机动车驾驶员培训班	3	20	
	工会培训班	1	26	
	团干部培训班	1	26	
	财会人员培训班	3	16	
2010 年	灌溉调度管理培训班	3	22	
	第四届全区水利行业技术比武选拔培训班	20	8	
	第四期机电检修及自动化技术培训班	10	35	
	第六期工程及灌溉管理培训班	7	42	
	第九期财会人员培训班	7	18	
	第五期科级干部培训班	7	50	
	第四期机动车驾驶员培训班	3	13	
2011 年	泵站运行管理人员培训班	10	144	
	第八期工程灌溉管理培训班	6	57	
	第十期财会人员培训班	7	23	
	驾驶员培训班	4	18	
	机电管理和自动化技术培训班	10	42	
	灌溉管理及测配水技术培训班	80	140	
	安全知识学习培训班(全年)	110	1100	
	灌区群管组织支渠长培训班	2	13	
	通讯员写作知识培训班	1	37	
2012 年	渠道工程管理培训班	2	20	
	机电管理培训班	2	36	
	灌溉管理培训班	5	51	
	财会人员培训班	3	20	
	科级干部理论培训班	5	65	
	水政执法培训班	2	31	
	驾驶员培训班	2	18	
	水工人员测量水培训班	1	30	
	节水灌溉技术培训班	1	30	
	女工小组长培训班	2	40	

续表4

年份 项目	培训内容	培训天数(天)	培训人数(人)	备注
2013年	水政执法培训班2期	4	81	
	机电管理培训班	9	53	
	灌溉管理培训班	5	49	
	渠道工程管理培训班	3	31	
	新职工培训班	4	21	
	机电技术一事一训班	130	598	
	电力安全知识学习班	30	736	
	机电技术培训班	120	1472	
	特种作业操作人员培训班	15	75	
	工会小组长培训班	2	21	
	道路运输驾驶员资格培训班	5	15	
	测量水技术培训班	5	41	
2014年	基层扬水泵站运行管理人员培训班	5	150	
	灌溉管理培训班	6	48	
	机电技术培训班	10	68	
	渠道工程管理培训班	7	48	
	科级干部培训班	2	60	
	财会人员培训班	1	20	
	公文处理及写作知识培训班	1	50	
	现场急救知识培训班	2	300	
	共青团干部培训班	1	19	
	工会干部培训班	1	19	
	果树及温棚管理培训班	2	15	
	心理健康、学术道德公共课培训班	2	141	
2015年	科级干部培训班	3	69	
	工会小组长培训班	1	19	
	财会人员培训班	3	17	
	安全生产培训班	1	100	
	团支部书记培训班	1	14	
	电工进网作业培训班	3	13	
	RTK测量仪使用培训班	2	20	
	天台车操作培训班	3	60	
	机电岗位培训班(2期)	15	42	
	灌溉管理培训班	5	40	
	渠道工程管理培训班	3	42	

续表5

项目 年份	培训内容	培训天数(天)	培训人数(人)	备注
2016年	举办科级干部培训班	3	69	
	安全生产培训班	1	100	
	电工进网作业培训班	3	13	
	天台车操作培训班	3	60	
	机电岗位培训班	15	42	
	灌溉管理培训班	5	40	
	渠道工程管理培训班	3	42	
	工会小组长培训班	1	19	
	团支部书记培训班	1	14	
	财会人员培训班	3	17	
	纪检人员培训班	1	60	
	宣传信息培训班	1	60	
2017年	科级干部培训班	1.5	61	
	工会小组长培训班	1	27	
	财会人员培训班	4	20	
	安全生产培训班	1	80	
	团支部书记培训班	1	14	
	起重机操作培训班	4	30	
	党支部书记培训班	4	61	
	电焊工职业技能培训班	4	30	
	机电技术培训班	4	25	
	公文处理及信息宣传培训班	2	130	
	交通安全培训班	1	130	

(六)技能竞赛

1999年9月,筹建处举办第一届"机电技术大比武"活动,自此开始坚持每两年举办一次覆盖机电检修、运行维护、水工、财务、驾驶等工种的技能竞赛活动。截至2017年,管理处共举办4届技术比武活动、4届职工技能运动会。历届技术比武和技能运动会,全处自下而上分层开展,全员参与,推动职工学业务、比技能、干工作,同时选拔推荐职工参加自治区、全国水利行业相关工种技能竞赛,产生了一批管理处、自治区和全国水利技术能手。

二、专业技术人员职称评聘

1999年,管理处成立水利工程系列初级专业技术资格评审委员会,初级职称由个人申报,管理处审核后报自治区水利厅审批,取得任职资格后由管理处聘任。中、高级职称按照自治区水利厅相关资格评审条件,由个人申报,管理处资格审验,组织论文答辩和专业技术测评合格后,报自治区水利厅水利工程系列高级技术职称评审委员会评审,高级报自治区职称主管部门审批,取得任职资格后,由自治区水利厅聘任。档案系列职称由个人申报,管理处审核后报自治区水利厅审核备案后报自治区档案局审批,取得资格后,初级由管理处聘任,中、高级由自治区水利厅聘任。经济、财会类等以考代评,取得专业职称资格后,初级由管理处聘任,中、高级由自治区水利厅聘任。

专业技术人员职称评聘一览表

年度（年）	取得资格人数（人）			聘用人数（人）			年度（年）	取得资格人数（人）			聘用人数（人）		
	初级	中级	高级	初级	中级	高级		初级	中级	高级	初级	中级	高级
1998	2						2008	17		1	34		2
1999	5	1		5	1		2009	21	4	2		1	
2000	4			4			2010	12	15	3	36	14	6
2001	3	2	1		12	2	2011	14	8	3	25	14	6
2002	6	1		3	1		2012	17	8	2	31	21	
2003	4	5		1	2	2	2013	7	9	1	10	24	1
2004	7	2	1	30	13		2014		14		4	5	2
2005	17	1	1	19	3	4	2015	10	5	2	28	28	
2006	15	8	2	1		2	2016	6	5	5	6		
2007	24	5				2	2017	26	10	5			

三、水利科技

（一）水利科技进步奖

1. 扬水泵站水泵叶轮静动平衡试验分析研究获 2011 年宁夏水利科技进步三等奖

2008—2011 年,管理处在全区扬水单位率先开展 1200S 水泵叶轮静动平衡试验。静平衡试验通过矢量图解法确定静不平衡量来校正叶轮,使其达到静态平衡;动平衡试验通过测量叶轮转子高速旋转时在支撑系统轴承支座上引起的振动来解算叶轮的不平衡量来校正叶轮,使其达到动态平衡。利用自制静平衡试验架和动平衡试验机,对修复后的 1200S 水泵叶轮进行静、动平衡试验,补偿修复,有效降低了 1200S 水泵叶轮修复后由于叶轮质量不平衡引起的水泵振动,改善了水泵运行状况。水泵叶轮使用寿命延长 1.5 倍以上,一个维修周期单台水泵平均可节约维修资金约 5000 元,全处 88 台离心水泵节约资金约 40 万元。

2. 高速电弧喷涂技术修复泵站大型电机和水泵轴研究与应用获 2012 年水利科技进步二等奖

针对宁夏扬水泵站大型电机和水泵轴轴颈磨损失效的问题，管理处开展扬水泵站大型电机和水泵轴电弧喷涂修复关键技术研究与应用，通过大量试验研究和应用，探明了电机和水泵轴磨损机理和电弧喷涂涂层形成的物理机制，制定了电弧喷涂修复工艺措施，筛选出最佳喷涂用实心线材 3 个、最佳电弧喷涂工艺参数及切削参数 15 项，明确了涂层性能、使用寿命及电弧喷涂工艺参数、切削用量对涂层质量的影响规律。此项成果成功解决了泵站大型电机轴、水泵轴磨损失效后的再利用问题，有效延长了水泵轴和电机轴的使用寿命，项目技术成果已转化应用到红寺堡、固海、宁东等大型扬水工程及周边大型企业，完成修复磨损失效的大型电机轴和泵轴 70 多根，节约资金 100 多万元。该项目通过了专家组验收，在自治区科技厅进行了成果确认登记，该项目论文荣获自治区自然科学优秀论文三等奖。

3. 新庄集一泵站压力管道振动原因分析及解决方案获宁夏水利科技进步二等奖

2013 年 5 月开始，管理处针对新庄集一泵站东排出水压力管道——1# 镇墩、2# 镇墩之间的预应力钢筋混凝土管道剧烈振动问题，组织专家进行原因分析，制定解决方案并实施。2013 年列入自治区水利厅科技项目，并与宁夏大学土木与水利工程学院成立了联合项目组。项目组通过确定研究技术路线，建立模型，进行数值模拟计算，从理论上分析产生振动的原因是由共振引起，并提出解决方案，实施后解决了振动问题，消除对管道的疲劳危害，提高了泵站管道工程的安全性和运行保障能力，延长使用寿命，节约维修资金，保证了正常灌溉。

4. 干渠、斗口水位 /流量自动测量和闸门远程控制调节技术推广获得 2012 年水利科技进步三等奖

管理处开展干渠、斗口水位 /流量自动测量和闸门远程控制调节技术应用，在生产管理中取得了良好效果。以往扬水灌区斗口配水流量的计量，完全依靠人工现场观测记录、计算、分级电话上报，存在时效性差、误差大、管理环节繁杂、无法实现水情信息的动态实时监测。为解决以上问题，管理处试点建设了以干渠断面水位监测、斗口水位 /流量自动测量及闸门远程控制调节为核心技术的灌区信息化管理系统。该技术的推广应用，取得了以下效果：一是采用自动测量和控制，减少了测配水人员现场观测次数，减轻了劳动强度；二是提高了测量精度，化解了供用水矛盾；三是实时反映干渠水位变化情况，做到及时调节配水，保持干渠行水稳定，减少了弃水损失；四是斗口采用自动测量装置，适时监督配水情况，提高了水利用率。

5.防泥沙型自润滑轴承蝶阀获国家专利

2016年,针对DN1400型蝶阀运行十多年相继出现轴端漏水,阀轴锈死不转,闸板刺水回水,重锤不能正常起落等故障,检修队与长沙瑞玛流体设备科技有限公司联系,采取将原滚动轴承改装成一种铜质自润滑轴承的做法,成功克服了泥沙进入轴承腔室损坏轴承、重锤卡涩等问题,提高了机组安全运行率,降低了蝶阀维修成本。该防泥沙润滑轴承的蝶阀不仅适用于以黄河水做水源的扬水泵站,也适用于南方地区的海水机组,可以有效预防贝类、碎石等颗粒进入轴承腔内引发的故障。这成为实用新型蝶阀技术领域的新研发。防泥沙型自润滑轴承的蝶阀经国家知识产权局审查,授予专利权,并颁发实用新型专利证书。

(二)新技术新设备新工艺引进应用

1.泵站综合自动化应用

2007—2010年,对红寺堡一至三泵站、黄河泵站、新庄集一至四泵站、固海扩灌一至六泵站共14个泵站的自动化设备进行建设。相继建成泵站综合自动化监控系统、调度中心管理系统、调度中心至10个泵站的光缆传输网络、首级泵站自动管道测流系统、首级泵站视频监视系统。

2.固海扩灌九泵站1200S-71A水泵改造

固海扩灌九泵站2003年建成,主流泵型为1200S-71A型,该水泵由上海凯士比泵业有限公司制造,设计流量2.45立方米/秒,配用电动机功率2240千瓦。同年冬灌试运行中,因1200S-71A水泵流量过大(3.34立方米/秒左右)、振动剧烈、噪声大、动力机严重过负荷(2645千瓦左右),不能投入生产。2005年,管理处经宁夏扶贫扬黄灌溉工程建设总指挥部同意与原厂家对1200S-71A水泵叶轮进行了改造,改造后,动力机不再过负荷(1980千瓦左右),振动和噪声幅度均有所减小,但流量偏小(2.2立方米/秒左右)。2008年管理处与兰州时昶水工机械有限公司合作,再次对1200S-71A水泵叶轮进行改造,改造后流量基本满足设计指标(2.6立方米/秒左右),但动力机过负荷(2345千瓦左右),振动仍较大。2010年管理处与兰州时昶水工机械有限公司继续合作,进一步改造1200S-71A水泵,彻底解决了振动大和动力机过负荷问题,使机组达到正常运行状态,保障了泵站正常供水。

3.改造新庄集二泵站水泵转子

新庄集二泵站安装有2台宁夏吴忠水泵厂制造的24SA-18型离心式水泵。该泵自投运后,故障多,运行不稳定。经研究发现,这种水泵转子设计不合理,轴套容易松动,轴套松动后很快造成轴损伤、轴承损坏,泄漏严重,严重时无法连续运行。为了确保水泵正常运转,2011

年管理处与兰州时昶水工机械有限公司联合对水泵转子进行改造，使其结构适合黄河水质环境。同年冬灌生产中，安装改造后的 5# 水泵转子运行平稳，流量、轴功率和效率等参数均优于原转子，原轴套易松动引发的故障不再出现，延长了水泵大修周期，降低了维修费用。

4. 黄河泵站 6 号水泵更新改造

2016 年，为了解决黄河泵站 6 号长沙泵关键零部件使用寿命短、运行维护成本高的问题，管理处先后与长沙水泵厂、南方泵业、上海 KSB 泵有限公司等多方厂家及自治区水利厅专家组开展技术研讨、交流，最终采用与该泵站使用的凯士比泵相同的水力模型对 6 号长沙泵进行设计改造，对该泵前池进水流道、泵局部外筒体、泵内筒体、泵转子、泵盖板等部分进行改造和安装施工。至 2017 年年底，历经 2700 小时的运行监测，电动机运行正常，各项参数均符合要求，水泵运行平稳。

5. 1200S 型水泵叶轮抗磨试验

2016 年联合南方泵业开展 1200S 型水泵叶轮抗磨试验，采用 Cr26、3Cr13 等高强度、耐磨材料及镀铬工艺，应用到水泵叶轮、轴、轴套等零配件中，对泵轴、轴套等关键零部件的结构设计进行了优化改进，并增加了防泥沙磨损密封结构，提高了水泵效率，延长了使用寿命。

6. 提高泵站大型卧式电机和水泵安装精度和效率的技术方法研究与应用

由于大型水泵机组体积和重量大，采用一般工具和人力安装时，不仅安装精度低，效率更低。2013 年检修队确立了提高泵站大型卧式电机和水泵安装精度、效率的技术方法研究与应用的课题。在黑水沟、鲁家窑、长山头等泵站大型卧式水泵和电机及其管路的安装中，通过实践摸索和研究，设计制作了专门用于卧式水泵和电机安装使用的夹具、平衡架等工具，提高了水泵和电机的安装精度，安装效率提高了 5 倍以上，在大型扬水泵站卧式机泵改造安装和新建泵站机泵安装具有较高的应用推广价值。

7. 扬水电机轴瓦冷却技术改造

红寺堡一、二、三泵站共安装大功率电动机 30 台，其中 2500 千瓦 27 台、1400 千瓦 3 台。这些电动机轴瓦自工程投运起就一直超温，且极不稳定，运行初期超温跳闸、拉瓦现象经常发生，导致开停机频繁、系统运行不平稳。经过运行人员摸索，采用外架轴流风机或用电风扇直吹等办法降温，但效果仍不理想。管理处成立技术攻关小组，提出了改造轴瓦冷却系统降温技改方案。新冷却装置包括轴瓦室机械油循环系统和水冷却系统。通过轴瓦室机械油循环到外置油箱进行热交换，水冷却系统对外置油箱降温。这一方案由检修队自行设计流程并具体实施，电机瓦温比改造前降低了 4~5℃，有效地保证了电机稳定运行，对提高系统运行稳定性、可靠性、安全性发挥了重要作用。

8. 电机冷却风机改造

红寺堡一至三泵站共安装 10 千伏 2500 千瓦电动机 27 台。由于长时间满负荷运行,加之夏季环境温度高等影响,定子铁芯温度最高达 97℃、温升达 61℃,轴瓦最高温度达 78℃,使电动机绕组绝缘老化加剧,轴瓦拉瓦现象频繁出现,严重影响系统安全运行。为解决这一问题,经反复试验,2015 年,选用 2 台全压为 0.724 ~ 1.139MPa,排风量为 6677 ~ 13353 立方米/小时离心风机做试验,在相同的环境温度和负荷电流下,电机铁芯平均温度最低下降了 3 ~ 8℃,轴瓦平均温度下降了 3 ~ 5℃,缓解了夏季高温电机运行对线圈绕组和轴瓦带来的危害,试验取得了良好效果。2016 年对红寺堡一、二、三泵站其余 25 台 2500 千瓦电动机冷却风机进行了改造。

9. 卧式中开离心泵三元流叶轮在红寺堡扬水泵站的应用与研究

2017 年,联合西安宏方机电设备有限公司,对红寺堡一、二、三泵站 1200S-56 型水泵叶轮应用"三元流技术"模拟设计制造,并在红一、二泵站各安装 1 台,经过一个灌季运行。经过对不同时段黄河泥沙含量提取、水位变幅对水泵效率影响、同等条件下三元流水泵和其他同类型水泵分析比对、同台水泵在运用三元流技术前后的数据分析比对,同一台水泵安装使用三元流叶轮后,水泵效率能够提高 2% ~ 3%;在相同功率下,流量可提升 5% 以上;短时期流量、功率较稳定,变化范围小。卧式中开离心泵三元流叶轮在扬水泵站的应用与研究,作为课题被列为水利科技项目,该项技术应用对提高水泵流量和效率,降低泵站能耗,提高叶轮的抗磨蚀性能,有着深远的研究价值和现实推广应用价值。

第五节　劳资管理

一、人事管理

按照相关规定,管理处处级领导由自治区水利厅党委任用,科级干部由管理处党委在全处干部职工中聘任,其他工作人员均签订劳动合同。

(一)干部管理

制定《干部管理办法》,实行考察预告制、领导干部推荐责任制,干部任前公示制、试用制。建立了以工作业绩、干部互评、民主测评、理论考试为内容的"6211"考核模式,将考核成绩作为科级干部奖罚、聘任职务和调整级别的重要依据。2014年,修订《科级干部管理办法》,取消干部互评,增加处领导考核,将"6211"考核模式改变为"5311",其中,所在单位或部门考核成绩占50%,本单位或机关职工测评占30%,干部理论考试占10%,处领导打分占10%。

(二)职工劳动管理

1998年10月成立筹建处劳动管理百分考核领导小组,同月25日,召开第一次劳动合同签订动员会,对劳动管理作出安排部署。此后,凡新录用职工均签订劳动合同,期限3年,到期续签。

1998年12月14日成立干部职工年度考核工作领导小组。

1999年4月制定《劳动管理实施办法》,对考勤、请假、违纪处理及临时用工等作出规定,根据机关和基层单位不同工作性质,实行全员月百分考核制度,考核成绩与收入分配挂钩。此后,又制定《劳动管理办法补充规定》,完善考核管理。同年制定《工作人员年度考核办法》,对管理人员、专业技术人员、工勤人员年度工作进行考核。

2000年4月,印发《关于重新定岗及实施岗位安全补贴的通知》,实行全员考核定岗并建立岗位安全补贴发放办法。考核定岗后的富余人员,原则上安排跟班实习,参与运行,待新泵站建成投运后,经考核合格择优上岗。

2003年,结合基层站(所)管理体制改革,制定《岗位竞聘与月百分考核办法》,对岗位管理进行尝试性改革。(1)岗位设置:本着精简高效、按需设岗的原则,核定岗位指数。总站设总站站长、会计、出纳、驾驶员、水调员;分站设站长;运行值班长、监护人、操作人、运行工、水工班长、测配水员、巡护人员。其他岗位均由生产岗位人员兼职。处机关岗位指数按实际需要设置。(2)岗位竞聘:机电、水工、会计、驾驶设一级、二级、三级3个等级,采取竞聘上岗、双向选择的方式进行。在月百分考核中按岗位级别加分兑现考核资金。

2007年4月,印发《岗位竞聘与月百分考核办法》,对岗位设置、岗位认可办法、定岗办法及月百分考核调整、考核资金计算方法等做出规定。5月,印发《基层单位年度工作百分考核办法》,对基层单位考核时间、考核内容及评分标准、考核方式、各部门考核分数比例做出规定。

2009年4月,制定《职工病事假考核管理办法》,对职工事假、病假、女职工哺乳假、处罚等考核管理做出规定;制定《岗位竞聘办法》,对业务技能考试、岗位设置、岗位认定、定岗竞聘、月百分考核等做出规定;将岗位设置为一级岗、二级岗、三级岗、四级岗,并核定基层单位岗位指数。

2011年5月,在实行月百分考核的基础上,制定《季度工作考核办法(暂行)》。综合机关、基层单位所处地域环境和工作任务等因素,划分为一类、二类、三类3个考核等级。在年度扬水生产期内,对机关科室和基层单位按季度实行阶段性工作考核。2012年1月,实行绩效工资考核后,季度工作考核办法废止。

2011年8月,制定《职工病长假管理办法》,对病长假认定条件、病长假职工工资待遇做出规定。

2013年4月,制订新的《劳动管理办法》,对考勤、假期待遇、审批权限、奖励、违纪处理及复议裁决做出新的规定,原《劳动管理办法》及其相关规定同时废止。

2017年5月,制订《末位待岗实施办法(试行)》,在管理处机关及处属各单位划分3个类别开展末位待岗工作。

(三)百分考核

1999年制定百分考核办法,对机关、基层单位实行全员月百分考核。考核资金来源于工资中的绩效工资、岗位津贴、职务补贴、月度奖金4项。每月从德、能、勤、绩4个方面按照3:2:2:3比例对全体干部职工进行考核。同时,考虑地区艰苦程度、职务、兼职等因素,给予适当加分。百分考核办法的实施,调动了职工的工作积极性。

(四)绩效考核

根据自治区水利厅实施绩效工资的有关要求,2011年起将原百分考核办法修订为绩效考核管理办法,在贯彻落实中经历几次修订完善,2011—2014年每年都修订《奖励性绩效工资考核发放办法》,该办法对绩效考核的考核原则及内容、考核方法及程序、工资分配、组织实施做出明确要求。绩效考核内容包括通用考核指标和岗位考核指标两部分,分别占35%、65%。职工个人实发月度奖励性绩效工资=个人得分×个人岗位职级系数×分值。

绩效考核系数向艰苦边远泵站和工作量大的泵站倾斜,基层人员在上表规定系数的基础上对应增加,其中红一、二、三泵站增加0.1;新圈一、二泵站,新庄集一、二、三、四泵站,红四、五泵站,中心所48公里养护点增加0.08;黄河、中心所、海子塘一至二泵站增加0.05。

红寺堡扬水管理处奖励性绩效工资分配系数

职 级 项 目	岗位、职务	系数
正处级	书记、处长	2.1
副处级	副处长、纪委书记	1.8
正科级	科(站、所、队)长、支部书记	1.6
副科级	副科(站、所、队)长、主持工作	1.5
副科级	副科(站、所、队)长、支部副书记	1.4
班长	班长、机电技术员	1.15
泵站工团负责人	工、团负责人	1.1
其他人员	其他人员	1

(五)内退

2010年3月,从固海扬水管理处调入14名内退职工,延续执行固海管理处内退政策,享受内退工资待遇。2014年根据《自治区水利厅关于认真清理"在编不在岗"人员的通知》(宁水人发〔2014〕14号)规定,除已退休的7名外,其余7名到岗上班。

2011年,实行科级干部内退管理,8名科级内退。2014年根据《自治区水利厅关于认真清理"在编不在岗"人员的通知》(宁水人发〔2014〕14号)规定,除1名退休外,其余7名全部到岗上班。

二、工资管理

1998—2017年,管理处职工工资由自治区水利厅统一管理。按照上级文件规定,职工晋级、调资主要有23次。

1999年10月,153人参加调标增资,人均月增资179元;56人参加晋档增资,人均月增资39元。

2000年10月,14人参加晋档增资,人均月增资31.3元。

2001年10月,81人参加晋档增资,人均月增资58元。

2002年10月,86人参加晋档增资,人均月增资35.6元。

2003年10月,342人参加晋档增资,人均月增资52元。

2004年10月,129人参加晋档增资,人均月增资39元

2005年10月,137人参加晋档增资,人均月增资59.6元。

2006年7月1日起,根据《自治区人民政府关于印发宁夏回族自治区2006年机关事业

单位工资收入分配制度改革四个实施意见的通知》(宁政发〔2006〕138号),全处472人参加套改工资,人均月增资227元。

2007年1月起,每年为年度考核合格以上人员增加一级薪级工资;2007—2014年每年人均增资19元。

2010年12月24日,根据《自治区人民政府办公厅转发人力资源和社会保障厅财政厅关于其他事业单位实施绩效工资的意见的通知》(宁人社发〔2010〕186号)和《自治区人力资源和社会保障厅财政厅关于印发自治区直属事业单位实施绩效工资办法的通知》(宁人社发〔2010〕536号),自2010年1月1日起实施绩效工资。实施绩效工资后,事业单位年终一次性奖金纳入绩效工资总量,不再另行发放。绩效工资分为基础性绩效工资和奖励性绩效工资。差额和自收自支事业单位基础性绩效在绩效工资中所占比重为50%~70%,奖励性绩效工资所占比重为50%~30%。全额事业单位奖励性绩效工资总量 = 基础性绩效工资总量 × 3 ÷ 7。

2015年6月15日,根据《自治区人民政府办公厅转发人力资源社会保障厅财政厅关于调整机关事业单位工作人员基本工资标准和增加机关事业单位离退休人员离退休费等三个实施方案的通知》(宁政办发〔2015〕80号),自2014年10月1日起调整事业单位工作人员基本工资标准,同时将部分绩效工资纳入基本工资,全处444人,人均月增资360.3元。

2016年9月29日,根据《自治区人民政府办公厅转发人力资源社会保障厅财政厅关于调整机关事业单位工作人员基本工资标准和增加机关事业单位离退休人员离退休费等三个实施方案的通知》(宁政办发〔2016〕160号),从2016年7月1日起调整事业单位工作人员基本工资标准,同时将部分绩效工资纳入基本工资,全处461人,人均月增资275.4元。

2011年7月1日,全处427人增加艰边津贴,人均增资78元(宁人社发〔2011〕237号)。

2012年10月1日,全处448人增加艰边津贴,人均月增资26.5元。

2015年1月1日,提高全处职工艰边津贴,人均提高60元。

2016年10月1日起,根据《自治区财政厅自治区人社厅自治区总工会关于提高女职工卫生保健费的通知》(宁财(行)发〔2017〕169号),为142名女职工每人每月增加卫生保健费10元。

民族团结和谐奖:2012—2013年每人每年5000元;2014—2017年每人每年6000元。

政府效能奖:2008—2010年每人每年3000元;2011—2012年每人每年5000元;2013年每人6300元;2014—2016年每人每年6200元;2017年8000元/人。

2014—2017年发放高温津贴,每年6—9月,按实际出勤天数,基层职工每人每天12元。

三、津补贴

工程建设初期,筹建处代管工程,故1998—2002年发放施工补贴,按出勤天数,标准为每人每天5.3元。

1999—2001年每年6—9月发放防汛费,按出勤天数,标准为每人每天8元。

2000—2005年,建立岗位安全补贴,资金来源为综合经营收入,每月按个人职务、百分考核、业务考试成绩确定档次并分地域类区考核发放。2006—2010年,职工工资每月预留100元考核资金,管理处综合经营利润每月人均补贴200元,按考核档次系数、综合系数、职级系数考核发放。2011年实行绩效工资后停止发放。

2000—2010年,管理处每年年末按考核结果发放综合经营奖金。2011年实行绩效工资后停止发放。

第十一章 党建及精神文明建设

第一节 党建

一、党建工作综述

1998年以来,不断加强党的建设,建立健全党建工作制度,实行党建目标管理,充分发挥党组织的战斗堡垒作用和共产党员的先锋模范作用,增强了党组织的吸引力、凝聚力、战斗力。

(一)班子建设

历任领导班子在自治区水利厅党委的坚强领导下,紧紧围绕"党建、业务两手抓,两手都要硬"的工作格局,坚持民主集中制,严格执行党委议事规则和决策程序,坚持对"三重一大"问题集体决策,执行"五不直接分管"和末位表态制度,细化完善党委议事规则,落实调研制度,认真解决好事关扬水改革发展、职工关注的问题,努力建设勤奋学习、民主团结、求真务实、清廉为民的党委领导班子。坚持"好干部"标准,落实《党政领导干部选拔任用工作条例》,建立和完善干部选拔使用培养考核制度,健全干部选拔任用、岗位交流、教育培训、监督管理、考核评价机制,搭建干部成长平台,构建年龄梯队合理、能力素质互补、结构优化科学、活力极大释放的科级干部队伍,真正在思想、学习、行动、实效、奉献等多方面身先士卒,带头垂范,有效增强了班子建设的整体合力,为扬水改革发展提供坚强有力的组织保障。

(二)政治建设

历年来,自觉执行党的路线、方针、政策,认真学习贯彻马克思列宁主义、毛泽东思想、邓小平理论、"三个代表"重要思想、科学发展观、习近平新时代中国特色社会主义思想,坚决贯彻执行中央、自治区、水利厅党委治水方针、思路和决策部署,切实增强"四个意识",坚定"四个自信",坚决维护以习近平同志为核心的党中央权威和集中统一领导,在思想上行动上始终同党中央保持高度一致。

(三)思想建设

坚持思想建党,保持党的先进性纯洁性,组织开展"三讲"教育、"三个代表"重要思想学习教育、保持共产党员先进性教育、创先争优活动、党的群众路线教育实践活动、"三严三实"专题教育、"两学一做"学习教育、"不忘初心、牢记使命"主题教育,通过召开民主生活会、组织生活会、专题辅导、理论考试、读书演讲、学习征文等形式,不失时机地对党员干部职工进行理想信念、廉洁奉公、宗旨意识教育,引导党员不忘初心,牢记使命,管好工程,扬水富民。

(四)组织建设

以抓基层、打基础、促规范、强组织为目标,狠抓组织建设不放松。建处之初,基层党支部随着工程陆续建成投运和职工入驻泵站代管工作开展同时设立。创业阶段,各党支部带领广大党员艰苦奋斗,廉洁奉公,在队伍建设、运行管理、服务移民、家园建设等各项工作中发挥了战斗堡垒作用。2005年,制定党支部"增星升级"考核办法,不断规范党务工作。2012年"基层组织建设年"活动开展以来,以"三型"党组织建设、"五有一好"党建服务品牌创建、星级服务型党组织创建等为平台,以"三联三定"、党员责任区、党员先锋岗等为载体,抓好"三会一课"、党员民主评议、党员发展等工作,加强党员教育、管理和服务,创新党支部工作思路、方法、机制、措施,形成了以党建创新带动管理创新、技术创新和发展创新的局面。

(五)作风建设

建处之初,提出"谦虚谨慎、廉洁高效、严肃热忱、勤奋工作、积极向上、开拓创新、务实苦干、艰苦奋斗"的作风建设要求,坚持开展"管理处党委委员联系灌区""机关科室联系基层单位""干部下基层、进农户、心连心"活动。坚持久久为功,认真落实中央八项规定、自治区若干规定和水利厅实施细则,改进会风文风,严格落实公务接待、办公用房、公车管理等规定,以作风转变的"正能量"促进整体管理工作水平提高,形成了干工作、谋发展、心齐气顺、风正劲足的良好局面。

(六)廉政建设

20年来,管理处党委、纪委充分认识党建和党风廉政建设面临的新形势,坚持领导干部带头,自觉转作风、树新风、扬清风,加大对贯彻落实中央八项规定的监督力度,用作风转变的正能量正党风、促政风、带行风,加强监督检查,坚持惩防并重,加强反腐倡廉建设,确保了党建和党风廉政建设取得新成效,着力营造风清气正的扬水发展环境。

(七)制度建设

1998年以来,先后建立了20余种党建工作制度。1999年6月印发《党支部工作规范》。2001—2012年,先后制定、印发《党建目标管理办法》《党总支会议议事规则》《中心组学习制度》《民主生活会制度》《廉政建设制度》和《关于加强基层党建工作的意见》。2013—2016年,修订了《党委集体决策制度》《党委议事规则》《党组织建设管理办法》《干部联系基层及灌区制度》等20多种党建管理制度。2017年4月,进一步完善和规范政治生活制度,印发《党委理论中心组学习实施意见》《安全生产"党政同责""一岗双责"实施办法》,推进党建工作制度化常态化。

二、重大活动

(一)"三讲教育"

1999年3月23日,启动"三讲教育"。2000年6月3日,活动开始,7月底结束。活动分4个阶段、17个步骤、10个环节,处领导班子成员率先垂范,边学边改、立说立改,从7个方面提出了32条整改措施,狠抓落实,取得良好成效。"三讲教育"使领导班子和处级领导干部受到了一次深刻的马克思主义理论教育,经受了一次党内政治生活的严格锻炼,思想上有了新提高,作风上有了新转变,团结和纪律上有了新加强。

(二)"三个代表"重要思想学习教育活动

2001年,按照中央、自治区和水利厅党委总体安排,在全处开展"三个代表"重要思想学习教育活动。活动分3个阶段、9个步骤。制定《学习贯彻"三个代表"重要思想的读书计划》,采取中心组学习、集中培训、组织研讨、举办报告会等,分层次开展学习教育。认真开展思想作风学风整顿工作,对照"八个坚持、八个反对"深入查摆问题,投资10万元改造泵站食堂、活动室,建立党员活动阵地,加强党员教育管理。全体党员坚持服务宗旨,深入灌区听取群众意见,改进工作方法,为群众办实事办好事,争做践行"三个代表"重要思想的模范。通过学习教育活动开展,进一步提高了党员干部思想政治素质,改进了学风和领导作风,增强了公仆意识和服务意识。

(三)保持共产党员先进性教育活动

2005年,根据自治区水利厅党委总体安排和部署,全处按照3个阶段13个环节的要求扎实推进教育活动。先后组织开展了党员签名、观看党性教育片、到灌区访贫问苦、"长征路上访红军"、交流对话会、党史知识竞赛等 10 项自选活动。通过开展这些主题鲜明的活动,党员普遍受到了一次较为深刻的马克思主义理论教育,思想政治意识、大局意识有了明显增强,先进性和全心全意为灌区人民服务的宗旨意识明显增强。

(四)社会主义荣辱观教育活动

2006 年,在全处范围内开展以"八荣八耻"为主要内容的社会主义荣辱观教育活动,引导干部职工知荣辱、树新风、促和谐、谋发展。将教育活动同扬水生产、植树造林、家园建设、思想教育、社会实践相结合,通过小报、广播、橱窗、板报、标语、宣传栏、辅导讲座、举办冯志远先进事迹报告会等,广泛宣传"八荣八耻",深刻领会社会主义荣辱观的丰富内涵,牢固树立劳动最光荣的理念,自觉爱岗敬业、辛勤劳动、诚实自强,把社会主义荣辱观和冯志远精神落实到行动中。

(五)深入学习实践科学发展观活动

2008 年 10 月—2009 年,全处围绕"提高思想认识、解决突出问题、创新体制机制、促进科学发展"的总体目标,采取"三项措施""八个坚持",深入开展学习实践活动。先后收集意见、建议 55 条,梳理整改出 5 个方面的主要问题,完成 5 个调研课题任务,探索建立冬季职工轮休期双重管理机制、岁修工程合同管理机制等。通过学习实践活动开展,进一步提高了领导干部驾驭科学发展的能力,增强了党员干部科学发展的意识,解决了影响和制约扬水管理与科学发展的问题,完善了科学发展的体制机制。

(六)创先争优活动

2010 年 4 月—2012 年,在全处开展了创建先进基层党组织、争当优秀共产党员活动。按照推动水利科学发展、服务职工群众、加强基层组织、构建和谐水利总要求和"五好五带头"基本要求,搭建组织建设平台、学习创建平台、创争活动平台、职工成才平台,建立党组织和党员自评、领导点评、群众测评、组织考评机制,设立"党员示范窗口""党员示范岗"。健全党员承诺机制,把创先争优与贯彻落实中央一号文件促进单位长远发展相结合、与发展经济改善职工生产生活条件相结合、与保障安全生产相结合、与服务移民推动灌区发展相结合,将创先争优融入扬水生产及各项工作当中。通过开展"干部下基层""党员品牌工程""党员攻关项目"等形式,强化党员责任意识、先锋意识、服务意识,凝聚了力量,促进了发展。

(七)党的群众路线教育实践活动

2013 年 7—12 月,紧紧围绕保持和发展党的先进性和纯洁性,以"为民、务实、清廉"为主题,按照"照镜子、正衣冠、洗洗澡、治治病"的总要求,在全处深入开展党的群众路线教育实践活动。以落实"中央八项规定"为重点,聚焦"四风"问题,压缩"三公"经费,厉行勤俭节约。深入查摆,落实整改,领导班子针对"四风"和工作中存在的29项具体问题全部进行整改落实,评议满意率达100%。结合实际开展了"读书交流暨道德讲堂""下基层蹲点""树典型学典型"3项活动。该活动的开展,进一步强化了广大党员的思想认识与宗旨意识,增强了领导班子的凝聚力和战斗力,改进了工作作风,达到了党员干部受教育、解决问题重实际、健全制度管长远、职工群众得实惠的效果。

(八)培育践行社会主义核心价值观活动

2014年,以深入学习贯彻党的十八大和习近平总书记系列讲话精神为主线,紧紧围绕倡导社会主义核心价值观的基本内容,按照"我学习,我践行"活动主题,搭建读书交流、学雷锋、道德建设、文化活动平台,坚持开展"读书交流暨荐书评书""日行一善""真情助困进灌区""善行义举四德榜""职工身边模范"等活动,引导职工将社会主义核心价值观融入到生产生活和精神世界之中,牢固树立立足扬水、服务灌区、奉献社会、和谐进步的价值取向,收到了凝神聚气、强基固本的良好效果,为工程安全运行、发挥效益和管理工作有效开展提供了强大的精神动力。

(九)"三严三实"专题教育

2015年,按照自治区水利厅党委安排部署,明确以管理处领导为重点,科级干部同步跟进,党员全部参与的方式,开展"三严三实"专题教育。坚持讲好党课,坚持集中研讨与个人自学相结合、正面教育与反面警示相结合,坚持学而信、学而用、学而行,自觉把严和实的要求落实到队伍建设、安全生产、服务灌区等工作中,认真对照检查,切实整改落实。通过开展专题教育,使党员领导干部进一步坚定了理想信念,严明了纪律规矩,筑牢了干事创业的思想根基。

(十)"两学一做"学习教育

2016年起,在全处党员中深入开展"两学一做"学习教育。按照基础在学、关键在做的要求,以党支部为单位,以"三会一课"为基本形式,以落实民主评议等党员日常教育管理为依托,开展"三查三树"专题研讨和"亮身份、树形象、做表率"活动。2017年,推进"两学一做"学习教育常态化制度化,持续推动全面从严治党突出"关键少数"并向基层延伸,围绕"四讲四有""四个合格""四查四做"开展专题学习讨论,抓住"做"的关键,进一步加强了党的思想政治建设,保持了党的先进性、纯洁性,牢固树立了"四个意识",推动了全面从严治党纵深发展。

三、党风廉政及政风行风建设

(一)党风廉政建设

2000年9月,成立党风廉政建设领导小组,党风廉政建设领导体制、工作机制不断健全完善,2002年12月,筹建处纪委成立,逐渐形成了党委统一领导、党政齐抓共管、纪委组织协调、部门各负其责、群众参与支持的工作格局,坚持党要管党、全面从严治党,坚持标本兼治、综合治理、惩防并举、注重预防。认真落实主体责任和监督责任,完善责任、问题、问责"三个清单",建立了权责对等、责任清晰、强化担当的责任落实机制。认真学习贯彻党规党纪,深入开展"四大纪律""八项要求""以人为本、执政为民""进一步营造风清气正的发展环境""学党章、守纪律"等主题教育活动,加强了党性、党风、党纪教育。2004年建立党风廉政教育室,后经两次更新完善,同时建立18个廉政文化示范单位,形成了内部教育活动阵地。大力开展廉政文化"六进",开展廉政歌曲大家唱、廉政警句征集、廉政漫画、书法征集比赛,发送"助廉信"、廉政提示短信"六个一"活动。建立《党风廉政建设制度》《党风廉政建设责任制实施办法》等制度,坚持用制度管人管事,规范行为。积极探索建立廉政风险防控预警机制,梳理42个工作岗位(职能)和29项具体工作流程风险点,初步建立以渠道维修养护工程等8个领域为重点的《廉政风险预警机制》,制作展板,张贴于各科室,固化为工作制度严格执行,提升廉政预警工作直观性和操作性。持之以恒落实中央八项规定,驰而不息反四风,从办文办会、公务接待、办公用房、公务用车、出差学习等事项抓起、做起。积极践行"四个常态",从细微处着手,织密"关键少数"廉政防线,延伸触角,使咬耳扯袖、红脸出汗成为新常态。

(二)政风行风建设

始终把行风建设作为促进工程效益发挥、服务灌区脱贫攻坚的重要工作来抓。建处之初,成立民主评议水利行风建设领导小组,建立完善《效能建设制度》《行业优质服务规定》《行风建设工作制度》等,制定办事指南、实行挂牌上岗;开展"树正气、比作风、讲奉献"和"我是移民""干部下基层、进农户、心连心"等服务基层活动。站所通过设置监督电话、意见箱、监督台、聘请行风监督员、召开行风座谈会及公开水量、水价、水指标等方式,推进阳光政务、阳光水务活动。灌溉期间,各级领导深入灌区掌握灌溉进度、了解灌溉情况、协调灌溉矛盾,主动邀请灌区群众、行风监督员、乡镇负责人参观扬水站(所)、座谈讨论,争取理解支持。坚持开展明察暗访、作风测评等工作,持续提高服务质量、服务水平,得到了灌区各级政府和干部群众的一致好评。2012 年获得中宁县行风评议第一名,2013 年、2014 年连续两年获得红寺堡区群众评议机关作风活动社会管理类机构第一名,2015 年获得免评。

第二节　文明单位创建

1999 年 6 月,成立精神文明建设领导小组以来,坚持精神文明与物质文明"两手抓、两手硬",在机制上抓健全,在方法上求创新,在任务上重落实,融入扬水工作各环节、各领域。

一、创建市级文明单位

2003 年,筹建处将创建吴忠市文明单位提上重要日程,坚持对文明创建工作长规划、短安排,把精神文明建设与扬水中心工作同规划、同布置、同检查、同落实、同考核,形成了一把手负总责,分管领导各负其责,一级抓一级、层层抓落实的良好局面。严格按照创建文明单位的标准,坚持做到工作安排部署到位,制度职责建设到位,舆论宣传到位,检查考核评比到位,确保了各项工作的落实。2003 年 5 月被吴忠市委员会、吴忠市人民政府评为"2003 年市级文明单位"。2006 年被中卫市委员会、中卫市人民政府评为"2006 年市级文明单位"。

二、创建自治区级卫生先进单位

2007 年年初,启动"自治区爱国卫生先进单位"创建工作,制订《红寺堡扬水管理处爱国卫生工作实施方案》,成立了爱国卫生工作领导小组,并根据自治区、中卫市爱卫会要求和创建标准,划分区域,落实责任,以保证职工健康为出发点,以整洁行动为载体,以改善环境为目标,修改完善《环境卫生管理制度》《环境卫生达标标准》等制度,有力地推动了爱国卫生创建工作。2008 年 9 月,被自治区爱卫会命名为"自治区爱国卫生先进单位"。

三、创建自治区级文明单位

2007 年,启动自治区文明单位创建工作。认真总结文明创建工作经验,调整充实了精神文明建设领导小组,明确具体分工,设立办事机构,完善工作机制,定期研究解决创建工作中的实际问题;制订创建规划和实施方案,建立健全规章制度,把创建工作纳入基层单位和机关科室年度双文明考核中,出台具体考核办法和考核细则,奖优罚劣。大力开展"节约型单位""文明小环境"及创建"行业评优"等活动,做到文明创建与扬水生产相融相促,创建工作取得了良好成效。2008 年 1 月,被命名为"2008—2011 年自治区文明单位"。

管理处文明单位创建情况表

创建单位	创建名称	授予单位	获得时间
红寺堡扬水工程筹建处	文明单位	中共中宁县委员会、中宁县人民政府	2002.02
红寺堡扬水工程筹建处	文明单位	中共吴忠市委员会、吴忠市人民政府	2003.05
红寺堡扬水工程筹建处	卫生先进单位	吴忠市爱国卫生运动委员会	2003.11
红寺堡扬水工程筹建处	文明单位	中共吴忠市委员会、吴忠市人民政府	2006
红寺堡扬水工程筹建处	卫生先进单位	中卫市爱国卫生运动委员会	2006.06
红寺堡扬水管理处	2008—2011 年自治区文明单位	宁夏回族自治区文明委	2008.01
红寺堡扬水管理处	卫生先进单位	宁夏回族自治区爱国卫生运动委员会	2008.09
红寺堡扬水管理处	2012 年自治区精神文明建设工作先进集体	宁夏回族自治区精神文明建设指导委员会	2012.09
红寺堡扬水管理处	第八届全国水利文明单位	水利部文明委	2017.12

泵站(所、队、公司)文明单位创建情况表

创建单位	创建名称	授予单位	获得时间
新庄集一泵站	文明单位	红寺堡开发区管委会	2003
红五泵站	文明单位	中共同心县委员会、同心县人民政府	2008.04
红一泵站	文明单位	中共中宁县委员会、中宁县人民政府	2009.03
新庄集二泵站	2012—2015 年度文明单位	中共吴忠市红寺堡区委员会、吴忠市红寺堡区人民政府	2013.01
中心管理所	2012—2015 年度文明单位	中共吴忠市红寺堡区委员会、吴忠市红寺堡区人民政府	2013.01
新庄集一泵站	2014—2017 年度文明单位	中共吴忠市红寺堡区委员会、吴忠市红寺堡区人民政府	2014.03
红四泵站	2014—2017 年度文明单位	中共吴忠市红寺堡区委员会、吴忠市红寺堡区人民政府	2014.03
红三泵站	文明单位	中宁县精神文明建设指导委员会	2015.03
新庄集三泵站	2015—2018 年度文明单位	中共吴忠市红寺堡区委员会、吴忠市红寺堡区人民政府	2015.03
新庄集四泵站	2016—2019 年度文明单位	吴忠市红寺堡区委员会、吴忠市红寺堡区人民政府	2016.02
黄河泵站	文明单位	中宁县精神文明建设指导委员会	2016.02
检测公司	2017—2020 年度县级文明单位	中宁县精神文明建设指导委员会	2017.04
工程公司	2017—2020 年度县级文明单位	中宁县精神文明建设指导委员会	2017.04
红一泵站	2013—2016 年度文明单位	中卫市精神文明建设指导委员会	2013.03
红五泵站	文明单位(2013—2017 年度)	中共吴忠市委员会、吴忠市人民政府	2014.02

四、创建部级文明单位

始终把文明创建作为提升单位文明程度、增强软实力、促进可持续发展的有力抓手,采取有力措施,常抓不懈。2017 年,在认真总结创建市级文明单位和自治区文明单位成功经验的基础上,启动"全国水利文明单位"创建工作。及时调整充实组织机构,健全完善工作机制,对照创建测评体系,分解落实目标任务,从理想信念教育、核心价值观建设、全面从严治党、文明风尚行动、基层文化建设、水利业务工作、创建工作机制 7 大项 26 小项扎实推进创建工作,2017 年年底被命名为"第八届全国水利文明单位"。

第三节　管理文化

一、制度建设

规章制度是指导红寺堡扬水工程运行管理的重要依据。在 20 年的工程建设、运行、管理过程中,形成了一套独具特色的制度体系,并在制度执行和运用上,形成与扬水改革发展相适应的模式。建处以来,历经 3 次大的制度建设。

1998 年建处之初,将制度化、规范化、科学化管理工作摆上重要日程,按行业、分层次确定规章制度撰写计划,建立由行政一把手负责的规章制度编制审定小组,经多次讨论,于 2001 年 10 月编印《规章制度汇编》,共收入 170 种规章制度、176 种工作职责,字数达 43.8 万字,内容涉及面宽、适用范围广,具有较强的规范性和实用性。

2008 年,随着管理工作不断深入,对已有规章制度进行梳理、修订、补充和完善,编印《规章制度汇编续编》,收编制度 98 种、岗位职责 24 种。《规章制度汇编续编》是对《规章制度汇编》的延续和完善。

2015 年 9 月,在党的群众路线教育实践活动中,对建处以来制定的规章制度进行了全面梳理,并根据工作需要制定了部分新制度,编印了新的《规章制度汇编》,共收集管理制度 80 种、工作(岗位)职责 57 种,涵盖了扬水管理工作的各个领域。新《规章制度汇编》是对《规章制度汇编》和《规章制度续编》的完善。

全处深入开展学制度、用制度活动,增强了制度执行力,形成了以制度管人、以制度管事、以制度管权的机制。

2001 年《规章制度汇编》收集制度一览表

序号	规章制度名称	序号	规章制度名称
1	高标准管理工作目标	32	宣传通讯工作管理办法
2	五年工作规划及主要措施	33	医疗费管理暂行办法
3	基层单位双文明考核规定	34	劳保用品购置发放制度
4	工作人员精神文明规范	35	财务物资管理制度
5	工作人员年度考核办法	36	财务工作规定
6	党建目标管理办法	37	财务管理办法
7	党总支会议议事规则	38	固定资产管理办法
8	中心组学习制度	39	物资管理规定
9	民主生活会制度	40	低值易耗品管理办法
10	思想政治工作制度	41	合同签订管理制度
11	廉政建设制度	42	出差管理规定
12	党风廉政建设责任制实施办法	43	交接班制度
13	党风廉政建设责任制考核办法	44	巡回检查制度
14	党风廉政建设责任制追究实施细则	45	缺陷管理制度
15	干部管理办法	46	运行维护制度
16	关于加强基层党建工作的意见	47	检修验收制度
17	综合治理工作制度	48	安全工器具使用管理制度
18	处级干部收入申报制度	49	清扫制度
19	班子一把手季度汇报制度	50	设备档案管理制度
20	工作人员在公务活动中接受礼品登记制度	51	防误操作事故措施
21	处务例会制度	52	工作票制度
22	处长办公会议制度	53	操作票制度
23	劳动管理实施办法	54	消防器材管理制度
24	《劳动管理实施办法》补充规定	55	参观制度
25	岗位安全补贴考核发放暂行办法	56	机电设备专责管理办法
26	安全工作规定	57	镉镍电池屏运行、维护制度
27	安全工作"四无"目标	58	双电源管理制度
28	安全检查标准	59	低压电动工器具使用管理制度
29	职工教育规定	60	继电保护装置运行、维护制度
30	人事档案管理制度	61	天车操作制度
31	信访工作制度	62	机电设备及水工设施越冬暂行规定

续表1

序号	规章制度名称	序号	规章制度名称
63	用电管理规定	97	职代会制度
64	机电设备评级标准	98	民主管理制度
65	低压电动工器具使用管理规定	99	政务公开实施办法
66	天车安全操作规程	100	五必访制度
67	天车维护、保养、检查和检验制度	101	社会主义劳动竞赛实施办法
68	天车司机守则	102	关于加强共青团建设若干问题的意见
69	天车作业和维护人员安全培训、考核制度	103	团员教育管理工作规定
70	天车档案管理制度	104	民主评议团员制度
71	工程承包管理规定	105	团费收缴工作规定
72	扬水生产值班规定	106	机关工作守则
73	防汛预案	107	文明科室考核办法
74	防汛工作规定	108	政治学习制度
75	灌区灌溉管理暂行办法	109	工作纪委及检查制度
76	水利工程管理暂行办法	110	传真机使用规定
77	施工规则	111	档案管理制度
78	渠道测水规程	112	会计档案管理制度
79	渠道交接水规定	113	科技档案管理制度
80	渠道和水工建筑物安全运行及维护管理规定	114	档案保密制度
81	退水闸使用管理制度	115	档案鉴定销毁制度
82	启闭机操作养护规程（暂行）	116	立卷归档制度
83	综合经营工作规定	117	档案库房管理制度
84	土地开发利用管理办法	118	资料室防火制度
85	绿化工作管理办法	119	打字复印管理规定
86	住房管理办法	120	职工住宅区管理制度
87	公文办理工作规定	121	住宅区摩托车、自行车管理规定
88	保密工作制度	122	开水房及浴室管理制度
89	印章使用管理规定	123	锅炉运行操作规程
90	会议及活动审批制度	124	锅炉巡回检查制度
91	业务接待管理规定	125	司炉工交接班制度
92	电话使用管理制度	126	锅炉设备维修保养制度
93	车辆使用管理办法	127	锅炉安全保卫制度
94	汽车驾驶员管理规定	128	锅炉房清洁卫生制度
95	职工私人摩托车使用管理规定	129	水处理员交接班制度
96	电视卫星地面接收设施管理规定	130	水质管理制度

续表2

序号	规章制度名称	序号	规章制度名称
131	办公用品管理制度	153	劳动纪委暂行规定
132	安全保卫工作规定	154	百分考核及工资发放制度
133	办公区域管理制度	155	劳保用品管理制度
134	办公楼值班制度	156	职工教育管理制度
135	服务中心管理规定	157	办公用品管理制度
136	服务中心收费办法	158	车辆使用管理制度
137	门卫管理制度	159	基层车辆集中管理使用规定
138	中宁基地用电管理制度	160	自来水使用规定
139	中宁基地用水管理制度	161	伙食管理制度
140	中宁基地采暖管理制度	162	卫生检查细则
141	消防器材管理制度	163	卫生管理制度
142	阅览室管理制度	164	值班查岗制度
143	职工之家管理制度	165	财务管理制度
144	党支部工作规范	166	物资管理制度
145	站务会议制度	167	固定资产管理制度
146	政治学习制度	168	低值易耗品及工器具管理制度
147	思想政治工作制度	169	绿化管理办法
148	业务学习制度	170	护林员管理办法
149	安全工作制度	171	民主管理制度
150	防汛工作制度	172	五必访制度
151	综合治理制度	173	劳动竞赛管理办法
152	廉政建设制度	174	团支部"三会一课"制度
合计	同时收集各类岗位职责176项		

2015年《规章制度汇编》收集制度一览表

序号	规章制度名称	序号	规章制度名称
1	党委集体决策制度	9	纪检监察信访举报受理工作制度
2	党委议事规则	10	工程建设项目管理廉政规定
3	党组织建设管理办法	11	实体单位负责人廉洁从业管理办法
4	中心组学习制度	12	科级干部廉政谈话规定
5	政治理论学习制度	13	科级干部报告个人有关事项规定
6	思想政治工作实施办法	14	干部联系基层及灌区制度
7	党风廉政建设制度	15	工会经费使用管理办法
8	党风廉政建设责任制实施办法	16	职工慰问、困难补助制度

续表2

序号	规章制度名称	序号	规章制度名称
17	职工意见建议收集制度	49	资产管理制度
18	职工"五必访""十必谈"制度	50	综合经营工作规定
19	团员管理制度	51	综合经营财务管理办法
20	团支部"三会一课"制度	52	商品房管理规定
21	民主评议团员制度	53	土地开发利用管理办法
22	团费收缴制度	54	水行政执法工作规定
23	综合治理工作制度	55	扬水警务室内务管理暂行规定
24	文明有礼行为规范	56	会议活动管理规定
25	行风建设工作制度	57	公务接待管理规定
26	劳动竞赛实施办法	58	车辆使用管理办法
27	宣传信息工作管理办法	59	厉行节约反对浪费实施细则
28	卫生管理制度	60	节约型机关建设规定
29	机关工作守则	61	公文管理办法
30	机关纪律卫生检查考核规定	62	档案管理制度
31	科级干部管理办法	63	督查工作办法
32	干部请假制度	64	信访工作规定
33	科级干部问责办法	65	保密工作办法
34	基层单位(科室)年度工作考核办法	66	电子政务管理办法
35	工作人员年度考核办法	67	政务公开办法
36	劳动管理办法	68	应急管理暂行办法
37	奖励性绩效工资考核发放办法	69	汽车驾驶员管理规定
38	职工教育管理办法	70	机关职工食堂管理规定
39	专业技术岗位聘用管理办法	71	培训中心管理办法
40	退休(离职)人员管理办法	72	公共租赁住房管理办法
41	管理处工作规则	73	机关安全保卫制度
42	财务管理办法	74	办公基地水暖电管理制度
43	专项资金使用管理办法	75	涉外工程管理办法
44	差旅费管理规定	76	渠道工程维修养护管理规定
45	内部审计工作规定	77	工程维修养护经费管理办法
46	会计电算化管理办法	78	防汛工作管理规定
47	会计人员管理办法	79	灌溉管理办法
48	物资采购合同签订管理制度	80	扬水生产值班规定
合计	同时收集各类岗位职责57项		

二、管理理念

建处之初,提出"管好扶贫扬黄工程,造福灌区回汉人民"的工作宗旨、"建立一流的管理队伍、争创一流的管理水平、实现一流的灌区效益"的奋斗目标和"团结务实、开拓进取、艰苦创业、无私奉献"的工作精神,以"管理起点高、管理目标高、人员素质高、工作要求高、工作效率高、工作质量高、管理水平高、工程效益高、灌区效益高"为主要内容的"九高"工作目标和以"讲学习、讲政治、讲正气、讲团结、讲纪律、讲廉政、讲道德、讲安全、讲效益、讲奉献"为主要内容的"十讲"工作要求,以及"谦虚谨慎、廉洁高效、严肃热忱、勤奋工作、积极向上、开拓创新、务实苦干、艰苦奋斗"的工作作风,确立了管理工作理念,为管好扶贫扬黄工程奠定了基础。

2011年,以"居安思危、有备无患、警钟长鸣""廉洁从政、风清气正、五自要求"和"精细严实、个人励志、团结和谐"为主题,探索推进集安全文化、廉政文化、扬水文化于一体的文化建设活动,体现了扬水管理的基本理念、原则、愿景和价值取向等内容,构建了生产安全、处务清廉、管理科学、和谐进取的扬水文化理念体系,形成了共同的奋斗目标和精神动力,提升了发展软实力。

党的十八大以来,全处牢固树立以人民为中心的发展思想,认真贯彻落实中央"节水优先、空间均衡、系统治理、两手发力"的治水方针、自治区"统筹城乡、改革创新、节约高效、开放治水"新思路和自治区水利厅党委决策部署,牢记"管好工程、扬水富民"的初心和使命,着眼转型升级发展,聚力美丽渠道建设,强化安全生产,深化改革创新,推进泵站更新改造,红寺堡扬水工程迈上了高质量发展新时代,为中部干旱脱贫攻坚、决胜全面建成小康社会提供了有力的水保障。

三、思想政治工作

"思想政治工作是经济工作和其他一切工作的生命线"。建处以来,管理处党委高度重视思想政治工作对广大干部职工的引导作用,坚持在不同时期研究探讨新形势下的思想政治工作,建立层次分明、分工有序的思想政治工作网络,形成党政领导亲自抓,党政工团齐抓共管的工作格局。

1999年4月成立思想政治工作领导小组(政研会),建立层次分明、分工有序的思想政治工作网络,形成党政领导亲自抓,党政工团齐抓共管的工作格局,紧紧把握时代特征和职工思想脉搏,坚持人性化管理和思想教育相结合,做实做活职工思想政治教育工作。同年 9 月 16 日召开第一次思想政治工作研讨会,研讨了新形势下加强思想政治工作的意义、方法和原则,完善思想政治工作网络,针对基层单位地处偏远、条件艰苦和生产任务重、工作量大、青年职工思想活跃的实际情况,提出了思想政治工作的新思路。管理处党委每年召开一至两次会议专题研究思想政治工作,且召开一次思想政治工作研讨会。

1998—2008 年,通过召开职工家属参观座谈、开展"社会主义荣辱观教育""树立正确三观、奉献扬水事业"等主题活动,从正面对广大职工进行理想信念教育和艰苦创业精神教育。通过开展"树正气、比作风、讲奉献"、"认清形势、统一思想、改进作风"大讨论、"干部下基层、进农户、心连心"和参观延安革命圣地及灌区农户等活动,使全体干部职工将实现自身价值和理想信念与勤奋工作、造福移民统一起来,不断增强责任意识与奉献意识。通过开展学习"职工身边模范人物"活动,用身边人、身边事激励职工。全处干部职工积极投身家园建设,清理施工垃圾,整治站区环境,平田整地,植树造林,美化家园,在家园建设中磨炼了职工意志,培育了优良作风,锻炼了队伍,增强了凝聚力和战斗力。其间荣获"水利厅思想政治工作先进单位"和"全区思想政治工作先进集体"光荣称号。

2009—2017 年,结合新阶段思想政治工作任务,制定了《思想政治工作实施办法》,坚持六个原则(坚持教育和管理相结合,坚持贴近实际、贴近生活、贴近职工和坚持解决思想问题同解决实际问题相结合)、"五个突出"(突出针对性、突出经常性、突出典型引导、突出情感教育、突出宣传教育),完善《政治理论学习制度》《职工"五必访、十必谈"制度》,努力探索具有水利行业特色的思想政治工作新途径和新方法,全方位做好思想政治工作和职工队伍的道德建设,建设一支"政治强、业务精、纪律严、作风正"的扬水职工队伍。通过理论学习、专题报告会等形式,强化理论武装,统一思想、凝心聚力,推动扬水工作科学发展;深入开展践行社会主义核心价值观和"四德"教育活动,大力弘扬"献身、负责、求实"的水利行业精神,广泛开展"先锋岗"、"示范岗"、"善行义举四德榜"、"身边模范"人物、学雷锋活动、生日祝福、青年歌手比赛等活动,激发职工的工作热情,增强责任感;制定职工队伍建设规划,加强教育培训,着力建设高素质职工队伍;大力开展干部联系基层活动,解决热点难点问题,答疑解惑,统一思想,化解矛盾。

坚持解决思想问题与解决实际问题相结合,有计划地完善职工办公、生活、文体娱乐设施,多办稳人心、暖人心的实事好事,收到了拴心留人的良好效果。

通过强有力的思想政治工作和规范化管理,使全处干部职工长期保持良好的精神风貌和务实的工作作风,建立了素质高、作风硬、业务精、能力强的职工队伍。

四、宣传工作

(一)组织及制度

1998 年 8 月 28 日,召开第一次会议研究筹建处负责人临时分工,高铁山同志负责宣传工作。

1999 年 5 月 26 日,召开第一次宣传工作会议,会议的主题是"以宣传工作为契机,把先进典型的引导示范作用,变为推进全处双文明建设的巨大动力"。通过《宣传工作管理办法》,建立由 20 名兼职通讯员组成的通讯员网。此后,每年年初召开宣传工作会议成为惯例。

2006 年 9 月印发《政务信息工作管理办法》,2008 年印发《宣传信息工作管理办法》,2011 年制订出台了《宣传信息工作管理办法补充规定》,对考核作出明确规定。2014 年,再次修订完善《宣传信息工作管理办法》,进一步明确宣传信息工作由管理处党委统一领导,宣传工作领导小组主抓,各科室、单位齐抓共管的宣传工作机制。办公室作为宣传工作的具体管理部门,负责领导小组日常事务和全处宣传信息的管理与指导。宣传工作实行目标责任管理,纳入年度先进集体、文明科室考核中,实行月通报、季考核,促进了宣传工作的发展。

宣传工作领导小组

时间	组织名称	组长	副组长	成员
1999 年	通讯联络站	高铁山		左静波 田国祥 王冰竹 尹 奇 李小玲
2001 年	通讯联络站	周伟华	马长仁	左静波 李瑞聪 王冰竹 尹 奇 殷 锋 李生军 李小玲
2004 年	通讯联络站	王效军	李瑞聪 尹 奇	左静波 申喜菊 李彦骅 殷 锋 高佩天 张 伟
2008 年	通讯联络站	赵 欣	左静波 马玉忠	高同建 尹 奇 李彦骅 高佩天 张 伟
2008 年	通讯联络站	田福荣	马玉忠	李生军 尹 奇 李彦骅 高佩天 张 伟
2009 年	通讯联络站	翟 军	马玉忠	李生军 尹 奇 李彦骅 高佩天 张 伟
2010 年	通讯联络站	翟 军	马玉忠	李生军 尹 奇 李彦骅 高佩天 张 伟
2011 年	通讯联络站	訾跃华	桂玉忠	李生军 王冰竹 李彦骅 高佩天 金小平 张 伟 刘 玺
2012 年	宣传工作领导小组	刘福荣	訾跃华	李生军 尹 奇 李彦骅 高佩天 刘 玺

（二）内部宣传载体

简报 1998年10月27日,编印第一期宣传简报,题为"统一认识 振奋精神 努力开创工作新局面",在全处范围内印发。简报成为报道最新动态的主要载体。2015年、2016年停止编印,2017年在严格执行相关规定的基础上,重新编发简报。

《红寺堡人》小报 1999年7月《红寺堡人》小报创刊,时任筹建处处长周伟华题创刊词。2001年,由黑白印刷改进为彩印。2017年,为适应数字化、信息化和绿色环保发展要求,实现了由纸质报到电子报的转型。截至2017年12月底,共印发《红寺堡人》小报402期。

"红扬之声"小广播 2004年4月16日,"红扬之声"小广播正式开播。

门户网站 2009年门户网站正式开通,成为发布信息、展示形象的窗口。2017年年底对网站进行升级改版。

新媒体 2017年3月利用"易企秀"开展宣传工作,集文字、图片、音乐于一体,增强了宣传的视觉体验。5月4日,开通管理处微信公众号,8月22日入驻"今日头条"水利宣传矩阵,拓宽了宣传工作平台,实现了宣传载体的成功转型。

（三）行业及社会媒体宣传

工程建设、投运以来,先后在人民政协报、文汇报(香港)、大公报(香港)、新华网、央广网、宁夏日报、宁夏电视台、中国水利报(网)、黄河报(网)等主流媒体上积极撰稿,开展宣传工作,对外展示了扬水形象和扶贫扬黄工程的巨大效益,赢得了社会的理解和支持。

2007年、2008年、2009年,管理处连续3年被自治区水利厅授予"全区水利宣传信息工作先进集体"荣誉称号。

省部级媒体稿件刊发摘编表

序号	媒体名称	稿件标题	刊登日期
1	宁夏日报	转载《人民政协报》文章:中南海的关注	1995.11.15
2	宁夏日报	百万人民的企盼扶贫史上的壮举 ——国务院批准宁夏扶贫扬黄灌溉工程立项	1995.12.14
3	大公报(香港)	为使百万人告别贫困——记宁夏扶贫扬黄灌溉工程	1996.06.30
4	宁夏日报	当年建设　当年受益——红寺堡扬黄灌区实现冬灌	1998.12.21
5	参考消息	让干旱的黄土地变绿	2000.06.29
6	宁夏日报	红寺堡升起一轮希望的太阳	2000.09.12
7	人民政协报	构筑反贫困的世纪丰碑——宁夏扶贫扬黄工程建设纪实	2000.03.04
8	每日电讯	世纪丰碑——记宁夏扶贫扬黄灌溉工程	1999.10.15
9	人民网	宁夏红寺堡扬水灌区2009年节水1600万立方米	2010.01.28
10		宁夏红寺堡扬水管理处防汛抗旱两手抓两手硬	2011.07.27
11		宁夏回族自治区三大扬水工程全面上水抗击春旱	2013.04.07
12		马国民技能大师工作室荣膺国家级工作室	2015.01.09
13	中国广播网	宁夏红寺堡扬水灌区2009年节水1600万立方米	2010.01.26
14	中国网	宁夏红寺堡扬水灌区2009年节水1600万立方米	2010.01.26
15		宁夏红寺堡扬水管理处防汛抗旱两手抓两手硬	2011.07.27
16	中国水利网	宁夏红寺堡扬水灌区2009年节水1600万立方米	2010.01.26
17		宁夏红寺堡扬水灌区春灌生产拉开序幕	2010.04.01
18		宁夏红寺堡扬水管理处全力以赴保人饮保春灌	2010.04.09
19		宁夏红寺堡扬水管理处:"总站管分站"新体制优势多效果好	2010.04.23
20		宁夏红寺堡扬水灌区春灌顺利结束	2010.05.11
21		宁夏红寺堡扬水管理处建"低碳生活"长效机制	2010.06.30
22		宁夏红寺堡扬水管理处的"安全经"	2010.07.20
23		宁夏红寺堡扬水管理处上紧防汛"安全阀"	2010.07.23
24		宁夏持续高温干旱红寺堡扬水工程增大引水解渴	2010.08.02
25		宁夏红寺堡扬水管理处成功应对短时特大暴雨灾害	2010.08.12
26		宁夏红寺堡扬水管理处七项措施有效应对汛情	2010.08.16
27		宁夏红寺堡扬水灌区夏秋灌圆满结束	2010.08.31
28		红寺堡扬水灌区提前3天开机冬灌	2010.10.29
29		宁夏扶贫扬黄红寺堡灌区开机春灌	2011.04.02
30		宁夏红寺堡扬水管理处:把准供水"秤杆子"灌区群众"零意见"	2011.05.06
31		红寺堡扬水管理处"六破六立"科学管水	2011.05.27
32		宁夏红寺堡扬水管理处特色活动点亮"安全生产月"	2011.05.31

续表 1

序号	媒体名称	稿件标题	刊登日期
33		宁夏红寺堡扬水管理处防汛安全突出"三重点"坚持"五到位"	2011.06.20
34		战"管涌"	2011.06.21
35		宁夏红寺堡扬水工程开足马力供水解灌区高温干旱	2011.07.16
36		宁夏红寺堡扬水管理处防汛抗旱两手抓两手硬	2011.07.26
37		宁夏红寺堡扬水管理处"聚指成拳"合力抗旱	2011.07.28
38		宁夏红寺堡扬水管理处科学抗旱走好"七招棋"	2011.08.11
39		宁夏红寺堡扬水管理处六项措施为防汛安全上保险	2011.08.18
40		宁夏红寺堡扬水灌区夏秋灌圆满结束	2011.09.05
41		宁夏红寺堡扬水管理处停水不停安全	2011.09.05
42		宁夏红寺堡扬水工程秋修会战砺剑锋	2011.10.14
43		宁夏红寺堡扬水管理处吹响冬灌集结号　佩戴安全"护身符"	2011.10.24
44		宁夏红寺堡扬水管理处织密冬季安全生产网	2011.11.18
45		宁夏红寺堡扬水一泵站向人工捞草说"再见"	2011.11.12
46		宁夏红寺堡扬水灌区冬灌"战役"打响	2011.11.02
47		宁夏红寺堡扬水管理处安全工作从头抓	2012.02.21
48		宁夏红寺堡扬水灌区 2012 年春灌工作启幕	2012.04.01
49		宁夏红寺堡扬水管理处七措施向安全管理亮剑	2012.05.03
50	中国水利网	节日里涌动的温暖与感动	2012.05.08
51		宁夏红寺堡扬水管理处吹响防汛"集结号"	2012.05.21
52		宁夏红寺堡区灌域实行水权到户　节水扩灌见成效	2012.06.19
53		宁夏红寺堡扬水工程日提水近 200 万方保夏灌	2012.06.21
56		宁夏红寺堡灌区顺利度过春灌高峰	2013.05.07
57		水利爱心浇开旱塬花	2013.06.03
58		宁夏红寺堡扬水灌区增大流量御伏旱	2013.08.02
59		水润旱塬变绿洲	2013.08.06
60		宁夏红寺堡扬水管理处秋季检修进展迅速	2013.10.09
61		红寺堡扬水灌区冬灌生产启动	2013.11.04
62		宁夏红寺堡扬水管理处春灌引水准备就绪	2014.03.31
63		宁夏红寺堡扬水管理处抢前抓早抗春旱	2014.04.08
64		宁夏红寺堡扬水灌区春灌告捷	2014.05.12
65		股股清流润民心	2014.08.01
66		宁夏红寺堡扬水灌区夏秋灌顺利收官	2014.09.03
67		宁夏红寺堡扬水管理处转作风　抓发展　促秋修	2014.09.19
68		宁夏红寺堡扬水灌区开启冬灌	2014.11.03
69		宁夏水利首家国家级技能大师工作室揭牌	2015.01.08

续表2

序号	媒体名称	稿件标题	刊登日期
70	中国水利网	宁夏红寺堡扬水工程为中部干旱带引水"解渴"	2015.04.13
71		宁夏红寺堡扬水管理处黄河泵站开机补水保春灌	2015.04.20
72		宁夏红寺堡扬水管理处人事改革"吹皱"一池春水	2015.04.29
73		宁夏红寺堡扬水灌区夏秋灌全面展开	2015.05.25
74		宁夏红寺堡扬水管理处"节俭""创新"助推灌区发展	2015.06.01
75		宁夏红寺堡扬水:增大流量补水抗旱	2015.06.11
76		宁夏红寺堡扬水管理处机组满负荷运行保灌溉	2015.06.26
77		宁夏:红寺堡扬水管理处严实并举御伏旱	2015.07.30
78		宁夏红寺堡扬水管理处抵御酷暑"开良方" 安全生产保供水	2015.08.04
79		宁夏:红崖微波站有了"防护衣"	2015.08.18
80		严天宏:传递阳光的人	2015.09.15
81		宁夏红寺堡扬水管理处:工程念好安全经 金秋会战跃进渠	2015.10.26
82		宁夏红寺堡扬水灌区2016年春灌拉开序幕	2016.04.01
83		宁夏:红寺堡扬水管理处全力以赴抗旱保灌	2016.04.21
84		红寺堡扬水灌区春灌工作告捷	2016.05.12
85		黄河泵站加机抗旱力保灌区供水稳定	2016.06.13
86		宁夏:红寺堡扬水工程开足马力保灌区用水	2016.06.22
87		宁夏红寺堡扬水管理处倾心为民御旱魃	2016.08.03
88		宁夏红寺堡扬水管理处六力齐发"冲刺"秋灌	2016.08.09
89		张佳仁:扬水岗位书写精彩青春	2016.08.09
90		宁夏红寺堡扬水管理处精准扶贫解民困暖民心	2016.09.28
91		旱塬"烤"验	2016.09.01
92		宁夏红寺堡扬水管理处四项措施全力保障冬灌生产任务	2016.11.09
93	中国农业网	宁夏红寺堡扬水灌区2009年节水1600万立方米	2010.01.26
94		红寺堡扬水灌区春灌工作5月10日顺利结束	2010.05.12
95		宁夏红寺堡扬水灌区夏秋灌圆满结束	2010.08.31
96		宁夏红寺堡扬水管理处防汛抗旱两手抓两手硬	2011.07.29
97	黄河网	宁夏红寺堡扬水灌区2009年节水1600万立方米	2010.01.27
98		宁夏红寺堡扬水灌区春灌生产拉开序幕	2010.04.01
99		宁夏红寺堡扬水管理处力保人饮春灌	2010.04.08
100		宁夏红寺堡:总站管分站体制新效果好	2010.04.24
101		宁夏红寺堡扬水灌区春灌顺利结束	2010.05.12
102		宁夏红寺堡扬水管理处拧紧防汛"安全阀"	2010.07.22
103		宁夏红寺堡扬水工程增大引水抗干旱	2010.08.02
104		宁夏红寺堡扬水管理处七项措施有效应对汛情	2010.08.17

续表3

序号	媒体名称	稿件标题	刊登日期
105		红寺堡扬水灌区提前3天开机冬灌	2010.10.29
106		宁夏扶贫扬黄红寺堡灌区开机春灌	2011.04.02
107		宁夏红寺堡扬水管理处阳光供水"零意见"	2011.05.06
108		红寺堡:"六破六立"巧开处方　科学管水持续发展	2011.05.27
109		宁夏红寺堡防汛突出"三重点"坚持"五到位"	2011.06.20
110		一场突如其来的战斗	2011.06.20
111		红寺堡扬水工程开足马力上水解灌区止渴	2011.07.20
112		宁夏红寺堡扬水管理处"握指成拳"合力抗旱	2011.07.29
113		宁夏红寺堡扬水灌区打响冬灌"战役"	2011.11.03
114		宁夏红寺堡扬水一泵站向人工捞草说"再见"	2011.11.14
115		宁夏红寺堡扬水灌区2012年春灌工作启幕	2012.04.02
116		宁夏扶贫扬黄工程黄河泵站开机为中部干旱带补水	2012.06.08
117		红寺堡扬水管理处黄河泵站进口河道清淤作业如火如荼	2012.02.29
118		红寺堡扬水基层站所流行"农家乐"	2012.06.14
119		宁夏红寺堡区灌域实行水权到户　节水扩灌见成效	2012.06.19
120		宁夏红寺堡提水保灌慰民生	2012.06.21
121		宁夏红寺堡扬水三招下好"秋修棋"	2012.09.19
122	黄河网	宁夏红寺堡扬水冬灌工作准备就绪	2012.10.25
123		宁夏红寺堡冬灌工作全面启动	2012.11.01
124		宁夏红寺堡扬水春检"四提升"	2013.03.06
125		红寺堡扬水管理处多力齐发备战春灌	2013.03.28
126		红寺堡扬水灌区春灌无忧	2013.04.08
127		宁夏红寺堡扬水工程增大流量抗春旱保春播	2013.04.10
128		红寺堡扬水打好抗旱保灌攻坚战	2013.04.18
129		宁夏红寺堡扬水充电蓄能备战汛期	2013.04.27
130		宁夏红寺堡灌区抗旱保灌有力有效推进	2013.05.06
131		红寺堡扬水管理处防汛备汛基本就绪	2013.05.7
132		红寺堡扬水管理处灌溉保障有序	2013.05.09
133		宁夏红寺堡扬水灌区春灌抗旱告捷	2013.05.13
134		红寺堡扬水"加减乘除"促防汛安全	2013.05.22
135		宁夏红寺堡扬水灌区夏秋灌全面展开	2013.05.23
136		宁夏红寺堡扬水因地制宜把牢防汛主动权	2013.05.29
137		水利爱心浇开旱塬花	2013.06.03
138		红寺堡扬水强化水量调配　提高抗旱效益	2013.06.05
139		黄河泵站开机补水　缓解宁夏中部干旱带旱情	2013.06.03

续表4

序号	媒体名称	稿件标题	刊登日期
140		红寺堡扬水工程经受暴雨检验	2013.06.07
141		安全行水"大营救"	2013.06.21
142		红寺堡扬水管理处半年观摩"晒亮点找软肋 促发展"	2013.07.12
143		红寺堡扬水"小智慧"化解工程老化"大难题"	2013.07.15
144		水润旱塬	2013.08.06
145		红寺堡扬水抓供水促灌溉 防汛抗旱两不误	2013.08.12
146		红寺堡扬水"冲刺"秋灌	2013.08.14
147		红寺堡扬水工程日提水213万立方米抗旱保灌	2013.08.22
148		宁夏红寺堡扬水秋灌停水再延期	2013.08.28
149		宁夏黄河泵站抗旱立新功	2013.11.11
150		宁夏红寺堡扬水四个重点保冬灌安全	2013.11.15
151		宁夏红寺堡扬水春灌引水准备就绪	2014.03.31
152		红寺堡扬水灌区春灌生产安全起航	2014.04.01
153		红寺堡扬水灌区春灌无忧	2014.04.08
154		红寺堡扬水增开机组服务春灌	2014.04.08
155		扬水站上春来早	2014.04.15
156		用水户中问民需	2014.04.25
157	黄河网	红寺堡扬水巧用春灌杠杆化解夏秋供水压力	2014.05.07
158		红寺堡扬水灌区春灌告捷	2014.05.13
159		宁夏红寺堡扬水全力保障水安全	2014.05.21
160		宁夏扬黄灌溉工程黄河泵站开机补水	2014.06.02
161		宁夏红寺堡扬水今年抗旱引水突破1亿立方米	2014.06.18
162		宁夏红寺堡立足实际保灌溉防大汛	2014.07.10
163		凝聚在扬水岗位上的"精神罗盘"	2014.08.19
164		秦汉渠 红寺堡全力以赴应对高温"烤"验	2014.08.05
165		一泓清流润民心	2014.08.01
166		宁夏红寺堡扬水灌区夏秋灌顺利收官	2014.09.03
167		宁夏红寺堡扬水大干150天秋修保冬灌	2014.09.19
168		宁夏固海 红寺堡扬水灌区开启冬灌	2014.11.03
169		黄河泵站开机补水保冬灌	2014.11.07
170		宁夏红寺堡黄河泵站开机补水保障冬灌	2014.11.11
171		宁夏红寺堡 固海扬水暨秦汉渠灌区冬灌紧张有序推进	2014.11.12
172		宁夏水利首家"国家级技能大师工作室"揭牌	2015.01.09
173		宁夏红寺堡扬水工程春灌开机保民生	2015.04.01
174		潺潺春水润旱塬	2015.04.13

续表5

序号	媒体名称	稿件标题	刊登日期
175		红寺堡扬水管理处积极应对黄河水情变化	2015.04.17
176		宁夏红寺堡扬水黄河泵站开机	2015.04.20
177		不负春日与时行	2015.04.21
178		红寺堡扬水管理处基层站所实现水费网络在线收缴	2015.05.07
179		宁夏红寺堡扬水灌区春灌告捷	2015.05.11
180		红寺堡扬水管理处夏秋灌拉开帷幕	2015.05.25
181		宁夏红寺堡黄河泵站开机补水夏秋灌	2015.06.04
182	黄河网	宁夏红寺堡 抗旱保灌为民生	2015.07.24
183		中宁县控点农田灌溉水利用系数测算工作完成	2015.09.21
184		宁夏红寺堡扬水工程为中部干旱带引水解渴	2016.04.08
185		宁夏红寺堡扬水全力以赴抗旱保灌	2016.04.21
186		红寺堡扬水首级泵站开启4台机组支持夏秋灌	2016.05.26
187		黄河泵站加机抗旱力保灌区供水稳定	2016.06.13
188		宁夏红寺堡扬水管理处倾心为民御旱魃	2016.08.04
189		红寺堡扬水管理处顺利完成农田灌溉水利用系数测算录入工作	2016.09.28
190		宁夏红寺堡扬水工程完成全年灌溉任务	2014.11.21
191		宁夏红寺堡扬水管理处:"总站管分站"新体制优势多效果好	2010.05.18
192		宁夏扶贫扬黄红寺堡灌区开机春灌	2011.04.02
193		宁夏红寺堡扬水管理处阳光供水"零意见"	2011.05.10
194		宁夏红寺堡扬水管理处科学抗旱走好"七招棋"	2011.08.23
195		宁夏扶贫扬黄灌溉工程综合自动化及通信系统改造工程通过竣工验收	2011.10.18
196		红寺堡扬水工程增大流量抗旱保灌	2013.04.16
197		宁夏红寺堡灌区抗旱保灌有力有效推进	2013.05.07
198	黄河报	水润旱塬变绿洲	2013.08.06
199		黄河泵站宁夏抗旱立新功	2013.11012
200		黄河泵站开机补水抗旱	2013.06.04
201		宁夏中部黄河泵站开机补水抗旱	2014.06.10
202		下灌区 转作风 促发展	2014.08.12
203		宁夏红寺堡扬水工程为中部干旱带引水"解渴"	2015.04.14
204		不负春光和时行	2015.05.05
205		红寺堡扬水管理处大力宣传水情凝聚抗旱共识	2016.03.08
206		张佳仁:扬水岗位书写精彩青春	2016.08.09
207		宁夏红寺堡扬水管理处的节水经	2010.02.02
208	中国水利报	宁夏红寺堡扬水管理处的管水经	2011.06.2
209		战"管涌"	2011.07.15

续表6

序号	媒体名称	稿件标题	刊登日期
210	中国水利报	荒山旱塬　流动书箱	2011.11.29
211		宁夏红寺堡扬水管理处安全工作从头抓	2012.03.02
212		宁夏红寺堡扬水管理处吹响防汛"集结号"	2012.05.25
213		宁夏红寺堡扬水管理处:水权到户金钥匙打开供需矛盾锁	2012.06.26
214		帮扶灌区学子　传播水利知识	2013.07.16
215		教孩子们怎样节水——宁夏红寺堡扬水管理处团员走进小学课堂普及水利知识	2014.07.01
216		看篮球比赛　学水利知识	2014.07.15
217		检测站简讯	2014.08.22
218		宁夏红寺堡扬水工程为中部干旱带送来"解渴"水	2015.04.17
219		宁夏红寺堡扬水管理处:水闲人不闲　学习"充电"忙	2015.06.12
220		宁夏红寺堡黄河泵站增大流量补水抗旱	2015.06.19
221		特殊的节日礼物	2015.06.16
222		今年抗旱引水超1亿立方米	2015.07.09
223		一份爱心滋润一方民心	2016.03.29
224		张佳仁:扬水岗位书写精彩青春	2016.08.09
225	央广网	宁夏红寺堡扬水工程灌区今年春灌生产拉开序幕	2010.04.01
226		宁夏红寺堡扬水灌区春灌顺利结束	2010.05.10
227		宁夏中部干旱带持续高温干旱红寺堡扬水工程增大引水解渴	2010.08.03
228		红寺堡灌区夏秋灌结束	2010.08.31
229		水利职工日夜鏖战固海大型泵站更新改造工程	2010.09.19
230		红寺堡扬水灌区提前3天开机冬灌	2010.10.30
231		红寺堡扬水灌区拉开2011年春灌序幕	2011.04.02
232		红寺堡扬水管理处阳光供水换得移民"零意见"	2011.05.17
233		红寺堡扬水管理处多措并举抗旱保灌	2011.06.29
234		红寺堡扬水工程增大流量抗春旱保春播	2013.04.09
235		红寺堡扬水管理处送上春灌"及时雨"	2013.04.09
236		红寺堡扬水灌区春灌生产安全起航	2014.04.01
237		宁夏红寺堡扬水工程灌区今年春灌生产拉开序幕	2014.04.01
238		黄河来水偏少　宁夏引黄灌区节水保春灌开闸放水	2014.04.13
239		扬水站上春来早	2014.04.15
240		红寺堡扬水管理处:着眼长远谋规划　立足当前抓生产	2014.04.25
241		红寺堡扬水工程2014年抗旱引水突破1亿方	2014.06.18
242	新华网	固海红寺堡灌区春灌拉开序幕	2010.04.04
243		红寺堡扬水灌区春灌结束人畜饮水和春耕生产无忧	2010.05.12
244		红寺堡扬水管理处上紧防汛"安全阀"	2010.07.22
245		宁夏红寺堡扬水工程:增大引水解民渴	2010.08.02

续表7

序号	媒体名称	稿件标题	刊登日期
246	新华网	宁夏红寺堡扬水管理处成功应对短时特大暴雨灾害	2010.08.13
247		宁夏红寺堡扬水管理处七项措施有效应对汛情	2010.08.17
248		红寺堡扬水灌区提前3天开机冬灌	2010.11.02
249		红寺堡扬水管理处阳光供水换得移民"零意见"	2011.05.19
250	中国农业信息网	固海红寺堡灌区春灌拉开序幕	2010.04.06
251	网易	红寺堡扬水灌区春灌结束人畜饮水和春耕生产无忧	2010.05.12
252	新民网	红寺堡扬水灌区春灌结束人畜饮水和春耕生产无忧	2010.05.12
253		红寺堡扬水灌区拉开2011年春灌序幕	2011.04.01
254	水信息网	宁夏红寺堡扬水灌区春灌顺利结束	2010.05.11
255	中国水利国际合作与科技网	宁夏红寺堡扬水灌区春灌顺利结束	2010.05.12
256	中国安全生产网	宁夏红寺堡扬水管理处的"安全经"	2010.07.21
257	中国日报网	红寺堡灌区夏秋灌结束	2010.08.31
258		红寺堡扬水灌区拉开2011年春灌序幕	2011.04.01
259		宁夏红寺堡扬水管理处防汛抗旱两手抓两手硬	2011.07.27
260		宁夏回族自治区三大扬水工程全面上水抗击春旱	2013.04.07
261	水利部网站	宁夏红寺堡扬水管理处成功应对短时特大暴雨灾害	2010.08.13
262		宁夏红寺堡扬水工程开足马力供水解灌区高温干旱	2011.07.17
263		宁夏红寺堡扬水管理处防汛抗旱两手抓两手硬	2011.07.27
264	中国灌溉在线	宁夏红寺堡扬水灌区秋灌停水夏秋灌溉任务顺利完成	2010.08.31
265		宁夏红寺堡扬水灌区冬灌"战役"打响	2011.11.02
266	中国节水网	宁夏红寺堡扬水管理处:把准供水"秤杆子"灌区群众"零意见"	2011.05.06
267		宁夏红寺堡区灌域实行水权到户　节水扩灌见成效	2012.06.21
268	中国网络电视台	宁夏红寺堡扬水管理处防汛抗旱两手抓两手硬	2011.07.27
269	搜狐网	宁夏红寺堡扬水管理处防汛抗旱两手抓两手硬	2011.07.27
270	国家防汛抗旱指挥部	宁夏红寺堡扬水管理处防汛抗旱两手抓两手硬	2011.07.27
271	中国水利水电工程网	红寺堡扬水工程开足马力上水解灌区止渴	2011.07.20
272	中国水利教育与人才	以人为本按需施教　为扬水事业提供人才保障	2011年第二期
273	中国政府网	宁夏回族自治区三大扬水工程全面上水抗击春旱	2013.04.07
274	环球网	宁夏回族自治区三大扬水工程全面上水抗击春旱	2013.04.09
275	中国民族宗教网	宁夏回族自治区三大扬水工程全面上水抗击春旱	2013.04.09
276	中央电视台	结构调整为节水　葡萄晶莹丰收年	2016.09.20

第十二章　人物

第一节　人物传记

田福荣　男,汉族,1966年5月出生,宁夏中宁人,中共党员,本科学历,高级工程师。1989年7月参加工作,1989年7月—1998年10月在宁夏七星渠管理处先后任古城所副所长、工程公司经理;1998年10月—2007年1月任宁夏固海扬水管理处党委委员、副处长;2007年4月—2008年5月任自治区水土保持局副局长;2008年5月任宁夏红寺堡扬水管理处党委书记。20年间,田福荣全身心地扑在宁夏水利事业上,先后在多个单位锻炼任职,他勤于学习、善于钻研,干一行爱一行专一行,在测水量水、水量调度、灌溉管理、工程建设与管理、水土保持等方面都有显著的业绩。2008年任宁夏红寺堡扬水管理处党委书记后,深入调查研究,积极熟悉处情,带病坚持工作,为管理处的发展作出了积极贡献。2009年5月去世,享年43岁。

杜永发　男,回族,1953年9月出生,宁夏灵武人,中共党员,大学学历,高级工程师。1976年10月参加工作,历任灵武县水电科技术员、助理工程师、副科长,宁夏秦汉渠管理处副处长、处长,盐环定扬黄工程指挥部副指挥(正处级)、宁夏水利工程建设管理局党支部书记、局长,自治区水利厅副厅长、党委委员,宁夏水利水电工程建设管理局党委副书记、局长(正厅级),自治区第十届人大常委会农业与农村工作委员会副主任。杜永发参加工作以来,主持设计和建设了灵武县旗眼山水库、五里坡饮水等工程,主管或分管过秦汉渠灌溉管理,盐环定扬黄工程、沙坡头水利枢纽工程、扶贫扬黄工程建设,水利科学技术、职工教育、专业技术职称评定、水利学会、水利前期工作、水利规划计划等工作。2002 年担任水利厅副厅长后，平均每年主持审查项目多达 100 项，2005 年担任宁夏水利水电工程建设管理局局长后，主持完成了扶贫扬黄工程竣工验收、遗留问题处理等工作，主持编写了《宁夏扶贫扬黄灌溉工程建设报告》。无论在哪一个岗位，他都恪尽职守，求真务实，大胆开拓，积极进取，为宁夏水利建设与发展作出了突出贡献。2018 年 9 月，因病去世，享年 65 岁。

第二节 人物简介

一、扶贫扬黄总指挥部人物简介

张位正 男，汉族，1937 年 11 月出生，陕西洋县人，中共党员，大学学历，正高职高级工程师，中共十四大代表。1959 年 8 月毕业于西安交通大学水利系，历任宁夏建工局技术员、工程师，银川市城建局副局长兼总工程师、市建委主任，银川市副市长、代市长、市长、市委书记，自治区七届人大常委会副主任；1995 年 5 月兼任宁夏扶贫扬黄工程建设委员会副主任委员，宁夏扶贫扬黄工程建设总指挥部党组书记、总指挥；1998 年任自治区人民政府顾问、宁夏扶贫扬黄工程建设委员会副主任委员、宁夏扶贫扬黄工程建设总指挥部党组书记与总指挥。2002 年 11 月离开领导岗位，2005 年 1 月退休。

张国琴 男，汉族，1944 年 7 月出生，宁夏同心人，中共党员，中专学历。1960 年 7 月毕业于宁夏吴忠师范，1960—1971 年，先后在吴忠师范、吴忠县委、银南地委宣传部工作；1972—1982 年，先后任同心县委宣传部部长、自治区党委组织部秘书；1982—1995 年任银川市委组织部副部长（兼老干部处处长）、部长、常委；1995 年 11 月任宁夏扶贫扬黄工程建设委员会办公室副主任（正厅），1998 年 6 月任宁夏扶贫扬黄工程建设总指挥部党组成员、副总指挥。2002 年 11 月离任。2004 年 7 月退休。

任 福 男，汉族，1947 年 9 月出生，宁夏银川人，中共党员，大专学历，高级政工师。毕业于北京中科院管理干部学院，1968 年 10 月参加工作，1975—1988 年，先后任石炭井区党委宣传部干事、石炭井区党委办公室秘书、石炭井区城建局副局长、石嘴山市纪委常委；1988—2000 年，先后任自治区监察厅二处负责人、副处长、审理处副处长、处长，自治区纪委监察二室主任、自治区纪委副厅级纪检监察专员兼监察二室主任;2000—2007年,先后任自治区水利厅党委委员、纪委书记、驻水利厅监察专员、宁夏扶贫扬黄工程建设总指挥部党组成员、纪检组长、水利水电工程建设管理局党委委员、纪委书记;2007年任自治区水利厅巡视员。2008年1月退休。

于天恩 男,汉族,1950年11月出生,内蒙古包头市人,中共党员,大学学历,高级工程师。毕业于西安冶金建筑学院,1969年1月参加工作,1972—1993年先后任自治区建筑五公司技术员、工长、工区副主任、主任、公司生产经理、经理、党委书记;1994—1997年任银川河东机场建设指挥部副总指挥;1997—1998年任自治区人民会堂、体育馆建设领导小组成员;1998年3月任宁夏扶贫扬黄工程建设总指挥部党组成员、副总指挥;2002年11月—2010年先后任宁夏建设集团董事长、党组书记,自治区建设厅巡视员。2010年底退休。

哈 双 男,汉族,1953年5月出生,宁夏青铜峡人,中共党员,正高职高级工程师。1978年毕业于清华大学水利工程系水工建筑专业,1978—1986年, 历任宁夏水利工程局技术员、工地主任、队长;1987—1999年,先后任宁夏汉延渠管理处副处长、盐环定扬黄工程指挥部副指挥(正处级)、自治区水利厅水政水资源处处长、水文水资源勘测局局长、党总支书记;1999年6月—2005年4月,先后任宁夏扶贫扬黄工程建设总指挥部技术负责人、党组成员、总工程师、副总指挥;2005年任宁夏水利水电工程建设管理局党委委员、副局长;2011年任自治区移民局党委委员、副局长。2013年8月退休。

张国福 男,汉族,1955年3月出生,宁夏平罗人,中共党员,大学学历,高级农艺师。毕业于宁夏农学院,1978年5月参加工作,历任平罗县崇岗公社团委书记、下庙公社管委会副主任、下庙乡副乡长、崇岗乡乡长、党委书记、平罗县委常委、大武口区委副书记、代区长、区长、书记、石嘴山市副市长;2004年1月任宁夏扶贫扬黄工程建设总指挥部党组成员、副总指挥;2005年8月任宁夏水利水电工程建设管理局副局长;2011年3月—2015年6月任自治区移民局副局长、自治区扶贫开发办公室(自治区移民局)巡视员。2015年8月退休。

郭建繁 男,汉族,1955年10月出生,宁夏盐池人,中共党员,大学学历,正高职高级工程师。毕业于西北农学院水利系水工建筑专业,1975年1月参加工作,1980—1994年先后任宁夏水利工程处(局)副科长、科长、副局长;1995—2015年先后任宁夏扶贫扬黄工程建设总指挥部工程处处长、副总工程师、总工程师、党组成员;2005年8月任宁夏水利水电工程建设管理局党委委员、副局长、总工程师;2009年6月任大柳树水利枢纽工程前期工作办公室副主任;2011年3月任自治区移民局副局长;2015年3月任自治区扶贫开发办公室(自治区移民局)巡视员。2016年1月退休。

肖云刚　男,汉族,1956年1月出生,湖北沔阳人,中共党员,大学学历,高级工程师。1982年2月毕业于武汉水利电力学院农田水利专业并参加工作,历任宁夏固海扬水管理处副处长、自治区水利厅水利管理处副处长、处长;1995年8月任自治区水利厅党委委员、副厅长;1998年3月—2000年4月任自治区水利厅党委委员、副厅长、宁夏扶贫扬黄工程建设总指挥部党组成员、副总指挥;2000年5月任自治区水利厅党委副书记、厅长;2002年10月任自治区水利厅党委书记、厅长,兼任宁夏扶贫扬黄工程建设总指挥部党组书记;2003年12月任吴忠市委书记、市人大常委会主任;2007年9月—2013年1月任自治区十届人大常委会副秘书长(正厅级)、秘书长、人大机关党组书记;2013年1月—2018年1月任自治区十一届人大常委会副主任。

周京梅　女,汉族,陕西米脂人,1956年3月出生,中共党员,大学学历,高级工程师。毕业于河海大学,1974—1976年在永宁县杨和乡下乡,1976—1979年在宁夏水利工程局工作;1986—2002年,先后任自治区水利厅团委副书记(副处级)、科技教育处副处长、计划基建处处长;2002年11月任宁夏扶贫扬黄工程建设总指挥部党组成员、副总指挥;2005年8月—2011年3月任宁夏水利水电工程建设管理局(扶贫扬黄指挥部)副局长(副总指挥)、党委(党组)委员(成员)、大柳树水利枢纽工程前期工作办公室副主任;2011年3月—2015年2月任自治区水利厅副厅长、党委委员;2015年2月任自治区水利厅巡视员。2016年5月退休。

吴洪相　男,汉族,1956年6月出生,宁夏中宁人,中共党员,大学学历,水利工程学研究员,高级工程师。1975年8月参加工作。1980年2月、1982年7月先后毕业于宁夏农学院水利系农田水利专业、华北水电学院水利系农田水利专业。1982年7月—1998年3月,先后任宁夏农学院教师、院团委书记(副处级)、宁夏七星渠管理处党支部副书记、书记、副处长、处长、宁夏唐徕渠管理处党委副书记、处长;1998年6月—2002年10月任自治区水利厅党委委员、副厅长;2002年10月—2005年5月,任自治区水利厅党委副书记、宁夏扶贫扬黄工程建设总指挥部党组副书记、总指挥;2005年5月—2007年4月任宁夏农林科学院党委书记、院长;2007年4月—2016年10月,任自治区水利厅党委书记、厅长,水利水电工程建设管理局(扶贫扬黄指挥部)党委(党组)书记;2016年10月任自治区政府参事、大柳树水利枢纽工程领导小组副组长。

袁进琳　男,汉族,1956年10月生,宁夏海原人,中共党员,大学学历,高级农经师,第十一届全国人大代表。1979年7月毕业于宁夏大学机械系机械制造专业,同年8月参加工作,历任海原县副县长、自治区农建委山区处副处长、银川镇北堡林草试验场场长、自治区农建委副主任；1998年9月—2002年11月任宁夏扶贫扬黄工程建设总指挥部党组成员、副总指挥；2002年11月—2007年4月先后任自治区水利厅党委副书记（正厅级）、书记、副厅长、厅长，2004年2月兼任宁夏扶贫扬黄工程建设总指挥部（水利水电工程建设管理局）党组（党委）书记；2007年4月—2013年1月任自治区发展和改革委员会党组书记、主任；2013年1月—2015年1月，任自治区十一届人大常委会秘书长；2015年1月—2018年1月任自治区十一届人大常委会副主任。

薛塞光 男，汉族，1957年5月出生，陕西人，中共党员，大学学历，正高职高级工程师，享受国务院特殊贡献津贴。1975年10月在宁夏水利水电勘测设计院参加工作，1982年7月—1999年7月先后任技术员、设计室副主任、主任、设计院副总工程师、总工程师；1999年7月—2003年10月任宁夏扶贫扬黄工程建设总指挥部副总工程师，总工办主任；2003年10月—2004年9月任宁东供水有限责任公司总工程师；2004年9月任自治区水利厅总工程师；2008年12月任自治区水利厅总工程师、党委委员；2017年1月任自治区水利厅巡视员；2017年1月退休。

崔莉 女，汉族，1958年月11月出生，陕西武功人，中共党员，中央党校研究生学历。1974年12月—1976年12月，中卫县城郊公社下乡知青；1976年12月—1998年12月，先后任中卫县计委干部、自治区党委办公厅秘书处干部、秘书处及秘书二处主任科员、自治区党委办公厅办公室副主任；1998年12月—2003年12月，先后任自治区党委办公厅办公室正处级秘书、副主任，自治区党委办公厅人事（保卫）处处长；2003年12月—2007年6月任自治区党委办公厅助理巡视员、副巡视员兼人事（保卫）处处长；2007年6月—2016年3月任自治区水利厅党委委员、纪委书记，水利水电工程建设管理局（扶贫扬黄指挥部）党委委员（党组成员）、纪委书记（纪检组长）；2015年12月任自治区水利厅巡视员。2016年12月退休。

杜正彬 男，回族，1959年4月出生，宁夏灵武人，中共党员，大学学历，高级工程师，中共十六大代表。1982年8月毕业于宁夏农学院，历任灵武县水利局副科级技术负责人、副局长、局长、银南行署水电处副处长、中卫县副县长、青铜峡市委副书记、市长、市委书记、吴忠市副市长；2004—2005年任宁夏扶贫扬黄工程建设总指挥部党组成员、副总指挥；2005—2011年先后任固原市委副书记、宁夏扶贫开发办公室党组副书记、书记、副主任、主任；2011年5月—2016年6月，任自治区民政厅厅长、党组书记，自治区党委社会组织工委书记；2016年6月—2017年4月，任自治区民政厅厅长、党组书记；2017年4月任自治区民政厅厅长。

二、管理处人物简介

（一）曾任、现任处级领导干部

周自忠　男，汉族，1950年12月出生，宁夏中宁人，中共党员。1971年12月参加工作，1974—1999年，历任中宁县团委副书记、舟塔公社党委副书记、中宁县农林党委副书记、中宁县农业局党委副书记、中宁县古城乡党委书记、中宁县法制局局长、中宁县广播电视局党委书记；2000年5月—2003年4月，先后任宁夏扶贫扬黄工程建设总指挥部保卫处主任科员、副处长；2003年4月—2008年2月任宁夏红寺堡扬水工程筹建处党委委员、工会主席。2010年11月退休。

徐宪平　男，汉族，1955年2月出生，浙江杭州人，中共党员，大学学历，高级工程师。1973年6月参加工作，1978年10月—1982年7月在宁夏农学院农田水利系学习；1982年8月—1998年10月，先后任宁夏水利水电工程局工段长、施工队长，宁夏水利工程建设管理局工程科科长；1998年10月—2000年7月任宁夏红寺堡扬水工程筹建处党总支委员、副处长；2000年8月—2015年先后任宁夏沙坡头水利枢纽有限责任公司技术部主任、副总经理。2015年2月退休。

马　林　男，汉族，1955年12月出生，宁夏同心人，中共党员，高级工程师。1976年9月参加工作，先后任宁夏固海扬水管理处检修队副队长、队长、机电科副科长、科长、党委委员、副处长；2008年1月—2011年4月任宁夏盐环定扬水管理处党委委员、副处长；2011年5月任宁夏红寺堡扬水管理处党委委员、副处长；2015年12月退休。

高铁山　男，汉族，1956年7月出生，宁夏中卫人，中共党员，高级工程师。1976年在宁夏同心扬水管理处参加工作，1982年4月—1998年9月先后任田营泵站副站长、站长，古城泵站站长、党支部书记，长山头泵站站长、党支部书记；1998年9月—2001年2月任宁夏红寺堡扬水工程筹建处党总支副书记；2001年2月—2008年2月先后任宁夏盐环定扬水管理处副处长（主持行政工作）、处长、党委委员；2008年2月任宁夏西干渠管理处党委书记；2015年退休。

周伟华　男，汉族，1956年9月出生，宁夏中卫人，中共党员，大学学历，正高职高级工程师。1976年参加工作，1976年9月—1982年4月在宁夏同心扬水管理处工作；1982年4月—1998年8月先后任宁夏固海扬水管理处检修队队长、副科长、副处长、处长、党委委员；1998年8月—2003年8月任宁夏红寺堡扬水工程筹建处处长、党委（总支）委员；2003年8

月—2008年1月任宁夏红寺堡扬水工程筹建处党委书记、处长;2008年2月—2009年6月先后任自治区水库移民管理办公室主任、党支部书记;2009年6月—2010年9月任自治区水文水资源勘测局党委书记;2010年9月—2013年12月任自治区水文水资源勘测局局长;2016年9月退休。

左静波　女,汉族,1956年10月出生,宁夏中宁人,1977年4月参加工作。1982年6月—1998年9月在宁夏固海扬水管理处工作,曾任女工委员会主任;1998年10月—2002年11月任宁夏红寺堡扬水工程筹建处党总支委员、政工部门负责人;2002年12月—2003年11月任宁夏红寺堡扬水工程筹建处党委委员、纪委书记;2003年11月—2008年5月任宁夏红寺堡扬水工程筹建处党委副书记;2008年5月任宁夏水利学校党委副书记;2008年6月—2009年5月任宁夏水利电力工程学校党委副书记兼纪委书记。2011年10月退休。

马玉忠　男,回族,1957年2月出生,宁夏同心人,中共党员,大专学历,工程师。1977年11月参加工作,先后任宁夏固海扬水管理处龙湾泵站副站长、白府都泵站站长,中心所所长、联合党支部书记;2001年2月任宁夏固海扬水管理处工会主席;2004年12月—2013年5月任红寺堡扬水工程筹建处(管理处)党委委员、副处长。2017年8月退休。

马长仁　男,回族,1957年4月出生,宁夏同心人,中共党员,本科学历。1976年12月在宁夏同心扬水管理处参加工作,曾任宁夏固海扬水管理处劳资科科长。2001年2月—2003年8月任宁夏红寺堡扬水工程筹建处党总支(党委)副书记;2003年8月—2011年1月任宁夏惠农渠管理处副处长;2011年1月—2017年4月任宁夏长城水务有限责任公司党支部副书记。2017年5月退休。

李生玉　男,汉族,1958年4月出生,宁夏中宁人,中共党员,大学学历,正高职高级工程师。1976年8月参加工作,曾任宁夏固海扬水管理处检修队队长、机电科科长;2002年12月—2003年6月任宁夏红寺堡扬水工程筹建处党委委员、副处长;2003年6月—2011年8月任宁夏扶贫扬黄工程建设总指挥部(水利水电工程建设管理局)质检安全处副处长;2011年8月在宁夏大柳树水利工程枢纽前期工作办公室工作。

赵　欣　男,汉族,1961年3月出生,大学学历,中共党员,高级工程师。1982年6月毕业于宁夏农学院农田水利工程专业,同年7月参加工作;1982年7月—1998年9月先后在中宁县水电局、中宁县农业建设办公室、中宁县移民工程建设办公室工作;1998年10月—2001年1月任宁夏红寺堡扬水工程筹建处工程灌溉科科长;2001年2月任宁夏红寺堡扬水工程筹建处副处长、党委委员;2007年2月—2008年1月任宁夏固海扬水管理处党委委员、副处长;2008年1月—2012年11月任宁夏红寺堡扬水管理处处长、党委副书记;2012年12月任宁东水务有限责任公司党委书记、董事长。

桂玉忠 男,汉族,1962年4月出生,宁夏中宁人,中共党员,本科学历,高级工程师。1980年12月在宁夏同心扬水管理处工作,1982年合并到宁夏固海扬水管理处,先后任机电科技术员、副科长;1998年10月任宁夏红寺堡扬水工程筹建处机电科科长;2002年12月—2018年1月任宁夏红寺堡扬水管理处党委委员、副处长。2018年1月任宁夏汉延渠管理处党委委员、副处长。

王效军 男,汉族,1962年7月出生,宁夏西吉人,中共党员,大学学历,高级政工师。1977年7月参加工作,先后任西吉县硝河乡党委副书记、平峰乡党委书记、城郊乡党委书记、西吉县扶贫扬黄工程建设指挥部办公室党支部书记、主任;2000年6月—2003年6月,先后任宁夏扶贫扬黄工程建设总指挥部保卫处副处长(主持工作)、办公室副主任;2003年6月—2005年3月任宁夏红寺堡扬水工程筹建处党委委员、副处长;2005年3月任宁夏惠农渠管理处党委副书记;2009年8月任宁夏新海水务有限公司党总支书记、总经理、执行董事;2013年12月—2015年4月宁夏固海扬水管理处党委副书记、处长;2015年4月任宁夏固海扬水管理处党委书记、处长。

杨永春 男,汉族,1962年12月出生,陕西吴起人,中共党员,本科学历,高级工程师。1980年12月参加工作,曾任宁夏固海扬水管理处老黑水沟泵站副站长;1990年10月—1998年10月,先后任宁夏盐环定扬水管理处一泵站副站长、二泵站站长;1998年10月—2004年9月任宁夏红寺堡扬水工程筹建处党总支(党委)委员、副处长;2004年9月任宁夏盐环定扬水管理处党委委员、副处长。

张建勋 男,汉族,1962年9月出生,宁夏中宁人,中共党员,大学学历,高级工程师。1985年7月参加工作,先后任宁夏七星渠管理处水管科副科长、科长;2008年1月—2018年1月任宁夏秦汉渠管理处党委委员、副处长;2018年1月任宁夏红寺堡扬水管理处党委委员、副处长。

道 华 男,汉族,1964年7月出生,宁夏中宁人,中共党员,本科学历,正高职高级工程师。1985年1月在宁夏固海扬水管理处参加工作;1998年10月调到宁夏红寺堡扬水工程筹建处工作,2001年3月—2013年12月先后任检修队副队长、队长;2013年12月任宁夏红寺堡扬水管理处党委委员、副处长。

毕高峰 男,汉族,1964年10月出生,宁夏中宁人,中共党员,中央党校研究生学历,思想政治工作研究员。1986年7月参加工作,1997年8月—2005年,先后任宁夏西干渠管理处保卫科副科长、科长、办公室主任、纪委书记;2005年3月任宁夏汉延渠管理处党委委员、纪委书记;2008年5月任宁夏盐环定扬水管理处纪委书记、党委副书记;2013年1月任宁夏七星渠管理处党委书记;2015年10月任宁夏红寺堡扬水管理处党委书记;2017年4月任宁夏水利水电工程学校校长、党委委员。

陈旭东 男,汉族,1965年2月出生,甘肃兰州人,中共党员,在职硕士研究员学历,高级工程师。1985年7月参加工作,先后任宁夏渠首管理处水利管理科副科长、科长、副处长、党委委员;2005年10月任宁夏西干渠管理处党委委员、副处长;2009年6月任宁夏七星渠管理处党委委员、处长;2012年11月—2018年1月任宁夏红寺堡扬水管理处党委委员、处长。2018年1月任宁夏惠农渠管理处党委委员、处长。

张　锋 男,汉族,1965年2月出生,宁夏永宁人,中共党员,大学本科学历,正高职高级工程师。1989年7月在宁夏盐环定扬水管理处参加工作,历任灌溉调度科副科长、科长、机关第三党支部书记、纪委书记、党委委员;2008年5月任宁夏固海扬水管理处党委委员、副处长;2012年12月任宁夏七星渠管理处党委委员、处长;2017年7月任宁夏红寺堡扬水管理处党委书记。

訾跃华 男,汉族,1965年8月出生,宁夏中卫人,中共党员,本科学历,经济师。1984年1月参加工作,先后任宁夏渠首管理处大清渠、秦民渠、余桥管理所副所长、所长、组织人事科科长和工程公司党支部书记、经理;2011年6月任宁夏红寺堡扬水管理处党委委员、纪委书记。

朱　洪 男,汉族,1965年9月出生,宁夏吴忠人,中共党员,本科学历,高级工程师。1984年1月参加工作,先后任宁夏固海扬水管理处综经办副主任、水政科副科长;1998年8月—2006年任宁夏红扬水利水电工程建筑安装公司经理、宁夏红寺堡扬水工程筹建处工程灌溉科科长;2006年9月任宁夏红寺堡扬水工程筹建处党委委员、副处长;2008年5月任宁夏七星渠管理处党委委员、副处长;2018年1月任宁夏西干渠管理处党委委员、副处长。

刘福荣 男,汉族,1966年3月出生,宁夏中宁人,中共党员,大学本科学历,正高职高级工程师。1989年参加工作,先后任宁夏唐徕渠管理处管理所副所长、所长、工程公司党支部书记、经理、灌溉管理科科长;2001年2月任宁夏汉延渠管理处党委委员、副处长;2006年11月任自治区防汛抗旱指挥部办公室副主任;2007年9月任自治区水库移民管理办公室副主任;2010年9月—2015年10月任宁夏红寺堡扬水管理处党委书记;2015年10月任宁夏汉延渠管理处党委书记;2018年1月任宁夏汉延渠管理处党委委员、处长。

张玉忠 男,汉族,1966年8月出生,宁夏中宁人,中共党员,本科学历,高级工程师。1981年7月参加工作,先后任宁夏七星渠管理处办公室副主任、七星水利工程有限公司党支部书记、副经理、古城管理所所长;2004—2008年任宁夏固海扬水管理处党委委员、副处长;2008年5月任宁夏红寺堡扬水管理处党委委员、副处长。

张国军 男,汉族,1968年3月出生,宁夏平罗人,中共党员,大学学历,水利工程硕士学位,正高职高级工程师。1990年7月在宁夏水利水电勘测设计院参加工作,1999年9月在宁夏沙坡头水利枢纽有限责任公司工作;2002年9月—2010年1月在自治区水利厅灌溉管理局任科长;2010年2月—2014年12月任自治区防汛抗旱指挥部办公室副主任;2014年2月—2016年11月任自治区水利厅经济管理局副局长;2016年12月—2018年2月任自治区水利安全生产与质量监督管理局副局长;2018年2月任宁夏红寺堡扬水管理处党委委员、处长。

朱保荣 男,汉族,1969年4月出生,宁夏中宁人,中共党员,大学学历,高级工程师。1992年7月—1998年4月在中宁县水利水保局工作;1998年4月—2004年12月在宁夏扶贫扬黄工程建设总指挥部工作,曾任工程处副处长;2004年12月—2010年2月任宁夏红寺堡扬水管理处党委委员、副处长;2010年2月—2016年5月任宁夏唐徕渠管理处党委委员、副处长;2016年5月任宁夏银水房地产开发有限责任公司总经理。

马晓阳 男,回族,1971年7月出生,宁夏吴忠人,中共党员,大学本科学历,正高职高级工程师。1993年7月参加工作,2007年1月任宁夏秦汉渠管理处副处长;2010年1月任宁夏红寺堡扬水管理处党委委员、副处长;2011年1月任自治区水利厅灌溉管理局副局长;2013年3月任自治区防汛抗旱指挥部办公室副主任;2017年8月任宁夏七星渠管理处党委委员、处长。

宋世文 男,汉族,1971年10月出生,宁夏盐池人,中共党员,大学学历。1993年参加工作,曾任宁夏秦汉渠管理处办公室主任;2005年3月任宁夏红寺堡扬水工程筹建处党委委员、纪委书记,此后,历任自治区水利厅办公室副调研员、副主任,自治区党委办公厅人事处副处长、综合二处副处长、秘书处副处长、处长等职务。2015年12月任自治区党委办公厅副主任、保密委员会主任。

王正良 男,回族,1972年8月出生,宁夏同心人,中共党员,研究生学历。1990年7月—2003年11月在宁夏盐环定扬水管理处工作,曾任监察室主任;2003年11月—2004年

9月任宁夏红寺堡扬水工程筹建处党委委员、纪委书记;2004年9月—2008年1月任宁夏典农河管理局副局长;2008年1月—2009年6月任宁夏典农河管理局局长;2009年6月任自治区水利厅财务审计处处长。

张海军 男,回族,1972年12月出生,宁夏中宁人,中共党员,大学本科学历,高级工程师。1997年7月参加工作,先后任宁夏七星渠管理处灌溉科副科长、鸣沙管理所党支部书记、所长、灌溉科科长(2004年4月—2005年12月挂职中宁县喊叫水乡下流水村党支部书记);2011年1月任宁夏红寺堡扬水管理处党委委员、副处长(2013年5月—2014年8月挂职自治区防汛抗旱指挥部办公室副主任;2016年1月—2017年1月挂职吴忠市太阳山移民开发区党工委委员、副主任)。

翟　军 男,汉族,1975年5月出生,宁夏海原人,中共党员,自治区党校研究生学历,高级工程师。1997年7月参加工作,1999年11月—2008年11月,先后在宁夏扶贫扬黄工程建设总指挥部、自治区水利厅办公室工作;2008年12月—2011年6月任宁夏红寺堡扬水管理处党委委员、纪委书记;现任自治区党委宣传部网络舆情协调处处长。

(二)全国水利技术能手和自治区水利技术能手

邹建宁 男,汉族,1964年8月出生,甘肃宁县人,中共党员,本科学历,高级工程师。1980年12月开始在宁夏固海扬水管理处工作,1998年10月调入宁夏红寺堡扬水工程筹建处,先后任检修队副队长、队长、红寺堡二泵站站长、机电科副科长、水政科副科长(兼安监办主任)。主要从事变配电检修、改造、安装、机电运行及安全生产管理等工作。2009—2013年撰写机电设备检修规程。2005年5月被水利部授予"全国水利技术能手"称号。2015年被自治区水利厅评为全区水利安全生产先进工作者。

李国谊 男,汉族,1965年7月出生,宁夏中卫人,中共党员,本科学历,工程师。1982年12月在宁夏固海扬水管理处参加工作,先后从事机电运行、检修、安装工作,完成了多项技术改造、工程安装任务。1998年10月—2002年在宁夏红寺堡扬水筹建处检修队从事机电检修工作;2002年3月以来,先后任黄河泵站站长(副科级)、机电科副科长。2000年被水利部授予"全国水利技术能手"称号。2002年荣获"全区水利技术能手"称号,2005年荣获"第三届水利厅十杰青年"荣誉称号。

刘伟东 男,汉族,1978年3月出生,宁夏青铜峡人,中共党员,本科学历,工程师。2001年4月参加工作,现任宁夏红寺堡扬水管理处海子塘二泵站站长(副科级),先后从事机电运行、泵站管理工作。2010年,参加第四届全区水利行业职业技能竞赛取得泵站运行工比赛第

2名,被授予"全区水利行业技术能手"称号。2010年被自治区水利厅授予"知识型职工"称号。

马国民 男,汉族,1978年10月出生,河北沧州人,中共党员,本科学历,工程师。1998年参加工作,2013年任宁夏红寺堡扬水管理处检修队队长,第十届宁夏回族自治区青年联合会委员。2002年参加第二届全国水利行业职业技能竞赛泵站运行工决赛取得第11名,先后荣获"全区水利行业技术能手""全国水利技术能手""全国技术能手""自治区青年岗位技术能手""水利厅十大杰出青年""自治区先进工作者"等称号。2015年以其姓名命名的"国家级马国民技能大师工作室"成立。

王进军 男,汉族,1978年12月出生,宁夏平罗人,中共党员,本科学历。1998年10月参加工作,现任宁夏红寺堡扬水管理处检修队副队长。2006年参加第三届全国水利行业职业技能竞赛机电运行工决赛取得第7名;先后荣获"全区水利技术能手""全国水利技术能手""水利厅青年安全生产标兵""水利厅优秀党员""十杰青年"等荣誉称号。

段晓彬 男,回族,1979年9月出生,宁夏平罗人,中共党员,本科学历,高级技师。1998年10月参加工作,先后从事机电运行、电气检修、安装等工作。2006年参加第三届全区水利行业职业技能竞赛取得泵站运行工比赛第6名,被授予"全区水利行业技术能手"称号。

李 平 男,回族,1980年6月出生,宁夏石嘴山人,中共党员,本科学历。2001年4月参加工作,现任宁夏红寺堡扬水管理处一泵站站长,先后从事机电运行、泵站管理工作。2010年,参加第四届全区水利行业职业技能竞赛取得泵站运行工比赛第5名,被授予"全区水利行业技术能手"称号。

白学锋 男,汉族,1980年9月出生,宁夏中卫人,中共党员,本科学历,高级技师。2001年参加工作,现任红寺堡三泵站副站长,先后从事机电运行、检修、安装等工作。2012年10月参加第四届全国水利行业职业技能竞赛泵站运行工决赛取得第5名,先后荣获"全区技术能手""全国水利技术能手""第八届全国水利技能大奖""水利厅十杰青年""宁夏最美青工"等荣誉称号。

张占军 男,汉族,1980年9月出生,陕西洛川人,中共党员,本科学历。2001年4月参加工作,现任宁夏红寺堡扬水管理处海子塘一泵站站长(副科级),先后从事机电运行、泵站管理工作。2010年,参加第四届全区水利行业职业技能竞赛取得泵站运行工比赛第4名,被授予"全区水利行业技术能手"称号。

肖 杨 男,汉族,1981年1月出生,宁夏中宁人,本科学历,1998年10月参加工作,现任宁夏红寺堡扬水管理处二泵站副站长,先后从事机电设备检修、维护、安装及运行管理等工作。2017年参加第五届全区水利行业职业技能竞赛取得泵站运行工比赛第2名,被授予"自治区水利行业技术能手";2017年10月参加参加第五届全国水利行业职业技能竞赛泵站运行工决赛取得第2名。

张宏燕 女,汉族,1983年1月出生,宁夏银川人,大专学历,2005年参加工作。2017年参加第五届全区水利行业职业技能竞赛取得渠道维护工第4名,被授予"自治区水利行业技术能手"称号。

第三节 名录

一、扶贫扬黄总指挥部主要工作人员名录(按姓氏笔画排序)

于天恩	马任发	马振亚	马 渊	马葛明	马赞林	王仕元	王玉忠	王 刚
王兆农	王学福	王 琪	孔 明	尹胜荣	田建林	付正峰	任 可	任 福
吕运来	朱宝荣	刘仁传	刘志强	刘学文	刘晰同	闫国伟	闫建忠	庄电捷
孙培芝	肖云刚	杜永发	杜正彬	杜忠良	杨生林	杨永宁	杨永华	杨有斌
李天柱	李生玉	李志海	李寿山	李颖曼	李 浩	李 辉	李 彬	李润霞
李建华	吴丽辉	吴洪相	吴建中	张云鹤	张立群	张位正	张志林	张亚峰
张 忠	张灵霞	张岫岩	张国琴	张国福	张学库	张建林	张 敏	张 薇
陈三军	陈志灵	陈 彬	邵建华	范勤高	周自忠	周 君	周京梅	柳钧正
胡安民	胡进才	赵平均	赵 华	哈 双	侯文魁	段瑜峰	拜玉山	袁进琳
徐 立	郭晓明	郭新春	郭建繁	高缠学	崔兴平	崔 莉	高春林	高海林
梁晓红	常殿荣	韩金龙	葛广顺	黑生忠	靳小凡	靳敏生	翟 军	潘利家
潘 军	薛塞光	魏继连						

二、扶贫扬黄总指挥部聘用专家名录(按姓氏笔画排序)

王信铭	王春茂	仇华培	尹传政	任华国	任守谦	任淑婉	刘万仁	刘 全

何秉廉　沈家智　张心来　张　明　张钧超　张振远　柳隆章　娄继舜　郝育华

蔡贤文　姜宏达　高　津　郭志杰　黄声德　崔永活

三、管理处获表彰的先进集体名录

获省部级表彰先进集体名录

获奖单位	荣誉称号	授予时间	授予单位
管理处			
红寺堡扬水工程筹建处	全区思想政治工作先进集体	2002 年	自治区党委宣传部 自治区组织部　自治区经贸委 自治区总工会
红寺堡扬水工程筹建处	全国水利系统人事劳动教育工作先进集体	2003 年	水利部人事劳动教育司
红寺堡扬水工程筹建处	全区"创双优"优胜企业	2005 年	自治区创双优小组
红寺堡扬水工程筹建处	宁夏创争活动示范单位	2005 年	宁夏创争活动领导小组
红寺堡扬水工程筹建处	全国水利系统先进集体	2006 年	人事部　水利部
红寺堡扬水工程筹建处	全区创双优优胜单位	2006 年	宁夏创双优小组
红寺堡扬水工程筹建处	档案工作目标管理国家二级	2008 年	国家档案局
红寺堡扬水管理处	全区民族团结进步先进集体	2008 年	自治区党委　自治区人民政府
红寺堡扬水管理处	自治区卫生先进单位	2008 年	自治区爱国卫生委员会
红寺堡扬水管理处	2008—2011 年自治区文明单位	2008 年	自治区文明委
红寺堡扬水管理处	依法治理示范单位	2009 年	自治区依法治区领导小组
红寺堡扬水管理处	2008 年度安全生产先进单位	2009 年	自治区安委会
红寺堡扬水管理处	2011 年中央一号文件知识竞赛优秀组织奖	2011 年	水利部
红寺堡扬水管理处	全区"五五"普法先进集体	2011 年	自治区依法治区领导小组
红寺堡扬水管理处	全国水利作业技能人才培育突出贡献奖	2011 年	水利部
红寺堡扬水管理处	2012—2015 年自治区文明单位	2012 年	自治区文明委
红寺堡扬水管理处	自治区精神文明工作先进集体	2012 年	自治区文明委
红寺堡扬水管理处	国家级马国民技能大师工作室	2015 年	人力资源和社会保障部
红寺堡扬水管理处	全区"六五"普法先进单位	2016 年	自治区依法治区协调小组
红寺堡扬水管理处	第八届全国水利文明单位	2017 年	水利部文明委
泵站(所、队、公司)			
检修队	全国学习型先进班组	2007 年	全国创争委员会
检修队	全国节俭养德全民节约行动先进单位	2015 年	中共中央宣部 国家发展和改革委员会

获厅级表彰先进集体名录

单位	荣誉称号	授予时间	授予单位
管理处			
红寺堡扬水工程筹建处	规范化管理先进单位	1999 年	自治区水利厅
红寺堡扬水工程筹建处	灌溉管理先进单位	1999 年	宁夏扶贫扬黄工程建设总指挥部
红寺堡扬水工程筹建处	环境美化先进单位	2000 年	自治区水利厅
红寺堡扬水工程筹建处	思想政治工作先进单位	2001 年	自治区水利厅
红寺堡扬水工程筹建处	先进灌溉单位	2001 年	宁夏扶贫扬黄工程建设总指挥部
红寺堡扬水工程筹建处	思想政治工作先进集体	2001 年	自治区水利厅
红寺堡扬水工程筹建处	水利综合经营先进单位	2001 年	自治区水利厅
红寺堡扬水工程筹建处	水利厅文明单位	2002 年	自治区水利厅
红寺堡扬水工程筹建处	宁夏扶贫扬黄工程建设总指挥部工程参建先进单位	2002 年	宁夏扶贫扬黄工程建设总指挥部
红寺堡扬水工程筹建处	职工教育先进单位	2003 年	自治区水利厅
红寺堡扬水工程筹建处	五四红旗团委	2004 年	自治区团委
红寺堡扬水工程筹建处	社会治安综合治理先进集体	2004 年	自治区人事厅 自治区社会治安综合治理委员会
红寺堡扬水工程筹建处	全区维护妇女儿童合法权益先进集体	2004 年	自治区工委
红寺堡扬水工程筹建处	吴忠市治安模范单位	2004 年	吴忠市社会治安综合治理委员会
红寺堡扬水工程筹建处	全区维护妇女儿童合法权益先进单位	2004 年	自治区工委
红寺堡扬水工程筹建处	宁夏扶贫扬黄工程建设总指挥部先进运行单位	2004 年	宁夏扶贫扬黄工程建设总指挥部
红寺堡扬水工程筹建处	水利厅"创双优"活动优胜单位	2004 年	自治区水利厅
红寺堡扬水工程筹建处	全区水利系统先进集体	2004 年	自治区水利厅党委
红寺堡扬水工程筹建处	全区保护母亲河行动先进集体	2005 年	自治区团委
红寺堡扬水工程筹建处	渠道管理先进单位	2005 年	自治区水利厅
红寺堡扬水工程筹建处	全区水利系统先进单位	2005 年	自治区水利厅
红寺堡扬水工程筹建处	水利厅文明单位	2005 年	自治区水利厅
红寺堡扬水工程筹建处	全区水利系统行风建设先进集体	2005 年	宁夏人力资源和社会保障厅
红寺堡扬水工程筹建处	文明单位	2006 年	自治区水利厅
红寺堡扬水工程筹建处	2003—2005 年度全国水利系统优秀政研会	2006 年	中国水利职工思想政治工作研究会
红寺堡扬水工程筹建处	模范职工之家	2006 年	自治区总工会
红寺堡扬水工程筹建处	优秀政研会单位	2006 年	自治区思想政治小组
红寺堡扬水工程筹建处	全区水利系统行风建设先进单位	2006 年	自治区水利厅

续表1

单位	荣誉称号	授予时间	授予单位
红寺堡扬水工程筹建处	会计工作达标单位	2006 年	自治区水利厅
红寺堡扬水工程筹建处	文明单位	2006 年	中卫市人民政府
红寺堡扬水工程筹建处	职工代表大会四星级	2007 年	自治区总工会
红寺堡扬水管理处	全区水利系统宣传信息工作先进集体	2008 年	自治区水利厅
红寺堡扬水管理处	直属先进党组织	2008 年	自治区水利厅党委
红寺堡扬水管理处	全区节水灌溉工作先进集体	2008 年	自治区水利厅
红寺堡扬水管理处	全国水利系统模范职工之家	2008 年	中国农林水工会
红寺堡扬水管理处	2008 年水利系统先进单位	2009 年	自治区水利厅党委
红寺堡扬水管理处	2008 年度全区水利系统宣传信息先进集体	2009 年	自治区水利厅
红寺堡扬水管理处	2009 年度全区水利行业先进集体	2010 年	自治区水利厅党委
红寺堡扬水管理处	全区水利系统政风行风建设先进集体	2010 年	自治区水利厅
红寺堡扬水管理处	全区农业灌溉节约用水先进单位	2010 年	自治区水利厅 自治区财政厅
红寺堡扬水管理处	2009 年度综合经营先进单位	2010 年	自治区水利厅
红寺堡扬水管理处	2009 年度全区水利宣传信息工作先进集体	2010 年	自治区水利厅
红寺堡扬水管理处	2010 年度全区水利安全生产工作先进单位	2011 年	自治区水利厅
红寺堡扬水管理处	"十一五"水利职工教育先进集体	2011 年	中国水利教育协会职工教育分会
红寺堡扬水管理处	全国水利系统和谐企事业单位先进集体	2011 年	中国农林水利工会全国委员会
红寺堡扬水管理处	黄河上游流域取水许可管理工作先进集体	2011 年	黄河水利委员会黄河上中游管理局
红寺堡扬水管理处	第四届全区水利行业职业技能竞赛优秀组织奖	2011 年	宁夏人力资源和社会保障厅
红寺堡扬水管理处	先进基层党组织	2011 年	自治区水利厅党委
红寺堡扬水管理处	全区农业灌溉节约用水三等奖	2011 年	自治区水利厅 自治区财政厅
红寺堡扬水管理处	2011 年全区农业灌溉节约用水先进单位	2012 年	自治区水利厅 自治区财政厅
红寺堡扬水管理处	2011 年度先进单位	2012 年	自治区水利厅
红寺堡扬水管理处	宁夏扬黄灌区节约用水先进单位	2012 年	自治区水利厅
红寺堡扬水管理处	水利厅创先争优活动直属先进基层党组织	2012 年	自治区水利厅党委
红寺堡扬水管理处	自治区安全文化建设示范企业	2012 年	自治区安全生产委员会办公室

续表 2

单位	荣誉称号	授予时间	授予单位
红寺堡扬水管理处	全区水利工作先进单位	2012 年	自治区水利厅
红寺堡扬水管理处	"水投杯"全区水利系统第二届职工篮球运动会第一名	2012 年	自治区水利厅
红寺堡扬水管理处	区直机关创先争优先进基层党组织	2012 年	自治区区直机关工委
红寺堡扬水管理处	庆祝建党 92 周年文艺汇演二等奖	2013 年	自治区水利厅党委
红寺堡扬水管理处	水利厅第十届职工篮球运动会第一名	2015 年	自治区水利厅
红寺堡扬水管理处	水利厅广播操比赛二等奖	2015 年	自治区水利厅
红寺堡扬水管理处	2016 年度全国水利安全生产知识网络竞赛集体奖	2016 年	水利部安全监督司
红寺堡扬水管理处	参加全国水利安全生产网络知识竞赛优秀组织奖	2016 年	自治区水利厅
红寺堡扬水管理处	全区水利系统安全生产演讲比赛组织奖	2017 年	自治区水利厅
红寺堡扬水管理处	全区水利安全生产先进单位	2017 年	自治区水利厅
红寺堡扬水管理处	水利安全生产标准化二级单位	2017 年	自治区水利厅
红寺堡扬水管理处	"第三届资源环境与生命科技创新知识网络大赛"优秀组织单位二等奖	2017 年	中国土地学会 中国水利学会 中国预防医学会 中国海洋学会 中国环境科学学会 中国医师协会 中国气象学会 中国地震学会 中国测绘地理信息学会
泵站(所、队、公司)			
红寺堡三泵站	1999—2000 年庭院绿化先进单位	1999 年	宁夏扶贫扬黄工程建设总指挥部
红扬工程公司	2000 年度全区水利综合经营先进单位	2000 年	自治区水利厅
红寺堡二泵站	2001 年度水利厅先进基层党支部	2001 年	自治区水利厅党委
工程队党支部	水利厅先进党支部	2005 年	自治区水利厅党委
红一泵站	全区青年安全生产示范岗	2006 年	自治区团委 自治区安全生产监督管理局
检修队	青年文明号	2007 年	自治区团委
红扬工程公司	全区水利行业先进基层单位	2010 年	自治区水利厅
红一泵站	全区水利行业先进基层单位	2010 年	自治区水利厅
中心管理所	全区水利系统政风行风建设先进基层所站	2010 年	自治区水利厅
红扬工程公司	2009—2010 年度"守合同重信用"企业	2011 年	自治区工商行政管理局
红扬工程公司	2009—2010 年度"守合同重信用"单位	2011 年	中卫市人民政府
中心管理所	先进党支部	2011 年	自治区水利厅党委
中心管理所	水利厅创先争优活动先进基层党支部	2012 年	自治区水利厅党委
新庄集一泵站	全国水利系统模范职工小家	2012 年	中国农林水利工会全国委员会

续表3

单位	荣誉称号	授予时间	授予单位
红五泵站	全区水利系统2010—2011年度政风行风先进基层站所	2012年	自治区水利厅
红扬工程公司	2011—2012年度青年文明号	2013年	自治区团委
红扬工程公司	2011—2012年度"守合同重信用"企业	2013年	自治区工商行政管理局
红一泵站	2013—2016年度文明单位	2013年	中卫市精神文明建设指导委员会
红五泵站	2013—2017年度文明单位	2013年	吴忠市市委　吴忠市人民政府
韦州总站党支部	水利厅优秀基层党支部	2014年	自治区水利厅党委
红扬工程公司	2013—2014年度"守合同重信用"企业	2015年	自治区工商行政管理局
红五泵站	先进党支部	2016年	自治区水利厅党委
红杨工程检测有限公司	企业信用评价A级信用企业	2017年	中国水利工程学会

四、管理处获表彰的先进个人名录

姓名	性别	民族	籍贯	荣誉称号	授予时间	授予单位
周伟华	男	汉	宁夏中卫	先进个人	1983年	自治区水利厅党委
				先进生产者	1989年	自治区水利厅
李生玉	男	汉	宁夏中宁	行业标兵	1985年	自治区水利厅
周宁	男	汉	宁夏中宁	普法教育和社会治安综合治理先进个人	1988年	自治区水利厅党委
李瑞聪	男	汉	宁夏中卫	优秀共产党员	1986年	自治区水利厅党委
高铁山	男	汉	宁夏中卫	先进工作者	1989年	自治区水利厅
				优秀共产党员	1990年	自治区水利厅党委
马林	男	汉	宁夏同心	优秀共产党员	1990年	自治区水利厅党委
周伟华	男	汉	宁夏中卫	全国水利行业职工教育先进工作者	1993年	水利部
王冰竹	女	汉	宁夏中宁	全国水利行业职工教育优秀教师	1993年	水利部
梁兴宏	男	汉	山东	全国抗洪模范	1994年	国家防汛抗旱总指挥部　人事部　水利部　中国人民解放军总政治部
周伟华	男	汉	宁夏中卫	全国水利系统安全生产先进个人	1995年	水利部
李瑞聪	男	汉	宁夏中卫	优秀党务工作者	1995年	水利厅党委
杨永春	男	汉	陕西吴起	"中国青年志愿者行动—星荣誉奖"	1996年	共青团中央、中国青年志愿者协会
桂玉忠	男	汉	宁夏中宁	全区水利系统先进个人	1998年	自治区人事劳动保障厅　自治区水利厅

续表1

姓名	性别	民族	籍贯	荣誉称号	授予时间	授予单位
陈旭东	男	汉	甘肃兰州	《灌区水文资料整编计算机软件系统》获自治区科技进步三等奖。	1999年	自治区人民政府
张 明	男	汉	宁夏中宁	全区水利系统先进个人	1999年	自治区人事劳动保障厅 自治区水利厅
李国谊	男	汉	宁夏中卫	全国水利技术能手	1999年	全国水利技术能手
吴建林	男	汉	宁夏中宁	全区第四期支援基层教育工作先进个人	2000年	自治区党委组织部 人事厅 教育厅 财政厅
王 成	男	汉	宁夏中宁	自治区优秀共青团员	2000年	自治区团委
李生玉	男	汉	宁夏中宁	优秀共产党员	2001年	自治区水利厅党委
祁彦澄	男	汉	宁夏固原	2000年度基本建设会计决算考核评比先进个人	2001年	宁夏扶贫扬黄工程建设总指挥部
左静波	女	汉	宁夏中宁	全区先进女职工	2001年	自治区总工会
王同选	男	汉	宁夏中宁	优秀共产党员	2001年	自治区水利厅党委
陈旭东	男	汉	甘肃兰州	黄河调水先进个人	2001年	水利部
于国兴	男	汉	宁夏中宁	水利工程施工管理先进个人	2002年	自治区水利厅
李国谊	男	汉	宁夏中卫	全区水利技术能手	2002年	自治区水利厅
马国民	男	汉	河北沧州	全区水利技术能手	2002年	自治区水利厅
马国民	男	汉	河北沧州	全国水利技术能手	2002年	水利部
徐 泳	男	汉	宁夏海原	抗旱工作先进个人	2003年	自治区水利厅
雷占学	男	汉	宁夏中卫	全区水利系统行风先进工作者	2003年	自治区人力资源和社会保障厅 自治区水利厅
徐 泳	男	汉	宁夏海原	抗旱工作先进个人	2003年	自治区水利厅
张国军	男	汉	宁夏平罗	景观水道工程建设先进个人	2004年	自治区水利厅
陈旭东	男	汉	甘肃兰州	《青铜峡灌区用水管理技术研究》获自治区科技进步三等奖	2005年	自治区人民政府
邹建宁	男	汉	甘肃会宁	全国水利技术能手	2005年	水利部
马国民	男	汉	河北沧州	全区青年岗位能手	2005年	自治区团委 自治区人力资源和社会保障厅
李国谊	男	汉	宁夏中卫	第三届"水利厅十杰青年"	2005年	自治区水利厅
朱 洪	男	汉	宁夏吴忠	全区水利系统先进个人	2005年	自治区人力资源和社会保障厅 自治区水利厅
张建勋	男	汉	宁夏中宁	全区水利系统先进工作者	2005年	自治区人力资源和社会保障厅 自治区水利厅
张海军	男	回	宁夏中宁	2004年4月—2005年12月参加帮扶贫困后进村工作成绩突出	2005年	中共宁夏区委组织部

续表 2

姓名	性别	民族	籍贯	荣誉称号	授予时间	授予单位
张国军	男	汉	宁夏平罗	自治区抗洪抢险先进个人	2006 年	自治区水利厅
王进军	男	汉	宁夏平罗	全国水利技术能手	2006 年	水利部
王进军	男	汉	宁夏平罗	全区水利技术能手	2006 年	自治区水利厅
刘银祥	男	汉	宁夏中宁	第一届"兴水杯"青年优秀论文三等奖	2006 年	自治区水利厅
张晓清	男	汉	宁夏中宁	水利系统文明家庭	2006 年	自治区水利厅
李艳婷	女	汉	宁夏中宁	水利系统文明家庭	2006 年	自治区水利厅
周伟华	男	汉	宁夏中卫	五四青年贡献	2006 年	自治区党委组织部 自治区团委
高佩天	男	汉	甘肃靖远	自治区"优秀青年团员"	2006 年	自治区团委
张伟	男	汉	宁夏贺兰	水利政务信息工作先进个人	2006 年	自治区水利厅
冯明辰	男	汉	宁夏盐池	水利系统文明家庭	2006 年	自治区水利厅
段晓彬	男	回	宁夏惠农	全区水利行业技术能手	2006 年	自治区水利厅
李彦骅	女	汉	宁夏中宁	宁夏首届优秀志愿者	2007 年	自治区组织部 宣传部 精神文明委员会 团委等 9 部门
马国民	男	汉	河北沧州	第四届"水利厅十杰青年"称号	2007 年	自治区水利厅
马琴	女	回	宁夏吴忠	全区安全科普知识竞赛三等奖	2007 年	自治区党委宣传部 自治区公安厅 自治区总工会 自治区安全监督管理局
张建勋	男	汉	宁夏中宁	全区水利系统先进工作者	2007 年	自治区人力资源和社会保障厅 自治区水利厅
王建成	男	汉	宁夏银川	青年安全生产标兵	2007 年	自治区水利厅党委
张海军	男	回	宁夏中宁	节水灌溉先进工作者	2008 年	自治区水利厅
周伟华	男	汉	宁夏中卫	五一劳动奖章	2008 年	自治区总工会
陈旭东	男	汉	甘肃兰州	全区百名优秀行业青年标兵	2008 年	自治区团委
高佩天	男	汉	甘肃靖远	2007 年度全区水利宣传信息工作先进个人	2008 年	自治区水利厅
高佩天	男	汉	甘肃靖远	《宁夏水利五十年》编写工作先进个人	2008 年	自治区水利厅
张建清	男	汉	宁夏中宁	节水灌溉先进工作者	2008 年	自治区水利厅
尹奇	男	汉	宁夏同心	优秀党务工作者	2009 年	自治区水利厅党委
严天宏	男	汉	宁夏中卫	优秀共产党员	2009 年	自治区水利厅党委
马学保	男	回	宁夏吴忠	自治区级孝老爱亲模范	2009 年	自治区精神文明建设指导委员会
王进军	男	汉	宁夏平罗	水利行业技术工人技术技能论坛优秀论文一等奖	2009 年	水利部
朱小明	男	汉	宁夏中宁	优秀共产党员	2009 年	自治区水利厅党委

续表3

姓名	性别	民族	籍贯	荣誉称号	授予时间	授予单位
张海军	男	回	宁夏中宁	全区水利行业先进工作者	2009年	自治区人力资源和社会保障厅 自治区水利厅
王燕玲	女	汉	宁夏贺兰	第五届"水利厅十杰青年"	2009年	自治区水利厅
陈旭东	男	汉	甘肃兰州	主持编撰的《宁夏七星渠志》获水利科学技术进步二等奖	2010年	自治区水利厅
陈旭东	男	汉	甘肃兰州	水利系统政风行风先进个人	2010年	自治区水利厅
张玉忠	男	汉	宁夏中宁	全区水利系统政风行风建设工作先进个人	2010年	自治区水利厅
祁彦澄	男	汉	宁夏固原	水利部水利财务先进个人	2010年	水利部
祁彦澄	男	汉	宁夏固原	宁夏双文明建设先进个人	2010年	自治区人力资源和社会保障厅 自治区水利厅
祁彦澄	男	汉	宁夏固原	全区水利行业先进工作者	2010年	自治区人力资源和社会保障厅 自治区水利厅
尹 奇	男	汉	宁夏同心	全国水利工程管理体制改革先进个人	2010年	水利部
徐 泳	男	汉	宁夏海原	水利系统先进工作者	2010年	自治区水利厅
李彦骅	女	汉	宁夏中宁	全区优秀共青团干部	2010年	自治区团委
李彦骅	女	汉	宁夏中宁	"水歌曲"演唱大赛形象气质奖	2010年	水利部精神文明建设指导委员会 中国水利文学艺术学会
马国民	男	汉	河北沧州	全国技术能手	2010年	劳动和社会保障部
马国民	男	汉	河北沧州	自治区先进工作者	2010年	自治区总工会
刘伟东	男	汉	宁夏青铜峡	全区水利行业技术能手	2010年	自治区人力资源和社会保障厅 自治区水利厅
刘伟东	男	汉	宁夏青铜峡	水利厅知识性职工	2010年	自治区水利厅
李 平	男	回	宁夏平罗	全区水利行业技术能手	2010年	自治区人力资源和社会保障厅 自治区水利厅
张占军	男	汉	陕西洛川	全区水利行业技术能手	2010年	自治区人力资源和社会保障厅 自治区水利厅
吴振荣	男	回	宁夏平罗	2009—2010年度支教先进工作者	2010年	自治区教育厅
道 华	男	汉	宁夏中宁	优秀共产党员	2011年	自治区水利厅党委
严天宏	男	汉	宁夏中卫	水利厅创新争优活动优秀共产党员	2011年	自治区水利厅党委
李 平	男	回	宁夏平罗	水利厅优秀共产党员	2011年	自治区水利厅党委
高登军	男	汉	宁夏盐池	2010年全区水利安全生产先进个人	2011年	自治区水利厅
黄永涛	男	汉	宁夏同心	优秀共产党员	2011年	自治区水利厅党委
朱文军	男	汉	宁夏中卫	自治区水利科技项目科学技术进步三等奖	2011年	自治区水利厅

续表 4

姓名	性别	民族	籍贯	荣誉称号	授予时间	授予单位
岑少奇	男	汉	宁夏中宁	自治区水利科技项目科学技术进步三等奖	2011 年	自治区水利厅
白学锋	男	汉	宁夏中卫	第六届"水利厅十杰青年"	2011 年	自治区水利厅
白学锋	男	汉	宁夏中卫	全区技术能手	2011 年	自治区人力资源和社会保障厅
陈旭东	男	汉	甘肃兰州	自治区防汛抗旱指挥部黄河抗洪抢险先进个人	2012 年	自治区水利厅
陈旭东	男	汉	甘肃兰州	全区水利工作先进个人	2012 年	自治区水利厅
尹 奇	男	汉	宁夏同心	全区水利工作先进个人	2012 年	自治区水利厅
祁彦澄	男	汉	宁夏固原	全区水利系统 2010—2011 年度政风行风建设先进个人	2012 年	自治区水利厅
白学锋	男	汉	宁夏中卫	全国水利技术能手	2012 年	水利部
李彦骅	女	汉	宁夏中宁	水利厅创先争优活动先进工作者	2012 年	自治区水利厅
朱文军	男	汉	宁夏中卫	水利科技项目科学技术进步二等奖	2012 年	自治区水利厅
岑少奇	男	汉	宁夏中宁	水利科技项目科学技术进步二等奖	2012 年	自治区水利厅
道 华	男	汉	宁夏中宁	全区水利工作先进个人	2012 年	自治区水利厅
道 华	男	汉	宁夏中宁	优秀科技工作者	2012 年	自治区水利厅
宋志军	男	汉	宁夏中宁	2010—2011 年政风行风建设先进个人	2012 年	自治区水利厅
顾占云	男	回	宁夏同心	2012 年参与编写实施的"干渠、斗口水位/流量自动测量和闸门远程控制调节技术推广"获宁夏水利厅科学技术进步三等奖	2012 年	自治区水利厅
严天宏	男	汉	宁夏中卫	创先争优活动优秀共产党员	2012 年	自治区水利厅党委
陈启武	男	汉	宁夏西吉	有奖征文诗歌作品类优秀奖	2012 年	水利部新闻宣传中心中国水利文学艺术协会
张术国	男	汉	宁夏海原	宁夏水利科学技术进步二等奖	2012 年	自治区水利厅
王荣华	男	汉	宁夏青铜峡	宁夏水利科学技术进步三等奖	2012 年	自治区水利厅
道 华	男	汉	宁夏中宁	宁夏第十二届自然科学优秀学术论文三等奖	2013 年	自治区水利厅
苏俊礼	男	回	宁夏同心	优秀共产党员	2013 年	自治区水利厅党委
吴建林	男	汉	宁夏中宁	宁夏水利科学技术进步三等奖	2013 年	自治区水利厅
王进军	男	汉	宁夏平罗	水利厅十杰青年	2013 年	自治区水利厅
白学峰	男	汉	宁夏中卫	第八届全国水利技能大奖	2013 年	水利部
白学峰	男	汉	宁夏中卫	宁夏最美青工	2013 年	自治区团委
杨 静	女	回	宁夏吴忠	自治区妇联主题征文优秀奖	2013 年	自治区妇女联合会

续表 5

姓名	性别	民族	籍贯	荣誉称号	授予时间	授予单位
黄永涛	男	汉	宁夏同心	优秀党务工作者	2014 年	自治区水利厅党委
王进军	男	汉	宁夏平罗	优秀共产党员	2014 年	自治区水利厅党委
张玉忠	男	汉	宁夏中宁	纪念中国人民抗日战争暨世界反法西斯战争胜利 70 周年知识竞赛优秀奖	2015 年	中共宁夏区委宣传部 中共宁夏区委党史研究室 宁夏回族自治区教育工委 宁夏回族自治区教育厅
邹建宁	男	汉	甘肃会宁	全区水利安全生产先进工作者	2015 年	自治区水利厅
高佩天	男	汉	甘肃靖远	2015 年度黄河报（网）优秀通讯员	2015 年	黄河水利委员会新闻宣传出版中心
高佩天	男	汉	甘肃靖远	中国水利报社 2015 年度先进特约记者	2015 年	中国水利报社
李彦骅	女	汉	宁夏中宁	全国水利系统职工文化建设先进个人	2016 年	中国农林水利工会全国委员会
苏俊礼	男	回	宁夏同心	优秀党务工作者	2016 年	自治区水利厅党委
张国军	男	汉	宁夏平罗	自治区安全生产先进工作者	2016 年	自治区安全生产委员会办公室
杜学华	男	汉	宁夏中卫	优秀共产党员	2016 年	自治区水利厅党委
王建成	男	汉	宁夏银川	优秀共产党员	2016 年	自治区水利厅党委
王进军	男	汉	宁夏平罗	实用新型专利证书	2016 年	中国知识产权局
张佳仁	男	汉	宁夏盐池	优秀共产党员	2016 年	自治区党委
张 锋	男	汉	宁夏永宁	2016 年度全区水利安全生产先进个人	2017 年	自治区水利厅
李彦骅	女	汉	宁夏中宁	全区"清凉宁夏"先进个人	2017 年	自治区党委宣传部文明办等 5 部门
肖 扬	男	汉	宁夏中宁	自治区水利行业技术能手	2017 年	自治区人力资源和社会保障厅 自治区水利厅
李正伟	男	回	宁夏同心	第五届宁夏水利行业职业技能竞赛优胜选手	2017 年	自治区人力资源和社会保障厅 自治区水利厅
张 丛	男	汉	宁夏中宁	第五届宁夏水利行业职业技能竞赛优胜选手	2017 年	自治区人力资源和社会保障厅 自治区水利厅
张宏燕	女	汉	宁夏同心	自治区水利行业技术能手	2017 年	自治区人力资源和社会保障厅 自治区水利厅
何立宁	男	汉	宁夏吴忠	第五届宁夏水利行业职业技能竞赛优胜选手	2017 年	自治区人力资源和社会保障厅 自治区水利厅
李占文	男	汉	宁夏中宁	崇尚友善好青年	2017 年	自治区水利厅
段晓彬	男	回	宁夏平罗	自治区技术能手	2017 年	自治区人才工作领导小组办公室 自治区人力资源和社会保障厅 自治区财政厅 自治区总工会

五、管理处高级职称人员名录

正高职:

张 锋 道 华

副高职:

陈旭东　桂玉忠　张玉忠　张海军　曹福升　王明忠　黄吉全　王兴熙　邹建宁

何永斌　陈锐军　顾占云　张 浩　朱小明　岑少奇　朱文军　杨 平　王 浩

黄如芬　张佳仁　杨春华　仇海燕　尚金卫

六、管理处在职职工名录

2017年12月底,管理处在职职工共有453人(包括2017年11月新招聘12人)。

(一)机关63人

张 锋　陈旭东　桂玉忠　张玉忠　张海军　訾跃华　道 华　张永忠　陈学军

高登军　吴志伟　王拾军　李彦骅　顾占云　王燕玲　李国谊　王 浩　苏俊礼

朱小明　高佩天　熊自银　陈锐军　王晓红　刘 玺　张建清　沈红旗　杨 茹

薛海彦　刘晓瑜　张 莉　杨晓茹　刘秀娟　甘 萍　尚金卫　陈 龙　李 燕

孔海侠　吴 森　陈 莉　李文广　方晓燕　周海英　仇海燕　李成莲　范 云

周 芳　张保斌　王 燕　朱海军　魏建兵　魏尚利　方建平　龚 涛　陆彩霞

范燕玲　唐艺芳　张 浩　朱文军　田军霞　丁宝平　吴晓攀　牛瑞霞　岑少奇

(二)黄河泵站21人

贾振华　李宝金　詹立军　李志宁　曹怀宇　李素艳　尹桂琴　冯晓刚　王佩生

董晓晴　张升平　张金环　张建云　曹 敏　康 馨　周梅玲　范 梅　李瑞江

黄如芬　张春海　崔丽娟

(三)红一泵站25人

李 平　王建明　李科建　叶凡霞　吴 昊　李兴福　刘丽芳　党桂玲　罗红丽

苏 宇　陶 莹　马荣香　杜学华　陈启武　王玉凤　周安朝　贺岩红　任志鹏

马小富　王新军　田婷婷　田志国　黄吉全　李永康　白孝红

(四)红二泵站25人

严天宏　肖 杨　郭红霞　张铁英　贺 娟　马绍波　李 钦　陈 才　王少辉

陈建国　王　泽　李　华　张小琴　张　燕　李　琴　温学琴　万　华　田　浩
马占福　王　迪　李海英　杨吉山　穆春辉　张　超　韩　强

(五)红三泵站32人

王　成　赵金柱　白学锋　曹　静　贾存瑞　李海军　刘艳红　蔡峡东　杨浩伟
朱国勇　沈立军　杜学东　姚建华　殷建伟　李海源　何生辉　吴亚琴　钱　信
唐秀娟　梁　萍　张　华　张　姝　杜惠娟　黄　尧　万国辉　马正贵　蒋立涛
马玉虎　周　宁　周启立　席　科　翟启俐

(六)新圈一泵站11人

刘彦峰　刘建波　詹慧萍　任海军　赵立琼　马光胜　宋　燕　秦吉玉　段　丽
张耀山　王正帅

(七)新圈二泵站11人

鲁上学　王立春　何　芳　李　娟　范　刚　于海娟　沈宏宇　张建明　詹惠玲
袁立芳　马　龙

(八)新庄集一泵站33人

黄永涛　王志勇　马建智　李晓春　李爱红　李　波　朱　茜　何占勇　马红霞
庹　军　周春燕　冯晓玲　金振明　李正伟　潘建斌　丁永海　张旭峰　孔建宁
王健雄　彭永强　赵　伟　马江鹏　余利斌　猴　芬　王　岩　王　琴　唐文涛
马　峰　孔少科　王明清　罗永秀　苗新潮　段　炼

(九)新庄集二泵站15人

邢建宏　龚殿斌　汤元江　马丽华　冯明辰　赵东红　周忠安　何艳琴　马　军
韩少华　田玲花　刘嘉旺　李国强　李　超　宋佳仁

(十)新庄集三泵站20人

王建成　赵　方　岳立宏　侯学峰　黄　毅　任保忠　张志成　黄　娟　马佳丽
李　荣　万　俭　李　玲　杨　泽　吴　佳　黄　晨　杨彩媚　杨雪霞　梁兴红
王志轩　马福亮

(十一)新庄集四泵站21人

杨万忠　张建华　杨　帆　洒　伟　陈海东　毕海东　马海龙　王　桦　杨宗儒
刘怀苗　杨学娟　任西平　叶彩霞　田　健　王维勇　马　燕　马玉萍　李　强
马　楠　陈胜勇　马　双

（十二）中心管理所 23 人

吴建林	李占文	肖金堂	高同建	王冰竹	锁少云	张宏燕	丁海涛	王学军
樊　军	门晓峰	唐瑞山	申　伟	巍刚强	吴振荣	王　静	武小静	张金宏
李　磊	田希福	丁生涛	马　莉	季宏涛				

（十三）海子塘一泵站 11 人

张占军	王吉军	田　静	吴占喜	杨　静	杨晓静	李　阳	吴金玉	马　琴
李　娟	李　荣							

（十四）海子塘二泵站 10 人

刘伟东	余海波	张　瑾	马晓萍	于惠东	刘继红	马　琴	陆智斌	明彦琴
李双龙								

（十五）红四泵站 25 人

董学祥	张玉龙	宋向晶	顾正军	刘玉萍	马彩虹	马戈文	杨卫红	马学保
马建涛	欧晓东	张　敏	丁　晨	马志奇	李　军	朱国俭	丁义智	马　龙
金　尊	张　军	王瑞刚	马忠虎	马国忠	马　武	杨彦福		

（十六）红五泵站 29 人

刘兴龙	王　伟	雷占学	马学义	田　磊	魏　巍	郭宏斌	彭玉萍	卢　刚
肖　波	吴永莲	斯海生	马银生	王晓晶	黄　涛	邓　翔	张建新	马　信
丁成强	徐生宏	苗自卫	花兴民	马文涛	王　琦	马　星	张　豪	吕国阳
许　军	孙军明							

（十七）检修队 26 人

马国民	王进军	张　涛	田志明	邢　辉	翟　娟	何立宁	邓自武	段晓斌
郑保林	吴小龙	张　丛	王举道	田志成	张　斌	曾绍洋	王荣华	陈学安
张术国	张宁子	吴洪俊	武荣臻	高　旋	冯　浩	邹建宁	张佳仁	

（十八）红扬工程公司 30 人

樊俊杰	宋志军	王明忠	王卫东	孔庆杰	祖　芳	梁君杰	杨　平	刘雷东
何　祥	惠　磊	刘　巧	杨春华	马华锋	朱　芳	屈佳瑛	张重科	孙　波
严　龙	张清生	何永斌	焦永祥	孙　勇	于卫东	马小富	范　博	杨银存
张　静	王立军	金　焱						

(十九)红扬检测公司 22 人

李生军　祁彦澄　牛　政　徐东升　李　辉　高振慧　沈芩华　金小平　刘银祥

张　银　李　瑞　郭安定　康海燕　周学娟　张少娟　白　艳　张艳芳　王兴熙

田庄剑　刘思阳　曹福升　田莉芳

七、管理处退休职工名录

周自忠　王爱华　储燕君　宛燕君　李广元　郝进双　李彦婷　田凤仁　章晓霞

申喜菊　刘玉英　马建明　穆义忠　李耀德　李金孝　顾玉红　赵　玲　陶　红

艾惠兰　李永发　买吉川　吴生保　马　林　丁　克　陶　玲　王国华　张晓宁

马英明　马占学　马玉忠

八、管理处调出职工名录

截至 2017 年年底,调出管理处人员共 261 人,其中零星调出 86 名,2010 年 3 月,随固海扩灌扬水工程划拨宁夏固海扬水管理处 175 人。

零星调出 86 人：

李茂书　梁福贵　张宽旭　丁海鹏　高铁山　徐宪平　李　明　汪　洋　马　萍

马彦杰　沈　程　李生玉　马长仁　李铁军　杨永春　王正良　白　涛　周　鹏

王效军　阮小莉　于　帆　师长宏　段顺今　张　静　伏小平　周　扬　刘晓慧

吴月莲　黑富君　赵　欣　李小玲　袁保俊　宋世文　周伟华　杜云云　铁　刚

朱　洪　殷　锋　左静波　范彩萍　白晓辉　马雪峰　吴　斌　朱宝荣　王　杰

朱迎胜　薛立刚　马力飞　何发成　马晓阳　贾晓虎　毛玉和　翟　军　雍红茹

许　丽　海　嫦　张　伟　郜勇利　朱　枫　于国兴　杨春林　田　鹏　张永德

刘　芳　王　辉　张金鹏　禹惠军　陈　功　赵　斌　安靖国　丁京平　哈　婷

周　洋　曹　帅　刘福荣　尹　奇　马文慧　毕高峰　王海峰　张　波　冉丽欣

徐　翔　钱宏亮　毛伟华　张　玺　刘　洋

2010 年 3 月划拨宁夏固海扬水管理处 175 人：

徐　泳　王同选　杨　俊　刘志恒　张晓清　李宁恩　李贵省　马捍卫　张铁军

马永胜　王　宁　李文杰　马　林　王伟东　李锡军　杨　林　陈　凯　丁成龙

马生福　张红旺　李　筱　李　勇　潘　贤　马永龙　丁玉昌　陈　刚　庞　燕

马丽萍　马　波　杨晓莲　杨文娟　何永保　马凤武　马淑芳　王会军　李　萍
金小平　杨小军　王永亭　李进福　马小平　马晓红　马保森　丁吉伟　张汉民
李爱红　李兰花　马玉国　贾立政　何生龙　白尚宁　洪耀才　马　洪　米秀花
李玉芳　王永东　李文会　米占英　陈明亮　尉迟升　魏振甲　李晓萍　丁生龙
杨小琳　马　智　金桂芳　王宏贞　马龙胜　岳海梅　安　宁　米占梅　杨　琴
陈学智　刘琳琪　邱荣果　魏仕良　张小平　赵永强　柴晓红　梁淑霞　卢志章
张保国　唐党宏　余学忠　张金平　白雪丽　马志亮　王学武　郝永平　丁玉红
张敬宁　王继英　何会雄　陈宏华　田松涛　马学平　马　晓　王晓军　刘建民
何发海　刘宗海　杨　虎　王永燕　杨成杰　李　剑　康　俊　石　财　马建军
孙兆平　杨晓红　丁成华　马　东　曾光奎　张智德　田菊琴　李　俊　余小国
顾世军　穆世虎　李有泉　丁彩娟　洪　玲　买丰学　马　义　王文忠　赵学琴
孙永红　马义安　丁　辉　马　平　胡有军　蒋振铎　张广宇　杨文林　王晓兵
陆满宏　徐振忠　张新平　李玉成　马玉山　杨　林　马晓花　王桂莲　虎志海
白玉才　何　勇　夏志旭　曹兴文　翟苑杏　郑少华　邢学娟　马立涛　张永峰
金晓花　赵　芳　张　旭　何发成　李　明　田士芳　买丰科　穆奋勇　李　丽
李小龙　马小东　李红玺　马小花　马学文　马小明　马　旭　马学花　李　根
马　宁　李　浩　金　存　寇桂霞

第十三章 艺文

第一节 回忆录

一项民心工程
——宁夏"1236"工程前期工作回忆
董家林

宁夏有一项著名的"1236"工程,是为了解决 100 万贫困人口的温饱问题,扶贫开发 200 万亩土地,投资 30 亿元,用 6 年时间建成,简称"1236"工程。这项工程从 1994 年 5 月酝酿,9 月正式定名,1995 年 12 月 13 日国务院批准项目建议书,1996 年 5 月 11 日举行奠基典礼,历时 24 个月。这期间,它的每一条信息,每一步进展,无不牵动着宁夏老百姓的心。当时,我正担任自治区计委主任,是项目的亲身参与者。退休后,回忆当年的一些情景,至今还激动不已。

一、扶贫攻坚战

宁夏回族自治区的南部山区简称"西海固",国土面积占全区的 59%,人口占 44%,是宁夏的半壁江山。1993 年年底,西海固的贫困人口 139.8 万人,占西海固地区总人口 217 万的 64% 以上,可谓名副其实的贫困甲天下。党中央、国务院十分关心西海固的人民,"以工代赈""'三西'建设"连年不断输血,但十多年来一直未能挖掉穷根。"1236"工程的酝酿,就是和扶贫攻坚紧密相连的。

1994年4月15日，国务院以国发〔1994〕30号文下发了国家"八七"扶贫攻坚计划，决定从1994—2000年，集中人力、物力、财力，动员社会各界力量，力争用7年左右的时间，基本解决目前全国农村8000万贫困人口的温饱问题。解决温饱的标准是，贫困户年人均纯收入达到500元以上（按1990年不变价格）。

自治区党委、政府接到文件后极为重视，分别通知计委、统计局、农建委等部门，根据国务院的决定组织专人，进一步摸清我区贫困人口的情况，准备召开全区扶贫开发工作会议。1994年5月23—25日，我陪黄璜书记到固原地区考察。6月7日到盐环定扬水工程工地考察时，黄书记多次谈到扶贫开发工作，他说，"扶贫攻坚战中央下大决心了，我们一定要赶上这班车""对干旱带要分而治之，大致用四年时间先解决盐池，次解决同心，再解决海原""骨干工程争取国家投资，配套工程争取国家补助，平田整地组织农民投劳"。6月3—4日，政府召开第8次、第9次常务会议，会议中间白立忱主席两次和我谈及扶贫开发问题，问到除宁夏外其他7个还有宜农荒地约1000万亩以上的省（区）的情况。我汇报说，宁夏的荒地1200多万亩，其中宜农荒地近1000万亩，约57%在川区、43%在山区，基本都属于大柳树灌区。大柳树水利工程已论证40多年，1993年8月20日国务院下发了《九十年代中国农业发展纲要》，明确要求"开工建设黄河大柳树水利工程"，甘肃接到文件后又抛出了松动岩体论，说大柳树不能建高坝，还是坚持上小观音，看来还得争论下去。白主席说："我们等不起了，你们要想新路子，不能老吊在一棵树上，能不能先搞扬水开发灌区，后建高坝。"6月9—11日，我陪同白主席、任启兴副主席到甘肃平凉参加宝中铁路通车典礼，白、任两位领导又都多次谈到扶贫开发问题。

1994年6月中旬，计委扶贫处配合统计局、农建委进一步对贫困人口情况的调查数据出来了，截至1993年年底，全区生活在温饱线（年人均收入500元）以下的人口达142.3万人，占全区总人口的29%，其中西海固地区生活在温饱线以下的人口为139.8万人，占西海固总人口的64.4%；这里面人均纯收入在300元以下的贫困人口63.9万人。自治区党委、政府决定在全区实施宁夏"双百"扶贫攻坚计划，从1994—2000年，力争基本解决近100个贫困乡、100多万贫困人口的温饱问题。指定计委、财政、农建委等部门共同研究，拿出具体措施。6月28—30日，自治区党委、政府召开全区扶贫工作会议讨论、修改宁夏"双百"扶贫攻坚计划。1994年7月8日，自治区人民政府以宁政发〔1994〕70号文印发了《关于宁夏"双百"扶贫攻坚计划的通知》，吹响了扶贫攻坚的战斗号角。

宁夏"双百"扶贫攻坚计划提出，要积极创造条件新建属于大柳树灌区的红寺堡扬水、兴仁扬水等骨干工程，对条件恶劣的贫困山区要坚持实行移民搬迁。这些无疑是后来形成的"1236"工程的基本内容，扶贫工作会议结束后，计委根据扶贫攻坚计划的主要措施组织专人，开始了红寺堡扬水和兴仁扬水工程的前期工作。

二、陈耀邦宁夏之行

1994年8月19日，我从日本岛根县考察回国，当晚抵达上海。计委办公室副主任陆维平同志来电话说，国家计委副主任陈耀邦率农经司朱司长、魏副司长、高处长等将于21日到银川，对大柳树工程及灌区进行考察调研。我接过电话后，匆匆安排了下上海宁沪公司的工作，于22日返回银川，在大柳树坝址现场见到陈主任一行，向他们介绍了过河平峒、坝基和坝肩的地质情况。8月23日，自治区政府周生贤副主席主持会议，请陈主任一行听取有关大柳树工程的情况汇报。参加会议的有水利部水利规划设计院徐总，水利部天津水电设计院刘院长、吴总、杨总以及自治区计委、水利厅、地矿局、电力局等部门的领导。周副主席讲了黑山峡河段的开发利用早在1955年7月，全国人大一届二次会议听取并通过的邓子恢副总理所作《关于根治黄河水害和开发黄河水利综合规划的报告》中就明确了的，后来因为对开发方案意见不一致，一直拖了下来。1993年8月20日，国务院第七次常务会议审议通过的《九十年代中国农业发展纲要》，再次明确20世纪90年代要开工建设黄河大柳树水利工程。这次陈主任一行到宁夏考察，希望大柳树工程能早日动工。徐总、吴总、杨总等分别对大柳树的地质条件能否建高坝、库容大有没有用、土建和坝型的选择等关键技术问题，用大量翔实的资料作了肯定的介绍，并建议国家安排"九五"开工，2005年蓄水。自治区各部门也都讲述了意见。我汇报了红寺堡扬水和兴仁扬水工程，如果"九五"期间大柳树高坝还不能动工，自治区请求国家批准红寺堡扬水和兴仁扬水工程开工，以加快扶贫开发，等大柳树高坝建起来，稍作调整，即可继续受益。陈耀邦副主任听完汇报后指出了大柳树水利工程是个大工程，涉及流域治理、省际关系，务必要讲究综合效益，要用好黄河水资源，兴利除弊，慎重决策。国家要求到2000年必须增产500亿千克粮食，总产达到5000万亿千克，增产的粮食从哪里来？除了依靠科技，提高单位面积产量外，搞农业开发是重要途径之一，宁夏有这么多宜农荒地，地理位置又适中，应当作好开发这篇大文章。当晚陈主任、朱司长离银返京，魏副司长、高处长等继续考察。

8月24—27日，在计委李惠弟处长的陪同下，魏副司长、高处长等对红寺堡扬水、兴仁扬水和马场滩扬水等工程和灌区作详细考察,考察过程中魏副司长提及《九十年代中国农业发展纲要》时说:"初稿是国家计委农贸司起草的,甘肃对大柳树高坝坝肩存在松动岩体的新意见,国家计委是重视的,又委托地矿部牵头,组织专家对工程地质再次进行论证,等结论出来了,再呈报国务院审批。至于说库容大了没有用,那是站不住脚的。这次亲眼看到大柳树灌区这么多连片宜农荒地长期撂着太可惜了;国家要求增产 500 亿千克粮食,解决 8000 万人的温饱,早日把这些地开发出来发挥效益是必要的。你们提出在大柳树动工前,先干几个扬水工程,这是新思路,比较现实。不过,国家计委不可能在一个省(区)同时批几个大型扬水工程,还得好好研究。"

陈耀邦副主任一行的宁夏之行,使我们看到了先开发灌区后建设大坝的现实可能性,同时也觉察出困难之所在,我们一面抓紧进行红寺堡扬水和兴仁扬水的预可行性研究,一面思索把几个扬水工程捆在一起作为一个建设项目的可能性。

三、百人视察团

1994 年 8 月 22 日,全国政协在京委员赴宁视察团一行 106 人,在团长焦力人,副团长曹步墀、孙轶青、潘渊静、陈益群的率领下来到宁夏。自治区党委、政府、政协对这次视察非常重视,自治区政府主席白立忱、政协主席刘国范专门召集有关部门作了周密安排。白主席说,这次机会难得,焦力人同志是原石油部的副部长,我们要重点汇报两件事:一是引气入宁,这是奔小康项目! 二是开发大柳树灌区,新开几个扬水工程,这是扶贫项目。刘主席说,全国政协集中了一大批有理论、有实际的专家,参政、议政能力很强,很有影响,要请他们多看,争取他们的支持。

视察团分成 4 个组,分别视察南部山区和引黄灌区、工业、农业和重点工程项目。南部山区到了海原县关桥乡瓦窑河村、同心县王团镇大湾村,引黄灌区到属于固海扬水灌区的海原县兴隆乡高堡村、同心县河西乡。委员们对山区人民的贫困状况感到震惊。对搬迁到灌区的农户生活发生的变化感触很深。我区陪同人员一面介绍情况,一面汇报自治区的"双百"扶贫攻坚计划,汇报固海扬水工程的投资和实效,汇报打算新上的 4 个扬水工程(红寺堡扬水 90 万亩、兴仁扬水 50 万亩、固海扩灌 30 万亩、马场滩扬水 30 万亩)的情况,得到委员们的普遍关注和支持。孙文芳委员说,国家正在实施"八七"扶贫攻坚计划,宁夏要抓住机遇,多上些水利工程,搞好扶贫开发和吊庄移民。

8 月 29 日下午,在贺兰山宾馆,自治区党委、政府、政协的主要领导及有关部门负责人和全国政协视察团全体成员举行座谈,视察团的4个组分别讲了视察的见闻、感想和建议,团长焦力人作总发言,他讲了过去当石油部副部长时,曾多次来过宁夏,这次看到宁夏的巨大变化,感到十分高兴,对宁夏引气入宁的计划、扶贫开发的规划,都表示关心和支持。白主席、刘主席都讲了话。白主席说,这次百余名委员来宁夏,不辞劳苦,深入农村、厂矿,视察十分成功,听了4个组的发言和焦部长的讲话,很受启发,委员们是带着关心和支持,带着深情来的。通过视察,大家提出了54份建议,共200条,包括扶贫开发、引气入宁、重点项目、工业、农业、环保等诸多方面,我们一定认真梳理,分门别类地进行研究,改进工作。我还要拜托诸位,继续关心宁夏人民,帮助我们办成几件大事。宁夏是全国尚有约1000万亩以上宜农荒地的8个省区之一,在扶贫攻坚战中这宝贵的资源应尽早开发利用。陕甘宁盆地已探明是我国目前最大的陆地天然气储区之一,距银川最近,我区计划通过扩建宁夏化工厂,实现引气入宁,接着搞天然气化工。宁夏煤炭资源丰富,我们既要卖煤,又要把煤变成电,对外卖电,西电东送,还要把电变成高耗能产品,实行三业并举。宁夏现在还很穷,财政十分困难,但是,宁夏人民有志气,一定知难而上,不辜负委员们的殷切期望。

晚餐时,我陪坐的这桌是视察南部山区的委员,交谈的话题是扶贫开发,我向委员们再次介绍了红寺堡扬水、兴仁扬水、固海扩灌和马场滩扬水4个工程的情况,委员们对开发200万亩地,扶贫移民人均2亩地,总装机容量约40万千瓦,干支渠总长约700千米,留下了较深印象,表示回京后要向国家计委、水利部反映。

四、钱正英关注西海固

1994年9月初,自治区政协办公厅接到全国政协办公厅通知,由全国政协副主席钱正英率领徐乾清、黄枢、陶鼎来、鲍奕珊等委员组成的水利农林专家组1行13人将于9月中旬到宁夏考察水利、农林。9月9日上午,自治区政府副主席周生贤召集计委、水利、农业、林业等厅局负责人开会,研究如何陪同钱副主席一行考察,明确重点汇报大柳树高坝方案和扶贫开发问题。9月12日钱副主席一行到达银川,当晚即和自治区党委、政府、政协领导见面,商定了日程安排。9月13—14日周生贤副主席和有关厅局负责人陪同考察。钱副主席等重点察看了大柳树高坝坝肩的岩层,水利部天津水电设计院在坝肩打有探测洞,总长700多米,自然地形比较陡,没有路,钱副主席虽然已年过古稀,仍不辞劳苦,亲自到洞察看岩层的风化程度,令人敬佩。在红寺堡灌区,她仔细察看地质地貌,耐心地听取技术人员的介绍。14日晚,周副主席召集我们一起研究第二天的座谈汇报,商定由周副主席首先简要汇报自治区的经济情况,然后由我汇报大柳树高坝的情况和我区的双百扶贫攻坚计划,沈也明和张钧超同志作补充。

9月15日在中卫宾馆举行座谈,周副主席主持,钱正英副主席一行在座。我汇报说,黄河黑山峡河段的两个开发方案,即大柳树高坝方案和小观音二级方案,两个方案有三个基本一样、两个大不一样。三个基本一样是:淹没土地和移民数量基本一样,工程所需投资基本一样,发电装机容量基本一样。两个大不一样是:库容大不一样,大柳树高坝方案库容110亿立方米,小观音二级方案库容70亿立方米,相差40亿立方米。有人说库容大了没有用,这是站不住脚的,南水北调西线工程建成后,这样大的库容量是不可缺少的;效益大不一样,大柳树高坝方案,灌区都是自流或者低扬程,而小观音二级方案,灌区全部是高扬程,干渠工程艰巨,投资很大。我特别强调,国务院国发〔1993〕80号文件,与大柳树工程有关的省区,理应遵守、照办才对,现在不应再争论方案,而应心平气和地坐下来。按照国务院的决策,共同研究如何开工。自治区党委、政府对移民问题作过慎重研究,提出凡是淹没区的甘肃移民,只要本人愿意迁移到宁夏,全部搬来,全部欢迎,部分搬来,部分欢迎,乡镇任选保证安居,我区愿意和甘肃省一起还有内蒙古、陕西齐心协力,把这项造福子孙后代的大型水利工程建好。我还汇报了自治区的双百扶贫攻坚计划,为了解决100多万人的贫困问题,主要途径是建设红寺堡扬水、兴仁扬水、固海扩灌、马场滩扬水等工程,开发200万亩地。这样做尽管有人担心建成这几个扬水工程会把大柳树高坝给丢了,这种担心可以理解,如果高坝能够在20世纪90年代动工当然最好,由于两种方案已经争论40年,国务院1993年下文决策了,甘肃还是有异议,还要求论证,再拖下去,扶贫攻坚确实不能等。因此,自治区党委、政府权衡利弊,反复研究,最后决定向中央报告,先建设扬水灌区,以后等各方认识统一了,再建设高坝,这只是把水利工程建设的一般顺序,即先建大坝后建灌区的做法,作些调整,绝不是放弃大柳树高坝方案。

9月17日是星期六,自治区政府白主席,任、周副主席及计委、水利厅等部门负责人和钱副主席一行座谈。白主席说,感谢钱主席一行对宁夏的关心和支持,宁夏解放快50年了,自治区成立也35年了,至今还有140多万老百姓没能解决温饱,还过着十分贫困的生活,我们心情很沉重。最近自治区决定实施的"双百"扶贫攻坚计划,就是一项向贫困宣战的计划,我区提出扶贫开发的四个扬水工程是捆在一起的一个项目,不是分开的项目。钱主席曾长期担任水利部长,是水利专家,在中央很有影响,请多给予关照。钱副主席问,这四个扬水工程你们估计需要多少钱?我回答说,初步估算了一下,大约需要30亿,每亩1500元。钱副主席说,这次来宁夏考察很有收获,回去后要向李瑞环主席汇报,你们扶贫开发的思路是现实的。座谈会开得很亲切,当晚,钱正英副主席一行乘坐专列离银返京。

五、好,就叫"1236"

送走钱正英副主席一行后,白主席对我说,你们以自治区党委、政府的名义马上起草给党中央、国务院的专题报告。

9月18日,我起草了《关于将扶贫扬黄新灌区列为国家"九五"重点项目的请示》。起草过程中,把几个已经明确的内容推敲了一下,如:100万人的脱贫,开发200万亩土地,估算需30亿投资,攻坚计划的时间从1994年算起到2000年7月,而作为一项工程,如果也从1994年算起,显然是不现实的,但又必须在20世纪末完成,才能和扶贫攻坚计划相一致,所以,工期就排了6年。又联想到自治区正在开展的"231"工程,是两扫(扫文盲、扫科盲)三学(学文化、学科学、学经营管理)一造就(培养造就一代新型农民),那是一项社会发展工程,为了避免和"231"工程混淆,所以,把它顺成"1236"工程。21日上午,白主席召开机构编制委员会会议,任副主席和各编委出席,我请示初稿交白主席审阅,并对起名"1236"工程作了说明,白主席斟酌一会儿,提笔对文字作了几处修改,又递给任副主席审阅,任副主席对文字也作润色。白主席再次审阅后说:"好,就叫'1236'了,一个'231',一个'1236',把这两项工程抓好了,自治区就有希望了,白主席阅签后,第二天,我们送到自治区党委,黄书记完全同意。自治区党委、政府《关于将扶贫扬黄新灌区列为国家"九五"重点项目的请示》,以宁党发〔1994〕20号文正式上报党中央、国务院,上报日期是1994年9月18日,距钱正英副主席一行离开银川的日子仅24小时。"1236"这一民心工程,从此载入宁夏建设史册。

自治区党委、政府的果断决策,大大加快了前期工作的进程。9月27日自治区计委邀请自治区水利、林业、农业区划等方面的专家,座谈"1236"工程项目建议书和预可行研究报告的编制,专家们提出不少建议,仍有专家担心会影响大柳树高坝,也有专家认为1个月时间太紧,认为仅灌区大比例的地形测量就至少得3个月。座谈会开得认真、热烈,认识得不到统一,计委李惠第同志把情况反映给我。9月29日下午,我参加座谈,详细介绍了自治区党委、政府的决策过程,对专家提出的不同看法表示理解,分析了当前国内经济形势,甘肃对大柳树一级开发的异议,国家计委请地矿部牵头再次邀请多名工程院院士、著名专家对工程地质论证以及"八七"扶贫攻坚计划和"双百"扶贫攻坚计划的主要内容。我说:"'1236'工程是综合多方面的情况后决策的,它不是最理想的方案,但确实是现实的、科学的可行方案,是和钱正英副主席、陈耀邦副主任座谈后形成的方案,按照这个方案去争取,近期内有可能获得国务院批准。如果仍然坚持先干大柳树高坝这一条道,那么近期肯定是没有希望的,下个世纪初会如何,尚难预料。"专家们是通情达理的,经过充分讨论,大家统一了认识,决心争分夺秒,保证在1个月之内把20多万字的预可行性研究报告拿出来。

经过专家们和自治区水利设计院的努力,10月29日项目建议书和预可行性研究报告编制完成。当时我正在北京,自治区水利厅小哈、小张将材料送到我处,连夜审阅并稍作修改,30日上午电话通知自治区计委在机关主持工作的杨发茂副主任,将修改后的报告重新打印盖章,并于当天下午送到北京。31日,我们派专人分头将材料送到国家计委、水利部。我和钧超同志负责送到全国政协。当时钱正英副主席率团出访罗马尼亚等三国刚刚回到北京,在办公室会见了我们。我区政协主席刘国范是代表团成员之一,钱副主席看到我和钧超提着那么厚的预可行性研究报告,十分高兴地说:"你们真是高效率。"刘国范主席站在一旁,和我紧紧握手,十分有力。

六、企盼

1994年10月10日,自治区计委开会研究"以工代赈"10年所取得的成绩,准备拍一部电视片,邀请了作家李唯、郑珂等,他们初步意见,电视片名为《再铸辉煌》。我认为,宁夏农村目前还有140多万人没有脱贫,"以工代赈"虽然取得了很大成绩,但不宜估得过高,应当实事求是,留有余地。另外,更重要的是立即拍一部反映南部山区贫困缺水的电视片,为"1236"工程的必要性、紧迫性造舆论,作宣传。经过研究,决定拍两部电视片,一部反映干旱缺水的,起名《企盼》,有同志推荐这部片子请康健宁同志拍摄;一部反映"以工代赈"10年成绩的,改名《知时雨》。我把拍电视片的计划向白主席作了汇报,得到了白主席的支持。

经与宁夏电视台协商,他们表示义不容辞。11月3日,自治区计委邀请康健宁同志商量拍片的具体事宜,健宁同志是拍摄电视专题片的专家,他拍的《沙与海》曾在国际上获奖。《企盼》计划长约50分钟,健宁同志问,敢不敢如实拍?我说,一定要如实拍,不怕有人指责,一定要讲真话。商定后,健宁同志即组织专人,深入山区,克服了许多困难,精心进行采访和拍摄。11月18日,摄制组采访白主席,在宁夏宾馆拍下主席那席关于"1236"工程的非常动感情的讲话镜头。

12月下旬,《企盼》的样片出来了,我和有关同志在宁夏电视台徐赛办公室审看,片中干裂的田地、焦枯的庄稼,十几亩地仅收获的半袋瘪谷;群众喝苦水、排长队等水;一个十几岁的孩子用童稚的声音说盼望能喝上几口甜水的镜头,催人泪下,发人深思。健宁同志以他敏锐的视线、艺术家的良知把《企盼》拍得很成功。我区著名书法家郑歌平书写的"企盼"两个字,也为片子增色不少。

1995年1月18—20日,全区计划工作会议在银川召开。经与宁夏电视台商定,会议期间宁夏电视台首映《企盼》,自治区计委组织出席会议的同志收看并座谈。《企盼》播映后在全区引起强烈反响,在回族聚居的同心县,一位宗教界人士表示,要为"1236"工程捐钱捐物,亲自参加水利工程建设,渠修到哪里,他们的人和车跟到哪里。1月25日,中央电视台在地方台30分钟栏目中映播了《企盼》。春节后一些兄弟省(区)电视台也陆续放映《企盼》,收到良好效果。自治区计委先后收到多封全国各地的来信,谈到对宁夏南部山区贫困人民的同情和关心。一位江苏省的小学生,把过节父母给他买糖果的钱省下寄来,帮助山区的穷孩子,童心感人。自治区计委指定专人对来信都一一作了回复,表示感谢。2月中旬,《企盼》送到全国政协、国家计委、水利部等,在"1236"工程的前期工作中起了一定作用。

七、全国政协"2027号"提案

全国政协八届第二次会议"2027号"提案——《关于在宁夏回族自治区建设扬黄扶贫灌区作为大柳树第一期工程的建议案》对促成"1236"工程起了关键作用。

早在1994年11月24日,我随同白主席到北京西单手帕胡同20号钱正英副主席家中拜访。汇报时,钱副主席说:"9月17日离开宁夏,18日返回北京后,立即组织在京的参加考察的委员专家,讨论并写出报告,让秘书亲自送至瑞环办公室。在送给瑞环的信中,充满感情地表达了考察的感受和宁夏同志的热切愿望。9月26日就向全国政协提交了赴宁夏考察的报告。"全国政协主席李瑞环看后非常重视,当即召开专门会议听取汇报,并指示尽快将考察报告写成建议案,送交中央及国务院各有关部委。9月25日,钱正英副主席让秘书将政协委员的考察报告送到同在京西宾馆参加十五届二中全会的国务委员陈俊生的房间,并亲笔附信邀请国务院和有关部委听取宁夏考察的报告。十五届二中全会一结束,陈俊生主持会议,家华、耀邦、刘江、春园、恕诚等参加听取了正英同志的汇报,时任电力部副部长的汪恕诚,对此项目极为支持,会议基本同意钱正英同志的建议。李主席还写信给江泽民总书记和李鹏总理,认为提案基本可行。这就是"2027号"提案的来历。钱副主席还介绍了提案的基本内容。白主席听了非常高兴,对我说,要争取尽快看到李瑞环主席的信件。

1994年11月28日,中央经济工作会议在北京开幕,这是一次极其重要的会议,中央领导同志,国务院各部委和各省市自治区主要负责同志都出席了会议。宁夏是黄书记、白主席和我参加的。会议开了4天,于12月1日下午闭幕。2日上午黄书记接到李瑞环主席办公室的电话,说李瑞环主席就宁夏"1236"工程写给江总书记和李总理的信,两位领导已经阅批了,"李办"给宁夏复印一份,在中南海西门警卫传达室,要宁夏派人去取。黄书记放下电话就通知我,我和驻京办马鸣中同志到中南海西门警卫传达室取回信件。

李瑞环主席的信是10月28日写的。信上说:"'三西'建设搞了十来年,也摸索出一些经验,看来有条件的地方搞扬水灌溉,成片移民,是个根治贫困的好办法,我觉得钱正英等同志'建议案'的思路基本可行。"

把"1236"工程(宁夏扶贫扬黄灌区工程)作为大柳树灌区的第一期工程,先期开发灌区,能在五六年内就使宁夏收到实效,这不仅可为大柳树工程本身争取时间,而且对于宁夏南部山区加强民族团结,解决宗教纠纷,维护社会稳定,有着不可低估的作用。现在社会上都很关心东西部差距扩大问题,如果宁夏在脱贫上早日有所作为,意义重大……

江泽民总书记圈阅。李鹏总理批示:"请锦华同志在'九五'计划中考虑。"

我看过信件后心里非常高兴,当即向在京的白主席汇报,向返回银川的黄书记汇报,并和有关部门通气。

这封信所表示的对宁夏的极大关心,大大鼓舞了我们,12月5日上午,白主席带领我们到水利部专门汇报"1236"工程,钮茂生部长和有关司局负责人参加。钮部长说:"已经看到全国政协'2027号'提案,对宁夏的'1236'工程,我投赞成票,重要性紧跟大江、大河治理的后面,排在第三位。北戴河会议上,国家计委1995年的投资盘子要求增加70亿,财政部平衡下来只能给30亿,国家计委安排国防军工后,仅剩6亿,给水利部3亿。'八五'计划水利投资152亿,1991—1994年仅安排105亿,还差47亿,我部在喊,也希望宁夏帮我们一起喊。"白主席说:"感谢钮部长对'1236'工程的支持,这是一个建设项目,请不要把它化整为零。要求它能作为"九五"计划的重点项目,位置请往前排,希望帮助把项目建议书快批下来。我们再一个一个部委去拜。"

7日上午,白主席又带领我们到国家计委专门汇报"1236"工程,陈耀邦副主任和农经司、投资司、交通司、能源原材料司负责人参加。他们都知道全国政协有个"2027号"提案。陈副主任说,8月份去过宁夏,从发展少数民族地区经济、打好扶贫攻坚战等方面考虑,他们支持"1236"工程,黄河上的项目要统筹考虑,按基建程序先研究批复总体规划然后一项一项批,一项一项干,先易后难,所需资金要多方面筹措。白主席说,我们看到李瑞环主席写给江总书记和李鹏总理的信，看到李总理给陈锦华主任的批示，请国家计委把"1236"工程作为一个项目列为"九五"计划的重点，先把建议书批下来，我区好开展下步工作。1995 年 3 月上旬，全国政协八届三次会议和全国人大八届三次会议先后开幕。全国政协副主席叶选平在工作报告中指出了"2027 号"提案提出在宁夏兴建扶贫扬黄灌区把宁南山区百万人民从生存窘境中解救出来，对于西北扶贫和长治久安具有重要而长远的政治意义。政协要积极反映社情民意，把群众的要求呼声反映给中央。"2027 号"提案为拓宽政协工作思路提供了一个很好的范例。

八、"这个头我来当"

"1236"工程从酝酿、提出、立项、奠基，每一个重要环节无不倾注着白立忱主席的心血。

1994 年 12 月 29 日，自治区党委召开扩大会议，听取计委和财政厅关于 1995 年国民经济和社会发展计划草案的汇报，黄书记主持会议。听完汇报后，白主席说："1994 年取得的成绩来之不易，1995 年的工作要认真贯彻落实中央经济工作会议精神，集中精力、集中财力办成几件大事，第一件是'1236'工程，要成立一个建设委员会，计委先拿出一个名单，这个头我来当。"黄书记作了总结，他完全同意自主席的意见，并强调处理好稳定与发展的类系，要求全面完成"八五"计划。

1995 年元旦，银川市举行环城跑，白主席在接受电视台记者采访时，第一次把"1236"工程通过新闻媒体向全区公开，表达了自治区党委、政府对建设"1236"工程的决心和信心，我随之写了篇《建设好"1236"工程》的文章，刊登在 1 月 16 日的《宁夏日报》上。

春节过后，2 月 8 日、9 日两天，白主席主持召开办公会议，研究 1995 年度重点建设项目，再次强调"1236"工程是重中之重，需建资金要通过 9 个渠道筹措，必须予以保证。2 月 13—16 日白主席率刘国范、任启兴、周生贤、吴尚贤和各厅局、银南、固原、有关专家及新闻单位一行 60 余人，到"1236"工程的 4 个灌区(马场滩、红寺堡、兴仁、固海扩灌)现场调研。考察兴仁扬水灌区时，我着重介绍了这个灌区和甘肃接壤，这次规划的 50 万亩，包括海原兴仁片 15 万亩，中卫井庄片 14 万亩，喊叫水、下流水片 21 万亩。这大片高原台地在甘肃境内还有 40 万亩。1971 年，当时任水利部部长的钱正英同志，为了帮助解决兴仁的人畜饮水，曾亲自出面协调，从甘肃靖远的引黄灌区调水，以解燃眉之急。当天中午，全体人员在兴仁集上就餐，平常人不多的兴仁，一下子热闹起来，集上人听说要上兴仁扬水，都非常高兴。

2 月 15 日，在固原地区会议室座谈一整天，自治区计委、水利厅、财政厅、农建委等部门领导以及固原地区芮存章、银南地区马昌裔和有关县领导马勇、白皋等发言。晚上，召集部分同志开会，集中研究几个问题，刘国范主席讲了这次现场调研很有必要，大家的认识提高了，"1236"工程确是彻底改变南部山区面貌的奠基石工程，要把清水河流域建成第二个宁夏川，这就是对人民负责，对历史负责。白主席也谈到这次现场调研进一步统一了对"1236"工程的认识，接着要做好组织准备、技术准备、政策准备、资金准备，成立宁夏扬黄扶贫工程建设委员会，主任他来当，副主任由启兴、生贤当，再推荐一名副省级领导当专职的，兼办公室主任，有关厅局、银行的主要负责人当委员，要千方百计筹措建设资金，可以考虑出台一些附加，如汽车购置附加、水电费附加等等，提倡职工捐助，在自愿的前提下，按工资作基数，捐助额省级干部6%、厅局级干部3%、处级干部2%、一般干部1%，也是"1236"，我们用实际行动来表示搞好扶贫攻坚战的决心，也希望用这种艰苦奋斗的精神来感动国家计委。水利会议结束后，我即向白主席推荐张位正同志担任专职副主任，位正是农田水利专业本科毕业，曾从事多年设计技术工作，责任心很强，1991年到东北三省考察时，一位吉林领导同志误认为他是藏族，我们也就戏叫他"扎西"，1993年自治区人大换届时被提名选举为副主任。白主席同意这项推荐，表示和人大商量，然后由党委研究决定。

2月16日上午，"1236"工程现场调研总结会在固原召开，刘国范、任启兴、周生贤、吴尚贤等领导发言。白主席总结了这次的现场调研是对"1236"工程重大意义的再认识、再动员、再鼓劲，调研达到了预期目的，西海固的人民对这次调研非常关切，3天收到16封群众来信，热烈盼望"1236"工程早日上马，早日见效，朴实的语言非常感人。白主席特别强调两点：一是各级领导干部要进一步加深对工程重要意义的认识，下决心打胜扶贫攻坚战，不争论、不动摇、鼓足劲、坚决干、高标准、要干好；二是认认真真、扎扎实实解决一个一个具体问题，首先要全力争取国家计委支持，尽快立项，要精心搞好规划，要实实在在地筹措资金，要细致研究配套政策，要切实加强领导等。2月21日，白主席的讲话以宁政发〔1995〕13号文下发。

这次现场调研，让全区人民再次看到白主席挂帅亲征的决心，很快掀起"1236"工程热潮，许多群众写信支持，同心县有个运输专业户名叫马中良，在来信中表示，每年给"1236"工程捐资1万元，直到工程建成为止。

3月初，全国人大八届三次会议在京召开，我区的全国人大代表带到会上提案，第一项就是关于将"1236"工程列为"九五"重点项目。6日大会秘书处通知，李鹏总理定于7日上午9时到宁夏团参加讨论，听取对《政府工作报告》的意见，我们知道后都很高兴，当晚，白主席找我商量，要我重点汇报"1236"工程。

第二天李鹏总理准时到来。白主席、马思忠主任向总理一一介绍我区代表。当听说我是计委主任时,总理笑着说计委主任一定会讲大柳树。座谈开始了,我在汇报"1236"工程过程中,总理插话问几个问题,如开发200万亩地要用多少水?30亿投资够不够?……我都一一做了回答,听完代表发言,总理说:"宁夏的工作很有成效,中央是满意的,你们对扶贫攻坚战决心很大,困难也不小,瑞环同志为你们说话,政协有个'2027号'提案,'1236'工程国务院会认真研究,给予支持的。"会后,白主席高兴地对我说,号都挂上了,还得不断地催。

5月19—24日,李岚清副总理、国家计委郝建秀副主任、水利部张春园副部长等来宁视察,23日下午听取自治区的汇报,会议由黄书记主持,白主席汇报我区经济和社会发展情况,重点介绍"1236"工程。李副总理听后指出了:百闻不如一见,这次到宁夏,亲眼看到你们在艰苦的自然条件下不怕困难,奋发进取,取得大成绩,粮食自给有余,工业也有很大发展,来之不易。你们南部山区和干旱带上的贫困,主要原因是缺水,一言以蔽之是"水",你们提出的"1236"工程,确实抓住了脱贫致富的关键,我支持这个工程。昨天,我和家华同志通电话,他说,国家计委4月18日已把宁夏扶贫扬黄灌区规划的批复发给自治区计委,原则同意建设扶贫扬黄灌区工程,鉴于黄河黑山峡河段开发方案仍在研究论证,难以确定为大柳树一期工程,要求宁夏对规划的4个扬水工程再进行分析比较,研究提出了分步实施的方案,按基建程序报批。家华同志在19日下午召开专门会议,研究宁夏扶贫扬黄灌区工程问题,陈俊生、杨汝岱、钱正英以及全国政协、国家计委、水利部、电力部、农业部的负责同志都参加了,钱正英同志介绍的情况。会议确定了原则同意在宁夏建设扶贫扬黄灌区工程,整个灌区目前可暂按200万亩,年用水8亿立方米进行规划,能与原规划的大柳树灌区一致的尽量统筹一致起来,优先选择扬程低、可集中连片开发的进行建设,中央投资要在"九五"计划中统一平衡后安排,整个工程的投资由宁夏包干使用。前期工作由水利部商宁夏具体落实,争取今年内批复项目建议书。李副总理还说"1236"工程是宁夏的头等大事,工程建设所需资金中国外贷款这一块,已经有点眉目,科威特政府的第5批贷款余额约3000万美元,合同很快就可以签。李副总理还就宁夏的教育、科技、商业、外贸方面的工作做了指示。讲话对宁夏充满感情,我们与会的同志很受鼓舞。在白主席的盛情相邀下,李副总理欣然命笔,于24日写下《赴宁夏有感》五绝一首:有水赛江南,无水泪亦干。引黄造绿洲,万民俱开颜。

九、喜讯

1995年5月25日下午,自治区党委召开会议,黄书记主持,传达李瑞环主席的电话,专门研究"1236"工程。刘国范、任启兴、张位正和马骏廷、钱根芳、张钧超和我等参加了会谈。黄书记说："李瑞环主席来电话告知'1236'工程经家华副总理主持会议专门研究，已同意列入'九五'计划，中央拿20亿，由宁夏包干使用。这和23日李岚清副总理告诉我们的情况是一致的。与会同志都很高兴。我和钧超同志汇报了4个灌区调整的初步意见。"国范同志说："'1236'工程一定要扣住扶贫的主题，彻底解决西海固问题。"启兴同志说："白主席电话，下一步工作要主攻国家计委科特贷款问题，已经和外经贸部联系，他们意见，签订贷款合同必须以批准的立项作依据。"黄书记作出总结，决定启兴副主席带队第二天就乘飞机赴北京，争取立项。

从5月26日到6月16日，任副主席领着我们天天奔波于国家计委、水利部、外经贸部、中国国际工程咨询公司之间，一遍一遍地汇报，争取他们对"1236"工程的支持。水利部专家提出，兴仁扬水扬程在400米以上，单位用水耗电量过大，成本高，只有开凿约1千米的隧洞，水才能流到喊叫水、下流水片，施工也很困难，建议进行调整，要求尽量与大柳树灌区相结合，尽量与引黄灌区开发相结合，想法降低扬程，降低投资。6月1日上午，白主席、任副主席带着位正、钧超和我第二次到钱正英副主席家，把几天来的情况向钱副主席汇报。她很高兴，赞扬自治区工作扎实，抓得紧，同意把兴仁扬水灌区暂时放下，希望我们尽快拿出调整方案，争取早日立项。白主席再将感谢钱副主席对宁夏的关心，参照专家们的意见，我们在北京连夜奋战，分析研究，反复比较，在多种方案中筛选出两个新方案，再次向水利部、国家计委汇报，专家们对第一方案，即红寺堡灌区75万亩，固海扩灌约55万亩，马场滩灌区约55万亩，红临灌区15方亩，总计仍是200万亩，静态投资估算为33亿元表示基本可行。根据专家们的意见，我们立即组织自治区水利设计院的同志作预可研的深化工作。

6月16日上午，在宁夏驻京办事处二楼会议室，水利部张春园副部长、朱总工程师和有关专家听取宁夏关于"1236"工程新方案的正式汇报，启兴副主席主持，位正、钧超和我介绍新方案的四个灌区情况、土地、泵站、干支渠、供电、农业开发、扶贫移民及估算投资。专家们认真发表意见。张副部长说："自治区这雷厉风行而扎扎实实的工作，我很敬佩，现在拿出的方案比较合理，兴仁扬水以后有了钱还可以干，水利部全力支持'1236'工程，你们把支渠以下的钱分出来，列到农业开发中去，把这个方案微调一下，草案先向国家计委汇报，同意了再打，打印出来后再搞一次中间审查，根据审查意见再修改，然后正式上报。"任副主席说："感谢水利部的关心和支持，下个星期我们回宁夏，立即向区党委汇报，一定按基建程序抓紧编报。"

6月29日下午，自治区党委召开常委扩大会议，黄书记主持，专门听取"1236"工程前期工作进展情况的汇报。白主席、姚敏学、各常委、自治区人大常委会马思忠主任、自治区政协刘国范主席、各有关厅局负责人参加会议。启兴、位正、钧超和我作汇报。各常委、刘国范、马思忠、周生贤发言。白主席说："这次启兴同志带领的工作组，经过20多天的工作，很有成效，调整后的方案符合自治区党委、政府提出的要求，同意按这个方案正式编报。'1236'工程关系宁夏全局，各级干部要从大局出发，尽全力支持。前期工作，要抓紧争取立项，抓紧筹措资金。同意财政和计委提出的地方资金筹措方案，待项目批准后，先开工红寺堡扬水和固海扩灌。同意区计委拿的组织机构方案，成立宁夏扶贫扬黄灌溉工程建设委员会，我当头，启兴、生贤、位正当副主任，自治区计委、水利厅、财政厅等部门的主要领导当委员，委员会下设办公室，正厅级，位正兼主任，钧超任副主任，同时成立宁夏扶贫扬黄灌溉工程建设指挥部，与办公室两块牌子，一套人马。"黄书记完全同意白主席的意见，强调说："'1236'工程是新中国成立以来宁夏最大的一项工程，全国上下要同心同德，坚决打好这场扶贫攻坚战。"7月8日，自治区党委以〔1995〕10号文件下发这次常委会议纪要。7月14日，自治区党委办公厅、政府办公厅根据纪要精神，以宁党办〔1995〕22号文下发《关于成立宁夏扶贫扬黄灌溉工程建设委员会的通知》。至此，"1236"工程的组织机构正式成立了。

7—8月间，自治区计委会同新组建的宁夏扶贫扬黄灌溉工程建设指挥部，组织专人抓紧修改和编报"1236"工程的项目建议书和预可行性研究报告，水利部在北京组织专家对建议书和预可研作中间审查，根据审查意见，又作一些修改。9月初，自治区计委将项目建议书和预可研报告正式上报国家计委。距1994年9月18日自治区党委、政府上报党中央、国务院要求将"1236"工程列为"九五"重点项目的请示整整1年。国家计委接到自治区计委的报告后很快委托中国国际工程咨询公司对项目进行评估。9月19日下午，在宁夏国际饭店，黄书记、白主席、刘国范主席、李俊杰常委、任启兴副主席等会见来宁评估的专家，我和水利厅、指挥部的负责人在座。专家们认为"1236"工程是可行的。

1995年12月1日，自治区纪委驻京联络处来电话，11月29日，国务院总理办公会研究一批项目，我区银川河东机场工程正式开工，但没有"1236"工程的项目建议书，我听后一喜一忧，喜的是机场工程经过一年多的努力，总算名正言顺地开工了，忧的是红寺堡一泵站、固海扩灌一泵站的"三通一平"已经动工，如不能尽快立项，预料中的困难可以想象。

12月5日，中央经济工作会议在京西宾馆开幕。1994年在中央经济工作会议闭幕的第二天，拿到李瑞环主席写给江总书记和李鹏总理的信，今年我盼望还能出现好事，12月6日早餐后,利用分组座谈会前的间隙,我到西楼见何椿霖副秘书长,何问我:"你们那个'1236'项目批了吧?"我回答:"邹副总理 10 月 25 日写信给陈锦华主任,甘子玉、叶青副主任和吴仪部长,要求快报上去,听说可能是国家计委投资司办慢了。"何问:"为什么一定这么急?"我答:"因为工程要用科威特政府的第 5 批、第 6 批贷款,不立项人家不评估。"何说:"我明白了,你们不要埋怨计委,我再想想办法。"何秘书长的关心使我很高兴,当即向黄书记、白主席汇报,他们也很高兴,嘱咐我继续抓紧。

12 月 7 日,中央经济工作会议闭幕。全国计划工作会议紧接于 10 日召开,启兴副主席和我参加,会议间隙我们不断地找国家计委谈"1236"工程。13 日上午,国务院总理办公会研究一批项目,陈耀邦副主任参加会议,听说有"1236"工程项目建议书。启兴副主席和我怀着急切的心情,一直等到午餐会快开完,才在走廊上看见刚开完会回来的陈耀邦副主任,他很理解我们的心情,爽快地告诉说,项目建议书通过了,工程名字正式叫"宁夏扶贫扬黄灌溉一期工程",包括红寺堡灌区 75 万亩和固海扩灌 55 万亩,合计 130 万亩,静态投资 22.82 亿元,要求据此编制可行性研究报告。

这个喜讯让启兴副主席和我十分兴奋,立即马不停蹄地向黄书记、白主席汇报。12 月 14 日《宁夏日报》头版头条登出《"1236"工程项目建议书获得国务院批准》,这个喜讯以最快的速度传给宁夏人民。杨兆海同志这条快讯获得西北五省(区)党报短新闻一等奖。

十、奠基典礼

1996 年元旦,自治区计委收到国家计委计农经〔1995〕2248 号印发《国家计委关于审批宁夏扶贫扬黄灌溉一期工程项目建议书的请示》的通知,这个文件标志着从 1994 年 9 月开始的立项报告,经过 1 年 3 个月的努力终于获得国务院批准,这是"1236"工程在基建程序上的一座重要里程碑。

自治区政府根据批准的项目建议书和预可研,立即开展可研报告的编报工作。由于早在催报预可研时,已经着手可研报告,所以工作进展比较顺利。2 月 14—16 日,自治区计委召开专家会议,对可研报告进行预审。《宁夏扶贫扬黄灌溉一期工程可研性研究报告》全文 90 多万字,分综合说明、水利工程、施工组织设计、项目管理、环境影响评价、投资估算、经济评价等 12 个分册和 4 个附件。预审修改不多。3 月 6 日,自治区计委将报告正式上报国家计委和水利部。4 月 4—7 日,水利水电规划设计总院受水利部委托,在北京主持召开可研报告审查会,基本同意我区的报告。

4月4日下午,邹家华副总理在中南海办公室召开会议,国家计委陈耀邦副主任、投资司宋密司长等在座,听取《宁夏扶贫扬黄灌溉一期工程可研报告》的汇报,自治区白主席、张位正、郭占元和我参加会议。我们汇报时,邹副总理让摊开图纸,边看边问,非常认真。汇报完,陈耀邦副主任对邹副总理说:"报告已经报来,水利部正在组织审查。中央拿的钱算作投资,不用宁夏还,是财政拿还是计委拿,还没有定。计委支持这个项目,采取积极态度促成这件事。"白主席说:"水利部基本同意报告,自治区想在5月6日举行奠基典礼,请邹副总理参加,给我们剪彩。"邹副总理问陈耀邦副主任行不行。陈告诉他这个项目技术并不复杂,不会出问题的,有把握的工程可以先干。邹副总理说:"那好,同意你们搞个奠基典礼,具体时间5月初再商量一下,中央领导同志对这个工程都很关心,宁夏'九五'期间把这件事办好了,算是给人民办成一件大事。"

4月5日上午,白主席又带张位正和我到中南海李岚清副总理办公室汇报。李副总理说:"国务院领导特别是家华同志对你们这个项目很重视,抓得很紧。科威特政府第5批贷款的3000万美元,科方已同意给你们,可以我们国内招标,第6批的11亿美元还得再谈。你们一定要精打细算,艰苦奋斗,用扶贫攻坚精神干出样子。宁夏没水的地方渴死,有的地方却大水漫灌,每亩地1000立方米以上太浪费了,要改变农民的传统习惯,种水稻也要讲究节水。"李副总理还说到联合办大学的问题,气氛十分亲切。

两进中南海,听到两位副总理的讲话,我们信心更足了,白主席对位正同志和我说,回宁夏后马上准备5月份举行奠基典礼。1996年5月11日,宁夏扶贫扬黄灌溉一期工程举行奠基典礼,现场彩旗飘扬,鞭炮齐鸣,国务院副总理邹家华、全国政协副主席杨汝岱,国务院有关部委领导陈耀邦、张春园、张宝明、张明康、张铭羽,自治区领导黄璜、白立忱、马思忠、刘国范、王永正等出席奠基典礼。邹副总理讲话,要求用对人民、对历史高度负责的精神,把这项扶贫攻坚工程干好。我望着挥锹为奠基石埋土的领导们,望着在微风中抖动的贴着"宁夏扶贫扬黄灌溉工程奠基典礼"14个大字的横幅,想起这20个月来的日日夜夜,心中油然升起对党中央、国务院的崇高敬意,对邹家华、钱正英、陈耀邦的感激之情。

应自治区政协吴强国同志之约,我写下这篇回忆,因为是依据当年的工作笔记、个人记忆和手头不全的资料串成的,难免有欠准之处。参与"1236"工程前期工作的同志很多,文中提到的名字有70多人,更多的人我想不起姓名,如果这些同志有暇看这篇回忆,并指出其中的缺漏,我会十分感谢。2002年春节期间,位正同志来访,谈及红寺堡灌区经过建设者们的艰苦奋战,已开发耕地约20万亩,扶贫移民10万人,初步形成水电路配套,基础设施齐全,林网纵横,生态良好的新区,当年栽下的幼苗,如今已见绿荫硕果。我俩回首往事,感到十分愉悦,并向国范同志在天之灵告慰。

——原载宁夏政协文史和学习委员会、宁夏水利厅合编《黄河与宁夏水利》,宁夏人民出版社,
2006 年

作者简介:董家林,安徽省寿县人。毕业于合肥行业学院土木工程系,高级工程师,中共党员。历任宁夏建设厅厅长、计委主任、电力投资公司董事长。宁夏大学、宁夏农学院、中共宁夏区委党校客座教授。中共第七届宁夏回族自治区党委委员、第七届自治区人大代表、第八届全国人大代表。现任宁夏开元学校董事长,著作有《宁夏基本建设十五年》《黄河与宁夏水利》《大柳树恋歌》。社科论文及诗歌曾多次获奖。

难忘的岁月　永远的记忆
——写在红寺堡扬水管理处成立 20 周年
薛塞光

红寺堡扬水工程建设已是 20 年多前的事情,现在回想起来,有些事情仍历历在目。

1994 年,为了实现中国政府在哥本哈根大会上发布的"不把贫困带到二十一世纪"的承诺,时任全国政协副主席钱正英同志带领国家有关部委和专家专程对甘肃省和宁夏回族自治区的贫困地区进行了走访调研,回京后将调研建议报告报送到党中央和国务院,并得到国家有关方面的高度认可。

1994 年 10 月,按照国家领导批示和有关部委意见,自治区党委、政府立刻组织自治区有关厅局开展宁夏扬黄扶贫工程的项目建议书编制工作,并于 12 月正式提出了宁夏"1236"工程初步方案,即针对 100 万贫困人口,开发 200 万亩扬黄灌区,计划投资 30 亿元,用 6 年时间完成。该工程全名为"宁夏扶贫扬黄灌溉工程",分为 4 个片区,即红寺堡扬水 75 万亩片区、固海扩灌扬水 55 万亩片区、马场滩扬水 55 万亩片区、红临扬水 15 万亩片区。

对于宁夏提出的"1236"工程,国家发改委和有关部门给予了极大的支持与帮助,1995 年批准一期工程建设,即红寺堡扬水片区、固海扩灌扬水工程片区,设计引水流量 37.7 立方米 / 秒,开发灌溉面积 130 万亩,解决 67.5 万贫困群众的温饱和脱贫问题,工程投资 27.67 亿元,

工期为 6 年。1998 年 10 月红寺堡 1 至 3 泵站通水。目前红寺堡灌区发展灌溉面积超过 110 万亩,当地经济社会与生态环境发生了巨大的变化,一个欣欣向荣的现代化灌区正在展现。

在红寺堡扬水管理处成立 20 周年之际,按照《宁夏红寺堡扬水工程志》编写组约稿要求,下面回忆工程建设点滴。

一、红寺堡的第一印象

1995 年,我第一次带领宁夏水利水电勘察设计院的专业技术人员到红寺堡地区察看项目区时,进入红寺堡唯一的道路是兰州军区靶场的一条专用石子路,到了红寺堡后就再无道路了,完全靠北京吉普摸索前进。那时,红寺堡没有一间房屋,到处是半米高的蒿草、沙丘和偶尔可以遇到的类似羚羊的动物,唯一看到的是一棵已经死亡很久很久的枯树。后来,我们曾经多次准备好干粮和水带领水利部的专家和领导在这棵树下讨论未来灌区和供水工程的规划。这棵树成了当时红寺堡前期论证工作的标志性坐标,然而遗憾的是,后来工程开始建设,我就再没有看到那棵曾经具有标志作用的树了。

二、水源工程的调整

宁夏扶贫扬黄灌溉一期工程的取水点最初选定的是宁夏卫宁灌区的七星渠,之后随着前期论证工作的不断深入,也暴露出七星渠作为水源的一些问题,如:为了满足扬黄一期工程的用水量,需要对七星渠进行扩整,然而该渠道穿越卫宁灌区,渠道两侧村庄密布,这些社会因素对渠道扩整影响很大。另外,七星渠扩整段需穿越三个窑沟、石黄沟等洪水流量较大的天然沟道,处理好渠道扩整和山洪沟道的洪水出路在当时也是有较大的难度。还有,若要解决好七星渠扩整中的所有问题,工程投资将有很大的增加。此时,宁夏扶贫扬黄灌溉一期工程建设总指挥部提出了调整水源取水点的构想,即沿黄河打大孔径井取地下水或直接从黄河取水。之后相关设计单位、研究单位对这一构想进行了研究论证,最后通过综合比选,确定了在黄河泉眼山附近建设黄河泵站直接取水的设计方案。在后来的一期工程运行管理中可看出,调整取水水源的决策是合理的。

三、泵站前池型式的实践

在黄河多泥沙水流条件下建设扬水泵站,由于没有设计规范依据,泵站前池型式一直是宁夏、甘肃、陕西等沿黄省区泵站设计的难点,并且没有有效的解决方案。泵站前池的水流状况和泥沙淤积形态直接影响泵站水泵的运行效率、过流部件的磨蚀程度，以及泵站运行管理。因此，设计适合水沙特征的、合理的泵站前池，对泵站工程十分重要。

为了攻克工程中的关键技术难题，宁夏水利水电勘察设计院的专业技术人员与水利部天津水利水电勘察设计院的研究人员组成课题组，通过区内外调研、水工物理动床模型试验，以及设计方案比选，最后红寺堡骨干 1～3 泵站前池选择侧向进水型式，同时为了进一步比选不同侧向进水前池，红寺堡 1～2 泵站采用了紧缩型侧向进水，3 泵站采用了斜向侧向进水。之后，结合红寺堡扬水工程其他流量大小不同的泵站，又开展了圆形、椭圆形、灯泡形、旁渠等前池设计与建设。

红寺堡扬水工程泵站前池经过多年的运行，实践表明，在多泥沙黄河水条件下，侧向进水前池、圆形进水前池和椭圆形进水前池是优先考虑的型式。后来该成果、结论在宁夏其他扬水工程中得到广泛应用，其合理性进一步得到验证。

四、水泵耐磨损叶轮技术的引进

在黄河多泥沙水流条件下建设扬水泵站，水泵叶轮磨蚀往往十分严重，当时宁夏扬黄泵站的水泵叶轮采用铸铁材质为主，使用寿命一般为 3500 小时左右，造成泵站装置效率不高，水泵运行维护费用高，同时还有供水安全风险。

为了攻克扬水工程水泵磨蚀关键技术难题，相关设计单位、运行管理单位和一期工程建设总指挥部专程到甘肃景电扬水工程调研，到甘肃工业大学和一些水泵生产企业交流，引进并推广了水泵钢板焊接叶轮技术。红寺堡扬水工程水泵经过多年的运行，实践表明，在多泥沙黄河水条件下，水泵钢板焊接叶轮的使用寿命达到 10000 小时左右，最长时间超过 20000 小时。

五、田间节水灌溉技术的应用

20 年前宁夏田间工程中支渠、斗渠、农渠的防渗砌护率不足 10%，直接影响到灌溉水利用效率。

当年对于采用何种节水技术应用到扶贫扬黄一期工程，有两种看法：一是对固定渠道全部采用混凝土板的防渗砌护技术，这是那个年代田间节水工程比较成熟的主要技术，同时工程的经济性较突出，推广应用难度小；二是水利部副部长张春园率领专家组提出的不建设固定渠道，而全部采用卷盘式、时针式、半固定式喷灌设备进行灌溉，当时宁夏这种节水灌溉技术仅有两处灌溉实验场在试验,其主要设备靠进口,投资高,推广应用难度大,而滴灌技术更是一种遥远的向往。

后来,针对喷灌技术的引进与推广问题,一期工程建设总指挥部高度重视与慎重,组织区内外专家反复论证,并对国内一些试点项目进行调研。最后经充分的综合比选,确定田间节水工程按照灌溉水利用系数 0.69 的高标准要求设计,固定渠道全部采用混凝土板的防渗砌护技术。同时,进行了 3000 亩的卷盘式、时针式、半固定式喷灌技术的灌溉试验与示范。经实践表明,当时对田间节水灌溉技术的决策是科学、合理的。

六、利用外资建设扶贫工程的创新

1995 年宁夏扶贫扬黄灌溉一期工程立项后,尽快筹集建设资金是一个突出问题。当年时任国务院副总理李岚清同志在宁夏调研考察中,提出利用科威特政府贷款解决工程部分建设资金的意见,并积极协调国家有关部委,形成了第一批 3300 万美元、第二批 5300 万美元,总计 8600 万美元的额度框架。

但是,要落实贷款,还必须按照科威特阿拉伯经济发展基金会的要求,编制贷款可行性研究报告,这对刚组建不久的一期工程建设总指挥部是一个挑战。此时此刻宁夏水利水电勘察设计院站出来勇挑重任,组成水利、电力、通信、农业、环保等五方面专业技术人员的报告编制组,经过一个多月每天几乎工作 20 个小时的艰苦努力,完成了 10 万字、200 多种表格的《宁夏扶贫扬黄灌溉工程利用科威特政府贷款可行性研究报告》,并协调陕西机械学院译成英文,于 1995 年 4 月正式送交科威特驻华大使馆转交科威特基金会。同年 5 月科威特阿拉伯经济发展基金会总裁、评估团长穆斯塔法·易伯姆·易卡亚来宁访问,对宁夏的准备工作非常满意,称赞项目执行机构所做的前期工作是一流的,充分肯定了项目建设的必要性、工程技术的可行性、工程效益的合理性,同时表示将全力支付贷款,使项目尽快取得成功。同年 7 月在银川举行《中华人民共和国和科威特阿拉经济发展基金会关于宁夏扶贫扬黄灌溉一期工程项目首批利用科威特贷款 3300 万美元贷款协定》草签仪式。

七、工程招标的方式

在我的印象里,宁夏扶贫扬黄灌溉一期工程是我区在工程建设过程中全面推行项目法人责任制、招标投标制、建设监理制、合同管理制的第一个大型综合性工程,并且在国内也不多见。为了落实预防职务犯罪和廉洁奉公的自律精神,一期工程建设总指挥部对工程招投标过程中廉洁风险是严格把控的。

那时的工程招投标形式主要参考世界银行贷款鲁布格水电站模式和国际通用的 FIDIC 条款，以及国家发改委有关规定进行。同时委托自治区计委（现发改委）重点建设项目管理办公室对土建工程的招标进行管理，由自治区成套局机电设备招标中心对机电设备招标进行管理。

当时评标过程与当今有很大差别：一是开标后，被临时抽签到的专家集中乘车送到宁夏军区贺兰山内一军事管理区，那里没有无线电信号、交通不便，除了军人就是评标人员；二是按照每位专家特长分为技术组、投资组交叉审阅企业的投标文件，并提出文件中的质疑问题，归纳出需要投标人澄清的问题；三是通知需要澄清问题的投标人代表，集中乘车到评标地点，在检查人员的监督下，将需要澄清的问题当面交投标人代表，要求其理解问题，并要求在 24 小时内以书面形式答复；四是对每一份投标文件的主要条款相应招标文件程度进行逐条评议，同时横向比较各招标文件的差异，从而评比出投标文件的基本顺序；五是推荐出第一中标候选人 1 人，第二中标候选人 1~2 人，并书面写出中标理由，报一期工程建设总指挥部；六是一期工程建设总指挥部通过会议方式听取评标工作汇报，并定出中标人，同时报自治区计委。

那时，宁夏扶贫扬黄灌溉一期工程的招投标经验曾经被国家计委在全国重点工程建设项目推广，同时实现了"工程优良、干部优秀、党员先进"廉洁目标。我个人认为虽然那时评标过程一般需要 3~6 天，但是确实能够体现公平、公正、公开，评出好的投标方，是一种负责的态度与做法。

八、与时俱进的规模优化调整

到了 2002 年，一期工程已经开发配套土地 50 万亩，安置移民 20 万人，安置区基本实现了"一年搬迁，两年定居，三年解决温饱"的目标，千古荒塬上出现了片片生态绿洲，项目深远的影响力和显著的社会、经济、生态效益正在为世人所瞩目。

然而，由于前期工作时间短，涉及水利、供电、通信、农业、移民、田间配套、水保和环保等八方面工程，建设复杂，加之缺乏在荒漠草原上进行大规模移民开发的经验，缺乏对水利农业一体化工程的社会性、复杂性的深入了解，缺乏对项目区严酷的自然条件的足够认识，造成前期规划设计考虑不充分、不全面。随着工程建设的实践，一些影响项目区可持续发展的问题逐渐显露出来。又由于按照我国西部大开发和全面建设小康社会的要求，以及中央领导同志的指示精神和自治区党委、政府的部署,亟待对工程建设目标、建设规模、产业结构进行必要的调整。同时,国家批准的初步设计概算已经不能满足工程建设的需要。鉴于以上原因,一期工程建设总指挥部于 2002 年开始对工程建设规模调整开展了研究论证:

(一)灌区开发规模和移民规模;

(二)如何使扬黄水量发挥最大效益,并相应合理调整灌区种植结构;

(三)在项目规模、种植结构合理调整后,实事求是地安排项目建设所需投资;

(四)将项目建设和运营管理结合起来考虑,并研究落实运营管理体制和运营管理经费等问题。

随后在 2002 年形成的《宁夏扶贫扬黄工程红寺堡灌区开发与可持续发展研究报告》基础上,2004 年编制了《一期工程规划调整报告》和《一期工程初步设计概算调整报告》。

一期工程灌区优化调整规模为:一是根据土地资源的实际调查情况和对灌区土地承载能力、环境容量的综合分析,将原定的一期土地开发规模由 130 万亩调减为 100 万亩,调减下来的土地作为生态保护用地。其中红寺堡灌区开发规模由 75 万亩调减为 55 万亩,固海扩灌灌区由 55 万亩调减为 45 万亩。二是根据灌区实际,应减小移民规模,放慢移民速度,将灌区安置人口由原定的 67.5 万人调减为 40 万人,其中异地移民搬迁 22.5 万人,就地旱改水 17.5 万人,以实现移民搬得进、稳得住、能致富的目标。三是考虑当地实际情况,节水型高效农业建设还需要较长时间和较大的投入,灌溉水利用系数难以达到原设计的 0.69。同时,灌区经济社会发展也需要调整用水结构,提高供水效益,增加城镇生活、工业和生态用水,且目前灌区水利骨干工程已大部分建成或正在建设中,因此仍可维持主要泵站、渠道原设计流量。四是调整概算为 36.48 亿元,比原概算增加 6.82 亿元,增加了 23%。

实事求是、与时俱进、一切从实际出发是中国共产党的基本方针。从红寺堡灌区发展 20 多年的实践看,当年对一期工程优化调整是十分必要及时的。

九、尊重知识的科学决策

项目启动之初,一期工程建设总指挥部就提出扶贫扬黄灌溉工程建设要做到"工程建设质量第一,移民安置稳定第一,农业开发效益第一"的目标与要求。但是面对工程涉及水利、供电、通信、农业、移民、田间配套、水保和环保等八方面的建设内容,仅靠总指挥部有限人员与知识、能力是难以实现上述目标的。由此,指挥部提出了依靠社会科技界的专家,助力总指挥部对工程建设的科学决策。

总指挥部的专家组人员有 20 多人,归口总工办管理,主要承担工程建设全过程的关键技术问题、重要方案、前期研究、科学试验、建言献策等方面技术参谋,通过科学、公证、实事求是地参与论证过程,将工程决策风险降低到最小。

十、不忘初心再接再厉

2016 年迎来了红寺堡扬水工程又一个春天。在我国实施精准脱贫大政方针指引下,在自治区党委、政府的关心与支持下,红寺堡扬水工程开始了新一轮的更新改造。这次改造建设与 20 年前的工程建设相比,更加突出了泵站装置效率的提升、泵站供水的安全可靠,泵站管理的综合自动化与信息化标准、扬水工程的供水保证率进一步得到保障,同时红寺堡扬水工程的供水能力也得到提升。宁夏贫困地区的扶贫接力棒在红寺堡扬水工程手中已经传递了 20 多年,从过去为解决贫困群众的温饱提供支撑,到如今为精准扶贫提供支撑,无论时间的流逝或灌区的巨变,红寺堡扬水工程为宁夏经济社会发展和群众致富的初心始终不忘。

2018 年是一个值得记住的时间点,我国改革开放经历了 40 年,宁夏回族自治区成立了 60 年,红寺堡扬水工程管理处组建了 20 年。我们的国家越来越强大,宁夏正沿着全面建成小康社会的目标奋力前行,红寺堡扬水工程承担的历史重任更加艰巨,我坚信在以习近平同志为核心的党中央领导下,建设美丽新宁夏,共园伟大中国梦一定会早日实现。

作者简介:薛塞光,陕西人,正高职高级工程师,享受国务院特殊贡献津贴,曾任宁夏扶贫扬黄工程建设总指挥部副总工程师、自治区水利厅总工程师、巡视员。

第二节　文学创作

一、诗歌

赴宁夏有感

李岚清

（1995 年 5 月 24 日）

有水赛江南，无水泪亦干。

引黄造绿洲，万民俱开颜。

赠给参加宁夏扶贫扬黄工程建设的勇士们

黑伯理

（1998 年 9 月 23 日）

万年荒滩谁曾问，敢调黄河入滩身。

高坡梦醒全披绿，人欢马叫不患贫。

喜闻中央批准扶贫扬黄灌溉工程

熊　烈

黄河一跃上南山，千里烟波好种田。

济困扶贫大手笔，汉回百万乐尧天。

红崖新色

万永昌

红崖多秀丽,别致一洞天。

长渠穿岭过,高树出山颠。

紫燕戏麦浪,黄鹂唱丰年。

世外无觅处,桃源在人间。

过红寺堡开发区

马志凤

渠水潺潺大路通,荒原顿变日兴荣。

红墙青瓦村环列,绿地蓝天镇踞中。

街巷纵横邀远客,楼台栉比映新风。

扶贫有道人心聚,携手同成百世功。

赞宁夏红寺堡开发区

刘建虹

近似飞龙远若虹,翻山越壑上高峰。

喷珠吐玉琼浆泄,激浪豪吟发聩聋。

"五一"抒怀

周伟华

（2001 年 5 月 1 日）

时光匆匆,渠水悠悠。

这千年的黄河水,怎能日夜不歇地向大罗山奔流?

麦苗青青,春意浓浓。

昨日的沙尘戈壁,怎能生出这胜似江南的如画美景?

彩旗飘飘,机声隆隆。

远离都市的泵站,是谁让你沉浸在忙碌欢快的节日气氛中?

时光匆匆,渠水悠悠。

勤劳的扬水人哟,难道你们忘记了节日里家人的盼望和等候?

（选自《红寺堡人》2001 第 5 期）

写在建处五周年之际

周伟华

固红攻坚降黄龙,扬水工人斗旱魔。

银河带来党恩情,千年荒原农家乐。

创业五载开天地,穷乡僻壤百战多。

白手起家垒新灶,大禹惊问谁唱歌。

（选自《红寺堡人》2003 第 17 期）

黄河泵站

毕高峰

一群守渠人，夜战洪荒兽。

高举擎天剑，降服旱魔头。

红寺堡精神赞

殷　锋

扶贫攻坚奔小康　扬水工人来拓荒
团结务实求实绩　开拓进取争荣光

植根荒原情意长　青春无悔建设忙
艰苦创业荒漠地　无私奉献平凡岗

渠道纵横伸八方　河水悠悠入田庄
旱魔沙尘终退怯　明珠熠熠镶塞上

绿树成荫瓜果香　五谷丰登粮满仓
万千移民乐安居　共建富裕幸福乡

（选自《红寺堡人》2001 第 5 期）

扬水站之夜

陈启武

是谁惊醒了横亘千里的大山之梦

似婴儿落地时无畏的惊叫

任雨雪菲菲,尘封岁月

仍唱出坚持的力量与生命的乐章

是谁点燃了旷野风中的灯

似母亲送别时远瞩的目光

任遒风啸啸,弥漫视野

仍不悔改心悸中无怨坚守的契约

是谁仍把心贴在渠堤上

聆听着脚下细沙抚触的语音

任冰冷月光,深深刺入年轻的肌肤

仍愿作荒野渠边忠实的守护者

是谁火热的心随渠水匆匆流淌

在田间、山边、老百姓的笑靥中

（选自《红寺堡人》2002 第 6 期）

养护工赞

张清生

你从风雨中走来,浑身沾满了泥泞,

冰冷的雨水湿透你全身,

为了渠道的安全运行

——你认真仔细地查遍全程。

你从沙尘暴中走来,周身落满了尘埃,

飞流的沙粒撞击你的眼睛,

为了灌区人民的丰收

——你从不畏惧艰辛。

你从热浪中走来,汗衫上泛出一道道白印,

酷热的阳光晒黑了你的面孔,

为了维护好水利工程

——你精心地呵护着每一寸渠堤。

你从风雪中走来,双眉上挂着冰凌,

刺骨的寒风撕裂你的皮肤,

为了国家的繁荣昌盛

——你在渠堤上流下一串美丽的脚印。

喔!这就是养护工,

这就是红寺堡扬水人!

(选自《红寺堡人》2003 第 15 期)

二、散文

冬 灌

周伟华

冬灌是保障灌区来年农作物丰收的一项常规性工作。但是,我处的冬灌工作却有不同寻常的意义。

1998年10月26日,随着红寺堡一泵站机组发出的轰鸣声,滚滚黄河水沿着干渠流向了千年荒原,红寺堡扬黄新灌区有了第一个冬灌。10月21日,从固海扬水管理处、盐环定扬水管理处等单位调入的人员和水利学校分配的技工毕业生110人欢聚红寺堡扬水筹建处临时会议室,召开了具有深远影响的工作启动会。会后,大家满怀创业的激情和奉献扬水的热望奔赴已建成的红寺堡一、二、三泵站,义无反顾地承担了第一个冬灌任务。当年冬灌1.13万亩,实现了自治区政府提出的"当年开工建设,当年发挥效益"的目标,开辟了红寺堡这个亘古荒原发展灌溉农业的新篇章。第一个冬灌掀开了新一代扬水人扎根荒原、艰苦奋斗、造福人民、壮丽辉煌的创业史。

2002年10月,又是一个冬灌。固海扬水管理处和盐环定扬水管理处的66名同志惜别工作多年的老单位,怀着管好新的扬水工程、服务新的灌区的崇高理想云集我处,毅然踏上新的扬水岗位履行新的使命,以高度负责的精神圆满完成了固海扩灌一至六泵站的试水和冬灌扬水任务。

2003年10月,又是一个冬灌。固海扩灌七至十二泵站建成,水校九九级86名技工毕业生踏进扬水大门,生机勃勃地奔赴扬水生产第一线,用火热的激情燃烧着寒冷的冬天,用花儿一样的青春年华装扮了寂寞荒原,他们把滚滚黄河水送到固原三营,实现了固海扩灌工程全线通水灌溉,了却了数万人民祖祖辈辈盼望黄河水的千年夙愿。

2005年10月,又是一个冬灌。扶贫扬黄工程的最后两座泵站——红寺堡四、五泵站建成投运,水校新一批毕业生告别父母,踌躇满志地踏上扬水征程,扎根罗山脚下,凭着满腔热情和造福于民的坚定信念,顶严寒、斗风沙,把黄河水送到美丽的罗山东麓,滋润了韦州这块古老而干涸的土地。

2007年10月,又是一个冬灌。50余万亩农田静静等待着黄河水的滋润,500名扬水人又默默开动了憋足劲的马达。

十年时光,弹指一挥间。

十年奋斗,十年奉献,扬水人以站为家,用智慧和汗水绘就了扶贫扬黄事业的美好蓝图。

十年耕耘,十年灌溉,扶贫扬黄新灌区发生了沧桑巨变。昔日风沙肆虐、荒无人烟的荒原已成为阡陌纵横、粮丰物阜、移民安居乐业的美丽家园。

"扬黄造绿洲,万民俱开颜。"是一批又一批红寺堡扬水人以执着的信念和忘我的工作把滚滚黄河水源源不断地送上千年旱塬,是他们用勤劳的双手和无私的奉献造就了一个美丽的塞上江南。

追忆奋斗的历程,红寺堡扬水人无比自豪!

展望灌区的发展,红寺堡扬水人任重道远!

(选自《红寺堡人》2007 第 34 期)

今生有缘

甘　萍

今生有缘,与你相遇在世纪之交,共携手走进了新纪元。你这多情的黄土地啊,是时代的号角唤醒了千百年来沉睡的你,从此,你便拥有了一个响亮的名字——红寺堡。于是,乘着改革的东风,伴着历史前进的步伐,你一路走来,在收获的季节与我相遇。我注定此生与你相依相伴,共负荣辱与共的历史使命。

今生有缘,你我初次相遇在漠漠风中,扯天的黄沙使我不敢相信那就是你,似一位远古的老者,枯瘦、苍凉、满身的尘土。漫天飞舞的黄沙中,几棵瑟瑟的小草在挣扎着,以不屈的生命向世人诉说。风息了,四周一片死寂,偶尔几只小沙鼠簌簌地穿行在沙中,贫瘠的你一无所有。

今生有缘,我们相遇在机器的轰鸣声中,一起欢腾,彻夜无眠。从此这哗哗的喧闹声打破了你以往的寂静,为你带来了生机与活力,你便似一位青春焕发的少年,以满腔的热情不懈地努力,来筑造自己辉煌的明天。

今生有缘,你我相遇在歌声中,你就像一位待嫁的新娘,已洗去昨日的尘埃,披上了绿色的纱巾,戴上了红玛瑙项链,展开动听的歌喉日夜在吟唱。你用那双灵巧的双手,播撒着绿色的希望,花开了草绿了,连风儿都欢快地舞起来了。

今生有缘,注定你我相识在世纪的春天,一起开拓一起奋斗,共同描绘理想的画卷。

(选自《红寺堡人》2002 第 12 期)

我们的所长

杨万忠

身材魁梧,肤色黝黑,时常戴一顶迷彩帽,穿一身运动服(或工作服),说不上三句话就发出一串爽朗的笑声,为人和蔼,毫无官架,职工也多把他当作老大哥。他具有一双敏锐的眼睛,灵活的头脑,朴实无华的作风,这一点通过我所的综合经营建设就能深刻地感受到。

温棚建设是一项投资大、见效慢的投入,他却选中了建温棚项目。为了节省投资,他带领职工自己搞土建。人员分 3 个班,3 天一轮换,而他没有一天离开过工地,直到十几天的土建工程结束,才拖着疲惫的身体离开。

为了征办土地,他在土地局软磨硬泡办证,并抢先开发,终于成功地开发了二百多亩土地。这期间也曾受到了许多的批评,但看到开发出来的土地,他像个孩子一样,开心地笑了。

看到海子塘泵站溢流堰时不时溢流出的水,他心疼不已,"要是能利用该多好啊"。一个偶然的机会使他梦想成真。一次得知有人用土垫地基,他急忙和副所长董学祥商量,多方联系,抓住这一机会卖土建鱼池,这样不但解决了 4 亩鱼池近万元的建设资金,而且还赚了钱,溢流的水也不浪费了,他笑着说这叫一石三鸟。

有人开玩笑地说:"所长,钱挣下,年底分了吧,说不定明年你调走了。"他坚定地说:"为官一天要为职工的将来着想,不能图一时小利而错失机遇,底子打下我走了也不后悔。"

他一心扑在工作上,无力照顾家人,妻子大老远从青铜峡来单位看他,正赶上用水高峰期,他不是下灌区就是在水调室调解用水矛盾,而冷落了妻子,在职工的提示下才发现妻子和包不见了,赶到车站时,妻子已坐上了返家的班车。

他也曾为了职工的利益受损而落泪。去年,中心所连续几个月被评为三档,他含着眼泪说了一句:"是我这个所长不称职,影响了大家的收入,我向大家道歉……"

这就是我们中心所的所长——张清生。

(选自《红寺堡人》2006 第 12 期)

再次走进固海扩灌三泵站

原筹建处临时工　贾双喜

我曾经于 2003 年被聘用为固海扩灌三泵站渠道养护工(临时工),那时的泵站满眼的沙堆、石头和施工垃圾,站区内外没有一点生机,只有管理房和院内几十棵新栽的树苗是唯一的绿色。这些绿色是每 3 天就要车拉肩扛浇一次水,才好不容易换回的生命。那时候我的心情下降到了最低,后来在大家乐观思想的感召下,我还是决定留了下来。

隔三差五的干热风携着满天黄沙,炎炎的烈日下躲也没处躲,恶劣的环境、单调枯燥的生活。职工们出工回来,个个灰头土脸的,宿舍内外杂乱无章。我终于熬到了冬灌停水,头也不回地下了山。

今年春季,不曾想我再次走进固海扩灌三泵站,高大的厂房很雄伟,满园的绿色尽收眼底,我惊讶、兴奋,顾不上搬下行李,就去寻找我自己亲手栽下的白杨树。树长高了,笔直挺拔,枝繁叶茂。特别是进厂路两侧的树木像亭亭玉立的姑娘们穿着统一的白色衣裙翩翩起舞,像是在欢迎我们,让人看不够、赞不够。围着站区走了一圈,更是感慨万千,布局得多么美观有序,管护得多么细致入微,连杂草丛生的石头园也变成了错落有致的良田,桃花、梨花和杏花等等争奇斗艳,清香扑鼻,沁人心脾,引得辛勤的蝴蝶在花丛中翩翩起舞,小鸟在枝头婉转歌唱。

两年的时间呀! 宿舍前后一株株松柏青翠,一排排垂柳婀娜多姿,偶尔伸展她柔软的手臂挡你一下开开玩笑,一棵棵龙爪槐不甘落后,花蕾含苞待放,过去的石头和砖头、白僵土更不存在,而变成改良后肥沃的土地,生长着一片片绿油油的油菜、芹菜和韭菜,新栽的黄瓜、西红柿和茄子等蔬菜青绿葱茏。再看一条条淌水土渠穿过路面像四通八达的交通线,集中的水滋润着一行行、一排排杨树、槐树……微风轻轻地吹过,柔软的枝条像许多小手,互相碰撞着、玩耍着……再也看不见职工们车拉肩扛架管抽水的场面。

看了外面,走进厂房,明净如水的玻璃,完善的制度图表,摆放整齐的资料。值班人员迎上前来,热情地招呼,端茶倒水,对我这几年的工作生活问寒问暖,多么好的同志啊!

再走进活动室,众多的活动器材让人目不暇接,真让人玩着这个想着另一个。晚上,我们走进站长室,站长给我的印象已不同往日,沉稳多了、健谈多了。一阵闲聊听得出站长为综合经营工作忧虑,同时也感到了站长的自信与抱负。

石头滩平整了,林带面积扩大了,我能看到他们的昨天多么艰苦辛劳,有句话说:"人心齐,泰山移。"这就是再走进固海扩灌三泵站的深切感受。

(选自《红寺堡人》2005 第 15 期)

喊班

范 梅

春灌开机后的第一个小夜班,我打扫完卫生,瞥见墙上挂钟的瞬间,想起还要喊班。于是,我用百米冲刺的速度跑到宿舍区喊班。轻轻敲了几下两位男同事的宿舍门,"快点起床,接大夜班的时间到了",听不到宿舍里有回应,这是预料中的事。夜间,正是睡意酣浓的时刻,被人喊醒也懒得答应,想再睡几分钟。想到这儿,我不假思索地又敲喊了几声,两位男同事传出:"知道了。"尔后,宿舍的灯亮了,我便轻步走向长廊的另一侧敲响了一位女同事的宿舍门:"快点起床,接班的时间到了。"语音刚落,便传来:"喊错了,我明天接白班。"这下我傻眼了,她明天接白班,今年的班组人员调换了,真是太大意了,竟把熟睡中的同事喊醒,真是抱歉!片刻的犹豫后,又去喊醒接班的女同事,在我感到歉疚和疏忽大意的自责中,大夜班的三位同事下去接班了。

行水期间,喊班是我们的责任和义务,喊错班也时有发生,但通过这件事,让我深刻认识和反思到,无论是工作学习生活劳动,还是纪律,我们都应该兢兢业业,一丝不苟地从身边的点滴做起,哪怕是日常琐碎之事都不应马虎,如穿戴防护劳保品,不能养成懒散松懈的习惯,尤其是安全生产,时刻牢记"安全第一,以人为本"的宗旨,为红寺堡扬水事业的蓬勃发展尽职尽责。

(选自《红寺堡人》2006 第 15 期)

不知疲倦的"小马"

张永忠

　　说起"小马上渠"，大家都知道是何永兵写的小小说的名字。但是，今天何永兵像不知疲倦的"小马"奔波在施工一线，大家可能还不知道。我在这里说说"小马"上工地的事。何永兵调到工程队后，刻苦钻研施工管理业务的精神，用"废寝忘食"来形容毫不夸张。他在很短的时间内，就具备了一定的施工管理能力，开始独立工作。今年一开春，他第一个上工地，负责平田整地工程，既是项目经理，又是技术员，还是工地灶的伙食管理员，一直到今天还没有忙活完。现在，他独自管理的工地有三四处，从红四泵站到庄三泵站、红三泵站。从一个工地到另一个工地，他总是主动克服困难，想办法到达，有时为了赶路，饥一顿饱一顿，但从没有向组织讲过条件。为了使地推得平推得快，他整天在地里跑来跑去，反复测量，仔细推算，认真琢磨每一块地如何推。每天都是一身土，泥土和着汗水把脸弄得真不好看，看见他的人都说："这哪像个农艺师，简直就是个打工的。"而他听见却只是友好地一笑，第二天依然"我行我素"。每天晚上，不管多累，不做完当天的施工资料，他决不休息。工作辛苦点还不算啥，最烦人的事，是常常受到打工群众的威胁。每遇到此，他总是耐心地应对，努力维护单位的利益。今年3月份，我队正在推地的一台推土机的缸体坏了，买新的要一两千元。他看着机器不能工作，心里十分着急。第二天，他跑配件商店，跑废品站，跑修理铺，四处打问，终于以很低的价格买了一台仍能用的旧缸体，与师傅们一起连夜装配机器。看到机器又"突突突"地叫了起来，他才长长舒了一口气。施工期间，他总是很少回家，每次都是来去匆匆。7月份，妻子被摩托车撞伤了，他回去看望后，稍做安顿，第二天就返回了工地。

　　这就是我们的"小马"，他就是这样不知疲倦地忘我地工作着。

（选自《红寺堡人》2006第26期）

老陶和老艾

李爱红

老陶和老艾是年近五十的老扬水职工。两人自固海扬水调入我站，一直同住一屋。老陶性格温柔，见人总是春风拂面般的微笑；老艾则天生爽朗，幽默诙谐，妙语连珠。

泵站上有了老陶和老艾这一对老姊妹，就多了几许欢笑。她俩住的职工宿舍，总是高朋满座，热闹非凡，每逢宾客光临，热情大方的主人总是奉上她们从家中带来的一些饭后小茶点供客人品尝。通常是，她们出现在哪里，哪里就会变成焦点，渐渐地，泵站职工已经习惯了有老陶和老艾的日子，她们的笑声也已成为我们日常生活中不可或缺的调味品。

在这个泵站上，就数老陶和老艾的阅历最深，生活经验最丰富。故此，泵站职工无论谁在生活中遇到了令人纠结的琐事，都会去找她俩说道说道。她们亦是竭尽全力地给予帮助。她们就如一湾恬静而又包容的海港，让人沉醉不已。

按理说，泵站上就属她俩年龄最大，资格最老，理应得到泵站领导的照顾，可是恰恰相反，总是她们在无微不至地照顾着别人，用心地体谅着别人。

2010年初春的一场大雪，把泵站覆盖了个厚厚实实。习惯早起的老陶因站在井台边打水，不幸滑倒，摔伤了手臂，从此留下了右手臂伤痛的永久性病根。干活的时候，右手臂总是使不上劲。尽管如此，老陶也从不向他人提出需要照顾的请求。而是像以往一样地兢兢业业，勤勤恳恳，如老黄牛般地用无声的行动为他人做出了吃苦耐劳的表率。

老艾家住红寺堡镇，离泵站不远，每逢泵站轮休，或因有急事需要换班的，她总是最先不计报酬地、主动地站出来承担；若遇家远的同志接班时不能及时赶到泵站，她就会耐心地帮人家顶替一会儿。她就是用这样深沉的宽厚体谅着别人，用这样无私的胸怀包容着别人。

泵站职工已经记不清，有多少次生日祝福宴是在老陶和老艾的积极操持下完成的，有多少次泵站因厨师家中临时有事不能来，都是她们在尽着一个家庭主妇的责任。她们以最亲切、最体贴的关怀给予了我们太多太多老大姐般的浓浓的挚爱。

还记得，2010年9月中旬，泵站利用秋灌停水期间打算把果园西南角的一块洼地垫高、铺平，但需土方3000多方，工程巨大。当时，由于一部分人要抽出去忙于机电设备检修和渠道维护，因此，人员极其紧缺。在这种条件下，有些同志唯恐避之不及，但是，陶师傅和艾师傅她们俩没有退缩，自始至终坚守在工地上，并且保持着每天出工最早、收工最迟的记录。中途休息的时候，她们会洗上满满一盆瓜果或提上一壶开水供同志们解渴；收工的时候，她们则默默地把所有工具收拢、摆放整齐。这一举一动无不体现着她们那一代扬水人吃苦在前、享受在后的无私奉献的精神。

老骥伏枥，志在千里。如今，老陶和老艾都已到了快退休的年龄，但是，她们人老心不老，她们定要将无悔的青春洒进这一渠涛涛的黄河水中，定要把一幅幅秀美的壮锦织进数十万回汉人民甜美的生活中。

在物欲横流的当今社会，我一直在苦苦追寻谁是最可爱的人。现在，我终于找到了这个答案，原来，这个"最可爱的人"就如一朵清新、幽香的小花时时伴我左右，给予我温情，给予我感动。

（选自《红寺堡人》2012 第 7 期）

我是一顶安全帽

明彦琴

大家好！我是一顶安全帽，你们可别觉得我现在不起眼，想当年刚出厂的时候，我可是名副其实的"美帽"担当呢！那鲜艳的颜色代表着生机与活力，完美的半球形弧线浑然天成，坚固光滑又轻便耐用，难怪我的主人在茫茫帽海中一眼就挑中了我，故事就这么开始了。

经过长途跋涉，我和伙伴们来到了红寺堡扬水管理处，开始了我的"职业生涯"，也开始了我和主人形影不离的日子。跟着主人的第一天我就被上了一课。主人是新招考进来的大学生，管理处要给他们进行岗前安全知识培训。在这堂培训课上，主人学会了如何正确使用我，也学习了管理处的安全生产规章制度，不过最让我难忘的还是培训课堂上播放的那些血淋淋的案例，那些血的教训让我暗暗下定决心，生命只有一次，我一定要保护好主人。

还记得第一次进泵站时，主人认真地把我戴在头上，跟着技术员去泵坑学习，当主人走在轰隆作响的机电设备丛中时，我的小心脏那个颤呀，真害怕主人一个不小心伤到我，轻则颜值不保，重则一命呜呼，主人的师傅更是千叮咛万嘱咐主人："先明啊，戴好安全帽，千万不要掉以轻心。"

　　站在泵站的出水池观望台上,俯视被黄河水浇灌滋润着的广袤土地和生机勃勃的庄稼,一股自豪感油然而生。我下定决心,今后一定要履行好保护主人不受伤害的职责。因为主人不仅担负着为灌区人民服务的使命,更担负着保护自己不受伤害、保护他人不受伤害、不被他人伤害的职责。

　　正在我焦灼制定保护主人的方案之时,又到了对机电设备实地操作的时间了,安全员对设备操作要领重点做了分析,更对安全防护措施和禁止事项一再重申,这可就解了我的燃眉之急了,我相信主人一定会记住这些知识,保护好自己,也保护好他人的。

　　主人是一个认真刻苦、努力上进的机电运行工,对待工作一直是严肃认真的,唯一的一次被罚令人记忆尤深。那是主人在泵坑清擦完真空泵的一个炎热下午,汗流浃背的主人实在无法忍受被汗浸湿的头发黏在脸上,最后主人打起了我的主意,干脆把我拿下来放到地上,坐到了安全帽之上开始擦拭汗水。不巧的是神出鬼没的安全员就在此时出现了,"咔擦"一张照片,按照泵站规章制度,被罚200大洋,这事儿也让主人长了记性,主人知道不论是让人眼红的奖金,还是令人心痛的罚款,这种奖惩机制都是为了落实安全生产责任,所以,之后的日子我再也没有被他随便抛弃过。

　　在我的"职业生涯"中,特别让我深刻的还是安管科组织的高空坠落演练,当塑胶人从墩柱上坠落,摔的支离破碎的时候,我才真正地意识到事故是多么的可怕,看着主人认真地跟着演练组学习紧急急救法和包扎知识,我知道主人那刻的心理也和我一样是敬畏的,这种演练让主人学到的不仅是急救常识和安全防护措施,更让主人从心理上体会到了安全的重要性。

　　在红寺堡扬水管理处的日子,我陪着主人参加了大大小小无数次的安全培训和演练,看着扬黄工程在这样的安全发展环境中有序地推进,我特别为主人和这个关系灌区千家万户生产生活安全用水的工程自豪。正是管理处的干部职工一直坚持安全管理制度,坚持安全生产责任,坚持安全培训演练,坚持以安全生产为中心,才保证了扬水生产的顺利进行,保证了这片土地上人民的安居乐业,也让主人和他的同事们学会了把安全带在身边,让安全伴随生产的每一步,这,应该是他们最大的收获。

　　伴随着管理处的发展和主人的成长,我深深地感受到了主人和他的同事们对安全的重视,他们不但把安全戴在了头上,更是装进了心里。

　　我是一顶安全帽,我和伙伴们将会与主人为安全生产不断努力,为水利事业的又好又快发展贡献力量、保驾护航!

（选自《红寺堡人》2017 第 8 期）

三、小说

小马的师傅

（节选自《小马上渠》）

何永兵

"站长,压力管道漏水。"小马气喘吁吁地汇报。古站长听完小马的汇报却笑了:"那是真空排气阀在排气,你还不懂,没事。"古站长喃喃自语:"看来简单的事做起来未必简单。"他让柴棍陪小马巡渠,并给小马脑子充充电。

小马一直认为柴棍是二杆子性质的,柴棍对小马也很是不屑一顾。"小马,如果前面渠道决口了,你怎么知道?""走过去不就知道了。""哼",柴棍眼一斜,"等你走过去,黄花菜都凉了。看水位,水位变化快肯定有问题!"小马细细揣摩着,觉得有道理,诚惶诚恐地连连点头。"喂! 你这是干啥? 让你巡渠,又不是让你走渠来了。"小马心里嘀咕着,"我又怎么了?""这是高垫方渠段,你要注意前后外坡是否渗漏水。""你怎么扛个锹只装样子,这儿的路不平,收拾一下。""小马,去,将排洪涵洞里的草全部烧掉,收拾一下。"小马终于忍耐不住了:"烧了干吗,闲得没事干了。""屁股堵住了,你能拉下屎来? 一场洪水下来,水过不去,冲坏了渠,叫你吃不了兜着走。"几番交手,小马终于折服,他们来到交接地点,小马从另一个养护工手里拿过记录本,端端正正地做了记录,将本子递给柴棍,"你看写得对不对?""还可以。"柴棍的"还可以"就意味着"好",小马的脸上露出了笑容。

第二天,小马巡渠回来,敲开柴棍的门,柴棍上完大夜班休息刚醒来,毛着头,又臭又脏的脚丫套在一双破拖鞋里,"啥事?""给你汇报一下巡渠情况。""随便坐。"柴棍听完小马的汇报,提了几条小马没注意的地方,又讲解了渠道、水工建筑物的渗漏、下陷、裂缝和滑坡的处理方法,鼓励小马要多学习,工作尽量细致化、深入化。

水停后,站长让柴棍领着小马去县城买农作物种子,刚下汽车的小马摸索着这条他叫不出名字的长街,眼盯着新添的各式各样的广告牌和南来北往的小车。几名女子挺直了腰板,谈笑着从二人身边走过,洁白的头巾裹住飘逸的长发,深黑的衣服跌宕在红绿的人群间,给县城增添了几分古朴、神秘。柴棍的家就在县城,可也心里感叹:"山中方一日,世上已千载。"

二人买好种子时已近中午,柴棍领小马去家里吃午饭。二位老人见到柴棍,混浊的眼里闪出了光彩,慌忙让座倒水,三岁的女儿哈车也拿着小鼓扑进爸爸的怀里。老姨妈忙着张罗做饭,喋喋不休地给儿子讲周围的事情。

"老嫂子呢?"小马问。"下岗了,街上租了个铺面卖衣服呢。"柴棍叹了口气,"一天忙10多个小时,一月下来也就挣个工资,钱不好挣呀!"

正谈间,厨房突然传来"哎"一声,柴棍慌忙冲进屋内,见老妈直直跌倒在地上,他急得大喊"妈,妈……"柴棍老爹也慌慌放下孙女冲了进去,父子二人扶着柴棍妈坐在床上。"心脏病又犯了。"柴棍爹叹了口气,在柴棍妈肩上、腿上按摩了一会儿,让柴棍扶着他妈坐好,自己去找医生。

医生给柴棍妈打了一针后,柴棍妈眼睛睁开了,轻轻地躺在床上,低声说:"哈车子的尿还没掭呢!""妈,我掭。"柴棍的嗓子有些沙哑。

柴棍媳妇接到丈夫的电话后慌慌地赶了回来,一脸凝重地坐在婆婆身边。老姨妈已慢慢缓过了神,一眼不眨地盯着儿子吃饭,任由柴棍爹唠唠叨叨地给儿子上思想教育课。

二人坐车回泵站,柴棍盯着窗外一片片冒出绿芽的麦田,久久无语。只听车上的CD机在播唱:"……为了谁,为了谁,为了春回大雁归。满腔热血唱出青春无悔……"

(选自《红寺堡人》2004 第1期)

第三节 艺术创作

一、书法

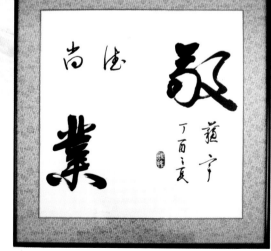

作者:李生军

作者:苏宇

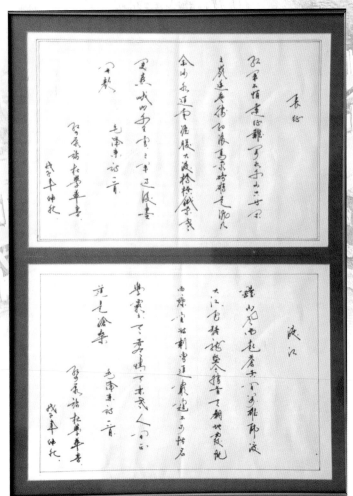

作者：陈启武

作者：王冰竹

作者：杜学华

作者：李阳

二、绘画

作者：仇海燕

作者：张艳芳

作者：王伟

作者：王静

作者：叶凡霞

三、摄影

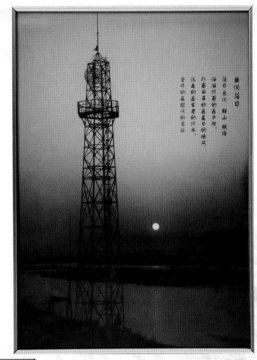

黄河落日

作者：曹敏

前池夕照

作者：曹敏

作者：邢建红

作者：曹静

四、工艺作品

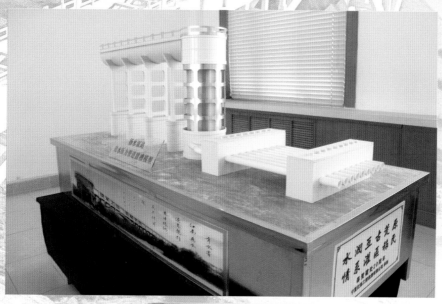

耸立的出水渡槽

作者：检测公司

泵站俯瞰

作者：新庄集四泵站

十字绣《静》

作者：宋向晶

十字绣《利在当代　功在千秋》

作者：新庄集三泵站

第四节　灌区人文历史

一、风景名胜

罗山　罗山位于红寺堡区东南 26 千米处,群峰叠翠,风光秀丽,为宁夏第三座大山和中部干旱带最大的水源涵养地,素有"荒漠翡翠""瀚海明珠"之美誉。2002 年 7 月,罗山被国务院确定为国家级自然保护区,保护区内有高等植物资源 275 种、野生动物资源 114 种,其中有金雕、豹猫和猞猁等 22 种属于国家重点保护野生动物,名列《濒危野生动植物种国际贸易公约》名录之内。罗山群峰叠翠,风光秀丽。山间古刹云青寺建于宋代,已有 800 多年历史,代代香火不断、香烟缭绕。登罗山主峰,登高远眺,贺兰山遥相对峙,黄河如练、奔流浴足、云蒸霞蔚、气势磅礴,八百里风景尽收眼底。自古以来,西北众多少数民族环罗山而居,各族人民共同创造了深厚的罗山文化,诸多美丽动人的故事传说围绕罗山而展开:西王母挥土化山,云游比丘玄震开山建寺、携二虎化仙而去等传奇故事,为罗山增添了无尽的神奇色彩。唐代最早的和亲公主弘化曾在罗山脚下红城水生活了 26 年,谱写了唐吐和亲、荣辱与共的历史佳话。明帝朱元璋第十六子庆王朱栴一生喜爱罗山,留下了大量传唱罗山的绝妙诗句,后人读之,眼前仿佛浮现出庆王当年在古韦州西湖拥翠亭坐对罗山饮酒长歌的洒脱情景。朱栴逝后,长眠于罗山脚下,给罗山这片灵山秀水平添了一份厚爱与凄美。

红寺堡旧城　明武宗正德元年(1506 年),杨一清被任命为三边总制,总制陕西、甘肃、宁夏三镇军务。上任之时,三边"边患惨烈,空前绝后"。为扭转局势,到任之后,杨一清筑边墙、练兵士、兴屯田、明号令,使边关将士士气大振。正德元年(1506 年)九月,杨一清上奏皇帝,奏言:"陕西各地惟宁夏花马池至灵州一带地理宽漫,城堡稀疏,兵力单薄,虏入甚,为庆、固原、平凤、临巩等内郡治忧。为加强三边防务,即请"整饬韦州,以遏外侵"。正德二年(1507 年),杨一清同时奏建灵州所属两个城堡:在灵州东面套部入境的最前沿防线,距红山堡西仅二十里之地,筑横城堡,在灵州南面没有设防,套部进犯固原往返必经之地的韦州西南、罗山之西侧的红寺附近筑红寺堡。正德皇帝批准之后,明代著名边将、宁夏总兵郑廉积极筹措,命军士、民工日夜奋战,终于在罗山西侧脚下、徐斌水之东北筑建红寺堡,成为防止套兵入侵的重要军事堡垒。史载红寺堡城"周回一里五分"。置旗军四百一十七名。设操守官一员、管堡官一员。领烽堠一十五：黑山墩、小罗山墩、阎王扁墩、四十里坡墩、石板泉墩、水圈二墩、荒草岭墩、韩麻籽炖、红丝儿炖、两家泉炖、哄劝炖、砂从沟炖、库水沟炖、察加崖炖、白疙瘩敦。嘉靖十六年(1537年)，此城存在了30年之后废弃，迁于边内。此城今被称之为旧红寺堡城，位于徐斌水西北、新庄集南偏东50余千米之处的旧寺堡子村，为第一座红寺堡古城，已有500多年的建城历史。

红寺堡仓城　红寺堡新城建成24年之后的明嘉靖四十年四月十四日巳时，即1561年7月25日上午9点到11点，宁夏中卫东发生7.3级地震。"山西太原、大同等府，陕西榆林、宁夏、固原等处各地震有声，宁、固尤甚，城垣、墩台、房屋皆摇塌。地裂涌出黑黄沙水，压死军人无算，坏广武、红寺等城，兰州、庄浪天鼓鸣"，域舍倾十之八九，死人大半，韦州康济寺塔顶四级也倾塌。第二个红寺堡古城被特大地震震毁无法使用，完全荒废，无法守卫，只好在今红寺堡开发区红寺堡镇兴盛村北1千米与"新寺堡子"直线距离约4千米之处另建仓城，内城储粮草，外城驻军。当地老百姓称之为"旧城"或"老城"。

红寺堡烽火墩　距红寺堡镇南约2千米，筑坞城，呈方形，黄土夯筑，边长46米，基宽4.40米，残高2～3米；烽墩置坞城中部，基宽14，残高14～20米，保存完好。

红寺堡弘佛寺　位于红寺堡城南，地处黄土高原东麓，与毛乌素沙漠交汇的古塬之上。寺院之西紧靠古老的清水河中段，俗称"洪沟"，有"古塬雄浑、金沙烁浪、洪沟流水、鸣声呜咽"的自然景观。地貌复杂、沟壑纵横，源头起伏，碧川连绵。弘佛寺始于隋唐时期，名为"红寺"，庙宇甚多，有七十多座，由于历史的变迁被毁，近年来重新建设，改名为"弘佛寺"，被列为宁夏重点文物考古保护区。寺院之南，藏一座独特山丘，毗邻洪沟，脚下濒临大水塘，四围有泉水出，四季不干，周围田畦数亩。榆杨成株，塘畔芳草野花，美景如画，恰似一处袖珍小江南。据言这是上古城的四大花园之一，曾有奇花盛开，万紫千红，犹如真正的世外桃源。而其特色景观，偏生于源头的低谷处，不到近前，很难发现。东南有横跨洪沟之渡槽，其柱彩虹三道，气势雄极。日薄西山，余晖耀槽，新月当空，恍若仙境。

康济寺塔　坐落于同心县韦州镇古城东南隅，是一座八角形密檐式十三层空心砖塔，始建年代不详。塔原高39.2米，塔身第1层较高，2层以上檐与檐之间的距离逐渐缩短。是在夯实的黄土地上用长砖和方砖混砌的八角形密檐式十三层佛塔。由塔身、刹座、相轮宝顶三部分组成。1985年，国家文物局拨款修缮康济寺塔时在塔刹中发现了有汉文、西夏文的墨书题记砖块，还发现了释迦牟尼像、弥勒像、菩萨像、弟子像、无量祖师像、老子像等，以及多卷佛教、道教的经卷(其大部分佛经为明代刊印)等物品。康济寺塔前有两块石碑,记载着该塔的来历。塔体由塔身、刹座、相轮宝顶三部分组成,属自治区重点保护文物。在距康济寺塔西北约 300 米的地方,有一座小塔,是一座具有典型喇嘛教风格的元代喇嘛寺墓塔,这保存较完整的一座砖塔,与康济寺塔南北辉映。塔基为单层八角须弥座,塔身呈宝瓶形,通高约 15 米,在塔身和塔基座之间施莲瓣纹一周。西南设一小龛,称"眼光门",是放置佛像的地方,塔的基座内腹为土筑,外砌以砖。塔体外表通抹白灰,又称"白塔"。

韦州古城 位于韦州镇南 1 千米处,古城墙平面近似方形。城东西长 570 米,南北宽 540 米,高 10 米,基宽 10 米,顶宽 4 米,夯层厚 8～12 厘米。城墙保存较好。城东、西、南、北四面辟门。南门外有瓮城。城墙四周有马面 49 座,间距 43 米。城内东南隅有西夏时的康济寺塔,城西北隅有元代喇嘛教式墓塔,近年曾在城内发现"开元通宝"钱币,西夏三足瓷炉、青砖和明代的黄釉瓷瓶、陶砚等文物。证明该城建于西夏时期。1966 年 3 月 21 日,宁夏回族自治区人民委员会将韦州古城列为全区第一批重点文物保护单位。

云青古寺 罗山东麓,半山腰里坐落着建于宋初的云青寺,距今已有 1000 多年的历史,与山脚下明朝庆王的陵墓遥遥相望。千年古刹气势恢宏,儒释道三教同辉,为宁夏较早的净土宗道场,被誉为"塞上禅林"。云青寺建寺之人为北宋玄震和尚。他云游四方,到罗山后见山间苍松拥翠、芳草葱茏、幽深雅静,为明心悟道的绝佳宝地,于是披荆斩棘,夜眠雪霜,建成西方"三圣殿"。明庆王朱㭎一生结缘罗山,时常上山骑马围猎,在罗山拜佛求雨灵验后,于是倾心皈依三宝,尊儒释道三教,自谓"凝真居士"。他耗资饬建"三圣殿"并赋诗曰:"风送路旁花青草,云横野外山川景。""三圣殿"遂更名为"云青寺",并由庆王亲笔题写匾额。云青寺因有明代皇族护持而金碧辉煌、香火旺盛,成为塞上名刹。据云青寺残存明代碑文记载,自宋代成寺之后,在元朝时期、明朝嘉靖年间和 1943 年都曾对云青寺进行过翻修,终成以云青寺为主体,佛道儒三教并存的罗山寺庙群。"文化大革命"中千年古刹毁于一旦。今天的云青寺,经张铃居士历时 7 年奔波,在时任全国政协副主席、佛教协会会长赵朴初和宁夏回族自治区主席白立忱的亲切关怀下于 1990 年获准重建。后经地方信众和社会贤达共同努力,云青寺随山就势拓地展院,逐级增高。2004 年又在寺院北部遗址上建了三霄殿、无量殿、三清殿、王母宫、雷祖殿、灵官殿和土地庙——云青寺渐成规模。寺院青瓦红墙、雕梁画栋、腾龙舞凤、飞檐塔影、暮鼓晨钟,与山林花木等自然景观相辉映,使游人在赏心悦目中得到心灵的宁静。中国佛教协会原会长赵朴初居士亲笔题写"云青寺"三个大字,遒劲有力,为云青寺增添了深厚的人文底蕴。

韦州明王陵 位于韦州镇西 3 千米处的罗山东麓。墓区北起周新庄,南至陶庄,东邻张家后庄,西达罗山东坡,面积 30 多平方千米,原有墓圪塔 72 座。1984 年 6 月文物普查时发现墓冢 34 座,其中大部分遭到不同程度的破坏,多是早年被盗和近年挖砖所毁。陵园布局皆为坐西向东,位置多选择在小山水沟交汇处洼地上,陵台二沟环绕,象征"二龙戏珠"。墓室由甬道、前室、中室、后室和左右耳室 6 部分组成,全部使用磨光青色长条转砌筑。配室为券顶,前、中、后室为穹隆顶。

庆藩王陵 明正统三年(1438 年)庆王病逝,享年 61 岁。他把自己长眠的土地选择在罗山东麓,可见他对这里情有独钟,他的历代子孙也都葬于此。祥云凝翠绕帝子,青山绿水伴君王,庆王的一生,与罗山结下了深厚情缘。庆王历经明太祖、明惠帝、明成祖、明仁宗、明宣宗、明英宗 6 朝,在历时 48 年的政治生涯中,基本上受到历任皇帝的优待和宽容。死后明廷追谥他为靖王,对他治理边疆的文治武功作了高度概括。他的 6 个儿子中长子袭封为庆王(死后称为庆康王),其余 5 个都封为郡王。朱栴死后,庆王府传承了 200 多年,宁夏藩王势力经历了跌宕起伏的波澜岁月,有的事件还牵动了朝廷,烟云之后,唯有文化长久地流传了下来。位于罗山东麓的庆靖王陵,从墓葬的规格看,仅次于北京定陵,而且配有 193 个兵士守护。庆靖王后代中由皇帝亲封的八世亲王和一位端和世子,以及庆藩王分封的真宁王、安华王等诸王的陵墓和嫔妃们的陪葬墓也大多安葬在附近,形成较大的庆藩王陵,面积 30 多平方千米,当地人称"明王陵"或"明庆王墓"。庆王和他的后代在罗山这片风水宝地度过了 300 年的安静岁月。明亡以后皇家陵园遭到了破坏,几乎所有陵墓都遭到盗掘,地面文物更加荡然无存,至今陵墓还散遗许多琉璃瓦片及砖块。据当地群众讲,最早在地面土留存的"墓疙瘩"有 72 座,但到 1984 年 6 月同心县文物普查时,仅剩 34 座。1967 年,韦州公社周新庄大队组织社员到古墓挖砖,陵墓再次遭到破坏,幸好墓志铭被自治区文物部门追回而得以保存。1988 年宁夏政府将其列为自治区第二批重点文物保护单位。

长城遗址 明弘治十五年(1502 年)至嘉靖十六年(1537 年)东自榆林所管石涝堡、经环县所管甜水堡、固原所管响赶沟、下马关红古城堡至靖虏卫(今靖远)一线大规模修筑长城,同心县境内长城为其中的一段。这段边墙由明代总制尚书奏筑,自下马关老爷山,经下马关古城向西,穿越小罗山,到达新庄集的徐冰水。历史上称为固原旧边。继秦之后,总制杨一清、唐龙多次修筑,及至嘉靖九年(1530 年)尚书王琼令镇守都督刘文领兵八千,于下马关响石沟挑挖壕堑三十里五分,深阔各二丈五尺,墙高三丈。又陆续增筑敌台、墩铺。

红城水城址 位于下马关镇红城水上垣村。古城平面近似正方形,南北长 560 米,东西宽 530 米。城墙全用黄土夯筑,残墙高 7 米,基宽 11 米,顶宽 4 米,夯层厚 8~13 厘米。东、南两面设门。城内地表到处散布着灰陶片、唐代瓦当、瓷片等遗物。从陶片的纹饰看,多以秦汉时的绳纹为主,弦纹、波浪纹次之。瓷片有唐三彩瓷片、白瓷。粗细不匀的西夏白瓷片和明清的青花瓷片等。根据这些遗物分析推测,汉代曾于此处修建过城池。唐代此城池的规模更大。

宁夏移民博物馆　宁夏移民博物馆坐落在吴忠市红寺堡区中心,从 2009 年 4 月开始建设,2013 年 9 月 30 日正式开馆,2013 年 12 月份,被吴忠市委和红寺堡区委、政府分别命名为吴忠市首批党史教育基地和国防教育基地;2014 年 3 月 19 日,被国家民委命名为第四批全国民族团结进步教育基地;2014 年 8 月被命名为宁夏社会科学普及基地及爱国主义教育基地;2015 年 11 月被评为国家 3A 级旅游景区。宁夏移民博物馆,是自治区党委、政府为了传承民族文化,展示国家"八七"扶贫攻坚和宁夏"双百"扶贫攻坚成果的标志性建筑,是一座展示宁夏历代民族文化和当今全国最大扬黄扶贫移民开发的综合性博物馆。

博物馆占地 78000 平方米(117 亩)。平面设计为正方形,边长为 64 米,高为 16.80 米,建筑面积 9436.88 平方米。外形整体采用回族建筑元素与中国传统西北民居砖墙拼花相融合的建筑元素,色彩以白、黄相间为主,白色代表着回族文化,黄色体现了黄土高原的气质。外墙四角设计了八块大型主题浮雕,每块 40 平方米,内容分别是《开疆戍边》《拓荒屯垦》《先民迁徙》《支宁建设》《移民开发》《扬黄颂歌》《民族团结》《前程似锦》。博物馆主体建筑分为三层,一层为办公区域;展陈设置在二、三层,展陈面积约 3200 平方米,设置 3 个大厅,分别是序厅、宁夏移民史刻、新时期宁夏新移民。第一展厅、序厅,在四周墙面创作大面积内容丰富的陶瓷壁画,其中南墙的瓷壁画上展示了清真寺和红佛寺两种宗教建筑,充分体现黄河水引进亘古荒原后,回、汉等各族移民安居乐业的大好局面;第二展厅为宁夏移民史刻,主要展示从秦汉开始至新中国成立前宁夏的移民开发史,可以说整个宁夏的历史就是一部移民开发建设和民族迁徙史,外来人口的迁入和民族的迁徙为宁夏带来了丰富的历史文化遗迹,成就今天宁夏五方杂处、风俗不纯的多元文化结构,也为今天宁夏各民族和谐相处、共同繁荣进步奠定了良好的基础;第三展厅为新时期宁夏新移民,主要展示新中国成立后宁夏的移民状况,支边建设、三线建设、吊庄移民都是新时期宁夏移民的缩影,尤其是红寺堡为主战场的宁夏扶贫扬黄移民谱写了新时期宁夏移民的壮丽史诗。

二、人物及传说

大明庆王　罗山东麓,明庆靖王朱栴及其子孙的陵墓,就坐落在这里。北起韦州周新庄村,南至张旧庄村陶庄社,东临张家后庄村,西达罗山东坡,面积 30 多平方千米的陵区被称作"宁夏明代博物馆"。庆靖王朱栴在宁夏生活了 45 年,在罗山脚下的韦州建有避暑王府,他把罗山当成理想的避暑胜地,并与红寺堡这片两山一水之间的塞上土地结下了难舍之缘。明洪武十一年(1378 年)正月初九,朱元璋第 16 个皇子朱栴在应天府《今江苏南京)降生。朱栴号凝真,庶出,母亲为皇妃贵人余氏。朱栴天资聪颖,年仅 13 岁便被朱元璋册封为庆王,封地为今甘肃庆阳、延安和宁夏北部至中部的大片土地,是明代历史上不可多见的"才子王爷"。他一生尚礼好学,礼敬圣贤,传承教化,在救济苍生中善举不断,被百姓誉为"一代贤王",名传千古。洪武二十六年(1393 年),15 岁的朱栴按朝廷的就藩制度,离开繁华的金陵古都,前往荒寒偏僻的大西北封地庆州(今甘肃庆阳)。当时庆州久经战火,人口稀少,土地荒芜,经济发展缓慢,朱元璋就允许庆王沿着当年西夏的灵州大道北到韦州就藩,其封地包括同心城、下马关、今红寺堡部分辖区和海原的海剌都。庆王理庆阳、宁夏、延安、绥德诸卫军务,享用延安、绥德两地租赋,每年禄米一万石,后又在韦州设宁夏群牧千户所,专门管理庆王府的畜牧和军马。自此,从逸兴思飞的青年到美髯飞扬的暮年,庆王在宁夏度过了 45 年守望的岁月,终生未返故土。朱栴多次游玩罗山云青寺(时称"三圣殿")。他看到蠡山风景秀丽,天高云淡,流水潺潺,松涛阵阵,别有一番风韵,魏然耸立在大漠之中,便将"三圣殿"更名为"云青寺",沿用至今。

弘化公主 罗山脚下的安乐州(今红城水,辖今宁夏同心河东、红寺堡、盐池部分地区),唐代最早的和亲公主弘化曾在此生活了 26 年,为促进唐王朝与各少数民族共同繁荣发展作出了积极贡献。弘化公主也叫光化公主,唐高祖武德五年(622 年)出生于唐王朝宗室之家,为高祖李渊的弟弟淮南王李道明的女儿,太宗堂妹。作为唐高祖李渊的亲侄女,她是唐朝和亲公主中与皇帝血缘最近、地位最高的一位公主。弘化容貌绝美,秀外慧中。唐朝建立不久,横亘在西域路上的吐谷浑联合西突厥,控制西域各小国,经常侵扰唐的边境,袭击来往商人,阻绝中原与西北边疆政治、经济、文化的联系,也阻碍了中国和中东、欧洲各国经济、文化的交流,使丝绸之路不能畅通。唐太宗李世民一方面派大将李靖、侯君集等大举兵戎,用武力攻击吐谷浑,迫使其投降;一方面采取和亲政策,用以安抚、团结吐谷浑部队。贞观十三年(639 年)冬,唐太宗遣左骁卫将军、淮阳王李道明及右武卫将军慕容宝携带大批物资护送弘化公主入吐谷浑与诸葛钵成婚。弘化公主入吐谷浑,是唐朝将公主嫁于外蕃的开端,也是中华民族团结史上的一件大事。唐朝与吐谷浑和亲后,古丝绸之路甘青段的畅通与安全得到了有效的保障。贞观十五年(641 年),即弘化公主下嫁的第二年,唐太宗以宗室女文成公主嫁给了吐蕃王松赞干布,从而也进一步密切了唐与吐蕃的关系。

罗山的传说 相传远古时候,有个名叫北海的地方,是个非常美丽的去处。那里的海水清得像眼泪一样,能看到鱼儿在嬉戏玩耍;天鹅在水面上凫游,像是在玻璃上缓缓划动;海水里倒映着瓦蓝瓦蓝的天空、雪白雪白的云朵和雄鹰忽闪忽闪的翅膀……岸边的青松翠柏郁郁葱葱,一直掩映到高山顶上,树林里百兽出没,万鸟齐鸣,唱着优美动听的歌儿。另有一段平缓的沙岸,洁净绵软,金光灿灿,是个洗澡的好场所。

有一日,西天王母的十二位爱女路过此地,竟被眼前的景物所迷恋,个个流连忘返,不肯离去。她们在海水里洗澡、在沙滩上晒太阳、在松林里乘凉、在高山上采花、在海岸边钓鱼……日子过得十分惬意。西天王母知道这事后,也为女儿们高兴,就把这个地方赠给她们当花园。那最小的女儿瑶姬高兴地跳着说:"妈妈,你真好。"

后来大禹治水来到北海,看到黄河的水能流进来,却流不出去。他想:如果把北海东面的山开个峡谷,让水流到东海里去,这样既可以减少水灾,又能灌溉良田,对天下百姓大有好处。于是他举起巨斧,挥动神臂,一声霹雳,天地动摇,果真开出了一个四十里长的大峡。北海的大水流走后,人们开出了许多肥沃的良田。

大禹为民做了件好事,却惹怒了西天王母,她大发雷霆,说非要报复不可,因为大禹破坏了她的爱女们的花园浴场。于是,她包了一手绢土,要去堵住那个新开的峡谷,重新恢复北海的本来面目。

太上老君是个心地善良、事事想着百姓的好人。他知这事后,就挑着一担铁鞋先一步启程了,他坐在西天王母必经的路上等候,待王母走近时,他主动问道:"看你累得满头大汗的,要到哪里去呀?"王母说明了情况,他就接着说:"唉,那可远着哩!你看我把挑的一担铁鞋鞋底磨破了,还没到北海呢!你个妇道人家何时才能到达?我看就别记恨大禹了吧,古语说'救人一命,胜造七级浮屠'。何况大禹救的是万民哩!"

西天王母反问:"莫不是大禹请你来替他说话?"

太上老君说:"那倒不是。因为我路过长江三峡时,见瑶姬和他的姐妹们正玩得高兴呢!我问她们怎么跑到这儿来了?她们高兴地告诉我:'三峡的风光明媚,气象万千,气候宜人,乐趣无穷,比那北海更胜一筹呢!'所以还是小瑶姬她们帮助大禹降服九条恶龙,劈开了长江三峡,使长江两岸的无数百姓过上了安居乐业的生活。她们每日站在那高山顶上,透过云雾缭绕的万丛群山,遥望那山峡的绮丽风光,真是再开心不过了。现在她们决定不再回北海去了,你也就不必跑上那么远的路,填那个已被孩子们玩腻的荒山峡谷了。"

西天王母听后长叹一声说："罢！罢！我不去了，只要孩子们有个好去处，我也就放心了！"说着，她提起手绢一倒，便倒出个大罗山，随后一抖，又抖出个小罗山。

太上老君看见目的达到了，心里非常高兴。他为了不让那山上的土被雨水冲下去把峡谷再填住，就哈了一口气，变成了无数朵云雾，无冬带夏地笼罩在大小罗山上空，使这方圆几百里变成了阴湿地区。从此后，那里茂密的苍松翠柏覆盖了所有山头，黄土再也冲不进山沟和河道里了。

大禹砍开的峡谷就是青铜峡，开垦出来的肥沃土地就是塞上江南宁夏川南部的卫宁平原。在中卫胜金关西北面五里多的地方，有一个平顶小山丘，名字叫钓鱼台。据说瑶姬姊妹们曾在那里钓过鱼，并且现在还能隐隐约约地看到她们留下的印迹呢。

马踏井传说　在韦州城南高窑子一带，方圆几十里都是沙丘。在这片沙丘中部的低洼处竖着一块石碑，上有三个大字——马踏井。旁边有一口大井，井口被四条大青石围着，有两丈多深。井水清澈见底、甘凉解渴。如果你要路过此地，渴得张不开口的时候，这口井水就会解除你的干渴和劳累，你会情不自禁地赞叹"哎呀，真甜真解渴！"随之还会产生一个问题：为什么叫马踏井？

据说，很早以前，在石峡子、高窑子一带，人们惜水如油，为解决吃水问题，不知挖了多少井，近则几里，远则几十里都挖过。每挖一口井，村子里的男女老少都要围着井口，盼望挖出一口甜水井来。可是，挖出的井，全是苦水。要不就是挖好几丈深却不见水，希望总是落空。以后挖井的人越来越少了。人们吃尽了苦头，索性不挖了，仍在几十里以外驮水吃。遇到冬天下雪或夏天下雨，人们就像见了宝似的，把家里的坛坛罐罐，凡是能盛水的东西都装满雪水和雨水。

明洪武年间，朱元璋第十六子朱㮵被册封为庆靖王，在韦州城盖起了庆王府。有一天，他率领一队人马外出访贤，路过高窑子一带，正是夏日炎热的中午，天上没有一丝云彩，太阳像一个大火球似的。此时，携带的水早已喝完，庆靖王一帮汗流浃背，人困马乏，嘴唇干裂。加上沙丘蒸着热气，犹如走进了蒸笼，寸步难行。庆靖王的大红马说什么也不走了，用鞭子抽打，直往后退，不往前走，庆靖王只好下马，派士兵去周围找水，过了一阵，找水的士兵一个个垂头丧气地回来了。庆靖王望着这些起伏不平、寸草不生的荒滩，双眉紧锁，不断地摇头叹气，坐在火热的沙滩上。那匹大红马渴得站立不安，在原地转圈子。只见它越转越快，直踏得沙土飞扬，遮天蔽日。渐渐地鼻孔的气越喘越粗，全身汗水如雨，直到踏出一个深坑，方才罢休。就在这时，一个士兵惊喊两声："水！水！"听说有水，瘫在地上的庆靖王和士兵一下子爬起拥了上来,只见坑底聚满了清澈的泉水,还一个劲地往上涌。不一会儿就涨到坑沿。一个士兵双手捧起水尝了一口,只觉得甘甜清凉,大喊:"好甜的水啊!好甜的水!"庆靖王的人马都美美地喝满一肚子。直到太阳偏西,庆靖王才恋恋不舍地率领人马离开这里。后来人们就把这口井叫"马踏井",又因为这匹马是庆靖王的乘骑,所以这口井叫"庆王井"。直到现在,石峡子、高窑子、高老庄一带的群众都在这口井上吃水。说起来也怪,当地人在马踏井周围先后挖了好几口井,都没有成功。更使人不可思议的是在这方圆一带除了马踏井,别的井时间长了不是被风沙填埋了,就是井下干涸,只有马踏井依然如故。当地人说,用马踏井的水做黄米饭,撇出来的米汤喝着都是甜的。

附　录

一、文件选编

自治区党委　人民政府关于将扶贫扬黄新灌区列为
国家"九五"重点项目的请示报告

宁党发〔1994〕20号

党中央、国务院：

　　宁夏南部山区是指号称全国贫困之冠的固原地区（包括西吉、海原、固原、彭阳、隆德、泾源六县），加上革命老根据地的盐池、同心两县，国土面积为30455.30平方千米，占全区总面积的58.80%；人口216.80万，占全区总人口的44.20%，其中回族人口105.60万，占全区回族人口的64%。这里干旱少雨，土地贫瘠，自然条件极其恶劣。新中国成立后，特别是党的十一届三中全会以来，在中央的关怀帮助下，经过"三西"扶贫开发建设，取得了明显成效。

　　宁夏南部山区既是回族集聚地区，又是革命老区。彻底解决该地区群众温饱问题，不仅是经济发展问题，而且也是关系民族团结、社会安定的政治问题。多年实践使我们认识到，根本改变南部山区的生产条件，彻底解决人民温饱，重点是解决水的问题。否则，难以抗拒三年两头干旱的严酷现实。而且在人口压力不断增加的情况下，生产生活条件将继续恶化，即使国家花钱不少，群众也难以稳定摆脱贫困。近年来，我们利用靠近黄河并有连片可开发荒地的有利条件，建设了一批中小型扬黄引水工程，开发新灌区，搬迁移民15万人。这些移民在扬黄新灌区依靠诚实劳动，三年即可摘掉贫困帽子，走上致富之路。按照《国家八七扶贫攻坚计划》的要求，南部山区还有近140万人民生活在贫困线以下，这些群众都在盼望引用黄河水,建设新灌区,彻底摆脱贫困,过上新移民那样的生活。

为了到本世纪末解决100万人的贫困问题,先用6年时间,投资30亿元,建立四座扬黄工程,把属于大柳树灌区的四片约200万亩宜农荒地开发出来。15年后,当大柳树水利枢纽工程建成时,部分扬水变成自流,水到渠已成。在已开发的扬黄新灌区取得宝贵经验的基础上,再接着开发规划中的另外400万亩土地。这样做,可以远近结合,一举多得。

开发扬黄新灌区的主要建设内容是:

(一)建设项目名称

大柳树灌区第一期扶贫工程——扶贫扬黄新灌区,简称"1236"工程,即:解决100万人的贫困问题,开发200万亩土地,投资30亿元,用6年时间建成。

(二)主要工程内容

1. 兴仁扬水

取水口拟选在大柳树坝址上游约21千米的北崖沟,扬水17立方米/秒,扬程约400米,开发50万亩,估算投资7.50亿元。

2. 红寺堡扬水

取水口拟选在青铜峡峡口,扬水30立方米/秒,扬程约250米,开发90万亩,估算投资13.50亿元。

3. 固海扬水扩建

新增扬水10立方米/秒,开发30万亩,估算投资4.50亿元。

4. 马场滩扬水

取水口拟选在西干渠内,扬水10立方米/秒,扬程约150米,开发30万亩,估算投资4.20亿元。

四项合计扬水67立方米/秒,开发土地200万亩,装机约48万千瓦,年耗电约12亿度。估算投资需29.70亿元。新开发的200万亩土地预计年耗水8.0亿立方米,可以在国务院分配给我区的40亿立方米水量中自行平衡解决。

(三)经济和社会效益

新增200万亩水浇地,如种植粮食,可以形成年产16亿斤的综合生产能力,成为本世纪末全国增加1000亿斤粮食产量的产粮区之一,也为100万人的脱贫致富创造了根本条件,可大大改善生态环境。

以上项目我们将另报项目建议书和可行性研究报告。

　　对这一建设项目,我们邀请了区内外专家充分论证,特别是经过全国政协副主席、著名水利专家钱正英同志带领专家组认真考察之后,大家一致认为,"1236"工程是必要的、可行的、紧迫的,其意义重大,是"八七"扶贫攻坚计划能否在我区实现的关键。所需资金请国家在六年内安排拨款 20 亿元,其余由地方集中支农资金及多方筹措,全力以赴,并发动群众以劳代投,包干建成。

　　这一工程事关百万群众,是千秋大业,恳请中央批准,作为国家"九五"重点项目,1995 年开始实施。我们保证,一定按照现代化大农业、新农村的标准,下定决心,不折不扣地完成扶贫扬黄新灌区的开发任务。

　　　　　　　　　　　　　宁夏回族自治区党委　宁夏回族自治区人民政府
　　　　　　　　　　　　　　　　　　　一九九四年九月十八日

印发《国家计委关于审批宁夏扶贫扬黄灌溉一期工程
项目建议书的请示》的通知

计农经〔1995〕2248 号

宁夏回族自治区计委:

　　《国家计委关于审批宁夏扶贫扬黄灌溉一期工程项目建议书的请示》业经国务院批准同意,现印发给你们,请按照执行。

　　　　　　　　　　　　　　　　　　中华人民共和国国家计划委员会
　　　　　　　　　　　　　　　　　　　　一九九五年十二月十五日

印发国家计委关于审批宁夏扶贫扬黄灌溉一期工程
可行性研究报告的请示的通知

计农经〔1997〕2621号

宁夏回族自治区计划委员会：

　　《国家计委关于审批宁夏扶贫扬黄灌溉一期工程可行性研究报告的请示》(计农经〔1997〕2503号)业经国务院批准,现印发给你们,请按照执行。

中华人民共和国国家计划委员会

一九九七年十二月三十日

关于宁夏扶贫扬黄灌溉工程一期工程初步设计报告的批复

水总〔2000〕405号

宁夏回族自治区水利厅：

　　你厅《关于报批宁夏扶贫扬黄灌溉一期工程补步设计的请示》(宁水发〔1999〕112号)及《关于报批宁夏扶贫扬黄灌溉一期工程水源工程初步设计(补充)的请示》(宁水发〔2000〕22号)收悉。根据国家计委关于该工程可行性研究报告的批复(计家经〔1997〕2621号),我部水利水电规划设计总院对上述初步设计报告进行了审查,提出了审查意见(见附件)。经商国家计委,我部同意该审查意见,现对该工程初步设计批复如下：

　　一、宁夏扶贫扬黄灌溉一期工程灌区开发规模为130万亩,其中红寺堡灌区75万亩,固海扩灌灌区55万亩。一期工程引水流量37.7立方米每秒,通过节约用水和你区统筹安排,在国务院分配给你区引黄河水量指标内,年引用黄河水量5.17亿立方米。

　　二、同意水源工程由全部从七星渠供水改为分别由七星渠自流供水和直接从黄河干流泉眼山提水的方案。七星渠稍作扩整,增加供水流量 8 立方米每秒,为一期工程提供部分水源;泉眼山泵站直接从黄河提水流量 30 立方米每秒。

三、同意本工程为 II 等工程,泉眼山泵站为 2 级建筑物,进水闸、七星渠及泉眼山输水渠道为 3 级建筑物。

四、同意一期工程总工期按 6 年安排。按 1998 年物价水平核定,一期工程总投资为29.66 亿元。较该工程可研报告批复总投资 27.67 亿元增加 1.99 亿元。原投资中中央、地方投资分摊按可研报告批复执行。对于增加的投资,中央、地方按 2∶1 的比例进行安排。

五、请你厅根据审查意见进一步优化设计,与宁夏回族自治区有关部门进一步落实工程外部建设条件,落实水费补贴来源。在工程实施过程中应积极采用节水灌溉技术,建立产权清晰、职责明确、分级管理、市场化运行的责任机制,为灌区科学管理、水资源高效利用奠定基础。

六、工程建设要严格实行项目法人责任制,招标投标制和建设监理制,要严格按照基本建设程序并按要求办理开工报建手续,按照国家和我部关于水利基建程序的规定,加强资金管理和建设管理,确保工程质量,并按规定及时将工程建设信息报我部有关司局。

附件:宁夏扶贫扬黄灌溉工程一期工程初步设计报告审查意见

中华人民共和国水利部

二〇〇〇年九月十七日

自治区发展改革委关于红寺堡扬水一至三泵站更新改造工程
可行性研究报告的批复

宁发改审发〔2017〕96 号

自治区水资源管理局:

报来《关于审批红寺堡扬水一至三泵站更新改造工程可行性研究报告的请示》(宁水资源发〔2017〕26 号)收悉。依据自治区水利厅《关于红寺堡扬水一至三泵站更新改造工程可行

性研究报告审查意思的函》(宁水函发〔2017〕52号),经研究,批复如下:

一、原则同意红寺堡扬水一至三泵站更新改造工程可行性研究报告。该工程主要任务是对红寺堡扬水一至三泵站设施、设备进行系统改造,消除泵站病险情,节能降耗,提高泵站可靠性和运行效率,保障灌区供水安全,促进区域脱贫攻坚。

二、该工程基本维持现状布局,更新一至三泵站水泵、电动机、进出水阀门、变压器等机电设备171台(套),改造水工建筑物14座,更换压力管道6.15公里,配套输电线路8.7公里,维修改造泵站主、副厂房以及自动化监测控制系统等。

该工程属Ⅱ等大(2)型。泵站主要建筑特级别为2级,次要建筑物级别为3级。设计洪水标准50年一遇,地震基本烈度为8度。

三、按照2017年第一季度价格水平,工程估算投资38200万元。工程建设资金通过自治区财政补助、水利建设基金及银行贷款解决。

四、原则同意自治区水资源管理局作为项目法人单位,负责项目前期、建设管理、资金落实等工作。自治区水利厅负责项目技术审查和监督检查工作。项目严格按照基本建设管理程序。实行项目法人责任制、招投标制、建设监理制和合同管理制。要依法依规做好招投标工作,确保工程质量和安全。工程建设要与管理体制改革相结合,保障工程良性运行。

在初步设计阶段,要按照审查意见提出的要求,进一步补充完善地质勘察等资料,并结合地形、工程地质、征占地等情况,论证优化工程设计方案;要完善环境保护和水土保持方案,优化施工组织设计,尽可能减少对生态的不利影响;要认真做好征地补偿和被征地居民安置工作,保障被征地居民各项合法权益,对安置工作中可能出现的问题做好预案。

五、请据此批复编制工程初步设计报告,报自治区水利厅审批。

宁夏回族自治区发展和改革委员会

2017年5月24日

自治区发展改革委关于红寺堡扬水四、五泵站更新改造工程

可行性研究报告的批复

宁发改审发〔2017〕116 号

自治区水资源管理局：

报来《关于审批红寺堡扬水四、五泵站更新改造工程可行性研究报告的请示》（宁水资源〔2017〕32 号）收悉。按照自治区人民政府第 46 期专题会议纪要精神，依据自治区水利厅《关于红寺堡扬水四、五泵站更新改造工程可行性研究报告审查意见的函》（宁水函发〔2017〕76号），经研究，批复如下：

一、原则同意红寺堡扬水四、五泵站更新改造工程可行性研究报告。该工程主要任务是对红寺堡扬水四、五泵站设施、设备进行系统改造，消除泵站病险情，节能降耗，提高泵站可靠性和运行效率，保障灌区供水安全，促进区域脱贫攻坚。

二、该工程基本维持现状布局，改造红寺堡扬水四、五泵站，加固改造水工建筑物 8 座，更换压力管道 5.84 公里，更新水泵、电动机、变压器等机电设备 120 台（套），更换闸门、启闭机、吊车等 6 台（套），维修改造泵站主副厂房 2900 平方米，以及自动化监测控制系统等。该工程属 II 等大（2）型。泵站主要建筑物级别为 2 级，次要建筑物级别为 3 级。设计洪水标准50 年一遇。地震基本烈度为 8 度。

三、按照 2017 年第一季度价格水平，工程估算总投资 15800 万元。工程建设资金通过自治区水利建设基金和银行贷款解决。

四、原则同意由自治区水资源管理局作为项目法人单位，负责项目前期、建设管理、地方资金落实等工作。自治区水利厅负责项目技术审查和监督检查工作。项目严格按照基本建设管理程序，实行项目法人责任制、招投票制、建设监理制和合同管理制。要依法依依规做好招投标工作，确保工程质量和安全。工程建设要与管理体制改革相结合，保障工程良性运行。

在初步设计阶段，要按照审查意见提出的要求，进一步补充完善地质勘察等资料，并结合地形、工程地质、片占地等情况，论证优化工程设计方案；要完善环境保护和水土保持方案，优化施工组织设计，尽可能减少对生态的不利影响；要认真做好征地补偿和被征地居民安置工作，保障被征地居民各项合法权益，对安置工作中可能出现的问题做好预案。

五、请据此批复编制工程初步设计报告,报自治区水利厅审批。

宁夏回族自治区发展和改革委员会

2017 年 7 月 7 日

自治区党委办公厅　人民政府办公厅
关于成立宁夏扶贫扬黄灌溉工程建设委员会的通知

宁党办〔1995〕22 号

各地、市、县(区)党委、行署和人民政府,自治区党委各部委,区直机关各厅局,各人民团体:

我区扶贫扬黄灌溉工程("1236"工程),是一项涉及全区经济、政治、社会、科技、环境的宏伟系统工程,为了对工程建设的重大事项进行统一领导和科学决策,自治区党委、人民政府决定成立"宁夏扶贫扬黄灌溉工程建设委员会",委员会组成人员如下:

主 任 委 员:白立忱　自治区党委副书记、自治区主席

副主任委员:任启兴　自治区党委常委、自治区副主席

　　　　　　周生贤　自治区副主席

　　　　　　张位正　自治区人大常委会副主席

委　　　员:董家林　自治区计委主任　　　沈也民　自治区水利厅厅长

　　　　　　郭占元　自治区农建委主任　　马骏廷　自治区财政厅厅长

　　　　　　崔永庆　自治区农业厅厅长　　苑尔卓　自治区经委主任

　　　　　　苏焕兰　自治区科委主任　　　兰泽松　自治区林业厅厅长

　　　　　　潘润松　自治区畜牧厅厅长　　黄超雄　自治区建设厅厅长

　　　　　　王树林　自治区农垦局局长　　陈敏求　自治区交通厅厅长

　　　　　　钱根芳　自治区经贸厅厅长　　孟昭靖　自治区电力局局长

　　　　　　周建军　自治区公安厅厅长　　李　连　人民银行宁夏分行行长

王全诗　工商银行宁夏分行行长　　　孙兆海　农业银行宁夏分行行长

张正学　农业发展银行宁夏分行　　　周秋英　建设银行宁夏分行行长

王树臣　中国银行宁夏分行行长　　　张怀武　自治区党委宣传部副部长

赵廷杰　自治区党委政策研究室主任

李振荣　自治区土地管理局局长　　　孙宁璋　自治区环保局局长

马昌裔　银南行署专员　　　　　　　尤兆忠　固原行署专员

刘江波　宁夏军区后勤部副部长

委员会下设办公室,同时成立"宁夏扶贫扬黄灌溉工程建设指挥部",与办公室一个机构两块牌子。

办公室主任:张位正(兼)

副 主 任:张钧超　自治区水利厅副厅长

宁夏回族自治区党委办公厅

宁夏回族自治区人民政府办公厅

一九九五年七月十四日

自治区人民政府关于落实扶贫扬黄灌溉工程自筹资金的决定

宁政发〔1996〕27 号

在党中央、国务院、全国政协及国家有关部委的亲切关怀和支持下,关系到我区百万山区群众脱贫致富的宁夏扶贫扬黄灌溉工程已于 1995 年 12 月 13 日经国务院正式批准立项,并列入国家"九五"计划。根据国家计委批复,一期工程灌溉总面积为 130 万亩,静态总投资22.82 亿元,动态总投资初步估计为 26.48 亿元,其中需要我区筹措三分之一,约 8.83 亿元。经自治区人民政府 1996 年 2 月 16 日第 24 次常务会议研究决定,通过以下几个渠道筹集。

一、由自治区财政预算每年调剂安排 4800 万元。

二、由自治区计委从地方统筹基建资金中每年调剂安排 4500 万元。

三、出台若干地方政策每年筹集建设费 5700 万元,其中:

(一)按增值税、营业税、消费税"三税"实际征收数的 1%征收附加费 1350 万元;

(二)按机动车辆购置费的 3%征收附加费 1800 万元;

(三)按电话入网、初装、月租、通话费总收入的 3%征收附加费 550 万元;

(四)从预算外收入中提成 10%筹集 800 万元;

(五)募集扶贫工程建设费 1200 万元。

由自治区财政厅、计委调剂安排的资金从 1996 年开始。"三税"附加、车辆购置费附加、电话费附加、预算外收入提成从 1996 年 4 月 1 日起征收。建设费的募集时间由自治区扶贫扬黄灌溉工程建设指挥部商财政厅确定。

通过以上三个渠道,从 1996 年开始自治区每年可筹集资金 1.50 亿元,六年累计筹集资金 9 亿元,专项用于我区扶贫扬黄灌溉工程建设。

本决定下发后,由自治区财政厅牵头商有关部门尽快拟定《建设费征集管理办法》《预算外收入提成办法》《建设费募集兑付办法》,报自治区人民政府审批后下发执行。有关实施细则及财务管理与会计核算办法由自治区财政厅制定。

一九九六年二月二十八日

自治区人民政府关于筹集扶贫扬黄灌溉工程建设资金的通知

宁政发〔1996〕32 号

各行署,各市、县(区)人民政府,自治区政府各部门、各直属机构,中央驻宁各单位:

在党中央、国务院的亲切关怀下,关系到我区百万山区群众脱贫致富的宁夏扶贫扬黄灌溉工程(简称"1236"工程)已经国务院正式批准立项,并列入国家"九五"计划。这项工程建设周期长,资金需求量大,地方自筹资金的任务十分繁重。为了保证工程建设的顺利进行,必须坚持特事特办的原则,经自治区人民政府研究决定,除自治区财政厅、计委千方百计调剂安排大部分自筹资金外,动员和组织社会各方面的力量,广泛挖掘潜力,多方筹集资金。

一、筹资项目

(一)按增值税、营业税、消费税"三税"实际征收数的 1%征收附加费,委托自治区国税局、地税局代收(未设地税局的县,全部由国税局代收)。

(二)按机动车辆购置费的 3%征收附加费,委托自治区交通厅代收。

(三)按电话入网、初装、月租、通话费总收入的 3%征收附加费,委托自治区邮电局代收。

(四)按地方行政、事业单位预算外收入的 10%提成,委托自治区地税局(未设地税局的县委托国税局)代收。

(五)多渠道募集扶贫工程建设费。主要通过借款的方式向全区行政、事业单位,效益好的企业及其干部、职工募集,借款期限五年,到期还本不付息。自治区财政厅负责向各地、各部门分配募集任务,并委托自治区财政国债服务中心及行署、市、县财政国债服务部办理收款及还本事宜。

二、"三税"附加、机动车辆购置费附加、电话费附加、预算外收入提成从今年 4 月 1 日起征收。募集建设费的时间、数额由自治区扶贫扬黄灌溉工程建设指挥部商财政厅确定。

三、以上各项筹集资金,分别由有关部门按本通知确定的比例负责征收,全额上交自治区财政厅,不得截留挪用。原则上不支付代收(代扣)手续费。

四、各项资金的具体征收、管理办法,由自治区财政厅会同自治区国税局、地税局、交通厅、邮电局依本通知规定制定下发。

各地区、各部门要统一思想,提高认识,步调一致,服从大局,紧密配合,共同做好各项工作,保证各项自筹资金的落实,支持我区扶贫扬黄灌溉工程建设。

一九九六年三月五日

二、领导指示、讲话

李岚清副总理打电话给白立忱主席
要求全力抓好扶贫扬黄灌溉工程建设

国务院批准宁夏扶贫扬黄灌溉工程("1236"工程)立项后,1995年12月14日清晨7时,国务院副总理李岚清打电话给自治区主席白立忱,就这一工程的建设问题提出具体要求。

李岚清副总理在电话中提出:一、国务院批准宁夏扶贫扬黄灌溉工程("1236工程")立项,并作为重点工程列入国家"九五"计划,宁夏一定要全力抓好;二、这是一项水利工程,一定要节约用水,发展节水灌溉;三、抓紧抓好工程的前期工作和设计、施工准备;四、这是一项扶贫的重大工程,一定要勤俭节约,艰苦奋斗,把人民群众企盼的这项工程搞好。

白立忱主席代表自治区党委、政府和宁夏500万回汉各族人民感谢党中央、国务院的关怀,并表示一定要集中精力抓好这项重大工程的建设。

（原载《宁夏日报》,1995年12月15日）

李岚清副总理视察宁夏扶贫扬黄工程时的指示

李岚清十分关心宁夏扶贫扬黄灌溉工程,当年,这座宏伟的世纪性扶贫工程就是在李岚清等中央领导亲切关怀下开始建设的。

1995年,李岚清来宁夏考察时,宁夏扶贫扬黄灌溉工程还正在酝酿之中,他充满激情地写下了"有水赛江南,无水泪亦干;引黄造绿洲,万民俱开颜"的优美诗句,对建设宁夏扶贫扬黄灌溉工程充满无限深情。

如今,红寺堡灌区开工仅两年,已经建成3座主泵站、70多千米长的干渠,开发干旱荒地11.50万亩,移民近5万人。

8月15日,李岚清来到红寺堡考察,驱车来到一泵站,只见9条粗大的水泥管像9条巨龙,经过多级扬水把黄河水送上了旱塬,给荒漠带来了希望。

驱车十几千米,李岚清从一泵站到二泵站,最后又察看了三泵站,详细考察了整个工程进展情况。他鼓励建设者艰苦奋斗,把这个世纪工程搞好,造福宁夏。

李岚清指出:退耕还林还草一定要因地制宜,种什么、怎么种都要有合理安排。扶贫致富项目怎么搞一定要研究,如果按照传统农业的搞法,农民只种粮食,只能脱贫,不能致富。搞农业耕地裸露时间长,风沙也会起来,会给生态环境保护带来很大问题。扶贫扬黄灌区要依靠科技求发展,要通过支持和创办高新技术企业把企业做大,由企业带动农户致富。

接着,李岚清来到大河乡五村(固原县移民试点村)。得知李岚清副总理要来的消息,村民们都聚集在村头,鼓掌欢迎。

在村子里,李岚清看到小孩子就上前问,上学了没有,得到肯定的回答后,他十分高兴。他来到大河乡五村小学看望了教师。

李岚清了解了学校的课程设置情况。听说学校也开设了音乐课,李岚清格外感兴趣。他问:学生上音乐课有琴吗?校长马成荣回答:还没有,只有笛子。李岚清再三嘱咐:一定要抓好音乐课教学,音乐具有启迪创造性思维的作用。第二天教育部长陈至立就给学校赠送去了一台"卡西欧"电子琴。

在学校门口,李岚清欢喜地望着围拢过来的孩子们说:会唱歌吗? 孩子们高声回答:会!李岚清说:我们来唱一支歌好不好! 孩子们齐声回答:好! 于是"团结就是力量,团结就是力量……"的歌声在学校的上空回响起来。穷困地区的孩子与党和国家领导人同唱一首歌,共同憧憬西部的未来。这是幸福的歌声,这是希望的歌声。临别时,李岚清对校长说:你们要尽快富起来,等下次我再来时,希望能看到你们这里现代化农村的新景象。

(原载《宁夏日报》,2000 年 8 月 24 日)

邹家华副总理在宁夏扶贫扬黄灌溉工程开工典礼暨红寺堡灌区试水仪式上的讲话

1996 年 5 月 11 日

同志们:

很高兴有机会参加宁夏扶贫扬黄灌溉工程奠基典礼。在此,请允许我代表国务院对宁夏兴建这项为民造福、功在当代、利在千秋的扶贫工程,表示最热烈的祝贺!

宁夏西海固地区是全国重点扶贫地区之一,是回族群众聚居地区,党中央、国务院对这一地区群众的脱贫问题十分关心。多年来,国家在资金、政策等方面对扶贫工作给予了大力支持。宁夏回族自治区党委、政府在组织扶贫攻坚上作了不懈的努力,当地回汉群众发扬自力更生、艰苦奋斗的精神,积极同干旱和贫困作斗争,积累了丰富的经验,取得了可喜的成绩。但是,由于许多地方生存条件恶劣,仍有相当一部分群众处于贫困线之下。在连续四五年大旱的情况下,群众生活更加困难。宁夏沿黄河两岸有集中连片宜垦荒地,水资源、电力条件具备,又有扬黄开发移民的成功经验,建设扶贫扬黄灌溉工程是符合自治区实际的。党中央、国务院对这一扶贫扬黄灌溉工程是高度重视和大力支持的。江泽民总书记、李鹏总理对该项目报告亲自圈阅批示,国务院去年 5 月份以后多次召开专题会议进行研究,去年 12 月 13 日国务院正式批准立项,并作为重点工程列入国家"九五"计划。

　　宁夏"九五"期间下决心解决贫困群众的脱贫问题,事关经济发展、民族团结、社会安定,是一件很了不起的事情。地方筹措三分之一资金已有了具体的实施方案, 前期工作基本就绪,而且成立了强有力的工程领导指挥机构,工作抓得十分扎实。国务院将抓紧审批项目可研报告。中央补助该工程总投资三分之二资金,由国家计委负责协调落实。利用外资也将优先予以支持。希望你们借鉴三峡工程"静态控制,动态管理"的办法和山西万家寨水利工程建设的经验,从实际出发,科学规划,择优启动,分步实施,周密组织,精心设计,精心施工,边建设、边受益,努力做到速度快、质量高、投资省、效益好。同时还要借鉴国内外节水高效农业的经验,引进先进技术,结合本地成功的实践,进行耕作制度的革命,用现代科技把抗旱脱贫工作提高到一个新的层次、新的水平。

　　我相信,有人民群众的热切企盼和参与,有党中央、国务院的高度重视和支持,有中央相关部门和地方的协同配合,有工程技术人员的聪明才智,有建设者的拼搏奉献精神,宁夏扶贫扬黄灌溉工程建设将会捷报频传,宁夏扶贫攻坚将谱写出辉煌的历史新篇章。

白立忱主席在"1236"工程现场调研会上的讲话

(1995 年 2 月 16 日)

　　在 1995 年之初,自治区政府作为一项重要的工作,组织进行了这次"1236"工程现场调研活动。参加这次调研活动的有自治区政府、政协的领导同志,自治区党委、政府有关部门,固原、银南地区及有关县的主要负责同志和专家、新闻单位的同志四十余人。这次调研活动的举行,充分表明自治区政府对扶贫开发工作的高度重视和实施"1236"工程的决心,也充分表明全区上下各方面对"1236"工程的热切关注和积极支持。经过两天的实地查勘和一天的讨论发言,大家提出了很多宝贵的建设性意见,基本上达到了现场调研、广泛听取意见、统一思想、明确任务、为科学决策提供依据的预期目的。

这次调研活动收获很大。一是在原来的基础上进一步摸清了实际情况,对"1236"工程所涵盖的内容和任务有了更清晰的认识;二是亲身感受到山区人民盼望实施"1236"工程的强烈愿望,增强了实施"1236"工程的紧迫感和责任感;三是对优化工程规划、择优启动、资金筹措以及与扶贫工作的结合和配套政策等问题进行了深入的讨论,进一步集思广益,为实施决策打下了良好的基础。可以说,这一次大型调研活动,对于"1236"工程的奠基和实施起着极为重要的作用。

下面,我讲两个问题。

第一,要进一步加深对"1236"工程意义的认识

我区是一个贫困面大、贫困人口多的省区,贫困地区的面积达3万多平方千米,占全区总面积的58.80%,人口216.80万,占全区人口的44.20%,其中回族人口105.60万,占全区回族人口的64%。新中国成立后,特别是党的十一届三中全会以来,在党中央和国务院的关怀支持下,经过"三西"扶贫开发建设,群众生活有了明显改善。但由于生态环境、自然条件恶劣等原因,目前仍不能稳定解决温饱,还有近140万人处于温饱线以下。山区的贫困仍是影响全区经济发展、社会稳定和民族团结进步的主要因素。

多年的扶贫工作实践使我们认识到,根本改变南部山区的生产条件,彻底解决人民的温饱,突出的是解决水的问题。否则,难以抗拒三年两头旱的严酷现实。而且在人口压力不断增加的情况下,生产生活条件将会继续恶化,即使国家花钱不少,群众也难以稳定摆脱贫困。近年来,我们建设了一批中小型扬黄引水工程,开发了一些新灌区,搬迁移民15万人。这些移民在新灌区依靠自己的劳动,三年就摘掉了贫困帽子,一部分已走上了致富的路子。

去年9月,全国政协副主席钱正英率水利农林专家组来我区实地考察,在与自治区领导座谈时,提出要把解决山区群众的温饱与开发利用黄河两岸荒地、建设扬黄新灌区结合起来,并且作为大柳树水利工程前期建设项目,积极争取国家立项支持。这一提议,也是我们多年的愿望,完全符合我区实际,得到了广大干部群众的支持。经过大家共同讨论,提出了建设大柳树灌区第一期扶贫工程——扶贫扬黄新灌区,简称"1236"工程,即解决100万人的贫困问题,开发200万亩水浇地,投资30亿元,用6年时间基本建成。随后,自治区党委、政府向党中央国务院请示报告,请求把"1236"工程列为国家"九五"重点项目。钱正英副主席的建议和自治区党委、政府的报告,得到了中央领导及国家有关部门的高度重视,中央领导同志亲自做了重要批示。从去年9月到现在,自治区的领导和有关部门为争取国家尽快立项和投资,做了大量的工作。

实施"1236"工程,是自治区党委、政府为从根本上改变南部山区贫困落后面貌,同时也是振兴宁夏经济而采取的一项重大战略决策。抓好该项目的建设,不仅是个经济问题,也是一个关系民族地区发展和稳定的政治问题。从扶贫的角度讲,我们解决了100万人的贫困问题,使"双百"扶贫攻坚的任务落在实处,这将是一个历史性的进步,是一大创举。从发展农业的角度来讲,"1236"工程建成后,可新增水浇地200万亩,形成年产8亿千克粮食的生产能力,为国家提供更多的商品粮,为本世纪末全国增产1000亿斤粮食作出我们应有的贡献。从全区经济发展的格局来讲,解决南部山区半壁河山的问题,具有事关全局举足轻重的作用。从社会发展意义上讲,其作用也不可低估。历代封建统治阶级歧视少数民族,把他们逼到缺乏生产和生存条件的贫困山区,而我们共产党人就是要努力创造条件,帮助他们改变生产条件,开发新灌区,建设新家园。因此,我们一定要从全局上认识到,实施"1236"工程,是关系到解决百万群众温饱乃至全区经济发展的重大举措。"1236"工程反映了全区各族人民的根本利益和共同愿望,现在已经成为全区上下普遍关心的大事。各级党委、政府都要从经济和社会发展的战略高度来认识实施这一工程的重要性和紧迫性。自治区党委、政府已下定决心,在积极争取国家支持的同时,立足于自力更生,艰苦奋斗,动员一切力量,多方筹措资金,从今年开始启动建设,实施"1236"工程。

"1236"工程从提出到现在,不到半年时间,得到了全区上下热烈的响应,大家热情高,议论多,这说明"1236"工程完全符合宁夏的实际情况和今后发展的需要,具有广泛的社会基础和强大的生命力,对此,我们要坚定不移。经过这次大型调研活动,我们的认识进一步有了深化。"1236"工程不仅是大型建设项目,也是一项创历史伟业的项目,是奠百年大业之基的项目,是振奋人们精神、顺民心、得民意的项目,是振兴宁夏经济、从根本上改变宁夏面貌的项目,其经济、社会和政治意义十分重大。要干"1236"工程,就要发扬"1236"精神,这就是干大事、创大业的精神,顾大局、识大体的精神,唤起民众同心干的精神,自力更生、艰苦奋斗、奋发图强的精神,改革、开拓、创新的精神,甘为孺子牛的精神,肩负历史使命责任感的精神。同志们,我讲这番话,不是在说教,而是从实践中来,是从对人民的感情中来。大家想一想,贫困山区的百万人民祖祖辈辈生活在这里,经历了千年干旱、百年期盼,希望在我们改革开放的新时代改变面貌,希望在我们这一代共产党人手中实现梦寐以求的愿望,我们有什么理由能有丝毫的犹豫和推却?这两天来,我收到固原地区的几十封群众来信,他们用自己内心的语言,最真诚的感情,表达了对实施"1236"工程的殷切期望。因此,我们要动真情,使真劲。不争论,不动摇,下决心,坚决干,而且要干好。我们应该有这样强烈的责任感和使命感,担负起这一光荣的历史使命。

第二,当前要做的几项工作

"1236"工程意义重大,十分必要,但在实施前的决策一定要慎重、要科学,这是对历史和人民负责的态度。目前,围绕着决策,还有一系列工作要做。

(一)全力争取国家的支持。"1236"工程是一项投资规模大、效益高,要求工期短的重点项目。建设这么宏大的工程,必须争取中央的大力支持。"1236"工程目前已得到中央和国家有关部委的重视,我们要紧紧抓住国家编制"九五"计划的机遇,从各个方面积极做工作,特别是计委、水利厅、农建委等部门,要在完善工程规划和项目方案的同时,加大工作力度,千方百计争取国家尽快审批,并列为国家"九五"重点项目。

(二)搞好规划,启动建设。总的原则是科学规划,全面启动,分步实施。当前,首要任务是做好工程的前期技术工作,在总目标、总规模不变的前提下,组织各方面的力量和专家进行深入细致的勘测规划和设计。水利厅尽快组织 3~4 个技术设计组,分别对兴仁扬水、红寺堡扬水、固海扩灌工程、马场滩扬水进行勘查设计,于 6 月底拿出初步设计方案。自治区于 7 月底前择优确定启动项目。

确定启动建设项目具有很重要的意义,也是大家最为关心和议论最多的问题。启动项目要着眼于全局,着眼于长远,有利于"1236"工程总体意图的体现,有利于"1236"工程的奠基。这样可以起带动作用,也有利于争取国家立项。

(三)搞好资金筹措。除了积极争取中央支持外,我们自治区要千方百计地筹措资金。既然是办大事,就不能小打小闹。这里需要强调的,一是要集中资金办大事。要看到,资金分散、使用效益差的情况在各级计划、财政和各项事业中是存在的。如果我们认真算细账,把多种渠道的资金有计划地集中起一部分,连续几年,就能办成一两件大事。二是要克服本位主义思想,一定要树立全局观念和集体利益观念,局部一定要服从全局。

今年资金筹措,按启兴副主席讲的 5000 万去准备。从明年开始,每年拟筹措 2.5 亿元。初步考虑的几个方面是:(1)计委、财政各筹措 1000 万元;(2)从"三西"资金、"以工代赈"资金、不发达地区发展资金、贫困低产县资金、农田水利费、灌区开发资金等 8 个渠道筹措 1

亿元;(3)建立"1236"工程建设基金,动员社会力量筹集资金;(4)争取银行低息贷款,积极引进外资。

(四)要加强对实施"1236"工程配套政策的研究。要以改革的思想和市场经济的要求来研究扶贫新灌区建设的配套政策,建立新的运行机制。如移民政策,一、二、三产业协调发展的问题,发展"两高一优"农业问题,科技投入问题、节水技术问题等,要进行综合研究,使各项政策配套、使扶贫新灌区开发建设从起步就纳入良性发展的轨道。这方面的工作也要先行,要重视和发挥专家及有关研究部门的作用,调动他们的积极性,为"1236"工程服务。

(五)加强领导问题。实施"1236"工程事关全区经济、社会发展的全局、要打破地区、部门、行业的界限,不能只看一个地区的事情或是一个水利项目。这不仅是个认识问题,也是领导问题。各地县、各部门和各行业,都要把工程作为己任,积极配合,大力支持,以崭新的面貌进入 21 世纪。

自治区党委已经决定成立扶贫扬黄工程建设委员会,由我担任委员会主任;根据区党委的决定,近期完成机构组建工作。委员会下设办公室,并尽快开展工作。

为了保证"1236"工程顺利实施,必须从上到下组织一支强有力的指挥和建设队伍,全力以赴投入进去,真抓实干,同时也在第一线的工作中锻炼队伍,考验干部。对选调建设"1236"工程的干部,要为他们创造良好的工作条件,解除他们的后顾之忧。

另外,要抓好宣传舆论工作,利用各种宣传工具,广泛深入地宣传"1236"工程的重大意义,使全区各族人民都支持和参与这项工程建设,增强"1236"意识,共同完成"1236"工程这一伟大事业。

同志们,实施"1236"工程是一项艰巨而光荣的任务,我相信,在党中央和国务院的关怀支持下,全区各族人民齐心协力,艰苦奋斗,一定能够实现"1236"工程建设的目标。

马启智在宁夏扶贫扬黄灌溉工程开工典礼暨
红寺堡灌区试水仪式上的讲话

（1998 年 9 月 16 日）

同志们：

在党中央、国务院和全国政协的亲切关怀下，在国家有关部委的大力支持下，经过全区上下各方面的努力，全区人民热切企盼的宁夏扶贫扬黄灌溉工程今天在这里举行隆重的正式开工典礼和红寺堡灌区试水仪式。在此，我代表自治区党委、政府向前来参加开工典礼的国家发展计划委员会、水利部、外经贸部、中国技术进出口总公司、中国工商银行、黄委会的各位领导、各位来宾，表示热烈的欢迎和衷心的感谢！向工程建设指挥部的同志和参加工程勘测、设计、施工、监理的专家、技术人员、广大职工，向所有关心、帮助、支持工程建设的社会各界人士，表示崇高的敬意和亲切的慰问！

3 年多来，这项宁南山区人民非常关注的宏伟工程，经建设者们辛勤紧张的前期工作和精心有序的组织施工，已经取得了重大进展。目前，我区第一座 220 千伏无人值守的恩和变电站建成并投入运行。红寺堡区一、二、三泵站，一、二干渠及三干渠前 20 千米基本建成，全区第一个 5000 亩规模的节水灌溉试验示范区也已建成并试喷成功，固原地区 6 县和同心、中宁 8 个农业移民开发试点村正在努力建设。工程建设已成功的迈出了可喜的第一步，为自治区成立 40 周年献上了一份厚礼。

同志们，宁夏扶贫扬黄工程是一项跨世纪的宏伟工程，是从根本上解决宁南山区群众脱贫致富问题的重大举措，是自治区党委和政府在农业开发上做大文章的重要课题。因此，无论遇到多么大的困难，都要发扬"负重拼搏、务实苦干、团结协作、开拓创新"的精神，下最大的决心，去争取更大的胜利。希望全区上下、社会各界一如既往地关心、支持工程建设；希望扶贫扬黄灌溉工程指挥部和所有参加工程建设的技术人员和广大建设者，不畏艰难，精心组织，精心设计，精心施工，高标准、高质量地建设好宁夏扶贫扬黄工程，以实际行动造福山区人民。

谢谢大家！

三、媒体报道

功垂亘古荒原

——宁夏军区参建扶贫扬黄灌溉工程纪实

何 哲 周样贵

在大西北的亘古荒原上，我国最大的水利扶贫工程——宁夏扶贫扬黄灌溉工程犹如一座世纪丰碑巍然矗立，记载着中国人民改造自然、追求美好生活的勇气和决心。

这项扶贫工程也连系着宁夏军区党委和广大官兵、民兵预备役人员的心。为了加快工程建设步伐，宁夏军区广大部队官兵和民兵预备役人员牢记江主席"进一步打好扶贫攻坚战"的指示，主动请缨，承担了工程施工任务。宁夏军区党委一班人多次亲临现场，进行广泛的调查研究，精心组织施工，将4000多名部队和民兵预备役人员进行科学编组，以团、营、连、排、班的组织形式投入施工，动用2600多台机械，在亘古荒原上打响了一场艰苦卓绝的攻坚战。

红寺堡，罗山脚下荒无人烟的古战场，夏季白天温度高达40多摄氏度，晚上又降到只有几度，"一年一场风，从春刮到冬；天上无飞鸟，风吹石头跑"。首批开进工地的西吉县民兵连，扎营的第一个晚上，就遇到了"龙卷沙"。当大家长途跋涉，在驻地刚刚搭起一个简易帐篷，还没有来得及埋锅做饭，猛然间狂风怒号，黄沙草天，30多个人只能相拥在一起，任凭风沙吹打。那天晚上，不知过去了多少时间，民兵连长张敏感觉到呼吸困难，胸闷气短，嗓子冒火，便大吼一声跳了起来，定睛一看，大吃一惊，只见30多个人大半被埋进了沙子里，帐篷被风刮得无影无踪，沙丘早已被风夷为平地。他立即叫醒大家，扒出了被埋在沙子里的人。只见有的人被呛得鼻子流血，头晕眼花。可他们并没有屈服，与恶劣的大自然展开一场意志的较量。

踏上红寺堡这片热土，面对满天黄沙和无垠的荒漠，尽管困难比官兵们想象的还要多，但他们用撼天地、惊鬼神的豪气，克服了重重困难。没有路，机械设备运不进，他们便把设备卸成零部件靠手抬肩扛运到工地；没有电，他们自己栽杆拉线，安装电机；没有房子，他们就住窝棚睡地铺，吃沙拌饭；任务重，他们不怕苦、不怕累，没黑没明地干。也就是靠着这种不畏艰难，顽强拼搏的精神，他们在亘古荒原打响了红寺堡扶贫扬黄工程的第一炮。

在灌溉工程工地上，活跃着一位憨厚补实的技术员，他便是西吉县参建民兵营二连指导员段志忠。他是首批进驻红寺堡的创业者。回顾自己在这里度过的30多个日日夜夜，这位刚强的汉子眼睛湿润了。记得一天下午,他外出测量返回时,突然狂风卷着沙石扑面而来,他随即躲在一个小沙丘后面,心想着风停下来再赶回去,时间一分钟一分钟过去,可风却越刮越大,这时他意识到如果继续待下去,就有被风沙吞噬的危险。5千米沙路,他整整走了3个多小时,当他艰难地回到营地时,就疲惫不堪地晕倒在营门口,要不是其他民兵及时发现了他,后果无法想象。

已年近50岁、曾在西藏艰苦地区工作过的吴忠军分区副司令员李源,不顾自己年纪大和有病的身体,全身心投入到工程施工中。他每天同年轻人一样,吃沙拌饭,睡帐篷。指挥部没有配专车,他常常坐施工单位的拖拉机到各个工地检查施工,进行深入细致的调查研究,从制定科学的施工方案到督促施工,他都要一道工序一道工序进行指导。为了达到既能保证工程质量又省料节时,每项工程的施工方案,他都要同工程技术人员一起反复研究,直到科学完善才组织施工。一年多来,他共向工程总指挥部提出40多条合理化建议,条条都得到了采纳和认可,为工程节省资金近100万元。由于长期在车内颠簸和工作劳累,他的腰椎间盘突出更为严重,可他硬是坚守在工地。

施工中,官兵们广泛开展争创先进连队和争当优秀民兵活动,激发施工热情,促进施工进度。曾被江泽民主席授予一等功的某给水工程团,主动承担了地形和交通条件最复杂的"卡脖子"工程,整个工程跨越4个山头、5道山沟。这段土壤含水量只有2%~3%,而施工设计要求达到13.5%,需要大量的水进行搅拌方能填筑、碾压。施工地段中,开挖最深部位达11.7米,填方最大部位高达12米,既缺水又少土,最近的运水点也在20千米外,连简易便道也没有开通。为了保证顺利施工,他们自己组织力量开通了一条10千米长的简易便道,没有向总指挥部提出任何要求。在工地上,官兵们发扬"流血流汗不流泪,掉皮掉肉不掉队"的精神,不论天晴下雨,还是刮风吹沙,他们都战斗在工地上。劳动中,许多官兵的手打起了血泡,拉开了一道道血口,可他们谁也不吭一声,没有一句怨言。功夫不负有心人,他们不仅保质保量完成了施工任务,所承揽的标段被总指挥部评为"样板工程"。

通过数百个日夜的苦战,官兵们在红寺堡灌区用了最短的时间,完成了8万亩土地的开发任务,挖运土石方近100万立方米,修渠400千米,修建房屋9600多间,已安置迁移贫困人口2万多人。自治区党委书记毛如柏称赞官兵和民兵预备役战士是"敢打硬仗的扶贫尖兵"。

(原载《宁夏日报》,1999年12月12日)

构筑反贫困的世纪丰碑

——宁夏扶贫扬黄工程建设纪实

在祖国西北内陆的黄土高原上,有一项令世人瞩目的反贫困宏大工程,那就是宁夏扶贫扬黄工程。

宁夏回族自治区的西海固地区,是国定"三西"贫困地区之一。这里生活着240多万回汉群众,土地面积和人口分别占全区土地面积和人口的64%、45%,是宁夏回族自治区"半壁河山",也是全国主要的回族聚居区。这里生态环境恶劣,自然灾害频繁,素有"十年九旱"的说法。加之资源匮乏,交通不便,经济、社会发展水平很低,农村解众生产生活条件非带艰苦,有"苦瘠甲天下"之称。

俗称为西海固地区的宁夏南部山区8县之所以贫困,虽然原因是务方面的,但究其根源在于干旱缺水。党和国家从20世纪80年代开始进行的"三西"建设,宁夏确立了以"水"为核心的工作思路,充分利用"三水"(蓄集天上水、利用地表水、开发地下水)资源,实施开发式共贫战略,取得了很大成绩。但是由于生产条件和生存环境没有得到根本改善,每当通到自然灾害,就会出现大面积的返贫现象。西海固彻底告别贫国的根本出路在哪里?西海固的干部群众在不懈地探索,宁夏回族自治区的领导层在调研思考,党和国家领导人也在关心着。

中南海的关注

西海固的贫困问题在20世纪70年代就挂在老一辈国家领导人的心上。但是从根本上解决西海固群众温饱问题的重任历史性地落到了党和国家第三代领导集体的肩上。在宁夏扶贫扬黄工程的提出、立项以及实施的过程中,党和国家领导给予了巨大关怀。江泽民、李鹏、朱镕基、李瑞环、李岚清、姜春云、邹家华、温家宝、杨汝岱、李贵鲜、钱正英、白立忱、张克辉等领导,他们有的到现场视察了宁夏扶贫扬黄工程,有的专题听取汇报,解决了工程建设中的许多重大问题,对工程建设的顺利进展起到重大的保证作用。

1992年开始的连年大旱,使宁南山区群众仅有的一点抗御自然灾害的能力也消耗殆尽。持续干旱给山区农牧业生产和人民群众生活带来了严重的灾难。党中央、国务院没有忘记西海固,各种援助、教济及时到位。中共中央政治局常委、全国政协主席李瑞环带着党中央的关怀来到了宁夏,给西海固的干部群众抗御自然灾害增加了强大的精神动力,与各级领导研究确定举世瞩目的反贫困宏伟构想。

李瑞环主席视察宁夏返京的时间是 1993 年秋。宁夏南部山区连续五年旱灾造成的严重后果令李瑞环同志深感不安。他反复强调,我们要振奋精神,集中力量,打一场改造自然的攻坚战,为宁夏的西海固地区人民开创一条脱贫之路。1993 年年底,由全国政协出面,组成了一个农林水利专家组,开始研究宁夏西海固的脱贫问题。第二年,受李瑞环主席委托,全国政协副主席钱正英率领一个由知名农、林、水利专家组成的小组到宁夏考察。

老专家们不辞辛苦,顶烈日,冒风沙,翻山越岭,以高度的事业心和历史责任感实地考察了宁夏的贫困地区,深入思考着西海固地区摆脱贫困的路子。西海固炙热的焦土上,黄河两岸广阔的荒塬上,深深地印上了考察组专家的沉重的脚步。实地考察使专家组很快形成共识:土与水两大资源互相隔离,是宁南山区贫困落后最重要的根源。西海固群众企盼的目光,宁夏自治区领导解决西海固贫困的迫切心情,中央领导同志的深切嘱托,激励着老专家们更加勤恳与负责。

1000 多公里的跋涉,十多个日日夜夜的思考,特别是受宁夏 20 世纪 80 年代末建成的固海扬水工程和吊庄移民所积累的宝贵经验的启发,钱正英副主席和专家们都把目光聚集在黄河两岸大片平坦土地上:扬黄河水之水,将黄河两岸平坦、广阔的干旱荒塬建成一个百万亩新灌区,将贫困山区不具备生产、生活条件地方的贫困群众搬迁新灌区,从根本上解决贫困问题的一项宏伟的工程构想由此诞生了。这一宏伟的构想和宁夏自治区党委、政府多年来不断探索的思路一拍即合。钱正英副主席回京后,很快向全国政协提交了赴宁考察报告。李瑞环主席在听取考察组的专题汇报后,明确提出:"利用黄河两岸广阔、平坦的干旱荒塬,扬黄河之水,建设 200 万亩灌区,将山区不具备生产、生活条件的 100 万人口迁往灌区,从根本上解决贫困问题。"并指示迅速将考察报告写成全国政协建议案,上报党中央、国务院。于是,在 1995 年的全国"两会"上,一个编号为"2027"的《关于在宁夏回族自治区建设扶贫扬黄区作为大柳树一期工程的建议案》(以下简称《建议案》),引起了全国政协委员们的高度关注。与此同时,宁夏回族自治区党委、政府《关于建设宁夏扶贫扬黄灌溉工程的报告》也上报到党中央、国务院。

《建议案》上报中央后,李瑞环主席专门写信给江泽民、李鹏同志:"三西建设搞了十年,也摸索出了一些经验,看来有条件的地方搞扬水灌溉,成片移民,是根治贫困的好办法……对加强民族团结……促进社会安定,有着不可低估的作用。"中共中央总书记江泽民与时任国务院总理的李鹏立即指示有关部门尽快研究。中南海的高度关注,使宁夏扶贫扬黄灌溉工程各项工作节奏骤然加快。

1995年春天的来临,带给西海固群众的是阳光灿烂的日子。3月,李瑞环与李鹏、邹家华面谈《建议案》的有关情况;4月,时任国务院副总理的姜春云批阅了钱正英等向国务院提交的报告,指示国家计委、水利部对《建议案》进行研究。随后,国家计委批复宁夏计委,原则同意宁夏扶贫扬黄规划;5月,时任国务院副总理的邹家华同志主持召开了有关部委参加的专题研究宁夏扶贫扬黄工程会议。会议同意整个灌区目前可暂按200万亩,年用水8亿立方米进行规划,并责成水利部帮助宁夏做好工程规划方案。随后,按照这个会议的决定,水利部原副部长张春园率领水利专家组赴宁夏实地考察扶贫扬黄工程,帮助宁夏对工程方案进行调整;同月,国务院副总理李岚清专程到宁夏考察,了解到西海固地区人民严酷的生存现实后,心情十分沉重地说,不了解宁南山区人民的困难,就不知道解决宁南山区问题的迫切性,并挥笔写下了"有水赛江南,无水泪亦干。引黄造绿洲,万民俱开颜"的诗句。他了解到工程所需外资较大的情况后,立即给北京打电话,指示有关部门落实科威特贷款;8月,水利部在京开会,对《宁夏扶贫扬黄灌溉工程可行性研究报告》进行审查;9月,国家计委委托国际工程咨询公司对工程进行了评估;12月,国务院正式批准宁夏扶贫扬黄灌溉工程立项并列入国家"九五"计划。确定工程规划开发四片扬黄灌区共计200万亩(其中红寺堡灌区75万亩,固海扩灌区55万亩,马场滩灌55万亩,红临灌区15万亩),安置自愿移民80万人,就地旱改水脱贫20万人。先期实施的一期工程总投资27.67亿元,开发两片灌区共计130万亩(其中红寺堡灌区75万亩,固海扩灌区55万亩)安置移民及就地旱改水解决贫困农民67.5万人。

1996年5月,塞上大地莺歌燕舞。11日,宁夏扶贫扬黄工程举行了隆重而节俭的奠基典礼。时任国务院副总理邹家华、全国政协副主席杨汝岱和宁夏自治区领导一同挥动银光灿灿的铁锹,揭开了这项举世瞩目的扶贫工程的建设序幕。

万众一心铸辉煌

党和国家领导人的关怀,自治区领导的嘱托,西海固人民的企盼,使宁夏扶贫扬黄工程指挥部既感到无上光荣,又感到责任无比重大。主程举行奠基典礼后,指挥部加快了工程建设的前期工作进度,他们动员组织了全区11家设计单位、600多名工程技术人员全力以赴,日以继夜地加紧编制可研报告和工程的初步设计、同时对移民工程进行大规模深入细致调查研究,为农业移民开发工作提前做好准备。在十分艰苦的环境中,在各方面条件比较困难的情况下,指挥部努力工作,创造条件,及时完成了红寺堡灌区的"四通四准备"工作,为灌区大规模开工建设创造条件。

为了保证这项跨世纪扶贫工程能够长期稳定地发挥效益。工程建设指挥部按照"高质量、高效率、超常规"的指导思想和"工程建设质量第一、农业开发效益第一、移民安置稳定第一"的原则,以"工程优良、干部优秀"为目标,一手抓工程质量,一手抓廉政建设。在工程建设中全面推行了"项目法人责任制、招标投标制、建设监理制和合同管理制",制定了预防职务犯罪实施办法、资金拨付办法、廉洁自律"十不准"、参建单位"六不准"等制度,在工程建设中全面实行科学化、规范化管理。

特别是工程设计、施工、监理、材料设备四大项目的招投标制度,引进了竞争机制,使一批优秀的国家级及外省区的施工、监理、设计单位进入宁夏,有力地促进了区内设计、施工、监理企业和人员整体水平的提高,为工程质量提供了可靠的保证。

为增加工程、设备招标工作的透明度,工程指挥部制定了一系列制度办法、章程、程序,保证了招投标工作的健康有序。2000年开工建设的2.2亿元土建安装工程和投资约7000万元的机电设备,全部在全国范围内顺利实行了公开招标。

在亘古荒芜的戈壁滩上,工程建设指挥部和数千名建设者,4年来风餐露宿,披星戴月,拼搏苦干,书写了一篇又一篇可歌可泣的开发史诗。如今的扶贫扬黄新灌区,一座座拔地而起的泵站,一条条蜿蜒曲折的水渠,一排排移民新居,一条条整洁的大道,昭示着一个新灌区的诞生。截至目前,红寺堡灌区已完成水利工程的三分之二,现已具备提供27万亩土地的灌溉能力。固海扩灌灌区1~7泵站及1~5干渠的水工土建主体工程已完成95%。泵站的机电设备安装正在紧张进行,预计今年6月底可以试机。工程共完成投资13亿元。

根据自治区党委、政府提出的"边建设边发挥效益"的建设方针,1996年和1998年先后在固海扩灌区开工建成了八营灌区和石狮镇灌区,共开发土地1.6万亩,安置贫困人口6900多人,并取得了显著的经济效益和社会效益。红寺堡灌区农业开发及田间配套工程开始于1998年,1999年进入大规模开发阶段。目前累计建成支渠216千米,开发配套面积15.8万亩,兴修乡村道路224千米;建成5个乡镇、39个行政村、36所中小学,安置移民6万多人。

当年搬迁,当年种植,当年收获,扶贫扬黄灌溉工程创造了移民搬迁的新经验。2000年是移民进入新家园的第二年,红寺堡新灌区8个移民试点村种植的粮食单产达到146千克,最高单产400千克,一些移民还把余粮运回宁南山区老家接济亲朋。同时,大规模的工程建设又为移民们提供了增加劳务收入的条件。移民试点8村60%的劳动力走出家门,投身到工程建设中。据估算,该村一年劳务收入可达 34 万元,人均劳务收入 313 元,相当于全村移民搬迁时建房的总投入。移民张存德在原籍非常贫困,移民来到灌区后,带了七八个人搞渠道衬砌,半年收入达到 3800 元,一下子还清了建房借款。如今,张存德逢人就夸新灌区好。

面向新世纪　开拓新局面

朱镕基总理 1999 年 10 月视察红寺堡灌区时指示:"宁夏扶贫扬黄工程必须要抓紧,一定要搞好。一定要注意产业结构,要通过调整结构产生更好的效益。"宁夏自治区党委政府提出了"西部大开发,宁夏要争先"的号召,特别强调要把扶贫扬黄工程"纳入西部大开发的战略格局之中"。为此,工程建设指挥部认真分析了西部大开发战略对扶贫场黄工程建设提供的机遇和挑战。他们在全体人员中开展了"如何将宁夏扶贫扬黄工程融入西部大开发的战略格局之中,为宁夏经济大发展作贡献"的大讨论,并对工作思路进行了大调整,提出坚持以扶贫为宗旨,以科技为先导,以种植沙生药用植物和适生经济作物为优化种植结构、节约用水、改善生态环境和提高经济效益的结合点和切入点。坚持移民开发与企业市场化、产业化开发相结合,土地资源综合利用与生态建设相结合,优化产业结构与环境保护相结合,经济效益与生态、社会效益相结合,实现可持续发展目标。把新灌区开发与生态环境建设结合起来,与节水灌溉结合起来,与高放农业结合起来,与灌区的开放结合起来。

工程建设总指挥部根据扶贫扬黄工程建设要满足实现可持续发展的要求,对两片灌区的水环境、土壤资源以及土壤沙化、盐渍化、肥力、有害物质等进行调查研究和跟踪监测,并完成了相应的课题。对工程建设场地进行了整治,整治沙化面积 7.77 平方千米,对沙化严重的地段和渠堤采取工程与生物措施相结合的综合措施进行了治理,共完成草格网固沙面积 1995 亩。同时,提出了"因地制宜、因害设防、适地植树、乔灌结合、林草套种、高低搭配"的新要求。2000 年春秋季造林 11712 亩、344 万株,累计造林 13266 亩,人工种草 5675 亩。并不断加大生态环境建设力度,使目前脆弱的天然荒漠半荒漠生态系统,向良性循环的人工生态系统发展,促进人口、资源、环境的协调发展,为项目区经济的可持续发展奠定基础。

扶贫扬黄新灌区的节约用水关系到灌区能否保证可持续发展的大局。总指挥部在实践中不断总结,积极探索,先后在红寺堡灌区和固海扩灌区建成三个面积共 1200 亩的节水喷灌试验示范点和一个 5000 亩的喷滴灌示范区,并取得了阶段性试验数据,正在为这两片灌区寻求一条切实可行、经济合理的节水之路。同时总结出了"推广节水灌溉技术要与发展节水高效作物相结合,以抗旱耐寒、经济效益好的沙生药用植物和适生经济作物为切入点,优化种植结构,走农业产业化发展路子,使有限的水资源得到合理利用,达到可持续发展的目的。根据这一新思路,2000 年总指挥部在红寺堡灌区积极引导移民试种桑树 1050 亩,种植黄芪、葫芦巴、甘草等沙生药材 2700 亩,种植枸杞、枣树等 7000 多亩,取得了较好的经济效益。

宁夏扶贫扬黄工程已在西海固贫困群众的心里树起了一座丰碑,西部大开发战略又为扶贫扬黄新灌区的开发建设提供了新的历史机遇,这项跨世纪的工程必将成为水利扶贫示范工程、生态环境建设示范工程、规模节水示范工程和高效农业示范区,必将为世界反贫困事业增辉添彩。

(原载《人民政协报》,2000 年 3 月 4 日)

红寺堡升起一轮希望的太阳

杨登贵　季栋梁

这里曾是一块沉睡的土地,这里曾是一片寂静的荒原,自 20 世纪 90 年代末,随着异地移民工程开工机器轰鸣声的响起,这里便升起了一轮希望的太阳:数十万祖祖辈辈生活在宁夏南部山区贫困带上的贫苦农民通过异地搬迁而获得新生,这就是红寺堡扶贫扬黄灌区。

红寺堡扶贫灌溉工程的开工建设,是落实《国家八七扶贫攻坚计划》和《宁夏"双百"扶贫攻坚计划》的重要战略举措,对实现本世纪末基本消除绝对贫困,加快宁夏经济社会发展有着重要的现实意义和深远的历史意义。对生活在宁南山区无生存条件的农民而言,红寺堡扶贫扬黄灌溉工程,不仅是一个治本工程,更是一劳永逸解决温饱、稳步脱贫致富的"希望工程"。

山大沟深,十年九旱的宁南山区,以贫穷闻名全国,其根子就是穷在水上。群众生活缺水。这里的人民不可谓不勤劳,这里的土地不可谓不肥沃,但就因缺水,农民付出的劳动没有回报,肥沃的土地长不出好的庄稼。这里的人一年 365 天中有 300 天是抬头望着天空生活的。记者曾问一个 10 岁的山区女孩:"你最想得到什么?"她没有任何奢求,只动情地说:"让我们喝一口甜水,让我们坐一坐平地!"10 岁,正是人生无忧无虑充满幻想的年华,但她似乎经历了太多太多的沧桑与苦难,似一位经过长途跋涉的老人,最大的愿望就是坐在干地上喝口甜水歇息歇息,让人有种说不出的沉重感、苦涩感。像小女孩一样,有些山区人只有天下雨时才能喝上口甜水,一生大多数时间里吃的是咸水苦水,"能喝上口黄河甜水"便是他们人生的最大愿望。

许多人曾不止一次地指责山区农民:思想太保守,等靠要思想严重,太懒,缺乏进取精神。殊不知,山区人为了生存和温饱,他们比任何地方的人所付出的艰辛都要多得多。他们勇敢地与天斗了,与地斗了,然而恶劣的自然条件使他们斗得悲壮、斗得毫无结果和希望。在西海固每年外出搞劳务输出的农民达50万人以上,足迹遍及全国20多个省区,在中国的民工潮中,他们就是一朵浪花。为了生活,寒冬腊月他们开着手扶拖拉机上新疆、走青海,在没有人烟的深山中寻找生机,十天半月渴了抓几把雪吃,饿了啃几口干粮,夜晚一个小坑铺上破羊皮,盖着破被子就睡在鬼哭狼嚎的荒野中,有人睡下后就再也没有起来。难道说他们在等靠要? 他们太懒? 因为他们生活的这方水土养活不了这方人。所以说红寺堡扶贫扬黄灌溉工程是自治区党委、政府实事求是的英明决策,是一个动真情、办实事、见实效的功在当代、利在千秋的富民工程。

红寺堡扶贫开发区地处宁夏腹地,与中宁、同心、利通、灵武4县(市、区)接壤。规划土地面积132余万亩,计划开发土地45万亩,移民22.5万人、主要搬迁宁南山区的同心、隆德、西吉、固原、彭阳、泾源7县干旱带上就地脱贫无望的贫困户。区域规划建立4个乡镇100个行政村。国家二级公路盐兴公路横穿开发区,东连惠(安堡)平(凉)公路,西接109国道、石中高速公路途经新灌区,交通便利,区位优势明显。

红寺堡扶贫扬黄灌溉工程自1996年5月开工以来,在党中央、国务院及自治区党委、政府的亲切关怀下,经数千名建设者冬战严寒,春迎风沙、夏斗酷暑,顽强拼搏,新灌区第一座220千伏无人值守的变电站及一至三泵站和一至三干渠等前期工程于1998年上半年建成,同年9月16日黄河水整过三级泵站提升终于流入千古荒原红寺堡地区。从此,在中国西部一个有计划、有组织、大规模的移民搬迁工作拉开了序幕,那些生活在贫困带上年年盼富年年穷的山区群众怀着对故土的留恋,对新生活的憧憬来到了他们向往已久的新家园。经过两年搬迁开发,截至今年8月,扶贫开发区累计开发耕地11.2万亩,搬入移民6万人。目前,整个开发区已形成双井、红崖、大河、红寺堡镇、沙泉、买河6个乡镇、34个行政村的居住规模。到今年年底,开发区耕地面积将达到20万亩,移民人数达13万人。

今年开发区的农业生产无论是种植水平还是管理水平,都有了很大的进步,同时也涌现出了一批种养业典型。今年开发区共种植粮食作物7.53万亩,其中夏粮总产达130.62万千克,小麦平均亩产达157.4千克,一些地块的小麦产量与老灌区相比不相上下,亩产达400千克,据红寺堡大河乡党委书记、乡长马东生介绍,该乡移民是1998年9月陆续由海原、隆德、同心、固原、泾源、彭阳及中宁 8 县搬迁而来,目前有 8 个行政村,1763 户 8676 口人,经过两年的开发建设,8 个行政村的农业生产各具特色,固原村的油葵、西瓜,中宁村的枸杞,泾源村的种桑养蚕,隆德村的药材等各领风骚。全乡人均有粮 400 千克以上,小麦过万斤的农户在此已不稀奇。通过摸得着看得见的变化使广大移民看到了开发区发展的广阔前景,进一步增强了他们扎根红寺堡、建设新家园的信心和决心。

面对新灌区脆弱的生态体系和恶劣的工作生活环境……把生态建设、造林绿化作为战略重点、形象工程来抓,围绕"一路一片"工程,大搞农田林网建设和庄院绿化。今年春季,他们迎着满天沙尘植树 314.6 万株,面积达 10516 亩,其中桑树、枸杞等经济林 3786 亩,成活率达 80%以上。

前不久,记者走进红寺堡新灌区,耳闻目睹了千古荒原的历史变迁:巨大的输水管道如巨龙横空,奔腾的黄河水欢唱着流进希望的田野;听,四处是轰鸣的机器声;看,到处是建设的工地;一处处红砖红瓦的移民新村错落有致,整齐划一;绿茵茵的玉米正在抽缨吐穗,黄灿灿的油葵在蓝天白云下如花的海洋;田间劳作的移民脸上少了昔日的愁苦,多了喜悦和希望,这里显示出一派勃勃生机,这里是一块希望的田野!

记者来到大河乡第二行政村,看到农户家虽然还不富足,但家家户户窗明几净,粮食满仓,村民马国君、何兴海两农户今年小麦收成都过了万斤。在马应福家,主人指着小山似的麦垛说:"在老家 10 年都产不了这样多!"大河乡二村农民大都是由海原县罗川乡搬迁而来的,他们原来生活的地方大都是"前山后山,左右见山,出门爬山",行路难、吃水难、不通电、十年九旱,种一袋子打一帽子,吃饭无保障,生活无希望。如今经过两年奋斗,他们表示有信心有决心凭着勤劳、依靠科学致富奔小康。据马应福介绍,今年他老家由于干旱颗粒无收,他的一些亲戚听说这里今年粮食不错,纷纷前来借粮,走时还留下话"别把玉米秆糟蹋了,到时拉回山区喂牛羊。"

在红寺堡,移民向记者谈论最多的是初来乍到的感受和反常举动,有人安置好家小后,在天阔地宽的原野上走了半天;有人蹲在渠堤上将脸洗了又洗;还有人仰卧在新家园的土地上望着蓝天白云思绪万千……这里的天是蔚蓝的,这里的地是宽阔的,这里的空气是新鲜的,他们将在这里"脱胎换骨",他们将从这里开始新生。

红寺堡,移民心中的伊甸园!

红寺堡,正在升起一轮希望的太阳!

(原载《宁夏日报》,2000 年 9 月 12 日)

全面推行招投标制　规范和深化"四制"建设

项目概况

宁夏扶贫扬黄工程是国家"九五"重点建设项目,是以扶贫为宗旨,切实改善宁夏南部山区人民群众生产、生活条件而采取的一项重大战略举措。是一项民心工程、生态工程和可持续发展工程,这项工程的实施对实现我区经济协调发展、加强民族团结、保持社会稳定都有举足轻重的意义。

根据国务院对工程项目可行性研究报告的审批意见,一期工程发展灌溉面积130万亩,其中,红寺堡灌区75万亩,固海扩灌灌区55万亩。总设计流量37.70立方米/秒,年引用水量5.17亿立方米。灌区用电总负荷23.20万千瓦,年用电量5.34亿度。解决南部山区67.50万贫困人口的脱贫问题。工程总投资29.66亿元,建设年限为6年(1998—2003年)。

工程主要由水利、农业、移民、供电和通信五大部分组成。新建主泵站17座、支泵站18座;干渠267千米、支干渠289千米、建筑物756座;田间配套支、斗、农渠总长3523千米、建筑物12886座;新建移民乡镇16个、中心村123个;以及相应的基础设施。工程自1998年开工建设以来,经过万余名建设者的艰苦奋斗,到2000年年底共完成投资12.72亿元,开发配套灌溉面积17.50万亩,安置搬迁移民6.44万人。

认真学习,积极探索,提高和完善招投标工作

我国《招标投标法》颁布之前,基本建设领域施工队伍的选择基本处于一种靠自我约束、无法可依和不规范的操作状态之中,往往因为选择的施工队伍素质不高造成工程质量低劣,甚至产生腐败现象。触目惊心的1998年抗洪救灾时出现的荆江豆腐渣工程和重庆綦江彩虹桥垮塌事故,给国家财产和人民生命造成了无可挽回的损失。惨痛的教训,引起国家的高度重视,在1999年2月召开的全国基础设施工程质量会议上,朱镕基总理强调,"必须实行工程项目法人责任制、招投标制、建设监理制和合同管理制",明确提出在确定施工队伍时必须要通过招投标。招投标制也是国际国内工程建设实践证明的一种比较科学、比较合理的一种承发包方式。1999年9月全国人大审议通过《招标投标法》,并规定自2000年开始执行。《招

标投标法》的制定与颁布,是我国经济生活中的一件大事,也是我国公共采购市场的管理逐步走上法制化轨道的重要里程碑。这部法律的制定,对于规范招投标活动,保护国家利益,社会公共利益,提高公共采购效益和质量,具有重要的意义。在工程建设中推行"四制",首要的是引进竞争机制,实行招投标制。

回顾宁夏扶贫扬黄工程建设过程中对招投标工作的探索,是一条充满荆棘的路,是一步步走向完善和成熟的路。宁夏扶贫扬黄工程既是一个包括水利、供电、通信、农业及田间配套、移民五项工程组成的农业一体化项目,又是一个利用科威特政府贷款的外资项目,也是一个国家重点建设项目,还是按照"边建设边发挥效益"方针建设的一个项目。工程建设的这些特点,决定这项工程实行招投标工作的长期性、复杂性和艰巨性。其长期性是指从工程正式开工到工程建设完成,都在不停地进行招投标,因其工程总体规模的宏大而单项工程的繁多,不可能将招标任务一次完成,只能是边施工、边招标。其复杂性和艰巨性是指招投标既有公开招标,也有邀请招标和议标;既要进行骨干工程招标,还要对移民工程、农田配套、供水等工程进行招标;大到对几千万元,小到不足百万元进行招标;另外这些工程,涉及方方面面利益多,面临问题复杂等因素,使工程招投标工作遇到了许多新的情况和复杂的问题,也对招标投标工作提出了更高的要求。

工程建设伊始,引进市场竞争机制,实行项目招投标,这是指挥部领导的共识,但对于成立不久的工程建设指挥部来说是一项艰巨的任务和大胆的尝试。为了探索项目招投标管理,指挥部组织专人对水利部、电力部、国家工商行政管理局联合出版的《水利水电土建工程施工合同条件》(1997年版)、《科威特贷款采购指南》及国家和有关部委制定的招投标管理办法,进行了认真学习和研究,理出了宁夏扶贫扬黄工程招标投标的基本思路。组织有关人员赴科威特学习贷款采购及提款程序,同时派人到国内使用科威特贷款已进行工程招标的西宝高速公路、郑州国际机场进行考察和学习,还多次邀请富有招投标经验的专家进行授课指导。提高了大家对推行招投标工作和"四制"的认识。

1997年,经指挥部建议,自治区人民政府批准成立了由自治区计委、经委、财政厅、水利厅等11个厅局委组成的宁夏扶贫扬黄工程招标领导小组。明确了自治区重点建设项目管理办公室为扶贫扬黄建设项目招投标主管部门。建设项目土建安装工程及主要材料由指挥部直接组织招标。工程所需的机电设备由自治区重点建设项目机电设备招标中心组织招标。同时,制定了《宁夏扶贫扬黄工程招标组织章程》《宁夏扶贫扬黄工程招标投标管理办法》《宁夏扶贫扬黄工程机电设备招标管理办法》《投标企业资质审查原则》《招标工作程序及评标原则》等有关招投标规定和办法。经过上述工作,从项目招标管理机构的设置到有关制度的建立,都为全面实施项目招标做好了前期准备。特别是 1999 年招投标法颁布以来,指挥部组织有关人员全面认真学习《招标投标法》。在招标过程中,严格执行招投标法的有关规定。将招投标的工作进一步规范在《招标投标法》的范围内。

项目招标的具体概况及做法

截至 2000 年年底,总指挥部按国际惯例采用了公开招标、邀请招标和议标 3 种方式,共进行邀请招标 55 次(其中水利骨干工程招标 18 次、供电工程招标 11 次、通信工程招标 1 次、移民工程招标 10 次、机电设备采购招标 4 次、监理招标 9 次、设计邀请招标 2 次)。进行公开招标 1 次,议标 5 次。通过招标合同价比概算价节省资金达 15155 万元。

1. 在项目招投标具体实践中积累经验,补充、修改、完善招投标有关文件。

1998 年 2 月,在中国技术进出口总公司协助下,总指挥部计划外资处会同有关处室将红寺堡二泵站施工招标作为一个突破口,克服各种困难和来自各方面的阻力,顺利完成了红寺堡二泵站土建安装工程的招投标任务。确定由内蒙古黄河水利水电工程局承建,作为利用科贷的一个项目,红寺堡二泵站的竞争性招标的成功,不但引进了外省市施工单位,引入了竞争机制,满足了科威特贷款必须要进行竞争性招标的要求,而且为工程建设注入了生机,对提高工程建设质量、速度、控制工程投资都起到了积极推动作用。打破了本区大型水利泵站施工周期至少 18 个月的固有看法,取得了工程质量好、按合同期提前完成的好成绩。使宁夏扶贫扬黄工程建设上了一个新台阶,从此也表明工程建设总指挥部已具备自己招标的能力。

1999 年年底,总指挥部对投资 2.5 亿元的固海扩灌 2~7 泵站及干渠土建安装工程和投资约 7000 万元的机电设备进行了全国公开招标,这次招标项目之多、规模之大、施工队伍之多、施工队伍资质之高在宁夏水利史上是罕见的,也对总指挥部招标工作提出了新的挑战,总指挥部周密部署,认真安排,最终严格按招投标程序成功地组织了这次招标活动。确定了一批来自山东、湖北、河南、青海等地具有国家一级水利施工资质的施工企业参加扶贫扬黄工程建设,不仅节省了资金,而且经过近一年的施工实践,工程质量达到了前所未有的高度。工程建设管理也更趋科学化、规范化、制度化。这次招标的成功,标志着总指挥部利用外资进行招投标的工作已经进入一个成熟的阶段。

有了以上招投标工作实际操作的实践,为总指挥部招投标管理办法的制订和进一步完善提供了丰富的经验。1998 年 5 月,总指挥部在宁夏重点建设项目管理办公室和重点项目设备招标领导小组的指导和帮助下,结合国家计委、水利部及宁夏颁布的有关工程招标规定和科威特基金会采购程序,根据工程建设的实际经验制定了《宁夏扶贫扬黄工程招标投标管理办法》。之后,又于2000年1月根据国家颁布的《中华人民共和国招标投标法》对《宁夏扶贫扬黄工程招投标管理办法》进行了补充、完善和修改。

2.以水利骨干工程招标为重点,向工程建设其他领域全面展开。

总指挥部在水利骨干工程土建安装招标取得经验的基础上,从1998年起,将招投标的范围又扩展到供电工程、农业移民工程、田间配套工程、通信工程、供水、道路等工程项目和机电设备采购、主要建筑材料采购、工程设计、建设监理等领域。规定凡是50万元以上的单项工程都要进行项目招标。特别还在工程设计招标、建设监理招标两个方面,进行了积极的探索,开创了宁夏水利工程建设的先河。于1998年9月进行的设计招标,邀请周边省区具有同类工程设计经验的水利专业设计院,参加工程设计。邀请了我区及周边省区具有同类工程设计经验的区内外7家具有甲级设计资质的水利专业设计院,对投资概算近4个亿的水利骨干工程分四个设计标段进行设计招标,最后由陕西、甘肃、宁夏、西北水利水电设计院4个省区的设计院中标。2000年9月又将投资近2亿元的固海扩灌8~12泵站及8~12干渠施工图设计分为3个标段进行了区内外邀请招标,分别由3个省区设计院中标设计。设计招标所产生的直接效果是设计方案优化、设计周期提前、图纸质量提高、工程投资节省。

自1997年至今,无论工程大小都实行建设监理,监理单位的确定均通过区内外邀请招标方式确定,而且骨干工程监理单位的监理资质均要求在乙级以上。随着项目招标工作的不断深入,工程建设的各方面都纳入了招投标的范围,并且在实践中不断加以完善和改进,使这项工作进一步步入科学化、规范化的轨道。

3.严格按照《招标投标法》及有关国家政策文件的规范操作,使每个环节、每个招标程序和过程具体化、公开化、科学化。

针对扶贫扬黄工程招投标工作的长期性、复杂性和艰巨性,总指挥部采取多种形式,组织有关人员认真学习《招标投标法》,并要求在学习过程中一定联系工程的实际学以致用,用招投标法规范我们招标工作的每个环节和每一个程序,使《招投标法》最大限度地指导工程的招投标工作。在《招投标法》未公布之前,主要依据由水利部、电力部、国家工商行政管理局联合出版的《水利水电土建工程施工合同条件》。当确定一个项目需要进行招标时,首先按照规定向招标主管部门和科威特基金会报批招投标项目。接着是科威特贷款采购程序中要求的合同条款,与《水利水电土建工程施工合同条件》进行融通,使编制的合同文本,既满足外资贷款方的要求,又符合我国相关法律、法规的规定。此外,还要掌握认真细致的第一手资料,为投标单位提供准确的工程量,确保招标报价的科学性。认真召开标前会,准确解答投标单位的质疑。特别在科学、合理地确定标价,严格标底保密方面做了大量行之有效的工作。为了标底保密,总指挥部招标项目的标底均统一由计划外资处委托具有资质的中介机构进行编制。标底编制是在严格保密的情况下进行,参与标底编制的工作人员在编标期间都要集中封闭到远离市区的地方进行。投标截止,标底密封后,编标人员方可撤离,投标书装箱密封后由自治区公证处派专人看管,现场还有自治区纪检委、指挥部审计监察处人员共同监督。对评标过程,评委的确定也都采取了保密措施。评标地点及评委均在开标当天才由主持招标工作的几位主要领导从专家库中选取合适人选,并在封闭评检前2~3小时才通知评委本人。评标地点仍然对外保密,对内中断一切与外界的联系。每次开标均邀请宁夏公证处现场公证,自治区监察厅和本部监察处派员现场监督,并监督评标与全过程。

4. 加强廉政建设,确保招投标工作顺利进行。

为确保工程建设项目的招投标顺利进行,指挥部始终对招标全过程坚持推行群众监督、行政监督、法律监督和舆论监督。指挥部监察审计处专门处理群众检举信件、接待群众采访,并公布监督电话号码,每次招标过程中除制定严格的《招标评标人员纪律》外,还要求本部监察人员与自治区纪检监察部门派专人参加每次发标、标底编制、开标、评标、定标,对招标全过程进行现场监督,每次接收标书、截标、开标,除公证部门公证人员现场接收、现场看管、现场公证外,大型项目招标还邀请新闻单位到场进行舆论监督,通过以上措施保证,为招标工作创造了良好的工作环境,杜绝了"暗箱操作",充分体现了"公正、公开、公平、诚信、择优"的招标原则。每次招标定标结束后,总指挥部在与中标单位签订合同时,还要同中标单位及自治区检察厅执法检察处共同签订一份廉政协议书。通过严格的纪检监察工作,进一步加强了各级工作人员廉洁自律意识,有效防止了以权谋私等不正之风的滋生。

工程招标取得的成效

1. 优胜劣汰,引进了区外水利队伍先进的建设管理经验,采用了新技术、新工艺,促进宁夏水利工程建设整体水平上了一个新台阶。

1998年,红寺堡二泵站招投标引进的内蒙古黄河工程局在保证工程质量的前提下,周密组织,精心施工,仅用10个月时间就完成了二泵站的建设任务,打破了本区大型扬水泵站施工期限不少于一年半的看法。在他们的带动、促进下,毗邻施工的宁夏水利工程局奋起直追,也用 10 个月时间完成了红寺堡一、三泵站的建设。

2000 年开工建设的固海扩灌一至七泵站、一至五干渠工程通过招投标引进的来自天津、湖北、山东、河南、青海、内蒙古等地具有一级水利资质的国家大型企业,把先进的建设管理经验、最新的施工工艺、科学的施工工序带到了施工工地,形成了比、学、赶、帮、超的良好施工氛围,有力促进了工程建设的向前推进,使工程建设的外观管理质量、建设速度都达到了宁夏前所未有的高度。在工地上表现非凡的宁夏水利工程局,过去是一个严重亏损,职工大量下岗的企业,在几年工程建设的实践中,他们虚心学习外区施工企业先进的管理经验,树立竞争意识、质量意识。不断壮大自己的力量,现在已告别了过去用手推车运送砼的历史,装备了大型砼拌和楼、数台新式挖掘机,具有较强的竞争能力。面对强手如林的施工队伍,他们通过自己的力量一举中标承建黄河泵站和固海扩灌一系站,并在施工中连续几次夺得质量优胜流动红旗,被总指挥部评为文明工地建设优胜单位。

对于在扶贫扬黄工程施工中有劣迹的施工单位,总指挥部都给予一年之内不许参与招标投标的处罚。

2. 招投标制带动其他"三制"的推行,并互为促进,相得益彰。仍以红寺堡二泵站建设为例。在以骨干工程为重点进行全面招投标的同时,也将监理纳入到招标的领域,红二泵站的施工监理就是通过招标由陕西水利水电监理公司进行。在施工过程中,该监理公司在履行监理一般职能的前提下,还对泵站输水渡槽的地基处理设计修改提出了十分宝贵的建议,据此建议,节省资金 100 多万元。红寺堡二泵站之所以能够在不到 10 个月的时间内按时完成,这里更浸透着监理人员与施工单位周密计划、精心组织的心血。随着推行"四制"的不断深入,2000 年在固海扩灌工地上提出按照"小业主、大监理""工地上只有监理的声音"的建设项目管理模式。通过采取监理受总指挥部委托直接管理施工单位,总指挥部工作人员进行巡回检查的方式检查监督。一年的实践,项目法人和监理及施工单位责权明确,任务落实。而项目法人对监理、施工单位的管理主要通过合同进行,形成了一个良好的建设机制,使工程建设质量上了台阶,工程管理实现了科学化和规范化。这一切取得的根源就是引入了竞争机制,实行了招投标制度。

3. 招标投标制的贯彻,杜绝了条子工程、人情工程和照顾工程。减少了人为因素的干扰,有效预防职务犯罪,遏制了腐败现象的滋生,为工程建设创造了良好的建设环境,确保了工程建设的顺利实施。

4. 投资节省。各单项工程投资均控制在设计概算之内,使工程投资直接成本下降。截至

2000年年底,以水利、供电骨干工程为例,总指挥部共招标35次,招标合同价为92326万元,比设计概算104689万元节省投资12363万元。其中,全国公开招标一次,招标合同价20309万元,比投资概算25000万元节约投资4691万元。

5. 质量上新台阶。通过招投标,选择到了比较优秀的设计单位、监理单位和好的施工单位参与工程建设,使工程建设质量控制有了充分的保证。通过对已完工程的检查表明,已完工程均达到或超过设计要求。

6. 工期更趋合理。按以往设计日期,红寺堡二泵站建成交工需要18个月,实际上,不但在10个月的合同期内按期完成,而且经施工初步验收一个单元工程合格率100%,优良率达到72.7%,被联合验收小组评为优质工程。其他经过招投标已完工的单项工程,均按期完工并已投入使用,目前质量较好并已发挥效益。

在几年招投标工作的具体实践中,特别是贯彻执行《招标投标法》颁布一年来做了大量的工作。总指挥部党组一班人表示在今后的工作中,要进一步充分认识这项工作的长期性、艰巨性和迫切性。深刻理解和领会实行《招标投标法》的重大意义和《招标投标法》的具体内容,坚定不移地在工程建设中全面推行招投标,进一步规范和深化项目法人责任制、建设监理制和合同管理制。加强廉政建设,提高工程建设的科学化管理,努力把宁夏扶贫扬黄工程建设成西部大开发的优质工程。

（原载《中国经济导报》,2001年2月15日）

宁夏扶贫扬黄工程建设纪实

胡彦华　刘志强

5年,在历史的长河中是短暂的一瞬,但对西海固200多万贫困老百姓追求的幸福来说,却胜过几十年甚至几百年。而对于亘古荒漠的宁夏红寺堡地区,其意义不仅仅是中国的版图上诞生了一个县级扶贫开发区,更重要的是响亮地给哥本哈根会议后的世界一个答案:中国共产党领导下的反贫困工作,是能够创造任何人间奇迹的。这一奇迹的典范之一就是宁夏扶贫扬黄工程。

宁夏回族自治区位于我国西北地区东部,黄河上游,是全国主要的回族聚居区,也是革命老区。宁夏南部西海固地区土地面积和人口分别占全区土地面积和人口的64%和45%,是宁夏的半壁河山。这里环境恶劣,"十年九旱",加之资源匮乏,交通不便,人多地少,经济、社会发展水平很低,农村群众生产生活条件非常艰苦,素有"苦瘠甲天下"之称,是"三西"贫困地区之一。如何尽快解决西海固地区群众温饱问题,成为宁夏回族自治区历届党委、政府最关注、最揪心的大事。

一、政协"2027 号"提案催生举世瞩目的反贫困工程

近代的西海固,是因其干旱贫穷而声名在外。导致其贫困的因素虽然是多方面的,但缺水是最直接最根本的原因。中华人民共和国成立后,中南海始终关注着西海固。1983 年开始实施的"三西"建设,就是旨在消除贫困,缓解那里人口与生存环境的矛盾。"三西"建设虽然取得了不菲的成绩,但却无法从根本上改善那里恶劣的生产条件和生存环境。就在"三西"建设第一个 10 年行将结束的 1992 年,西海固却遭遇了历史罕见的连年大旱,已经解决温饱的群众大面积返贫,贫困人口达百万之众。当时,旱灾的惨烈仅从下面的故事中可见一斑。

故事之一:

大旱期间,同心窑山乡的一位农民从几十千米外拉回一桶水,刚到大门口,家里的牛突然疯了似的,扯断缰绳,冲破圈门,冲向主人。看着眼睛发红的牛,主人撒腿就跑,可牛却冲向了水桶……

故事之二:

大旱使西海固"窑干井枯河断流",无论飞禽还是走兽,忽然和人类亲密了。在同心县的预旺镇土峰村,一位拖拉机手保养完机器,随手把一碗废柴油放在屋外的窗台上,他还尚未离开,一群麻雀"哗"地就冲向窗台,争先恐后地抢喝碗里的废柴油。还是在该乡,一户人家外出劳动,厨房的门忘了关,女主人回家做饭时去水缸舀水,感觉不对劲,叫来丈夫一看,一只找水喝的狐狸已淹死在水缸里。

类似的故事还有很多,在西海固大灾之年,"水贵如油"一点不夸张。在这里工作过的干部离开时都会长长叹口气:这方水土实在养活不了这方人。

面对特大旱灾,宁夏回族自治区党委、人大、政府、政协四大机关及领导人心急如焚,党中央、国务院更是密切关注着西海固群众的生产生活。1994 年 9 月,受全国政协的委托,原全国政协副主席钱正英同志率领农、林、水利专家来宁夏考察。专家们顶烈日、冒风沙、翻枯林、下深沟,日以继夜地苦苦思索。宁夏西海固扬水工程和吊庄移民的经验,宁夏黄河两岸大片扬程低、地势平坦的土地,给专家们以极大的启发。一个"利用黄河两岸尚未开发的土地,扬

黄河之水,建设 200 万灌区,将山区不具备生产生活条件的 100 万人口迁往灌区,投资 30 亿元资金用 6 年时间建成(简称"1236"工程),从根本上解决贫困问题"的构想诞生了。这一构想与自治区党委、政府多年潜心探索的思路不谋而合,宁夏回族自治区党委、政府不失时机地给党中央、国务院上报了《关于建设宁夏扶贫扬黄工程灌溉工程的请示》。

李瑞环同志当时听取考察组的专题汇报后,马上指示迅速将考察报告写成全国政协提案上报党中央、国务院。于是,在 1995 年 3 月召开的全国"两会"上,一个编号为"2027"的《关于在宁夏回族自治区建设扶贫扬黄灌区作为大柳树一期工程的建议案》引起了全国政协委员的高度关注。建议案受到了中央主要领导同志的高度重视,并责成有关部门很快组织了专家进行调研论证。这年 8 月,水利部在京审查通过了《宁夏扶贫扬黄工程可行性研究报告》。12 月,国务院正式批准宁夏扶贫扬黄工程立项,并将其列入国家重点建设项目。

"2027 号"政协提案对西海固地区百万群众的脱贫和宁夏经济社会发展的里程碑的推动作用,将会永载史册。

二、战戈壁荒漠　兴扬黄伟业

这是一串跃动着生命活力的字符:国家批准宁夏扶贫扬黄工程总体规划开发四片灌区,发展灌溉面积约 200 万亩,解决西海固 100 万贫困人口的温饱问题;一期工程分红寺堡和固海扩灌两片灌区,规划开发土地约 130 万亩,异地搬迁和就地旱改水 67.5 万人,概算总投资 29.66 亿元。

喜讯传到西海固,3 万平方千米的土地沸腾了,各族群众自发地集结起来,敲锣打鼓挂彩幅,奔走相告扭秧歌。许多农民笨拙地拿起笔,给自治区和中央写信,发自内心地感谢共产党,称宁夏扶贫扬黄工程是德政工程、民心工程。

这是宁夏人民政治、经济生活中的一件大事和盛事,1995 年成立的宁夏扶贫扬黄工程建设总指挥部倍感肩上担子的沉重。为了不辜负党和国家领导人的关切,不辜负西海固人民的企盼,作为工程建设单位的总指挥部按照"高质量、高效率、超常规"的指导思想和"工程建设质量第一,农业开发效益第一,生态建设改善第一,搬迁安置稳定第一"的原则,把"边建设边发挥效益"作为工程建设方针。他们以"工程优良,干部优秀"为目标,一手抓工程质量,一手抓廉政建设。在工程建设全面推行项目法人责任制、招投标制、建设监理制、合同管理制和质量终身责任制的同时,还制定了预防职务犯罪实施办法、会议审批拨款制度、总指挥部廉洁自律"十不准"、参建单位"六不准"等制度,对内层层签订《党风廉政建设责任书》,对外与参建单位签订《廉政协议》，实行科学化、规范化管理。

在飞沙走石的戈壁滩上，在沟壑纵横的黄土高原的皱褶里，工程建设总指挥和来自全国上下百家参建单位的上万名工程建设者吹响了向贫困宣战的冲锋号。

奋战在一线的工程建设者们，每个人的故事都能写一本书，他们却说很平常。但大罗山可以作证，新灌区的每一亩土地上，都洒下了他们的血汗。在解决施工和生活用水的西部供水工程建设中，建设者们带足一个星期的干粮和水，在一个叫红崖的地方扎起帐篷，与某给水团的官兵们共同打响了为工程建设提供水源的攻坚战。劳累一天，睡在经常有蝎子和蛇出没的荒漠里，大风起时如惊涛骇浪让人胆寒，夜幕降临时没有月光的田野似乌云般挤压过来，闷得人喘不过气来。在工程最紧张的一天夜晚，刮起了沙尘暴，可大家竟疲劳得没有醒过来，等听到噼里啪啦的巨响，睁开眼睛时帐篷已在百米开外，一个个都被风吹得灰头土脸，而身下的床也被埋在厚厚的沙尘里。就是在这样艰苦的条件下，他们仅用了 2 个月就把自来水送到了施工现场，为大规模工程建设奠定了基础。

在总指挥部，有许多生长在城市的女同志，面对这么恶劣的工作环境，没人叫苦叫累。工程大规模展开以后，工作人员全部住进工地现场，洗不上澡是常有的事，为了扶贫的千秋大业，他们奋战在广袤的荒漠里。

5 年多来，工程建设者们风餐露宿，披星戴月，携手并肩，务实苦干，书写了一篇又一篇可歌可泣的开发史诗，座座泵站拔地而起，条条渠道蜿蜒前伸，新的灌区应运而生，人工绿洲迅速扩展，一个花园般的新兴城市——红寺堡崛起了。看着这奇迹般的变化，建设者们忘记了睡地窝、盖沙子创业初期的艰难经历，忘记了拌着沙子吃饭的特殊感受，也忘记了长期别离娇妻爱子的感情煎熬。

艰苦卓绝的奋斗换来的是甜蜜的果实，截至 2005 年年底，扶贫扬黄工程累计完成投资 28.5 亿元，骨干工程完成泵站 35 座，干、支渠 498 千米，新建及扩建变电所 29 座，新建 6～110 千伏送电路线 602 千米。通信工程的 33 个基站已投入使用。农业移民工程开发土地 60.4 万亩，异地搬迁和就地旱改水安置 25.2 万人。基础设施建设同步发展。国家二级扶贫公路——盐兴公路贯通灌区东西，滚新公路穿越南北，灌区通车里程 150 千米，兴修乡村道路 321 千米，架设农村电线路 717 千米，铺设自来水管道 138 千米，实现了村村通电、通路、通水。灌区内新建行政村 58 个、中学 5 所、小学 74 所、中心医院 1 座、乡卫生院 5 所、村级卫生服务站 68 个，移民新建房屋超过百万平方米。工程质量一年上一新台阶。

三、引黄造绿洲　万民俱开颜

红寺堡区位于宁夏中部,毛乌素沙漠边缘,是宁夏扶贫扬黄工程建设的主战场。开发前植被稀疏,饱受风沙侵蚀,走遍1800多平方千米荒漠,人们总会在红寺堡老堡子前唯——棵知其"年龄"的老头树留影。

工程建设之初,宁夏回族自治区党委、政府成立了红寺堡开发区工委、管委会以及红寺堡扬水筹建处和西海固地区10个受益县(区)指挥部,确立了"生态立区、草畜强区、工业富区、以城促区、机制活区"的战略思路。5年来,工程建设总指挥部、开发区工委、管委会、筹建处以及10县(区)指挥部紧密合作,共同努力,冒严寒、斗酷暑、缚黄龙、创伟业,谱写了"沙丘起高楼,荒漠变绿洲;万民得温饱,德政获丰收"的壮歌。如今新灌区各项事业得了长足发展,国内生产总值2002年达到1.63亿元,2003年达到2.42亿元。

粮食生产和移民收入迅速提高。根据"边建设边发挥效益"的建设方针,在工程开工建设的第二年,这片千古荒原上第一次有了灌溉农业的收获。随着灌区规模的扩大和移民群众耕作技术的熟练,红寺堡灌区粮油总产量迅速上升。据统计,2003年粮油总产量达到2.65亿千克,基本实现了移民群众"到平地里坐坐,喝一口甜甜的黄水,再种二亩水浇田"的渴望,还为他们致富奔小康奠定了良好的基础。

农业产业结构调整初见成效。随着移民群众温饱问题的解决,产业结构得到逐步调整,以种草养畜为主导的多种经营方式被移民接受。目前,红寺堡灌区种植饲草13.5万亩,养殖大户发展到746户,羊只存栏40万只,草畜产业已成为移民增收的主渠道。借助"宁夏百万亩桑蚕项目",大力发展订单农业,促进桑蚕业发展,桑园面积达到约11000亩,另外中药材种植面积达到约17800亩。

大河乡试点八村移民党仁福、李宝庆在老家种地是典型的传统粗放式耕作,到新灌区后却成了"科技迷"。1999年他们率先试种高效节水的中药黄芪,产量高、收益好。发现这一典型后,指挥部积极帮助落实银行贷款,将隆德移民村发展为以黄芪为主的中药材种植示范村。2000年种植以黄芪为主的中药材约284亩,亩均纯收入500~1000元,比种粮食收入高出3~5倍。2003年,全村仅药材一项收入就达28万元。

从一团棉絮就是一个家、山坡上挖个黑窟窿就是一户人的土地上搬迁出来,48岁的兰凤秀从心底涌起对富裕、对丰衣足食的生活的深情渴望。全家6口人1998年自固原县黑城乡苋麻村搬迁到开发区大河乡开元村后,他多方筹集资金1200元,买进了3只小尾寒羊,目前已发展到 31 只,五年总收入达 30000 余元。兰凤秀说,养羊不但收入丰厚,还能积造大量的有机肥,每年仅肥料一项,每亩就可节约 60 元。去年他家人均纯收入 2800 元,成为该村优化调整产业结构的致富带头人。说起新灌区的好处,兰凤秀高兴得合不拢嘴:娃娃上学近,医院服务好,地平交通便捷,买卖东西方便,是养人的好地方。

城镇建设如火如荼。红寺堡中心镇作为开发区的政治、经济、文化中心,随着国家、集体、个人共同融资建设方式的引入,城镇建设步伐明显加快,城市道路、给排水、商业网点、集贸市场等基础公共设施建设如雨后春笋。通过制定优惠政策,引进社会资金 2.8 亿元,建成红寺堡中心镇新街区 2.48 平方千米,建筑面积 38 万平方米,硬化道路 10.5 千米,给排水工程 24.8 千米,城区内种植景观树 9.9 万株,城市绿地面积 79.2 万平方米,城市绿化覆盖率 40%,一座充满生机的花园式城镇已经在昔日的荒漠中迅速崛起。

生态效益日趋明显。开发前的红寺堡风大沙多,工程建设总指挥部按照"一水二林三农"的原则和"一分造九分管"的要求,边开发、边灌溉、边种植,宁夏扶贫扬黄工程作为宁夏最重要的生态建设工程,建设了高标准的农田防护林 10.5 万亩、种草 14.1 万亩、柠条 57 万亩,围栏封育 49.1 万亩,促进了荒漠植被的自然恢复,林草覆盖率达 27%,沙漠因此后退了 10 多千米,实现了人进沙退的目标。新灌区人工生态绿洲逐步取代了半荒漠的生态系统,环境小气候得到明显改善,有力地支持了"封山禁牧,退耕还林草"政策的实现。

通过 8 年的开发建设,新灌区尤其是红寺堡灌区面貌已经发生了翻天覆地的变化,处处呈现出勃勃生机,项目深远的影响力和显著的经济、社会、生态效益越来越引起世人瞩目。实践证明,兴建宁夏扶贫扬黄工程,充分体现了社会主义制度的优越性,是当代中国共产党人忠诚实践"三个代表"重要思想、全心全意为人民谋利益的历史见证。对加强民族团结,维护社会稳定,改善宁夏南部山区贫困群众的生产生活环境,对宁夏中部干旱荒漠地区的生态环境建设和全区经济、社会协调发展都具有积极的促进作用,也为我国西部干旱荒漠地区生态环境建设与保护提供了丰富的实践经验。因此,建设宁夏扶贫扬黄工程及类似项目,无论是在扶贫攻坚的 20 世纪 90 年代,还是实践西部大开发的当今,都具有极其重要的意义。工程建设是完全必要的,也是非常及时的。

——原载宁夏政协文史和学习委员会、宁夏水利厅合编《黄河与宁夏水利》,宁夏人民出版社,

2006 年

红寺堡：入眼平生几曾有

——宁夏吴忠扬黄扶贫灌溉的十五年

记者 庄电一

如果首次踏访，你会惊叹，千古荒原变身富饶绿洲；如果多次来访，你会诧异，这块土地如此日新月异；如果了解历史，你会赞叹，勤劳人民逐梦矢志不渝。让20多万群众脱贫致富的，就是扬黄扶贫灌溉工程；让千古荒原变成生态移民样板的，就是全国最大的扶贫移民开发区——宁夏吴忠市红寺堡区。

在红寺堡正式开发15周年、国务院正式批复设区5周年之际，记者再度踏上这片神奇的土地，所见所闻可谓"入眼平生几曾有"。

299米：红寺堡人刻在心中的高度

"299米"——记者在采访中，多次听到这个数字。这不是一个普通的数字，它是宁夏重整河山的最好注脚。299米，是黄河水的总扬程。也就是说，经过4级扬水，引到红寺堡的黄河水已经高出黄河水面近300米。

在宁夏，上百万贫困群众生活在不适于人类生存的南部山区，而中部干旱带因为干旱无水、植被稀疏，集中连片的土地却是千古荒原。于是，一个经过反复协商，得到多位中央领导同志支持，大胆又富有创意的设想在20世纪90年代初被提出来：将黄河水引到同心、中宁一带的荒原上，将住在自然环境恶劣地区的贫困群众迁徙过来，再造一片绿洲。这项扬黄扶贫灌溉工程被称作"1236"工程，1995年年底国务院批准立项，1999年正式开发建设，"1236"工程在宁夏很快家喻户晓。

黄河水引到哪里，哪里就变成绿洲。在原来荒无人烟、不见草木的地方，聪明、勤劳的迁徙群众开发出一片新家园。2767平方千米寸草难生的荒原上，诞生了60多万亩稳产、高产的水浇地。

2009年9月，国务院批复在这个开发区设立县级行政机构。8个县20多万回汉群众（60%以上是回族）搬迁过来，组建了红寺堡区，下辖3个乡、2个镇、1个街道办。

0.135元：红寺堡人记在心间的水价

红寺堡的黄河水，从百余千米外引过来，被提升了近300米，但当地只向农民收取每立方米0.135元的水费，如果按实价收取，农民种地的收益将大幅减少。

开发红寺堡，要算经济账，但更要算社会效益和生态效益两本账。谈起党和政府的惠民举措，红寺堡人如数家珍。除了为移居群众兴修水利设施，党和政府还为他们修建了房屋，配套建设了乡村道路、学校、幼儿园、卫生室、文化室，为家家户户安装了太阳能和电视接收装置。当地还组织各种形式的免费培训，使山区农民迅速地掌握了生产技术。

"搬得出、稳得住、能致富"的目标正在实现，红寺堡美好的发展前景让移民群众深深地扎下了根，还吸引了3万多自发移民。在新一轮生态移民中，自治区要求红寺堡再接纳3.15万新移民。因为有扎实的基础和丰富的经验，红寺堡非常自信地接过了这个任务，为移民新建的弘德新村转眼间就让群众安居乐业了。

1.88亿方：红寺堡人做足文章的指标

1.88亿立方米水，是红寺堡人时时装在心里的数据，因为这是每年分给他们的引水量。黄河水，在宁夏是稀缺资源。

红寺堡的开发建设，首先要考虑水这个最重要的因素，否则一切都无从谈起。节水伴随红寺堡开发的始终，红寺堡区区长丁建成告诉记者，红寺堡开发以来，已为节水投入上亿元，仅2013年就投入1000多万元，新开垦的农田全部采取节水措施，渗灌、膜下滴灌、小畦灌溉等各项节水技术都用上了。

丁建成给记者算了一笔账：种植一亩玉米，就是采取节水措施，也需要400多方水，收入仅有六七百元，而栽植葡萄每亩只需要260方水，收入却可以达到3000元，栽植枸杞用水量更少。调整作物结构，在红寺堡具有战略意义。记者在葡萄专业村肖家窑村采访时看到，这里的农田全部改栽葡萄，如今已形成万亩葡萄园。现在，红寺堡引进了11家葡萄酒加工企业，其中6家葡萄酒厂已经建成投产。

红寺堡年均降雨量只有200多毫米，蒸发量却高达2000多毫米。在基本无地下水可采的条件下，红寺堡人靠极为有限的降水和1.88亿立方米引水，养活了20多万人，建成生态林129万亩，实现生产总值13亿元，农民年人均纯收入超过5300元。

5次:红寺堡人津津乐道的换房

在红寺堡采访时,记者听到这样一个群众津津乐道的故事——不到 20 年时间,农民田彦平 5 次翻建新房。

红寺堡移民群众最早的住房,都是由政府代建的,限于当时的条件,建筑面积较小、建设标准较低。随着经济收入增加、生活水平提高,翻建住房的人家越来越多,5 次翻建新房的田彦平虽属个例,但两次、三次改善居住条件的群众确实不在少数。

丁建成告诉记者,过去红寺堡人搬家,一个三轮车就能装下全部家当。现在,搬家要用大卡车,一辆卡车常常拉不下要装载的物品。在红寺堡,出行由自行车变成摩托车,再换成小轿车,生产由架子车变成小三轮,再换成大卡车。

在有限的空间利用有限的资源,红寺堡人写出了一篇大文章。

(原载《光明日报》,2014 年 8 月 27 日头版头条)

宁夏红寺堡戈壁荒漠变绿洲

记者 邢纪国 叶阳欢

定义红寺堡,有很多视角:中国最大的扶贫移民项目,国家"九五"计划"国家任务"的一部分,西部大开发的扶贫样本,宁夏区域内协调平衡发展的重要一级……

对于从宁夏最贫困的宁南山区搬迁到红寺堡的 20 多万移民来说,他们的感受是最真切的,这里有他们"做梦也想不到的富裕日子"。

沙丘起高楼　荒漠变绿洲

红寺堡地处毛乌素和腾格里两大沙漠边缘之间,气候条件极其恶劣,降水十分稀少,地表水严重不足,地下水更是缺乏,禽鸟不进、寸草不生,被人们称为"生命禁区"。"一年一场风,从春刮到冬"成了移民开发之初红寺堡的真实写照。

国家几十年来以多种形式向宁夏南部山区西海固输血扶贫,却没有挖掉穷根。因为红寺堡地势比较平坦且距黄河仅 60 千米,所以在这里,可以借助黄河解决用水问题。1998 年,党中央、国务院决策利用黄河水投巨资动工兴建全国最大的移民开发区,向红寺堡进行生态移民，扬黄河之水开发建设红寺堡的项目应运而生。整个扬黄灌溉工程总体规划灌溉面积200万亩，红寺堡灌区占了其中75万亩。移来了宁夏南部山区就地脱贫无望的20多万回汉人民。

1999年，红寺堡移民开发区的成立，开启了这片荒漠戈壁的新纪元。

2009年10月，国务院批复同意设立吴忠市红寺堡区，这是对红寺堡建设成绩的最大肯定。

如今，"扬黄水"这一生命之源，在荒芜的沙漠创造了生命的奇迹，焕发出勃勃生机，经济社会各项事业快速向前发展挖掘优势资源，唱响文化主旋律。

虽已隔十年，但对兰凤秀来说，最初落户红寺堡的情景仍然历历在目。

"刚来的时候，这里一片荒凉，一刮风沙尘遮天蔽日，眼睛都睁不开。国家分给移民人均约2亩地，当时收成也不好，很多移民不能适应就回迁了。但是我看这里比我们老家地平、草多，离黄河水也近，于是买了3只小尾寒羊，一边种地，一边养羊，留了下来。"

1996—2002年，红寺堡扬黄引水渠系统建设完成。1999年，黄河水被引到了兰凤秀家的田里。除了对自家几亩地精耕细作外，他养羊的收入也日渐增长，"2001年养羊的纯收入是6000元，2002年过万元。到2003年封山禁牧前，羊有180只，考虑圈养羊不如养牛合算，我就把羊全部卖了，得了1.7万多元钱。我用一半的钱买了4头育肥牛，剩下的钱又盖了4间新房。"

一批拓荒者为了一个共同的目标，放弃优越的工作和生活环境，舍小家，顾大家，告别故土，在这片亘古荒原相聚，同携手、共创业，从此隆隆机鸣、嘈嘈人语打破白天的空旷和深夜的沉寂，唤醒了沉睡千年的红寺堡大地。

历经十余年艰苦创业，在生命近乎绝迹的戈壁中，红寺堡谱写了"沙丘起高楼，荒漠变绿洲"的壮歌，从根本上解决了宁南山区贫困群众温饱问题。

变化似春雨　润物细无声

"想当初，山秃水涸地荒芜，哪是俺们的求生处？风吹欲倒的茅草屋，成群晒太阳的孩子无书读。不堪咽的黄米难填肚，不堪看的衣裤难出户。啥时种下的穷根穷了多少辈，这辈子能把这穷根除？"2012年，从固原市原州区搬迁到红寺堡区弘德一村的张尚志告诉记者，以前，他家一直住在山里，靠天吃饭，日子过得紧巴巴的。

"现在，我们不仅住进了小洋房，还通过岗位技能培训，在距安置区不到500米的弘德慈善产业园,找到了一份稳定的工作,每月至少可以挣到 2000 元,加上温棚种植和土地流转的收入,我们这些移民终于走在了奔小康的路上。"说起现在的日子,张尚志脸上洋溢着幸福的笑容。

对于张尚志口中所提到的工业园,就是宁夏弘德工业园区,面积 10.06 平方千米,截至目前入驻园区企业 36 个,投产开工企业 16 个,涉及服装加工、轻纺、塑料制品、食品加工等行业,用工人数达 2500 人,解决了很大一部分移民户的就业问题。

"十二五"期间,根据宁夏的整体规划,红寺堡又将安置来自固原市原州区和同心县的移民 7208 户、3.15 万人。

"这是日光温棚,这是商贸市场,这是教育区,那是移民文化健身广场……"顺着张尚志手指的方向,一个配套设施完善、充满现代化小城镇气息的生态移民安置区呈现在记者眼前。市场、学校、卫生室等被布局在安置区的核心位置,住宅用了保温墙体、太阳能热水和采暖系统。

踏进红寺堡移民禹万喜的小院子,记者忍不住惊叹——院子宽敞明亮,青葡萄挂在架上,枣树硕果累累,贴了瓷砖的室内电视机、电冰箱、电脑等家居用品一应俱全。院子格局是典型的回族院落,院子中央铺着红砖,左侧是菜园和牛圈,紫色的喇叭花爬在墙上探头探脑,低头但见圆鼓鼓的西红柿,抬头就碰到了梨树上累累的青梨;牛圈里的 8 头黄牛正在惬意地吃草。禹万喜介绍,村里用的都是自来水,以前烧饭做菜用柴或炭,而今改用液化气。

能让移民新村移民群众过上好日子,仅有村民的努力是不够的,当地政府在帮助移民建设新家园方面做了很多工作。

"近年来,红寺堡区因地制宜,实施户均 1 亩经果林、2 亩设施农业、3 亩流转土地,户均培育 1 名科技明白人和 1 名劳务技能人的"12311"产业发展模式,培育移民增收致富产业。在移民劳务输出方面,红寺堡区大力发展劳务经济,设立移民村劳务输出服务站,与许多企业建立移民优先务工合作关系,依托重点项目建设、弘德工业园区和产业基地,采取菜单式培训模式,建立企业用工人才储备库,开展移民劳动力、残疾人就业培训。通过举办双向就业洽谈会、劳务输出服务月、招聘会等活动,先后输出劳务 2100 人次,近千人实现稳定就业。"红寺堡区移民办工作人员介绍。

"基础设施未完善、户籍管理不规范、土地未确权、后续产业发展乏力……"这些都是移民群众反映比较强烈的问题。红寺堡区除了帮助移民群众铺好致富路,还通过下派联络员的方式,针对移民遇到的问题,通过搭拱棚、办培训班,为移民送技术、送法律,绝不误移民。针对"1236"移民工程中的遗留问题,红寺堡区与迁出县和区、市进行对接,争取支持,尽全力解决;对于自发移民的问题,该区通过争取自治区的政策支持,解决有人无户、有人无地、非法转让土地与宅基地以及因户口问题带来的上学、社会保障、享受惠农政策等方面的突出问题。同时,区上争取项目投资,持续推进农田水利建设,维修改造灌溉渠系,加大农业农村基础设施建设力度,实现道路干净畅通、人畜饮水安全可靠、农田灌溉配套完善、水资源利用节约高效、居住房屋整洁有序的创建目标。

红寺堡生态移民区,注定是祖国西北边陲经济发展史上一个新的里程碑。

（原载《中国改革报》,2015 年 2 月 9 日）

扬黄 299.1 米　旱塬崛起生态绿洲

将黄河水上扬 299.1 米,宁夏 6.64 万平方千米的版图会发生怎样的变化?

翻开一张 19 年前的宁夏地图,中部干旱带上大片了无生机的灰色扑面而来,格外抢眼。但近年来卫星遥感图像的连续探测发现,同样的纬度和坐标,已被大片的绿色覆盖。

这片荒原上崛起的绿洲便是红寺堡移民开发区,是将黄河水上扬 299.1 米后引起的山川巨变,是对宁夏版图深度"微调"的杰作。

19 年来,这道发端于黄河的水脉,改写了亘古荒原的命运,所到之处滋润出近百万亩绿洲膏腴之地,惠泽 40 余万回汉各族群众,它便是兴建于中部干旱带的千古亘原,生长于"脱贫致富"的万众心头,最终成就了全国最大县级移民集中安置区红寺堡的典范工程——宁夏扶贫扬黄灌溉工程。

（一）

宁夏,有水赛江南,无水泪亦干。

西海固地区便是后者的注脚。

由于极度缺水,国家多轮扶贫后的 1993 年,西海固地区贫困人口仍然占到当地总人口的 64% 以上。

脱贫西海固,成为自治区历届党委、政府及扶贫部门最挂心的事。

1994 年 7 月,宁夏根据《国家八七扶贫计划》制订了《宁夏"双百"扶贫攻坚计划》,提出到 2000 年年末,力争解决西海固地区 100 个贫困乡镇的 100 多万农村贫困人口的温饱问题。

如何实现这一目标?宁夏独辟蹊径,将目光聚焦黄河,提出兴建扬水工程,"微调"水资源布局,开辟新灌区,通过易地搬迁安置实现山川互济,让群众脱贫致富。

这一富有创造性的想法很快得到了国家的支持。

当年9月,全国政协副主席、水利专家钱正英专程带队赴宁考察,与自治区领导就从根本上解决西海固群众贫困问题进行了座谈,提出建设宁夏扶贫扬黄灌溉工程:用6年左右时间,计划投入30亿元资金,开发200万亩水浇地,解决100万人口的贫困问题的构想,即"1236"工程。

1995年的全国"两会",一个编号为"2027"的《关于在宁夏回族自治区建设扶贫扬黄灌区作为大柳树第一期工程的建议案》,引起了全国政协委员的高度关注。随后,自治区党委、政府向党中央、国务院报送了《关于将扶贫扬黄新灌区列为国家"九五"重点项目的请示报告》。党中央、国务院4次召开专题会议研究,并于1995年12月正式批准立项,作为重点工程列入国家"九五"计划。这也成为当年全国政协参政议政的成功范例。

工程分两期实施,其中水利骨干工程由水源工程、红寺堡扬水工程、固海扩灌扬水工程组成。按照"统一规划,分期实施"的原则,一期工程总投资36.69亿元,在红寺堡灌区和固海扩灌灌区实施,开发灌溉面积80万亩,搬迁安置移民40万人,涉及中卫、吴忠、固原3市的9个县(区)。

1998年3月,建设者们按照"边建设、边开发、边发挥效益"的工作思路,在寸草不生的中部干旱带上开始了艰苦卓绝的建设之旅。

(二)

299.1米,黄河水的扬水高度。经过4级泵站扬水,引到红寺堡灌区的黄河水已经高出黄河水面近300米!

为将黄河水送到这一高度,建设者们修建主泵站18座、支泵站21座、干渠275千米、支干渠233千米、支渠702千米、各类建筑物1.15万座,新建和扩建变电所37座,架设输电线路417千米……

点多、面广、线长,加上途经之处皆是荒漠山丘地带,项目建设之难全国鲜见。

1998年的中宁县恩和乡红崖村,还基本上是个与世隔绝的小山村,除了村头那棵有些年月的老树,满眼望去皆是尘土之色。老乡记得,那一年的寒冬,村里突然来了一支几十人的队伍,名字叫宁夏扶贫扬黄灌溉工程建设指挥部,他们中间不仅有搞勘测的专家和开渠架线的技术员,还有省级领导和厅级干部。

指挥部在山坳里架起了红崖村有史以来第一顶帐篷。随后,数千人的建设队伍陆续开进红崖村,修公路、架电线、修渠道、建泵站……红崖村一下子热闹了起来。

"当时的红崖村,走着走着就没路了,常在山里转向,半夜都摸不回营地。"时任工程建设处处长、现任自治区扶贫办巡视员的郭建繁回忆说。为了保证工期和质量,建设者们吃住在工地,多数人一住就是四五十天,无法与亲人通电话,无法洗澡换干净衣服。

而最让建设者们闹心的是四处乱窜、无孔不入的沙尘。饼子从布包里拿出来,没吃几口就开始硌牙;晚上钻进帐篷里,一掀被子能抖落一层沙土,早上起床时,眼睫毛上覆着沙……

"以往历时一年半工期才能建成的扬水泵站,扶贫扬黄工程只用了6个多月就完成了,创造了宁夏扬水泵站建设史上的奇迹。红寺堡灌区实现了当年开工建设、当年搬迁移民、当年上水灌溉,有8个村当年就用上了黄河水。"郭建繁说。宁夏扶贫扬黄灌溉工程创下了多项自治区及国家纪录:

固海扩灌东线灌区,扬水高度达470多米,在全国扬水灌区中位居第三;利用科威特政府贷款搞建设,为引进外资提供了成功经验,科威特阿拉伯经济发展基金会的专家认为宁夏扶贫扬黄灌溉工程是科威特政府贷款在发展中国家进行的所有农业开发项目中最好的一个;在宁夏水利工程建设中首推项目法人责任制、招标承包制、建设监理制和合同管理制,捧回了全国水利工程行业优质工程的最高殊荣——大禹奖。

(三)

有水的地方,日子就有奔头。

"吃水要到沟里肩挑驴驮。走的是羊肠小道,雨雪天,跌入沟里的牲畜多得很,取回来的水,苦得很。"

"种地吃饭,得看老天的'脸色'。"

田彦平提起移民前为水所困的生活,感慨不断。

1998年,怀揣致富梦想的田彦平携家带口从海原县搬迁到红寺堡大河乡龙泉村。然而,初见龙泉村,田彦平便一屁股坐在地上半天没能站起来。

"两眼张望着连坨鸟粪都寻不到,完全是个被'黑山老妖'攥在手里的荒凉世界。"

后来,路通了,水来了,灯亮了,地里的庄稼苗儿壮了……10年之间,田彦平的心劲儿被日新月异的龙泉村渐渐充盈起来。

"乡里组织俺们外出学习农业新技术。回村后,俺种了10栋拱棚甜瓜,年收入6万多元,激动得几晚上没睡着觉。"

"收完瓜，复种蔬菜，一亩地种两茬，美得很。"

…………

田彦平有说不完的美和乐。

如今的龙泉村，总人口 3800 人，耕地面积近万亩，去年农民人均纯收入达 5500 元，家家有运输车和农用机械，房屋已经翻建至"第四代"。

从不毛之地到物丰人旺，龙泉村见证和浓缩了红寺堡移民开发区的历史巨变。

1999—2009 年的 10 年间，红寺堡移民开发区贫困人口比重由 1999 年的 100%下降到 2009 年的 19%；贫困面由 2002 年的 80%下降到 2012 年的 25%。农民人均纯收入由 1998 年的不足 500 元增加到 2013 年的 5305 元，增长了 10 倍之多，葡萄、慈善产业异军突起，名扬全国。

有了水的滋养，红寺堡的生态环境和气候条件也快速"红润"了起来。目前，红寺堡累计完成人工造林 167 万亩，草原围栏封育 80 万亩，森林覆盖率达到 11.8%，城镇绿化率达到 40%，风蚀沙化得到全面遏制，实现了人进沙退、荒漠变绿洲的历史性转变。

气象资料显示，当地平均风速由 10 年前的 4.07 米／秒降低到 3.95 米／秒，相对湿度由 50.8%提高到 54.3%，就地起沙大风日由 31 天减少为 28 天，蒸发量由 2050 毫米降为 2015.8 毫米。

扶贫扬黄工程的建设，不仅在物质上开启了 40 万山区群众的新生活，更在头脑中掀起了一场变革：

红寺堡将每年财政收入的 75%以上投入民生事业，葡萄小镇、美丽村庄建设快速推进，实现了村村通公路、通公交、通自来水、通电视、通宽带；推进义务教育均衡发展，中、高考成绩多年居吴忠市前列；与上海第六人民医院建立对口帮扶关系，敬老院、菊花台残疾人照料中心等一批民生工程相继建成，社会保障体系不断完善，移民上学难、看病难、住房难等问题有效缓解……随着各类公共设施的不断丰富和完善，移民实现了"脑袋"和"口袋"的同步富裕。

（原载《宁夏日报》，2015 年 8 月 31 日）

红寺堡扬水工程将于 3 月底春灌投运上水

宁夏新闻网记者　杨泠然

1 月 11 日,红寺堡扬水二泵站现场进入新水泵调试安装阶段,据悉,红寺堡扬水工程将于 2 月 15 日实现设备全部就位,完成基本调试,具备空载试运行条件,确保 3 月底春灌投运上水。

红寺堡扬水工程系宁夏扶贫扬黄灌溉工程之一,位于宁夏中部干旱带,受水区地跨红寺堡区、利通区、同心县、中宁县 4 县(区),承担着 20 多万人口近 30 万家畜饮水、70 多万亩灌区灌溉和生态用水等供水任务,是名副其实的生命工程和民生工程。

该工程 2017 年的主要建设任务是对红一至五泵站引渠、进出水建筑物、压力管道、主副厂房、机电和电气设备及供电工程进行改造,工程自 2017 年 8 月陆续开工建设,计划 2018 年 3 月底建成并投入运行。

(原载宁夏新闻网,2018 年 1 月 11 日)

红寺堡扬水泵站更新改造工程开机上水
——黄河水搭乘"互联网 +"技术流入中部干旱带田间

记　者　赵　磊

4 月 1 日 9 时 09 分,工作人员轻点鼠标,红寺堡扬水泵站 3 台机组顺利开机,黄河水搭乘"互联网 +"技术流入中部干旱带田间。至此,历经水利建设者 200 多个昼夜的奋战,自治区 60 大庆献礼工程——更新改造后的红寺堡扬水泵站全面开机上水。

据了解,改造后的红寺堡扬水泵站将保障红寺堡区、利通区、同心县、中宁县近 30 万人口、70 多万亩农田灌溉和生态用水等各业用水供水安全。今年,红寺堡扬水灌区计划输水 2.72 亿立方米。

作为我区扶贫扬黄灌溉工程重要组成部分的红寺堡扬水工程,是我区中部干旱带重要灌溉水源。经过近 20 年运行,设施设备老化严重,能耗升高,运行效率和安全保障率降低,已不能满足中部干旱带群众粮食生产用水需求。2017 年 11 月底, 自治区水利厅筹措资金 5.4

亿元对泵站进行更新改造。

"重建 4 个变电站,铺设 11 千米供电线路,拆除 1980 吨钢管和 37 台老旧机组,安装 43 台(套)新机组等,仅用 3 个多月就完成了。"红寺堡扬水泵站更新改造工程项目经理马新说。建设者们将高铁建设中的蒸汽养护技术运用到水利建设中,大大提高了建设速度。红寺堡扬水管理处副处长道华介绍,泵站改造运用了"互联网 +"技术,实施自动化改造,实现了各项运行参数由人工现场记录变为电脑自动生成。泵站内人工现场巡查变为视频远方监控,将逐步实现遥控、遥测、遥调功能,实现测控一体化,最终达到"少人值守、无人值班"。

(原载《宁夏日报》,2018 年 4 月 2 日)

今天,宁夏这项关系到 30 万人、70 万亩农田用水安全的工程全面投运!

历经水利建设者 200 多个昼夜的奋战,今天上午,宁夏 60 大庆献礼大型重点水利工程——红寺堡扬水泵站更新改造工程全面投运、发挥效益,为服务宁夏中部干旱带脱贫富民战略、乡村振兴战略、生态立区战略提供更加可靠的保障。

始建于上世纪末的红寺堡扬水工程,是宁夏扶贫扬黄灌溉工程重要组成部分,位于宁夏中部干旱带核心区,是当地唯一的灌溉水源。受经济技术条件限制,设计建设标准偏低,配套不完善。经过近 20 年运行,设施设备老化严重,能耗升高,运行效率和安全保障率大大降低,已不能满足中部干旱带群众粮食生产用水需求。

红寺堡扬水泵站更新改造工程以"互联网 +"、水利信息化建设为载体,计划投资 5.4 亿元,通过实施泵站及供水设施自动化改造,实现了各项运行参数由人工现场记录变为电脑自动生成,人工现场巡查变为视频远方监控,逐步实现遥控、遥测、遥调功能,实现测控一体化,最终达到"少人值守、无人值班"的运行管理目标,助推传统水利向现代水利发展。

红寺堡扬水管理处副处长道华:设备的性能主要体现在新技术、新材料,而且自动化水平也是同步跟进,这样就大大减少了人员的操作,特别是运行参数、电流电压、流量这些都自动实时生成,极大保证了中部干旱带移民脱贫致富水安全保证。

据了解,今年红寺堡扬水灌区全年计划输水 2.72 亿立方米,将更加有效保障红寺堡区、利通区、同心县、中宁县 4 县(区)近 30 万人口、70 多万亩农田灌溉和生态等各业用水供水安全。

(原载宁夏广电新闻中心,2018 年 4 月 1 日)

吾心安处是故乡

——我国最大异地生态移民集中安置区发展侧记

新华社记者　于　瑶

吴忠市红寺堡区,地处宁夏中部,曾是一片生态脆弱、人迹罕至的荒漠。20年来,在不断破解生态建设与大规模移民之间矛盾中,红寺堡不仅把干涸的黄土地改造成"绿洲",昔日的军事训练靶场也"变身"为我国最大异地生态移民集中安置区。

告别荒山秃岭不是梦

在红寺堡城北,一道10万亩的生态屏障巍然挺立,顽强阻隔风沙侵蚀。站在绿树成荫的生态公园顶端,郁郁葱葱的林带向远方延伸,400多亩的紫光湖波光潋滟,不时传来喜鹊的叫声。

在20年前,这里年降雨量不足300毫米,戈壁沙丘纵横,一度被当成军事训练靶场⋯⋯1998年以来,随着黄河水淌进这片沉睡的土地,宁夏南部山区23万群众陆续迁移至此。

在梁宝银心里,最初的红寺堡并不像家。"刚来的时候,这里是不毛之地,连只麻雀都难找到,每年沙尘暴达20多次,真的是'一碗面里半碗沙'。"这位从事生态建设近20年的林业人回忆说。

虽有了黄河水的滋养,当初的苦,就连从"苦瘠甲天下"西海固搬迁而来的部分移民也想逃离。

以"生态立区"为发展目标,红寺堡大力推进灌区绿化,加快构筑绿色屏障。"老百姓也认识到生态的重要性,种树积极性很高。"梁宝银说。看着树苗长大、成林,很多移民打消了逃离的念头。

"这里种活一棵树很不容易。"红寺堡区委书记丁建成说,但我们坚持不懈,2010年以来年均投入过亿元作为林业建设资金,小环境越来越美。

"这搭儿柳丝柔柔荡,那厢里春燕剪双双。"20年来,红寺堡人累计造林124万亩,城市绿化率、绿化覆盖率、城区人均公共绿地分别达到35%、39%和27.5平方米。崛起的绿色新城,不仅是移民的骄傲,更是可以安放内心的故乡。

戈壁滩上绽放蕊红花

走在罗山脚下,眼前平畴沃野,阡陌纵横的葡萄架令人心旷神怡。为破解扬黄灌溉土地、水资源有限的束缚,红寺堡大力发展以葡萄为主的高效节水产业,不仅扮靓了红寺堡的土地,也撑起了群众致富的希望。

宁夏东方裕兴酒庄有限公司董事长刘全祖在酒庄里如数家珍地介绍着每一款自酿的葡萄酒。从兰州到红寺堡,从地产业"转战"葡萄产业,他也说不清为何这样抉择。

刘全祖把酒庄里最高端的葡萄酒系列命名为"戈蕊红",寓意"红寺堡就像是戈壁滩上绽放的花朵,神奇并富有魅力"。不负所望,"戈蕊红"在国际葡萄酒大赛中屡屡斩获大奖。

昼夜温差大、日照时间长、降雨量少、境内无污染……借助这些优势,红寺堡葡萄种植面积达 10.6 万亩,葡萄酒产值达 4.5 亿元,参与种植的农户亩均收入 4000 元,年解决农民就业 40 万人次。

从单一种植玉米到酿酒葡萄、黄花菜等特色产业叫响市场;从单纯种植到种植养殖、加工相结合;从高耗水、低产值到低耗水、高产值,20 年来,红寺堡经济逐步从"温饱型"向"致富型"转变,移民年收入从不足 500 元增至近 8000 元。

此外,随着新能源、轻工制造等产业发展,大风、光照、干旱等"劣势变优势",成为当地发展新经济的资源禀赋。

黄土地长出"文化庄稼"

农忙时节,大河乡香园村的图书阅览室里,仍有三五人围坐在长条桌旁翻书。

红寺堡 23 万移民来自 11 个县,包括 14 个民族,文化背景不同,生活习俗不同,融合难度大。"我们把'村'作为文化活动的主阵地,64 个行政村都建了 1000 平方米以上的文化服务中心,通过采取摸清底数、缺什么补什么和一村一策,使村文化服务中心与周围民居很好地融为一体。"红寺堡文化馆馆长马宏志说。

如今,乡村大舞台、文化活动室、图书阅览室以及成套的健身设施成为红寺堡所有村的"标配"。红寺堡还搜罗当地文化名人资源,根据各自特点,建立"户"一级的文化大院。

在"马慧娟文化大院"里,每月有一次读书交流活动,身为红寺堡镇文化站站长的马慧娟还教不识字的农村女性认字,在微信群里推荐好文等。

初中毕业就离开校园的马慧娟酷爱文学。2001 年搬迁到红寺堡后,网络、手机的普及让她的梦想有了实现的载体。7年间,马慧娟在网上发表了近百万字的散文等作品,成了当地有名的"拇指作家"。

"文化是最好的润滑剂,通过不断提升移民对红寺堡的认同感、归属感,'感恩、包容、创新、奋进'的红寺堡精神更加深入人心。"丁建成说。

如今,马慧娟出版了散文集,走进了鲁迅文学院学习,成为全国人大代表,名气越来越大。但她告诉记者,她哪儿都不会去,红寺堡使她梦想成真,她的根就在这里。

(转载自新华社银川 2018 年 8 月 29 日电)

红寺堡:以生态移民实现精准脱贫

光明日报记者　庄电一

"红寺堡是我的联系点,那里是精准扶贫的典型!"在记者动身去红寺堡采访之前,宁夏回族自治区党委常委、宣传部部长赵永清热心地向记者介绍了红寺堡的有关情况。

精准扶贫是中央对扶贫工作的基本要求。到了红寺堡,记者对那里的精准扶贫有了深刻的感受。

吴忠红寺堡,这个在二三十年前还不为人知的地方,现在不仅在宁夏,而且在全国都是大名鼎鼎,因为那里有全国最大的移民开发区,有成千上万的人在那里摆脱了贫困,建起了幸福的家园,实现了祖祖辈辈都未能实现的梦想!

红寺堡,曾因干旱少雨、环境恶劣而被长期遗弃,也曾因荒无人烟、人迹罕至而变成部队靶场。如今,那里是五谷丰登、六畜兴旺、人民安居乐业的乐园。

都说宁夏回族自治区成立 60 周年、特别是改革开放 40 年来宁夏发生了巨大的变化,但要说哪里变化最大,恐怕都比不上红寺堡:20 多年前,红寺堡还荒无人烟,也没有一条像样的路,连一只飞鸟都看不到。因为没树,拉过去的牲口都没处拴。

20 世纪 90 年代后期,在党中央、国务院的大力支持下,宁夏在这块荒原上实施了"1236"工程。1996 年,宁夏扶贫扬黄灌溉工程奠基。此后,黄河水便被一级一级地"扬"上去,最终"扬"到了高于黄河水面 300 米的红寺堡高地。

党中央、国务院引来的甘泉,滋润着这片原来寸草难生的荒原,也滋润着贫困群众的心田,唤起他们对美好生活的憧憬。1998 年,来自宁夏南部山区 8 个贫困县最为贫困的数万名群众最先来到这里,白手起家,艰苦创业,陆续建起了 8 个移民新村,也树起了摆脱贫困的信念。此后,来自"全国贫困之冠"的移民,一批批到这里重建家园,在荒滩上开发出了 70 多万亩耕地,人口也很快达到 20 万,拥有 2 个镇、3 个乡、65 个建制村和 1 个街道、5 个社区。2009年,经国务院批准,红寺堡正式成为吴忠市的市辖区。

搬迁到红寺堡的移民,都是山区贫困村的贫困户,没有一个富裕户,脱贫的任务十分艰巨。

红寺堡区区委副书记杨海峰告诉记者,20 年来,红寺堡因地制宜、精准扶贫,已形成了独具特色的特色产业:红寺堡的酿酒葡萄,已达 10.6 万亩,葡萄酒产值也达到 4.5 亿元,酿酒葡萄集中的红寺堡镇,因此有了"中国葡萄酒第一镇"的美誉;黄花菜种植面积达到 6.5 万亩,太阳山镇因为黄花菜面积大、品质好,成为"中国黄花菜明星产区",镇党委书记杨云被称为"花书记";枸杞从无到有,已超过 5 万亩,其发展速度让距此不远的"中国枸杞之乡"——中宁惊叹不已;养殖业也是异军突起,肉牛存栏突破 7 万头,羊只存栏达到 78 万只。红寺堡的人均可支配收入因此迅速提高,由搬迁前的不足 500 元提高到近 8000 元。

精准扶贫,收到了显著的成效,有越来越多的人走上致富路。红寺堡的移民到底富裕到什么程度?记者来到太阳山镇兴民村,那里黄花菜种植面积已达 4200 亩。到了采摘旺季,每天天不亮就人头攒动,有人甚至戴着矿灯采摘,村旁的 10 千米公路都晒满了黄花菜,"村在黄花中,黄花在村中",上门收购的人络绎不绝。村主任乔德义告诉记者,他家有 4 口人、21 亩黄花菜,今年卖了 15.6 万元,而像他这样靠种植黄花菜致富的,在村里不在少数。

许多移民早就脱贫致富了,年收入十几万甚至更多的农户也大有人在,有的人家,嫌原来的住宅不上档次,便建起了第三代、第四代新居,所开的车辆,也换了好几个档次了。

柳泉乡永新村正在探索"民宿旅游+"精准扶贫模式。记者随村党支部书记李文斌到各家各户查看,既新奇,又震撼。只见这些被列为"智慧民宿"的农户,全都装饰一新,一尘不染,对全国各地的游客颇具吸引力,开业没几天,就有几拨人前来入住了。

回族村民杨生虎告诉记者,他今年 50 岁了,是十七八年前从山大沟深的海原县搬迁到这里的。最早全家只有两间土房,现在的瓷砖贴面砖瓦房,是花十几万元建成的。记者看到这个漂亮的新居,还建有瞭望台,除了自家居住外,还有好几间可以接待游客。他家还养了 300只鸽子,供游客食用。记者注意到,他家有两个车库,一辆崭新的尼桑轿车静静地停在里面。说起现在的富裕生活,这位饱经沧桑的农民表现得十分谦虚,一再说他家没有什么特别的,收入只能算个中等。

　　千古荒原变成了绿洲，勤劳智慧的红寺堡人在20年间创造了一个个令人瞩目的奇迹：生态改观了，经济发展了，群众富裕了，文化生活丰富了，人们的精神面貌也今非昔比了。

　　红寺堡移民开发的实践，积累了宝贵的经验，也进一步坚定了宁夏人民以生态移民的方式实现精准脱贫的信心。就在先期移民大部分解决了温饱的时候，自治区党委、政府在中央的支持下，自2011年起又启动了新一轮生态移民工程，将极度贫困的35万回汉群众安置到近水、沿路、靠城、打工近、上学近、就医近、吃水近，具备小村合并、大村扩容的地方。以有限的水土资源养活了20万人且已经趋于饱和的红寺堡区，又无条件地接纳了3万名新移民。

　　红寺堡区上下齐心，脱贫的步伐在不断加快。2017年，就有15个村脱贫销号，全区尚未脱贫销号的村只剩下10个。今年，有5个村有望销号。最后5个村，也将在明年摘下"贫困帽"，全区的贫困人口有望降到3%以内。

　　目前，红寺堡区的深度贫困村主要集中在鲁家窑、马渠两个片区。记者走进鲁家窑采访，只见100多名农村妇女，正在投产不久的服装厂里加工出口中东地区的服装。经理蔡军告诉记者，目前已经生产7万套了。

　　这个建在村旁的服装厂，可以让附近的农村妇女都能在家门口就业，让她们既能挣钱又能就近照顾家。

　　鲁家窑片区已经没有多少土地可供开发了，针对这种情况，当地把精准扶贫定位在劳务输出上。驻鲁家窑扶贫工作队队长白占玉告诉记者，鲁家窑附近就是弘德工业园区，富阳、乾煌、汇达、红隆、永进几大公司在当地扶贫政策的感召下都在此投资建厂，所有农民工都可以就近就业。由于有这么多引进的企业，那里已没有多少富余劳动力了。务工，也成为这些贫困户的主要经济来源。

　　清华大学研究生毕业、以选调生身份来到这里，现年只有32岁的王忠强，从一名普通科员成长为镇党委书记，在这里投资建厂的企业，就有他引进来的。在精准扶贫方面，他已经有了成熟的思路和规划。他说："在我们这里，只要肯干，就能脱贫！我对这里如期脱贫充满信心！"

　　几天的采访，让记者深切感到，红寺堡的扶贫，对整个贫困群体是精准的；对各家各户的扶贫也是精准的。正因为如此，这个贫困人群最集中的地方，才能在20年间发生如此巨大的变化！

　　以有限的水土资源，建成全国最大的移民开发区，以创造性的工作，将20多万人带离贫困线、进而走上脱贫致富的康庄大道：这是红寺堡创造的奇迹，也是他们为我们树立的精准扶贫样板。

（原载《光明日报》，2018 年 09 月 11 日 04 版）

水沁旱塬　幸福花开
——宁夏数十载构筑"生命水脉"
新华社记者　邹欣媛

从人拉驴驮到"活水"入户，从风沙肆虐到绿树成荫，一项项扶贫扬黄工程犹如一条条"生命水脉"，滋润着宁夏最干渴的土地，为中部干旱带的百姓带来希望和幸福。在自治区成立 60 年里，尤其是党的十八大以来，运行多年的宁夏扶贫扬黄工程迎来新生，群众脱贫致富就在眼前。

扬来"活水"润民心

站在宁夏红寺堡扬水首级泵站前，记者看到，多排扬水管道并行，黄河水由低向高抬升，甚是壮观。今年，运行 20 年的扬水工程实现"脱胎换骨"，奔腾的黄河水将更顺畅地直达群众心田。

雨后，何国昌的小院里梨树和枣树枝繁叶茂。19 年前，从 300 多千米外的山区彭阳县搬迁到吴忠市红寺堡区，何国昌一家喝上了黄河水。"在老家，靠人挑驴驮抢苦咸水吃，哪见过水龙头，拧开就有水！"何国昌指着哗哗水流笑着说。

何国昌的家位于宁夏中部干旱带，年均降水量一两百毫米，蒸发量却达 2000 多毫米，几乎没有可利用的地表径流和地下水，直到上世纪八九十年代，仍然缺衣少食。

扬黄工程的运行改变了这一地区百姓的困苦生活。"没有黄河水，就没有红寺堡的今天。"红寺堡扬水管理处副处长道华说。随着 1998 年工程开工并于当年主线建成试水，原是荒漠半荒漠区的红寺堡，如今已有 20 多万人在此定居。

全新的自动化控制设备取代了建设标准偏低、运行效益降低的老旧设备，去年起，红寺堡扬水工程启动更新改造，合并泵站、提升流量，进一步提高了供水保障率。

据了解，红寺堡扬水工程、固海扬水工程和陕甘宁盐环定扬黄工程被称为宁夏三大扶贫扬黄工程。上世纪70年代,国家启动建设扶贫扬黄工程,将黄河水抬升数百米引入中部干旱带最渴的盐池、同心、红寺堡等县区,破解水困。如今,多数老百姓家通了自来水,感念"黄河水甜"。

沃野农耕新风光

在盐池县城西滩灌区二分支渠边,花马池镇盈德村村民赵思林望着黄花菜地难掩丰收的喜悦。"自从通了黄河水,我们种上了水浇地,黄花菜卖上了好价钱,一亩收入近万元!"

很难想象,这片生机勃勃的土地,30多年前却难产粮食。原盐池县扬黄灌区建设指挥部指挥单新强老人回忆说,上世纪六七十年代是盐池最困难的时期,由于旱灾频发,全县粮食产量每年递减7%,"人缺口粮、畜缺草料、地缺籽种"。为求温饱,万人上阵打机井、建水库,可水源匮乏,所有的努力收效甚微。

受益于扬黄工程,盐池县走出了"三缺"的生存阴影。陕甘宁盐环定扬黄工程作为一项惠及陕、甘、宁三省区革命老区的民生工程,自1987年建设运行以来,成为当地不可或缺的一条"生命水脉"。今年4月,国家投资12.3亿元的陕甘宁盐环定扬黄工程更新改造项目全线通水,更好地保障老百姓种田、养蓄的用水需求,加速老区摆脱贫困。

扬黄灌区的开发升级让40万亩旱地变水田,老百姓种地再也不愁天不下雨、灌不上水。据统计,去年盐池灌区粮食总产量达10万余吨,比工程开发前增产27倍,灌区农民人均纯收入9549元,比工程开发前增长28倍。

扬水不易且水量有限,缺水的老区尝试把每一滴水用到极致。盐池县水务局副局长黄明森说:"更新改造后的扬黄工程在国家不增加宁夏用水指标的情况下,大规模发展高效节灌种植经济作物,每年节水1200万方,增收1.34亿元。"

盈德村村支书杨文志说起节水头头是道:"老百姓一开始嫌麻烦不愿用滴灌,后来我们成立合作社形成统一的管水制度,省水省肥还省时省力,何乐不为?"

沙海绿洲好休憩

走进盐池县冯记沟乡马儿庄村,芦苇、野花环绕着水塘,水鸟低飞掠过水面,杨树林翠色层叠,宛若一幅立体的田园画卷。

位于毛乌素沙漠边缘的"沙漠县城"盐池县,曾经全县75%的人口和耕地处在沙区。"以前沙丘比房高,现在满眼绿色,刮风不见沙,空气都湿润了。"马儿庄村村民马忠说。

沙海现水景。盐池县城边的花马池湖常引得游人驻足，这是借助扬黄工程修建的人工湖。从高空俯瞰，湖水像一块碧玉镶嵌在广袤的荒原上，与远处的沙漠、绿洲交相呼应，形成一道自然奇观。

据了解，陕甘宁盐环定扬黄工程每年约向中部干旱带灌区安全供水 1.2 亿立方米。作为最大的受益区，盐池县灌区已形成林网 3 万亩，种植饲草 7 万多亩，100 多万亩沙化草原得到控制，走上了一条打造绿色产业、发展绿色村庄、构筑绿色屏障之路。

"'升级版'的扬黄工程植入生态理念，同步建设高标准生态长廊，在保证人工绿洲灌溉用水的基础上，努力恢复生态平衡。"宁夏水利工程建设管理局局长窦元之说。扬黄工程更新改造后，将使老百姓彻底摆脱水困，也将为贫困地区脱贫攻坚、绿色发展提供重要保障。

（原载新华社银川 2018 年 9 月 17 日电）

后 记

　　盛世修志是存史资政、勉励后人的大事,在自治区成立60周年、宁夏扶贫扬黄灌溉一期工程运行20周年之际,红寺堡扬水管理处成立编纂委员会,完成了《宁夏红寺堡扬水工程志》(以下简称《工程志》)的编纂工作。本志时间断限为1998年至2017年12月,部分内容上溯下延。本志包括大事记、概述、自然环境及灌区建置沿革、工程立项与建设、扬水工程、工程运行管理、灌溉管理、安全生产、经营管理、依法治水、工程效益、组织和队伍建设、党建及精神文明建设、人物、艺文、附录等内容。

　　管理处高度重视志书编纂工作,2017年1月,由訾跃华、高佩天初步拟订编写提纲,确立了基本框架。2月21日成立《工程志》编纂委员会,组成编写组,召开专题会议,审议目录,分解任务。同日,举办《工程志》编纂培训班,邀请自治区地方志办公室副编审张明鹏专题授课,《工程志》编纂工作正式启动。

　　《工程志》编纂遵循真实、准确、客观、统一的原则,从确定章节、收集资料、撰写初稿到统稿、评审,每个环节都力求做到严谨细致,实事求是。编写初期,由办公室牵头组织,各科室指定人员分工搜集资料。5月份组织相关人员参加全区地方志写作培训班,并赴自治区移民局查阅工程建设时期相关资料,多次走访有关单位、部门和专家征集、完善史料,力求志书编纂与工程建设、运行管理的真实历史相吻合。

　　参与《工程志》编纂人员分别是:凡例(高佩天),自然环境及灌区建置沿革、灌溉管理体制(刘秀娟),大事记、概述、工程立项与建设、管理设施、管理文化、艺文(高佩天、范燕玲),水源工程、扬水泵站、机电设备运行管理、扬水电价及电费(李国谊),渠道工程、红寺堡扬水防洪工程(吴晓攀),红寺堡扬水泵站更新改造(高佩天、高登军),渠道工程运行管理、干渠绿化(牛瑞霞),信息化(朱小明、张佳仁、王举道),红寺堡一至五泵站自动化更新改造(岑少奇),

泵站绿化、站所办公生活设施、饮水及道路、综合经营(吴志伟),安全生产(张浩、王浩),经营管理(李文广、陈莉),依法治水(张永忠、李成莲),工程效益(高佩天、范燕玲、刘秀娟),机构、党群组织、党建及精神文明建设、人物(李彦骅、张姝),人员管理、劳资管理(王晓红),纪检监察机构、党风廉政建设、人文历史(王燕玲、田军霞),工会组织(苏俊礼),共青团组织、职工教育(刘玺),水利科技(李国谊、高佩天、范燕玲),宣传工作(唐艺芳),文件选编、讲话摘录、媒体报道(周芳、范云),统稿高佩天、范燕玲。

为提高撰稿质量,执笔人员每编写完一个章节即送科室负责人、分管领导初审,并根据审阅意见查漏补缺、修改完善。2017年5月起笔,撰写到12月份形成毛稿,送自治区地方志办公室副编审张明鹏审阅,在短短半年时间内,撰稿人员克服时间紧、任务重、兼职撰稿等各种困难,全力推进撰稿工作。编委会办公室及时提出修改意见,补充完善,整理出约60万字的志书修订稿。

2018年1月,编委会办公室对修订稿进行系统统稿,形成《工程志》初稿并送特邀编审处征询意见。3—4月,根据反馈意见,再次调整、修改,并打印成册送处领导审核。5月底至8月,抽调祁彦澄、邹建宁、曹福升、何永兵、武荣臻与訾跃华、高佩天、范燕玲组成内部审核组,对《工程志》进行2次集中审核。其间,审核组成员克服困难,以高度负责的精神,每天连续工作十几个小时,在高温酷暑中昼夜加班,字斟句酌,追本溯源,逐章逐节逐目对记载史实认真分析、考证、核实,订正谬误、理清层次、重新撰写部分章节,数易其稿,形成了志书送审稿。9月底,在管理处评审的基础上,送张明鹏总纂并提交自治区水利厅和自治区地方志办公室专家组评审。编纂组本着择善而从的原则对评审稿又做了部分调整,对内容进行了增删和修订。10月下旬,将终审稿交付出版社刊印。

力尽不知热,但惜夏日长。《工程志》编纂审核历时1年零10个月,为使志书内容真实、数据准确,参考了各种地方志、水利志书和宁夏扶贫扬黄灌溉工程有关资料和研究成果。先后参与收集资料、撰写稿件、编辑志稿、审查志稿的人员和专家达40多人,从形成初稿到终审稿,历经十余次修改。在时间紧迫、任务繁重、力量薄弱、兼职工作的条件下,撰稿人和编纂办公室人员忘我工作,潜心修纂,付出了艰辛,倾注了心血。同时,我们深刻地感受到,《工程志》的编纂完成,得益于自治区水利厅领导、相关处室的大力支持,得益于编纂委员会的精心组织,得益于自治区地方志办公室、宁夏人民出版社、宁夏博亚文化传媒有限公司的鼎力协助。在此,对管理处原党委书记毕高峰、原处长陈旭东、原副处长桂玉忠、地方志办公室副编审张明鹏和参与志稿编纂、评审的各位领导、专家、学者,对所有为编纂《工程志》做出努力的同仁致以真诚的谢意。

编修志书,是一项繁杂的工程,牵涉政治、经济、历史、地理、人文等各个方面。由于经验不足,水平所限,时间紧迫,虽经努力,仍难免有许多遗漏和不足之处,敬请关心《工程志》的领导、专家、学者及朋友们多提宝贵意见。

本书编委会

2018 年 11 月